지리 교재 연구 및 교수법

예비 지리교사들을 위한 경험적·실천적 지리 교수법의 표본

지리 교재 연구 및 교수법

조철기 지음

푸른길

| 머리말 |

교과교육학으로서 지리교육은 이론과 실천이 조화를 이룰 때 진정한 의미를 지닌다. 저자가 작년에 출간한 『지리교육학』이 이론적 측면을 조명하기 위한 하나의 시도였다면, 이 책 『지리 교재 연구 및 교수법』은 실천적 부분에 더욱 중점을 두고 이를 체계화하려고 한 조그마한 노력이다. 이 두 책이 지리교사를 꿈꾸며 지리교육을 공부하는 학생들에게 이론과 실천이라는 상호 보완적 역할을 할 수 있기를 기대한다.

지리교육을 전공하는 학생들은 지리교사가 되기 위해 '지리교육론'과 '지리 교재 연구 및 지도법'을 반드시 이수해야 한다. 학생들이 전자를 통해 지리교육의 이론적 측면을 배운다면, 후자를 통해서는 실천적 지식을 획득하게 된다. 지금까지 '지리교육론'과 관련한 책은 다양한 이름으로 지속적으로 출간되고 있지만, '지리 교재 연구 및 지도법'은 아직까지 출간된 적이 없다. 아마도 여기에는 여러 이유가 있겠지만, 경험적이고 실천적인 부분을 구조화하고 체계화하는 데서 오는 어려움이 크게 작용했으리라고 짐작한다.

『지리 교재 연구 및 교수법』이라는 책을 기획하면서, 저자가 가장 큰 고민에 빠진 것 역시 뼈대, 즉 구성체제를 어떻게 잡을 것인가 하는 것이었다. 왜냐하면 자칫 저자가 앞서 출간한 실천적 부분을 일부 가미한 이론서인 『지리교육학』과 별 차이가 나지 않을 수 있기 때문이다. 그리하여 이를 경계하면서, 저자는 지리교육에 대한 이론적 논의에 치우치기보다는 지리 교수법과 관련한 경험적이고 실천적 논의들을 주로 끌어와 현장 지향적인 실천적 지식을 제공하고자 노력하였다.

이 책은 이러한 정신과, 지리수업이 이루어지는 논리적 순서(설계, 실행, 평가)에 입각하여 총 4부로 구성되어 있다. 먼저 제1부에서 '지리수업을 어떻게 설계할 것인가'에 대해 고찰한 후, 제2부에서는 '지리수업을 어떻게 효율적으로 실행할 것인가'를, 제3부에서는 '학생들이 능동적으로 참여하는 활동 중심 지리수업에 도움이 될 수 있는 지리수업 모형 및 전략에는 어떤 것들이 있는가'를, 마지막으로 제4부에서는 자신과 다른 사람들의 '지리수업을 어떻게 관찰하고

4

비평할 것인가'에 대해 다루었다. 이를 좀 더 구체적으로 살펴보면 다음과 같다.

제1부는 지리수업의 설계의 원리와 도구에 대해 살펴본다. 제1장에서 수업의 의미, 교수자와 학습자로서의 교사와 학생, 좋은 수업이란 무엇인지에 대해 알아보고, 제2장에서는 수업설계 시 고려해야 할 제반 사항 및 수업설계의 체제적 모형에 대해 살펴본다. 제3장에서는 수업계획 을 구조화하는 하나의 수단으로서 수업지도안이 갖추어야 할 조건을 비롯하여 단원 및 본시 수 업지도안의 구성체제를 살펴본 후, 자신이 작성한 수업지도안이 적절한지를 분석할 수 있는 방 법에 대해 알아본다.

제2부는 지리수업의 실행에 대해 살펴본다. 제4장에서 수업 실행의 중요성과 도입·전개·정 리 단계로 이루어지는 수업의 실행 절차에 대해 고찰한 후, 제5장~제7장에서는 각각 수업의 도 입(선수학습, 학습목표, 동기유발 등), 전개(학습내용, 형성평가, 학습활동과 피드백 제공, 언어적 / 비언 어적 의사소통 등), 정리(내용 정리, 평가, 파지와 전이, 차시 예고와 과제 제시)를 효율적으로 수행하기 위해 요구되는 제반 고려사항과 이에 대한 기법을 살펴본다.

제3부는 지리수업의 모형 및 전략에 대해 살펴본다. 제8장에서는 협동학습을, 제9장에서는 게임과 시뮬레이션 그리고 역할극을, 제10장에서는 마인드 매핑을, 제11장에서는 개념도 그리 기를, 제12장에서는 이미지를 활용한 수업을, 제13장에서는 지리 프레임에 대해 각각 탐색한 다. 물론 이외의 다른 지리수업 모형 및 전략이 있지만, 여기서는 모둠학습에 기반한 활동 중심 지리수업을 위한 모형 및 전략에 보다 중점을 두어 살펴본다.

마지막으로 제4부의 제14장에서는 지리수업의 관찰과 비평에 대해 살펴본다. 이 장은 수업개 선을 위해 자신의 수업뿐만 아니라 타인의 수업을 효율적으로 관찰하고 비평할 수 있는 안목을 길러 주고자 하는 데 그 목적이 있다. 따라서 수업개선을 위한 프로그램, 즉 수업장학, 수업컨설 팅, 수업비평의 의미와 장단점을 비롯하여 이들 간의 차이점을 조명한다. 그리고 수업을 효율 적으로 관찰하고 분석할 수 있는 체크리스트를 제시하여 도움을 주고자 하였다.

한편, 중등교사 임용 2차 시험은 '지리 교재 연구 및 교수법'과 매우 밀접한 관련을 가진다. 2차 시험에서 수험자들은 수업지도안 작성과 수업시연을 하게 된다. 임용시험을 준비하는 학생들을 위해 〈부록〉에 중등교사 임용 2차 시험의 수업지도안 작성 및 수업시연과 관련한 제반 사항(절차, 문제형식과 작성조건 등)과 연습문제를 실어 도움이 되도록 하였다.

　앞에서도 언급했듯이 이 책은 저자 나름대로 '지리 교재 연구 및 교수법'의 구조와 체계를 구축해 보고자 한 조그마한 시도이다. 저자의 능력과 기존 문헌의 한계로 이를 제대로 실현했는지는 여전히 물음표다. 그러나 첫 단추를 끼웠다는 데 그 의미를 두고 싶다. 혹시 저자의 한계로 정확한 내용과 의미를 전달하지 못한 부분이 있다면 언제든지 조언과 비판을 해 주기를 바라며, 적극 수용하여 반영할 것을 약속드린다.

　저자의 역량은 부족하지만, 또 한 권의 책을 무사히 완결 지을 수 있었던 것은 많은 시간을 배려하고 묵묵히 인내해 준 나의 가족(은경, 준영, 화영)이 있었기 때문이다. 또한 부족한 저자에게 배움의 길로 안내해 주시고 항상 격려와 용기를 주시는 권정화 교수님께 이 책을 통해 감사의 말씀을 드린다. 마지막으로 이 책의 출판을 흔쾌히 맡아 주신 푸른길의 김선기 사장님, 그리고 편집과 교정에 성심을 다해 주신 김란님께 감사의 말씀을 전한다.

2015년 3월 경북대학교에서

조 철 기

차 례	

머리말 ·4

제1부 지리수업의 설계

제1장 수업 ·15

1. 수업이란?	15
2. 교수자로서의 교사	16
3. 학습자로서의 학생	32
4. 좋은 수업이란?	45

제2장 수업설계 ·51

1. 수업설계의 의미	51
2. 수업설계 시 고려사항	52
3. 수업설계의 체제적 접근	54
4. 수업설계 모형	56

제3장 수업지도안 ·93

1. 수업지도안의 구비 조건	93
2. 단원 수업지도안	95
3. 본시 수업지도안	100
4. 수업지도안의 분석	108

제2부 지리수업의 실행

제4장 수업의 실행 ·117

　1. 수업 실행의 중요성 　　117

　2. 수업의 실행 절차 　　118

제5장 수업 도입 기술 ·123

　1. 도입활동 　　123

　2. 학습환경 및 수업 분위기 조성 　　124

　3. 선수학습 확인 　　125

　4. 학습주제 확인 　　126

　5. 학습목표 제시 　　126

　6. 동기유발 　　127

제6장 수업 전개 기술 ·137

　1. 학습내용의 제시 　　137

　2. 학습안내의 제공 　　138

　3. 형성평가의 실시 　　139

　4. 학습활동과 피드백의 제공 　　139

　5. 언어적 상호작용: 발문과 응답 　　141

　6. 비언어적 의사소통 　　152

　7. 수업 중 교사의 행동 　　157

제7장 수업 정리 기술 ·161

　1. 학습내용의 정리 　　161

　2. 학습결과/성취행동의 평가 　　162

　3. 파지와 전이의 촉진 　　164

　4. 차시 예고와 과제 제시 　　164

제3부 **지리수업의 모형 및 전략**

제8장　**협동학습** ·169

　　　1. 협동학습의 개념　　　　　　　　　　　　　169
　　　2. 협동학습의 원리　　　　　　　　　　　　　172
　　　3. 협동학습의 과정　　　　　　　　　　　　　174
　　　4. 협동학습의 유형　　　　　　　　　　　　　177
　　　5. 협동을 촉진하기 위한 전략　　　　　　　　181
　　　6. 협동학습을 평가하기　　　　　　　　　　　184
　　　7. ICT 사용하기　　　　　　　　　　　　　　185
　　　8. 협동학습 유형별 특징과 실제　　　　　　　186

제9장　**게임과 시뮬레이션 그리고 역할극** ·217

　　　1. 도입　　　　　　　　　　　　　　　　　　217
　　　2. 시뮬레이션　　　　　　　　　　　　　　　218
　　　3. 게임　　　　　　　　　　　　　　　　　　221
　　　4. 퀴즈와 퍼즐　　　　　　　　　　　　　　　223
　　　5. 카드 게임　　　　　　　　　　　　　　　　224
　　　6. 보드 게임　　　　　　　　　　　　　　　　266
　　　7. 시뮬레이션 게임　　　　　　　　　　　　　270
　　　8. 역할극　　　　　　　　　　　　　　　　　290

제10장　**마인드 매핑** ·315

　　　1. 마인드 매핑　　　　　　　　　　　　　　　315
　　　2. 심상지도　　　　　　　　　　　　　　　　329
　　　3. 정의적/감성적 지도 그리기　　　　　　　　334
　　　4. 로고비주얼 사고　　　　　　　　　　　　　339

제11장 개념도 그리기 ·343

    1. 거미 다이어그램과 풍선 다이어그램   343

    2. 개념도   346

    3. 프레어 모형   360

제12장 이미지 활용 수업 ·365

    1. 도입   365

    2. 서로 등을 맞대고   366

    3. 사진 확장하기   367

    4. 가면을 쓴 사진   367

    5. 지도와 사진   368

    6. 사진 직소   368

    7. 사진 속으로 들어가기   369

    8. 이 장소는 어디일까?   371

    9. 준비, 침착, 기억   371

    10. 마인드 무비   372

    11. 기억으로부터의 지도   374

제13장 지리 프레임 ·377

    1. QUADs   377

    2. KWL   379

    3. 글쓰기 및 노트필기 프레임   383

    4. 글쓰기 계획자   388

    5. 결과 다이어그램   391

    6. 개발나침반   394

    7. 비전 프레임   401

    8. 추론의 층위 프레임   404

    9. 5Ws(무엇? 어디에? 누가? 언제? 왜?)   408

    10. 5개의 핵심 포인트   410

    11. 텍스트관련 지시활동(DARTs)   413

    12. 유추 도해 조직자   417

지리수업의 관찰과 비평

제14장 지리수업의 관찰과 비평 ·421

　　1. 수업개선 프로그램 421
　　2. 수업장학 421
　　3. 수업컨설팅 424
　　4. 수업비평 435
　　5. 수업관찰 및 분석 도구 439

참고문헌 ·469

부록 1 ·485

부록 2 ·496

찾아보기 ·504

| 제1부 |

지리수업의 설계

제1장.. **수업**

제2장.. **수업설계**

제3장.. **수업지도안**

제1장

수 업

1. 수업이란?

수업(instruction)이란 교수(teaching)와 학습(learning)이 이루어지는 활동이나 과정을 의미한다. 다시 말해 교사는 가르치고 학습자는 배우는 활동이나 과정을 지칭한다. 좀 더 전문적으로 이야기하면, 수업이란 학습을 촉진시키기 위하여 학습자에게 영향을 미치는 일련의 모든 의도적 행위를 말한다. 즉 수업은 학습자에게 올바른 학습방향을 안내하고, 적절한 지식을 습득하도록 하며, 학습자의 활동을 관찰하고, 학습활동에 적절한 피드백을 제공하는 활동을 의미한다 (Gagné, et al., 1992).

하지만 일반적으로 교수 그 자체가 수업과 동일한 의미로 사용되기도 한다. 왜냐하면 수업과 교수가 모두 학습자를 대상으로 무엇인가를 가르친다는 점에서 일치하기 때문이다. 사실 학교 현장에서는 교수·학습 활동 및 과정을 수업으로 부르는 경향도 있다. 그리고 수업은 학습자들에게 의도적이며 계획적으로 무언가를 처치하는 활동이라고 할 수 있다. 여하튼 수업은 교수와 학습이 동시에 일어나는 활동 및 과정을 의미함에 틀림없다. 따라서 수업을 이해하기 위해서는 교수와 학습에 대한 이해가 선행되어야 한다.

일반적으로 교수란 교사가 전문적인 역할을 수행하는 행위를, 학습이란 학습자가 학습과제를 수행하는 행위를 지칭한다. 따라서 수업은 교수·학습 과정을 의미하며, 수업에는 교수활동과 학습활동이 포함된다. 하지만 수업에 대한 정의는 근본적으로 교육을 어떻게 규정하느냐에 따라 달라진다. 따라서 교사가 교육에 대해 어떠한 관점을 가지느냐에 따라 수업에 대한 정의도 달라질 수밖에 없다.

2. 교수자로서의 교사

1) 교수를 위한 교사의 전문적 지식

> 교사들은 어려운 직업을 가지고 있다. 다양한 천사들의 압력에 직면하여, 교사들은 그들의 동기와 자존감을 유지시키기 위해 고군분투해야 한다(Kincheloe and Steinberg, 1998: 1).

> 심지어 최선의 교육과정도 학습자들에게 동기를 부여할 수 있는 기능과 흥미로운 방식으로 내용을 가르칠 수 있는 깊이 있는 지식을 가지고 있는 교사가 없다면 효과가 없을 수 있다(QCA, 2006 www.qca.org.uk/futures).

교사는 교육과정의 최종 운영자로서 수업을 설계하고 조정하며 실행하는 사람이다. 가르칠 때 교과서의 진도를 나간다고 생각하는 교사와, 가르치는 동안에 학생들이 무엇을 배우기를 원하며, 자신이 가르치는 한 차시 한 차시 수업이 수업목표와 어떻게 관련되는지를 고민하는 교사의 수업은 차이가 나게 마련이다. 이 차이는 학생들을 수업에 열중하게 하기도 하고, 마음이 떠나게 할 수도 있다. 교사에게 요구되는 능력 중 지식의 양은 교사가 갖추어야 할 능력의 필요조건이자 충분조건이다. 교사에게 요구되는 것은 어떤 내용을 어떻게 조직하여 가르칠 것인가를 연구하려는 노력과 의식이다. 바로 이러한 부분에서 교사의 전문성이 요구된다(박선미, 2006).

교사가 갖추어야 할 지식에 대한 논의는 여러 학자들에 의해 전개되어 왔다. 폴라니(Polanyi, 1958)는 개인적 지식(personal knowledge)을, 오크숏(Oakeshott, 1962)은 전문적 지식(technical knowledge or expert knowledge)과 실천적 지식(practical knowledge)을, 엘바즈(Elbaz, 1981, 1983) 역시 실천적 지식을, 그리고 슐만(Shulman, 1986, 1987, 2000)은 특히 교수내용지식(pedagogical content knowledge)을 강조하였다. 그리고 클랜디닌(Clandinin, 1985)은 교사만의 특별한 지식이

개인의 모든 의식적·무의식적 경험에 영향을 받아 형성되고 행동으로 표현되는 신념체계라는 점에서, 이 지식을 '개인적인 실천적 지식'으로 명명하였다.

(1) 슐만(Shulman): 교사가 갖추어야 할 지식의 범주

최근 교사가 갖추어야 할 지식으로 교수내용지식이 강조되고 있다. 즉 교수내용지식은 교사의 전문성을 뚜렷하게 구분하는 중요한 개념으로 제시되고 있다. 교과교육에서 교수내용지식에 대한 연구는 교사가 학생을 가르침에 있어서 교과의 내용에 따라 서로 다른 양상의 특수한 형식을 갖춘 교사 지식이 있음을 강조하였다(홍미화, 2006).

교수내용지식을 처음으로 개념화하여 제시한 슐만(1986)은, 교사에게 필요한 지식을 (교과)내용지식[(S)CK: (Subject) Content Knowledge], 교수내용지식(PCK: Pedagogical Content Knowledge), 교육과정지식(Curriculum Knowledge)으로 구분하여 제시하였다. 그는 단순한 내용지식은 교육적으로 무의미한 것이며, 그것이 학생들에게 가르치기 위한 교수내용지식으로 변화되어 제시될 때 그 의미를 찾을 수 있다고 하였다. 따라서 교수내용지식은 교과내용을 연구하는 학자와 그 교과를 잘 가르치는 유능한 교사를 구별해 주는 중요한 개념이 된다.

이어서 슐만(1987)은 교사가 잘 가르치기 위해 갖추어야 할 최소한의 지식 범주(categories of the knowledge base)를 7가지로 확장하여 제시하였다. 그것은 (교과)내용지식, 일반교수지식(GPK: General Pedagogical Knowledge), 교수내용지식, 교육과정지식, 학습자와 그들의 특성에 대한 지식(Knowledge of learners and their characteristics), 교육이 이루어지는 맥락에 관한 지식(Knowledge of educational context), 교육의 목적·의미·가치 및 철학적·역사적 배경에 대한 지식[Knowledge of educational ends(aims), purposes, values and philosophical and historical influences]이다.

① 교과내용지식

'교과내용지식'은 특정 교과에 대한 지식을 의미한다. 즉 교과내용지식은 특정 교과를 통해 학생들이 습득하기로 기대되는 개념과 기능이다. 교사는 이러한 교과내용지식을 집, 초·중등학교, 대학교에서의 교육, 그리고 개인적 연구와 독서 등 다양한 원천으로부터 축적한다. 이러한 원천들은 모두 교사가 가지는 지식의 양과 구조에 영향을 준다. 비록 교사마다 그들이 가지는 내용지식의 원천이 다르다고 할지라도, 교사가 소유한 내용지식은 그들의 교수를 위한 가장 큰 확신의 영역일 것이다. 따라서 교사는 내용지식의 폭과 깊이를 확장·심화하도록 노력해야 하며, 이러한 과정은 교사에게 자신의 교수에 대해 확신을 가질 수 있도록 지원한다. 그러나 조심해야 한다. 교사들은 이러한 내용지식의 소유 정도를 유능한 교사의 핵심적인 척도로 간주할 수 있지만, 그러한 내용지식을 효과적인 교수로 반영하는 것이 무엇보다 중요하다.

② 일반교수지식

'일반교수지식'이란 교실 수업의 조직과 관리를 안내하기 위해 설계되는 폭넓은 원칙과 전략을 의미한다. 예를 들면, 학생들을 배치하기, 효과적인 학습을 위한 학습 환경을 관리하기, 자료와 다른 설비를 관리하기, 학급 학생들에 대한 주의와 관심을 얻고 지속시키기, 불만이 있는 학생들을 격려하기, 능력이 부족한 학생들을 격려하기, 유능한 학생들을 심화시키기 등이 이에 해당된다. 교사가 일반교수지식을 발달시킴으로써, 교실은 교사 자신과 학생들을 위해 더욱더 다양하고 활동적인 장소가 된다.

③ 교수내용지식

'교수내용지식'은 교과내용지식과 교수법(pedagogy)의 결합을 의미한다. 즉 교사가 교과내용지식을 학생의 유의미한 학습활동을 위해 효과적으로 변형하는 데 요구되는 지식과 이해이다. 교수내용지식은 특정 교과(예를 들면, 지리)의 개념에 대한 효과적인 교수·학습을 위해 필요한 특정 지식을 제공한다. 예를 들면, 지리교사가 학생들에게 지리의 특정 개념을 가르치는 방법에 대해 가지고 있는 지식은, 국어교사가 시를 가르치는 방법에 관해 가지고 있는 지식과는 다를 것이다.

교사는 자신이 가르치는 교과의 특정 개념에 대한 교수를 계획할 때, 자신의 교수내용지식을 채택해야 한다. 교사는 또한 학생들에게 자신의 교과 내의 프로세스들을 어떻게 소개할 것인지를 신중하게 고려할 필요가 있다. 예를 들면, 학생들은 정보를 조사할 때 어떤 프로세스를 검토해야 하는가? 간단히 말해 교수내용지식은 교사 자신의 특정 교과를 위한 교수법이다. 이것은 교과마다 상이할 것이다.

슐만(1986: 9)에 의하면, 교수내용지식은 교사 자신의 교과 영역에서 가장 정규적으로 가르쳐지는 토픽들과 아이디어들을 잘 드러낼 수 있는 가장 유용한 재현의 형식으로 유추, 묘사, 실례, 설명, 예증 등을 의미한다. 즉 교사가 학생들에게 자신의 교과를 잘 이해할 수 있도록 교과를 재현하고 표현하는 방법이다. 교수내용지식은 특정 주제 혹은 개념을 가르치기 위해 유용한 형식이나 비유, 예시, 설명 등 달리 말하면 교과를 학생들이 이해할 수 있도록 제시하는 방식, 학생들과 상호작용하는 방법 등을 의미한다.

교수내용지식은 교사가 자신의 수업설계에 관한 평가를 어떻게 구축할 것인지를 포함한다. 그렇게 될 때 피드백은 학생들의 학습에 대한 이해를 강화하고, 교사에게 다음 차시의 수업을 효과적으로 계획할 수 있도록 한다. 한편 교사의 교수내용지식은 자신의 교과의 역사적 발달에 대한 이해를 포함해야 한다. 즉 교사는 자신의 교과가 어떻게 현재와 같이 되었는지를 이해해야 한다.

④ 교육과정지식

'교육과정지식'은 특정 교과의 교수를 위해 학령에 따라 만들어진 (국가 및 주 그리고 학교) 교육과정에 대한 지식을 의미한다. 또한 교육과정지식은 특정 교과의 교육과정과 관련하여 유용하고 다양한 수업자료, 특정 환경에서 특정 교과의 교육과정 자료를 사용하기 위한 지시사항과 금기사항을 포함한다. 또한 교육과정지식은 국가가 고시한 사회과 교육과정 및 지리 교육과정에 대한 지식, 국가 수준의 성취도 평가, 성취기준에 대한 지식을 포함한다.

⑤ 학습자와 그들의 특성에 대한 지식

'학습자와 그들의 특성에 대한 지식'은 다양한 학습자에 대한 지식이다. 학습자와 그들의 특성에 대한 지식은 학습자에 대한 경험적 또는 사회적 지식을 포함한다. 즉 특정 연령의 학생들은 어떤 모습이며, 그들은 학교와 교실에서 어떻게 행동하며, 무엇에 관심을 가지고 심취하는지, 그들의 사회적 본성은 무엇인지 등에 대한 지식이다. 그리고 날씨 또는 흥미 있는 사건과 같은 맥락적 요인들이 학생들의 활동과 행동에 어떻게 영향을 미치는지, 교사와 학생 간 관계의 본질은 무엇인지, 학습자들에 대한 인지적 지식(즉 실천에 대한 정보를 제공하는 학생의 발달에 대한 지식), 특정 학습자 집단에 대한 지식(즉 이들 학습자들과의 규칙적인 접촉을 통해 발달하는 지식, 학생들이 무엇을 알 수 있고 무엇을 알 수 없으며, 그들이 무엇을 할 수 있고 무엇을 할 수 없는지, 또는 그들이 무엇을 이해할 수 있고 무엇을 이해할 수 없는지에 대한 지식)이다.

⑥ 교육적 맥락에 대한 지식

'교육적 맥락에 대한 지식'은 학습이 일어나는 모든 상황에 대한 지식을 의미한다. 즉 교육적 맥락에 대한 지식은 학교, 교실, 대학뿐만 아니라 비공식적 환경, 그리고 공동체와 사회라는 더욱 폭넓은 교육적 맥락에 대한 지식을 포함한다. 교육적 맥락에 대한 지식은 학급 집단, 교실, 학교 거버넌스와 자금 조달 운용에서부터 공동체와 문화의 특성에 이른다. 그리고 학생들의 학습에서의 발달과 교사의 수업 수행에 영향을 주는 일련의 교수적 맥락을 포함한다. 또한 교육적 맥락에 대한 지식은 학교의 유형과 규모, 통학 가능 거리, 학급 규모, 교사들을 위한 지원의 범위와 질, 교사들이 그들의 수행에 관해 받는 피드백의 양, 학교에서의 관계들의 질, 교장의 기대와 태도, 학교 정책, 교육과정 및 평가과정, 모니터링과 리포팅, 안전, 학교 규칙과 학생들에 대한 기대, 학교 운용 방식을 통해 학생들에게 영향을 미치는 가치들을 포함하는 '암묵적(hidden)' 그리고 '비형식적(informal)' 교육과정 등을 포함한다. 특히 오늘날의 다문화 교실에서, 교사는 다양한 교육 및 문화 시스템에 기반하여 학생들을 가르쳐야 한다.

⑦ 교육의 목적·의미·가치 및 철학적·역사적 배경에 대한 지식

이것은 학생들이 받는 교육이 지향하는 가치와 우선순위에 관한 지식을 의미한다. 교수는 한 차시의 수업 또는 몇 차시의 수업을 위한 단기적인 목표뿐만 아니라 장기적인 목적의 의미에서 유목적적인 활동이다. 어떤 사람들은 교육의 장기간의 목적을 사회가 잘 작동하는 데 기여할 수 있는 유능한 노동자들을 생산하는 데 두는 반면, 또 다른 사람들은 교육을 그 자체의 내재적 가치에 두기도 한다. 교육의 목적은 명백하고 구체적이라기보다는 오히려 함축적인 경향이 있다.

이상과 같은 교사가 갖추어야 할 7가지 지식은 경중을 따질 수 없을 만큼 모두 중요하다. 슐만은 교수내용지식을 교사가 갖추어야 할 최소한의 지식 중 하나로 제시했지만, 최근에는 교수내용지식이 그 이상으로 더욱 부각되고 있다. 무엇보다도 슐만이 제시한 교수내용지식이 중요한 것은 그것이 교과특정 또는 영역특정(subject-specific 혹은 domain-specific) 교수법적 지식이라는 것이다. 교과의 특정한 내용지식을 학습자를 고려하여 적절하고 효율적인 교수법으로 교수하는 교사의 전문적 지식이라는 점에서 교수내용지식은 전문가 자질로 중시되고 있으며, 영역 특정이라는 점에서 교사를 해당 교과의 학자나 일반 교육학자와 구별해 준다.

리트(Leat, 1998)는 교사의 실행에 미치는 변인을 도식화하였는데(그림 1-1), 그 변인은 교사의 신념, 교수내용지식(또는 교사의 계획을 위한 지식), 학생 반응이다. 교사의 신념은 특정 교과를 잘 한다는 것의 의미와 그것을 잘 가르치는 방법 및 학습하는 방법에 대한 교사 나름의 믿음을 의미하고, 교수내용지식은 해당 교과 지식과 교수법 및 학생에 대한 지식을 뜻한다.

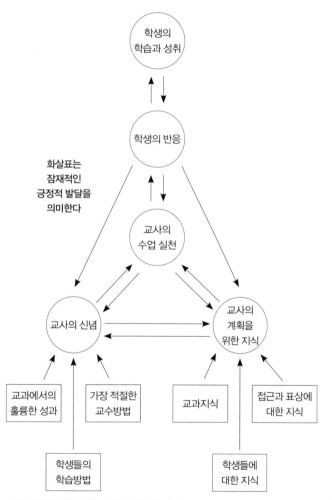

그림 1-1. 수업 실천을 위해 교사가 갖추어야 할 지식(Askew et al., 1997; Leat, 1998 재인용)

(2) 엘바즈(Elbaz)의 실천적 지식

슐만이 제시한 교사가 갖추어야 할 7가지 지식은 교사의 수업 실천에 매우 중요하다. 이에 더해 교사가 장기간의 경험을 통해 구축한 실천적 지식(practical knowledge) 또한 매우 중요하다. 이러한 실천적 지식에 대한 논의를 주도한 학자는 엘바즈(1981, 1983, 1991)이다. 엘바즈는 중등학교 교사들의 수업 실천에 대한 연구를 통해 교사들이 자신의 가르치는 일을 위해 적극적으로 사용하는 일련의 복잡한 이해체계를 가지고 있음을 발견하고, 이것을 '실천적 지식'이라고 개념화하였다.[1]

그는 교사는 이론적 지식뿐만 아니라 경험을 통해 얻게 되는 암묵적 차원의 실제적 지식을 갖고 있음에 주목하였다. 그는 교사 자신이 가지고 있는 지식을 실제 상황에 근거하여, 개인의 가치와 신념을 바탕으로 재구성한 것을 실천적 지식이라고 명명하였다(Elbaz, 1983: 5).

이처럼 실천적 지식은 이론적 지식과 대비되는 개념이며, 교사가 교육적 실천행위를 통하여 획득하는 지식이라고 생각하기 쉽다. 그러나 실천적 지식은 인간의 삶과 행위를 설명하는 역동적인 개념이면서, 이론과 무관한 것도 이론과 동일한 것도 아닌, 이론과 실천 사이를 부단히 오고 가면서 새롭게 자신의 이론을 창조해 나가는 지혜로운 활동이자, 가르침과 배움의 세계를 동시에 갖는 교사의 삶을 의미하는 말이다(홍미화, 2005). 즉 실천적 지식이란 교사 개개인이 가지고 있는 이론적 지식을, 그가 관계하는 실제 상황에 맞도록 자신의 가치관이나 신념을 바탕으로 종합하고 재구성한 지식이며, 이러한 실천적 지식은 그의 교수행위의 근거가 된다.

이와 같은 실천적 지식의 특징을 다음과 같이 3가지로 제시할 수 있다(박선미 2006; 강창숙, 2007; 마경묵, 2007). 첫째, 교사는 다양한 상황에 적절하게 활용할 수 있는 지식을 가지고 있다는 것이다. 둘째, 이러한 지식은 교사가 강의나 책을 통해 배운 이론적 지식, 자신의 가치관과 현장 경험 등의 요인이 통합되어 형성된 지식이라는 것이다. 셋째, 이러한 지식은 현장에서 일어나는 교사의 모든 행동과 판단의 근거로서 사용된다는 것이다.

한편 엘바즈는 실천적 지식의 주요 양상을 3가지로 제시하였다(Elbaz, 1981). 이 3가지는 내

---

1) 교사의 실천적 지식은 상황적 지식(situated knowledge), 개인적인 실천적 지식(personal practical knowledge) (Clandinin, 1985), 행위 중 앎(knowing in action)(Schön, 1983), 장인 지식(craft knowledge), 교사의 개인적 이론 (teacher's personal theories) 등 다양하게 지칭된다(강창숙, 2007).

용(content), 정향(orientation), 구조(structure)이다(김혜숙, 2006a). 이 중에서 '내용'은 교사의 실천적 지식을 드러내는 가장 기본적인 양상인 동시에 좀 더 구체적으로 설명해 줄 수 있는 범주이다. '내용'은 다시 5가지로 범주화되는데, 그것은 교사 자신에 대한 지식(knowledge of self), 교수환경에 대한 지식(knowledge of the milieu of schooling), 교과에 대한 지식(knowledge of subject matter), 교육과정에 대한 지식(knowledge of curriculum), 수업에 대한 지식(knowledge of instruction)이다.[2]

이러한 '내용'을 분석하는 것은 힘들고, 장황하며, 매우 구체적인 작업을 요하는 어려운 일이었지만, 그는 이것을 토대로 '정향'과 '구조'에 대한 이차적인 분석이 이루어졌음을 밝히고 있다(Elbaz, 1981: 45-49). 다음으로 '정향'은 실천적 지식이 생성되고 사용되는 배경을 파악하는 방법이며, 이는 상황적 정향, 개인적 정향, 사회적 정향, 경험적 정향, 이론적 정향으로 구분된다. 정향이 교사의 지식의 관점을 정리할 수 있는 틀이라면, 그 지식의 위계조직을 드러내는 것은 '구조'이다. 교사의 지식은 일반성의 정도에 따라 실행규칙, 실천원리, 이미지로 조직되어 있다. 구조는 교사가 지향하는 수업의 방향·목적·전략과 관계 깊으며, 교사의 경험적이고 개인적인 차원의 지식을 보다 효율적으로 보여 준다(홍미화, 2005: 118).

교사의 실천적 지식은 슐만의 교수내용지식과 매우 유사하다. 왜냐하면 실천적 지식의 내용은 교수내용지식의 구성 요소와 특히 유사하기 때문이다. 슐만이 교수내용지식을 처음으로 개념화하여 제시한 이후부터 계속된 논의들에서 제시하고 있는 교수내용지식의 범주나 교수내용지식의 구성 요소들은 실천적 지식의 내용에 대응하는 것이라고 할 수 있다(홍미화, 2005).

---

2) '교사 자신에 대한 지식'은 교사 개인의 가치와 목적에 관한 지식이다. 즉 전문가로서 자신을 어떻게 보고 있는지, 교사 스스로가 생각하고 있는 역할과 책임은 무엇인지 등에 관련된 지식을 말한다. '교수환경에 대한 지식'은 교사가 자신의 활동과 관계된 모든 교육환경에 대해 가지고 있는 신념이라고 할 수 있다. 즉 어떻게 교실 상황을 보고 있는가? 동료 교사들, 학교 행정가를 어떻게 생각하고 있는지 등과 관련된 지식이다. '교과에 대한 지식'은 교사가 교과를 가르치는 데 알아야 하는 것이 무엇인가에 대한 지식이다. 즉 학습자가 꼭 알아야 하는 내용은 무엇이며, 이 내용이 왜 알 만한 가치가 있는지에 대해 아는 것으로, 곧 교과내용에 대한 지식이다. '교육과정에 대한 지식'은 교과를 지도하는 데 요구되는 교육과정에 대한 이해와 관련된다. '수업에 대한 지식'은 학습자에 대한 지식을 바탕으로 그에 맞게 가르치는 교수방법에 대한 지식을 말한다(Elbaz, 1981).

2) 반성적 실천가로서의 교사

우리는 대부분 훌륭한 지리교사가 되고자 한다. 훌륭한 지리교사가 되기 위해서는 실천에 대한 반성이 요구된다(Lambert and Balderstone, 2010).

교사들은 대학에서 배운 이론적 지식을 실제 교육현장에 적용할 때, 이것이 잘 작동하지 않는다는 것을 알게 된다. 교사의 실천의 장인 교육현장은 이론적 지식이 그대로 적용될 수 있을 정도로 안정되고 통제된 상황이 아니다(Schön, 1983). 특히 교수 경험이 많지 않은 예비 교사의 경우 그들이 가진 이론적 지식을 자신이 가르치는 학생 수준에 맞도록 내용과 방법을 선택하여 수업을 조직하고 학생들이 유의미하게 학습할 수 있도록 연출하기란 무리이다. 쇤(Schön)은 교사의 경력이 증가할수록 자신만의 교수 내용과 방법에 대한 전문적 지식이 증가한다고 하면서, 교사들 스스로 실천적 지식을 개발해 온 방법을 '반성(reflection)'의 개념으로 설명하였다. 따라서 교사의 전문적 자질 향상을 위해 중요한 것은 쇤의 '반성적 실천(reflective practice)' 개념이다.

최근 이러한 반성(reflection)과 실천(practice)은 교사의 전문성 개발을 위해 더욱 주목을 받고 있다. 반성과 실천, 즉 교사 스스로의 반성을 통한 실천이자, 실천을 수반한 반성을 토대로 한 실천적 지식을 교사의 전문성 개발의 핵심 개념으로 논의하고 있다. 특히 쇤이 반성적 실천에 대한 책 *The Reflective Practitioner*(1983), *Educating the Reflective Practitioner*(1987), *The Reflective Turn: Case Studies In and On Educational Practice*(1991)를 출간하면서, 이에 대한 관심이 증가하게 되었다. 그의 '반성적 실천가(reflective practitioner)'라는 개념은 매우 설득력이 있다. 왜냐하면 이 개념은 초임 및 경력 교사들의 전문성 개발에 개념적 구조틀을 제공하기 때문이다(Parry, 1996).

사실 쇤의 반성적 실천이라는 개념은 새로운 것이 아니라 듀이(Dewey)의 '교육적 경험(educative experience)'과 '반성적 사고(reflective thought)'에 그 이론적 토대를 두고 있다. 교사의 교육적 경험과 반성적 사고 간의 상호작용에 대한 듀이의 사고는 그의 책 *How We Think*(1933), *Experience and Education*(1938), *The Relation of Theory to Practice in Education*(1964)에 투영되어 있다. 반성적 사고에 근거한 교육적 경험은 교사들로 하여금 충동적이고 단순히 판에 박힌 활동으로부터 벗어나도록 한다(Dewey, 1933: 17). 또한 반성적 사고는 교사들로 하여금 그들을 예지력을 가진 행동으로 안내하고, 그들이 알고 있는 관점 또는 목적에 따라 수업을 계획할 수 있게 하며, 자신의 행동이 무엇에 관한 것인지를 알도록 한다(Dewey, 1933: 17). 그렇다고 듀이가 교육적 경험만을 강조한 것은 아니며, 이론적 지식과의 유의미한 연결을 강조하였다.

쇤의 반성적 실천의 개념은 '행위 중 앎(지식)(knowledge in action)', '암묵적 지식(tacit knowledge)', '행위 중 반성(reflection in action)'이라는 3가지의 기본적인 구성에 의해 특징지어진다.

'행위 중 앎(지식)'은 우리의 지적인 행동에서 드러나는 노하우(know-how)로 간주된다(Schön, 1987: 25). 쇤(1987: 25)은 '앎(the knowing)'은 '행위 중에' 있다고 주장한다. 계속해서 쇤은 교사는 자발적이고, 능숙한 수행을 통해 앎을 드러낸다고 한다.

'암묵적 지식(또는 개인적 지식)'은 말로 표현할 수 없고 이론화되지 않는 지식을 의미한다. 이러한 암묵적 지식은 그것 속에서 내포된 암묵적 앎을 기술함으로써, 때때로 우리의 행동을 관찰하고 반성함으로써 분명히 표현될 수 있다(Schön, 1987: 25).

쇤(1987)은 듀이가 불확실함 혹은 의심의 상태일 때 반성의 주기가 시작된다고 한 것처럼, 일상적인 행위를 이끄는 '행위 중 앎'을 방해하는 무언가가 있을 때, 즉 어떤 놀라움이 있을 때 의식적인 반성이 일어난다고 보고 있다. 이 의식적인 반성은 '행위 후 반성(reflection on action)'과 '행위 중 반성(reflection in action)'의 두 가지 방식으로 가능해진다고 보았다. 행위 후 반성은 교사가 자신의 행위 중 앎이 예기치 못한 결과에 어떻게 기여할 수 있는지를 발견하기 위해 자신이 행한 것에 관해 다시 생각하는 것이다. 즉 놀라움이 왜 일어났는지를 이해하기 위해 행위를 돌이켜 생각해 보는 것을 의미한다. 행위 후 반성이 일단 일어나면, 현상과 어떤 거리를 두게 되며 평가적이고 비판적으로 그 상황을 숙고할 수 있게 된다. 따라서 침착하고 면밀하게 무슨 일이 일어났으며, 왜 그 일이 일어났고, 그 현상을 예기했던 '행위 중 앎'의 실패 원인이 무엇인지를 재고하는 능력이 생기게 되는 것이다(강창숙, 2007).

쇤(1983)은 반성 중에서 특히 행위 중 반성에 주목하였다. 행위 중 반성은 행위가 진행되는 상황에서 행위 기저의 앎을 표면화하고 비판하며 재구성한 후, 재구성한 앎을 후속 행위에 구현하여 검증하는 것이다. 진정한 전문가로서의 능력은 행위 중 반성과 보다 밀접한 관련이 있다. 이는 전문적 행위를 하고 있는 동안 변화가 내재된 행위방식에 대해 생각하며, 자신이 무엇을 하고 있는지를 알고 있다는 것을 의미한다. 따라서 '행위 중 반성'은 실천적 이론과 실험을 포함하게 되며, 이러한 과정을 통해 진정한 전문성 발달이 이루어질 수 있다(이진향, 2002). 즉 행위 중 반성을 통해 실천가로서의 교사는 전문적 실천가로 성장하게 된다.

행위 중 반성은 '놀람'으로부터 시작한다. 실제 수업에서는 자신이 수업을 계획할 때 생각하지 못했던 문제가 끊임없이 나타난다. 수업 준비를 아무리 철저히 해도 수업 장면에서 예측할 수 없는 부분이 있게 마련이기 때문에, 교사는 재즈 연주자가 상대 연주자의 리듬과 멜로디에 맞추어 즉흥적으로 연주하듯이 학생의 이해 수준이나 주어진 여건 속에서 적합한 소새와 방법을 동원하여 수업을 진행한다. 예를 들면, 어떤 예비교사가 호남지방의 고속도로를 나타내는 지도를 보면서 각 고속도로의 노선을 설명하는데 그 지도가 적합하지 않다거나 "우리나라의 서쪽에 있는 나라가 어디죠?"라는 질문에 학생들의 반응이 없을 경우에, 교사는 상황에 맞게 판단하여 수업을 진행해야 한다. 이러한 상황에서 교사가 당황하거나 놀랐다면 그는 벌써 반성의 단계로 진입한 것이다. 그렇지만 그렇지 않은 경우는 반성이 이루어지지 않은 채 지나가 버리고 만다. '놀람'의 경험은 그것을 가져온 행위 기저의 암묵적 앎을 표면화하고 이를 비판적으로 고찰함으로써 앎을 재구성하도록 한다. 이는 쇤의 잠정적 앎의 단계에 해당한다(박선미, 2006).

행위 중 반성은 잠정적 앎을 즉석에서 실천에 옮겨 검증할 때 교사의 실천적 지식으로 전환될 수 있다. 학생들이 우리나라와 중국의 위치 관계나 주요 고속도로의 위치를 알지 못한다는 사실은 교사가 실제 수업을 실행함으로써 비로소 깨달은 것이다. 즉 교사는 가르치는 과정에서 비로소 학생의 수준이나 어려움을 알게 되고, 그 상황에서 순간적으로 해결책을 모색한다. 잠정적 앎을 즉석에서 실천에 옮겨 그 결과가 좋으면 새로운 실천적 지식이 형성되는 것이고, 그렇지 못하면 행위 중 반성의 초기 단계로 돌아간다. 새롭게 형성된 실천적 지식은 실천가의 행위 속에 녹아 행위 중 앎으로 표출된다. 이러한 실천을 수반한 반성의 개념은 교사의 전문성 개발을 위한 핵심 개념으로 평가된다(박선미, 2006).

이와 같이 반성적 교육과정 및 수업 실천은 교사들에게 지리 교육과정 및 수업설계에 대한 대안적인 접근들을 검토할 수 있는 기회를 제공한다. 그것은 교사들에게 전문적 판단을 가진 교육과정 및 수업 개발자와 의사결정자로서 행동하도록 요구한다(Petrie, 1992; Adler, 1991, 1994).

3) 교수 스타일

교수법(pedagogy)이란 교사가 학생들이 학습하도록 가르치는 행위이다. 사실 교수법은 교사의 실천적 경험 또는 지식에 의존하는 경우가 많다(Kyriacou, 1986: 330). 그리고 예비 교사나 경력이 미미한 교사의 경우, 교수 경험이 풍부한 교사들에 의해 도움을 받을 수도 있다. 그러나 도움을 받는다 할지라도, 자신의 교수에 관해 생각하고 그러한 충고를 해석할 수 있는 구조들을 발달시켜야 한다.

그러한 구조들로서 유용한 것이 바로 '교수 스타일(teaching style)'이다. 교수 스타일이란 교사가 지리를 수업에서 어떻게 가르칠 것인가와 관련된다. 교수 스타일은 학생들이 지리를 학습하는 방법에 영향을 주기 때문에(Naish, 1988), 지리를 학습하는 학생들의 교육적 경험에 매우 중요한 영향을 미친다. 교사의 교수 스타일은 자신의 '행동'(학생들을 참여시키려고 하는 태도와 방법)과, 의도된 학습을 실현하기 위해 선택한 '전략(strategy)'에 의해 결정된다(Leask, 1995).

교사가 실제로 수업을 하는 방법에 대해서는 교육과정에 상세하게 규정되어 있지 않다. 어떤 교사는 특정 교수 스타일과 전략이 자신의 개성과 교수 철학에 가장 적절하다고 생각할 수도 있지만, 다양한 교수 스타일과 전략을 개발하는 것이 중요하다. 왜냐하면 교사는 자신이 선호하는 교수방법뿐만 아니라, 학생들의 특성과 요구(태도, 능력, 선호하는 학습 스타일) 및 의도된 학습결과를 함께 고려해야 하기 때문이다. 교사는 수업을 위해 교수·학습에 관한 교수학적 지식(pedagogical knowledge), 수업 관리, 학습환경, 학급 규모, 유용한 학습자료 등을 결정해야 한다. 이때 학생들이 처한 맥락 또한 다양하므로, 효과적인 수업을 위해서는 다양한 교수 스타일과 전략이 필요하다. 다시 말해 교사들은 개인적으로 자신이 선호하는 교수 스타일을 수업에 적용할 수 있는 자율성을 가지고 있으나, 학생들 역시 개인적으로 선호하는 학습 스타일을 가지고 있다. 이는 교사가 다양한 교수방법을 채택해야 한다는 것을 의미한다. 교사가 가르치는 방법을 학습하는 과정은 학습자의 관점으로부터 일련의 교수 전략과 접근을 실험하고 평가하는 것을 포함한다.

수업 실천에 관한 연구들은 교사들을 교수 스타일의 관점에서 범주화하려고 시도해 왔다. 교수 스타일은 교사가 자신의 교수에서 어떤 유형의 학습활동을 빈번하게 사용하는 경향이 있는지를 언급하는 것이다(Cohen et al., 2004; McCormick and Leask, 2005). 예를 들면, 어떤 교사들은 학생들을 지정된 자리에 앉혀서 일방적으로 내용 및 과제를 전달하는 교수 중심, 설명 중심의 활동을 매우 많이 사용하는 경향이 있다. 가장 전통적인 이러한 접근은 책상들을 일렬로 조직하고 교사에 의해 안내된 활동과 결합된다. 이러한 접근은 종종 '형식적인 교수 스타일(formal teaching style)'로 불린다. 반면, 어떤 교사들은 소규모 모둠활동을 장려하고, 학생들에게 그들의 활동 방향에 대한 더 많은 통제권을 제공하는 학생 중심 활동을 훨씬 더 선호한다. 이것은 책상을 재배열하여 모둠 구성원이 함께 앉아서 활동을 하도록 한다. 그리고 교사는 학생들의 학습 과제를 함께 협상하여 더욱더 열린 과제를 사용한다. 이러한 접근은 종종 '비형식적 교수 스타일(informal teaching style)'로 불린다(Kyriacou, 2007: 45).

그러나 교수 스타일을 구체화하여 제시하려는 시도는 다분히 문제점을 지니고 있다. 왜냐하면 기술할 수 있는 것보다 훨씬 다양한 교수 스타일이 있고(형식적 스타일과 비형식적 스타일이라는 이분법은 너무 단순하다), 대부분의 교사들은 여러 스타일을 혼합하여 사용하며, 또한 교수 스타일의 혼합은 수업마다 학급마다 다르기 때문이다. 그럼에도 불구하고 교사들 간의 일관된 교수 스타일의 차이점은 어느 정도 식별된다(Kyriacou, 2007: 45).

사실 다양한 교수 스타일과 전략을 구분하는 데 사용되는 용어들이 항상 도움이 되는 것은 아니다. 예를 들면, 교수 스타일은 크게 '진보적인' 교수 스타일과 '전통적인' 교수 스타일로 구분된다. 그러나 이러한 용어는 가치함축적이고 매우 고정관념적이다. 일반적으로 진보적인 교수는 탐구 중심이고, 학생 중심이며, 문제해결과 관련되기 때문에 기대되고 좋은 것으로 간주되지만, 이는 최근에 주목받기 시작하여 지적인 실체가 부족하다는 점에서 부정적인 것으로 간주되기도 한다. 한편 전통적인 교수는 구시대적이고, 독단적이며, 강의에 의존하고, 창의적 기회가 부족하다는 점에서 부정적인 것으로 간주된다. 그러나 학문적인 표준을 유지하는 데 신뢰할 수 있고 효과적이라는 점에서, 전통적 관점을 긍정적으로 바라보기도 한다. 이처럼 상이한 교수 스타일의 장점과 단점에 대한 의견들은 다양하다. 실제로 교수 스타일의 장단점에 관한 이야기들은 단지 교사가 어떻게 가르칠지에 대한 부분적인 관점만을 제공한다.

한때 지리교육 연구에서는 상이한 교수 스타일과 학생들의 학습 효과성 간의 관계에 초점을 두었다. 이러한 연구들은 종종 특정 교수 스타일이 다른 교수 스타일보다 더 낫다고 평가하는 경향이 있었다. 왜냐하면 특정 교수 스타일이 더 효과적이라고 믿게 되거나, 로버츠(Roberts, 1996: 235)가 주장한 것처럼 그것이 연구자의 특정한 교육목적 및 철학에 더 부합되기 때문이다.

이러한 경향은 1970년대 이후 영국의 학교위원회(School Council)가 주도한 학교지리 프로젝트
에서도 나타났는데, 이들 프로젝트에서는 특정한 교수 스타일을 지지하고 가치를 부여하였다.
'Geography 14-18' 프로젝트(또는 Bristol Project, 성취 수준이 높은 학생들을 위한 1970년대 학교위
원회 지리 프로젝트)는 교실에서의 지리 교수와 학습의 관계에 대한 3가지 스타일을 구체화하였
다(그림 1-2). 이 3가지는 전달-수용 모델, 행동형성 모델, 상호작용 모델로서, 특히 세 번째 스
타일인 '상호작용 모델'을 가장 선호하였다. 이 프로젝트의 주요한 목적 중의 하나는 학교기반
교육과정 개발을 통해 교사의 교수 스타일에 영향을 주는 것이었다. 이 프로젝트는 '전달-수용
모델'과 '행동형성 모델(구조화된 학습 접근)'의 단점을 강조한 반면, 의사결정 과정에서의 가치를
중시하면서 '상호작용 모델'에 내재된 심층적인 하습과정을 매우 강조하였다.

　사실 교수 스타일과 이것이 실제로 교실 수업에서 실현되는 것 사이에는 간극이 있다. 교사는
교수 스타일과 전략에 관한 학습을 실천하며, 이를 비판적으로 분석해야 한다. 이를 위해 로버
츠(Roberts, 1996)는 교수 스타일과 전략을 찾기 위한 상이한 구조틀을 제시하였다. 그녀는 교사
들이 반스 등(Barnes et al., 1987)이 제시한 '참여의 차원'(닫힌, 구조화된, 협상된)을 자신의 교수 스

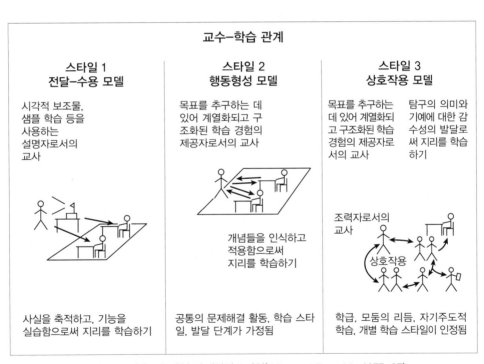

그림 1-2. 지리 교수·학습의 대안적 스타일(Tolley and Reynolds, 1977: 27)

타일로 구체화하고(표 1-1), 이를 교수 전략을 채택하기 위한 분석적 도구로 사용할 수 있다고 주장한다(Roberts, 1996: 238). 로버츠(1996)는 이러한 '참여의 차원'을 고찰한 후, 지리에서의 상이한 교수·학습 스타일을 분석하고 해석하는 데 사용할 수 있도록 표 1-2와 같은 구조틀을 만들었다. 교사들은 신중하게 이 구조틀을 연구함으로써, 어떤 지리수업이 특정 교수·학습 스타일과 일치할 수 있는지를 생각할 수 있다.

먼저 교수·학습의 '닫힌 스타일(closed style)'에서는 교사가 내용을 선정하고 그것이 학습자에게 제시되는 방법을 통제하기 때문에, 학습자들은 수동적이다. 이런 내용은 학생들이 학습해야 할 '권위적인 지식'으로 제공된다. 교사는 또한 이런 내용 또는 데이터를 조사하고 분석하는 절차와 방법을 미리 규정하여 결정한다. 학생들은 교과서와 활동지에 나타난 지시 또는 강의식 수업을 통해 제시된 지시를 따른다. 교사는 학습결과, 핵심 아이디어, 일반화를 미리 결정하여 학생들로 하여금 타당한 결론으로 받아들이도록 한다.

표 1-1. 참여의 차원

	닫힌(closed)	구조화된(framed)	협상된(negotiated)
내용	교사에 의해 견고하게 통제된다. 협상의 여지가 없다.	교사는 토픽, 준거틀, 과제를 통제한다. 즉 명료화된 준거	각 지점에서 논의된다. 즉 합의된 결정
초점	권위적인 지식과 기능. 즉 단순화하고 획일적인 지식과 기능	경험적인 검증, 교사에 의해 선택된 프로세서, 학생의 아이디어에 대한 일부 합법화	정당화와 원리 탐색, 학생의 아이디어들에 대한 강력한 합법화
학생들의 역할	수용, 통상적인 순서와 방법·수행, 원리에 거의 접근할 수 없다.	교사의 사고에 합류, 가설 설정, 검증 실시, 교사의 프레임 통제	목적과 방법을 비판적으로 토론, 프레임과 준거를 위한 책임성 공유
핵심 개념	'권위': 적절한 절차와 정답	'접근': 기능, 프로세서, 준거에 대한	'적실성': 학생들의 우선순위에 대한 비판적 토론
방법	설명: 워크시트(닫힌), 노트 필기·개별 연습, 판에 박힌 실천활동. 교사는 이에 대한 평가를 한다.	제안을 끌어내는 토론과 함께 설명, 개별/모둠 문제해결, 제공된 과제 목록, 결과에 대한 토론, 그러나 교사는 심판을 본다.	목적과 준거에 관한 모둠 및 학급 토론, 의사결정. 학생들은 활동을 계획하고 수행하며, 발표하고, 성공 여부를 스스로 평가한다.

(Barnes et al., 1987)

표 1-2. 지리 교수·학습 스타일을 찾기 위한 구조틀

	닫힌	구조화된	협상된
내용	교사에 의해 선택된 탐구에 초점	주제 내에서 학생들에 의해 선택된 탐구에 초점(예를 들면, 어떤 화산을 학습할 것인지 선택하기)	학생들이 탐구의 초점을 선택한다[예를 들면, 어떤 경제적으로 덜 발달한 국가(LEDC)를 조사할 것인지를 선택하기].
질문	교사에 의해 선택된 탐구질문과 하위질문	교사는 활동을 계획하여 학생들이 질문과 하위질문을 구체화할 수 있도록 한다.	학생들이 질문을 고안하고 질문을 조사하기 위한 방법을 계획한다.
데이터	교사에 의해 선택된 모든 데이너 데이터는 권위적인 증거로서 제시된다.	교사는 다양한 자료를 제공하고, 학생들은 명백한 준거를 사용하여 그것들로부터 적절한 데이터를 선정한다. 학생들은 데이터에 질문하도록 격려받는다.	학생들은 학교 안팎에서 데이터의 출처를 찾고, 출처로부터 적절한 데이터를 선별한다. 학생들은 데이터에 대해 비판적이도록 격려받는다.
데이터 이해하기	미리 결정된 목표를 성취하기 위해 교사에 의해 계획된 활동 학생들은 지시를 따른다.	학생들은 상이한 기법과 개념적 구조에 안내되고, 그것들을 선별적으로 사용하여 학습한다.	학생들은 자신의 해석과 분석 방법을 선택한다. 학생들은 쟁점에 관해 그들 자신의 결론에 도달하고, 판단을 한다.
요약	교사는 데이터, 활동, 결론에 대한 모든 결정을 함으로써 지식의 구성을 통제한다.	교사는 학생들을 지리지식이 구성되는 방법으로 인도한다. 학생들은 선택해야 할 것에 대해 알게 되고, 비판적이도록 격려받는다.	학생들은 교사의 안내와 함께 그들 자신이 관심과 흥미를 가진 질문을 조사할 수 있게 되고, 자신들의 조사를 비판적으로 평가할 수 있게 된다.

(Roberts, 2003: 35)

둘째, 교수·학습의 '구조화된 스타일(framed style)'은 비교적 명확한 지리적 질문들에 의해 안내된다. 교사가 여전히 지리 학습과 탐구의 초점을 결정하지만, 학생들은 자신의 질문을 만들도록 격려받는다. 교사는 학생들에게 해결해야 할 질문 또는 문제를 제시함으로써 학습에 대한 동기를 유발한다. 교사가 여전히 자료와 내용을 선택하지만, 그것들은 보통 학생들이 해석하고 평가해야 할 '증거'로서 제시된다. 구조화된 스타일에서 교사는 학생들에게 지리탐구에 포함된 과정과 기법을 이해하도록 도와준다. 여기서 평가는 중요하다. 왜냐하면 학생들은 상이한 정보와 데이터를 표현하거나 분석하기 위한 기법의 장점과 단점을 이해할 필요가 있기 때문이다. 학

생들은 상충하는 정보 또는 관점을 탐구해야 하며, 이러한 정보를 검토함으로써 상이한 결론에 도달할 수 있다.

마지막으로 교수·학습의 '협상된 스타일(negotiated style)'에서는 교사가 학습해야 할 일반적인 주제를 구체화하지만, 학생들이 그들의 탐구를 안내할 질문들을 개별 또는 모둠별로 만든다. 학생들은 이러한 질문들을 교사와 협상한다. 교사는 또한 사용할 정보의 적합성뿐만 아니라, 탐구방법과 계열에 관해 안내를 한다. 학생들은 정보를 독자적으로 수집하며, 수집한 데이터를 표현하고, 분석하며, 해석할 적절한 방법을 선택한다. 협상된 탐구의 결과 또는 결론이 항상 예측 가능한 것은 아니다. 학습의 과정은 학습의 결과만큼이나 중요하다. 그러므로 학생들이 선정한 데이터의 한계를 스스로 고찰하고, 사용한 방법을 검토한다면 도움이 될 수 있다.

교사들은 가르치는 방법을 단지 자신의 교육철학에만 의존하는 것이 아니다. 교사가 가르쳐야 할 내용은 지리 교육과정과 교과서에 기술되어 있다. 물론 교사들은 가르치는 방법을 선택하는 데 그런 내용에 근거해야 할 뿐만 아니라 유용한 시간, 학생들의 특성, 유용한 자료 등도 고려해야 한다. 여기서 제시된 구조틀은 교과서에 제공된 활동을 분석하는 데 유용할 것이다. 로버츠(1996)는 많은 교과서에서 제공하는 활동들이 어떻게 '폐쇄적' 참여의 차원에서 작동하는지를 기술하고 있다. 교사들은 교과서가 학생들의 지식을 어느 정도로 통제하고 어느 정도로 구조화하고 있으며, 어떻게 지식을 구성하는 원리에 접근하며, 학생들이 어떻게 자신의 조사를 수행할 수 있도록 하고 있는지에 대해 질문하고 검토할 필요가 있다(Roberts, 1996: 249). 그뿐만 아니라 교사들은 학생들이 심사숙고하여 자신의 질문을 만들도록 격려할 수 있는 활동들을 계획하거나 고안할 필요가 있다.

3. 학습자로서의 학생

1) 학생들의 학습 스타일

교수 스타일과 유사하게, 학생들을 학습 스타일의 관점에서 범주화하려는 시도들이 있다 (Pritchard, 2005; Smith, 2005). 학습 스타일이라는 용어는 학생들이 경험하려고 선호할 뿐만 아

32

니라, 자신의 학습을 촉진하는 데 더 효과적이라고 느끼는 학습 활동 및 과제와 밀접한 관련이 있다. 학습 스타일은 또한 학생들의 학습전략에 관한 선호뿐만 아니라, 학습 상황의 물리적·사회적 특성과 관련한 선호를 포함한다. 예를 들면, 어떤 학생들은 듣는 것보다 읽는 것을 선호하고, 모둠에서 활동하는 것보다 혼자 활동하는 것을 선호하며, 교사로부터 요약문을 제공받는 것보다 오히려 스스로 발견하는 것을 선호하고, 자신이 의사결정을 하는 것보다 견고하게 처방된 과제들을 수행하는 것을 선호한다(Kyriacou, 2007: 45).

학생들이 선호하는 학습 스타일로 가르침을 받는다면, 더 많은 학습이 일어날 것이라고 이야기된다. 따라서 교사들은 학생들의 학습 스타일에는 차이가 있다는 것을 인식하고 학습활동을 학생들의 선호에 일치시키려고 해야 한다. 그러나 학생들이 선호하는 학습 스타일에 활동을 일치시키는 것 또한 많은 문제점을 내포하고 있다. 일부 학자들은 오히려 학생들이 선호하지 않는 학습 스타일에서 효과적으로 학습할 수 있는 기능을 발달시키도록 도와주는 것이 중요하다고 주장한다(Ferretti, 2007; Best, 2011). 왜냐하면, 첫째, 학생들이 선호하는 학습 스타일로 지나치게 가르침을 받는다면, 학생들은 완전한 또는 다양한 학습기능을 발달시키지 못할 수도 있다. 둘째, 학생들의 학습 스타일은 결정하기 쉽지 않을 뿐만 아니라 수업마다 교과마다 다양하다. 셋째, 교실 환경은 동일한 주제의 학습에서 학생들의 다양한 학습 선호를 반영하여 교육과정을 차별화하는 것을 극도로 어렵게 만들기 때문이다(Kyriacou, 2007: 45).

(1) 콜브(Kolb)의 학습자 유형 분류

지리교사는 학습자의 특성뿐만 아니라 학습자의 학습방법이 학습의 과정과 결과에 어떻게 영향을 주는지에 대해 더 많이 고려해야 한다. 따라서 학생들의 학습방법이 그들의 지리학습에 어떻게 영향을 줄 수 있는지를 탐색하는 것이 중요하다. 학생들은 모두 동일한 방식으로 학습하지 않는다. 학생들은 각자 자신의 경험에 비추어 지리를 학습하는 가장 성공적인 방법이 무엇인지를 구체화할 수 있다. 즉 자신들이 가장 효과적으로 반응했던 수업유형, 교수전략, 학습활동을 구체화할 수 있다. 학습자의 상이한 학습 스타일에 대한 중요성은 많은 방법으로 연구되었다.

지리교사들은 자신 나름대로의 교수 스타일과 전략을 발달시킬 필요가 있다. 교사들은 상이한 학습의 결과를 성취할 수 있고, 상이한 학습의 스타일 또는 과정을 촉진하며, 상이한 학생들이 학습하는 다양한 방법에 반응할 수 있는 다양한 전략을 사용한다. 일련의 교육학자들은 특정 학습방법에 대한 학습자들의 선호를 기술하기 위해 상이한 학습 스타일을 구체화하려고 시도하였다. 대표적으로 콜브(Kolb, 1976)는 학습자들이 선호하는 학습방법을 기술하기 위해 4가지 유형의 '학습 스타일 목록(Learning Style Inventories)'을 고안하였다. 이런 학습 스타일의 유형은 허니와 멈퍼드(Honey and Mumford, 1986)를 비롯하여 많은 다른 학자들에 의해 채택되어 발전되었다(표 1-3).

표 1-3. 학습 스타일의 유형

조절자 (역동적인 학습자)	확산자 (상상력이 뛰어난 학습자)
• 자기주도적이고 창의적임 • 위험과 변화를 겪는 것을 좋아함 • 새로운 상황에 흥미 있어 하고 잘 적응함 • 호기심이 많고 조사하는 것을 좋아함 • 창의적이고, 실험을 좋아함 • 진취성을 보여 줌 • 문제해결자 • 다른 사람을 참여시킴 • 다른 사람들의 의견과 느낌을 구함 • 충동적이고, '서두를 수 있음' • '시행착오'를 겪고, 본능적인 반응을 함 • 지원(도움) 네트워크에 의존함	• 상상력이 풍부하고 창의적임 • 유연하고, 많은 대안들을 볼 수 있음 • 다채로움(공상을 사용함) • 통찰을 사용함 • 새로운/상이한 상황에서 자신을 상상하는 데 익숙함 • 서두르지 않고, 격식을 차리지 않으며, 친절함 • 갈등을 피함 • 다른 사람들에게 귀 기울이고, 아이디어를 소수의 사람들과 공유함 • 모든 감각을 사용하여 해석함 • 귀 기울여 듣고, 관찰하고, 질문을 함 • 민감하고, 감성적이며, 감정이 풍부함 • 준비될 때까지 서두르지 않음
수렴자 (상식적인 학습자)	동화자 (분석적인 학습자)
• 조직적이고, 질서정연하며, 구조적임 • 실천적이고, '실제적 행위(hands-on)' • 세심하고 정확함 • 아이디어를 문제해결에 적용함 • 새로운 상황을 검증하고 그 결과를 평가함으로써 학습함 • 이론을 유용하게 만듦 • 목적을 충족시키기 위해 추론을 사용함 • 훌륭한 탐정 기능, 즉 '검색과 해결' 기능을 가지고 있음 • 상황을 관리하는 것을 좋아함 • 자기주도적으로 행동하고, 그리고 나서 피드백을 받음 • 사실적인 데이터와 이론을 사용함	• 논리적이고 구조적임 • 지적이고, 학문적임 • 읽기와 조사하기를 좋아함 • 평가적이고, 훌륭한 종합자임 • 사색가이고 토론자임 • 정확하고, 철저하며, 신중함 • 조직적이고, 계획을 따르는 것을 좋아함 • 경험을 이론적 맥락에 두는 것을 좋아함 • 과거의 경험들을 찾아 그것으로부터 학습을 추출함 • 천천히 반응하고 사실을 원함 • 개연성을 추정함 • 너무 감성적이게 되는 것을 피함 • 종종 경험을 기록하여 그것을 분석함

(Kolb, 1976; Fielding, 1992)

이런 학습 스타일의 유형 분류는 학생마다 가장 학습이 잘되는 방식이 상이하다는 것을 보여 준다. 학습 스타일의 유형을 분류하는 목적은 학생들이 학습하는 다양한 방법들을 기술하는 것이지, 그들의 학습능력을 평가하는 것이 아니다. 어떤 유형의 학습 스타일이 다른 유형의 학습 스타일보다 뛰어난 것이라고 말할 수는 없다. 학습 스타일의 유형별로 각각의 장점과 단점을 가지고 있다. 실제로 대부분의 학생들은 이런 학습 스타일의 유형 중에서 단지 하나만을 따르는 것이 아니라, 이런 방법들의 조합을 통해 학습한다. 그리고 학생들은 종종 교과에 따라, 장소와 시간에 따라 다른 학습 스타일을 선호할 것이다.

이론적으로 교사는 학생들로 하여금 그들이 가지고 있는 상이한 학습 스타일에서 가장 잘 작동할 수 있는 능력을 발달시킬 수 있도록 지원함으로써, 더 유능하고 나재다능한 학습능력을 가진 학습자가 되도록 도와줄 수 있다. 명백하게 교사들은 모든 수업을 각각의 모든 학습 스타일에 맞출 수는 없다. 그러나 지리교사들은 계속해서 가르쳐 오고 있는 지리수업이 모든 학생들에게 그들이 익숙해하는 방법으로 학습할 수 있는 기회를 제공하고 있는지를 반성해 보는 것이 매우 중요하다. 또한 개별 학생들이 지리를 학습하는 상이한 방법을 고찰한다면, 지리교사들은 학습자로서의 학생들에 관해 더 많은 것을 발견할 수 있다.

또한 교사는 학생들에게 상이한 학습 스타일에 대해 인식하도록 하고, 학생 자신이 가장 잘 학습할 수 있는 방법을 고찰해 보도록 하는 것이 필요하다. 이것은 학생들로 하여금 자신의 학습, 기능, 특별한 장점에 관해 성찰하도록 할 수 있다. 그렇게 될 때 학생들은 상이한 정보와 상황에 효과적으로 대응할 수 있는 기능을 발달시킬 수 있고, 자신의 학습에 대해 더 많은 책임성을 가질 수 있다. 교사는 학생들이 다양한 방식으로 학습하고 다양한 학습기능을 사용할 수 있는 훌륭하고 다재다능한 학습자가 되도록 도와주어야 한다.

(2) VAK 학습 스타일

앞에서도 언급했지만 학습 스타일에 따른 교수에 대해서는 상이한 관점이 있다. 그럼에도 불구하고 학습 스타일에 대한 고려는 교사의 교수에 다양성을 부가할 수 있다. 학습 스타일의 또 다른 분류 방식으로 'VAK 학습 스타일'이 있다. 이는 표 1-4와 같이 학습자의 학습 스타일을 시각적 학습자(visual learners), 청각적 학습자(auditory learners), 운동기능적 학습자(kinaesthetic learners)로 분류한다.

일부 학교들은 학생들의 학습 스타일에 관한 정보를 가지고 있지만, 교사들 또한 학습자의 학습 스타일을 관찰이나 표 1-5와 같은 간단한 설문지를 사용하여 발견할 수 있다. 그러나 이와 같은 조사는 신중하게 다루어져야 한다.

표 1-4. VAK 학습 스타일의 주요 특성들

• 시각적(Visual: V) 학습자들은 보는 것으로부터 학습한다. 시각적 학습자들은 쓰여진 단어들을 읽고 보고 반복해서 씀으로써 기억하는 것을 선호한다. 그들은 그림을 통해 사고할 수 있고, 지도, 다이어그램, OHP, 잘 묘사된 교과서들, 비디오로부터 잘 배울 수 있다. 이러한 학습자들은 수업의 내용을 완전히 이해하기 위해 교사의 신체언어와 얼굴 표정을 볼 필요가 있으며, 시각적 장애물을 피하기 위해 교실 앞에 앉는 것을 선호할 수 있다. 시각적 학습자들은 종종 정보를 흡수하기 위해 상세하게 노트하는 것을 선호하며, 만약 지루해진다면 그들은 주위를 둘러보거나 뭔가를 끄적거리거나 어떤 다른 것들을 본다.
• 청각적(Auditory: A) 학습자들은 듣는 것으로부터 학습한다. 청각적 학습자들은 교사들에게 귀 기울여 듣는 것을 선호하고, 어떤 것에 관해 이야기하는 것을 좋아한다. 그들은 종종 매우 유창하게 그리고 논리적 순서로 이야기하며, 단어들을 큰 소리로 반복함으로써 기억한다. 학생들은 토론하고, 무언가를 이야기하며, 다른 사람들이 말하는 것을 들음으로써 가장 잘 학습하고, 쓰여진 정보는 그것이 들려지기 전까지는 아무 의미를 가지지 못한다. 이러한 학습자들은 종종 텍스트를 크게 읽거나 테이프 리코더를 사용함으로써 이익을 얻는다.
• 운동기능적(Kinaesthetic: K) 학습자들은 움직이고, 행하고, 만져 봄으로써 학습한다. 운동기능적 학습자들은 참여하고 무언가를 시도하며, 손으로 움직이는 접근을 통해 가장 잘 배운다. 그들은 천천히 말할 수 있고, 많은 손동작을 사용할 수 있다. 그들은 무언가를 반복하여 행함으로써 기억한다. 그들은 오랫동안 앉아 있는 것이 어렵다는 것을 발견할 수 있으며, 활동을 위한 그들의 요구에 의해 산만하게 될 수도 있다.

(Ferretti, 2007)

표 1-5. 학생들과 함께 사용하기 위한 VAK 설문지

당신은 어떤 감각으로 학습하기를 선호하는가?			
상황: 당신이 …할 때?	당신이 선호하는 행동의 코스: 당신은 …?		
	시각적(Visual)	청각적(Auditory)	운동기능적(Kinaesthetic)
단어를 쓸 때	단어를 시각화하려고 한다.(단어가 정확히 보이는가?)	단어를 듣는다.(단어가 정확히 들리는가?)	단어를 쓴다.(단어가 정확히 느껴지는가?)
집중할 때	단정치 못한 것에 의해 가장 산만해짐	소음에 가장 산만해짐	소음 또는 육체적 장애에 가장 산만해짐

좋아하는 예술유형을 선택할 때	미술	음악	댄스/조각
누군가에게 보상할 때	노트에 있는 그들의 활동에 관해 칭찬을 쓰는 경향이 있음	그들에게 말로 칭찬하는 경향이 있음	그들의 등을 토닥거리는 경향이 있음
대화할 때	매우 빠르게 말하지만, 쓸모없는 대화를 제한되게 한다. 많은 이미지를 사용한다. 예를 들면, '그것'은 건초더미에서 바늘 찾기야.	약간의 주저함과 명료한 말투와 함께, 논리적 순서로 일정한 속도로 유창하게 대화한다.	많은 손동작을 사용하고, 행동과 느낌에 관해 이야기하며, 보다 긴 침묵과 함께 훨씬 느리게 말한다.
사람을 만날 때	대개 그들의 생김새/배경을 기억한다.	대개 이야기한 것/그들의 이름을 기억한다.	대개 그들과 함께했던 것/그들의 감성을 기억한다.
영화, TV를 보거나 소설을 읽을 때	장면/사람들이 어떤 모습인지를 가장 잘 기억한다.	이야기한 것/음악의 사운드를 가장 잘 기억한다.	발생했던 것/등장인물의 감성을 가장 잘 기억한다.
휴식을 취할 때	일반적으로 읽기/TV를 선호한다.	일반적으로 음악을 선호한다.	일반적으로 게임, 스포츠를 선호한다.
누군가의 기분(분위기)을 해석하려고 할 때	주로 그들의 얼굴 표정을 주목한다.	그들의 목소리 톤에 주의를 기울인다.	몸동작을 본다.
무언가를 회상할 때	본 것/사람들의 얼굴/사물의 모습을 기억한다.	이야기한 것/사람들의 이름/농담을 기억한다.	수행한 것/그것이 어떤 느낌이었는지를 기억한다.
무언가를 기억할 때	무언가를 반복해서 씀으로써 기억하는 것을 선호한다.	단어를 크게 소리내어 반복하여 읽음으로써 기억하는 것을 선호한다.	무언가를 반복해서 행함으로써 기억하는 것을 선호한다.
옷을 선택할 때	옷이 어떤 모양이며, 옷이 잘 어울리는지, 그리고 색깔에 의해 거의 전적으로 선택한다.	브랜드, 옷들이 무엇을 '말'하는지에 많은 관심을 기울인다.	주로 옷들이 어떤 느낌인지, 편안함, 질감 등에 따라 주로 선택한다.
화가 날 때	침묵하고 속을 끓인다.	화를 밖으로 폭발시킨다.	호통치며 말하고, 주먹을 꽉 쥐며, 사물을 던진다.
활동하지 않을 때	뭔가를 둘러보고, 끼적거리며, 유심히 본다.	자신에게 또는 다른 사람에게 말한다.	꼼지락거리고, 걸어다닌다.
자신을 표현할 때	종종 다음과 같은 구절을 사용한다. 나는 안다(I see)/나는 상황을 이해한다(I get the picture)/이것에 관한 해결의 빛을 던집시다(Let's shed some light on this)/나는 그것을 묘사할 수 있다(I can picture it).	종종 다음과 같은 구절을 사용한다. 좋아(That sounds right)/I hear you/That rings a bells me/It suddenly clicked/That's music to my ears.	종종 다음과 같은 구절을 사용한다. That feels right/I'm groping for an answer/I've got a grip on it/I need a concrete example.

사업차(일로) 사람을 접촉할 때	면대면 접촉을 선호한다.	전화에 의존한다.	걷거나 먹는 동안에 일에 관해 이야기하는 것을 선호한다.
학습할 때	단어, 삽화, 다이어그램을 읽고 보며, 그것을 스케치하는 것을 선호한다.	강의에 참석하여 듣고, 강의에 대해 이야기하는 것을 좋아한다.	몰두하고, 손을 움직이며, 그것을 시험해 보고, 노트에 기록하는 것을 좋아한다.
새로운 물건을 조립할 때	먼저 다이어그램을 본다/지시사항을 읽는다.	먼저 무엇을 해야 하는지를 말해 달라고 누군가에게 물어본다.	먼저 조각들을 가지고 작업을 한다.
그 후, 여러분의 두 번째 선택은 …일 것이다.			
	여러분이 그것을 조립할 때, 질문을 하거나/여러분 자신에게 이야기를 한 후(A), 그 후 그것을 행한다(K).	당신에게 보여 달라고 그들에게 요구한 후(V), 그것을 시도한다(K).	질문을 한 후(A), 다이어그램/지시사항을 본다(V).
전체 반응			

(계속)

(Ferretti, 2007: 113-114 재인용)

교사는 이러한 학습 스타일의 관점을 고려하여 학습 자료 및 정보를 선택하고 표현하는 것이 중요하다. 앞에서도 언급한 바와 같이 모든 학습자들은 학습 스타일을 결합하여 사용하지만, 많은 학습자들은 하나의 학습 스타일에 강한 선호를 보인다. 기니스(Ginnis, 2002)에 의하면, 일반적으로 사람들의 29%는 시각적 학습자이고, 34%는 청각적 학습자이며, 37%는 운동기능적 학습자이다. 학생들이 상이한 방식으로 학습한다는 것을 이해하는 것은 중요하며, 따라서 이것을 지원하기 위한 다양한 자료와 교수전략을 사용하는 것이 중요하다. 그러나 가장 성공적인 학생들은 다양한 방식으로 정보에 접근할 수 있는 사람이라는 것을 명심할 필요가 있다. 그러므로 교사들은 학생들이 항상 선호하는 학습 스타일로만 활동하도록 해서는 안 되며, 더 유연하고 보다 전방위 학습자가 되도록 상이한 학습 스타일의 발달을 격려해야 한다.

베스트(Best, 2011)에 의하면, 학생들은 단 하나의 학습 스타일을 가지고 있다기보다는 오히려 선호하는 학습 스타일을 가지고 있으며, 단지 한 방식으로만 학습하지는 않는다(예를 들면, 모든 학생들은 그것이 선호하는 학습 스타일은 아닐지라도 귀머거리가 아닌 이상 적어도 어느 정도는 청각적인 경로를 통해 학습할 수 있음에 틀림없다). 그리고 학습 선호는 고정된 것이 아니라 발전할 수 있다. 따라서 교사들은 학생들이 모든 학습 스타일을 발달시킬 수 있도록 돕기 위해 모든 것을 수행해야 한다. 그렇게 될 때 학생들은 더욱더 세련된 개인이 된다.

이러한 학습 스타일은 VAK 세 가지에 한정되는 것이 아니며, 학습자들은 일련의 다른 요소들에 따라 학습에 대한 선호를 가질 수 있다. 예를 들면, 전체적/부분적 학습자, 분석적 학습자 또는 상상력을 통한 학습자 등이 있을 수 있다. 따라서 지리교사의 핵심적인 역할은 학생들이 가능한 한 폭넓은 학습선호를 어떻게 발달시킬 수 있는지를 구체화하는 것이다.

특히 지리는 다양한 학습경험을 제공하기에 매우 이상적인 교과이다. 프레티(Ferretti, 2007)는 표 1-6과 같이, 상이한 학습 스타일에 적합한 교수자료와 학생활동의 사례를 제시하고 있으며, 베스트(Best, 2011)는 그림 1-3과 같이 상이한 학습선호를 위한 활동 사례를 제시하고 있다.

표 1-6. 상이한 학습 스타일에 적합한 과제와 활동

학습 스타일	교수자료	학생활동
시각적(Visual)	• 다이어그램 • 차트 • 잘 묘사된 텍스트 • 사진 • 팸플릿 • 인터넷 • 지형도 • 지리부도 • 묘사된 프레젠테이션	• 거미 다이어그램 • 개념도 그리기 • 텍스트에 색깔로 강조하기와 같은 텍스트관련 지시활동(DARTs) • 웹기반 조사 • 지형도 활동 • 지도와 다이어그램 주석 달기 • 기억으로부터의 지도
청각적(Auditory)	• 프레젠테이션 • 논평을 가진 비디오 • 큰 소리로 읽힐 수 있는 텍스트 • 라디오 방송 • 초청 연설 • 음악을 사용하여 쟁점을 도입하기	• 토의 • 모둠활동 또는 짝활동 • 역할극 • 인터뷰 • 스토리텔링 • 마인드 무비
운동기능적(Kinaesthetic)	• 학생들의 참여와 함께 상호작용 화이트보드를 사용한 프레젠테이션 • 실천적 예증	• 모형 만들기 • 카드 분류 • 개념도 그리기 • 야외조사 활동 • 게임과 시뮬레이션 • 역할극 • 미스터리 • 살아 있는 그래프 • 기억으로부터의 지도 • 동물 만들기

(Ferretti, 2007)

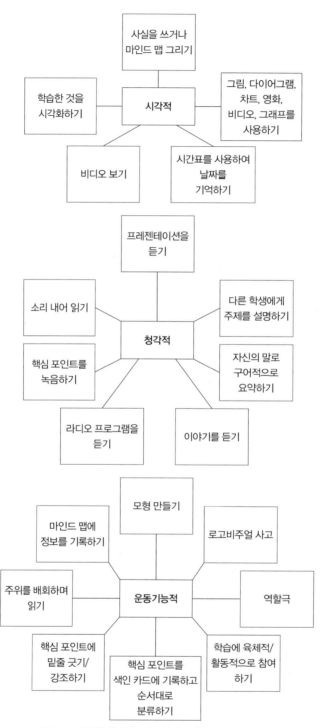

그림 1-3. 상이한 학습선호를 위한 활동(Best, 2011: 32)

(3) 가드너(Gardner)의 다중지능

가드너(Gardner, 1983)는 다중지능 이론을 통해 8가지의 지능을 제시하였다. 그것은 논리·수학 지능(logical-mathematical intelligence), 언어 지능(linguistic intelligence), 공간 지능(spatial intelligence), 신체·운동 지능(bodily-kinesthetic intelligence), 음악 지능(musical intelligence), 대인관계 지능(interpersonal intelligence), 자기이해 지능(intrapersonal intelligence), 자연탐구 지능(natural intelligence)이다. 결론적으로 가드너는 학습자들은 상이한 학습 도전에 상이한 방식으로 반응하며, 학생들이 학습할 때 다양한 스타일과 전략을 사용한다는 것을 보여 준다. 학습자의 학습 스타일은 그들의 특정한 학습경험에 직접적인 영향을 끼친다(Davidson, 2002). 이러한 학습 스타일의 차이는 학습자들에게 다양한 자료와 활동을 제공함으로써 상이한 방법으로 배울 수 있는 기회를 제공해야 한다는 것을 의미한다. 교사의 교수는 개별 학습자들의 요구를 충족시킬 수 있도록 교육과정차별화 전략에 더욱더 주의를 기울여야 한다(Battersby, 2000).

베스트(Best, 2011)는 가드너의 다중지능 이론을 지리수업에 적용하는 데 명심해야 할 핵심 포인트를 다음과 같이 제시한 후, 다중지능을 위한 학습활동을 표 1-7과 같이 제시하였다.

- 학생들의 지능 프로파일을 결정하는 데 목적이 있는 진단 검사가 도움이 될 수 있고, 이는 학생들의 다재다능한 능력에 관한 유용한 정보를 생성한다.
- 그러나 가드너는 학생들의 지능 프로파일은 결코 고정되어 있지 않다고 주장한다. 대신 그것들은 학생들이 성장함에 따라 끊임없이 변화하는 것으로 간주될 수 있다.
- 지리는 모든 다중지능을 발달시킬 수 있는 충분한 기회를 제공하지만, 지리교사들은 가드너가 제시한 지능의 일부를 육성하기 위한 창의적인 방법을 발견할 필요가 있다.
- 모든 지리교사들의 임무는 학생들이 모두 그들의 지능을 발달시킬 수 있도록 돕는 데 있어야 한다.
- 모둠활동에서는 다양한 지능을 가진 학생을 함께 모둠으로 배열하는 것이 현명할 것이다. 이것은 과제를 다루는 데 있어서 다양성을 담보할 것이다.
- 가드너는 또한 잠재적인 지능으로서 실존적·도덕적 지능을 고려했지만, 그것들은 널리 인

정되지는 않고 있다. 가드너가 제시한 지능들이 본질적으로 구체적인 영역들에서의 성향 (적성)을 나타내는 것처럼, 그것들을 유지하기 위한 주장들이 있다. 사실 다른 부가적인 지능들을 추가해야 한다는 주장들도 있다. 여러분은 교실에서 어떤 학생이 위에 언급된 지능들 중의 하나라고 쉽게 단정지을 수 없는 지능을 보여 주는 것을 발견할 수 있다. 예를 들면 매우 창의적인 학생이 있을 수 있다. 그와 같이, 가드너의 이론을 여러분 자신의 환경에 적합하게 하기 위해 채택하는 데 열린 마음을 가져라. 기억하라. 하나의 이론은 엄격하게 검정받지 않은 채 남아 있다는 것을.

표 1-7. 다중지능을 위한 학습활동

구체적인 활동들이 학생들의 지능에 호소하고 지능을 발달시키기 위해 사용될 수 있다. 구체적인 활동들은 다음과 같다.

대인관계 지능	• 다른 사람들로부터 학습하기 • 모둠에서 활동하기 • 다른 사람들과 이야기하여 답변을 공유하고 얻기 • 학습 후 노트를 비교하기 • 모니터링을 사용하기 • 다른 사람을 가르치기
자기이해 지능	• 학습을 위한 목적과 목표를 설정하기 • 학습에서의 개인적 관심을 창출하기 • 학습을 통제하기 • 자기주도적 학습을 수행하기 • 인간의 시각(관점)을 찾아내기 • 경험한 것과 이것을 불러일으킨 느낌을 반성하고, 글로 쓰거나 토론하기
신체·운동 지능	• 행함으로써 학습하기 • 역할극과 드라마 • 현장학습 • 행동하기: 예를 들면, 포인트를 글로 쓰거나 마인드 매핑하기 • 모형 만들기 • 카드분류 활동 • 활동하는 동안 이동하기 • 육체적 연습을 하는 동안 학습에 대한 정신적 검토하기
언어 지능	• 책, 테이프, 강의, 프레젠테이션으로부터 학습하기 • 학습을 시작하기 전에 답변해야 할 질문들을 쓰기 • 소리 내어 읽기 • 텍스트를 읽은 후, 자신의 단어로 소리 내어 요약하기 그리고 이것을 글로 쓰기

언어 지능	• 생각을 자신의 단어로 표현하기 • 생각을 순서대로 조직하거나 핵심 포인트를 구별하기 위해 브레인스토밍하기 • 해결해야 할 십자말풀이와 단어 퍼즐 만들기 • 쟁점을 논쟁하고 토론하기 • 학습한 것을 다른 학생에게 구술로 또는 글로써 표현하기
논리·수학 지능	• 핵심 포인트를 순서대로 기록하고 그것들을 넘버링하기 • 흐름도를 사용하여 단계들을 따를 수 있도록 정보를 쉽게 표현하기 • 마인드 맵을 사용하기 • 컴퓨터 스프레드시트를 사용하기 • 사건을 기억하기 위해 타임라인을 사용하기 • 데이터를 분석하고 해석하기 • 문제를 만들고 해결하기
음악 지능	• 학습 전에 음악을 사용하여 긴장을 풀기 • 학습내용을 반영하는 음악을 공부하기 • 리듬 있게(율동적으로) 읽기 • 노래, 시엠송, 랩 또는 운문을 쓰기 • 음악적 접근을 사용하여 핵심 단어들을 기억하기
자연탐구 지능	• 야외에서 학습하기: 예를 들면, 현장학습에서 • 환경적 쟁점을 조사하기 • 자연적 세계를 구체화하고 분류하기 • 자연과 환경에 관해 읽기 • 자연 전문가인 초빙연사의 연설을 귀 기울여 듣기 • 환경적 주제를 가진 역할극을 고안하기
공간 지능	• 영화, 비디오, 슬라이드, 파워포인트 프레젠테이션으로부터 학습하기 • 마인드 맵, 상징, 다이어그램을 사용하기 • 어떤 토픽에 관한 핵심적인 사실을 나타내는 포스터를 설계하기 • 상이한 색깔로 핵심 포인트를 강조하기 • 읽을 때, 사건을 마음의 눈으로 시각화하기 • 상이한 관점을 얻기 위해 그 방의 상이한 배경 또는 영역에서 공부하기 • 정보를 다이어그램 또는 그림으로 전환하기

(계속)   (Best, 2011: 28-29)

2) 개별화 학습

교수 스타일과 학습 스타일에 관한 연구의 중요한 함의 중 하나는 교사들은 자신의 교수에 다양한 학습활동을 활용할 필요가 있다는 것이다. 게다가 교사들은 학생들의 학습선호의 차이를 고려하여 학생들이 선호하는 활동을 사용함으로써 학습동기를 지속시킬 수 있다. 또한 학생들이 선호하지 않는 활동을 사용할 때는 부가적인 지원과 격려를 제공함으로써 학습동기를 지속시킬 수 있다(Kyriacou, 2007: 45).

교사들이 각 학생의 환경, 능력, 동기, 선호하는 학습 스타일을 신중하게 고려함으로써 학생들의 학습요구를 가장 잘 충족시킬 수 있는 방법을 고려한 결과, '개별화 학습(personalized learning)'이라는 개념이 출현하였다. 개별화 학습은 교사가 교육과정과 교수방법을 각 학생의 특정한 학습요구에 어떻게 적절하게 맞출 수 있으며, 각 학생이 보다 효과적으로 학습에 접근하는 데 요구되는 기능들을 발달시킬 수 있는 개별화된 지원을 어떻게 제공할 수 있는지와 관련된다(Kyriacou, 2007: 45).

개별화 학습의 기원은 원래 성취 수준이 낮은 학생들 사이의 불평을 방지하기 위한 방법으로 고안된 것이다. 그러나 개별화 학습은 점차 모든 학생들의 요구를 보다 잘 충족시키기 위한 훌륭한 실천이라는 관점으로 인식되기 시작하였다. 많은 국가에서 개별화 학습은 교육의 질을 개선하고, 학생들의 성취를 향상시키기 위한 정책적 차원에서 실현되고 있다(Kyriacou, 2007: 45). 이러한 개별화 학습의 본질은 학생들이 학습 시, 그들의 요구에 적절하고 성공적으로 몰입할 수 있는 경험을 제공하는 것이다(Pollard and James, 2004).

특히 예비 교사들은 일련의 교수, 학습, 행동관리 전략에 대한 지식과 이해를 가질 필요가 있다. 그리고 예비 교사들은 학습을 개별화하는 방법과 모든 학생들이 그들의 잠재력을 성취하도록 할 수 있는 기회를 제공하는 방법을 알 필요가 있다(Kyriacou, 2007: 45).

모든 교과에서 성공적인 교수는 중간 정도 수준의 학생을 지향하는 것이 아니라, 학습자들의 독특하고 개별적인 요구, 기능과 능력이 존중받고 더욱 계발될 수 있도록 하는 데 초점을 두는 것이다(Best, 2011). 베스트(2011)는 개별화 학습의 목적을 학생들이 협동적인 학습환경에서 활동함으로써 그들의 잠재력을 성취할 수 있도록 하는 것이라고 주장한다. 한편, 교육과정차별화(differentiation, 교육과정차별화가 필요한 학생들은 매우 유능한 학생들, 보다 낮은 능력을 가진 학생들, 특별한 교육적 요구를 가진 학생들이 해당된다)는 개별화 학습의 일부분으로 간주될 수 있다. 왜냐하면 교육과정차별화는 특히 학습자들에게 제시되는 학습 자료 및 과제의 유형에 관심을 기울이기 때문이다(Best, 2011). 지리학습은 다음과 같은 방법으로 차별화될 수 있다(Best, 2011).

- 학습의 폭에 의해: 더 유능한 학생들은 더 폭넓은 학습에 대처할 수 있다.

- 학습의 깊이에 의해: 더 유능한 학생들은 더 깊이 있는 학습에 대처할 수 있다.

- 학습의 속도에 의해: 더 유능한 학생들은 더 빠른 속도에 대처할 수 있다.

- 과제에 의해: 난이도가 다양한 과제들이 상이한 수준의 학생들을 위해 고안될 수 있다.

- 학습선호에 의해: 예를 들면, 시각적, 청각적, 운동기능적

- 결과에 의해: 예를 들면, 고차 능력을 가진 학생들은 더 상세한/고차 수준의 활동을 할 수 있다.

- 자극 자료에 의해: 교사가 활동지 대신 신문기사를 사용함으로써

- 교사의 지원에 의해: 성취 수준이 낮은 학생들에게 더 많은 지원을 제공한다.

- 젠더(gender)에 의해: 남학생과 여학생의 개성과 관심을 반영하여 상이한 학습활동을 제공한다.

4. 좋은 수업이란?

훌륭한 교사(effective teacher)는 누구나 좋은 수업(good instruction)을 하고 싶어 한다. 그렇다면 좋은 수업이란 무엇일까? '좋다'는 것은 가치중립적인 것이 아니라 가치내재적 용어이기 때문에 개인에 따라 다르게 해석될 여지가 많다. 즉 교사들은 자신의 가치관(교육을 바라보는 관점 또는 철학)에 따라 좋은 수업을 다르게 규정할 것이다. 또한 좋은 수업에 대해 교사 자신뿐만 아니라 학생, 학부모 모두 다른 생각을 가지고 있을 수 있다. 그리고 좋은 수업에 대한 관점은 시대적 변화에 따라서도 다르게 정의될 수 있다. 이러한 제반 사항을 고려한다면, 좋은 수업을 규정하기란 그렇게 쉽지 않다는 것을 알 수 있다.

교육을 바라보는 관점에 따라 좋은 수업에 대한 의미는 다르게 해석되었다. 행동주의적 관점을 지지하는 학자들 또는 교수자들은 좋은 수업을 학습자가 수업의 결과로서 사전에 정해진 목표를 달성하기 위해 명세화된 지식, 기능, 태도를 완전학습할 수 있도록 안내하는 계획된 수업이라고 규정한다. 이때 교수자가 사전에 제시한 목표에 따라 학습된 성과는 관찰할 수 있고 측정할 수 있는 학습자의 반응으로 나타나야 한다고 주장한다. 즉 좋은 수업은 주로 교사 요인, 즉

교사가 얼마나 수업을 잘 구조화하고, 지식을 효과적으로 전달하는가 등에 초점을 맞추어 정의하였다.

그러나 1990년대 이후 구성주의 학습관에 따라 좋은 수업에 대한 의미는 전혀 다르게 해석되었다. 구성주의적 관점은 좋은 수업을 학습자 요인, 즉 학습자의 능동적이고 자율적인 학습 참여, (고차) 사고 활동 등을 중심으로 정의하는 경향이 나타났다. 구성주의적 관점을 지지하는 학자들 또는 교사들은 학습자가 현재 소유하고 있는 지식과 경험에 기초하여 교수·학습 과정에서 자신의 지식과 경험을 얼마나 더 발전적으로 구성했는가에 일차적인 관심을 둔다. 따라서 인지적 도제 등과 같은 방법을 활용하여 실제 세계의 문제를 현실적인 상황으로 제시함으로써 학습자가 실세계의 문제 상황과 상호작용하면서 다른 학습자와 협동적으로 문제를 해결하는 과정을 중시한다.

이러한 최근 경향은 좋은 수업을 학생의 비판적 사고력, 의사결정력, 문제해결력 등과 같은 고차적 사고력을 향상시키고, 학생의 교과에 대한 이해 수준을 높이며, 학생들의 활발한 참여를 유도할 수 있어야 한다는 측면에서 정의한다는 것을 보여 준다.

이와 같이 21세기 좋은 수업에 대한 교육적 관점의 변화는 교수자 중심에서 학습자 중심 체제로의 전환이다. 이러한 변화는 교수자 중심의 강의 혹은 훈련 중심의 전통적인 교수방법에서 학습자의 능동적인 학습활동을 통하여 지식과 기술, 의사전달 능력과 창의성 및 문제해결 능력 등을 촉진할 수 있는 다양한 교수·학습 방법으로의 변화를 요구한다. 따라서 교수자는 끊임없이 교수·학습 방법을 개선하도록 하기 위해 노력해야 한다. 교수자의 교수·학습 방법 향상은 두 가지 차원에서 이루어져야 한다. 첫째는 교수자 스스로 가르치는 일의 중요성에 대한 관심과 노력을 기울이는 것이고, 둘째는 학교 차원에서 효과적인 수업을 할 수 있는 교육환경과 교육여건 그리고 교수자를 위한 다양한 정보와 교육을 제공하는 것이다. 교수자가 교수·학습 방법에 대한 관심과 끊임없는 노력을 기울인다면, 교수자의 이러한 태도는 학습자에게도 전달되어 교실이라는 공간에서 교수자와 학습자 간에 보다 좋은 수업을 만들기 위한 상호 교감을 만들어 좋은 성과를 거둘 수 있을 것이다.

이에 더하여 좋은 수업은 수업목적, 학습자, 교수자, 수업환경, 수업설계의 측면에서 더 세부적으로 이야기될 수 있다.

먼저 수업목적 측면에서 볼 때, 좋은 수업이란 인간의 전인적 개발에 초점을 두어야 한다. 좋은 수업은 단순히 지식 전달을 넘어 학습자의 삶에 의미를 제공하는 수업이어야 한다.

둘째, 학습자 측면에서 볼 때, 좋은 수업은 수업의 중심에 학습자가 위치해야 한다. 좋은 수업은 목적에 있어서 학생을 위한 수업이고, 내용에 있어서 학생의 성장과 발달을 위한 수업이며, 방법에 있어서 학생이 중심이 되는 수업이요, 평가에 있어서 학생의 발전을 돕는 수업이다. 학생들은 교사가 무언가를 담아 주어야 할 빈 용기가 아니다. 학생들은 나름대로의 세계관을 통해 세계를 보고, 읽고, 해석한다.

셋째, 교수자의 측면에서 볼 때, 좋은 수업은 교과내용을 교과의 목적에 맞게 가르치고, 학습자가 학습에 성공하도록 하는 것이다. 그러나 교수의 열정적인 강의에도 불구하고, 현실적으로 학습에 실패하는 학습자들이 많이 존재한다. 물론 학습 실패의 원인은 다양하며, 모든 책임을 교수에서 찾는 것도 타당하지 못하다. 그러나 교사는 학생들의 학습 실패 원인을 분석하고, 학생들의 학습 실패를 최소화해야 한다. 그리고 교사가 학습의 조력자로서 학생들을 지도하면, 학생들은 스스로 학습방법을 체득하게 된다. 또한 좋은 수업을 위해 교사는 학생에 대한 폭넓은 이해를 위해 노력해야 하며, 수업 준비에 많은 시간과 노력을 투입해야 한다. 그리고 배움에 욕심이 많고 자기 연수를 통해 전문성 신장을 꾀해야 한다. 마지막으로 교실수업 개선을 위해 끊임없이 노력해야 한다.

넷째, 수업환경 측면에서, 좋은 수업은 구비된 기자재, 시설, 교수학습 자료는 물론 수업시간의 문제(오전/오후), 학생들의 책상 크기 문제 등 다양한 요인들을 포함하며, 이는 수업의 효율성에 영향을 미칠 수 있다. 학생들의 학습능률을 향상시킬 수 있는 방향에서 수업환경을 조성하는 것 또한 교사의 역할이다.

다섯째, 수업설계 측면에서, 좋은 수업은 잘 계획된 또는 효과적인 수업일 것이다. 수업은 교사, 학생, 수업환경과의 상호작용 과정이다. 그러한 상호작용이 활발하게 이루어지도록 가장 잘 조절할 수 있는 사람은 바로 교사이다. 수업설계라는 관점에서 보면 좋은 수업을 위해서는 설계의 주체인 교사의 역할이 중요하다. 교사가 학습목표를 설정하고, 학습내용의 범위를 결정하며, 학습자료를 개발하고, 수업의 전개 과정을 도입에서 정리, 평가까지 구상하기 때문이다. 교사의 철저한 수업설계와 사전 준비는 학생과의 상호작용을 효과적으로 만들 수 있는 토대가 된다. 효과적인 수업이란 기획 및 준비 단계에서 의도했던 결과를 산출하는 수업목표에 도달하는 수업이다. 즉 교사가 가르치고자 의도한 것, 학생이 학습하고자 의도하는 것, 이러한 의도들이 수업에서 구체적으로 실현되는 것이라고 할 수 있다. 수업의 설계 및 실행에는 다양한 요인이 복합적으로 작용한다. 그러한 요인은 동일한 교육과정과 동일한 교재를 사용하는 수업도 서로 다르게 만든다.

그런데 수업이란 항상 처음 설계된 대로 엄격하게 이루어지는 것이 아니다. 수업설계 단계에서 교사가 예측한 학생들의 수업 참여 정도, 학습주제에 대한 관심과 요구가 실제 학생들의 요구와 다를 수 있고, 또한 준비한 기자재에 문제가 생기거나, 날씨 등과 같은 수업환경의 문제가 효과적인 수업을 방해할 수 있기 때문이다. 이렇게 수업 실행에 영향을 미치는 요인이 다양하고 복합적이기 때문에 교사는 그러한 요인들을 고려하여 수업의 실행 과정에서 수업내용은 물론 교수·학습 자료 및 기자재, 수업의 전개 과정을 수정하기도 한다.

요컨대 수업이 설계된 대로 엄격하게 이루어지는 것이 반드시 바람직하다고 볼 수는 없다. 오히려 교사가 수업에 영향을 미칠 수 있는 여러 요인을 고려하고 통제하면서 수업을 설계해야 하고, 수업의 진행 과정에서는 학생의 요구와 관심을 적극 고려하여 교사와 학생 간의 상호의존적인 상호작용이 이루어질 수 있도록 수업을 재설계하고 실행하는 것이 중요하다. 이렇게 본다면, 좋은 수업은 학생들이 능동적으로 수업설계 및 수업 실행 과정에 참여할 수 있도록 고안된 것이라고 할 수 있다.

글상자 1-1

좋은 수업 전개를 위한 39가지 교수·학습 전략

좋은 수업이란

- 학습자가 기다려지는 수업
- 즐거운 마음으로 가르치는 수업
- 전인교육의 차원에서 진행되는 수업
- 고등 정신기능을 기르는 수업
- 학습목표 달성을 지속적으로 확인하는 수업
- 교수와 학생이 역동적으로 전개하는 수업
- 자기주도적 학습을 기르는 수업(잘 배우게 하는 수업)

좋은 수업 전개를 위한 39가지 교수 · 학습 전략

- 전략-1   교과서보다 교육과정을 중시해라
- 전략-2   학습내용을 구조화해라
- 전략-3   교육과정을 수준화해라(인근/개별/수준/궁리)
- 전략-4   학습목표를 명료화해라
- 전략-5   학습지도는 상큼하고 생동감 있게 해라
- 전략-6   생각하는 시간적 여유를 주어라
- 전략-7   이해시키려고 하지 마라
- 전략-8   부분과 전체를 조화시켜라(나무와 숲)
- 전략-9   인지시키지 말고 탐구를 시켜라(물고기를 잡는 방법)
- 전략-10   결과보다 과정을 중시해라
- 전략-11   교과의 특성을 살려 지도해라
- 선략-12   새로운 용어와 개념은 반복해라
- 전략-13   교수와 연기는 다르다
- 전략-14   질문을 다양화해라
- 전략-15   수업 중 학습자의 눈빛을 보아라(눈높이 같게)
- 전략-16   학습자에게 책임을 묻지 마라(모두가 내 탓)
- 전략-17   시험을 전제하지 마라
- 전략-18   적절한 보상을 해라(칭찬은 학습의 보물)
- 전략-19   내적인 귀인을 중시해라(능력과 노력)
- 전략-20   학습설계를 철저히 해라(학생실태 파악/출발점 행동)
- 전략-21   학습내용보다 학습방법을 중시해라
- 전략-22   유머스럽게 학습을 전개해라
- 전략-23   집단을 다양화시켜라
- 전략-24   사랑 · 존경 · 신뢰가 싹트게 해라
- 전략-25   상호 공감대를 형성시켜라(래포 형성)
- 전략-26   학습동기를 쇼킹하게 해라(호기심/기대)
- 전략-27   고기 잡는 방법을 체득시켜라(자기주도적 학습)
- 전략-28   과제학습을 활성화시켜라(소집단 협동학습)
- 전략-29   잘 배우게 하는 교사가 되어라
- 전략-30   내용-방법-평가를 일관성 있게 지도해라
- 전략-31   학습을 개별화시켜라
- 전략-32   수업을 다양화시켜라
- 전략-33   ICT 자료를 적절히 투입해라(부분투입)
- 전략-34   말을 적게 해라(생각하는 기회)
- 전략-35   교사=안내자 · 조력자 · 촉진자의 역할
- 전략-36   지식=속도보다 생각하는 힘
- 전략-37   가끔 주의 집중으로 환기시켜라
- 전략-38   자신감을 갖게 해라
- 전략-39   수업 후 자신의 수업에 대하여 피드백 기회를 가져라

(김대훈, 2006: 187-189)

효율적인 교수자의 25가지 행동 특성

라이언스(Ryans, 1960)는 교사평정척도들을 종합하여 교사의 효율성과 인성적 특성을 정리하였다. 또한 장학사, 교장, 교감, 학부모, 학생, 동료 교사, 교육실습생 등을 인터뷰하였다. 그는 거리의 시민들까지 무수히 만나보면서 그들의 학창시절에 가장 좋았던 교사와 나빴던 교사의 교수행동 특징을 분석하였다. 라이언스가 정리한 효율적인 교사의 25가지 행동 특성을 비효율적인 행동 특성과 비교하여 나타낸 표는 다음과 같다.

효율적인 행동	비효율적인 행동
1. 정열적으로 가르친다.	1. 냉담하고 싫증난 듯이 가르친다.
2. 학생에게 관심이 많다.	2. 학생에게 관심이 없다.
3. 언제나 즐겁고 낙천적이다.	3. 침울해 보이고 염세적이다.
4. 교실에서 쉽게 화내지 않는다.	4. 교실에서 쉽게 화낸다.
5. 학생과 함께 놀이를 즐기고, 유머를 발휘한다.	5. 지나치게 심각하고 진지하다.
6. 자신의 잘못을 학생들 앞에서 인정한다.	6. 자신의 잘못을 모르거나 인정하지 않는다.
7. 학생들에게 공정하고 객관적이다.	7. 학생들에게 불공정하고 편애한다.
8. 인내심이 있다.	8. 인내심이 약하다.
9. 학생들을 이해하고 노력한다.	9. 학생들을 이해하지 못하고 때때로 조롱한다.
10. 학생들을 다정하고 따뜻하게 대한다.	10. 학생들과 간격을 두고 대한다.
11. 교육적인 문제뿐만 아니라 학생들 개인의 신상 문제도 도와준다.	11. 학생들 개인의 신상문제에는 관심이 없다.
12. 잘한 일에 대해서는 칭찬을 아끼지 않는다.	12. 학생들을 칭찬하는 경우가 없다.
13. 공부를 못하는 학생이라도 그의 성실한 노력을 인정한다.	13. 공부를 못하면 그의 성실성까지 의심한다.
14. 언제나 타인의 반응을 받아들인다.	14. 타인의 반응을 거부한다.
15. 학생들이 항상 최선을 다하도록 격려한다.	15. 학생들을 제대로 격려하지 못한다.
16. 수업준비를 철저히 한다.	16. 수업준비에 불성실하다.
17. 수업은 전체 계획 속에서 항상 융통적이다.	17. 수업을 계획대로 철저히 실시해 나간다.
18. 개개 학생의 요구가 다름을 인정한다.	18. 개인차를 인정하지 않는다.
19. 흥미롭고 새로운 수업자료와 방법을 연구한다.	19. 수업자료와 방법에 관심이 없다.
20. 시범과 설명은 분명하고 철저하다.	20. 설명이 모호하고 시범이 불분명하다.
21. 방향제시가 분명하고 철저하다.	21. 방향제시가 불완전하고 모호하다.
22. 학생 스스로 공부하고 스스로 평가하도록 한다.	22. 학생 개개인의 자율적인 학습을 인정하지 않는다.
23. 야단을 쳐도 조용히 위엄 있게 긍정적으로 친다.	23. 야단을 칠 때 잔소리가 많고, 조롱한다.
24. 기꺼이 도와준다.	24. 도와주는 데 인색하다.
25. 잠재적 어려움을 예측하고 사전에 막으려 한다.	25. 잠재적 어려움을 내다볼 줄 모른다.

(연세교육개발센터, 2003: 76-77)

제2장

수업설계

1. 수업설계의 의미

수업설계(instructional design)는 수업의 전체적인 계획과 흐름을 알 수 있는 지도와 같은 역할을 한다. 따라서 수업설계에 따라 수업의 방향과 목표, 결과는 달라질 수 있다. 효과적인 수업을 위해서는 교수방법도 중요하지만 그 방법을 누구에게, 어떤 과정으로, 어떻게 적용할 것인가에 대한 구체적인 설계 없이는 그 효과를 기대하기 어렵다. 미리 명료하게 계획된 수업절차 없이, 즉 준비하지 않고 교실에 들어가는 교사로부터 훌륭한 수업을 기대하기는 어렵다. 빈곤한 교수는 부적절한 수업설계와 관련된다(Butt, 2002).

사람들은 대개 어떤 일을 하려고 할 때 무작정 하는 것보다 계획을 세워 추진한다. 모든 계획은 미래지향적이며 목표달성을 위해 의도성을 가지고 있으므로, 계획을 세울 때는 무엇을 할 것인가를 미리 생각하고 그 계획이 실현 가능하도록 사전에 준비를 해야 한다. 수업설계는 수업의 효과를 증진시킬 수 있는 최적의 교수방법을 처방해 주는 조직적인 절차이다(Reigeluth, 1983).

수업을 설계한다는 것은 학생들에게 어떤 내용을 어떤 방법으로 가르치고 어떻게 평가할 것인지를 구체적으로 계획하는 활동을 의미한다. 수업설계는 요구 분석, 학습내용 분석, 학습자 특성 분석, 환경 분석 등의 결과와 그 결과에 기초해 설정된 교수·학습 목표를 고려해 그 목표를 달성하기 위한 최적의 내용구성과 교수·학습 방법을 계획하고 구체화하는 활동이다. 즉 특정 학습집단이나 학습내용에 대해 학습자의 지식과 기능, 그리고 정서적 측면에서 기대되는 변화를 가져오기 위해 필요한 최적의 교수방법이 무엇인지를 결정하는 과정으로, 교수학습을 위한 실제적인 계획서를 작성하는 것이다.

따라서 성공적인 수업을 위해서는 구체적이고 체계적인 수업설계가 필요하며, 수업설계 없이는 수업의 효과성, 효율성, 매력성을 기대하기 어렵다. 결국 수업설계는 해당 교과목에 대한 나침반과 같은 역할을 하는 중요한 지침이 되므로, 실천적이고 유연성 있는 수업설계는 수업효과를 극대화하기 위한 필수적인 활동이다.

수업을 계획하는 활동 속에는 수업목표가 무엇인지를 더듬어 밝히고 그 밝혀진 수업목표를 학생들에게 성취시키기 위해 어떠한 학습자료를 사용하여, 어떻게 학습활동을 전개시킬 것인가를 구상하는 일들이 포함된다. 다시 말해서 수업설계는 지금까지 교사들이 교과수업을 위해 사전 준비로 해 왔던 수업지도안(또는 학습지도안, 교수·학습 과정안) 작성 활동과 거의 동일하다고 말할 수 있다. 그런데 군이 수업설계라고 하는 이유는 수업의 사전 계획을 보다 강화하고 보편적이고 과학적인 토대 위에서 수업이 계획되어야 한다는 측면에서 수업을 설계한다고 한 것이다. 수업설계는 이미 교사가 새로운 단원이나 새 학기에 너무나 많이 해 왔던 활동의 하나임을 알 수 있다. 흔히 교재연구라는 이름으로 새 단원의 수업이 시작되기 전에 그 단원에서 가르칠 주요한 내용이나 목표를 찾아내고, 그 목표를 성취시키는 데 적절한 자료를 찾아내어 수업활동을 계획하는 일은 바로 수업설계를 위한 활동의 일부분이라고 할 수 있다(변영계, 1979). 일반적으로 수업설계라고 하면 단위시간의 수업계획을 포함해서 교과의 한 단원이나 특정 수업주제를 대상으로 계획을 수립할 때 사용된다.

2. 수업설계 시 고려사항

좋은 수업을 위해서는 좋은 수업설계가 필수적이다. 수업설계는 수업목표를 달성할 수 있는 가장 최적의 방법을 고안한다는 측면에서 그 가치를 가지고 있다(변영계·이상수, 2003). 수업설계를 하는 가장 중요한 이유는 수업 전에 충분히 계획한 수업이 그렇지 않은 수업보다 더 효과적이라는 가정 때문이다. 학습자들이 소기의 수업목표에 도달할 수 있도록 제공될 수 있는 수업활동은 너무나 다양하며, 따라서 그 효과도 다양할 것이다(변영계, 1979). 이러한 학습조건을 가장 적합하게 해 주는 일은 치밀한 계획과 사고 과정을 통해서 이루어질 것이며, 질 높은 수업을 실시하기 위한 과학적이고 체계적인 과정과 기술이 수업설계인 것이다.

수업설계는 설정된 목표와 교육내용, 교육방법, 수업매체, 평가 간의 유기적인 통합을 통해 학습효과를 극대화시킬 수 있도록 해 준다. 수업설계가 추구하는 수업목표를 달성하기 위해서는 최적의 수업환경을 찾아내는 것이 중요하다. 수업목표를 달성하기 위한 수업내용의 결정과 계열화를 위해 과제분석이 실시되고, 결정된 수업내용을 가르치기 위한 여러 가지 수업전략들 중에서 학습자와 주어진 환경적 변인들을 고려한 최적의 수업방법과 매체를 찾아내는 작업, 그리고 주어진 수업목표의 달성 여부를 결정할 수 있는 최적의 평가방안을 찾는 활동을 수업설계는 내포하고 있다.

이러한 수업설계 시 고려해야 할 사항은 매우 복합적이다. 민혜리 등(2012)은 수업설계 시 고려해야 할 사항을 다음과 같이 5가지로 제시하고 있다. 첫째, 수업목표나 내용에 적합한 수업방법이 무엇인지 분석하고 선택한다. 둘째, 수업은 여러 가지 학습활동이 포함되므로 학습활동에 대한 계획을 수립한다. 동기유발 또는 주의집중을 위한 활동 등 다양한 형태의 활동을 고려한다. 셋째, 수업의 대상인 학습자들을 분석하고, 그들에게 효과적인 수업방법을 선택해 적용한다. 넷째, 교수자의 자질과 능력, 선호하는 수업방법 등을 고려한다. 다섯째, 수업에 관련된 현실적인 여건을 고려한다.

한편 버트(Butt, 2002) 역시 수업설계 과정에 많은 것들이 필요하다고 주장한다. 그리고 이들 중 일부는 간단하지만 일부는 매우 복잡하다고 하면서, 고려해야 할 질문 목록을 다음과 같이 제시한다.

- 학생들이 따라야 할 활동의 계열은 무엇인가?
- 이전 수업에서 무엇을 가르치고 배웠는가?
- 당신이 설계한 이 수업에서(그리고 미래의 수업에서) 학생들이 무엇을 배우기를 원하는가?
- 당신의 수업설계는 학습을 어떻게 촉진시킬 것인가?
- 당신은 어떤 자료들이 필요할 것인가? 학생들이 어떤 활동들을 할 것인가?
- 당신은 학생들이 무엇을 배웠는지 어떻게 알 것인가? (평가)
- 당신은 그 수업이 교사로서 당신의 관점과 학습자로서 학생들의 관점으로부터 얼마나 효

과적이었는지를 어떻게 알 것인가? (평가)

- 당신은 효과적인 학습이 일어나도록 미래의 학습에서 어떤 행동을 취할 필요가 있을까?

이상의 질문들은 수업목적(목적, 목표, 기대된 학습결과), 수업내용(지리적 지식, 이해, 기능), 수업방법(학습을 위해 채택된 전략들), 그리고 수업평가(학생들의 학습과 교사의 교수에 대한)로 구분된다.

3. 수업설계의 체제적 접근

최근 수업설계 모형은 주로 체제적 접근(systems approach)에 근거하고 있다. 체제적 접근에서 체제(system)란 특정 목적을 성취하기 위한 계획에 따라서 관련된 상호의존적이고 상호작용적인 구성 요소들의 조직적인 통합체라고 할 수 있다. 수업설계가 교수의 과정을 최적화하기 위한 활동이라는 측면에서, 수업설계는 주로 체제이론에 바탕을 둔 체제적 설계의 관점을 따르고 있다.

수업이 하나의 체제로 인식되면서 수업을 성공적으로 수행하기 위해서는 체제적인 방법으로 접근해야만 수업을 구성하는 수많은 요소들이 관련을 맺으면서 기대하는 목표를 달성할 수 있다고 한다. 체제적 접근은 미국을 중심으로 교육과 훈련 분야에서뿐만 아니라, 교재 개발, 교육과정 개발, 교수학습의 코스 개발, 수업매체 개발, 요구 분석, 직무 분석 등 다양한 분야에서 광범위하게 사용되면서 성공적으로 그 역할을 수행해 왔다.

체제적 수업설계는 학습과정에 영향을 줄 수 있는 상황의 여러 국면을 동시에, 창의적으로 고려하는 일을 의미한다. 결국 체제적 설계는 수업설계를 체제접근에 의한 활동으로서 한 단계의 결과인 산출물이 다음 단계의 투입자료가 되어 처리되고, 이에 대한 피드백을 통해 단계들이 수정·보완되고 각 요소들은 최종목표인 효과적인 교수를 창출하는 데 상호보완적인 관계 속에서 기능을 해낸다는 것이다. 따라서 수업설계는 교육에 관련된 요구 및 문제점을 파악하고 이를 토대로 목표에서 내용, 방법, 평가에 이르기까지 교수체제의 전 과정을 계획하고 개발하기 위한 체제적 접근을 의미한다(박숙희·염명숙, 2007).

54

체제적 접근을 수업설계에서 사용하는 이유는 여러 가지가 있다(백영균 등, 2006). 첫째, 체제적 접근은 구성 요소가 추구하는 공동의 목표에 초점을 두는데, 수업설계 역시 교육목표의 달성에 초점을 두기 때문이다. 둘째, 체제적 접근은 체제 구성 요소 간의 상호관계를 다루며, 수업설계도 교수목표 달성을 위한 교육 프로그램 운영과 관련된 다양한 구성 요소 하나하나가 중요한 역할을 한다. 셋째, 교수 프로그램은 일회적으로 끝나는 것이 아니라, 프로그램상 문제가 되는 요소를 계속적으로 수정·보완하여 기대되는 교육적인 성과를 달성할 수 있는 교육 프로그램으로 개발함으로써 많은 학생들에게 지속적으로 사용되도록 하는 데 수업설계의 목적이 있기 때문이다.

수업설계는 교수를 위한 사선 계획으로서, 교수체세의 구성 요소를 충분이 고려하여 효과적으로 설계하기 위해서는 핵심적인 준거로 활용할 기본적인 원리가 필요하다(박숙희·염명숙, 2007). 특히 효과적인 수업의 요소 및 각 요소별 수업설계의 원리를 살펴보면 표 2-1과 같이 나타낼 수 있다.

표 2-1. 수업설계의 일반적인 원리

설계 원리	특징
수업목표 제시	수업목표란 학습자가 한 시간 혹은 한 단원의 학습활동에 참여해 성취해야 할 목표이다. 따라서 교수자는 첫 단계에서 학생들이 수업을 통해 최소한 획득해야 할 목표를 분명히 인지해야 한다.
학습동기 유발	학습지도 상황에서, 학생들이 주어진 과제를 학습하기 위해 주의를 집중하고 관심과 흥미를 갖게 되면 보다 적극적으로 그 학습에 참여한다.
학습결손 발견과 처치	학생들이 새로운 과제를 성공적으로 학습하기 위해서는 학습에 필요한 선수학습 능력을 갖추고 있어야 하므로 학습결손을 발견하여 처치해야 한다.
학습내용 제시	주어진 수업목표의 성취를 위해 교수자가 어떤 학습내용을 어떤 방법으로 제시하느냐에 따라, 그리고 학생들이 학습에 어떻게 참여하느냐에 따라 학습효과는 달라진다. 따라서 학생들에게 학습내용을 어떻게 조직해 제시할 것인지를 고려해야 한다.
연습	학생들에게 연습의 기회를 제공할 때 안내를 어느 정도의 수준으로 할 것인가를 고려해야 한다. 학습자의 개인차를 고려해 연습량을 조절해야 효과적이다.
형성평가와 피드백	학생들이 학습하는 과정을 수시로 확인하고 형성평가를 실시해야 한다. 결과는 학생들에게 피드백하는 것이 좋다. 학습자 자신이 학습결과를 평가할 수 있는 기회를 주어야 한다.
전이 및 일반화	학습한 것은 다양한 상황에서 널리 적용될 수 있어야 하며, 후속학습을 위해 높은 수준의 전이를 가져올 수 있어야 한다.

4. 수업설계 모형

1) ADDIE 모형

체제적 접근에 의한 수업설계의 대표적인 모형은 ADDIE 모형이다. 이 수업설계 모형은 분석(Analysis), 설계(Design), 개발(Development), 실행(Implementation), 평가(Evaluation)라는 5개 단계를 따른다. 이 모형은 특정 학자에 의해 개발되고 정교화된 것이 아니라, 오랜 시간에 걸쳐 경험적으로 축적된 수업설계 모형이다. 이러한 ADDIE 모형의 각 단계는 그림 2-1과 같이 도식화할 수 있다. 그리고 표 2-2는 5개 단계의 하위요소들의 주요 특징을 정리한 것이다.

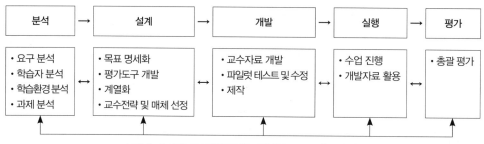

그림 2-1. ADDIE 모형(조규락·김선연, 2006 일부 수정)

표 2-2. ADDIE 모형의 세부 단계와 특징

단계		특징
분석	요구 분석	• 어떤 바람직한 상태와 현재 상태 간의 차이를 밝히는 것 • 학습자가 필요로 하는 지식, 기능, 태도 등의 요구 파악
	학습자 분석	• 학습자 특성 파악 • 지적 특성: 지능, 적성, 선수학습 능력 • 정의적 특성: 동기, 자아개념, 불안, 태도
	과제 분석	• 교육목적을 성공적으로 수행하기 위해 필요한 지식, 기능, 태도 등을 파악하고 이들 간의 계열성 규명 • 학습과제의 특성과 학습과제를 구성하고 있는 하위 구성 요소 간의 관계 분석
	학습환경 분석	• 설계과정에 영향을 미치는 제반 환경과 교수목적을 달성하기 위해 필요한 학습환경(교수매체, 시설, 기자재, 학습공간) 분석

설계	목표 명세화	• 수업설계의 방향을 제시하는 목표 진술 • 목표는 성취행동, 행동이 나타날 수 있는 조건, 성공적인 성취행동으로 판단할 준거 포함 • 타일러(Tyler), 메이거(Mager) 등의 행동적 목표 진술 방식
	평가도구 개발	• 목표의 성취도 여부를 측정 • 준거지향검사 • 사전검사, 사후검사, 진도확인검사
	교수전략 결정	• 교수목표에 진술된 학습자의 성취행동 유형과 수준, 교과영역, 학습자의 장점과 선호 도, 학습이론과 연구에서 추출된 정보, 경험에서 나온 통찰력, 시간과 자원의 제한점 등 을 근거로 교수전략 선정
	교수매체 선정	• 학습내용, 학습자 특성, 교수 방법 및 전략에 의해 결정
개발	교수자료 제작	• 실제로 사용할 교수 프로그램이나 수업에 사용할 교수자료 제작
	파일럿 테스트 및 수정	• 개발된 교수자료의 효과성과 효율성을 증진시키기 위해 반드시 형성평가 실시 • 일대일평가, 소집단평가, 현장평가
	교수자료 수정	• 파일럿 테스트의 결과는 교수 프로그램이나 교수자료 자체를 수정하고, 교수목표, 과 제분석, 학습자 특성 파악 등 설계의 모든 과정에 대해 검토하고 수정할 기회 제공
실행	교수자료 활용 및 관리	• 개발된 교수 프로그램이나 교수자료를 실제 교육현장에 활용 및 관리
평가	총괄 평가	• 개발된 교수자료를 실제 교육현장에 투입하여 실행하고 그 성과에 대해 평가하는 과정 • 교수·학습 프로그램의 효과성, 효율성, 매력성을 종합적으로 평가하여 해당 프로그램 의 계속 사용 여부, 문제점 파악 및 수정사항 등을 결정

(계속)   (박숙희·염명숙, 2007; 백영균 등, 2006 재구성)

(1) 분석(Analysis)

  분석 단계는 학생들이 무엇을 학습해야 할지를 결정하는 과정이다. 학습자의 현재 수준과 미래의 요구 수준 사이의 차이를 분석해야 하며, 학습자의 선수지식 정도, 동기나 흥미 유발 정도, 학습자의 경험, 학습자들이 선호하는 교육방법, 학습자의 관심 분야 등과 같은 학습자 분석을 실시해야 한다. 그리고 교육이 이루어질 환경을 분석하고, 교과내용과 학습의 위계, 목표 등을 분석한다. 이와 같이 분석 단계에서는 가르칠 수업목표(요구 분석), 가르칠 대상(학습자 분석), 가르칠 내용(과제 분석), 가르칠 환경(학습환경 분석)을 자세히 분석한다.

① 요구 분석

요구 분석에서는 먼저 학습자들이 성취해야 할 이상적이고 바람직한 상황을 규정한다. 이를 위해서는 학습자들의 현재 상황, 즉 실제 수행 정도를 측정(직접관찰, 지필평가, 설문조사 등 활용)해야 한다. 그리고 나서 이상적인 상황과 현재 상황 간의 차이를 분석한다. 이러한 격차가 바로 수업에서 해결해야 할 요구이며, 이들 간의 우선순위를 정해서 일반적이고 포괄적인 최종 수업목표를 정한다.

② 학습자 분석

학습자 분석에서는 학년(연령), 학습동기, 학습선호도, 수업내용에 대한 사전지식(출발점 행동, entering behavior), 수업내용과 수업전달 체제에 대한 학습자의 태도, 집단의 동질성 정도와 크기 등을 파악해야 한다. 학습자 특성에 관한 정보는 타 기관의 기존 실태분석 자료, 학습자 대상 사전검사 실시, 교육·발달에 관한 선행연구 자료, 학습자들과의 직접적 상호작용 등을 통해 수집한다.

글상자 2-1

출발점 행동의 진단

출발점 행동은 새로운 수업과정이 시작되기 전 학생들의 학습수준으로, 선행학습의 정도를 말한다. 출발점 행동의 진단이 중요한 이유는 새로운 내용을 수업하기 위해서는 그 내용에 대해 이미 습득하고 있는 학습자의 수준을 기초로 삼아야 하기 때문이다. 사실 출발점 행동은 수업이 시작되기 전의 학생들의 지적 요소로서 이전에 학습한 것(선행학습) 이외에도 적성, 지적 능력과 발달, 정의적 요소로서 동기 상태, 학습능력과 관계되는 사회적·문화적 요인 등이 모두 포함되는 폭넓은 개념이다. 이와 유사한 개념으로는 학습준비도(readiness)가 있다. 한편 출발점 행동의 지적 요소인 선행학습은 '선수학습능력'과 '사전학습능력'으로 구분하는 경우도 있다. '선수학습능력'이란 어떤 단원이나 학습과제의 수업목표를 달성하기 위해서 수업이 이루어지기 전에 반드시 갖추고 있어야 할 것으로 판단되는 능력이다. 반면 '사전학습능력'은 어떤 단원이나 학습과제에서 가르치려고 의도하고 있는 수업목표들 중 수업이 시작되기 이전에 이미 습득하고 있는 능력이다. 이 능력은 단원의 수업이 시작되기 전에 가정이나 학교에서 학습자가 획득한 능력을 의미한다.
출발점 행동의 진단은 전통적으로 학습준비성을 따지는 일에 해당되며, 한 단위의 수업 시작에 즈음하여 학생들이 주어진 단원의 학습과제나 수업목표를 학습하기 위하여 최소한으로 갖추고 있어야 할 능력을 갖추고 있는지, 그리고 주어진 단원의 수업목표에 대하여 무엇을 이미 학습했는지를 파악하는 일이다.
일반적으로 출발점 행동의 진단은 크게 3가지로 구분할 수 있다.
• 기초학습능력의 진단으로 흔히 학년 초에 실시하게 되며, 어느 교과에 필요한 기초능력을 알아보려는 데 있

다(예를 들면, 반배치 고사).
- 심리적 특성의 진단으로 지능, 적성, 성격, 학습유형, 정서, 흥미, 태도 등의 검사를 실시함으로써 학생들의 특성을 진단하고, 그러한 정보에 기초해서 어떤 수업방법으로 어떠한 프로그램을 투입할 것이며 어떤 학습 집단을 편성하는 것이 좋은가를 결정하는 의사결정이 선행되어야 한다.
- 교과의 성취 수준의 진단으로 이는 어떤 단원을 학습하기 전에 그 단원의 학습과제들을 학습하기 위해서 사전에 알고 있어야 할 선수학습(선행학습)능력을 진단하는 것(진단평가)과 새로운 단원에서 학습해야 할 학습과제들을 어느 정도 알고 있는지를 단원 학습에 임하기 전에 알아보는 사전학습능력의 진단이 있다.

(정석기, 2008)

③ 과제 분석

과제 분석은 학습과제의 유형(지적 기능, 인지 전략, 운동기능, 태도)을 결정하고, 각 영역의 학습을 잘할 수 있도록 순차적으로 획득해야 할 기능, 지식, 태도 등의 보다 하위 능력을 찾아내는 것이다.

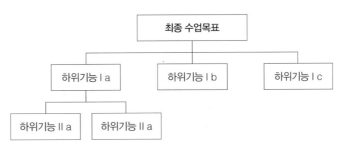

그림 2-2. 최종 수업목표를 위한 하위기능 분석

학습과제 분석

1. 학습과제 분석이란?

학습과제 분석이란 학습자들이 수업목표를 무난히 학습하기 위해 순차적으로 획득해야 할 지식, 기능, 가치·태도 등 보다 하위 능력이 무엇인지를 탐색해 내는 일이다. 다시 말하면, 학생들이 수업목표를 달성하는 데 필요한 하위 학습요소를 찾아내고 이 학습요소들 간의 관계를 밝히며, 학습하는 단계나 순서를 제시하는 것이다.

제2장.. 수업설계

59

학습과제 분석의 결과는 수업설계, 수업목표 진술, 수업계열, 매체 선정, 평가문항 작성의 기본을 이루게 된다.

2. 학습과제 분석의 필요성

한 차시의 수업을 위한 학습목표를 구체화했다면, 교사는 어떻게 가르치고, 학생은 어떻게 학습할 것인가에 대한 결정을 할 필요가 있다. 가르치고자 하는 학습단원이나 학습과제를 분석해 보면 수업계획을 수립하는 데 매우 유익한 안목을 가지게 된다. 학습과제 분석이 제대로 이루어지지 않으면 교사는 학습활동 순서를 파악할 수 없고, 학습결손 방지를 위한 수업처방의 방안도 시사받을 수 없다. 그리고 학생들에게 무엇을 가르쳐야 할 것인지를 정확하게 파악할 수 없어 수업설계와 수업전략을 효율적으로 수립할 수 없게 된다.

학습과제 분석이 필요한 이유를 보다 구체적으로 제시하면 다음과 같다.

- 수업에서 학생들에게 어떠한 행동을 길러야 하는가(학습목표)가 분명해진다.
- 학생들이 수행하게 될 학습활동이 무엇인지가 분명해진다.
- 학생들의 선수학습능력이 무엇인가가 밝혀지게 된다.
- 학습과제를 어떠한 순서로 학습시킬 것인지가 분명하게 나타나게 된다.
- 무엇을 학습시켜야 하고, 무엇을 생략해야 되는지가 어느 정도 분명해진다.
- 학습위계 구조에 따라서 학습자료를 적절한 시기에 활용할 수 있게 된다.
- 평가준거 마련으로 무엇을 언제 평가해야 하는지가 분명해진다.

3. 학습과제 분석의 유형

학습과제 분석의 유형은 그 단원이나 교과의 성격에 따라 학습위계별 분석, 학습단계별 분석, 수행순서별 분석을 들 수 있다(고영희, 1981; 변영계, 1979).

1) 학습위계별 분석

학습과제가 지적 영역일 경우에 사용될 수 있는 분석법의 하나로, 위계별 학습과제 분석은 가네(Gagné)에 의해 제기되었다. 그는 교육과정은 내용단위의 구조적 집합이며 이것을 밝히는 것이 학습과제 분석이라고 하였다. 하나의 학습과제는 독립적으로 존재하는 것이 아니라 다수의 학습요소들로 구성되어 있으며, 학습요소들은 종적·횡적 위계 관계를 맺고 있다는 전제하에서 이 방법을 적용한다. 이때 상위 학습과제의 학습은 하위 학습과제가 충분히 학습되었을 경우에 학습이 용이하거나 가능한 반면, 하위 학습과제가 충분히 학습되지 않는 상태에서는 상위 학습과제에 대한 학습은 극히 어려운 것으로 보고 있다.

위계별 학습과제 분석은 수학이나 과학처럼 위계가 분명한 교과에서 적용하기가 용이하며, 크게 두 가지 단계로 구분하여 분석한다. 첫째는 교과내용을 학습요소별로 분석하는 일이고, 둘째는 교과내용의 분석에 따라 위계적으로 구조화하는 일이다. 여기서는 후자의 방법에 대해 알아본다.

학습과제를 구조화하는 방법은 해당 학습과제를 통하여 학습해야 할 최종 학습요소를 미리 정해 놓고, 그것을 중심으로 그 이전에 학습되어야 할 하위 학습요소를 차례로 찾아 내려가서 결국 어떤 하위 요소의 학습에 차례로 전이되는 관계를 갖도록 전체적인 조직망을 이루도록 해야 한다. 이것은 최종 학습과제를 중심으로 그 하위에 있는 학습요소가 차례로 위계조직을 이루어 상위의 학습요소에 대한 선행학습요소로서 통합되는 것이다.

학습위계적인 방법을 중심으로 도식화를 생각해 보면, 최상위에 최종 수업목표, 즉 종합적이고 복잡한 학습과제를 놓고, 아래로 내려올수록 보다 단순하고 간단한 능력의 하위 학습과제가 배열된다. 다시 말하면, 밑에서부터 위로 올라갈수록 점차로 복잡한 행동으로 나아가게 되는 이른바 위계적인 학습과제 분석도가 되는 것이다. 참고로 몇 가지 학습과제 분석도를 제시하면 다음과 같다(변영계, 1979).

(1) 수평적 구조도

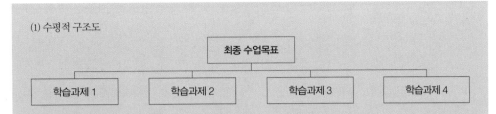

이 구조도의 특징은 각 하위 학습과제가 같은 유형 혹은 같은 수준의 학습과제로 서로 수평적인 관계만을 갖고 있을 때 제시될 수 있는 것으로서 도덕과, 역사과 등에서 볼 수 있다.

(2) 수직적 구조도

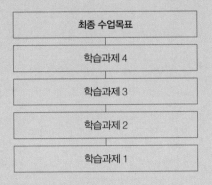

이 구조도의 특징은 각 하위 학습과제가 각기 다른 수준의 학습과제로 서로 수직적인 관계 속에 있는 것으로서, 기능을 요구하는 교과나 어떤 특수한 기능을 학습하는 경우에 볼 수 있다.

(3) 위계적 구조도

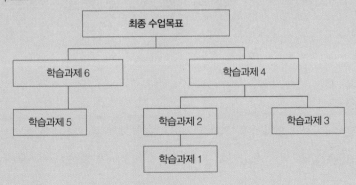

이 구조도는 학습위계적 분석도의 대표적인 것으로서 수학, 과학 등 많은 교과의 단원에서 이런 형태로 분석될 수 있다.

(4) 혼합적 구조

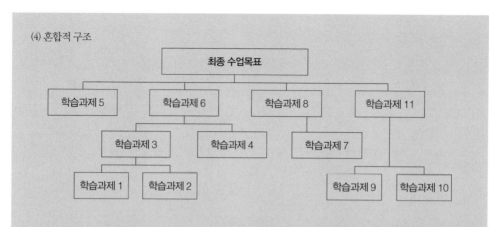

이 구조도는 앞에서 제시한 3가지 구조도의 특징이 섞여 있는 것으로, 어떤 학습과제들은 수평적 관계 속에 놓여 있고, 어떤 경우에는 수직적·위계적 관계 속에 있는 것이다. 이 구조도는 많은 교과에서 찾아볼 수 있다.

2) 학습단계별 분석

이 분석방법은 학습과제의 내용체계나 학습자의 지적 기능과 능력 수준에 따라 위계적인 관계가 불분명하고 학습활동의 계열성을 크게 강조하지 않아도 되는 교과 영역이나 단원으로, 학습해야 할 순서가 분명하게 되어 있는 경우에 사용한다. 이 방법은 학습과제의 내용을 몇 가지의 영역으로 세분한 후 각 영역을 순서에 따라서 조직하는 것으로 각 학습단계 간에는 위계적인 관계가 있는 것이 아니라, 단지 영역의 구분일 따름이다. 그러므로 순서가 바뀌어도 학습행위 결과에는 차이를 나타내지 않는다.

3) 수행순서별(시간·기능별) 분석

이 분석방법은 주어진 학습과제를 해결하기 위하여 필요한 일련의 하위 과제들을 작업이 수행되는 과정이나 기능에 따라 전체의 작업이 끝날 때까지 활동과정을 순서화시키는 것으로 운동·기능 학습에 사용될 수 있다.

(박성익·권낙원, 1994; 변영계·김경현, 2006)

④ 수업환경 분석

수업환경 분석에서는 수업자의 특성 분석, 기타 학교의 지원 사항 확인, 활용 가능한 매체·장비 확인, 학습내용을 적용할 실제 상황 확인, 수업 공간 및 시설물 확인 등이 이루어진다.

(2) 설계(Design)

설계단계는 학습이 어떤 방법으로 수행될 것인가를 결정하는 과정이다. 수업목표를 명료하

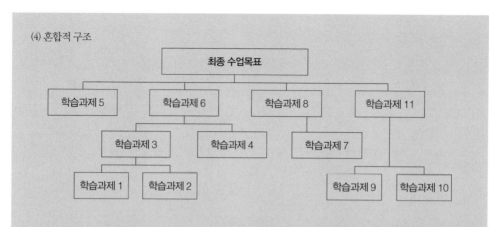

게 행동적 용어로 진술하고, 설정한 목표에 근거한 평가도구를 개발한다. 학습내용의 제시 순서를 결정하고, 수업내용과 수업환경에 적합한 교수전략 및 매체를 선정한다.

① 수업목표 구체화

요구 분석을 통해 도출한 수업목적을 달성하기 위해 세부적이고 구체적인 목표를 설정한다. 수업목표 진술은 목표 달성 여부를 쉽게 파악할 수 있도록 학습내용(주제)과 최종 행동(동사)의 형태로 구체적으로 표현하는 것이 좋다.

글상자 2-3

수업목표의 명세화

1. 수업목표

수업목표란 학생들이 성취해야 할 궁극적인 목표이며, 수업절차를 통해서 학생들이 달성하는 특수한 성취행동(performance)으로서 글레이저(Glaser)는 도착점 행동(terminal behavior)이란 용어로 바꿔 사용하기도 한다. 수업목표는 추상적인 진술보다는 관찰할 수 있고 측정할 수 있는 행동목표로서 구체적으로 세분화하여 진술되어야 한다. 또한 이 단계에서는 학습자들이 원하는 학습과제 파악 및 교과내용의 분석 등이 포함된다.
수업목표의 명세화는 단위 수업시간에서 학생들이 학습해야 할 학습문제가 무엇인지를 세부적으로 기술하는 일이다. 이때 교사는 이 학습과제 또는 주제에서 중점적으로 학생들에게 가르쳐야 할 것이라고 생각되는 것은 무엇인지를 기술해 보는 일이 필요하다.
수업목표를 설정하는 자원으로는 내용과 행동을 생각할 수 있다. 먼저, 내용 영역은 학습과제 분석에서 추출할 수 있을 것이다. 즉 학습과제 분석에서 얻어진 각각의 학습요소가 내용이 된다. 한편, 행동 영역은 주로 블룸 등(Bloom et al., 1956)에 의해 제안된 교육목표분류학에 근거한다. 교육목표는 크게 인지적 영역(지식, 이해, 적용, 분석, 종합, 평가), 정의적 영역, 운동기능적 영역으로 구분된다. 그러나 사회과에서는 일반적으로 행동 영역을 지식과 이해, 기능, 가치와 태도로 구분하는 것을 선호한다.

2. 수업목표의 필요성

- 수업자나 수업설계자가 수업목표를 분명하게 알게 되면 주어진 시간에 무엇을 가르쳐야 하는지가 명확해져 수업시간을 낭비하지 않으면서 수업밀도를 높일 수 있다.
- 학습자가 수업목표를 명확하게 알게 되면 학습동기가 유발되고, 학습자 스스로 자신의 수업계획을 세우게 되어 학습효과를 더 높일 수 있다.
- 구체적이고 세분화된 수업목표는 학습평가의 타당도와 신뢰도를 높일 수 있으며, 따라서 수업의 질을 높일 수 있도록 평가결과를 재투입한다는 면에서 효과를 낳을 수 있다.
- 수업목표가 세분화되면 길러야 할 행동이 무엇인가가 분명해지며, 어떠한 수업매체를 선정해야 하는지가 명확해진다.

물론 수업목표를 명세화하여 행동적 동사로 진술하는 것에 대한 비판도 있다. 왜냐하면 교육의 모든 성과가 행동적 용어만으로 정의되거나 측정될 수 있는 것은 아니고, 명백한 수업목표는 창의성이나 수업과정 운영의 융통성을 저해할 우려가 있으며, 교과에 따라서는 본질상 수업목표를 세분화할 수 없거나 학습활동을 전개한 후에야 평가의 준거로서 행동적 수업목표를 선정할 수 있는 등의 논란점도 있기 때문이다.

3. 수업목표 진술 방법

수업목표가 설정되었으면 그것이 수업방법과 학습성과의 평가 등 일련의 수업계획을 수립하고 처방하는 데 의미있도록 진술되어야 한다. 수업목표를 어느 정도 세분화하고, 어떻게 진술해야 하는지에 대해서는 여러 가지 견해가 있지만 대표적인 학자로는 타일러(Tyler), 메이거(Mager), 그론룬드(Gronlund) 등을 들 수 있다. 이 중에서 활용도가 높은 타일러와 메이거의 진술방법에 대해 알아본다. 그전에 수업목표를 진술하는 일반적인 방법을 제시하면 다음과 같다.

- 하나의 내용을 간결하게 진술한다.
- 도착점 행동인 명시적 행동동사로 진술한다.
- 진술문장이 너무 길 때는 항목으로 나누어 진술한다.
- 모든 학생이 쉽게 이해할 수 있는 쉬운 용어를 선택하여 진술한다.
- 학습방법을 목표로 진술하지 않는다.

1) 타일러의 진술방식

타일러의 수업목표 진술방법은 구체적인 '내용'과 '행동'을 포괄하여 한 진술문 속에 제시한다. 예를 들어 '제주도를 홍보할 수 있는 관광 안내서를 만들 수 있다.'라는 수업목표가 있다고 할 때, '제주도를 홍보할 수 있는 관광 안내서'는 내용에 해당되고 '만들 수 있다'는 행동에 해당된다.

2) 메이거의 진술방법

메이거의 수업목표 진술방법은 수업과정에서 의도하고 있는 행동(behavior), 그 행동을 수행하게 될 조건(condition), 그리고 학습결과로 받아들일 수 있는 기준(criteria)을 포함한다. 먼저 관찰 가능한 행동이 시범될 때의 조건 혹은 상황을 진술해야 하는데, 조건이란 학습자가 목표의 숙달을 보여 줄 때 학습자에게 부과되는 제한점을 말한다. 준거 또는 기준은 학습자의 성취행동이 수용될 수 있는지를 판단할 때 적용되는 것을 의미한다. 교수자는 이들 준거를 이용하여 학습자의 성취도를 판단하는 기준으로 활용할 수 있다. 행동은 의도된 학습결과를 관찰 가능한 행동으로 진술하는 것을 의미한다. 즉 수업의 결과로서 학습자가 나타내야 하는 실제적인 행동을 구체적으로 기술하는 것이다.
예를 들어 '우리나라의 도시 분포를 대한민국 전도를 이용하여 설명할 수 있다.'라는 수업목표가 있다면, '우리나라의 도시 분포'는 조건에, '대한민국 전도를 이용하여'는 도달기준에, '설명할 수 있다'는 행동에 해당된다.

4. 수업목표 진술상의 유의점

수업목표를 진술할 때 범하기 쉬운 몇 가지 오류는 다음과 같다.
- 교사의 수업행동이나 교사의 활동을 수업목표로 진술하는 오류이다. 수업목표는 교사가 수업 중에 할 활동을 말하는 것이 아니라 학습자에게 변화되기를, 혹은 획득되기를 바라는 것이 무엇인가를 염두에 두고 수업목표로 진술하는 것이다.

- 수업목표를 학습결과로 변화될 행동을 기술하지 않고 학습의 과정으로 진술하는 오류이다.
- 가르칠 교과목의 내용이나 주요 제목을 수업목표로 열거하는 경우이다.
- 하나의 목표 진술에 두 개 이상의 학습결과를 포함시키는 오류이다.
- 수업목표를 명확하게 진술할수록 좋다는 생각 때문에 너무나 지나치게 세분화시켜 한 시간의 수업목표가 4~5개 이상이 되어 너무 많은 목표를 진술하는 수가 있다. 교과나 학습과제에 따라 달라질 수 있겠으나 대개 한 시간의 수업목표는 1~3개 정도이면 적당할 것이다. 그 이상이 되면 시간이 부족하여 어느 한 가지도 성취하지 못하게 될 수도 있다.

5. 수업목표 제시 방법

수업목표는 수업의 도입 단계에 제시한다. 수업의 도입 단계에서 수업목표 또는 학습목표를 확인하고 수업이 진행된다. 수업목표를 확인하는 방법으로는 학습목표라는 고정된 위치에 판서하거나 미리 준비하여 붙이기도 한다. 최근 파워포인트의 사용이 증가하면서, PPT로 수업목표를 제시하는 경우가 있다. 칠판과 달리 PPT는 순차적으로 진행되기 때문에, 수업목표 제시 방법으로는 타당하지 않다고 할 수 있다.

② 평가도구 마련

각 차시의 구체적인 수업목표를 설정한 다음, 수업목표에 근거하여 학생들의 성취결과를 확인할 수 있는 방법을 찾아야 한다. 수업내용의 영역(인지적, 정의적, 심동적)에 따라, 혹은 평가 목적과 시기에 따라 평가도구를 설계(진단평가, 형성평가, 총괄평가)할 수 있다.

③ 계열화

수업내용을 어떤 순서로 가르쳐야 효과적일지에 대해 고민해 보아야 한다. 수업의 계열은 교육과정의 계열적 조직에서처럼 수업의 전개를 순서적으로 계열화하는 것을 의미한다. 한 단원이나 한 학습과제를 가르치기 위해서는 최소한 몇 시간의 수업시간이 요구된다.

한 수업목표의 학습결과가 다른 수업목표의 학습을 보다 쉽게 하는 경우에는 상호 위계적 관계를 중심으로 수업계열을 결정할 수 있다. 반면, 두 수업목표 간 하등의 위계적 관계를 찾아보기 어려운 경우에는 한 단원 속에서 가르치려고 하는 목표들이 서로 단속적으로 되어 있어 한 수업의 학습이 그것으로 끝나는 경우가 많다.

④ 교수전략 및 매체 선정

수업목표와 내용순서가 결정된 후, 어떤 방법으로 가르쳐야 효과적일지를 생각하여 수업전략과 수업매체를 결정한다. 수업전략은 수업 전 활동 방법, 정보 제시 전략, 학생 참여 유발 방법, 검사, 추후 활동 방법에 대해 계획한다. 수업매체는 수업전략을 효과적으로 달성하기 위한 전달 방법으로 경제성, 현실성, 안전성, 교수자의 조작능력 등을 고려하여 선정한다.

수업매체

수업매체란 수업목표를 효과적이고 효율적이며 매력적인 방법으로 달성될 수 있도록 교수자와 학습자 간에 또는 학습자와 학습자 간에 학습에 필요한 커뮤니케이션이 발생하도록 도와주는 다양한 형태의 매개수단이다. 즉 수업매체란 수업에서 교사와 학생 사이에 전달될 메시지를 운반하는 수단을 총칭한다. 수업매체에는 인쇄매체, 실물, 컴퓨터, 학습자료, 교구, 기자재, 도구 등이 포함된다.
수업매체를 수업에 활용하려고 할 때, 유의할 점은 다음과 같다.

• 수업내용과 목표에 적합한 매체를 활용한다.
• 교수매체의 특성과 장·단점을 고려한다.
• 수업의 흐름에 맞춰 단계별로 적절한 매체를 활용한다.
• 교수자의 매체 활용 수준을 고려한다.
• 학습자들의 특성을 고려해 매체를 선정하고 활용한다.
• 교수매체 사용의 실용성, 경제성, 효과성 등을 고려한다.

데일(Dale)의 '경험의 원추'는 하단부터 상단으로 '직접·목적적 경험→고안(구성)된 경험→극화된 경험→시범·연기→견학→전시→TV→영화→라디오 녹음·사진→시각기호→언어기호'의 순으로 이루어져 있다. 이 구조는 가장 구체적이고 직접적인 경험을 밑면으로 해서 점차 상위로 올라갈수록 추상성이 강해지는 간접 경험으로 배열되어 있다. 이것은 발달 단계가 낮은 학습자일수록 직접적 경험에 가까운 방법과 수업매체를 사용하는 것이 좋다는 사실을 보여 준다. 수업매체와 학습효과의 관계는 다음과 같다.

데일(E.Dale)의 '경험의 원추'

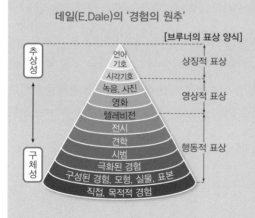

수업매체와 학습효과

수업에서 3가지 이상의 개념을 다룬다면 파워포인트, 슬라이드, 비디오, OHP 등의 기자재가 도움이 된다. 코르니코우 등(Kornikau et al., 1975)에 따르면, 말로만 가르치면 3시간 후에 70%를 기억하고, 3일 후에는 10%를 기억한다. 보여 주기만 할 때는 3시간 후에 72%를 기억하고, 3일 후에는 20%를 기억한다. 말로 하면서 보여줄 때는 3시간 후에 85%를 기억하며, 3일 후에는 65%를 기억한다.

파이크(Pike, 2001)에 따르면, 미각을 통해서는 1%, 촉각을 통해서는 1.5%, 후각을 통해서는 3.5%, 청각을 통해서는 11%, 시각을 통해서는 83%를 학습한다. 이는 시각적 기자재를 활용하는 것의 효과를 입증하는 연구이다.

(정석기, 2008; 김연배, 2012)

글상자 2-5

시각자료 활용 시 주의하세요

적절한 수업자료와 매체의 활용은 수업의 효과를 높인다. 자료와 매체는 학생들의 시각 및 청각을 자극함으로써 주의를 끌고, 학습내용에 대한 이해를 도우며 기억에 오래 남게 한다. 그러나 다음과 같은 시각자료의 활용은 오히려 비효과적일 수 있다.

- 책을 그대로 복사한 OHP 자료를 사용하는 경우, 학생들이 읽느라 눈이 아프다.
- 수업시간 50분 동안 계속 OHP 혹은 파워포인트 자료를 사용하느라 교실을 어둡게 한 경우, 교실이 어두워 저절로 눈이 감긴다.
- 모든 수업내용을 파워포인트로 준비해 왔는데 기자재에 이상이 생겨 기자재를 고치는 데 수업시간의 대부분을 소요하는 경우
- OHP를 사용하지 않을 때도 계속적으로 전등을 켜 두는 경우
- 가시도가 높은 색채 사용으로 인해 자료를 보고 있는 학생들의 눈을 너무 피곤하게 만드는 경우
- 시각자료가 단순하고 간결하지 못하고 복잡하며 산만한 느낌을 주는 경우
- 학생이 주의 깊게 보아야 할 부분을 미리 설명해 주지 않아 혼돈을 주는 경우
- 학생에게 시선을 전혀 주지 않고 시각자료를 향해서 계속 말하는 경우
- 시각자료의 글씨 크기가 작아 뒤에 앉아 있는 학생이 볼 수가 없을 경우
- 시각자료에서 마침표를 사용한 문장을 길게 적고 이를 교사가 읽어 가면서 수업을 하는 경우

OHP나 파워포인트를 사용할 경우에는 중요 부분이나 용어가 빈칸으로 처리된 프린트물을 미리 준비해 나누어 주면 좋다.

(동국대학교 교수학습개발센터, 2006: 115)

수업매체 활용의 왕도-칠판

수업에 사용할 수 있는 다양한 매체 중에서 일반적으로 많이 사용하는 것이 칠판을 활용한 판서이다. 칠판은 매우 효용도가 높은 도구이다. 오랫동안 칠판이 이용되고 있는 것은 그만한 이유가 있기 때문이다.

판서는 학생의 사고활동을 촉진할 수 있는 활동으로, 수업내용을 구조화해 수업효과를 극대화하는 것이 목적이다.

수업을 하면서 칠판에 쓰는 것까지 겸하면, 시각적 효과가 더해져서 요점이 더욱 강조되고 수업효과가 커진다. 수업을 잘하고, 적는 일까지 잘한다면 교사는 학생들에게 자신의 의사를 전달하는 이중의 기회를 갖게 된다. 사실 적는 것을 통해서 교수방법상의 많은 단점을 보완할 수 있다.

학생들이 흔히 불평하는 내용은 다음과 같다.

- 글씨가 너무 작아 읽을 수 없다.
- 분필이 제대로 지워지지 않은 칠판 위에 글을 써서 읽을 수 없다.
- 파란색 분필을 사용해서 잘 보이지 않는다.
- 방금 쓴 것을 바로 지우는 선생님이 있다(도대체 왜 쓰는 것인지?)
- 약자가 너무 많다.

효과적인 판서 요령은 다음과 같다.

- 판서에 필요한 분필은 미리 준비한다.
- 판서의 글자는 되도록 정자로 써서 학생들이 알아보기 쉽게 한다.
- 글자의 크기는 저학년일수록 크게 쓰고, 뒤에 앉은 학생도 잘 보이도록 쓴다.
- 수업내용에 따라 색분필을 사용해 시각적 효과를 준다.
- 학습을 진행하면서 판서한다.
- 판서의 내용을 가리지 않도록 교수자의 위치에 주의한다.
- 수업의 흐름을 학생들이 쉽게 파악할 수 있도록 명료하게 판서한다.
- 핵심 개념 중심으로 그림, 도표를 이용하여 내용을 잘 구조화하여 판서하는 것이 좋다.
- 판서는 설명내용을 기다랗게 쓰는 것이 아니라 내용의 요점을 간추려서 써야 한다.
- 일반적으로 칠판은 구태의연한 매체라고 생각하는 경향이 있다. 그러나 칠판은 여전히 효용도가 높은 수업매체이다.
- 수업을 하면서 판서를 하면 시각적 효과가 더해져서 수업효과가 커진다.
- 칠판을 잘 사용하면 학습자로부터 더 높은 신뢰를 받을 수 있다.
- 칠판을 전체 윤곽을 잡아줄 수 있도록 활용하기 위해서는 칠판 사용을 미리 계획할 필요가 있다. 수업을 하다가 생각나는 대로 적지 말고, 전체 수업내용에 비추어 칠판에 적을 내용을 미리 정한 후 수업에 들어간다.
- 칠판 공간별 시선집중도를 고려하는 것이 좋다. 대부분의 사람들이 왼쪽 위부터 시선을 집중한 뒤 오른쪽 아래로 시선이 내려온다는 점을 고려하여 상단 왼쪽 윗부분부터 수업 주제나 제목을 써내려 가는 것이 바람직하다. 또한 칠판을 3등분이나 2등분하여 T자형으로 판서하는 것도 효과적이다. 학생들에게 잘 보이지 않으므로 칠판 하단 끝까지 사용하지 않는다.

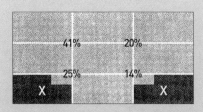

- 적어야 할 내용이 많거나 판서의 진행사항을 반드시 보아야 할 내용이 아니라면, 수업시간 전에 대부분 판서해 두는 것도 한 방법이다.
- 복잡한 표나 수식, 그림 등은 미리 복사하거나 OHP, 파워포인트 등을 활용한다.
- 어려운 단어는 꼭 판서한다. 전문용어, 외국어 및 한자 단어는 꼭 판서를 한다. 학생들이 내용을 기억하는 데 도움이 된다.
- 타이밍에 맞춰 지운다. 수업내용이 다른 맥락으로 지나가면 판서한 내용을 지운다. 앞의 내용이 계속 남아 있으면 산만해지기 쉽다. 그러니 다음 내용과 비교하여 설명할 필요가 있는 내용은 지우지 않고 남겨 둔다. 단, 판서 내용이 많지 않을 때에는 적은 내용은 그대로 두어야 한다.
- 판서할 때 등을 돌리고 강의하는 것은 수업의 효과를 떨어뜨리므로 특히 조심한다.
- 학생의 발표내용을 중심으로 학생들에게도 판서의 기회를 많이 제공하고, 학생과 교사가 공동으로 판서를 완성시켜 간다.

한편, 판서의 유형을 다음과 같이 병렬형, 대조형, 구조형, 귀납형으로 구분하기도 한다.

① 병렬형

학습내용을 같은 비중으로 순서대로 나열한 것

〈보기 1〉	〈보기 2〉
1. _____ 2. _____ 3. _____	1. _____ 　가. _____ 　나. _____ 2. _____ 　가. _____ 　나. _____

② 대조형

서로 대조적인 것을 가지런히 써 내려가는 유형

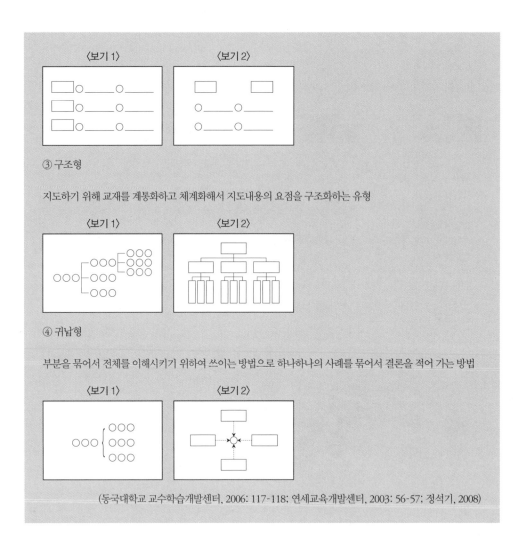

③ 구조형

지도하기 위해 교재를 계통화하고 체계화해서 지도내용의 요점을 구조화하는 유형

④ 귀납형

부분을 묶어서 전체를 이해시키기 위하여 쓰이는 방법으로 하나하나의 사례를 묶어서 결론을 적어 가는 방법

(동국대학교 교수학습개발센터, 2006: 117-118; 연세교육개발센터, 2003: 56-57; 정석기, 2008)

글상자 2-7

수업매체 활용의 왕도-파워포인트

수업매체를 수업에 활용할 경우 학습효과의 향상뿐만 아니라 설명시간을 단축하는 데에도 효과가 있다.

- 말로만 가르치면 3시간 후에 70%를 기억하고, 3일 후에는 10%
- 보여 주기만 할 때는 3시간 후에 72%를 기억하고, 3일 후에는 20%
- 말을 하면서 보여 줄 때는 3시간 후에 85%를 기억하며, 3일 후에는 65%를 기억한다.

지리 교재 연구 및 교수법

파워포인트는 칠판과 함께 교사들이 가장 많이 사용하는 수업매체이다. 파워포인트를 수업자료로 사용하는 것이 효과적인 경우는 다음과 같다.

> - 세 가지 이상의 개념을 다루어야 할 때
> - 복잡한 그림이나 도표를 제공해야 할 때
> - 다양한 색을 보여 주어야 하는 사진이나 그림
> - 여러 장을 겹쳐 3차원 입체를 나타내고자 할 때

1. 파워포인트 화면(슬라이드) 작성의 원칙

다음의 원칙을 고려하면 보다 효과적인 수업자료를 제작할 수 있다.

> - 글자는 18~24 포인트 크기로
> - KISS의 원칙(Keep It Simple and Short)
> - 6단어와 6줄을 넘지 않도록
> - 한 페이지에 한 가지 내용만
> - 충분한 시간 여유를 가지고 보여 줄 것

2. 파워포인트 화면(슬라이드) 작성의 유의사항

- 여백을 충분히 남겨 놓는다.
- 단순하게 만든다. 한 컷에 너무 많은 개념을 담으려고 하지 않는다. 한 컷에 개념 하나를 담는다고 생각한다. 한 컷에 두 개 이상의 개념이 들어가면 교사가 첫 번째 개념을 설명하는 동안, 학생들은 두 번째 개념을 읽는다. 결과적으로 첫 번째 개념 설명을 열심히 안 듣게 되고, 두 번째 개념을 설명할 때에는 '아주 지겨워'한다.
- 교재의 내용을 모두 옮겨 놓지 않는다. 핵심만 적는다. 더군다나 내용을 모두 옮겨 담고 이를 읽기까지 하면 학생들은 교사가 소리내어 읽는 것보다 빠른 속도로 내용을 읽어 버리고 딴 일을 한다.

  예) 이 실험에 대한 회귀분석 결과는 $R^2=42$였으며, 이로써…(×)
  회귀분석 결과: $R^2=42$ (○)

- 내용은 가로로 적는 것을 원칙으로 한다. 세로 읽기는 익숙하지 않다.
- 파워포인트나 OHP에 띄어 놓을 내용은 복사하여 학생들에게도 한 부씩 나누어 준다. 컴컴한 교실에서 위의 내용을 받아 적으려면 고역이기 때문이다.
- 수업 처음 30초간은 기자재를 사용하지 않는 것이 좋다. 주의가 산만해지기 때문이다.
- 기자재에 대고 강의하지 않도록 주의한다. 학생을 바라보아야 한다.
- 교실을 캄캄하게 해 놓고 OHP나 파워포인트를 장시간 활용하면 많은 학생들이 잠들어 버리므로 주의해야 한다.
- 학습들이 첫눈에 시각적 자료가 말하고자 하는 내용을 알아차릴 수 있도록 만든다.

3. 기계 점검 및 비상사태를 준비한다.

수업 전에 기계 점검 및 시연을 해 보고 프레젠테이션 상태를 살펴보는 것이 필요하다. 이때 글자 크기나 색, 조명, 프로젝터의 위치 등을 조정하여 최적의 이미지가 제공될 수 있도록 한다.
또한 기계적인 결함이나 전원의 문제 등 비상사태를 위해 인쇄본을 준비해 두는 것이 바람직하다.

4. 강의내용을 스크린에 적힌 것에만 한정하지 않는다.

파워포인트를 사용할 때 내용을 그대로 읽기보다는 강의의 보조 수단으로 사용하는 것이 바람직한 사용법이다. 파워포인트 자료와 함께 칠판을 활용하거나 다른 학습활동을 병행하여 학습자들이 수동적인 수업태도를 가지지 않도록 한다.
학생들은 쉽게 집중력을 잃을 수 있으므로 슬라이드 쇼를 정지하고 보충 설명을 덧붙이는 것도 효과적이다.

5. 수업속도를 조절한다.

파워포인트를 사용하여 강의를 할 때, 자칫하면 수업의 진행 속도가 너무 빠르게 진행될 수 있다. 그러므로 학생들의 반응을 살피면서 학생들이 충분히 자료를 보고 수업의 핵심 내용을 노트할 수 있도록 배려하는 것이 바람직하다.
1분에 3장 이하의 슬라이드를 제시하는 것이 좋다.

6. 기자재나 스크린을 보고 강의하지 않는다.

어떤 매체를 사용하는 수업이든 간에 기본적으로 잊지 말아야 할 원칙이 있다. 교수자의 시선은 항상 학습자에게 머물러 있어야 한다.

(동국대학교 교수학습개발센터, 2006: 119-120)

(3) 개발(Development)

개발 단계는 수업목표를 달성하기 위한 자료를 개발하는 과정이다. 수업내용과 목표에 적합한 자료를 개발하고, 형성평가를 실시한 후, 결과를 토대로 자료를 수정하거나 보완한다. 따라서 개발 단계에서는 실제 수업에 활용하는 수업자료를 제작한다. 또한 형성평가를 통해 수업의 능률을 증가시키도록 한다. 즉 교수자료 개발, 파일럿 테스트, 개발된 교수자료의 수정 및 제작이 이루어진다.

① 교수자료 개발

수업전략에 기초하여 학습자 지침, 교수계획표, 수업자료, 교수자 지침 등을 개발한다. 수업

교수·학습 자료의 계획/준비/사용 단계

1단계: 자료를 개발하기 위한 결정
- 나는 무엇을 성취하려고 하는가?
- 나는 누구를 위해 그 자료가 필요한가?
- 이미 만들어진 사용하기에 적절하고 유용한 자료가 있는가?

2단계: 실제적 함의
- 나의 아이디어는 활동계획(scheme of work)과 관련한 국가교육과정의 학습 프로그램과 어떻게 관련이 있는가?
- 나의 아이디어는 학생들의 학습요구와 어떻게 관련이 있는가?
- 나는 질 높은 자료를 개발하기 위한 실천적 기능(practical skills), 예를 들면 컴퓨터 활용 기능을 가지고 있는가?
- 학교는 나의 자료를 충분한 양으로 재생산할 수 있는 충분한 자원들을 가지고 있는가?
- 나의 자료를 사용함으로써 이익을 얻을 수 있는 다른 교사 또는 집단이 있는가?

3단계: 세부 사항 계획
- 내 자료의 주제는 무엇인가?
- 나는 학생들에게 어떤 기능과 개념을 발달/강화시키려고 하는가?
- 내가 학생들이 사용하기를 원하는 일반적인 기능(수리력/문해력)은 무엇인가?
- 나는 학급 내의 상이한 능력을 가진 학생들을 어떻게 충족시킬 것인가?
- 나는 나의 아이디어를 나의 멘토와 언제 논의할 것인가?

4단계: 프레젠테이션의 쟁점들
- 나는 나의 자료에 어떤 제목을 붙일 것인가?
- 나는 자료를 만드는 데 어떤 활자의 크기와 스타일을 사용할 것인가?
  a) 학생들은 접근 가능한가?
  b) 보기에 흥미로운가?
- 나는 어떤 시각 이미지, 예를 들면 다이어그램을 포함하기를 원하는가?
- 나는 학생들이 접근하기를 원하는 정보/과제를 어떻게 제시할 것인가?
- 나는 상이한 학습요구를 가진 학생들을 어떻게 (교육과정)차별화할 것인가?

5단계: 자료 사용
• 나의 자료를 만들 때 고려해야 할 시간 척도는 어느 정도인가? 즉 나는 제시간에 자료를 복사할 수 있는가?
• 나는 자료를 나의 수업지도안에 어떻게, 그리고 어디에 구축해야 할 것인가?
• 나는 자료를 나 자신과 다른 사람이 쉽게 접근할 수 있도록 하기 위해, 어디에 저장해야 할 것인가?
• 나는 자료를 학생들에게 어떻게 소개할 것인가?

6단계: 평가
• 그 자료는 나의 목표를 성취하는 데 도움이 되었는가?
• 상이한 능력을 가진 학생들이 그 자료를 사용할 수 있었는가?
• 나는 학생들이 그 자료를 사용하는 데 흥미를 느꼈다고 생각하는가?
• 그 결과물은 활동계획의 요구 사항과 관련이 있었나?
• 나는 이 자료를 다시 사용할 것인가?
• 만약 그 자료를 수정하려고 한다면 어떻게 변화시키고 싶은가?
• 나는 자료의 계획과 사용에 대해 무엇을 배웠는가?

(Tolley et al., 1996: 31)

글상자 2-9

워크시트(활동지)의 스타일

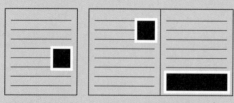

인물사진(수직적)   또는 경관(수평적)

배치(layout)
• 텍스트, 삽화, 활동의 조직
• 학생은 텍스트와 삽화의 계열을 쉽게 따라갈 수 있어야 한다.
• 텍스트와 삽화 사이의 균형을 이루도록 하라. 많은 양의 텍스트는 피하고, 한 장의 시트에 너무 많은 내용을 채우지 않도록 하라.

- 흥미를 자극하고 시각적 다양성을 창조하기 위해 삽화와 테두리 장식을 사용하라.
- 활동과 과제는 분명히 식별할 수 있어야 한다.
- 가능한 한 각 시트가 독립적인 환경을 갖추도록 하라.

텍스트
- 텍스트가 한 페이지에서 다른 페이지로 넘어가지 않도록 하라. 표가 활동을 위한 구조를 제공하기 위해 사용될 수 있다(즉 칼럼을 사용하여 활동의 넓이와 깊이를 결정하기).
- 손으로 쓴 텍스트도 깔끔하고 분명하다면 사용될 수 있다. 어떤 경우에는 손으로 쓰는 것이 워크시트(활동지)의 프레젠테이션에 다양성을 도입하기 때문에 효과적일 수 있다.
- 핵심 단어와 제목은 별개의 글꼴 또는 볼드체를 사용하라.

삽화(지도와 다이어그램)
- 명료한 검은 선을 그리는 것이 더 효과적으로 인쇄될 수 있다.
- 가능한 한 테두리를 사용하여, 지도와 다이어그램을 프레임에 넣고 강조하라.
- 모든 지도는 제목, 축척, 북쪽 방향의 화살표가 제시되어야 하며, 적절한 곳에 범례가 있어야 한다.
- 사진은 항상 명료하게 복사되지 않는다. 때때로 특별한 도구나 스캐너를 사용하여 복사를 위한 원본이 만들어질 필요가 있으며, 그것은 컴퓨터에서 만들어지고 있는 문서 내 사진들과 다른 삽화들을 통합하는 데 사용될 수 있다. 또한 사진 이미지를 강조하기 위해, 명료한 검은 외곽선이나 음영을 추가하는 것은 도움이 될 수 있다.

그래픽(graphics)
- 컴퓨터 문서 작업과 전자출판 소프트웨어 패키지는 현재 광범위한 그래픽과 삽화를 포함하고 있다.
- 이러한 그래픽들은 정보를 효율적으로 제시하거나, 활동 또는 텍스트의 영역들을 강조하는 데 사용될 수 있다.

(Lambert and Balderstone, 2010: 234)

자료는 글, 그림, 매체 형태를 띠며, 보충학습 자료, 심화학습 자료도 필요하다면 개발한다. 수업자료 활용 시에는 기존 자료를 그대로 사용할 것인지, 혹은 수정·보완해서 사용할 것인지를 결정하여 제작해야 한다. 새로운 수업자료를 개발할 때에는 경제적 비용과 시간적 비용, 활용도 등을 고려해야 한다.

② 파일럿 테스트

개발된 수업의 능률과 효과를 증가시키기 위해 파일럿 테스트를 실시해야 한다. 파일럿 테스트는 수업을 듣는 3~4명 정도의 학생을 대상으로 1대 1 피드백을 받는 방법을 활용할 수 있다. 1대 1 평가에서 얻은 정보를 토대로 수업을 수정·보완한 후, 대상 인원을 늘려 10~20명의 소집단을 대상으로 자료를 제시하고 수업을 실행하여 자료를 수집할 수도 있다.

③ 수정 및 제작

파일럿 테스트 결과를 토대로 수업 분석의 타당성 여부, 학습자와 환경에 관한 진단, 수업방법, 수업전략, 수업자료 등의 수업 전반에 관해 재검토하여 보완하도록 한다.

(4) 실행(Implementation)

실행 단계는 실제 수업에 적용하는 과정이다. 실제 수업에 적용하고, 유지 및 관리하는 과정이 포함된다. 여기에서는 개발된 자료를 활용하게 된다.

개발한 수업설계 전략에 따라 수업을 진행하는 실행 단계는 모든 것이 확실한 기반을 갖춘 뒤 실행해야 한다. 아무리 매체가 잘 설계되었다 하더라도 학습자나 교수자가 그 도구를 사용하는 데 준비가 제대로 안 되어 있거나 도구의 설치 및 배치가 제대로 되어 있지 않다면 실행은 어려울 것이다.

수업은 교수자 자신과 학습자, 그리고 학습환경과 모든 도구들의 배치가 잘 준비되어 있어야 성공적으로 이루어질 수 있다. 교사는 교육과정, 학습결과, 전달방법, 절차 등을 검토한다. 그리고 분석 단계에서 확인한 학습자의 준비 사항을 검토한다. 학습공간이 도구를 사용하는 데 적절한지 확인하고, 책, 손으로 다루는 도구, CD-ROMs, 소프트웨어, 외부 링크가 작동되는지 확인한다.

(5) 평가(Evaluation)

평가 단계는 총괄평가를 하는 과정이다. 학습자가 수업목표에 도달했는지 평가도구를 활용해 평가를 실시한다. 수업의 전체적인 측면에서 총괄평가를 실시하며, 그 결과에 대해 피드백을 제공한다.

평가는 수업설계와 수업의 질 및 효과성을 결정하는 체계적인 과정이다. 수업설계나 자료가 완전히 달성된 후에 평가를 하는 것보다는 수업설계를 하는 과정에, 또 수업자료를 개발하는 과정에 수시로 평가를 하는 것이 중요하다.

① 학업성취 평가

수업설계를 완성하여 수업을 진행한 후, 수업목표와 학생들의 성취도 평가 결과를 비교함으로써 수업 전체의 효과성을 평가하는 것이다. 이때의 평가는 수업목표 달성 여부를 확인할 수 있는 평가도구를 개발하여 학기 말에 실시함으로써 결과를 확인할 수 있다.

② 과정 중심의 평가

수입을 설계하는 과정에서, 또 수업자료를 개발하는 과정에서 수시로 평가하는 방법이다. 이는 각 단계에 대한 수업설계자나 관련 전문가의 의견을 듣거나 자신의 경험으로 판단할 수 있다. 과정 중심의 평가는 수업 개선을 위한 목적으로 이루어진다.

2) 딕·캐리(Dick & Carey)의 수업설계 모형

수업설계 모형 중에서 가장 대표적인 모형으로 알려진 딕·캐리(1996)의 수업설계 모형은 체제적 접근에 입각한 절차적 모형으로서 효과적인 교수 프로그램을 개발하는 데 필요한 일련의 단계들과 그 단계들 간의 역동적인 관련성에 초점을 두고 있다(박성익 등, 2011). 따라서 딕·캐

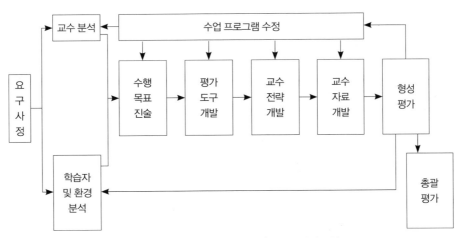

그림 2–3. 딕·캐리(Dick & Carey)의 수업설계 모형

리의 수업설계 모형은 교사들이 수업을 계획하는 데 적용 가능성이 높다(박숙희·염명숙, 2007).
딕·캐리의 수업설계 모형을 도식화하면 그림 2-3과 같다.

3) 딕·레이저(Dick & Reiser)의 수업설계 모형

딕·레이저(1989)는 효과적인 수업을 계획하는 방법으로 수업계획에 체제적인 접근을 도입
할 것을 제시하였다. 그리고 수업이 체제적으로 계획되었다는 것을 충족하기 위해서는 다음의
4가지 원리를 따라야 한다고 하였다.

첫째, 학습자들이 획득할 일반적 목적과 구체적 목표를 분명하게 확인함으로써 계획과정을
시작한다. 둘째, 학습자가 이러한 목표를 획득하도록 하는 수업활동을 계획한다. 셋째, 이러한
목표의 획득을 평가할 수 있는 평가도구를 개발한다. 마지막으로, 각 목표에 학습자의 수행과
수업 활동에 대한 학습자 태도에 비추어 수업을 수정한다.

수업설계는 특정 교과나 프로그램에 대한 교수활동을 위해 실제적인 절차를 조직하는 전략
및 방안으로, 수업 프로그램을 설계·제작·실행·평가하는 체계적 과정을 말한다. 수업설계는
미시적인 관점에서 볼 때 교수자가 학습자를 가르치기 위해 학습지도안을 개발하는 과정이다.
수업설계는 8가지 요소로 구성되며, 이 구성 요소들이 통합될 때 학습자에게 좋은 수업을 전달
할 수 있는 계획을 위한 하나의 틀을 형성할 수 있다. 수업설계는 이들 구성 요소들에 대한 충분
한 고려와 적절한 결정을 수행하는 과정이다(윤관식, 2013). 딕·레이저의 수업설계 모형 8단계
를 간략하게 기술하면 그림 2-4와 같다.

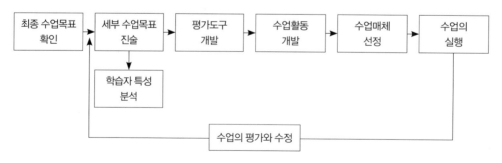

그림 2-4. 딕·레이저(Dick & Reiser)의 수업설계 모형(윤관식, 2013 재인용)

지리 교재 연구 및 교수법

(1) 최종 수업목표의 확인

최종 수업목표(instructional goals)는 단위 수업의 결과로서 학습자가 할 수 있는 것을 일반적 수준에서 진술을 하거나 이를 분석하는 행위이다. 최종 수업목표는 한 단위의 수업시간, 즉 초등학교는 40분, 중학교는 45분, 고등학교는 50분 정도의 교수내용을 포함한다.

(2) 세부 수업목표의 진술

세부 수업목표(instructional objectives)는 단위 수업이 끝났을 때 학습자가 할 수 있게 되는 것이 무엇인지를 매우 구체적으로 진술하는 행위이다. 세부 수업목표는 최종 수업목표로부터 도출되므로, 최종 수업목표는 세부 수업목표에 나타난 각 목표행동을 성취하면 자연스럽게 도달하는 단위 수업을 위한 최종적인 학습성과이다.

(3) 학습자 특성 분석

학습자 특성 분석은 학습자의 출발점 행동을 확인하는 작업으로, 출발점 행동이란 특정 수업단위가 시작될 때 학습자가 지니고 있거나 지니고 있어야 하는 그 수업과 관련된 지식, 기능 및 태도와 관련된 행동을 말한다. 교수자는 학습자의 선수학습과 선행학습의 정도와 같은 학습자의 지적 특성을 확인하며, 이외에도 학습에 영향을 미치는 학습자를 둘러싼 개인적 특성(사회 · 경제적 배경, 사전 경험, 성별 등)과 심리적 특성(학습동기, 학습에 대한 불안감, 자아개념, 학습스타일 등)을 확인하기도 한다.

(4) 평가도구의 개발

평가도구의 개발은 각 수업목표의 성취 정도를 확인할 수 있는 평가도구를 선정하거나 개발하는 것을 말한다. 평가도구는 학습자가 실제로 수업목표에 성공적으로 도달하였는지를 밝혀주는 역할을 하므로 준거지향검사의 형태로 개발된다. 이 평가방법은 최종적인 학습자의 성취도를 목표에 비추어 평가하기 때문에 목표지향평가라고도 한다.

(5) 수업활동의 개발

수업활동의 개발은 설정된 수업목표를 학습자가 잘 성취할 수 있도록 교수·학습 활동 및 활동의 내용과 절차를 선정하거나 결정한다.

(6) 수업매체의 선정

수업매체의 선정은 교수자가 자신의 수업에서 사용할 매체를 결정하거나 제작하는 행위이다. 수업매체는 학습자에게 수업을 전달하기 위한 물리적 수단으로, 기자재인 하드웨어와 하드웨어를 통해 제시되는 수업자료인 소프트웨어가 있다.

(7) 수업의 실행

수업의 실행은 지금까지 개발한 수업지도안을 사용하여 직접 학습자를 가르치는 것이다. 교수자는 수업활동을 통해 학습자에게 기대하였던 목표를 성취할 수 있도록 노력해야 한다.

(8) 수업의 평가와 수정

수업의 평가와 수정은 수업을 시행하는 것만으로 수업이 종결되는 것이 아니므로, 자신이 수행한 수업을 검토하여 보완하거나 수정하는 것을 말한다. 이 활동은 앞으로 보다 좋은 수업을 개발하기 위한 주요한 과정이다.

4) 윌리엄스(Williams)의 체제적 지리수업설계 모형

앞에서 살펴본 수업설계 모형은 주로 일반 교육학자들에 의해 고안된 것이다. 사실 교과교육에서도 교육학에서 정립된 체제적 수업설계 모형을 그대로 활용하는 경우가 많지만, 교과의 특수성에 따라 다소 수정하여 사용하기도 한다. 이러한 맥락에서 지리교육학자 윌리엄스(1997)는 지리수업을 위한 체제적 수업설계 모형을 제시하였다. 그는 그림 2-5와 같이, 수업설계의 원칙적 특징은 시스템(체제)으로서 표현된다고 주장한다(Williams, 1997: 134).

이러한 체제(시스템)에 들어가는 것은 개성적 특성에 의해 개별화된 학생들이다. 학생들이 특정한 활동 단원 또는 토픽의 학습에 들어갈 때, 그 활동 단원 또는 토픽과 관련한 그들의 적성(aptitude), 경험(experience), 열의(enthusiasm)와 관심(interest)은 매우 중요하다. 교사는 활동 단원 또는 토픽을 설계할 때 이들을 고려하고, 이를 통해 교사 또한 명백한 적성, 경험, 열의와 관심을 가지게 될 것이다. 활동 단원 또는 토픽의 학습에 대한 결론에서, 학생들은 많은 학습결과를 성취해야 하고, 이러한 성취는 평가(assessment)할 수 있어야 한다.

그리고 그는 수업설계는 특정 학생, 교사 또는 지리적 토픽과 관계없이, 다음과 같은 일련의 단계로 기술될 수 있다고 주장한다(Williams, 1997: 135).

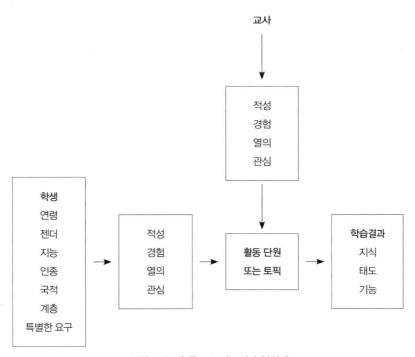

그림 2-5. 체제(system)로서 수업설계

1. 학생들의 요구 확인

2. 확인된 요구 분석

3. 학생들의 요구 순위화

4. 토픽의 목적에 대한 진술

5. 수업목표의 진술

6. 지리내용의 구체화

7. 지리내용의 배열

8. 자료를 검색하기

9. 교수·학습 전략의 계획

10. 학생 평가(assessment)의 계획

11. 교수·학습 전략과 학생 평가의 실행

12. 전체 수업설계를 모니터링하기

13. 형성평가

14. 총괄평가

이러한 단계는 준비(preparation), 교수(teaching), 후속활동(follow-up)이라는 더 일반적으로 언급되는 단계를 세부적이고 분석적으로 제시한 것이라고 할 수 있다. 또한 이러한 단계는 수업 전 단계(pre-instructional), 수업 단계(instructional), 수업 후 단계(post-instructional)라는 3단계의 시퀀스로 언급될 수도 있다. 윌리엄스(1997: 135)는 이러한 일련의 단계들을 떠받치는 중심 원리를 다음과 같이 제시한다.

• 수업설계는 단계들의 논리적 시퀀스를 따르는 합리적 과정이다.
• 수업설계는 학습자 중심이다. 그것은 학습자들의 요구와 함께 시작한다.
• 수업설계는 학습결과의 성취에 기여하는 모든 요인들을 고려한다는 점에서 종합적이다.
• 수업에서 교수는 전체 수업과정의 단지 일부분이다.
• 목적은 목표와 구별된다.
• 학생에 대한 평가(assessment)는 평가(evaluation)와 구분된다.

5) 지리교육에서 목표 모형과 과정 모형

지금까지 살펴본 수업설계 모형은 체제적 수업설계 모형이었다. 그러나 최근 구성주의 학습 관에 의해 이러한 체제적 수업설계 모형에 대한 비판이 계속해서 제기되고 있다. 지리교육에 서는 이러한 체제적 수업설계 모형과 유사한 '목표 모형(objective model)'에 대한 비판으로 대 안적인 수업설계 모형인 '과정 모형(process model)'을 강조하고 있다(Roberts, 2002; Lambert and Balderstone, 2010). 목표 모형은 행동주의를 근간으로 하고 있으며, 과정 모형은 구성주의를 근 간으로 하고 있다(그림 2-6).

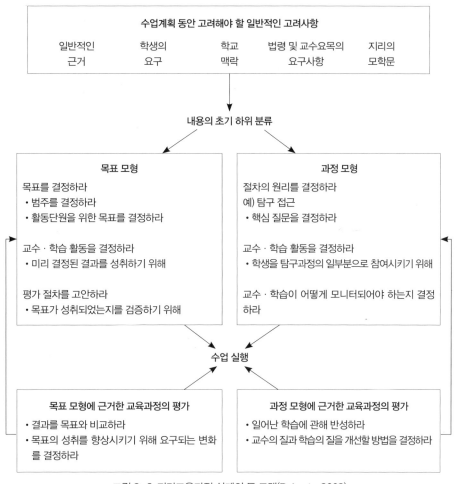

그림 2-6. 지리교육과정 설계의 두 모델(Roberts, 2002)

(1) 목표 모형

① 특징

수업설계의 목표 모형은 주요 특징으로 3가지를 들 수 있다(Fien, 1984b; Roberts, 2002). 첫째, 학습과정의 시작에서 의도된 결과에 관한 결정들이 이루어진다. 이러한 결정들은 먼저 폭넓은 목적으로 표현되고, 그 후 더 세부적인 목표, 즉 학생들이 학습하기로 기대되는 것에 대한 진술들로 표현된다. 둘째, 교수와 학습 활동은 선택된 목표들이 성취될 수 있도록 하기 위해 설계된다. 셋째, 학습의 성공은 목표가 성취된 정도에 의해 결정된다.

② 기원

이러한 수업설계의 목표 모형은 행동주의 심리학이 교육과정 설계에 적용되었던 미국에 그 기원을 두고 있다(Bobbitt, 1918; Tyler, 1949; Taba, 1962). 사실 구체적인 수업목표를 어떻게 진술해야 하는지에 대해서는 상당한 논쟁이 있어 왔다. 구체적인 목표 진술 방식에 대한 논의는 타일러(Tyler), 메이거(Mager), 그론룬드(Gronlund) 등에 의해 이루어졌다.

미국 학계의 교육과정 설계에서 목표의 사용은 상이한 유형의 학습결과들에 관한 사고를 격려했고, 그 결과 학습결과의 가장 영향력 있는 범주가 블룸(Bloom et al., 1956)에 의해 고안되었다. 그는 두 가지 영역에서 교육목표분류학을 출판하였다. 하나는 학습결과가 상이한 사고의 유형에 의해 규정되는 인지적 영역이며, 다른 하나는 학습결과들이 상이한 유형의 반응과 태도에 의해 규정되는 정의적 영역이다. 그는 각 영역을 성취 수준의 계층으로 하위 구분하였다. 예를 들면, 인지적 영역을 지식(회상에 대한 강조와 함께), 이해(comprehension), 적용, 분석, 종합, 평가로 하위 구분하였다.

③ 장점

목표 모형의 장점은 무엇보다도 학습의 결과, 학습에 관한 체제적 사고를 격려한다는 것이다. 그리고 상이한 유형의 학습에 대한 평가를 비롯하여 더 가치 있다고 여겨지는 활동을 격려할 수 있다. 지식과 이해, 기능, 가치라는 목록은 지리교육과정 및 교과서를 조직하기 위한 유용한 구조틀을 제공해 오고 있다. 또한 교육과정 계획에서 목표는 교수와 학습에 대한 목적의식을 제공할 수 있다. 학생들의 목표에 대한 성취는 학생 자신은 물론 학부모와 사회에 중요한 정보를 제공한다.

④ 단점

목표 모형은 널리 활용되고 있음에도 불구하고 신랄하게 비판을 받아 왔다. 그 비판들은 실제적인 것과 이론적인 것 두 가지 유형이 있다(Roberts, 2002).

먼저 실제적인 측면에서의 문제점은 다음과 같다(James, 1968; Sockett, 1976; Roberts, 2002). 첫째, 목표 모형이 제대로 수행되려면 많은 목표들이 진술되어야 한다는 것이다. 즉 목표를 규정하는 데 있어서 명료성의 추구는 목표 진술의 확산으로 이어질 수 있다. 명료성을 위해 요구되는 목표를 전부 진술하는 것은 부담이며, 진술되는 모든 것의 성취를 평가하는 것은 비현실적이다. 둘째, 목표 진술에 걸리는 시간이 부담으로 작용한다. 셋째, 인지적 목적뿐만 아니라 특히 정의적 목적을 구체적이고 명시적인 목표로 진술하기란 쉽지 않다. 넷째, 학생들의 학습을 규정된 목표로만 제한할 수 없다.

다음으로 이론적인 측면에서의 문제점은 다음과 같다. 첫째, 구체적인 수업목표의 성취가 일반적인 목적의 성취로 이어진다는 전제에 대한 문제점이 제기된다. 즉 교육의 과정은 그 부분들의 합 이상이라는 것이다. 둘째, 목표 모형은 복잡한 상황에 대한 이해의 결과보다는 간단한 기능의 학습에 대한 결과를 처방하고 규정하기에 쉽다. 즉 쉽게 진술되고 규정될 수 있는 목표가 반드시 더 가치 있는 것이라고 할 수는 없다. 셋째, 목표 모형은 미리 결정된 결과를 강조하는데, 이에 대한 문제점이 계속해서 제기된다. 왜냐하면 이러한 목표 모형에서는 교사의 계획을 따르는 것 이외에 학생들을 위한 역할이 거의 없기 때문이다. 만약 교육목적 중의 하나가 학생들에게 사고하도록 하는 것이라면, 어떻게 모든 결과를 미리 결정(예측)할 수 있겠는가? 스텐하우스(Stenhouse, 1975: 82)는 "지식 또는 사고를 위한 교육은 학생들의 행동적인 결과를 예측할 수 없게 만드는 정도에 따라 성공적이다."라고 하였다. 넷째, 목표 모형은 학습의 최종적인 산물에 너무 많은 초점을 둘 수 있다. 이것은 예측할 수 없는 결과를 가진 활동보다 시험에 대한 교수, 폐쇄적이고 제한된 활동을 격려할 수 있다. 또한 교사들로 하여금 결과를 예측할 수 없는 토픽을 사용하지 못하게 하며, 수업과정에서 출현하는 예측 불가능성을 차단할 수 있다. 다섯째, 목표를 지나치게 강조하다 보면 수업에서 실제로 일어나고 있는 것에 대한 눈가리개로서 역할을 할 수 있다. 즉 교사는 목표와 관련 없이 일어나는 학습에 대해서는 알지 못하게 된다. 여섯째, 교육과정 설계는 모든 학생들을 위해 공통의 목표를 추구하여 개별적인 차이와 요구를 간과하는 경향이 있다. 마지막으로, 피엔(Fien, 1984b)의 경우 목표보다는 학습자가 가지고 있는 지식, 믿음, 경험과 흥미들이 교육과정 계획에서 출발점이 되어야 한다고 주장한다.

(2) 과정 모형

① 특징

교육과정 개발의 과정 모형은 3가지의 주요 특징이 있다(Roberts, 2002). 첫째, 세부적인 계획이 일어나기 전에 교수와 학습 활동을 안내해야 하는 절차의 원칙에 관한 결정이 이루어진다. 둘째, 교수와 학습 활동은 절차의 원리에 따라 설계된다. 셋째, 교과과정(수업)은 학습의 결과뿐만 아니라 과정을 관찰함으로써 평가된다.

② 기원

교육과정 개발의 과정 모형은 교육의 과정(process)에 대한 본질적인 가치로부터 출현했으며, 교육과정 설계의 목표 모형에 대한 비판으로부터 발달했다(Peters, 1959; Bruner, 1966; Raths, 1971; Stenhouse, 1975).

과정 모형에 근거한 교육과정 개발의 첫 번째 사례 중의 하나는 1960년 제롬 브루너(Jerome Bruner)에 의해 개발된 미국 사회과학 교과과정이었다. 이 교과과정은 '인간: 학습의 과정(Man: A Course of Study)'이며, 이 교과과정은 그것의 목적을 목표(objectives) 대신에 원리(principles)로 표현하였다. 7개의 원리들 중 첫 번째 것은 '젊은이들에게 질문하기 과정을 착수시키고 발달시키기'였다. 학습의 종착점(목표)을 진술하는 대신에, 이러한 7개의 원리들이 수업활동을 떠받치도록 의도되었다.

과정 모형이 사용된 또 하나의 주목할 만한 사례는 1970년대에 로렌스 스텐하우스(Lawrence Stenhouse)에 의해 주도된 학교위원회 인문학 교육과정 프로젝트(School Council Humanities Curriculum Project)였다. 이것의 원리들 중 하나는 논쟁적인 쟁점에 대한 탐구는 일방적인 교수보다 토론을 통해 이루어져야 한다는 것이었다(Roddock, 1983: 8).

교육과정의 과정 모형이 발달됨에 따라 교사들이 자신의 수업에서 일어나는 과정들을 조사하는 실행연구를 포함하여, 교수와 학습을 평가하는 새로운 방법들이 발달되었다. 과정 모형은 비록 교사들이 가르치고 있더라도 수업 중 일어나는 교사들의 '행위 중 반성(reflecting in action)'에 의존하는 평가와 관련이 있다(Schön, 1983). 그리고 교실 경험 동안 수집된 상이한 증거를 고찰하는 행위 후 반성[reflecting after(on) action]을 통해 이루어진다. 과정 모형을 활용한 교육과정 설계는 학생들을 위한 교육과정을 제공하는 수단이 될 뿐만 아니라, 계속적인 전문성 계발의 수단이 된다.

③ 지리교육과정 계획에의 영향

실제로 여전히 목표 모형이 지리교육과정 계획에 많은 영향을 주고 있다. 그러나 최근 구성주의 학습관의 발달에 따라 과정 모형이 지리교육과정 개발에서 '탐구 접근의 발달'과 '수업과정에 관한 연구'에 큰 영향을 끼치고 있다(Roberts, 2003).

먼저 과정 모형이 탐구 접근의 발달에 미친 영향에 대해 살펴보자. 탐구 접근에 내재된 절차의 첫 번째 원리는 교사와 학생 모두에게 질문하는 것의 중요성을 강조한다는 것이다. 지리에서 질문하기에 주어진 중요성은 교육과정 계획의 초기 단계에서 질문들의 중요성으로 이어졌다. 목표 모형이 학습의 최종적인 산물들을 규정함으로써 교육과정 계획을 시작했다면, 과정 모형은 공통적으로 학습의 시작과 함께 질문들을 사용한다. 과정 모형의 대표적인 사례는 영국 학교 위원회의 'Geography 16-19 프로젝트'와 1995년 영국 국가교육과정이다. 여기에서는 다양한 지리적 질문들이 제시되었다(조철기, 2014 참조). 그리고 탐구 접근의 두 번째 함축적인 원칙은 교사로부터 답을 제공받는 것보다 질문에 답변하기 위해 필요한 과정에 학생들의 능동적인 참여의 중요성을 강조한다.

다음으로 과정 모형은 지리를 학습하는 데 교사와 학생이 사용하는 언어에 초점을 둔 교수와 학습의 과정에 관한 연구를 격려하였다. 구두표현력에 관한 조사(Carter, 1991), 글쓰기 활동 (Barnes, 1976)과 읽기(Davies, 1986)에 관한 조사는 학생들이 지리에 대한 이해를 발달시키는 데 할 수 있는 역할을 보여 준다. 소규모 모둠활동, 역할극, 시뮬레이션, 상이한 장르의 글쓰기, 학습 다이어리 등의 사용이 증가했는데, 이는 지리적 지식의 구성에서 학생들의 역할과 교육과정에 대한 그들의 기여를 보여 주는 증거라고 할 수 있다.

로버츠(Roberts, 2002)는 교육과정 설계에 과정 모형을 채택한다면, 다음 질문들이 고려될 필요가 있다고 주장한다.

- 학생들이 이 주제에 몰입할 수 있는 핵심 질문은 무엇인가?
- 교사에 의해 어떤 질문이 처음에 제기되어야 하는가?
- 교수와 학습 활동이 학생들에게 자신의 질문을 하도록 격려하기 위해 어떻게 고안될 수 있는가?
- 학생들이 이러한 질문에 답변할 수 있도록 격려하기 위해서는 어떤 자료가 필요한가?
- 이러한 자료는 어떻게 수집되고 선택되는가?
- 그러한 질문들에 답변하기 위해 어떤 지리적 기법과 절차가 사용될 수 있는가?
- 이러한 기법과 절차들이 활동에 어떻게 통합될 수 있는가?
- 학생들은 단원 및 개별 수업 동안 탐구과정의 어떤 부분에 몰입되는가?
- 학생들이 관계한 과정이 수업 동안 그리고 수업 이후에 어떻게 평가될 수 있는가?
- 평가로부터 학습된 것이 어떻게 후속 수업과 활동 단원에 구축될 수 있는가?

스텐하우스(Stenhouse, 1975)는 교수과정 설계의 목표 모형의 대안인 과정 모형의 열렬한 지지자이다. 과정 모형은 특히 학습자 중심의 교수과정에 적합하지만 개념, 원리와 주제 중심 교수과정에도 쉽게 이용될 수 있다.

피엔(Fien, 1980, 1984b)은 과정 모형에 근거한 지리교육과정 설계를 위한 8단계를 다음과 같이 제시하였다.

- 교육과정이 계획하고 있는 대상인 학습자와 학습집단의 고찰
- 학생들의 공간적·환경적 필요, 관심과 흥미를 고양시키기 위해 학생들의 개인지리 분석
- 지리교육이 학생들의 환경적 필요, 관심과 흥미에 기여할 수 있는 바의 분석
- 학생들의 개인지리에 토대를 둔 지리교육 프로그램을 학생들에게 제공하는 데 사용될 수 있는 지리학의 주요 아이디어의 고찰
- 이 주요 아이디어와 관련된 교육과정 단원의 선택과 개발

- 선택된 교육과정 단원을 통해 개발될 수 있고 필요로 하는 학습기능의 고찰
- 학생들의 개인지리와 교육과정 단원 내의 기능과 주요 아이디어를 교사가 연계시킬 수 있는 교수전략의 결정
- 교육과정 본질과 가치 그리고 그것들의 기여에 관해 학생, 또래와 교사들이 의사결정을 할 수 있는 평가방법의 선택

④ 장점

교육의 내재적 가치에 근거한 교육과정 개발의 과정 모형은 무엇보다 학습에 초점을 둔다. 과정 모형은 학생들이 학습한 것을 형성하는 데 그들 자신의 역할을 인식하고, 학생들이 지리를 스스로 구성하는 데 그들의 역할을 강조한다. 또한 과정 모형은 교실수업에서의 상호작용의 복잡성을 인식하며, 의도되었든 의도되지 않았든 또는 예측하지 않았든 간에 수업과정에서 실제 일어나는 학습에 가치를 부여한다. 여기에는 교사의 전문적 판단이 교과과정을 평가하고 학생들을 평가하는 데 중요하게 작용한다.

⑤ 단점

과정 모형은 새로운 접근방법으로서, 목표 모형이 확고한 자리를 잡고 있을 때에도 많은 교사들이 과정 모형을 수년 동안 교육받았으나, 많은 교육과정은 여전히 목표 모형에 근거하고 있다. 이는 과정 모형이 교육과정 설계에서 가지는 문제들이 있기 때문인데, 우선 학습자 중심의 과정 모형은 목표 모형보다는 학생들의 필요, 관심과 흥미에 더욱 민감한 반응을 요한다(Fien, 1984b).

또한 과정 모형을 사용하여 계획된 교육과정을 떠받치는 원칙들은 평가에서 객관적으로 사용될 만큼 충분히 정확하지 않다는 것이다. 즉 수업과정 동안 일어난 것에 대한 이해는 교사의 개인적 해석과 전문적 판단을 위한 문제이다. 그러한 판단들은 목표 모형을 따르는 교육과정 계획에 기반한 판단들보다 덜 가치로울 수 있다는 것이다(Roberts, 2002).

슬레이터(Slater)에 의해 정교화된 지리수업설계 활동

지리수업설계 활동의 핵심 단계들

1. 질문들을 파악하기 위해 브레인스토밍을 하시오.
2. '최상의' 질문 목록을 추려 내시오.
  • 그 질문들은 중요한가?
  • 그 질문들은 지리적인가?
  • 그 질문들은 학습자에게 동기를 유발할 것 같은가?
3. 하위 질문들(핵심 질문들 각각에 적합한 탐구의 계열)을 명료화하시오.
4. 여러분이 수업설계를 하는 데 고려하고 있는 개념, 일반화, 중심적 이해를 열거하시오.
5. 적절한 학생활동과 교수전략을 파악하기 위해 다시 한 번 브레인스토밍을 하시오.
  • 그 활동을 시작하기 위한 아이디어에 대해 특별히 고려하시오.
6. 학습 자료와 교재를 고찰하시오.
  • 무엇이 이미 존재하고 있는지, 무엇을 개발할 수 있을지 고찰하시오.
  • 어떤 데이터베이스가 적절한가?
  • 정보는 어떻게 설명되고 표현될 수 있는가?
  • 어떤 순서로 자료가 제시될 것인가?
7. 가장 적절한 학생활동과 교수전략을 선정하시오.
  • 학생들의 과제는 구체적 학습목표와 같아야 한다는 것을 인식하시오.
  • 학생들의 과제는 일반화에 도달하기 위한 수단이라는 것을 인식하시오.
  • 과제는 균형 잡혀 있고 범위가 제시되는가?
8. 과제의 형식과 조직에 대해 결정하시오.
  • 어떤 자료와 자료의 처리 방법을 사용할 것인가? 어떤 순서로?
9. 적어도 일반적 용어로, 그리고 개발하고자 하는 일반적인 아이디어에 비추어 질문들로부터 드러나는 학습 목표를 고찰하시오.
10. 평가(assessment)와 평가(evaluation) 절차를 개발하시오.
  • 평가를 핵심 질문 및 학습활동과 결부시키시오.
  • 이용 가능한 범위, 즉 공식적 시험인지 아니면 비공식적 시험인지, 구술시험인지 아니면 지필시험인지에 대해 고려하시오.
  • 학습활동 내에서, 그리고 학습활동 간에 어떤 조화와 우연성이 존재하는가?

(Secondary Geography Education Project, 1977; Slater, 1993: 25 재인용)

지리 탐구학습의 과정

슬레이터(Slater, 1982)는 『지리를 통한 학습(Learning Through Geography)』에서 탐구과정 모형을 제시하였다. 슬레이터는 기존의 탐구학습 과정을 '질문 → 자료의 처리 방법과 기능의 실습 → 일반화'로 단순화하여, 지식, 기능, 가치·태도 등을 모두 다룰 수 있도록 하였다.

이러한 질문으로부터 일반화에 이르는 지리 탐구학습의 과정은 개별적이고 사소한 사실적 정보를 더 큰 일반적 정보의 매듭으로 연계시키는 의미와 이해의 개발에 기여한다.

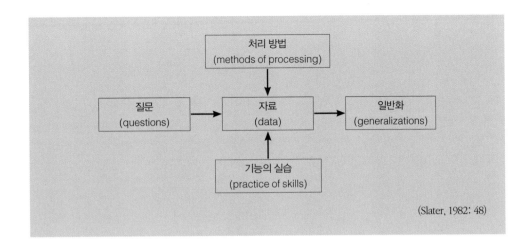

(Slater, 1982: 48)

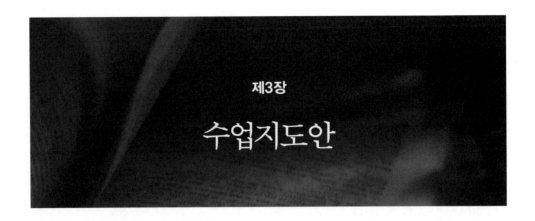

제3장

수업지도안

수업지도안(lesson plan)은 교사가 수립한 구체적인 수업 실천 계획을 문서로 작성한 것이다. 수업지도안은 간단히 수업안이라고도 하며, 교수·학습 과정안, 학습지도안 등으로 불리기도 한다. 혼란을 피하기 위해 이 책에서는 수업지도안으로 통일하여 사용한다. 수업지도안은 한 단원의 전체적이고 세부적인 내용을 담고 있는 단원 수업지도안과, 한 차시 또는 본시 내용만을 담고 있는 본시 수업지도안으로 구분된다.

교사로서 전문성과 재량권을 발휘할 수 있는 것이 바로 학습지도이다. 그리고 이러한 학습지도를 위한 수업지도안 작성 능력은 교사의 전문성을 판단하는 중요한 준거가 된다. 그러나 수업지도안 작성에 대한 이론이나 안내 자료가 부족하기 때문에, 특히 예비교사들은 다른 교사들의 수업지도안을 토대로 작성하고 있는 것이 현실이다. 따라서 이 장에서는 수업지도안과 관련한 제반 사항에 대해 보다 면밀하게 살펴보고자 한다.

1. 수업지도안의 구비 조건

'시작은 반이다'라는 속담처럼, 수업지도안 작성은 실제 수업의 절반에 해당한다고 할 수 있다. 왜냐하면 아무 계획 또는 준비 없이 수업에 들어가서는 좋은 수업을 기대하기 어렵기 때문이다. 따라서 교사는 수업지도안 작성에 심혈을 기울여야 한다. 물론 경력이 많은 교사는 문서로 된 수업지도안 대신 머릿속에 수업의 계획과 구조를 그려 넣을 수 있다. 그렇지만 특히 예비교사의 경우 수업에서의 실수를 줄이고 효과를 극대화하기 위해 수업지도안 작성에 무엇보다 주의를 기울여야 한다. 일반적으로 수업지도안이 갖추어야 할 기본적인 요건은 다음과 같다(고영희, 1981).

- 학생의 능력과 흥미 수준을 고려해야 한다.
- 과제 분석을 통해 수업계열을 논리적으로 조정하여 그 계열을 따르면서 자연히 수업의 목적이 실현되도록 계획한다.
- 가장 적절한 목표를 선택하고 진술해야 한다.
- 먼저 실시한 수업(사전 또는 선수 학습)과 관련을 지어야 한다.
- 학생들의 기존 지식 습득 지식(선수 내용)을 잘 고려해야 한다.
- 교과서에 있는 자료에 대해 충분히 연구해야 한다.
- 이용할 수 있는 최신의 실례를 준비한다.
- 효과적이고 비판적인 발문(또는 질문)을 포함시켜야 한다.
- 수업 전개 요령과 학년의 요구사항에 준거를 두어야 한다.
- 수업사태에 적합한 과정을 선택해야 한다.
- 적절한 과제를 포함시켜야 한다.
- 과제를 제출하도록 할 경우에는 도서관의 보충자료와 개인이 해결 가능한 자료를 고려해야 한다.
- 학습내용에 대한 적절한 요약을 준비한다.
- 중요한 여건을 생각하여 흥미를 강조한다.
- 수업지도안대로만 학습을 전개시키려 하지 말고, 때로는 학생의 흥미, 경험에 따라 변경할 수 있도록 탄력적이고 신축성 있는 계획을 세운다.
- 수업의 각 단계에 배당한 소요시간을 예정해야 한다.
- 수업의 결과를 적절하게 평가하는 방법을 강구해야 한다.

2. 단원 수업지도안

단원 수업지도안의 정형화된 틀은 존재하지 않으나, 대체로 표 3-1과 같은 구성 체제를 지닌다. 보통 '수업을 준비하며'로 시작하여 '단원의 개관', '실태 분석' 등으로 이어진다. 그리고 영역별 작성의 유의점은 표 3-2와 같다.

표 3-1. 단원 수업지도안의 구성 체제

사례 1	사례 2	종합 정리
Ⅰ. 수업에 앞서 Ⅱ. 단원의 개관 　1. 제재의 개관 　2. 제재 목표 　3. 지도내용 　4. 학습의 발전 계통 　5. 지도상의 유의점 　6. 평가 관점 Ⅲ. 학습자 실태 분석 Ⅳ. 교재 연구 　1. 교육과정 분석 　2. 수업모형 선정 Ⅴ. 본시 수업계획 　1. 수업지도안 　2. 핵심 판서 계획 　3. 자료활용 계획 　4. 형성평가 계획	Ⅰ. 수업을 준비하면서 　1. 수업을 준비하며 　2. 관련 이론 탐색 　3. 수업모형 선정 Ⅱ. 실태 분석 및 대책 　1. 학생 실태 분석 　2. 지도 대책 Ⅲ. 단원 지도의 실제 　1. 단원명 　2. 단원의 개관 　3. 단원의 학습 계열 　4. 단원 목표 　5. 단원 지도 계획 　6. 지도상의 유의점 　7. 단원 평가 계획 　8. 본시 수업지도안	Ⅰ. 수업을 준비하며 Ⅱ. 교재 연구 및 분석 　1. 단원의 개관 　2. 단원 목표 　3. 학습의 계열 　4. 단원 지도 계획 　5. 지도상의 유의점 　6. 단원 평가 계획 Ⅲ. 이론적 배경 　1. 관련 이론 탐색 　2. 수업모형 선정 Ⅳ. 실태 분석 　1. 실태 분석 결과 　2. 지도 대책 Ⅴ. 수업 전개 계획 　1. 본시 수업지도안 　2. 형성평가 계획 　3. 칠관활용 계획 　4. 자료활용 계획
〈부록〉	〈부록〉	〈부록〉

(김연배, 2012: 33)

표 3-2. 영역별 작성의 유의점

수업 설계 내용	작성상의 유의점
Ⅰ. 수업을 준비하며	• 본 수업을 실시하게 된 배경, 수업 준비 과정, 수업 결과, 학생들에게 바라는 내용 등을 진술한다.

II. 교재 연구 및 분석	1. 단원의 개관	• 학생, 학교, 학급, 지역 실태를 고려하여 지도서 내용을 참고하여 재구성한다. • 교사용 지도서의 내용을 그대로 옮겨 놓는 일은 지양한다.
	2. 단원 목표	• 단원 목표는 특별히 단원을 재구성하지 않는 한 교육과정상의 목표를 그대로 진술한다.
	3. 학습의 계열	• 본시 학습을 위하여 알아야 할 선수학습과 후속학습을 계열화하여 작성한다.
	4. 단원 지도 계획	• 본 단원을 지도하기 위한 차시별 내용을 시간 계획과 함께 순서대로 밝힌다. • 학년 교육과정 운영 계획의 연간 단원 지도 계획을 확인하여 학년에서 재구성한 계획을 참고하여 작성한다.
	5. 지도상의 유의점	• 단원 지도에 있어서 학급 실정 및 선수학습과 후속학습을 파악하여 단원 및 본시 학습에서의 유의점을 자세히 파악하여 작성하고 본시 교수·학습 과정에 반영될 수 있도록 한다.
	6. 단원 평가 계획	• 단원 평가에 반영해야 할 평가 관점을 개조식으로 제시한다. • 본시 수업과정의 형성평가 계획과는 다르다.
III. 이론적 배경	1. 관련 이론 탐색	• 본시 수업연구에 적용하는 데 관련된 이론을 탐색한다.
	2. 수업모형 선정	• 교과에 적합한 수업모형 중에서 학습제재에 적절한 수업모형을 선정하여 수업절차를 제시한다.
IV. 실태 분석	1. 실태 분석 결과	• 본시 학습을 위한 기초적인 개념, 학력 수준 등 학습자 실태를 구체적으로 분석한다. • 분석 내용은 본시 학습의 방향을 모색하는 것으로 표, 그래프 등으로 나타낸다. • 해석방법은 '읽어 주기'→'해석하기'→'시사점 추출하기'의 순으로 진술한다.
	2. 지도 대책	• 위의 실태 분석 결과를 토대로 본시 학습 지도 대책을 진술한다. • 실태 분석 내용을 중심으로 개조식으로 작성한다.
〈부 록〉		• 동기유발 자료, 학생 좌석표, 학습지, 형성평가 자료, 학습자료 제작 방법, 수업 분석 자료 등 • 수업 참관자에게 안내할 수 있도록 자세히 작성하여 첨부한다.

(계속)   (김연배, 2012: 34)

이와 같이 일반적으로 단원 수업지도안 양식에는 표 3-3과 같이 단원명, 단원의 개관, 단원의 목표, 단원의 내용 구조, 단원의 수업 계획, 수업(지도)상의 유의점, 단원의 평가 계획, 참고문헌 및 자료 등의 구성 요소가 포함되어야 한다. 그러나 이들은 교과나 단원의 특성에 따라 다를 수 있다.

표 3-3. 단원 수업지도안 양식의 예

Ⅰ. 단원명
　1. 대단원:
　2. 소단원:

Ⅱ. 단원의 개관

Ⅲ. 단원의 목표
　1. 인지적 목표(또는 지식 면)
　2. 정의적 목표(또는 가치·태도 면)
　3. 운동·기능적 목표[또는 (사고)기능 면]

Ⅳ. 단원의 내용 구조

Ⅴ. 단원의 수업 계획

(총　시간)

차시	주제 (단원명)	주요 수업내용	수업자료	수업방법	지도상 유의점	비고
1						
2						본시
3						
⋮						

Ⅵ. 수업상의 유의점

Ⅶ. 단원의 평가 계획

Ⅷ. 참고문헌 및 자료

Ⅸ. 본시 수업지도안

1) 단원명

　단원(unit)은 학습내용의 조직 단위를 말한다. 단원은 그 범주에 따라 대단원, 중단원 그리고 소단원으로 분류되며, 교과에 따라 중단원이 생략되는 경우도 있다. 단원명은 교육과정 및 교과서에 제시되어 있어, 교과서 내용을 가르칠 때에는 그 단원명을 그대로 사용한다. 그러나 독자적으로 프로그램을 구성할 때에는 단원명을 중요한 개념이나 원리, 혹은 중심 내용을 나타내는 용어로 정하는 것이 바람직하다. 지리교과에서 단원명은 계통적 접근의 경우 계통적 주제가 될 수 있고, 지역적 접근의 경우 대륙이 될 수 있다. 또한 지리적 쟁점이 단원명으로 사용될 수도 있다.

2) 단원의 개관

여기서는 크게 두 가지를 언급한다. 먼저, 단원 내용의 전반적인 줄거리를 제시한다. 그리고 이 내용이 어느 점에서 가르칠 만한 가치가 있는지를 언급한다. 종래에는 '단원 설정의 이유'란 용어를 쓰면서 내용의 줄거리를 생략하고 단원 설정의 필요성이나 이유 및 의의를 중심으로 기술하였다. 그러나 내용의 가치나 필요성을 사회적 차원, 학생 차원, 그리고 교과의 체계에 비추어 서술하는 것이 바람직하다. 따라서 최근에는 단원 내용이 사회적으로 어느 점에서 가치가 있으며 필요한가, 학생의 발달 수준과 흥미에 어떻게 부합되고 가치로운가, 그리고 교과나 교육과정의 체계와 어떠한 관련을 맺고 있으며, 어떠한 위치에 있는지 등을 진술한다.

그런데 우리나라와 같은 국가수준의 교육과정 체제에서는 단원 설정의 이유가 이미 교육과정 개발 단계에서 제시되고 있다. 그러므로 교사들이 왜 이 단원을 설정하였는지, 그리고 그것이 어떠한 의의를 지니고 있는지 등에 관해 다시 언급할 필요는 없을 것이다. 그보다는 오히려 이 단원의 전반적인 줄거리와 함께 단원 내용이 학생들에게 어떠한 의미가 있으며, 배울 만한 가치가 무엇인가를 명확하게 제시하는 것이 더 타당할 것이다.

3) 단원의 목표

단원의 목표는 한 단원을 통해 달성해야 할 학생 행동의 변화를 진술한 것이다. 이는 '교사용 지도서'에 명확하게 제시되어 있다. 그렇지만 실제 수업에서는 그것을 교사가 교육환경에 따라 적절히 조정할 수 있을 것이다. 단원의 목표는 단위 시간별 수업목표보다는 포괄적이기는 하지만, 이 목표의 진술 역시 가급적 행동적 용어로 진술할 필요가 있다. 목표 진술은 교육목표의 영역에 따라 인지적 영역(지식), 정의적 영역(가치·태도), 운동·기능적 영역(기능)으로 나누어 진술하는 것이 바람직하다.

4) 단원의 내용 구조

단원의 내용 구조는 단원 내용의 전체 구조를 일목요연하게 나타내는 것으로, 전체 내용의 구조는 물론 각 하위 내용들 간의 관계를 파악하는 데 도움을 줄 수 있도록 구조화한다. 때로는 이를 '학습의 계열'로 표현하기도 한다. 최근 들어 각급 학교에서는 이 부분을 생략하기도 한다.

5) 단원의 수업(지도) 계획

단원의 수업 계획은 단원 전체에 대한 수업 계획을 차시별로 주요 내용과 방법, 학습자료 및 유의점 등을 중심으로 수립한 것이다. 여기서는 단원 전체 수업 계획의 개요만을 한눈에 알아볼 수 있도록 구조화하여 제시한다. 단원의 수업 계획에는 본시 학습 부분이 무엇인가를 명확하게 표시하는 것이 바람직하다.

6) 수업(지도)상의 유의점

단원을 수업할 때 유의할 점이나 강조할 사항 등을 진술하는 것이다. 이것도 각급 학교 교육과정이나 교사용 지도서에 제시되어 있다. 그렇지만 여기에 제시된 수업상의 유의점들은 다소 포괄적일 뿐만 아니라 각급 학교 실정이나 학생들의 특성을 제대로 감안한 것이 아니다. 교사는 단원의 내용을 충분히 파악한 후 나름대로 수업상의 유의점을 학습환경에 알맞게 조정할 수 있어야 할 것이다.

7) 단원의 평가 계획

단원을 수업하고 난 후의 평가 계획을 진술한다. 본시 학습의 평가 계획은 구체적인 평가 문항으로 나타나지만 여기서는 반드시 그럴 필요가 없다. 단원의 성격에 따른 단원 평가의 관점이나 방향 및 평가 결과의 활용 계획을 제시한다.

8) 참고문헌 및 자료

여기서는 단원 수업에 따른 주요 참고문헌이나 정보 및 자료 등을 제시한다. 단원 학습에 필요한 책자나 도서관 등은 물론 인터넷 사이트 등을 자세하게 제시한다. 각급 학교 수업에서는 교사들이 이를 종종 간과하는 경우가 있는데, 단원 수업지도안 말미에 제시하는 것이 필요하다. 현장 교사들은 이 부분을 본시 수업지도안에 포함시키거나 생략하기도 한다.

3. 본시 수업지도안

단원 수업 계획 또는 수업지도안이 수립되면 이에 따른 본시 수업 계획 또는 수업지도안[3]을 수립해야 한다. 본시 수업지도안은 본시 학습목표(또는 수업목표)의 설정, 본시 교수·학습 전개 계획, 그리고 본시 학습평가 계획의 순으로 작성한다. 본시 학습목표는 단원의 목표를 달성하기 위한 구체적인 목표들이다. 이들은 학습시간별로 다르게 설정되는데, 한 시간 수업에는 대략 1~3개 정도가 적절하다. 학습목표가 너무 많으면 수업의 초점이 흐려질 가능성이 많을 뿐만 아니라, 어느 하나도 제대로 달성할 수 없는 경우가 생긴다. 본시 학습 목표를 명료화하고 구체적으로 진술하며, 가급적 능력을 나타내는 어휘와 행동적 용어로 진술하는 것이 바람직하다.

본시 교수·학습 전개 계획은 수업시간에 교사와 학생이 학습내용을 중심으로 상호작용하는 과정을 계획하는 것이다. 이 부분이 본시 수업지도안의 핵심이다. 수업 단계에 따라 교사와 학생이 어떤 학습내용을 중심으로 어떠한 활동을 할 것인가를 명백하게 진술한다. 또한 각 단계별

---

3) 본시 수업지도안은 한 차시의 수업 내에서 수행하게 될 교수와 학습을 개관한 간결한 문서이다. 수업지도안은 교사의 보조 기억장치로서 수업 내에서 사용되어야 하고, 표준적인 형식을 따를 수 있는 실천적인 활동 문서이다. 수업지도안은 보다 넓은 단원 계획 내에 적합해야 하며, 그 수업이 의도하는 것을 다른 교사(또는 관찰자)에게 명료하도록 쓰여야 한다. 수업지도안은 다른 교사에 의해 가르쳐질 수 있어야 한다. 또한 다른 교사가 여러분의 수업을 보는 것이 가능하고, 그 후 그 수업의 상이한 시간들에서 일어났던 것을 단순히 관찰함으로써 유사한 수업지도안을 구성할 수 있어야 한다. 수업지도안은 읽어야 하는 스크립트가 아니며(비록 수업지도안이 수업의 지리적 내용에 관한 첨부 노트를 포함하고 있을지라도), 노예같이 따라야 할 것도 아니다(Butt, 2002). 수업지도안의 형식은 고정되어 있지 않으며, 매우 개인적인 선택이다. 그러나 모든 수업지도안들이 유사한 공통적인 요소들, 즉 수업목적, 학습목표, 교수·학습 활동, 시간, 평가를 포함하고 있다. 가장 중요한 것은 학생들이 교사가 가르치려고 계획한 수업의 결과로서 알고, 이해하며, 할 수 있어야 하는 것을 명료하게 하는 것이다. 학생들이 이러한 학습을 성취하기 위해 종사할 그러한 활동들을 고려하는 것은 명백하게 설계과정의 핵심적인 요소이다.

수업활동에 필요한 학습자료와 유의점 등이 무엇인가를 진술한다.

본시 학습평가 계획은 학습목표의 달성 여부와 그 정도를 파악하기 위한 것으로 주로 형성평가의 성격을 띠며, 교사가 제작한 평가도구를 활용한다. 평가 계획을 정리 단계에 포함시키거나 혹은 별도 항목으로 설정하기도 한다.

이상에서 살펴본 구성 요소를 담고 있는 본시 수업지도안의 한 양식은 표 3-4와 같다. 그러나 이 양식에는 필수 요건만을 포함시킨 것이기 때문에 작성자는 교과내용 등을 감안하여 자유롭게 변형할 수 있다. 또한 본시 교수·학습 계획에서 수업 단계는 반드시 도입, 전개, 정리(정착)라는 용어를 고집할 필요는 없다. 각 수업모형의 특성에 따라 이들 용어 대신 수업안내, 동기유발, 문제인식, 개념발견, 개념적용, 토론, 탐구활동, 정리 및 평가 등의 용어를 사용하는 것도 무방하다. 본시 수업지도안에는 단원(차시), 교과, 대상, 학습주제, 학습목표, 학습자료, 수업모형 등 수업의 개요 부분이 상단에 안내되며, 교수·학습 과정에서는 일반적으로 다음과 같은 구성 요소가 들어간다.

표 3-4. 본시 수업지도안 양식의 예

○○과 본시 수업지도안 (00/00차시)							
단원			대상		일시		장소	
	수업주제							
	수업목표	• • •						
수업 자료		교사				학생		

수업 단계	학습 과정	시 간	교수·학습 활동		수업자료 및 지도상 유의점
			교사	학생	
도입	인사				
	전시학습 확인				
	동기유발				
	수업목표 제시				

전개	...				
	...				
정리	학습내용 정리				
	형성평가				
	차시 예고 및 과제 제시				
평가 계획	형성평가 기준				
	예상되는 발전				

(계속) * 판서 계획, 형성평가 문항, 보충/심화 학습자료, 학습지, 읽기자료 등은 부록으로 별도로 첨부한다.

1) 수업 단계

본 수업의 적용을 위해 선정 또는 구안된 수업모형의 '단계'를 작성한다. 일반적인 수업구성은 '도입-전개-정리' 단계로 설계된다. 수업시간은 20~25분 단위로 청킹(chunking)한다. 그리고 핵심 개념을 2~3개 전달하고, 이론 설명과 참여활동을 통해 학습내용을 여러 번 반복한다. 특히 다른 사람에게 수업지도안을 제시할 경우에는 본시 수업에 적절한 수업모형을 선정하여 그 단계와 절차에 알맞은 수업지도안을 작성해야 한다.

2) 학습과정

일반적으로 '주요 활동', '학습활동', '학습과정', '학습요소', '학습의 흐름' 등의 용어로 표기한다. 그 내용으로는 '전시학습 상기', '동기유발', '수업목표 확인' 및 '수업안내'를 비롯하여 수업목표 달성을 위한 수업 장면, 즉 필수 기본 요소를 요약하여 제시한다.

3) 교수·학습 활동 계획

교수·학습 활동은 수업에서 교수·학습을 위한 단계들의 시퀀스(sequence)를 의미한다. 교수·학습 활동은 앞에 진술된 수업목표를 충분히 전달하기 위해 설계되어야 한다. 학습활동은 '학생 중심적'이거나 '교사 중심적'일 수 있지만, 학생들을 참여시키고 동기부여하며, 도전과 속도를 가지도록 설계되어야 한다(O'Brien and Guiney, 2001; Butt, 2002).

(1) 도입

먼저 본시 학습과 관련된 전시학습을 상기 후 동기유발이 이루어진다. 수업목표 달성을 위한 교수·학습 활동의 출발에서 흥미와 의욕 고취를 위한 동기유발 방법으로는 상벌, 칭찬, 경쟁, 협동 등의 외적 동기유발 방법보다 학습자의 자발적 활동 촉진을 위해 내적 동기유발 방법이 좋다.

또한 동기유발이 수업목표 확인에 자연스럽게 연결되도록 해야 하지만, 이를 위한 단순한 징검다리 역할에 머물지 않고 학습과정 전반에 의욕이 고취될 수 있도록 해야 한다. 마지막으로 수업안내를 하게 되는데, 학습활동 중심의 학습장면보다는 수업목표와 관련된 수업장면을 제시하는 수업안내가 되도록 한다.

(2) 전개

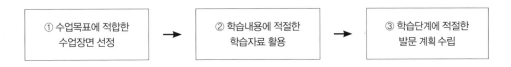

수업장면은 수업목표 달성을 위해 교육과정에서 요구하는 필수적인 기본 요소를 중심으로 한 내용과 활동으로 이루어져야 한다. 수업장면이 교육과정보다 학생들의 흥미 위주나 다른 사람에게 보이기 위한 이벤트적인 것으로 설계되면 학생들의 학력을 저하시키는 근본적인 원인

이 될 수 있다.

수업장면은 3~4가지로 나누어 청킹하여 설정하고 주요 학습활동을 설정한다. 학습활동은 학생들이 학습에 적극 참여하고 협력할 수 있도록 소규모 모둠에 근거한 다양한 협동학습을 활용할 필요가 있다.

다음은 학습내용에 적절한 학습자료 또는 수업매체인지, 그리고 활용 시기와 방법은 적절한지 검토한다. 학습지를 활용할 경우에는 그 구성상으로 볼 때 시간에 쫓기지는 않는지, 특히 학생들 입장을 고려한 구조화된 학습지인지를 확인할 필요가 있다.

발문은 재생적 발문(도입 단계-정보를 회상해 내도록 하는 발문), 추론적 발문(전개 단계-비슷한 점은? 다른 점은? 같은 점은?), 적용적 발문(정리 단계-적용해 보도록 하는 발문) 등을 적절히 조화하여 학생들에게 사고의 기회를 주는 발문 계획이 이루어져야 한다. 처음부터 끝까지 단순 발문과 단순 답변으로 수업을 진행해서는 좋은 수업이 될 수 없다.

(3) 정리

학습정리는 교사의 일방적인 정리가 되지 않도록 한다. 수업목표 지향적인 구조화된 정리가 되도록 학생들을 적절히 유도·동참시킨다. 학습정리에 이어서 형성평가가 이루어지도록 계획한다. 평가는 수업목표에 부합되는지, 평가도구가 적합한지, 방법이 적절한지의 여부를 확인한다. 마지막으로 차시 예고 전에 과제 제시 또한 중요한데, 과제 제시는 학습한 내용을 수업 후에도 익힐 수 있는 기회와 보충·심화 학습의 기회를 제공한다.

(4) 시간 계획

학습내용별로 세분화하기보다 단계별로 시간 계획을 세우는 것이 시간 조절에 융통성이 있어, 수업진행 시 시간에 쫓기는 심적 부담을 줄일 수 있다(전시상기 2분, 동기유발 3분 등으로 기록하지 않는다).

(5) 수업자료 및 지도상의 유의점

본시 학습과정에 필요한 자료 및 유의점을 학습활동별로 작성한다. 학습자료는 교수·학습 과정 중 적재적소에 적합한 자료를 활용하도록 한다. 수업 중에 유의할 사항도 기록하여 참고가 되도록 한다.

(6) 형성평가 계획 및 교수에 대한 평가

수업목표 달성 여부를 확인하여 피드백할 수 있도록 형성평가(formative assessment) 계획을 수립한다. 평가는 다양한 평가방법으로 이루어지도록 계획한다. 학생들의 학습에 대한 평가는 효과적인 수업계획에 필수적인 부분이다. 이때의 평가는 형식적(설정된 활동, 연습, 활동의 결과, 구술시험, 시험)과 비형식적(학생들의 진보의 일반적인 모니터링, 수업에서의 활동 분위기, 학생들과의 토론) 둘 다일 수 있다(Butt, 2002).

한편, 교사의 교수에 대한 비판적인 반성, 즉 평가(evaluation)도 중요하다. 평가는 교수·학습 과정에 필수적 도구이며, 교실 내에서 직면하게 되는 문제를 해결하는 데 도움을 준다. 수업 평가는 단지 학급(수업) 관리 또는 그 수업에서 일어난 사건에 대한 서술적인 설명이 아니라, 오히려 미래의 교수와 학습을 위한 분석/문제해결의 수단이다. 계획되어 가르쳐진 수업의 모든 양상들은 평가되어야 하며, 이를 통해 수업 개선이 이루어질 수 있다. 수업 평가는 교사의 전문성 개발에 중심적인 부분이다(Butt, 2002).

(7) 판서 계획(칠판 활용 계획)

판서할 핵심적인 내용을 구조화하는 계획을 수립한다. 일반적으로 공개수업의 경우 칠판 활용 계획을 수립한다.

(8) 부록

부록은 동기유발 자료, 좌석표, 학습지, 형성평가지 등을 자세히 안내해 주어 수업 참관자에게 참고가 되도록 한다.

(9) 기타: 교육과정차별화

최근 수준별 교육과정, 개별화 교육과정에 대한 강조와 더불어, 많은 교사들이 수업지도안의 특정 부분에 구체적인 교육과정차별화(differentiation) 전략을 포함시킨다. 교육과정차별화는 학생들과 그들의 학습요구에 관한 정보뿐만 아니라, 이러한 학생들을 지원하는 데 사용될 전략들에 관한 정보를 포함한다. 예를 들어 어떤 학급에 매우 유능한 학생들이 있을 때, 그들에게 학습에 대한 도전을 제공하기 위해 '강화' 또는 '심화' 활동이 필요할 수 있다. 반대로 다소 학습능력이 떨어지는 학생들이 있다면, '보충' 활동을 계획할 필요가 있다. 이를 위해서는 학생들의 활동을 지원할 수 있는 보조교사의 활용 유무를 고려할 필요가 있다.

글상자 3-1

수업지도안의 형식

수업지도안의 형식과 내용은 고정되어 있는 것이 아니다. 교사마다 자신에게 적합한 다양한 형식의 수업지도안을 구안하여 사용할 수 있다. 그렇지만 대부분의 교사들은 일반적으로 학교 현장에서 주로 사용되는 몇 가지 유형의 수업지도안 형식을 선호한다. 여기에서는 영국에서 주로 사용되고 있는 지리 수업지도안 형식을 하나 소개한다. 이 수업지도안은 우리나라에서 보편적으로 사용되는 수업지도안과 많은 부분 유사하지만, 차이점 역시 존재한다. 주요 차이점으로는 범교육과정 연계(문해력, 수리력, 도해력, 구두표현력, 시민성 등), 교육과정차별화, 학습에 대한 평가뿐만 아니라 교수에 대한 평가를 고려하고 있다는 점이다. 이러한 제반 사항들은 교사 자신에게 유용할 뿐만 아니라, 다른 교사 또는 관찰자에게도 도움을 줄 수 있다(Butt, 2002).

일시 _____ 수업 _____ 시간 _____ 학반 _____ 교실 _____
수업의 제목:

수업목적(Lessons Aims)
수업의 전체적인 목적(purpose)을 명료하게 진술하라—성취하기를 바라는 것

지리 교재 연구 및 교수법

학습목표와 탐구질문

이것은 학생들의 학습을 위한 구체적인 목표를 나타낸다. 이 수업활동의 결과로 학생들이 알고, 이해하고, 할 수 있을 것이라고 기대하는 것을 명확하게 진술하라.

교과내용: 국가교육과정/교수요목 연계	범교육과정 연계/주제/역량(competence)
국가교육과정의 학습 프로그램 또는 시험 교수 요목의 어떤 양상들이 이 수업에서 다루어지고 있는지를 표시하라.	다른 교과들의 내용과 연계될 수 있는 것들을 표시하라. 다른 명백한 학습의 양상들을 표시하라. 이 수업은 시민성과 같은 범교육과정 주제의 전달에 기여한다.
자료	**사전 준비(교실과 교구)**
이 수업의 교재와 교구를 위해 어떤 자료가 필요할까? 이것을 당신의 준비를 위한 체크리스트로 사용하라.	계획한 활동을 위해 이 교실에서 어떤 것이 준비될 필요가 있는가?(모둠과 좌석 배치) 어떤 교구가 설치될 필요가 있는가?
교육과정차별화(differentiation)	**실행 포인트(action points)**
특별한 학생들의 학습요구—자료와 전략의 구체적 적용, 심화/강화 활동—를 어떻게 검토할 계획인가? 학습지원 도우미들을 어떻게 활용할 것인가?	전시수업에서 일어났던 학습과 어떤 관련이 있는가? 또한 이 모둠과 수행한 전시수업에 대해, 추수활동을 할 필요가 있는 어떤 쟁점을 표시하라(학생, 학습, 교실 관리).

학습활동/과제	시간	교수전략/실행(actions)
학습활동의 본질을 기술하라. 학생들에게 무엇을 요구할 것인가? 학습자료는 어떻게 사용될 것인가? 학습기능은 어떻게 사용될 것인가? 어떤 학습과정을 명료화할 것인가?	각 활동마다 계획한 시간이 얼마인지를 표시하라. 이것은 이 수업에서 활동들의 속도를 관찰하는 데 도움을 줄 것이다.	활동을 어떻게 소개할 것인가? 설명, 증명, 전시를 위해 상기시켜 주는 말로서 핵심 단어를 사용하라. 또한 물어보고 싶은 특별한 질문들도 도표시할 수 있다. 이것은 활동문서이기 때문에 너무 상세한 것은 피하라. 활동을 어떻게 관찰하고, 관리하고, 결론을 내릴 것인가?

평가 기회, 목표 그리고 증거

학습활동과 과제로부터 잠재적인 학습결과를 생각하라. 이 과제들이 제공할 수 있는 성취의 증거는 무엇인가? 이것은 국가교육과정의 성취 수준 설명서 또는 시험 교수요목의 평가목표의 어떤 양상들과 적절하게 관련될 수 있는가? 수업 중에 일어났던 학습을 관찰한 결과를 통해, 이 수업 이후 이 부분을 추가할 수도 있다.

학습에 대한 평가	교수에 대한 평가
수업 중에 일어났던 학습에 관해 논평하라. 학습목표를 다시 언급하라. 이러한 목적과 목표의 성취에서 학습활동은 얼마나 성공적이었나? 학습에서 학생들의 진보, 역량, 동기, 관심에 관해 논평하라. 특별한 학생들의 학습요구를 충족하는 데 있어서 활동은 얼마나 적절했나?	이 수업에 사용된 교수전략의 효과에 대해 반성하라. 당신의 설명과 전시의 명료성에 초점을 두어라. 활동을 관리하거나 학생들의 학습을 관찰했을 때, 어떤 전략·행동·개입이 효과적이었나? 특별한 교실 관리 전략들은 얼마나 성공적이었나? 객관적이고 현실적이 되도록 하라. 너무 자기비관적이지 마라.

실행 포인트(action points)

어떤 쟁점들을 더 알아볼 필요가 있을까? 이것은 강화되어야 할 개념 및 일반화, 그리고 명료화되어야 할 기능 및 관점을 포함할 수 있다. 이것은 또한 교실 관리 및 학습을 관찰하거나 지원할 방법들과 같은 자신의 전문성 개발과 관련된 쟁점들을 포함할 수 있다.

(Lambert and Balderstone, 2000: 44-45)

4. 수업지도안의 분석

수업지도안이 완성되었으면 다음에는 수업을 실시하기 전에 미리 작성한 수업지도안 구성이 얼마나 잘 이루어졌는가를 점검해 보고 피드백하여 보완함으로써 더 좋은 수업지도안과 수업을 기대할 수 있을 것이다.

수업지도안의 전체적인 구성에 대한 분석은 표 3-5, 학습목표 또는 수업목표가 진술방식에 따라 적절하게 진술되었는지는 표 3-6, 교수·학습과정 모형이 적절한지는 표 3-7, 교사의 발문 계획 수립의 타당성은 표 3-8, 판서 계획의 적절성은 표 3-9, 수업매체 활용 계획의 적절성은 표 3-10, 형성평가 계획의 적절성은 표 3-11을 활용하여 검토한다(심덕보, 1994).

이들 분석표의 평정(5단계: 매우 만족 5점, 조금 만족 4점, 보통 3점, 조금 부족 2점, 매우 부족 1점 부여)에 따라 분석한 후, 수정·보완함으로써 효과적인 수업 계획을 수립하여 적용할 수 있을 것이다. 평정은 수업지도안 작성자가 직접할 수도 있지만, 동일 교과 교사나 수업 전문가인 제삼자로 하여금 분석표에 따라 분석하게 한 후 분석결과의 판단의견을 반영한다면 더욱 효과가 클 것이다.

표 3-5. 수업지도안 구성 관점

적당하다고 생각되는 곳에 ∨ 표시

구성 요소	수업지도안 구성 분석 관점	평점				
		매우 부족	조금 부족	보통	조금 만족	매우 만족
표지	1. 지도교사의 이름, 일시, 대상이 명시되어 있다.					
단원명	2. 단원명이 명시되어 있다.					
학습문제	3. 단원의 성격을 잘 개관하였다.					
단원 목표	4. 단원의 목표 진술이 지식, 이해, 기능 등 일반동사로 진술되었다.					
학습계획	5. 차시별 학습계획이 학습요소나 성격을 감안하여 타당성 있게 짜여졌다.					

단원 평가	6. 단원 평가 계획이 합리적으로 수립되었다.					
수업목표	7. 본시 학습목표가 그 시간에 달성될 수 있으며, 명세적 동사로 진술되었다.					
도입	8. 도입은 전시학습과 관련하여 진술되었다.					
수업내용	9. 수업목표와 학습내용이 일치되도록 짜여졌다.					
시간 배당	10. 수업과정에서 단계별 시간 배정이 적절히 안배되었다.					
수업과정 모형	11. 수업과정 모형이 교과, 체제의 특성에 맞게 적용되었다.					
교수학습 활동	12. 활동은 학습문제나 방법보다는 행동적인 용어로 진술되었다.					
교사 발문	13. 교사의 발문 계획이 학생의 학습의욕을 자극할 수 있도록 계획되었다.					
판서	14. 판서의 내용 구조화가 적절하게 계획되었다.					
매체활용	15. 수업매체의 선택 및 활용 계획이 적절하게 계획되었다.					
형성평가	16. 형성평가(확인학습) 계획이 수업목표 성취 점검에 적합하게 수립되었다.					
예습과제	17. 예습과제의 활용이 유효하도록 제시되었다.					
지도상 유의점	18. 학습과정에서 지도상의 유의점을 적절히 제시하였다.					
차시 예고	19. 다음 학습의 예고와 준비가 적절하게 제시되었다.					
참고자료	20. 수업에 도움이 되는 참고자료들을 친절히 소개하였다.					
출발점 행동	21. 학생들의 출발점 행동 상태를 점검하여 제시하였다.					

(계속) * 각 항목을 1, 2, 3, 4, 5점의 5단계로 평정하여 분석하고 그 결과를 피드백함.

표 3–6. 학습목표 분석 관점

적당하다고 생각되는 곳에 ∨ 표시

분석 관점 항목	평점				
	매우 부족	조금 부족	보통	조금 만족	매우 만족
1. 한 시간 내에 성취될 수 있는 분량으로 학습목표가 진술되었다.					
2. 학습내용의 요소와 구조를 충분히 반영한 학습목표이다.					
3. 학습목표가 학습 후에 나타나는 학생의 행동 또는 학습결과로 진술되 었다.					
4. 학습목표가 관찰될 수 있는 명세적 동사로 진술되었다.					
5. 한 개의 학습목표 속에 두 개 이상의 성취행동이 포함되지 않도록 진술 되었다.					
6. 학습목표가 성취행동, 조건, 도달기준의 3요소(또는 내용, 성취행동의 2요소)를 포함하도록 진술되었다.					
7. 일반 수업목표 달성을 적절히 반영할 수 있는 충분한 수의 명세적 목표 를 설정하였다.					

표 3–7. 교수·학습과정 모형 분석 관점

적당하다고 생각되는 곳에 ∨ 표시

분석 관점 항목	평점				
	매우 부족	조금 부족	보통	조금 만족	매우 만족
1. 교과 및 제재의 특성에 적합한 교수·학습과정 모형을 적용하였다.					
2. 도입에서 정리까지의 수업흐름이 학생의 사고형성 과정과 적극적인 참 여를 유도하는 과정 모형이다.					
3. 학생이 학습목표에 도달되는 절차를 이해하도록 짜여진 모형이다.					
4. 학생이 학습문제에 호기심과 흥미를 갖도록 짜여진 과정 모형이다.					
5. 학생의 학습준비도에 알맞게 학습자료와 활동을 개별화시켜 주는 과정 모형이다.					

분석 관점 항목					
6. 학생이 단순한 암기나 공식에 의하기보다 이해, 적용, 정리, 판단 등에 역점을 두도록 하는 과정 모형이다.					
7. 학생이 다양한 학습방법을 활용할 수 있도록 짜여진 과정 모형이다.					
8. 학습결과에 대한 강화나 교정이 효율적으로 이루어질 수 있게 하는 과정 모형이다.					
9. 학습과제의 전체적인 성격을 학습자가 이해할 수 있도록 짜여진 과정 모형이다.					
10. 학생이 학습한 것을 새롭고 다양한 상황에 적용하는 연습을 할 수 있게 하는 과정 모형이다.					
11. 학생 자신이 학습결과를 평가할 수 있도록 하는 과정 모형이다.					
12. 수업자가 수업목표 달성 여부를 확인할 수 있도록 한 과정 모형이다.					

(계속)

표 3-8. 교사의 발문 계획 분석 관점

적당하다고 생각되는 곳에 ∨ 표시

분석 관점 항목	평점				
	매우 부족	조금 부족	보통	조금 만족	매우 만족
1. 학생의 학년수준에 맞는 발문 계획이다.					
2. 교과, 학습제재 특성에 알맞은 발문 계획이 수립되었다.					
3. 도입, 전개, 정리의 과정에 따라 단계적으로 수준을 높여 가는 발문 계획이다.					
4. 재생, 추론, 적용적 발문을 적절히 조화시킨 발문 계획이다.					
5. 학생들을 생각하게 만든 발문 계획이다.					
6. 학생들의 흥미를 유발시킨 발문 계획이다.					
7. 학생들이 답변을 쉽게 할 수 있는 발문 계획이다.					
8. 수업의 구조화에 도움을 주는 발문 계획이다.					
9. 목적이 뚜렷한 발문 계획이다.					
10. 명확하고 간결한 발문 계획이다.					

표 3-9. 판서 계획의 분석 관점

적당하다고 생각되는 곳에 ∨ 표시

분석 관점 항목	평점				
	매우 부족	조금 부족	보통	조금 만족	매우 만족
1. 학습목표, 교재의 본질에 밀착된 간결한 판서 계획이다.					
2. 수업이 흐름을 제삼자가 쉽게 파악할 수 있을 만큼 명료한 판서 계획이다.					
3. 판서의 내용, 판서의 양, 판서 시기 등이 적절하게 계획되어 있다.					
4. 교재의 본질에 맞으면서 학생의 사고를 자극하는 판서 계획이다.					
5. 수업의 흐름에 맞추어 사고를 발전적으로 이끌어가는 판서 계획이다.					
6. 문자, 지도, 도해 등을 조화롭게 활용하는 판서 계획이다.					
7. 학생의 노트정리를 고려한 판서 계획이다.					
8. 다른 매체 또는 교구와 병행하여 융통성 있게 활용하는 판서 계획이다.					
9. 내용을 함축성 있게 요약한 구조화된 판서 계획이다.					

표 3-10. 수업매체 활용 계획의 분석 관점

적당하다고 생각되는 곳에 ∨ 표시

분석 관점 항목	평점				
	매우 부족	조금 부족	보통	조금 만족	매우 만족
1. 학습과제, 학습유형, 학습자의 특성을 고려해서 매체를 선정하려고 하였다. (선정조건)					
2. 매체의 특성과 장단점을 충분히 검토한 활용 계획이다. (매체의 특성)					
3. 수업사태에 적합한 매체활용 분석표를 작성하여 효율성 높은 매체를 선정하려는 노력이 반영되어 있다. (선정절차)					
4. 수업해야 할 과제와 시간량에 비례하여 적합한 수업매체를 준비하였다. (준비량)					
5. 준비된 수업매체가 수업과정의 흐름에 맞추어 효과적으로 활용할 수 있는 정확성을 보장하고 있다. (정확성)					

분석 관점 항목					
6. 학습의 능률화를 가져올 수 있는 다양한 매체활용 계획을 수립하였다. (다양성)					
7. 학생의 탐구적 활동을 촉진하는 생동감 있는 매체를 선정하였다. (효과성)					

(계속)

표 3-11. 형성평가 계획의 분석 관점

적당하다고 생각되는 곳에 ∨ 표시

분석 관점 항목	평점				
	매우 부족	조금 부족	보통	조금 만족	매우 만족
1. 수업과정 중 확인학습 계획이 적절하게 수립되었다.					
2. 확인학습 문항이 수업목표 성취도를 충분히 반영하고 있다.					
3. 확인학습이 학생들의 학습동기를 유발시킬 수 있는 요소들로 구성되었다.					
4. 확인학습 계획이 창의적이고 방법이 다양하다.					

| 제2부 |

지리수업의 실행

제4장.. **수업의 실행**

제5장.. **수업 도입 기술**

제6장.. **수업 전개 기술**

제7장.. **수업 정리 기술**

제4장

수업의 실행

1. 수업 실행의 중요성

수업설계, 즉 수업지도안은 수업의 모든 것이 아니다. 수업지도안만으로는 교사의 전문성을 판단하는 데 한계가 있다. 수업설계가 아무리 잘되었더라도 수업자의 수업 실행 방법에 따라 좋은 평가를 받을 수 있고, 그렇지 못한 경우가 있는 것이다. 즉 이는 수업지도안과 실제 수업 실행이 다르다는 뜻도 있지만, 교사의 발문 습관, 태도, 표정 등을 직접 보아야 수업을 잘하는지 평가할 수 있다는 의미이며, 수업 실행 능력의 중요성을 강조하고 있는 것이다.

일반적으로 수업을 잘하는 교사라고 평가를 받는 교사들은 학습 분위기 조성, 학생 통제 능력, 발문 능력, 학습집단 조직 능력, 교수방법의 다양성, 판서 및 시간 관리 능력 등을 고루 갖추고 있다. 여기에 비언어적 표현 능력인 음성, 몸동작 등이 보기에 좋은 교사가 수업 실행 능력이 탁월하다는 평가를 받는다. 물론 교사가 천성적으로 교사의 자질을 가지고 있고, 학생들과 교감 능력이 잘 훈련되어 있다면 더할 나위 없다.

그렇다면 수업 실행 능력인 수업을 잘한다는 평가를 받기 위해서는 어떻게 해야 할까? 먼저 많은 수업을 참관하면서 수업지도안 작성에도 관심을 갖고 장점을 받아들이려는 의지가 있어야 한다. 또한 각 교과별 수업기법이나 학습방법들에 대해 끊임없이 탐구하며 그것을 실제로 적용해 보면서 스스로 반성하고, 동료 교사나 교과 전문가들에게 수업컨설팅 또는 수업비평을 요청하는 것을 망설이지 않아야 한다.

2. 수업의 실행 절차

수업을 계획하는 것은 건축가가 좋은 집을 짓기 위해 기본적인 설계를 하는 것과 같은 방법이다. 따라서 본시 교수·학습 과정을 도입, 전개, 정리(정착)의 체제를 갖추어 계획하고 전략을 수립하여 잘 실행한다면 효과적인 수업이 될 것이다. 앞에서도 살펴보았듯이, 본시 수업 활동의 흐름은 그림 4-1과 같다.

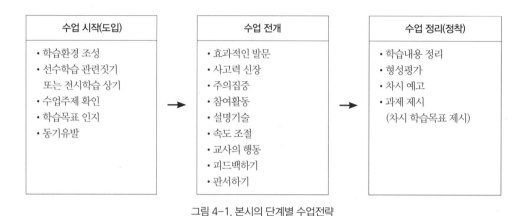

그림 4-1. 본시의 단계별 수업전략

흔히 수업은 교사의 감정이 표현되는 예술이라고도 한다. 수업은 강약과 절정이 있어야 한다. 도입에서 느긋하다가 전개나 정리에서 속도를 내는 경우가 많다. 그러나 도입 부분에서는 재생적 발문으로 수업의 진행에 속도를 내야 하며, 전개 부분에서는 추론하고 적용해 보는 활동으로 시간을 충분히 활용해야 한다. 그리고 정리 부분에서는 깔끔한 학습 정리로 수업을 마무리해야 한다.

또 수업은 느낌, 사고, 상상, 판단, 통찰, 창조하는 과정 중심의 교육이 되도록 해야 한다. 머리만이 아닌 가슴을 채워 주는 교육이 될 수 있게 교사와 학생들의 감정이 표현되는 가슴 뭉클한 수업이 되도록 해 보자. 그러기 위해서는 감동을 받는 수업이 이루어져야 한다. 수업 중에 교사는 작가나 애국지사 또는 음악에 빠져들어 눈을 지그시 감고 지휘하는 지휘자의 역할을 해야 한다.

수업은 예술이요, 단막극이다

좋은 수업은 교과에 대한 지식이 풍부하다고 해서 저절로 이루어지지 않는다. 또 수업시간에 열변을 토한 것만으로도 좋은 수업을 했다고 할 수는 없다. 수업은 한 학기 또는 일 년 동안에 걸쳐 이루어지는 긴 과정이며, 수업을 구성하는 모든 요소들의 집합체이다. 그리고 교사와 학생이 함께 호흡을 맞추어 가는 과정이다.

처음 수업계획을 세우는 것에서 시작하여, 수업 노트 준비, 수업 진행, 학생들과의 질의응답, 과제나 시험에 대한 평가와 피드백에 이르기까지 많은 요소들이 복합적으로 작용하여 하나의 수업을 형성한다. 그러나 이런 요소들의 단순한 산술적 합산이 좋은 수업은 아니다. 이런 요소들이 복합적으로, 그리고 하나가 되도록 잘 어우러진 것이 좋은 수업이다.

따라서 성공적인 수업을 위해서는 이 모든 요소들 하나하나를 점검할 뿐 아니라 이들이 조화를 이루도록 노력해야 하며, 학습자와 호흡을 함께하려고 노력해야 한다.

학생들이 숨돌릴 여유도 없이 계속 수업에 몰두할 것을 기대하기는 어렵다. 수업시간을 몇 개의 단위로 나누어 (청킹: chunking) 각 단위마다 중요한 소주제를 부여해 주는 것이 좋다. 한 번의 수업을 마치 여러 개의 단막극처럼 연출하는 것이다.

• 한 가지 주제에 대해 10분 내지 15분 정도 할당하는 것이 적당하다.
• 단막극 사이에 막이 바뀐다는 것을 알려 주어야 한다. 한 주제에서 다른 주제로 넘어갈 때, 주제가 바뀐다는 것을 학생들이 명료하게 느낄 수 있어야 한다.
• 수업 중간에 잠시 침묵이 흐르는 여유를 주는 것도 좋다. 대부분 교사들은 침묵이 있으며 수업이 중단되었다고 생각해서 불안해한다. 그러나 침묵을 적절히 사용하면, 학생들에게 잠깐 숨 돌릴 여유를 주면서 동시에 장면의 전환을 알려 줄 수 있다.
• 수업형태에 변화를 준다. 15분 정도 설명을 했다면, 그 다음 10분에서 15분 정도는 다른 형태의 수업을 한다. 예를 들어 학생들의 모둠토론, 전체적인 질의응답 혹은 학생들의 발표를 넣는 것도 좋고, 시청각 자료를 미리 준비하여 보여 주는 것도 좋다. 수업자료를 중간에 나누어 주는 것도 수업에 변화를 주는 방법이다.

(동국대학교 교수학습개발센터, 2006: 11, 51; 연세교육개발센터, 2003: 27)

어색한 수업 첫날, 이렇게 해 보자

사람도 첫인상이 중요하듯이, 한 학기 또는 일 년의 수업을 성공적으로 잘 진행하기 위해서는 수업 첫날에 학생들이 수업에 대해 긍정적으로 느끼도록 하는 것이 매우 중요하다. 또한 해당 수업에 대해 흥미를 느끼게 하면서 학습자들의 학습 수준을 파악하는 것도 도움이 된다. 수업 첫날, 아래의 내용들은 꼭 해 보자.

1. 학생과 친밀감을 조성한다.
· 5분 일찍 도착하여 교실에 있는 학생들과 대화를 한다.
· 짧은 프레젠테이션 자료를 활용하여 교사를 소개한다.
· 학생들과의 면담을 환영한다고 말하고 면담 가능한 시간과 장소 등을 안내한다.
· 동료 학생들과 인사를 하게 한다.

2. 과목에 대한 흥미를 유발하고 기대감을 가지게 한다.
· 과목의 중요성과 흥미로운 점, 최근 이슈들에 대해 학생들의 관심사와 관련하여 설명한다.

- 과목을 학습하는 방향 및 방법에 대해 알려 준다.
- 기대하는 점수를 받기 위해서는 무엇을 수행해야 할지 알려 준다.
- 평가방법에 대해 구체적으로 알려 준다.
- e-Class 또는 홈페이지를 안내하고, 강좌와 관련된 내용을 안내한다.
- 학생들의 수업에 대한 궁금한 점을 질문하게 하고, 성실하게 답해 준다.

3. 학습자의 수준 및 요구를 파악한다.
- 선수과목명을 작성하도록 하고, 간단한 진단평가를 실시한다.
- 해당 수업에서 기대하는 점과 요구사항을 적어서 제출하도록 한다.

4. 첫 수업 후 수업계획서와 수업노트를 수정한다.
- 위의 사항들에 기초하여 수업계획서를 수정한다.
- 필요한 경우 수업노트에 새로운 내용을 삽입하거나 수정한다.
- 이를 e-Class 또는 홈페이지 등에 다시 올려 준다.

5. 가능한 한 학생들 이름을 외운다.
- 학생들은 의외로 자신의 이름을 기억해 주는 것에 감동받는다.
- 또한 이름을 부름으로써 학생들과의 친밀감을 유도할 수 있다.

(동국대학교 교수학습개발센터, 2006: 24; 연세교육개발센터, 2003: 28)

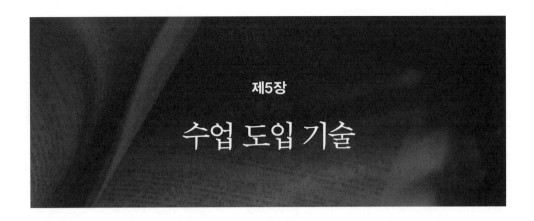

제5장

수업 도입 기술

수업의 시작은 가장 중요하다. 수업의 시작은 학생들에게 가치 있는 교육적 경험을 제공하는지, 학생들이 거의 45~50분을 마지못해서 참아야 할지를 결정하는 시기이다. 수업의 시작은 학생들의 관점에서 이 수업이 유용할지, 교사가 이 수업을 가르치는 데 얼마나 확신을 가지고 있는지에 대한 인상을 전달한다(Butt, 2002).

1. 도입활동

수업이 시작되는 도입 단계는 마중물을 부어 본물이 나오도록 유도하는 과정에 비유할 수 있다. 도입은 앞으로 수업을 어떻게 진행할 것인가에 해당되며, 수업목표에 학생들이 관심을 가지도록 주의를 환기시킬 수 있는 활동을 제시해야 한다. 그리고 전 시간에 배운 내용과 본시에 배울 내용을 연관 짓도록 도와주고(인지적 기여), 학생들에게 다음에 이어질 학습에 대비할 수 있도록 준비시키며(인지적·정의적 기여), 상황에 적응할 수 있는 시간과 기회를 제공(실용적 기여)해 준다.

리처드스와 록하트(Richards & Lockhart, 1996)는 도입에 적용할 수 있는 전략을 다음과 같이 제시한다.

- 본시 학습과 전시수업과의 관련짓기(선수학습 및 전시학습 복습)
- 학습목표 기술
- 학습자들이 배울 정보나 기능 명시
- 수업시간에 학습자들이 해야 할 것을 기술
- 학습자들의 관심을 끌어 학습동기를 부여할 수 있는 활동 제시
- 학습자 활동 명시

2. 학습환경 및 수업 분위기 조성

학습환경 및 수업 분위기는 가르치는 교사에 의해 좌우된다. 단위 시간의 교수·학습 과정의 첫 단계인 도입 단계에서 학습환경을 갖추는 일은 의미 있는 일이며, 여기에는 학습환경과 학습 준비 상황을 확인하는 일이 포함된다. 가능하면 교사는 수업 시작 몇 분 전에 교실에 들어가서 학습환경을 확인하고 정비하여 수업 준비를 마치는 것이 좋다. 왜냐하면 그로 인해 수업시간이 허비되지 않도록 할 수 있기 때문이다.

학습환경 정비가 마무리되면 교사는 학생들과 상호 인사를 하고 출석 확인을 한 다음 수업으로 들어간다.

1) 학습환경을 확인하고 정비한다

교사는 출석부, 교과서, 지도안 등 각종 자료를 가지고 수업 시작종이 울리기 전에 교실에 들어간다. 이때 교사가 맨 먼저 해야 할 일은 학습환경을 살피는 일이다. 학습환경은 물리적 환경과 심리적 환경으로 나누어 볼 수 있는데, 물리적 환경으로는 책걸상 정리정돈 상황은 잘되어 있는가? 교실 내 청결 상태는 어떠한가? 칠판은 깨끗이 닦여 있는가? 각종 수업매체는 작동이 가능한가? 등을 점검한다. 그리고 학습자의 학습의욕, 흥미, 동기, 분위기 등 심리적 환경도 살펴 잘못된 환경은 즉시 고침으로써 정리정돈되고 충만한 학습환경을 갖추고 학습에 임하도록 한다.

124

2) 학습 준비 상황을 확인한다

학습활동이 시작되기 전에 학습자는 학습 준비가 되어 있어야 한다. 교사는 학습활동에 필요한 교과서와 학습장, 필기도구 등 여러 가지 교재 및 교구가 준비되어 있는가를 확인하고 지도해야 한다. 또한 학습자가 수업에 관심을 갖고 배우고 싶은 의욕에 차 있도록 분위기를 조성해야 한다.

수업 분위기 조성은 도입 단계뿐만 아니라 수업 전개 활동 중에도 줄곧 필요하다. 수업 분위기가 좋은 반에서는 학생들의 참여도가 높아 교수하기도 좋고 수업도 잘되어 학습성과까지 좋게 나오는 경우가 많다.

수업 분위기는 허용적이고 협력적인 분위기를 조성하는 것이 좋다. 교사는 학생들의 실수를 학습과정의 자연스러운 한 부분으로 대하고, 학생들로 하여금 서로 협동하여 공부할 수 있도록 격려한다. 학생들이 부끄러워할 필요 없이 자연스럽게 질문을 할 수 있게 유도하고, 자신들의 생각이 잘못되어 창피당할까 두려워하는 마음 없이 수업에 참여할 수 있도록 한다. 그리고 여러 가지 활동을 하는 데 짝을 짓거나 작은 그룹으로 협동학습을 할 수 있도록 한다.

3. 선수학습 확인

학습자가 학습하게 될 새로운 지식 및 기능을 사전에 학습한 지식 및 기능에 관련지을 때 학습의 효과가 높아진다. 선수지식 혹은 선수기능을 상기할 수 있고 자유자재로 구사할 수 있다면 새로운 과제의 학습은 비교적 쉽게 이루어질 수 있다. 왜냐하면 새로운 학습은 이미 알고 있는 지식에 기초하여 성취되기 때문이다. 만약 학습자가 필요한 선수학습을 재생할 수 없거나 이전에 학습한 적이 없다면, 새로운 학습은 이루어지기가 어려울 것이다.

만약 학습자들 대부분이 선수학습에 결손을 보인다면 수업을 전개하기 전에 선수학습부터 가르쳐야 한다. 만약 소수의 학습자들만 선수학습에 결손을 보인다면 단원 시작 전에 별도의 특별수업을 제공해야만 한다. 블룸(Bloom, 1976)은 주어진 학습과제에 대한 학습성취의 성공은 50%가 그 학습과제와 관련이 있는 전 학년 혹은 전 단원의 학습을 성공적으로 했느냐에 달려 있다고 하였다. 또한 오수벨(Ausubel, 1963)은 학습자의 선행조직자와 같은 선행지식을 강조하면서 기존의 인지구조는 유의미한 새로운 내용의 학습과 파지에 영향을 주는 주요한 요인이라고 하였다.

선수학습을 확인하는 방법은 여러 가지가 있다. 선수학습을 확인할 수 있는 시간적인 여유가 있을 때는 간단한 쪽지시험이나 퀴즈를 활용한다. 그리고 수업매체를 이용하여 간단한 문제를 제시할 수도 있다. 마지막으로 선수학습을 확인하기 위해 질문을 할 수도 있다.

4. 학습주제 확인

학생들에게 질문을 통하여 이번 시간에 공부할 주제를 확인한다. 특정 학생을 지명하거나 또는 임의적으로 "이 시간에 공부할 주제는 무엇이지요?"라고 질문을 하여 물어본 다음 답변이 확인되면, 이 주제와 밀접한 용어나 내용에 대해 이해 정도를 확인한 후 학습목표 또는 학습문제와 관련하여 안내한다.

5. 학습목표 제시

학습자가 수업을 마쳤을 때 어떠한 능력을 가지게 되는지에 대한 정보를 제공하는 것은 매우 중요하다. 학습자는 자신에게 기대되는 것이 무엇인지 알게 되면 자신의 학습과정을 보다 잘 이해할 수 있기 때문이다. 실제로 많은 연구들이 목표를 제공하는 것만으로도 학습자의 성취가 증진된다는 사실을 증명하고 있다.

학습자에게 학습목표를 제공할 때는 말로 제시할 수도 있고, 칠판에 쓰거나 OHP, 실물화상기 또는 파워포인트를 이용하여 제시할 수도 있다. 그리고 학습자들에게 목표를 다 같이 소리 내어 읽도록 할 수도 있다. 수업의 결과를 사전에 알려 줌으로써 수업에 대한 학습자의 기대를 충족시킬 수 있으며, 수업에 대한 동기를 만들어 낼 수 있다.

학습목표 제시 방법을 좀 더 구체적으로 살펴보면 다음과 같다. 먼저, 단순히 학습목표를 제시하는 것에 대해서는 재고할 필요가 있다. 교사가 학생들에게 학습목표를 단순히 읽게 하는 것으로는 학생들이 학습목표를 충분히 인지하기 어렵다. 그러므로 교사는 학습목표를 읽게 한 후 구체적인 설명을 덧붙여 줌으로써 이해를 도울 수 있다. 학습목표와 함께 학습결과를 명확히 설명하는 것도 좋은 사례라고 할 수 있다.

다음으로, 수업과정 중 필요할 때 다시 확인할 수 있도록 학습목표를 제시할 수 있다. 학습목표는 도입 단계에서만 제시하는 것으로 끝나는 것이 아니라, 교수·학습 과정 중에도 계속하여 그 목표 달성도를 확인할 필요가 있을 때는 다시 볼 수 있도록 제시하는 것도 좋다. 학습목표는 어떠한 방법(판서, OHP, 파워포인트 등)을 통해 제시하더라도 학습자가 필요한 경우에 언제든지 확인할 수 있도록 하는 것이 바람직하다.

한편, 학습목표를 제시하기 전에 반드시 단원명(또는 주제)을 칠판 중앙 상단에 판서해야 하며, 본시의 학습범위도 학습목표와 함께 제시하면 좋다.

6. 동기유발

수업을 시작하면서 학습자의 주의를 집중시키지 못한다면 수업을 진행하기 어렵다. 그럼에도 불구하고 교수자는 수업을 계획할 때 이러한 점을 소홀히 하는 경향이 있다. 학습자의 주의를 포착하는 일은 학습자의 주의를 끌거나 학습동기를 유발하는 일로서 수업활동의 중요한 일 중의 하나이다.

그렇다면 교수자는 학습자의 주의를 끌고, 필요한 동기를 만들기 위해 무엇을 해야 할까? 학습자가 주의를 기울이도록 하는 방법에는 강화나 토큰체제와 같은 전통적인 방법들도 있지만, 최근에는 학습내용과 관련된 구체적인 활동들을 더 강조한다. 예를 들어, 교통수단에 관한 단원을 새로이 가르친다고 가정해 보자. 교수자는 학습자의 관심을 끌기 위해 수업 당일 교실에서 이와 관련된 흥미로운 이야기, 그림 혹은 영상자료를 활용할 수 있다. 또한 학습자의 주의를 끌기 위해 수업의 연결고리가 될 수 있는 개방적 질문이나 탐구심을 자극하는 질문을 함으로써 학습자들의 시선을 모을 수 있다.

1) 동기유발의 의미와 유형

동기란 어떤 특정한 일을 지속적으로 하도록 하는 동력으로서, 일반적으로 외적 동기와 내적 동기로 나누어진다. 외적 동기는 칭찬, 보상, 상벌, 경쟁, 승진 등과 같이 보통 사람들이 추구하는 즐거운 자극을 제공해 줌으로써 특정한 일에 대한 지속적인 노력을 하게 하는 것을 의미한다. 반면 내적 동기는 외부의 자극이 아닌 스스로 일을 하면서 느끼는 도전감, 성취감, 성공기회, 호기심과 같이 그 일 자체가 주는 즐거움으로 인해 그 일을 지속적으로 하는 것을 의미한다. 외적 동기는 외부의 자극이 사라지면 동기 역시 사라지기 때문에 지속적으로 동기 요인을 제공해 주어야 하지만, 내적 동기가 생기면 누가 시키지 않아도 스스로 성취를 위한 노력을 하게 된다. 따라서 동기유발은 외적 동기유발보다 내적 동기유발이 학습에 있어서 더욱 효과적이다.

학습동기란 학습을 위해 지속적인 노력을 하게 하는 것을 의미한다. 그렇다면 무엇이 학생들을 배우기 원하게 만드는 것일까? 학생들이 배우는 데 노력을 쏟으려고 하는 것은 학생의 성격, 능력에서부터 특정한 학습과제의 특성, 학습에 대한 유인체계, 환경, 그리고 교수자의 행동에 이르기까지 많은 요인이 있지만, 실제 학습이 이루어지는 수업에서 교사가 적절하고도 체계적인 동기유발 전략을 사용하는 것이 중요하다.

2) 동기유발 방법

학생들에게 적절한 동기부여가 되었을 때 수업에 흥미를 갖고 몰입하게 되어 수업밀도와 학습효과는 높아진다. 학생들의 학습동기를 유발시키기 위해서는 다음을 적절히 활용할 필요가 있다(정석기, 2008).

- 구체적인 자료 제시(도형·도표 등의 시각적 자료, 멀티미디어 자료)를 통해 오감을 자극시킨다.
- 수업내용과 관련하여 학생들의 호기심을 유발시킬 수 있는 질문을 사용한다.
- 다양한 목소리 톤, 수업방법, 수업자료, 수업절차와 매체를 활용하여 변화를 준다.
- 이 수업을 통해 학생들이 무엇을 할 수 있게 되는지, 무엇에 도움을 주는지에 대해 명확히 인식하게 한다.

- 낯선 수업의 내용을 학생들에게 친밀한 개념 등으로 예를 들어 설명한다.
- 학습자의 수준에 맞는 적절한 난이도의 과제를 제시한다.
- 수업에서 배운 내용을 실제 현장에서 적용해 볼 수 있는 기회를 제공한다.
- 수업의 결과나 과정 중에 다양한 보상제도를 활용한다.
- 수업의 과정과 결과가 모든 학생들에게 일률적으로 적용되도록 한다.

한편, 동기유발은 교수·학습 활동 과정 중 도입 단계에서 반드시 필요한 것이지만, 전개 단계 및 정리 단계에서도 동기유발이 필요하다. 여기에서는 도입, 전개, 정리 단계에서의 동기유발 기술을 함께 살펴본다.

첫째, 도입 단계에서의 동기유발 방법은 다음과 같다.
- 학습목표를 명확히 제시하고, 목표를 분명히 이해하도록 도와준다.
- 학습목표를 개인적 요구와 결부시킴으로써 관심과 흥미를 갖도록 한다.
- 교사가 학습에 대해 갖고 있는 기대감의 수준이 적정해야 하며, 이것이 학생들에게 전달되어야 한다.
- 교과목이나 학습과제에 긍정적인 태도를 가질 수 있도록 지도해야 한다.
- 학습하기에 적절한 환경을 마련해 주어야 한다.

둘째, 전개 단계에서의 동기유발 방법은 다음과 같다.
- 교사가 수업 전체를 주도하지 말고, 학생들의 직접적 참여를 유도한다.
- 학생들에게 성취의 기회를 자주 부여하고 바람직한 반응에는 즉시 강화를 해 준다(칭찬이 벌보다 효과적임).
- 자극을 통한 학습 촉진을 위해 학습의 진전 정도를 수시로 알려 주는 것이 효과적이다.
- 동료들 간에 협동적인 분위기를 조성하되, 때에 따라서는 적절한 경쟁심을 유발하는 것도 효과적이다.
- 과제나 문제해결에 다양한 방법을 동원하고, 이를 기억하게 하기 위한 다양한 통로를 마련해 줌으로써 학습자가 다소간의 감탄과 더불어 학습에 흥미를 느끼게 한다.

셋째, 정리 단계 및 수업 후의 동기유발 방법은 다음과 같다.

- 학습결과에 대해 긍정적인 평가를 해 주고, 미흡한 점에 대해 언급해 주는 것이 바람
  직하다.
- 학습결과에 대해서는 반드시 그 정보를 피드백시켜 준다.
- 총평을 하는 경우, 우선 학생이 잘했다는 점을 밝혀 학생의 능력과 노력을 인정해 주고, 미
  흡한 점은 학생의 능력이 부족해서가 아니라 노력이 부족했거나 보는 관점이 달랐다는 등
  노력이 중요하다는 점을 부각시키는 것이 바람직하다.

3) 켈러(Keller)의 ARCS 모델 활용

켈러(Keller, 2010)는 학습동기를 유발하고 지속시키는 데 영향을 미치는 요인으로 주의집중
(Attention), 관련성(Relevance), 자신감(Confidence), 만족감(Satisfaction)을 제시한다(조일현 등,
2013).

(1) 주의집중

학생들의 주의집중을 어떻게 유발하고 유지시킬 수 있는가? 학습동기를 유발하기 위해서는
우선 학생들의 주의집중을 유발해야 한다. 수업환경에서는 너무나 많은 정보들이 학생들의 오
감을 자극하게 되는데, 교사는 학생들의 주의를 수업내용에 집중하도록 해야 한다. 그 이유는
주의가 집중된 정보만이 사고과정을 거쳐 장기기억에 저장되며, 그렇지 않은 정보는 망각이 이
루어지기 때문이다.

① 감각적 주의집중 활용하기

감각적 주의집중이란 구체적인 자료 제시를 통해 오감을 자극시키는 것을 의미한다. 예를 제
시할 때 '사람들'과 같은 대명사의 사용이 아닌 구체적인 인물이나 학생들의 이름을 사용한다.
수업자료를 제시할 때는 구체적 사진, 도형, 도표, 막대그래프, 파이그래프와 같은 시각적 자료
와 다양한 멀티미디어 자료를 사용한다. 복잡한 개념의 경우 학생들이 이미 알고 있는 단어나

개념을 활용한 은유법이나 비유법 등을 사용한다.

② 인지적 주의집중 활용하기

인지적 주의집중이란 인지적 갈등 유발을 통해 호기심을 자극시키는 것을 의미한다. 모순되는 과거 경험, 역설적 사례, 대립하는 원리나 사실, 예기치 못했던 의견을 제시하면서 수업을 시작하거나, 수업내용과 관련하여 학생들의 호기심을 유발할 수 있는 질문을 사용하고, 적절한 난이도의 학습문제를 제시한다.

③ 변화를 통한 주의집중 활용하기

변화를 통해 주의를 유발시키는 것이다. 다양한 목소리 톤을 사용하거나, 다양한 수업방법(강의식, 전문가 초빙, 발표, 토의식, 협동학습, 문제 기반학습 등)을 통해 변화를 추구한다. 그리고 다양한 유형의 수업자료(글, 그림, 표, 사진, 파워포인트 등)와 다양한 수업절차 및 매체(학습활동 후 요약강의, 동영상 상영 후 토의 등)를 사용한다.

(2) 관련성

수업과 학생들의 목적 혹은 흥미의 관련성을 어떻게 높일 수 있는가? 두 번째는 관련성을 확립하는 것이다. 인간은 목적 지향적인 행동을 한다. 일단 호기심이 유발되었더라도 학습내용이 학생들에게 아무런 가치가 없다고 느껴지면 학습동기는 사라지게 된다. 따라서 수업내용을 학생들의 개인적 목적, 관심사, 학습양식 등과 많은 관련성을 갖게 해 줌으로써 수업의 중요성을 학생들이 인식하도록 하는 것이 필요하다.

① 목적 지향성 활용하기

학생들의 현재 혹은 미래의 목적과 수업을 연관 짓는 것이다. 수업이 현재 학생들에게 어떤 이익을 줄 수 있는지 명확히 인식하게 해야 한다. 예를 들면, 수업이 끝난 후 학생들이 무엇을 할 수 있게 되는지 실례를 들어 설명한다. 그리고 수업이 미래 학생들에게 필요한 기초적인 기술이나 지식의 습득에 얼마나 도움이 되는지 구체적으로 설명한다. 또한 수업이 미래 직업과 관련하여 어떤 도움을 줄 수 있는지 구체적으로 설명한다. 예를 들면, 취업시험, 직무 수행, 승진, 경력관리 등과 연계시킨다.

② 모티브와 연결시키기

학생들의 기초적인 욕구—안정, 소속감, 안정감, 사랑—를 수업에서 충족시켜 준다. 이를 위해 학생들이 한 개인으로 대접받고 있다고 느낄 수 있도록 인격적으로 대우한다. 그리고 수업에서 자유로운 토의나 의견 제시가 이루어질 수 있는 안전한 환경을 제공한다. 또한 성공적인 성취를 이룬 사람들의 예나 증언, 일화 등을 제공한다.

③ 친밀성 향상시키기

학생들의 기존 경험과 일치시킴으로써 수업을 친밀하게 느끼도록 한다. 그리고 학생들에게 친밀한 개념, 과정, 기능 등을 예로 들어 설명한다. 즉 학생들이 좋아하는 연예인이나 자신이 거주하는 지역과 관련된 지명 또는 장소와 같은 예들을 사용한다. 또 수업 초기에는 학생들에게 학습과제 내용이나 수행방법에 대한 선호도를 조사하여 학생들의 학습양식에 맞는 수업을 제공한다.

(3) 자신감

학생들이 수업에 대해 자신감을 갖도록 어떻게 도와줄 수 있는가? 세 번째 요건은 자신감이다. 학생들은 수업에서 요구되는 학습활동을 자신의 능력으로 충분히 해낼 수 있다는 생각이 들 때 수업에 열심히 참여하게 된다. 어떤 경우 학생들은 수업에 대해 잘못 이해하여 수업을 어렵게 생각할 수도 있고, 또한 자신의 능력을 잘못 판단함으로써 수업에 대한 자신감을 상실할 수도 있다.

① 성공적인 학습요건 활용하기

성공적인 학습을 위해 어떤 요건들이 필요한지를 명확히 제시한다. 그리고 효과적인 수업을 위해 학생들이 이미 필요한 사전지식을 모두 습득하고 있음을 인지시킨다. 또한 수업에서 바라는 목표가 무엇이고, 이를 성취하기 위한 구체적인 방법이 무엇인지 명확히 제시한다. 수업 평가를 위해 어떤 유형의 평가가 어떤 기준하에서 실시될 것인지 사전에 확실히 공지한다.

② 긍정적인 결과기대 활용하기

수업에 대해 긍정적인 성취감을 가질 수 있도록 적절한 난이도의 과제와 도전감을 제공한다. 그리고 학습자의 수준에 맞는 적절한 난이도의 과제를 제시하여 적절한 도전감을 제공한다. 예를 들면, 수업내용을 명확하고 쉬운 것에서 어려운 과제로 계열화한다. 또한 수업 목적, 내용, 교육방법, 평가사례들 간에 일관성을 유지한다. 피드백은 정확하고 즉각적으로 교정적인 피드백을 제공한다. 예를 들면, 무엇이 맞고 틀렸는지/그 이유는 무엇인지/틀린 부분을 어떻게 다시 학습할 수 있는지. 부정적 피드백은 개인적으로 제공하되 인신공격이 아닌 특정 과제나 결과와 관련하여 제공한다.

③ 개인적 책임감 향상시키기

수업에 대한 성취는 자신의 노력 여하에 달려 있음을 인지시켜 준다. 즉 모든 결과의 원인은 타인이 아닌 자신에게 있으며, 자신의 능력이 아닌 노력 여하에 따른 것으로 인식하게 한다. 또한 학습활동의 내용, 방법, 학습속도, 평가방법 등에서 학생들에게 가능한 선택권을 부여함으로써 자신의 선택에 대한 책임감을 갖게 한다.

(4) 만족감

학생들이 수업과 학습경험에 어떻게 만족감을 갖게 할 수 있는가? 앞에서 이야기한 3가지 학습동기 전략이 모두 성취된다면 자동적으로 학생들은 수업에 대한 만족감을 얻게 될 것이다. 수업의 과정과 수업의 결과에 만족감을 얻으면 학생들은 동일한 학습과제에 대해 지속적인 학습동기를 가지게 된다. 따라서 만족감은 지속적인 동기를 위해 매우 중요하다.

① 내적 강화 활용하기

학습과제에 대한 성취감과 숙달했다는 성공의 기쁨을 통해 새로운 도전을 유발한다. 그리고 수업에서 새로 배운 기술이나 지식을 실제 현장에서 적용해 볼 수 있는 기회를 제공한다. 또한 어려운 과제를 해냈다는 자긍심을 갖도록 언어적 강화를 제공하거나(예를 들면, 힘든 과제인데 참 잘했다), 자기 기록과의 경쟁을 통해 자신의 발달을 인식하도록 도와준다.

② 외적 보상 활용하기

외부에서 학생들의 성취에 대한 보상을 제공한다. 그리고 지루하거나 반복적인 학습의 경우, 점수제도와 같은 다양한 제도를 활용한다. 학생들은 초코파이와 같은 작은 물질적 보상에 재미 있어 한다. 수업시간에 칭찬을 아끼지 말고 제공한다.

③ 평등성 활용하기

수업의 과정과 결과가 모두에게 평등하게 적용되었다는 인식을 심어 준다. 그리고 사전에 공 지한 기준과 방식에 따라 평가를 한다. 특정 학생이 유리하도록 평가해서는 안 된다.

글상자 5-1

수업에 대한 긴장감, 이렇게 벗어나세요

학생들이 빼곡하게 앉아 있는 교실에 들어서면 경험이 풍부한 교사라도 다소 긴장감을 느끼게 된다. 이것을 해 소하기 위해서는 수업 시작 부분에 좀 더 관심을 두어야 한다. 처음에 시작을 잘하면, 그다음부터는 좀 더 쉽고 매끄럽게 진행할 수 있기 때문이다.

1. 수업 시작 5분 전에 교실에 도착하도록 한다.
수업 시작 조금 전에 교실에 들어가서 학생들과 편안하게 대화를 나누어 본다. 그러면 수업을 시작한 다음에도 목소리가 딱딱하지 않고 대화체가 유지될 수 있다.

2. 수업 시간의 처음 2, 3분에 해당하는 부분을 자세하게 정리하여 수업노트에 적어 둔다.
시작을 잘하면 그 다음에는 긴장이 풀어질 수 있으므로, 시작 부분에 대한 준비를 철저히 하는 것이 필요하다.

3. 수업을 시작할 때, 간단한 인사말을 한 다음 바로 이어서 그날 수업의 개요를 칠판에 판서한다.
판서를 하다 보면 긴장감이 많이 해소될 수 있다. 그러나 판서는 1~2분 내에 끝내는 것이 좋다.

4. 적절한 예화를 활용해서 관심을 끈다.
수업내용과 관련 있는 인용구, 예화, 질문, 자료 등을 제시하면서 수업을 시작한다. 특히 그날 아침에 들은 뉴스 를 활용하는 것도 좋은 방법이다. 단, 수업을 시작하자마자 유머를 사용해서 웃음을 유발하려는 시도는 삼가는

지리 교재 연구 및 교수법

것이 좋다. 자리에 앉자마자 학생들을 웃게 만드는 일은 생각보다 어렵기 때문이다. 오히려 멋쩍은 웃음만 남길 수 있다.

(동국대학교 교수학습개발센터, 2006: 26)

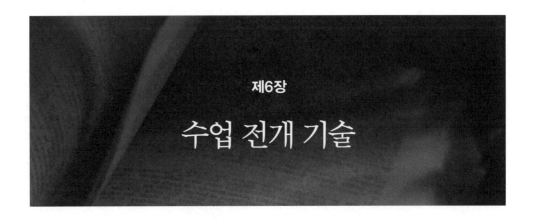

제6장

수업 전개 기술

수업에서 가장 핵심적인 과정은 전개 단계이다. 이 단계는 단원의 특성, 대상 학생, 교실환경, 교사의 수업철학에 따라 다양한 교수·학습 방법이 있을 수 있다. 그리고 그 효과 또한 다양하게 나타난다고 볼 수 있다. 따라서 여기에서는 다양한 전개 방법 중에서도 역동적이고 효과적인 교수·학습을 전개하는 데 중요하다고 생각되는 몇 가지 내용을 중심으로 살펴보고자 한다.

1. 학습내용의 제시

수업의 전개 단계에서 가장 핵심적인 것은 학습자에게 적절한 학습내용을 제시하는 것이다. 그러나 사실 도입 단계에서 제시된 수업목표는 학습자가 학습과정에서 수행해야 할 정보를 안내하는 역할을 한다. 즉 수업목표는 학습자가 학습내용을 쉽게 기억할 수 있도록 적절한 자극 자료를 사전에 준비하여 학습자에게 제공하는 것이다. 이는 수업목표에서 기대하는 학습결과에 따라 자료의 제시 방법이 달라질 수 있다는 것을 의미한다. 언어정보와 같이 암기를 기대하는 수업이라면 학습자에게 암기를 빠르게 할 수 있도록 연상이 되는 자료를 함께 제시하고, 반복 연습할 수 있는 기회를 제공할 수 있다. 그리고 가치 및 태도 학습이라면 모범이 되는 사례나, 영상 혹은 그림 자료를 함께 제시할 수 있고, 역할극을 통하여 강조하려는 내용을 함께 제시할 수 있다(윤관식, 2013).

교수자는 학습결과를 염두에 두고 학습할 내용을 어떤 방법으로 제시할 것인지를 항상 고려해야 한다. 또한 학습자의 이해를 돕기 위해 수업내용과 관련된 다양한 정보나 예를 언어적(상징적 표상), 그림 또는 영상자료(영상적 표상), 행동(행동적 표상) 등의 방법으로 제시한다면 학습자의 동기 및 수업에의 몰입 정도나 이해도를 증진시킬 수 있다.

2. 학습안내의 제공

학습자의 학습활동을 안내하는 것은 단기기억에 저장된 정보를 장기기억 속에 존재하는 어떤 정보와 연합하여 오랫동안 기억하게 하는 교수자의 수업활동이다. 이러한 수업활동에는 의미적 약호화(semantic encoding) 활동과 정교화(elaboration) 활동이 있다(윤관식, 2013).

약호화는 새로운 정보를 기억체제에 표상하는 과정, 즉 기억할 수 있는 형태로 바꾸는 과정이다. 그리고 정교화는 새로운 정보가 장기기억 속에 존재하는 기존의 개념 혹은 아이디어와 결합하거나 연합하는 것이다. 이러한 약호화 및 정교화 활동을 촉진하기 위한 교수자의 수업활동이 제공되지 않는다면 학습자는 주어진 정보를 기억하고 이해하는 데 어려움을 가진다. 즉 약호화 및 정교화 활동은 학습자의 인지구조로 정보를 저장하는 활동이며, 저장된 이전 정보와 새로운 정보를 적절하게 통합하여 장기기억에 저장하는 활동이다. 이는 이전 정보와 새로운 정보가 통합되어 유의미해야 한다는 것이다.

드리스콜(Driscoll, 2004)은 학습안내를 어느 정도 제시할 것인지는 별개의 문제이며, 학습안내의 정도는 학습자의 능력과 전문성, 수업에 가용한 시간 그리고 다양한 학습목표의 제시를 포함하는 여러 요인에 달려 있다고 하였다.

수업에서 사용할 수 있는 방법은 다음과 같다. 즉 특정 상황을 쉽게 설명할 수 있는 다양한 사례를 제시하거나, 수업내용을 안내하는 암시, 단서, 사례, 시연, 도표 등을 수업내용과 함께 제시하는 방법이 있다(윤관식, 2013: 145).

3. 형성평가의 실시

교사들은 일반적으로 형성평가를 정리 단계에만 실시하는 것으로 알고 있다. 그러나 엄밀한 의미에서 형성평가는 전개 단계에서도 이루어져야 한다. 왜냐하면 새로운 지식이나 기능을 연습하는 기회가 주어진 다음, 학습자가 새로운 지식이나 기능을 제대로 성취했는지를 확인하기 위한 평가가 실시되어야 하기 때문이다. 학습자가 수업목표를 성취할 수 있도록 학습을 바르게 진행하고 있는지를 판단하기 위해 수업 중간에 몇 차례의 형성평가를 실시한다.

형성평가의 중요한 가치는 교수자가 학습자의 학습과정에 적절한 도움을 줄 수 있는 정보를 수집하는 데 있다. 즉 형성평가는 바로 수업의 질 관리를 위한 노력의 차원이다. 교수자의 입장에서 볼 때 형성평가는 가르치고 있는 내용을 학습자가 얼마나 잘 이해하고 있는지를 점검하고, 학습자들의 능력, 태도, 학습방법 등을 확인하여 교수방법을 개선할 목적으로 이루어지는 것이다. 반면 학습자의 입장에서 볼 때 형성평가는 학습자 자신의 학습에 대한 피드백을 제공받는 것이다. 형성평가를 실행하는 방법으로는 수업과정에서 주로 사용할 수 있는 간단한 질문이나 문제풀이 등이 있다.

4. 학습활동과 피드백의 제공

학습자는 지식, 기능 및 태도를 습득하기 위해 다양한 방식으로 학습활동을 해야 한다. 이때 학습활동은 수업목표에 반영된 지식, 기능, 가치 및 태도와 직접적으로 관련되어야 한다. 그리고 학습활동 이후에는 이에 따른 피드백이 제공되어야 한다.

피드백은 학습자가 자신의 답이나 반응과 관련하여 교수자로부터 받게 되는 정보이다. 피드백은 학습자의 반응이 정답이었는지 오답이었는지를 알려 준다. 또한 정답이 무엇인지, 왜 그것이 정답인지, 학습자의 답이 무엇 때문에 오답인지 등도 알려 준다. 교사는 오류 발생을 지적하기 위해 몸짓을 사용하거나, 직접 오류를 지적해 주고 틀린 이유를 설명하거나 부연 설명할 수도 있으며, 다른 학생에게 오류를 고치도록 요구할 수도 있다. 한편, 학생이나 모둠에서 발표한 내용을 이해하기 쉽게 정리하여 요약해 주는 것도 일종의 피드백이라고 할 수 있다.

연구들은 학습자에게 피드백을 제공하는 것이 수업과정에서 매우 중요하다는 것을 지적하고 있다. 피드백이 제공되지 않은 학습활동은 효과적인 학습을 가져다주지 못한다. 즉 학습자가 틀린 행동을 교정받지 않은 채 학습활동을 계속하면 비생산적인 결과를 가져다줄 것이다. 그러므로 교수자는 수업을 설계할 때, 학습자의 학습활동에 필요한 피드백을 계획해야 한다.

피드백의 유형에는 다음과 같은 것이 있다. 첫째, 결과에 대한 정오만을 제시하는 피드백이다. 둘째, 오답으로 판명되었을 때 정답만을 제시하는 피드백이다. 셋째, 오답으로 판명되었을 때 정답과 다른 이유를 설명하는 피드백이다. 마지막으로, 오답 혹은 정답으로 판정되었을 때 그 이유와 부연 설명을 제공하는 피드백이다(윤관식, 2013).

이와 같이 피드백은 학생들의 학습과 수업의 질을 향상시키기는 데 중요한 역할을 한다. 교사는 학습의 여러 단계에서 학생들이 이미 성취한 것이 무엇이며, 앞으로 어떤 교정과 지원이 언제 어느 곳에서 필요한지를 밝히기 위해 계속해서 학습자를 관찰하고 점검해야 한다. 학생들의 수업성과에 대한 피드백의 제공은 학생들에게 수행의 정도를 알게 해 줄 뿐만 아니라 동기를 부여하고 우호적인 교실 분위기를 만든다.

글상자 6-1

비판단적 피드백을 하자

1. 교사가 학생들에게 질문을 한다.
   학생 1: 대답한다.
   교수: "아니야"
   학생 2: 대답한다.
   교수: 흠~
   학생 3: 대답한다.
   교수: "가깝지만 정확하지 않아"
   학생 4: 대답한다.
   교수: "좋아, 그것이 정답이야!"

2. 이런 교사의 행동은 어떤 암묵적인 교훈을 학생들에게 전하고 있을까?
   • 학생들은 교사가 제시하는 각각의 질문에는 오직 한 가지 정답이 있고, 그들에게 주어진 도전적인 과제는 바로 그 정답을 찾아내는 것이라는 것을 배운다.
   • 학생은 그 한 가지 정답을 알아냈다고 확신하기 전에 손을 든다면, 스스로를 위험에 처하게 한다는 것을 배운다.

- 교사가 찾고 있는 정교한 답을 학생이 얘기하지 못할 경우에 교사의 "아니야"라는 말은 학생들에게 상처를 주고, 학생들에게 자신들이 무력하고 바보 같다고 느끼게 한다.
- "아니야"는 학생들에게 주제에 대한 그들의 특유한 생각이 특별한 가치가 없는 것이라고 말하는 것이 된다. 그것은 학생들이 주제에 대해서 생각하고 탐구하려는 욕구를 말살시킨다. 이런 종류의 피드백은 학생의 지적 자율성을 존중하기보다는 오히려 학생들을 교사에게 의존하게 만들 수 있다.

3. 교사의 반응이 "아니야" 대신에
- "글쎄, 나는 그런 식으로는 생각하지 못했다. 그것에 대해서 더 말해 줄 수 있겠니?" 혹은 "그것은 그 주제를 보는 창의적인 방법이구나, 어떻게 그 답에 이르게 되었니?"라고 할 때 교사는 학생들의 마음을 들여다볼 기회를 가질 수 있으며, 학생의 창의적 노력을 불러일으킬 수 있다고 한다.

4. 비판단적 피드백의 중요성
- 학생들은 그의 아이디어에 암묵적으로 존중하는 비판단적 피드백이 주어졌을 때, 기꺼이 위험을 무릅쓰고 과제에 참여한다고 한다.

5. 비판단적 피드백을 추구하는 교사는 학생들에게 다음과 같이 반응한다.
- 학생들의 질문에는 부가적인 질문을 한다.
- 학생들의 확신에는 그럴듯한 반박을 비간접적으로 한다.
- 학생의 답변에 대해 왜 그렇게 생각하는지 설명해 보도록 한다.
- 학생들의 논의에는 "나는 이것이 너에게 중요하다는 것을 알 수 있다." 또는 "너는 나에게 확신을 주었다." 또는 "너의 아이디어는 나에게는 일리가 있다. 너의 친구들은 그것에 대해 어떻게 생각하니?"와 같은 반응을 한다.

(동국대학교 교수학습개발센터, 2006: 90-91)

5. 언어적 상호작용: 발문과 응답

1) 발문의 의미

발문이란 학생의 학습을 조성해 나갈 수 있도록 하는 교사의 물음, 즉 수업목표를 향해 학생의 사고 논리를 자극, 유발하고 발전시켜 나가기 위한 문제제기로서, 단순히 학생의 학습상태를 점검하기 위해 묻는 질문과는 구별된다. 수업은 교사가 발문을 하면 학생들이 응답을 하고, 그 응답에 대해 교사가 반응하는 언어 상호작용이 반복적으로 이루어지므로 발문이 얼마만큼 중요한 것인지를 알 수 있다.

수업에서 학생들의 참여활동을 제외하면 대부분은 교사와 학생들의 언어적 상호작용인 의사소통에 의해 이루어진다. 유능한 교사는 정보제시와 기능의 시범적인 적용뿐만 아니라 많은 부분 내용 중심의 대화로 수업을 구조화한다. 교사들은 발문을 통해 학생들을 자극하여 내용을 공부하고 반성적 사고를 하게 하며, 주요 아이디어 사이의 관계와 그것들의 의의를 인식하게 하고, 비판적으로 사고를 하게 한다. 또 발문을 통해 문제해결, 의사결정 또는 다른 고등사고력을 적용하게 한다. 대화는 주요 아이디어와 지속적이고 신중한 발전을 가져다주며, 이러한 대화에 참여함으로써 학생들은 내용과 관련된 지식을 구성하고 대화한다. 이 과정에 학생들은 어설픈 아이디어나 오개념(misconceptions)을 버리고 수업목표로부터 나타나는 더 정교하고 타당성 있는 아이디어를 취하게 된다.

이러한 수업과정에서 대화는 질문과 대답으로 구성되며, 특히 학생의 사고활동을 촉진한다는 의미에서 교사의 질문을 발문이라 하고, 교사의 발문에 응하는 학생들의 다양한 사고활동의 산물이라는 의미에서 학생의 대답을 응답이라고 한다. 그러나 아직도 교사가 수업 중에 학생들에게 사고를 촉진하거나 해답이 필요할 경우에 물어보는 물음을 발문이라 하지 않고 질문이라는 용어를 사용하거나 혹은 양자를 혼용하기도 한다.

글상자 6-2

질문을 통해 주의집중 유도하기

수업 도중에 상호작용을 돕기 위해서 교육자가 할 수 있는 가장 효과적인 기술은 바로 질문과 답변을 격려하는 것이다. 질문은 수업을 소개하고, 수업의 내용 상호작용을 자극하며 내용을 요약하는 데 쓰일 수 있다. 질문은 학생들을 계속 주의집중하게 하며, 특히 주제가 복잡하고 수업이 길 때 효과가 높다.

다음과 같은 질문을 통해 수업을 풍부하게 할 수 있다.
- 전체 그룹을 대상으로 질문을 하자. 이때 학생들이 지원해서 대답하게 하는 경우에는 몇몇의 학생들이 토론을 독점하는 것을 경계하고, 여러 학생들이 답변하도록 유도한다.
- 특정 학생을 대상으로 질문을 하자. 학생이 상대적으로 적은 수일 때는 이 방법이 더 많은 학생들을 답변에 참여시킬 수 있다.
- 질문을 할 때 학생의 이름을 부르자. 이것은 이름이 불린 학생뿐 아니라 다른 학생들에게도 강력한 자극제가 된다.
- 학생의 대답에 긍정적인 강화를 주자. 칭찬은 매우 긍정적인 분위기를 형성하고 더 많은 학생이 토론에 참여할 수 있게 해 준다.

2) 발문의 유형

많은 학자들은 발문을 좁은 발문과 넓은 발문으로 구분한다. 여기서 좁은 발문이란 답변이 제한적인 것을 의미하며, 넓은 발문이란 답변이 열려 있는 것을 의미한다(Orlich et al., 1994). 좁은 발문은 다시 기억적 발문(정보재생적 발문)과 수렴적 발문으로, 넓은 발문은 발산적 발문과 평가적 발문으로 구분된다(그림 6-1).

(1) 기억적 발문

기억적 발문(cognitive memory questions)은 정보재생적 발문이라고도 한다. 재생, 암기, 계산,

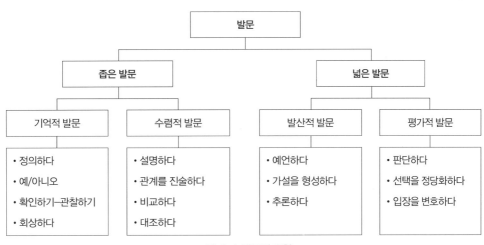

그림 6-1. 발문의 유형

열거 등 학생이 이미 학습한 지식을 기술하도록 하는 교사의 발문이다. 학생은 사실을 재생하여 응답을 하게 된다. 기억적 발문의 예로는 "세계에서 가장 높은 산은?"을 들 수 있다.

(2) 수렴적 발문

수렴적 발문(convergent questions)이란 중심 주제에 대해 핵심 내용을 대답하도록 촉진하기 위한 발문이다. 수렴적 발문은 학생들이 '예', '아니오' 또는 '간단한 말'과 같이 짧은 대답으로 이루어지는 행동을 나타내도록 한다. 따라서 수렴적 발문은 구체적인 지식과 제한된 논리적 대답을 포함하여 저차 사고를 촉진하는 저차 수준의 발문이라고 할 수 있다. 교사가 귀납적 교수를 사용한다면 더 많은 수렴적 발문을 사용하게 될 것이다.

이러한 수렴적 발문은 교사의 질문에 학생들이 일제히 답변하는 형태의 지시적 수업에 이상적으로 적용하며 모든 학생이 참여하는 효과가 있다. 예를 들면, "어떤 나라의 사막에서 사람들은 거의 살지 않을까요?"를 들 수 있다.

(3) 발산적 발문

발산적 발문(divergent questions)은 수렴적 발문과 달리 매우 다양한 응답을 유발하고 더 넓은 대답을 이끌어 내기 위한 고차적인 수준의 발문이다. 즉 발산적 발문을 사용할 때 학생들은 인지적으로 고차 사고로 분류되는 적용, 분석, 종합, 평가 등의 범주에서 응답한다는 것을 발견하게 될 것이다.

따라서 교사가 수업 중에 문제나 쟁점에 대한 토론을 생각하거나 학생들의 참신하고 창의적인 해결방법과 다양한 응답을 유발하기 위해서는 발산적 발문을 사용해야 한다. 발산적 발문을 하려고 할 때는 학생들이 자유롭게 응답할 수 있는 분위기를 조성해 주어야 한다. 그리고 발산적 발문을 한 후에는 학생들에게 소모둠을 이루어 토론해 보도록 하고, 교사는 다양한 응답을 수용할 수 있도록 준비되어 있어야 한다. 발산적 발문의 예로는 "환경은 인간행동에 어떻게 영향을 줄까요?"를 들 수 있다.

(4) 평가적 발문

평가적 발문(evaluative questions)은 발산적 발문에 비해 평가나 판단의 기준을 마련하는 것이 다르다. 어떤 것이 좋거나 혹은 나쁜 이유를 묻고자 할 때 주로 평가적 발문을 사용한다. 평가적 발문은 학생의 판단, 가치, 목표 혹은 인식의 적합성에 의한 기준을 구체화하는 것이 필요하다. 교사는 평가적 발문에 대해 학생들이 평가적 응답을 하도록 격려해 주어야 한다. 또한 평가적 발문은 주로 교사가 학생들이 배운 내용을 평가하고 판단하려고 할 때 사용한다. 평가적 발문의 일부는 발산적 발문에 속하며, 이를 변형시킨 것이라고 볼 수 있다. 평가적 발문의 예로는 "왜 도시 환경을 해치는 고속도로가 존재하는가?"를 들 수 있다.

3) 효과적인 발문기술

발문에 의한 좋은 수업 분위기가 되려면 허용적이고 탐구적인 분위기의 조성이 선결되어야 한다. 발문의 실제에 있어서 효과를 얻을 수 있는 가장 적절한 시기는 탐구적 사고활동에서 어떤 문제점이나 모순점, 또는 강한 의혹이 일어날 때 더 강화되므로 이 시기에 발문이 필요하다. 발문을 하고 나서는 응답을 재촉하지 말고 사고하는 시간을 충분히 주어야 한다. 또한 같은 내용을 계속해서 반복하지 말고 쉬운 것, 어려운 것, 복잡한 것 등 순차적으로 발문을 하고, 혹시 어려운 발문으로 인해 학생들의 응답이 없을 경우에는 더 쉬운 발문을 통해 응답을 유도하는 것이 좋다. 표 6-1은 수업의 효과를 낮추는 발문과 수업의 효과를 높이는 발문의 사례이다.

표 6-1. 효과적 발문과 비효과적 발문

수업의 효과를 낮추는 발문	수업의 효과를 높이는 발문
발문내용상 문제가 있는 발문유형 • 기계적으로 답이 나오기는 하지만, 어떤 답변이 나오건 별 의미가 없거나, 아니면 어떤 답변이 나올지 너무나 분명한 발문 • 지나치게 상세한 사실을 묻거나, 교과서에 다 있는 단순 내용들을 확인하는 발문 • 무엇을 요구하는지가 분명치 않은 막연한 발문 • 규격화된 정답을 요구하는 발문	효과적인 발문 • 학생들을 생각하게 하는 발문 • 학생들의 흥미를 유발하는 발문 • 학생들이 답변을 쉽게 하도록 하는 발문 • 수업의 구조화에 도움을 주는 발문

발문기술상 문제가 있는 발문유형	창의력 신장을 위한 발문
• 적절한 시기를 놓친 발문을 하는 경우 • 발문을 한 후 교사가 학생들을 바라보지 않고 딴 일을 하는 경우 • 습관적인 자문자답 형식의 발문 • 습관적으로 같은 말을 몇 번씩 반복하는 발문 • 똑같은 발문을 여러 차례 반복하는 경우 • 답변의 형식을 지나치게 강조하는 경우	• 생각을 파고드는 발문 • 분명하고 구체적인 발문 • 유도한 내용의 발문구상이 되어 있어야 함 • 생각할 수 있도록 발문 후의 간격을 두어야 함 • 학생의 반응을 학생들이 요약할 수 있도록 해야 함 • 다양한 반응을 기다리는 발문 • 다른 사람의 생각을 존중해 주어야 함 • 창의력 신장에 도움이 되는 발문

(계속)

글상자 6-3

질문 주고받기/효과적 질문전략(Q&A)

1. 학생에게 질문하기

교실 안에서 일어나는 상호작용의 대부분은 학생들의 질문과 교수자의 답변, 교수자의 질문과 학생들의 답변이다. 그러나 많은 교사들이 이 방식을 포기하고 일방적인 강의를 함으로써, 학생들과의 의사소통을 단절해 버린다.

학생들이 질문에 답하고, 또한 질문을 하도록 만들기 위해서는 몇 가지의 질문전략이 필요하다.

1) 질문의 준비
   • 주제를 선택하고, 수업내용 안에서 답변할 수 있는 개방적인 질문을 선정한다. 수렴적 질문이나 닫힌 질문보다 발산적 질문이나 열린 질문 쪽으로 갈수록 그리고 의견을 묻는 질문일수록 학생들이 더 많이 참여한다.
   • 사소한 것보다 핵심적인 내용을 질문할 수 있도록 질문의 내용을 정한다. 학생들은 교수자의 질문내용에 따라 학습한다. 교수자가 질문하는 내용을 중요하게 여기고, 이를 중심으로 공부하고 학습한다. 그러므로 덜 중요한 것을 질문하면, 학생들은 중요한 것과 덜 중요한 것을 혼동하게 된다.
   • 질문을 미리 써서 수업시간에 갖고 들어간다. 수업시간 중에 더욱 좋은 질문이 생각나면, 그 질문으로 대체한다. 그렇지만 준비된 질문이 있으므로 더욱 좋은 질문이 생각났을 것이다.
   • 질문에 대답하는 것을 돕기 위한 자료들(그림, 도표, 공식, 연구결과, 사진)을 가능한 한 많이 준비한다.
   • 중요한 내용을 설명하는 데 도움이 되는 상세한 세부사항 내용을 준비하고, 그 세부사항들이 수업목표에 기여하는 바를 요약한다. 교육목적 단계별(암기, 이해, 응용, 분석, 통합, 판단)로 질문을 구분한다. 학생들의 수준을 감지하고 한 단계 정도 위로 끌어올리는 질문을 하면 학생들의 성취욕구와 도전감을 자극할 수 있다.

2) 질문하는 전략
   • 질문을 먼저 한 다음, 답할 사람을 찾는다. 질문을 먼저 한 다음 → 답할 사람을 찾고 → 답할 사람이 없을 경우 지명을 한다. 먼저 사람을 지명하고 질문을 던지면, 해당 학생만 열심히 답을 고민하고 나머지는 방관자가 되기 쉽다. 모두를 수업에 참여시키려면 질문을 먼저 던지는 것이 중요하다.

- 질문을 한 다음에는 학생들이 대답할 동안 기다려 주는 것이 좋으며, 대답을 이끌어 낼 수 있는 질문을 다시 하는 것도 좋다. 질문을 던지고 약 3~5초 시간을 준다. 연구에 따르면 보통 교수자들은 질문을 하고 1초의 시간도 기다려 주지 않는다고 한다. 학생들이 장학퀴즈식의 빠른 대답을 하는 훈련을 하기 위함이 아니면, 사고할 시간을 주는 것이 필요하다.
- 학생과 학생 사이에 질문과 답이 오갈 수 있도록 한다. 질문 후 반응이 없으면 1~2분 정도 옆의 학생과 의논하도록 지시할 수 있으며, 그 후 "옆 학생들하고 무슨 의논을 했고 어떤 결론을 얻었느냐?"라고 질문할 수 있다. 이 방법은 혼자가 아니라 함께 의논하여 형성된 답변을 발표하게 되므로 학생들이 부담을 덜 느끼게 된다.

2. 학생의 답변 듣기

1) 대답하는 학생을 주시한다.
  학생이 질문에 답을 하는 동안, 교사는 다른 학생들이 질문에 집중하는지를 살펴는 것보다 질문하는 학생을 바라보며 경청하는 것이 좋다. 학생의 말에 끄덕이며, 표정이나 몸짓으로 지지적인 분위기를 나타내면 더욱 좋다. 학생의 말에 교사가 관심을 가지고 있음을 충분히 표현해야 한다.

2) 학생의 대답이 끝나고 기다리는 시간을 갖는다.
  학생의 대답이 끝났다고 생각한 다음, 1~2초간 기다린다. 간혹 대답이 끝났다고 생각했으나 그렇지 않은 경우도 있기 때문이다.

3) 학생의 대답을 교수자가 정리한다.
  학생의 대답이 끝난 다음, 이를 요약하고, 학생의 대답이 맞는지 확인하는 절차가 필요하다. 이러한 과정은 대답을 한 학생을 위해서도 필요하며, 교실 전체가 학생의 대답을 제대로 듣고 이해할 수 있도록 하기 위해서도 필요하다. 이러한 과정은 교수자가 학생의 이야기를 열심히 들었음을 확인시켜 주며, 다른 학생들도 해당 내용을 제대로 정리할 수 있도록 도와준다.

4) 교수자가 기대하는 답이 나오지 않더라도 유연성을 발휘하여 반응한다.
  교수자가 유연성을 갖고 반응을 해야, 학생들이 자유로운 분위기에서 자신의 생각을 표현할 수 있게 된다. 학생이 질문을 파악하지 못하고 엉뚱한 대답을 했을 경우에는 순발력을 발휘한다. 학생의 답변이 틀렸음에 초점을 맞추지 말고, 제대로 된 답을 할 수 있도록 도움을 준다. "내 질문이 조금 모호했던 모양이네요. 질문은 …였습니다." "그럼, 이런 부분에 대해서는 어떻게 생각하나요?" 등의 재질문을 하는 것이 좋다.

5) 정답이나 적절한 대답을 했을 경우에는 구체적으로 칭찬한다.
모호한 칭찬(좋다, 잘했어)이나 과장된 칭찬(천재적인 아이디어)이 아니라 그 답변의 훌륭한 점에 대해 구체적으로 칭찬(적절한 예를 들어 주었네요, 간단히 요약해 주어서 좋네요, 질문의 본질을 정확히 파악했네요)을 한다.

6) 답변에 대한 또 다른 반응은 은근히 칭찬하는 것이다.
교수자가 학생의 대답을 그대로 반복하거나 요약해서 칠판에 쓰고는 이 내용을 수업과 연관시켜 설명하면 학습자는 긍정적인 피드백을 받게 된다.

3. 학생이 질문하도록 만들기

학생이 질문이나 질문에 대한 답변을 자연스럽게 할 수 있는 분위기를 조성해야 한다. 학생이 질문을 할 때에는 성의 없이 대하지 말고 친밀한 분위기로 대한다. 이러한 모습을 보면 다른 학생들도 편안한 마음으로 질문을 할 수 있다.
예를 들면 "그것 참 좋은 질문이다."라든가, "그러한 점을 지적하다니 놀랍구나."와 같이 교사가 반응하면 학생들은 교실 내에서 의사표시를 하는 것을 두려워하지 않게 된다.

많은 교사들이 학생들에게 질문이 있느냐고 매시간 물어본다. 하지만 곰곰이 생각해 보면, 진정으로 학생들의 질문을 받으려고 했는지 의문이다. 흔히 "질문 있어요?"라고 물은 다음, 그 물음과 거의 동시에 "좋아요, 질문이 없으면 계속해서 진도를 나가도록 하지요."라는 식이다. 사실은 질문이 있느냐고 물어본 다음에는 몇 초라도 기다려 주어야 하는데 말이다. 말로는 질문을 받는다고 하지만, 사실은 질문을 피하고 있는 것이 아닌지 자신의 내면을 살펴볼 필요가 있다. 질문을 피하고 있다면 이는 수업준비나 자료가 불충분하여 수업에 대한 자신이 없기 때문이다.
학생들이 자유롭게 질문할 수 있는 교실을 만들어, 오랜 세월이 지난 뒤 학생들이 그 교사를 회고할 때에 "선생님은 참으로 훌륭한 분이어서 우리들의 유치한 질문까지도 모두 성의 있게 대답해 주셨지."라고 기억되는 스승이 되길 바란다.

4. 학생의 질문을 받는 전략

학생들이 질문을 하는 경우, 질문한 학생과 교사만의 대화가 되지 않도록 주의한다. 질문을 받으면 교실 전체가 질문을 들었는지 확인하고, 필요한 경우 질문을 큰 소리로 되풀이한다. 특히 앞줄에 앉는 학생들이 질문도 활발히 한다. 앞줄의 학생과 교사가 질문을 주고받는 동안 뒷줄의 학생들은 무슨 이야기를 하는지 소리조차 들리지 않을 수 있으므로, 앞줄의 학생들이 질문을 했을 때에는 더욱 신경을 써야 한다. 학생의 질문을 들은 다음에는, 교사가 이를 명확히 이해했는지 반드시 확인하여야 한다.
학생이 질문을 할 경우에는,

- 질문하는 학생에게 집중하고
- 질문에 대한 설명은 전체를 바라보고 하며
- 설명이 끝난 직후에는 질문한 학생을 다시 쳐다보지 않는다.

질문한 학생을 바라보며 확인을 구하게 되면 지금까지의 내용이 교사와 질문한 학생 둘만의 대화로 마감되기 때문이다.

5. 질문의 답을 모르는 경우

간혹 학생들의 질문에 답변을 못할 경우가 있다. 교사가 답을 모르면서 둘러대거나 얼버무리는 것에 학생들은 속지 않는다. 교실에서 가장 어리숙한 학생이라도 교사가 답을 모르기 때문에 당황하고 있다는 사실을 알아차린다.
교사라고 해서 모든 것을 다 알 필요는 없지만, 반드시 정직해야 할 필요는 있다. 정직하지 않으면 학생들의 존경을 잃을 것이다. 답을 모를 때에는 솔직하게 말한 다음, 다음 시간까지 답을 주겠다고 약속하자. 그리고 그 약속을 반드시 지키자.

(연세교육개발센터, 2003, 69-75; 동국대학교 교수학습개발센터, 2006: 85-86)

4) 언어적 피드백의 활용

플랜더스(Flanders)를 포함하여 많은 교육학자들은 교사들이 학생들에 대한 언어적 피드백의 양, 다양성, 구체성을 증가시키는 방법을 배워야 한다고 주장한다. 언어적 피드백은 교사의 발문에 대한 학생의 응답에 주어지는 교사의 언어적 반응을 말한다. 학생의 응답에 대한 칭찬이나 보충 설명 등이 이에 해당된다. 플랜더스는 교사의 언어적 피드백에서 학생이 말한 것을 단순히 반복할 뿐 교사에게 무엇을 어떻게 잘했는지 구체성과 다양성이 있는 피드백이 없음을 발견하고 연습이 필요하다고 했다.

언어적 피드백

교사의 발문 ➡ 학생의 응답 ➡ 교사의 반응

먼저 교사의 언어적 피드백의 양(빈도)은 중요하다. 학생들에게 언어적 피드백을 거의 제공하지 않는 교사는 지시적인 수업형태의 경향이 많다. 이에 반해 광범위하게 언어적 피드백을 사용하는 교사의 수업형태는 학생-교사 간의 상호작용을 조장하는 수업 스타일을 만들 수 있다.

다음으로, 교사의 언어적 피드백의 다양성도 중요하다. 이는 교사가 몇 가지 제한된 언어적 피드백에 의존하는지 또는 다양한 언어적 피드백을 제공하는지를 판가름하는 기준이 된다. 학생의 응답에 교사가 단순히 칭찬하거나 반복하는 것은 전자에 해당되며, 학생의 응답에 교사가 '적용하기'(교사가 학생의 아이디어를 이용하여 어떤 추론에 도달하도록 이끄는 것), '수정하기'(학생의 아이디어를 교사가 다른 학생들에게 구체적으로 명료화해 주는 것), '비교하기'(학생의 아이디어를 다른 학생들이 앞서 발표한 아이디어와 비교해 주는 것), '요약하기'(학생들이 말한 것을 교사가 명료하게 요약해 주는 것) 등의 반응을 보이는 것은 후자에 해당된다. 교사는 학생들의 응답에 대해 단순히 "잘했어요.", "맞았어요."라고 대답하는 습관을 버리고 다양한 반응을 보여 주어야 한다.

플랜더스는 수업의 분위기에 초점을 두고 수업형태를 크게 지시적 수업, 비지시적 수업으로 나누었다(표 6-2). 지시적 수업은 지배적, 교사 중심, 배제적, 제한적 의사소통의 특성을 가진다. 반면 비지시적 수업은 민주적, 학생 중심적, 권장적 의사소통의 특성을 가진다. 플랜더스는 이상적인 수업을 위하여 '3분의 2법칙'을 깨뜨려야 한다고 주장했다. '3분의 2법칙'이란 수업 중 교사와 학생의 발언이 수업 전체의 2/3를 차지하고, 그중의 2/3는 교사의 발언, 또 그 발언의 2/3는 지시적 발언이 차지하는 것을 일컫는다. 결국 교사들은 지시적인 발언 중심으로 지시적인 수업 스타일의 수업을 하는 경향이 많다는 것이다. 교사들은 수업 중에 가능하면 학생들보다 더 많은 발언을 피하고, '설명을 잘 들어라, 이것을 해라, 저것을 해라' 등의 지시적인 발언을 최소화하여 비지시적 수업이 되도록 노력할 필요가 있다.

표 6-2. 플랜더스 언어적 상호작용의 10개 범주(요약)

교사의 말	반응	① 느낌을 수용한다.
		② 칭찬하거나 격려한다.
		③ 학생의 아이디어를 받아들이거나 이용한다.
		④ 질문한다.
	주도	⑤ 강의한다.
		⑥ 지시한다.
		⑦ 학생을 비판하거나 권위를 정당화한다.
학생의 말	반응	⑧ 학생의 말 – 반응
	주도	⑨ 학생의 말 – 주도(학생이 말을 시작)
침묵		⑩ 침묵이나 혼돈

글상자 6-4

습관적으로 반복하는 말을 교정하자

수업을 관찰해 보면, 교사마다 습관적으로 특정한 말과 행동을 반복하는 경우를 발견할 수 있다. 교사 자신은 매우 자연스럽게 이야기하지만, 듣는 사람들에게는 귀에 거슬리는 경우가 많다. 학생들은 교사가 습관적으로 반복하는 말과 행동에 관심이 집중되어 정작 중요한 것을 놓치는 경우가 많다.

'자, 여러분!', '자, 그러면', '자, 그런데', '자, 지금부터' 등과 같이 주의집중이 안 될 때나 말을 시작할 때 '자'라는 언어습관이 있는 경우를 볼 수 있다. 그리고 '너네가', '너희들이', '친구들이', '애들아' 등과 같이 수업시간에 수업언어가 아닌 평상시 대화할 때의 언어로 학생들을 호칭하는 습관이 있는 경우도 볼 수 있다. 또한 '알았어요?', '이해가 가지요?', '그런가요, 안 그런가요?' 등과 같이 강의식 수업형태로 설명한 내용을 인정해 달라고 재촉하는 습관이 있다.

이 이외에도 여러 가지가 있다. 예를 들면, 교사들 중에는 습관적으로 문장의 끝을 올리는 경우가 있다. 그럴 경우 학생들은 질문을 한 줄 알고, '대답을 해야 하나?' 하고 생각하는 순간 교사는 다른 이야기를 시작한다. 이러한 습관은 듣는 사람들을 매우 피곤하게 한다. 또한 어떤 교사들은 습관적으로 말끝을 제대로 알아들을 수 없게 떨어뜨리거나 흐리는 경우도 있으며, 입속으로 말을 웅얼웅얼하는 경우도 있다. 반면 중요한 내용이 나오면 갑자기 흥분해서 말이 빨라지고 높아져서 도리어 학습자가 따라오기 힘들게 설명한다든지, 단조롭게 한 가지 높이로 계속하여 지루하게 하는 경우도 있다. 아무리 좋은 내용이라도 똑같은 높이와 속도로 한 시간 내내 수업을 진행하면 수업이 지루해질 수밖에 없다. 이러한 것들은 지양해야 한다. 말을 할 때에도 노래와 마찬가지로 '도, 미, 솔'이 있다. 도의 높이로, 때로는 솔의 높이로 변화를 준다. 강조할 때에는 목소리를 보통 크게 하지만, 가끔은 톤을 낮추는 것이 높이는 것만큼의 효과가 있다. 또한 보통 속도로 말을 하다가 갑자기 속도를 늦추면 사람들이 더욱 주의집중하는 것을 볼 수 있다.

대신 교사의 음성이 성우와 같을 필요는 없지만 분명하게 들리고, 목소리가 충분히 크며, 너무 빠르거나 느리지 않고, 한 가지 톤이 아니라 변화가 있고, 중요한 부분은 적절히 강조해야 한다.

한편, 교사는 침묵(pause)을 적절하게 활용할 필요도 있다. 교단 위에 서면 침묵이 영원처럼 길게 느껴지지만, 침묵의 활용은 매우 좋은 교수기법이다. 교사가 열심히 수업을 하다가, 갑자기 이야기를 멈추고 침묵이 흐르면 학생들이 일순간 긴장하며 집중을 한다. 침묵을 적절히 활용하면 중요한 사항을 더욱 강조할 수 있다.

침묵은 학생들이 방금 배운 새로운 개념을 '되새김질'할 수 있는 여유를 준다. 중요한 개념을 설명한 다음에는 침묵으로 생각할 여유를 주자. 침묵의 길이는 교실을 좌우로 한차례 둘러볼 수 있는 시간 혹은 천천히 열을 셀 수 있는 시간이 적당하다.

(연세교육개발센터, 2003: 52-55)

6. 비언어적 의사소통

교사의 비언어적 의사소통은 몸짓, 손짓, 얼굴 표정을 의미한다. 수업시간에 어떤 몸짓도 없이 수업을 한다면 학생들이 얼마나 지루할까? 동물 흉내를 낼 때도 있고, 학생들의 생각을 유도할 때는 손을 머리에 대고 생각하는 표정을 짓기도 해야 한다. 특히 특정 학생을 지명할 때는 도구를 사용하는 것보다는 손바닥을 위로 향하게 하여 존중하듯이 자연스럽게 지명하는 일은 정겹게 느껴질 것이다. 또한 교사의 미소 띤 밝은 표정은 학생들의 마음을 편하게 해 주는 애정 표현인 것이다.

교사와 학생 모두가 수업 중 눈을 맞추기 위한 방법으로 지그재그(Z)법이 있다. 눈을 지그재그 방법으로 이동하면서 학생들과 눈을 맞추다가, 한눈을 파는 학생이 있을 경우 시선을 멈추고 학생과 눈을 맞추어 미소를 지어 준다. 이후 시선을 이동하며 계속해서 수업을 진행하는 습관이 좋다.

학생들이 모둠학습이나 개별활동을 할 때에 교사는 궤간순시를 한다. 교사들의 자리 이동을 관찰해 보면 대부분 오른쪽(운동장 측)부터 출발하는 습관을 볼 수 있다. 자리 이동은 학생 전체의 학습활동을 확인하고 지도하려는 것이 아니다. 형식적이고 고정된 경로로 이동하여 어떤 학생들에게는 소외감을 느끼게 하지 않는지 돌이켜 보자.

1) 비언어적 의사소통 방법

① 몸자세: 자연스런 자세, 손 처리
② 손지명: 손바닥을 위로 향하게 하여 요청하기
③ 눈맞춤: 지그재그법(Z), Eye contact
④ 표정: 무표정이 아닌 미소 짓는 표정
⑤ 움직임: 궤간순시로 학습 지원 및 조장

2) 비언어적 의사소통의 활용

(1) 교사의 움직임

교사의 움직임이란 수업 중에 교사의 자리 이동을 말한다. 교사는 수업 진행을 위해 TV나 컴퓨터 쪽으로 이동하거나 하여 학생들을 지도하기도 한다. 여기서 유의할 점은 교사가 의도적으로 필요에 의해 이동하지 않고 습관적으로 일정한 경로로 이동하기도 한다는 것이다. 그러므로 교사 개인별로 자리 이동 습관을 파악하여 잘못된 경로 이동 습관을 교정해야 한다.

교사의 움직임은 학생들의 학습활동에 영향을 미칠 수 있다. 학생들이 개별학습을 할 때 오른쪽 창측으로 출발하여 교실 중앙 통로로 이동하는 습관을 가진 교사는 왼쪽 창측과 뒤쪽에 앉아 있는 학생들의 학습활동을 잘 살펴볼 수 없게 된다.

(2) 학생의 움직임

학생의 움직임이란 교사의 움직임과 같이 수업 중 학생의 자리 이동을 말한다. 학생의 움직임은 신체적 움직임 또는 동선 형태라고도 하는데, 학생의 신체적 움직임의 형태는 그들이 학업에 몰두하고 있는지의 여부를 나타낸다. 때때로 학생들은 교사의 지시나 주어진 과제를 완수하기 위해 교실을 이리저리 돌아다녀야 할 때도 있을 것이다. 그러나 학생에 따라서는 주어진 과제가 싫어서 잡담할 상대를 찾아가거나 또는 이리저리 배회하기도 한다. 교사는 후자와 같은 상황에 대해, 학생의 움직임에 통제를 해야 할 것인지, 학습과제에 보상 수단을 써야 할 것인지 등 학습 동기유발을 위한 연구가 필요하다.

글상자 6-5

몸도 말을 한다(Body Language)
학생을 쳐다보고 눈을 마주칠 것(Look & Eye Contact)

교사의 비언어적 표현이 수업에 미치는 영향은 매우 크다. 학생들의 수업 관리나 주의집중뿐만 아니라 수업 실행에 좋은 영향을 줄 수도 있기 때문이다. 양손을 교탁에 올려놓거나 뒷짐을 지는 습관보다는 자연스런 자세가 좋다. 학생들을 지명할 때는 손바닥을 위로 향하게 모아서 오른쪽 학생은 오른손으로, 왼쪽 학생은 왼손으로 지명하면 강압적이지 않고 요청의 의미를 담아 학생들에게 요구를 할 수 있다. 시선은 뒤쪽 학생부터 시작해 지그재그(Z) 식으로 눈맞춤을 하며 수업을 진행하는 것도 하나의 수업 관리 방법이 된다.
표정은 무표정 대신 미소가 학생들에게 친근감을 주므로 거울을 보며 미소 짓는 연습이 필요하다. 교사는 오른쪽으로 출발하여 중앙으로 돌아오는 형식적이고 습관적인 이동 경로에 변화를 주어 모든 학생들이 골고루 보살핌을 받도록 노력하자!
눈을 마주친다는 것은 모든 인간관계에서 매우 중요하다. 자신을 바라보지 않는 사람과는 대화가 되지 않는다. 그런데 수업 중 허공을 쳐다보거나, 교과서만 보고 말하는 교사가 있다. 교실에서는 학생을 바라보아야 한다. 시선을 맞추기가 정 어려우면 차선책으로 학생의 눈과 눈 사이를 보거나, 학생의 어깨를 보자. 두 학생의 사이를 바라보아도 된다.

수업을 할 때 유난히 열심히 듣고, 교사와 눈을 잘 마주치며 고개를 끄덕이는 학생들이 있다. 이들을 중점적으로 쳐다본다. 그렇다고 한 사람을 정해 놓고 뚫어져라 쳐다보면, 해당 학생은 곤혹스러워질 수도 있다. 게다가 옆의 학생들은(본인은 비록 교사를 쳐다보지도 않지만) 소외감을 느끼거나 오해를 할 수도 있다.

시선을 뿌리자. 교실을 크게 넷으로 나누어, 각각의 구획에서 교사에게 가장 호의적인 학생을 정한다. 쭉 훑어보면 그런 학생이 있게 마련이다. 각 구획의 호의적인 학생을 돌아가며 쳐다본다. 시선을 배분하는 효과적인 방법이다. 이와 같이 시선을 배분하면, 학생이 몇 명이든 모든 학생이 교사가 자신을 주시하는 것처럼 느끼게 된다. 시선을 뿌린다고 해서 눈을 돌리지는 말고 고개를 움직이자. 시선을 너무 빨리 옮기면 주의가 산만해진다.

(김연배, 2012; 연세교육개발센터, 2003: 60-61)

움직이며 말할 것(Move)

모든 동물은 본능적으로 물체에 주의집중을 하도록 되어 있다. 수업 중에는 많이 움직여 보자. 수업을 하는 내내 가만히 서서 앞만 바라보고 한다면 수업을 하는 사람이나 듣는 사람이나 지루할 것이다. 교사가 가만히 서서 수업을 하는 것보다 움직이면서 이야기하면 학생들은 더욱 주의집중을 잘한다. 또한 학생들이 조별 토의를 하거나 필기를 하는 동안 교실을 걸어다니면, 학생들은 보다 편하게 질문을 한다. 상호작용을 위하여 좋은 방법이다.

수업을 하면서 교단에서 움직일 때에는 3~4걸음 정도 천천히 양옆으로 움직이면 좋다. 특별히 강조할 내용이 있을 때에는 1~2걸음 정도 앞으로 걸어나가는 것도 효과적이다.

다음과 같은 행동은 삼가자.

- 손을 주머니에 넣고 움직인다(게다가 주머니에 동전이 있는지 짤랑거리며 소리까지 난다면?)
- 교탁에 비스듬히 기대거나 교탁 옆에 붙어 있지 말자(매미같이 보일 수 있다).
- 움직이면서 말한다고 너무 빨리 움직이면 학생들이 산만하게 느낄 수 있다.

◎ 움직이는 것의 효과
- 읽기를 통해서는 10%
- 들은 것을 통해서는 30%
- 보면서 들은 것을 통해서는 50%
- 스스로 말한 것을 통해서는 80%
- 활동하면서 말한 것을 통해서는 90%를 학습한다.

그러므로 학생들을 가만히 앉혀 놓고, 발표의 기회도 주지 않으면서, 교사 혼자서 수업을 하는 것은 비효율적이다. 학생들이 조별 활동을 하기 위하여 교실 내에서 좌석 배치를 바꾸어 보거나, 심지어는 무엇이라도 만진다면 학습이 보다 활발해진다.

몸짓을 활용하자

중요한 내용은 몸짓을 크게 하고, 덜 중요한 사항은 작게 하면서 몸짓을 활용하자. 또한 수업내용과 손짓이 따로 놀지 않도록 유의하자. 중요하지 않은 내용을 말하면서 손짓은 매우 중요한 내용인 듯 크게 하는 것은 혼란을 일으킨다. 몸짓은 손과 발로만 하는 것이 아니다. 학생들을 바라보며 많이 웃자. 또한 학생들의 말을 들어줄 때에도 열심히 고개를 끄덕여 주면서 지지를 표시하자. 교실 내에서의 상호작용은 큰 도움이 된다.

시선은 항상
학생을 향해

웃음은
중요한
제스처

큰 개념은
큰 동작으로

작은 개념은
작은 동작으로

모든 제스처는
단호하고
명료하게

효과적인 강의법을 위한 연구에 따르면, 교사의 말보다는 음성, 음성보다는 보이는 모습에 따라 교사에 대한 학생들의 신뢰도가 커진다.

보이는 모습에도 신경을 쓸 것

◎ 보이는 모습의 효과
- 교사가 무슨 말을 하는지는 교사에 대한 학생들의 신뢰도를 7% 설명하고,
- 교사의 음성이 어떠했는지는 교사에 대한 학생들의 신뢰도를 38% 설명하며,
- 교사가 말할 때에 어떠한 모습이었는지는 무려 학생들의 신뢰도를 55%나 설명한다.

자신감이 없어 보이는 모습의 사람이 하는 말에 신뢰를 보낼 사람은 없다. 자신감과 열의에 찬 교사의 모습을 학생들은 보고 싶어 한다.

(연세교육개발센터, 2003: 62-65)

7. 수업 중 교사의 행동

수업 중 학생 지명과 학급 순회지도에 대한 수업교사와 수업참관자의 인식에는 상당한 차이를 보인다. 수업교사는 모든 학생들에게 질문하고 답변할 기회를 동등하게 부여했으며, 학습활동 중에는 학생들의 언어 사용을 모니터하고 피드백을 주면서 학급을 순회했다고 말한다. 반면 수업참관자는 맨 앞줄 가운데 학생들이 대부분 질문에 답변을 했으며, 교사가 학습활동을 순회할 때는 특정 학생이나 모둠에 훨씬 많은 시간을 소비했다고 말한다.

이러한 차이는 수업교사가 많은 관심을 기울이고 있음에도 불구하고 다른 학생들보다 어떤 특정 학생과 더 빈번하게 상호작용하고 있다는 것을 말해 주는 것이다. 교사는 학생들을 공정하게 다루고 학급 내 모든 학생들에게 수업에 참여할 기회를 동등하게 제공하려고 하지만, 의도와는 다르게 가끔 어떤 특정 학생이나 모둠과 더 빈번하게 상호작용하는 것을 피할 수 없다. 이와 같이 수업 중 교사와 특정 학생의 상호작용으로 형성되는 것을 '교사의 행동경향'이라고 부른다 (김연배, 2012).

수업 중 교사의 행동경향은 교사와 정기적으로 눈을 맞추는 학생들, 교사에게 질문을 받는 학생들, 수업에 활동적인 참여를 하도록 지명된 학생들에 의해 나타난다. 학생들이 교사의 행동경향 안에 있으면 행동경향 밖에 있는 학생들보다 수업에 더 활동적으로 참가하는 경향이 있다. 이런 교사의 행동경향은 중간 앞쪽과 중간 통로 쪽 좌석의 범위에 해당된다. 교사가 교실 앞에서 수업을 한다면 그곳에 앉은 학생들은 교사의 접근성 때문에 수업에 활발하게 참여할 기회를 더 갖는다.

그러나 교사들은 흔히 다음과 같은 자신만의 행동경향을 가지고 있다. 첫째, 교실의 왼쪽보다는 오른쪽을 더 자주 본다. 둘째, 남학생보다는 여학생을 더 자주 호명한다. 셋째, 어떤 민족의 배경을 가진 학생을 더 자주 호명한다. 넷째, 외우기 쉬운 이름을 더 부른다. 다섯째, 더 똑똑한 학생을 부른다(김연배, 2012).

이러한 교사의 독특한 행동경향성 때문에 특정 학생들이 수업에서 혜택을 받는다고 볼 수 있으며, 교사의 행동경향 안에 있지 않은 학생은 불이익을 받을 수 있다. 따라서 교사는 자신의 행동으로 인해 나타날 수 있는 소외된 학생을 생각하며, 모든 학생들이 공정하게 상호작용하고 참여할 기회를 가질 수 있도록 수업을 계획하고 전개해야 할 것이다.

표 6-3. 수업 중 교사의 행동방법

교사의 정위치	순회 시 할 일	순회방법
• 수업시작은 교실의 앞 정면에서 하기 • 순회 중에 전체 학생들에게 말해야 할 경우에는 반드시 교실 정면으로 돌아와서 말하기	• 활동내용(해결 과정과 방법, 해결 내용과 수준) 파악하기 • 학습활동 결과를 발표할 학생 지명 계획하기 　－지명할 학생 정하기 　－지명할 때는 틀리거나 불완전한 내용을 학습한 학생부터 지명하되, 해결 내용 수준을 고려하여 순차적으로 지명하기 • 학생들에게 필요한 정보와 자료 제공하기 　－필요한 자료를 안내하고, 해결의 단서 주기 • 부진 학생 도와주기 　－교사 시범 등의 방법으로 보충학습하기	• 천천히 전체 학생을 순회하기 • 소집단 활동 시에는 직접 참여하기 　－학생과 같은 눈높이가 되도록 교사도 쪼그리고 앉아 안내 조언하기 　－답을 가르쳐 주기보다는 해결과정을 알아내도록 안내하기

(김연배, 2012)

교사의 행동

- 수업이 진행되고 학생들이 활동에 참여하면, 교실 주위를 돌아다니면서 개별/모둠별로 학생들의 학습활동을 지원한다. 수업의 속도는 빠르고 유목적적이어야 하지만, 덜 유능한 학생들의 학습을 희생시켜서는 안 된다.

- 수업 동안에 교실을 관찰하여 잠재적 문제점을 발견하라. 문제들이 일어난다면 확신에 차게 행동하라. 즉 교사는 많은 상황에 대해 생각할 수 있는 충분한 시간을 가지고 있지 않다. 그리고 어디에서 문제가 일어날 것인지를 예측하라. 그리고 그것들을 다룰 방법을 생각하라.

- 교사가 학습활동을 변화시키려고 할 때, 학생들이 새로운 활동을 어떻게 수행해야 하고, 그것이 얼마나 걸릴 것인지에 관해 명확하게 하도록 하라. 학생들에게 활동하는 것을 멈추게 하고, 펜을 놓고 귀 기울여 들으면서 교사를 주목하도록 하라. 교사는 학생들이 해야 하는 것을 설명하기 전에 침묵을 유지하라. 너무 서둘러 이동하지 마라. 학생들은 다음 x분 동안 무엇을 해야 하고, 그것을 어떻게 해야 하는지를 이해해야 한다. 학생들 모두 무엇을 해야 하는가를 이해했는지 체크하기 위해 학급의 모든 학생들과 함께 사례를 해 보는 것이 종종 최선의 방법이다. 교사는 동일한 문제를 다루는 데 학생들이 시간을 허비하기를 원하지 않는다.

- 교실의 '규칙'을 강화하라. 학생들이 교구를 빌려 가고 돌려주는 절차에 관해, 이야기를 할 수 있는지에 관해, 토론활동 동안에 받아들일 소음의 수준에 관해, 교실에서의 이동에 관해, 등등에 관해 명료하고 일관되게 하라. 만약 교사가 일관되고 타당하다면, 학생들 또한 이러한 규칙을 배우고 몸에 익힐 것이다. 물론 일부 모둠은 다른 모둠보다 더 많이 상기시켜 주어야 할 수도 있다. 소리치지 마라. 교사가 이야기할 때는 학생들에게 항상 조용히 하도록 하라. 교사는 적절한 목소리를 사용하여 학생들이 흥미를 가지고 자극을 받도록 만들어라. 다양한 목소리의 톤을 사용하라.

- 학생들이 활동을 하고 있는 동안 교실을 순회하라. 만약 교사가 어떤 문제가 일어나고 있는 것을 본다면, 학생들에게 도움을 제공하라. 학습이 진행되고 있는 것을 관찰하라. 문제가 있는 지점을 향해 이동하라. 학생들이 '옳은 것'뿐만 아니라 '잘못된 것'을 하도록 하라. 그것에 대해 칭찬하라. 교사의 수업 관리에 학생들이 가능한 한 긍정적인 자세가 되도록 하라.

- 교사가 학생들에게 활동을 위해 제공한 시간이 다 되었다고 생각할 때, 교실을 관찰하라. 학생들이 좀 더 시간이 필요한지 고려하라. 유연하라. 그러나 교사의 시간 배분이 미래의 수업에서 유사한 활동을 위해 변경될 수 있는지를 고찰하라. 활동은 '질질 끌지' 마라. 수업의 속도를 빠르게 유지하라.

(Butt, 2002)

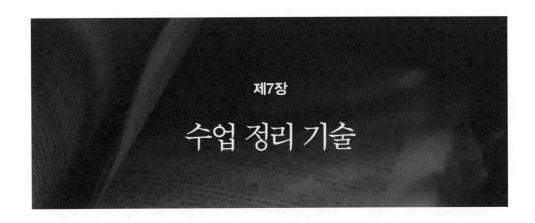

제7장

수업 정리 기술

수업이 마무리되는 정리 단계에서는 학습내용을 정리하고 확인학습을 통해 학습한 내용을 학생의 지적 체계의 일부로 통합하고 내면화하여 새로운 사태에 적용할 수 있도록 지도해야 한다. 수업 마무리 부분에서 실행할 수 있는 활동은 본시 학습내용을 정리하고, 성취행동을 평가하며, 파지와 전이를 촉진하고, 다음 차시를 예고하며 과제를 제시하는 것이다. 이러한 전략들은 수업을 마무리하고 최종적으로 정리하면서 학습자의 이해 정도를 확인하고, 학습된 정보를 새로운 상황에서 적용할 수 있는 능력을 가질 수 있도록 하는 활동이다.

1. 학습내용의 정리

한 시간의 수업이 끝나는 정리 단계에서는 본시의 학습내용을 종합하고, 전부를 반복하는 것보다 학습목표와 관련지어 본시에 반드시 알아야 할 핵심(필수) 학습요소를 추출하여 지도한다.

본시 핵심 학습요소를 반복 지도하는 방법으로는, 판서된 내용 중 중요한 부분을 색분필 등으로 표시하면서 설명하는 방법과 주요 내용을 지우개로 지우면서 설명한 다음 개별 또는 전체 학습자에게 지워진 부분의 중요 내용을 질문을 통해 답하도록 하는 방법(이 경우 학습자에게 지운 내용을 물어본다는 예고를 하고 그들에게 학습기회를 준 다음, 의도적 지명이나 무작위 지명을 하여 답하게 함으로써 학습자의 학습력을 높일 수 있다), 그리고 판서 외에 읽기 자료, TP 자료나 멀티미디어와 같은 각종 매체를 이용하여 본시의 학습내용을 종합적으로 정리해 주는 방법을 생각해 볼 수 있다. 또한 교사가 제작한 학습지를 통해 정리할 수도 있다. 어떤 경우이든 간에 교사가 일방적으로 설명 요약하는 방식보다 활동과 발문을 통해 학생들에게 확인시키면서 정리하는 방법이 효과적이라고 할 수 있다.

교사는 학생들로부터 자료를 다시 수집하는 데 요구되는 시간을 염두에 두어야 한다. 만약 많은 자료들이 사용되었고, 학생들이 모둠활동을 하고 있으며, 다음 수업 전에 책상 및 교구가 재배열될 필요가 있고, 학생들이 역할극을 해 왔다면 특히 그렇다. 수업의 마지막은 능란해야 하며, 질서정연하게 해야 한다. 수업은 완전하고 실제적인 마무리가 이루어져야 한다. 수업의 정리 단계는 시작과 마찬가지로 한정되어 있다는 것을 염두에 둘 필요가 있다. 수업의 마무리는 교사와 함께 한 학생 경험을 요약할 것이다. 교사는 학생들이 활동하고 성취한 것에 대해 긍정적인 인상을 가질 수 있도록 해야 한다(Butt, 2002).

2. 학습결과/성취행동의 평가

형성평가는 수업 전개 단계에서 수시로 실시하는 것이지만, 현장에서는 일반적으로 정리 단계에서 실시하는 경우가 많다. 사실 정리 단계에서는 학습결과, 성취행동을 수업목표에 비추어 평가해야 한다. 이 단계는 수업의 정리 부분이나 수업 후, 가르치고자 설계되었던 목표행동들을 모든 학습자가 성취했는지의 여부를 확인하는 것이다(윤관식, 2013).

수업을 마치기 전 학습자에게 질문 혹은 간단한 퀴즈를 수행함으로써 학습의 정도를 쉽게 확인할 수 있다. 성취행동을 평가하는 활동에는 사전에 작성된 목표를 성취했는지를 판단할 수 있는 질문이나 평가문항 등이 있다. 평가문항은 본시의 학습목표를 준거로 교사가 작성하며, 본시의 수업목표를 학습자가 어느 정도 달성했는가를 알아보는 데 그 목적이 있다. 따라서 평가문항은 본시의 학습목표 달성도를 알아보기 위한 문항으로 작성해야 하며, 그 문항수는 수업목표에 1개 문항으로 하되 목표의 포괄성 정도에 따라서는 2문항까지 출제할 수도 있다.

평가문항은 학습상황에 따라 적절한 방법으로 제시한다. 평가문항은 평면 차트나 TP 자료, TV 모니터를 활용해서 제시하는 경우나 작은 유인물을 사용하는 경우를 많이 경험한다. 시간적 여유가 있을 때는 판서를 하는 경우도 가능하다. 어떤 방법으로 평가문항을 제시하더라도 학습자 전체가 그 문제를 뚜렷이 볼 수 있는 크기의 글씨와 잘 보이는 장소에 제시하여야 함을 잊어서는 안 된다.

평가문항은 문항별로 즉시 성취도를 확인할 필요가 있다. 이때 "1번 정답은 무엇이지요?"라고 전체 학습자를 대상으로 묻는다든가, 한 학생을 지명하여 정답을 물은 다음 그 문항에 대한 성취도를 확인하는 방법으로는 정확한 목표 달성도를 알아볼 수 없을 것이다. 그러므로 교사는 평가문항을 각자 학습장 노트(또는 답안지)에 풀도록 하여 풀이가 끝난 즉시 채점준비를 시키고, 각자 또는 옆 학생과 답안지를 교환하여 한 문항씩 문항별로 정답을 불러 주어 채점을 하게 한 다음 바로 성취도를 알아보아야 한다.

문항이 선다형인 경우에는 판서나 TP 자료, TV 모니터 등을 이용하여 그 문항을 제시하지 않고 학생들에게 구두로 제시하는 방법을 적용할 수 있다. 먼저 눈을 감게 한 다음 각 문제를 구두로 제시하고 그 정답을 ①, ②, ③, ④, ⑤로 하나씩 불러 주면서 그 정답에 각자 손을 들어 손가락으로 표시하게 한다면 비교적 정확히 학습목표 달성도를 빠른 시간 내에 확인할 수 있다.

이와 같이 각 평가문항의 목표 달성도를 전부 확인한 다음, 가장 결손이 큰 문항에 대해 보충지도를 함으로써 본시의 학습결손을 보완하고 차시 학습을 성공적으로 할 수 있는 출발점 행동을 갖출 수 있게 한다.

효과적인 결손문항 지도 방법으로는, 첫째, 결손이 큰 문항에 대해 한 학생을 지명하여 발표하게 하고 다른 학생들로 하여금 발표한 학생의 해답과 그들의 해답을 비교하게 하여 차이가 발견될 때 먼저 발표한 학생의 답과 자신의 답이 다른 까닭을 말하게 한다. 둘째, 교사가 종합하여 틀린 반응들을 지적하고 그 이유를 설명해 준다. 이를 위해서는 먼저 개인별 확인이 선행되어야 한다. 그 후 결손된 학습내용에 대한 보충지도가 뒤따라야 한다. 평가문항의 결과에 따라 결손이 많은 문항에 대해서는 시간이 허락하는 대로 재지도가 있어야 하며, 지도 후에 재학습지도에 대한 결과 확인도 필요하다.

평가문항 결과는 학습자 변인보다는 교사의 교수방법과 밀접한 관련이 있음을 알아야 한다. 그러므로 본시 학습목표 달성도가 낮은 경우에는 학습자 변인에 잘못이 있다고 생각하는 것보다는 교사 자신의 수업지도에 문제가 있음을 감지하고 수업방법 개선에 힘써야 하며, 결손문항에 대한 보충지도 기회를 제공함으로써 본시 학습과제에 대한 누적적 결손을 최소화해야 한다.

3. 파지와 전이의 촉진

모든 학습자가 수업목표를 모두 성취하는 것이 바람직하지만 그 가능성은 극히 희박하다. 따라서 모든 학습자가 완전학습하기를 바란다면 성공적이지 못한 학습자에게는 보충학습을, 성공적인 학습자에게는 다른 상황에서도 자신의 지식을 적용할 수 있는 심화학습을 제공할 수 있도록 준비해야 한다. 파지학습은 수업에서 제공한 다양한 정보와 지식들을 기억할 수 있도록 충분한 연습활동을 제공해야 한다. 그리고 전이학습은 학습자가 배운 지식을 새로운 상황으로 확장시키거나 흥미로운 상황에 적용하도록 격려하는 활동으로 이루어져야 한다. 이러한 전이활동은 성공적인 학습자에게 또 다른 학습을 수행할 수 있도록 주어지는 기회라고 격려해야 한다 (윤관식, 2013).

4. 차시 예고와 과제 제시

본시 학습내용의 정리와 확인학습을 실시하고 그에 대한 적절한 보충지도가 끝난 다음에는 차시 학습내용을 예고하고 다음 시간의 학습과제를 제시해 줌으로써, 학교와 가정에서 학습이 연계되어 이루어지도록 해야 한다.

1) 학습과제 제시

학습과제를 제시할 때는 다음 시간의 수업목표를 구체적으로 제시해 줌으로써 학습자의 학습능률을 올릴 수 있으며, 발달적 학습과제를 제시할 때는 문제풀이에 필요한 기본적 풀이방법을 미리 지도해 준다. 학습과제 제시는 다음의 차시 학습목표 제시의 연습과제 형태로도 할 수 있다.

2) 차시 학습목표 제시

수업 정리 단계에서 다음 시간의 학습목표를 구체적으로 제시해 주고, 본시 학습내용과 차시 학습내용을 관련지어 설명하며 차시 학습에 대한 동기를 유발시킬 필요가 있다. 학습자가 차시의 학습목표가 무엇인지를 알고 과제학습의 기회를 갖는다면 학습효과를 높이는 데 도움이 될 것이다.

글산자 7-1

수업은 5분 일찍 끝내자

수업시간을 계획할 때에는 실제 정해진 수업시간보다 조금 짧게 준비해 보자. 예를 들어 50분 수업이라면, 45분 수업하고 남은 5분은 수업을 마무리하는 시간으로 가져 보는 것이다.

실제 수업의 진행은 계획했던 것보다 조금 더 시간이 소요되기 마련이고, 또 학생들이 질문 몇 가지라도 하게 되면 결국 시간은 초과되기 때문이다.

시간에 쫓겨서 허겁지겁 수업을 끝내기보다는 5분 미리 끝내고, 남은 시간에 그날 수업을 정리한 후 다음 수업에 대한 예고를 해 보자. 5분 정리는 학생들의 머릿속에 그 수업 전체에 대한 체계를 세워 준다.

수업의 시작을 준비했듯이 수업의 끝맺음도 준비되어야 한다. 수업이 끝나기 10분 전부터 끝맺음을 시작하자.

- 이번 시간에 수업한 내용을 정리해 주고,
- 학생들이 배운 내용에 대해 질문할 시간을 주고,
- 다음 시간에 다룰 내용에 대한 예고와 읽어 올 부분에 대한 안내를 하자.

끝 종이 울리면 즉시 학생들을 보내 주자. 3분만 더 수업을 하겠다고 사정해서 그들을 억지로 붙들어 놓을 수는 있겠지만, 그 3분의 수업은 아무런 효과가 없다. 아무리 훌륭한 교수법으로 좋은 내용을 가르쳐도 학생들은 더 이상 배우지 않는다. 그들의 마음은 이미 교실을 떠났기 때문이다. 이렇게 보면, 끝 종이 울리고 나서도 수업을 하는 것은 학생들을 위하기보다는 교수자의 자기만족일 수 있다. 끝 종과 더불어 학습은 더 이상 일어나지 않으니까.

(동국대학교 교수학습개발센터, 2006: 155-156; 연세교육개발센터, 2003: 80-81)

사고기능 학습에서 성공적인 결과보고를 위한 팁

- 학생들이 상세하게 이야기하는 것을 허용하라. "그리고…" 또는 "계속해…" 등을 말하거나, 손동작으로 학생들이 이야기를 계속하도록 유도함으로써 그들을 지속적으로 격려하라.
- 학생들에게 그들의 답변에 관해 생각할 시간을 제공하라. 학생들이 침묵을 지키거나 잡담을 하는 것을 두려워하지 마라. 당신은 어떤 모둠에게 피드백할 것을 요구하기 전에, "나는 이것에 관해 토론할 1분의 시간을 줄 것이다."라고 명확하게 나타낼 필요가 있다.
- 모둠을 활용하라. 모둠활동을 통해 학생들은 토론과 사고에서 서로를 지원하고 격려할 것이기 때문이다.
- 학생들이 수업의 요점을 아는지 확인하라. 이를 위해 수업을 자유롭게 요약하거나 종합하라.
- 학생들이 서로의 답변을 평가하도록 시켜라. 그것이 어떻게 보다 개선될 수 있을까?
- 결과보고를 위한 지나친 계획을 하지 마라. 지나친 계획은 당신과 학생 모두를 과도하게 제한할 수 있다. 수업에서 전이 가능한 맥락들에 관해 생각하라. 그러나 당신이 학생들에게 요점을 제공하는 것이 아니라, 학생들에게 전이 가능한 맥락을 물어보아라.
- 당신이 원하는 답을 얻었을 때 학생을 중단시키지 마라. 정답이 어떠해야 하는지에 관해 너무 많이 예측하여 생각하지 말고, 학생들의 다양한 답변을 들어라.
- 모둠들이 활동을 하는 동안, 심지어 어떤 것들을 적는 동안에 학생들이 무엇을 하고 있는지 주의하라. 이러한 관찰은 당신에게 결과보고 단계에 대한 어떤 훌륭한 출발점을 제공할 것이기 때문이다. 이것은 당신에게 "이 모둠은 꽤 흥미 있는 어떤 것을 했네.", "너희 모둠은 우리에게 그것에 관해 말해 주지 않을래?"라고 말하도록 허용할 것이다.
- 단지 한 단어로 된 답변에 안주하지 마라. 학생들에게 그들의 추론을 설명하도록 요구하고, 그 답변(정답)을 제시하지 마라.
- 당신의 수업이 자극적인지, 그리고 과제들이 도전적인지 확인하라. 그렇지 않다면 학생들이 결과보고를 통해 답변할 것이 거의 없을 것이다.
- 만약 처음에 잘 작동하지 않는다고 그것을 포기하지 마라. 당신과 당신의 학급 학생들 모두 그것에 익숙해지도록 시간을 가지는 것이 중요하다. 당신의 수업이 위험과 모호성을 가지는 것을 두려워하지 마라.
- 무엇보다도 결과보고 시간을 위해 계획하라.

(Nichols and Kinninment, 2001)

| 제3부 |

지리수업의 모형 및 전략

제8장.. **협동학습**

제9장.. **게임과 시뮬레이션 그리고 역할극**

제10장.. **마인드 매핑**

제11장.. **개념도 그리기**

제12장.. **이미지 활용 수업**

제13장.. **지리 프레임**

제8장

협동학습

1. 협동학습의 개념

현재 학교교육은 지나치게 경쟁 지향적이어서 개인적·사회적 문제가 지속적으로 발생하고 있다. 학생들의 경쟁적 성향은 취학 전부터 형성되지만 학교교육을 받는 동안 더 강화되는 경향이 있다. 이는 학교교육이 학생들로 하여금 함께 공부하면서 서로의 성취를 격려해 줄 수 있는 풍토 조성에 얼마나 소홀히 하고 있는가를 보여 주는 것이라고 할 수 있다.

'협동(cooperation)'이란 공동의 목표를 달성하기 위해 함께 일하는 것이다. 협동이라는 말에는 협동적 행동, 협동적 인센티브 구조, 협동적 과제 구조, 협동적 동기라는 4가지의 의미가 담겨 있다(Slavin, 1989). 협동적 행동이란 함께 일을 하거나 도와주는 것을 의미하고, 협동적 인센티브 구조란 집단이나 개인이 모든 집단 구성원의 수행을 바탕으로 보상을 받는 것을 말한다. 또한 협동적 과제 구조는 두 명 혹은 그 이상의 구성원들이 과제를 함께 수행해야 하는 상황을 말하며, 협동적 동기란 경쟁적으로 혹은 개인적으로 일을 수행하려고 하기보다는 협동적으로 과제를 수행하려는 성향과 관계가 있다는 것을 말한다. 그러나 실제 세계에서 순수하게 협동적 행동, 협동적 인센티브 구조, 협동적 과제 구조, 협동적 동기가 존재하는 경우는 거의 없다.

'협동학습(cooperative learning)'이란 소집단이 공동 목표를 성취하기 위해 동료들과 함께 소규모 모둠으로 활동하여 서로 학습하도록 도와줄 수 있는 구조화되고 체계적인 수업조직의 한 형태이다(Slavin, 1990). 협동학습은 경쟁적이고 개별적인 학습과는 다르다. 경쟁학습에서는 학생들이 누가 최고인지를 알기 위해 서로 대결하며 활동한다. 그리고 개별학습에서 학생들은 다른 학생들에게 주의를 기울이지 않고 혼자서 활동을 한다. 그러나 협동학습은 집단 구성원들의 학습을 최적화시키기 위해 소모둠을 활용하는 구조화된 수업형태이다.

협동학습에는 다양한 모형이 있지만, 대부분 학습목표에 대해 교사가 개략적으로 소개한 후 학생들은 과제 특성에 따라 4~6명으로 소집단을 구성해서 학습하게 된다. 또한 일반적으로 집단 구성원들의 능력은 혼합되어 있다. 예를 들어, 4명의 학생이 한 집단을 구성할 경우 2명은 학습능력이 보통인 학생, 1명은 학습에 장애가 있거나 통합교육을 받는 지적 장애 학생, 그리고 나머지 1명은 학습능력이 우수한 학생으로 구성된다. 그런 다음 학생들은 집단 내의 모든 구성원들이 학습과제를 숙달하거나 완성했다고 확신할 때까지 서로의 생각을 공유하고 서로의 노력에 대해 격려하며 공동으로 학습한다. 이 과정에서 교사는 학습자들이 서로 협동하고 사회적 기능(social skills)을 활용하여 과제를 숙달할 수 있도록 개입을 최소화한다.

이처럼 협동학습 구조에서 학습자들은 단지 교사의 지식을 수용하는 수동적인 입장에서 벗어나, 다른 구성원들과의 상호작용 과정에서 구성원 간의 차이를 해결하여 지식을 형성해 나갈 뿐 아니라 배움의 과정을 즐기는 능동적인 학습자의 역할을 하게 된다.

이와 같이 소집단을 활용하는 수업은 협동학습 구조에서만 이루어지는 것은 아니다. 존슨과 존슨 그리고 홀루벡(Johnson, Johnson & Holubec, 1998)은 일반적으로 교실에서 관찰할 수 있는 학습집단을 다음과 같이 구분하고 있다.

첫째, 허위 학습집단이 있다. 여기에서 학생들은 함께 학습하도록 배치되기는 하지만 함께 학습하는 것에 관심이 없을 뿐만 아니라, 자신들이 집단 내에서 일등부터 꼴찌까지 서열화되도록 평가될 것이라고 믿는다. 학생들은 정보를 서로 공유하려고 하지 않고 심지어 서로를 불신하기도 한다. 그 결과 학생들은 자신들의 잠재력을 충분히 발휘하지 못하게 된다.

둘째, 전통적 교실에서 볼 수 있는 학습집단이 있다. 학생들은 동료들과 함께 학습하도록 배치되고 서로 협력할 것을 요구받지만, 집단의 한 구성원으로서가 아니라 개인으로서 평가되고 보상받도록 구조화된다. 학생들은 서로 정보를 조사하기는 하지만 자신이 알고 있는 것을 동료들에게 가르쳐 주어야 할 동기를 부여받지 못한다. 어떤 학생들은 집단 동료들의 노력에 편승하여 무임승차하려고 한다. 이에 따라 집단 구성원들의 성취 수준은 높지만, 열심히 공부하고 성실한 학생들은 오히려 혼자서 학습할 때 더 높은 성취를 하게 될 것이다.

셋째, 협동학습 집단이 있다. 학생들은 공동 목표를 달성하기 위해 함께 학습하며, 집단 구성원 모두에게 유익한 결과를 산출하고자 노력한다. 학생들은 학습과제에 대해 토론하고 서로가 이해하도록 도움을 주며 열심히 학습하도록 격려한다. 그 결과 집단의 성취는 집단 구성원들의 합보다 더 높으며, 모든 학생들은 개인적으로 학습할 때보다 더 높은 성취를 하게 된다.

위에서 살펴본 바와 같이 협동학습은 소집단을 활용한다는 점에서 전통적인 학습집단과 유사하지만, 집단이 추구하는 목표와 보상구조가 전통적인 소집단 학습과는 다르다.

한편, 협동학습이라는 용어는 '협력학습(collaborative learning)'이라는 용어와 상호교환적으로 사용하기도 하는데, 몇 가지 점에서 차이가 있다(Pantiz, 1996; McWhaw et al., 2003; Kyriacou, 2007). 가장 특징적인 차이는 협동학습은 협력학습에 비해 학생들이 특정한 목표를 달성할 수 있도록 더 구조화되어 있다는 점이다. 즉 협동학습은 학생들이 특정한 목표를 달성할 수 있도록 교사가 전체적인 구조를 설계하지만, 협력학습 구조에서는 학생들에게 학습에 대한 재량권을 더 많이 부여한다. 이러한 차이로 일부 연구자들은 사회적 기능이 미숙한 초등학생들에게는 협동학습이 더 적절하고, 사회적 기능을 이미 습득했고 학습을 함께하려는 데 동기화되어 있는 대학생이나 성인에게는 협력학습이 더 적절하다고 주장하기도 한다.

지금까지 협동학습의 의미를 전통적인 소집단 학습과 협력학습과의 차이를 통해 살펴보았다. 요약하자면 협동학습이란 학생들이 자신의 학습뿐만 아니라 동료들의 학습을 최대화하기 위해 함께 학습하는 구조화된 소집단 형태의 수업이다. 따라서 협동학습 구조에서 교사는 어떠한 협동학습 모형을 적용할 것인가를 미리 계획하고, 그에 따라 적절한 집단(보통 이질 집단)을 구성하며, 학생들에게 모형의 특성과 각 단계에서 해야 할 일을 미리 알려 주어야 한다. 그뿐만 아니라 협동학습에 필요한 사회적 기능을 숙달할 수 있는 기회를 다양한 구조를 활용하여 제공해 주어야 한다. 또한 협동학습은 독특한 목표와 보상구조를 활용한다. 이러한 구조로 인해 학생들은 개인적 목표와 공동의 목표를 달성하기 위해 상호협력하게 된다.

협동학습은 경쟁에 초점은 둔 전통적인 수업과 비교하여 학생들의 성취도, 자존감, 수업 분위기 등에서 긍정적으로 기여한다(Sharan, 1980; Johnson et al., 1981; Slavin, 1989). 존슨과 존슨(Johnson and Johnson, 1989)의 연구에 따르면, 협동적 구조가 경쟁적·개인주의적 구조에 비해 학생들의 고차적 사고와 성취도를 높일 뿐만 아니라 학생 상호 간의 관계를 긍정적으로 변화시키며 심리적 건강, 사회적 유능감, 자존감 등을 향상시킨다.

협동학습은 학생 중심 학습, 능동적 참여, 보다 큰 관심, 자신의 학습과 다른 학생들의 학습에 대한 책임성을 성취하도록 도와준다(Lambert and Balderstone, 2000). 또한 함께 활동하는 것은 학생들에게 학문적 기능(academic skill)뿐만 아니라 사회적 기능을 발달시키도록 도와준다(Hopkins and Harris, 2000).

2. 협동학습의 원리

협동학습의 기본 원리에 대한 견해는 학자마다 다양하다. 여기서는 알츠와 뉴먼(Artzt and Newman, 1999), 슬래빈(Slavin, 1990), 존슨과 존슨(Johnson and Johnson, 1989; Johnson and Johnson, 1999; Johnson and Holubec, 1998)의 견해를 중심으로 살펴본다.

먼저 알츠와 뉴먼(1999)은 협동학습의 기본 요인을 다음과 같이 4가지로 제시하였다. 첫째, 학생들은 성, 민족성, 성취 수준과 같은 요소를 고려하여 2~6명의 이질적 구성원으로 구성된 소집단에서 학습한다. 때때로 교사는 무작위로 소집단을 구성할 수도 있다. 이것은 모둠 구성을 단순하도록 돕고, 학생들이 어느 모둠에 할당되는지에 관계없이 모둠에서 함께 활동하도록 기대된다. 둘째, 집단 구성원들이 상호 긍정적으로 의존해야만 해결할 수 있는 과제가 제시되어야 한다. 셋째, 집단의 모든 구성원들이 학습과제에 관해 서로 상호작용할 수 있는 기회가 동등하게 제공되어야 할 뿐만 아니라, 자신의 아이디어를 다양한 방법으로 전달할 수 있는 학습환경이 필요하다. 넷째, 집단 구성원들은 모둠활동에 기여할 책임과 집단의 학습향상에 대한 공동의 책임이 있다.

다음으로 슬래빈(1990)은 협동학습의 기본 원리로서 집단보상, 개별 책무성, 성공 기회의 균등을 제시하고 있다. 집단보상이란 집단이 목표를 달성할 때 주어지기 때문에 집단의 각 구성원들은 자신이 속한 집단의 성공을 위해 서로 최선의 노력을 할 수 있다는 것이다. 그리고 개별 책무성이란 자신이 속한 집단의 성공적인 수행을 위해 구성원 각자가 학습에 대한 책임을 짐으로써 집단에 기여하는 것을 말한다. 또한 성공 기회의 균등이란 학생들이 특정 집단에 속해 있어서 보상을 받는다고 인식하는 것이 아니라, 자신의 과거 수행에 비해 향상됨으로써 자신이 속한 집단에 기여할 수 있다는 것을 뜻한다.

지리 교재 연구 및 교수법

마지막으로 존슨과 존슨(1989, 1999)은 협동학습의 5가지 기본 원리를 긍정적 상호의존성(positive interdependence), 대면적 상호작용(face-to-face interaction), 개별 책무성(individual accountability), 사회적 기능(social skills), 집단과정(group processing)으로 제시한다. 이에 대해 좀 더 구체적으로 살펴보면 다음과 같다.

첫째, 긍정적 상호의존성이란 학생들 개개인이 집단의 성공을 위해 자신뿐만 아니라 동료들도 성취해야 하기 때문에 서로 도움을 주는 관계를 의미한다. 달리 말하면, 모든 사람이 성공적이지 않는 한 어떤 사람도 성공적이지 않다는 것을 뜻한다. 일반적으로 긍정적 상호작용은 교실에서 자연스럽게 일어나지 않기 때문에 집단목표가 명시되어야 하고, 그 목표를 달성하기 위해 자료를 공유하고 서로 상호의존적인 역할을 담당함으로써 일어날 수 있다. 이러한 긍정적 상호의존성은 목표 상호의존성, 과제 상호의존성, 자료 상호의존성, 역할 상호의존성, 보상 상호의존성 등의 형태를 취할 수 있다.

- 목표 상호의존성: "모둠들은 조사학습을 한 후에 함께 모둠 보고서를 제시해야 한다."
- 과제 상호의존성: "모둠원 각자는 상이한 토픽으로부터 정보를 수집할 책임이 있다."
- 자료 상호의존성: "모둠에서 모둠원 모두는 자료(예: 컴퓨터)를 공유해야 한다."
- 역할 상호의존성: "모둠원 각자는 상이한 역할을 가진다."
- 보상 상호의존성: "모둠원 모두 함께 잘 활동한다면, 모둠은 여유 시간을 가질 수 있다."

둘째, 대면적 상호작용이란 집단 구성원 각자가 집단의 목표를 성취하기 위해 다른 구성원들의 노력을 직접 격려하고 촉진시켜 주는 것을 의미한다. 학생들은 설명이나 토론과 같은 상호작용을 통해 서로의 학습을 도와주고, 교사는 충분한 시간을 주면서 상호작용이 잘 일어나도록 서로 마주 볼 수 있게 자리 배치를 함으로써 이러한 과정을 촉진시킬 수 있을 것이다.

셋째, 개별 책무성이란 과제를 숙달해야 하는 책임이 학생들 각자에게 있다는 것을 의미한다. 즉 집단 구성원으로서 학생들 각자의 수행에 대한 평가 결과가 그 학생이 속해 있는 집단과 자신에게 적용될 때 개별 책무성이 존재하게 된다. 교사의 역할은 학생들 각자가 정확하게 얼마나 많이 기여하는가를 모니터하거나, 학습내용과 기능에 대한 학생의 숙달 정도를 모니터하는 것이다. 이러한 개별 책무성을 통해 집단활동에 능동적으로 참여하지 않고 다른 학생들이 이루어

놓은 좋은 성취를 공유하게 되는 '무임승객 효과(free-rider effect)'와, 일부 우수한 학생 중에서 자신의 노력이 다른 학습자에게로 돌아간다고 인식하면서 학습에 능동적으로 참여하지 않는 이른바 '봉 효과(sucker effect)'를 방지할 수 있다.

넷째, 사회적 기능은 집단 내에서의 갈등 관리, 의사결정, 효과적 리더십, 능동적 청취 등을 의미하며, 협동적 노력이 성공하려면 이와 같은 사회적 기능이 요구된다. 학생들이 모둠에서 함께 활동한다고 해서 사회적 기능을 성취한다고 가정할 수는 없다. 따라서 집단 내의 갈등 관리, 리더십, 의사결정, 의사소통과 같은 사회적 기능은 학생들에게 직접적으로 가르칠 필요가 있으며, 학생들은 사회적 기능을 사용하도록 격려받아야 한다. 예를 들어 함께 모둠의 이름 짓기, 모토 선정하기, 마스코트 그리기 등의 활동은 사회적 기능을 발달시킬 수 있는 방법이다.

마지막으로, 집단과정이란 특정한 집단이 의도한 목표를 성취하기 위해서는 집단 구성원 각자가 목표를 얼마나 잘 성취하고 공동의 목표를 달성하기 위해 얼마나 노력하고 협력했는지에 대한 토론과 평가가 필요하다는 것을 의미한다. "우리는 함께 간다. 함께 죽고 함께 산다."라는 구호는 이를 잘 대변한다. 또한 집단에서는 집단 구성원의 어떤 행위가 유익하고 무익한지를 평가할 필요가 있으며, 어떤 행동이 계속되고 변화되어야 하는지에 대해 결정할 필요가 있다.

3. 협동학습의 과정

협동학습은 복잡한 과정이다. 협동학습의 과정을 하나의 모델로 제시하는 것은 거의 불가능하다. 왜냐하면 모든 수업 상황과 매일의 학교 상황이 다르기 때문이다. 프리먼과 헤어(Freeman and Hare, 2006: 308-329)는 협동학습 과정을 6가지로 제시한다(그림 8-1). 이 협동학습 과정은 협동 활동 또는 프로젝트에 대한 '계획과 준비(planning and preparation)'로 시작하여 '시작(launch)', 협동과제의 '관리(management)'로 이어진다. 그 후 활동의 '결과(outcomes)'가 제시된다. 이 협동학습 과정의 마지막 단계에서 학생들은 과제에 관한 '평가하기와 반성하기(evaluating and reflecting)'에 참여하는데, 이것은 이후의 학습에 도움을 준다. 교사와 학생들은 모두 모든 단계에 참여할 수 있다. 다양한 사람들이 협동과정에 참여하는 방법은 그림 8-1의 세부사항과 설명에 제시되어 있다. 이 모형은 협동학습의 모든 과정을 망라하기보다는 협동학

지리 교재 연구 및 교수법

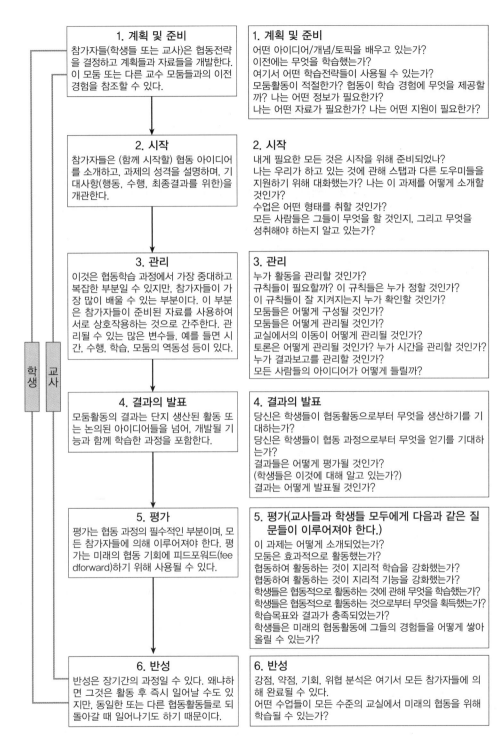

<table>
<tr><td>

1. 계획 및 준비

참가자들(학생들 또는 교사)은 협동전략을 결정하고 계획들과 자료들을 개발한다. 이 모둠 또는 다른 교수 모둠들과의 이전 경험을 참조할 수 있다.

</td><td>

1. 계획 및 준비

어떤 아이디어/개념/토픽을 배우고 있는가?
이전에는 무엇을 학습했는가?
여기서 어떤 학습전략들이 사용될 수 있는가?
모둠활동이 적절한가? 협동이 학습 경험에 무엇을 제공할까? 나는 어떤 정보가 필요한가?
나는 어떤 자료가 필요한가? 나는 어떤 지원이 필요한가?

</td></tr>
<tr><td>

2. 시작

참가자들은 (함께 시작할) 협동 아이디어를 소개하고, 과제의 성격을 설명하며, 기대사항(행동, 수행, 최종결과를 위한)을 개관한다.

</td><td>

2. 시작

내게 필요한 모든 것은 시작을 위해 준비되었나?
나는 우리가 하고 있는 것에 관해 스탭과 다른 도우미들을 지원하기 위해 대화했는가? 나는 이 과제를 어떻게 소개할 것인가?
수업은 어떤 형태를 취할 것인가?
모든 사람들은 그들이 무엇을 할 것인지, 그리고 무엇을 성취해야 하는지 알고 있는가?

</td></tr>
<tr><td>

3. 관리

이것은 협동학습 과정에서 가장 중대하고 복잡한 부분일 수 있지만, 참가자들이 가장 많이 배울 수 있는 부분이다. 이 부분은 참가자들이 준비된 자료를 사용하여 서로 상호작용하는 것으로 간주한다. 관리될 수 있는 많은 변수들, 예를 들면 시간, 수행, 학습, 모둠의 역동성 등이 있다.

</td><td>

3. 관리

누가 활동을 관리할 것인가?
규칙들이 필요할까? 이 규칙들은 누가 정할 것인가?
이 규칙들이 잘 지켜지는지 누가 확인할 것인가?
모둠들은 어떻게 구성될 것인가?
모둠들은 어떻게 관리될 것인가?
교실에서의 이동이 어떻게 관리될 것인가?
토론은 어떻게 관리될 것인가? 누가 시간을 관리할 것인가?
누가 결과보고를 관리할 것인가?
모든 사람들의 아이디어가 어떻게 들릴까?

</td></tr>
<tr><td>

4. 결과의 발표

모둠활동의 결과는 단지 생산된 활동 또는 논의된 아이디어들을 넘어, 개발될 기능과 함께 학습한 과정을 포함한다.

</td><td>

4. 결과의 발표

당신은 학생들이 협동활동으로부터 무엇을 생산하기를 기대하는가?
당신은 학생들이 협동 과정으로부터 무엇을 얻기를 기대하는가?
결과들은 어떻게 평가될 것인가?
(학생들은 이것에 대해 알고 있는가?)
결과는 어떻게 발표될 것인가?

</td></tr>
<tr><td>

5. 평가

평가는 협동 과정의 필수적인 부분이며, 모든 참가자들에 의해 이루어져야 한다. 평가는 미래의 협동 기회에 피드포워드(feedforward)하기 위해 사용될 수 있다.

</td><td>

5. 평가(교사들과 학생들 모두에게 다음과 같은 질문들이 이루어져야 한다.)

이 과제는 어떻게 소개되었는가?
모둠은 효과적으로 활동했는가?
협동하여 활동하는 것이 지리적 학습을 강화했는가?
협동하여 활동하는 것이 지리적 기능을 강화했는가?
학생들은 협동적으로 활동하는 것에 관해 무엇을 학습했는가?
학생들은 협동적으로 활동하는 것으로부터 무엇을 획득했는가?
학습목표와 결과가 충족되었는가?
학생들은 미래의 협동활동에 그들의 경험들을 어떻게 쌓아올릴 수 있는가?

</td></tr>
<tr><td>

6. 반성

반성은 장기간의 과정일 수 있다. 왜냐하면 그것은 활동 후 즉시 일어날 수도 있지만, 동일한 또는 다른 협동활동들로 되돌아갈 때 일어나기도 하기 때문이다.

</td><td>

6. 반성

강점, 약점, 기회, 위협 분석은 여기서 모든 참가자들에 의해 완료될 수 있다.
어떤 수업들이 모든 수준의 교실에서 미래의 협동을 위해 학습될 수 있는가?

</td></tr>
</table>

그림 8-1. 협동학습을 관리하기

습에 포함된 과정에 관해 생각할 수 있는 유용한 출발점을 제공한다.

학생들과 교사들은 협동학습의 과정에 참여함으로써 많은 것을 배울 수 있다. 프리먼과 헤어 (2006)는 표 8-1과 같이 협동학습을 통해 얻을 수 있는 이점을 지식과 이해, 기능, 학생의 포섭 과 지원, 학생의 성취와 도달이라는 관점에서 제시하고 있다.

표 8-1. 협동학습의 이점

지식과 이해	• 학생들은 교사주도 활동 또는 과제보다 모둠기반 토론을 통해 보다 나은 장기적인 이해를 얻는다(Stimpson, 1994). • 협동전략들은 학생들에게 학습과정에 대한 흥미를 향상시킬 수 있는 동기를 부여한다 (Lambert and Balderstone, 2000). • 학생들은 지리적 정보에 관해 사고하고 질문하도록 격려받는다. 탐구과정은 학생들에게 토픽영역 내에서 자신의 관심 경로를 따르도록 한다. • 탐구학습 기능이 발달된다. • 학습에 관한 평가와 반성을 위한 기회를 제공한다. 지식과 이해를 강화한다.
기능	협동학습은 다음을 포함하는 많은 기능의 발달을 촉진한다. • 문제해결 • 의사소통 • 사회적 상호작용과 관련된 의사소통(예: 대인관계 기능) • 질문하기 • 논쟁하기 • 사고하기 • 탐구 • 조사(연구) • 모둠활동 • 팀워크 • 리더십 • 프레젠테이션 • 반성과 평가
학생의 포섭과 지원	• 모든 능력의 학생들은 학습에 참여하도록 동기부여를 받고 격려받는다. 게다가 그들은 또한 학습과정에서 동료들의 도움을 받을 수 있다(Slavin, 1995). • 일부 사람들은 다른 사람들과 함께 활동하는 것은 학생들에게 확신과 안전을 증가시키며, 따라서 그들은 수업에 더욱더 참여할 것이라고 주장한다. • 범문화적 이해와 민족관계를 개선한다(Slavin, 1995). • 학생들에게 다른 사람들의 가치를 이해하고 인정하도록 도와준다. • 학생들은 그들의 가치와 경험에 관해 이야기하고 토론하도록 격려받는다. 그것은 학생들 상호간에 감정이입과 이해를 발달시키도록 도와준다. • 학생들 상호간의 협력과 상호존중의 정신을 촉진한다(Whitaker, 1995)
학생의 성취와 도달	• 협동학습은 낮은 성취 수준을 가진 소수자 집단의 학생들 간의 성취를 강화시킨다 (Slavin, 1995; Pantiz, 2002). • 학생들이 모둠별로 아이디어를 토론하도록 격려받기 때문에, 이해의 수준이 증가하여 성취와 도달이 향상되도록 한다. • 협동학습 전략들은 단지 지식과 이해보다 더 많은 것을 보상한다. 기능기반 평가들 (skill-based assessments)이 이루어질 수 있다. • 학생들은 자신의 진보와 그들 모둠의 진보를 평가하도록 격려받는다. • 협동활동에 관해 반성하고 피드백하는 것은 학생들로 하여금 학습과정에 관한 통찰을 얻도록 한다(Panitz, 2002).

(Freeman and Hare, 2006: 311 일부 수정)

4. 협동학습의 유형

협동학습은 새로운 것이 아니다. 그러나 교육실천가들이 구체적인 협동학습 전략들을 개발하고, 협동학습의 효과를 평가하기 시작한 것은 단지 최근 10년간이다(Slavin, 1995). 현재 지리교사들이 선택하여 사용할 수 있는 많은 협동학습 방법이 있다. 가장 일반적으로 사용되는 협동학습 방법으로는 슬래빈(Slavin)과 그의 동료가 개발한 '집단성취 분담모형(STAD: Student-Teams-Achievement-Division)', '집단 게임 토너먼트 모형(TGT: Team-Games-Tournament)', '직소 II(Jigsaw II)'와 같은 학생 모둠학습을 비롯하여, 존슨과 존슨(Johnson and Johnson)이 개발한 '협력학습 모형(LT: Learning Together)', 샤런과 샤런(Sharan and Sharan, 1989, 1992)이 개발한 '집단탐구 모형(GI: Group Investigation)' 등이 있다.

협동학습에 관한 확장된 연구들은 하나의 이론적 관점을 취하는 것이 아니라 여러 관점들에 기반한다. 예를 들면, 집단탐구 모형(GI)은 듀이(Dewey, 1938)의 아이디어에 이론적 기초를 가지고 있다. 이러한 아이디어들은 다음과 같다.

- 학습은 다른 사람과의 상호작용으로 이루어진다.
- 학생들은 행함으로써 학습한다.
- 교실(수업)의 삶은 민주적이어야 한다.
- 지식은 고정된 것이 아니라 변화하고 있다.
- 학생들은 서로 관계 맺고 다른 사람들의 권리를 존중하는 방법을 배워야 한다.
- 학습은 교실을 넘어 확장되어야 한다.

따라서 집단탐구 모형에서 학생들은 자신의 토픽과 그들이 어떤 모둠에 속할지를 선택한다. 그들은 또한 조사 문제를 만들어 내고, 노동의 분업을 사용하여 문제를 조사할 방법을 결정한다. 문제에 대한 답변들을 찾는 데 있어서 학생들은 교사에 의해 미리 포장되어 제공되는 지식보다는 오히려 그들이 습득한 지식을 통해 답변을 구성한다. 조사 후, 모둠들은 수업에서 그들의 프로젝트를 발표하여 보여 준다. 그 후 각각의 프로젝트는 교사와 학생들 모두에 의해 평가된다.

슬래빈(Slavin, 1986)의 모둠학습 방법은 대개 외부적인 보상의 형태로, 보상의 관점에서 모둠 우연성(group contingencies)과 같은 행동주의 심리학의 배후에 있는 아이디어들에 근거한다. 앞에서도 언급했듯이, 협동학습의 3가지 기본 원리는 집단보상(만약 어떤 팀이 미리 결정된 표준을 성취한다면, 팀은 증서를 받거나 다른 팀들은 그 팀을 보상한다), 개별 책무성(팀의 성공은 모든 구성원들의 개별 학습에 달려 있다), 성공 기회의 균등(개별 학생들의 향상 스코어는 팀 스코어에 기여한다)이다. 이러한 방식으로 높은 성취자, 평균 성취자, 낮은 성취자는 동등하게 최선을 다하도록 도전받는다.

존슨과 존슨은 사회심리학의 아이디어를 사용하여 '협력학습 모형(LT)'을 발달시켰다. 이러한 관점을 견지하는 연구자들에 따르면, 협동적인 목표 구조가 어떤 상황을 창출한다. 그 상황에서 모둠 구성원들이 개별 목적을 성취할 수 있는 유일한 방법은 모둠이 성공적일 때 그러하다. 존슨과 존슨은 과제, 보상, 자료, 역할의 상호의존성과 같은 다른 유형들을 포함하도록 목적 상호의존성의 개념을 확장했다. 그들의 '협력학습 모형'의 사례는 4~5명으로 구성된 모둠들이 과제 시트를 중심으로 함께 활동한다. 모둠은 함께 작업한 하나의 과제 시트를 제출하고 모둠 산출물에 근거하여 칭찬과 보상을 받는다.

비록 다양한 협동학습 모델 배후의 이론적 관점들 간에는 중요한 차이들이 존재하지만, 서로 배타적이지는 않으며 공통의 영역들이 있다. 즉 모든 협동학습 방법이 학생들은 학습하기 위해 함께 활동하고 자신뿐만 아니라 서로의 학습에 대해 책임이 있다는 생각을 공유한다. 그리고 협동학습 모델들은 모두 모둠원을 이질 집단으로 구성하도록 지지한다.

한편, 지리교육학자 램버트와 발더스톤(Lambert and Balderstone, 2000)은 협동학습의 2가지 주요 유형을 제시한다. 첫 번째 유형은 (보통 교사에 의해) 구조화된 과제를 완료하기 위해 모둠으로 활동하는 것이다. 모둠의 각 구성원은 최종적인 모둠의 결과를 성취하기 위해 구체적이고 필수적인 역할을 가진다. 두 번째 유형은 덜 구조화되고 학생들의 협상에 더 많이 열려 있는 과제가 제시되는 모둠활동이다. 학생들은 조사 또는 의사결정 연습과 같은 개방적 과제를 제공받고, 지식과 아이디어를 공유함으로써 모둠으로 활동한다. 이러한 후자의 협동학습 유형은 학생들에게 학습과정에서 주도적인 역할을 하도록 요구한다.

프리먼과 헤어(Freeman and Hare, 2006)에 의하면, 지리교사들이 사용하고 개발할 수 있는 유용한 협동학습 전략은 매우 광범위하며, 그것들을 모두 제시하는 것은 불가능하다. 그들은 표 8-2와 같이 교실에서 실행할 수 있는 협동학습의 다양한 유형을 제시했다.

표 8-2. 다양한 모둠 구성과 협동학습 방법

짝	협동의 목적/이유	• 새로운 토픽 또는 쟁점을 탐구한다. • 아이디어를 공유한다. • 선행학습을 재생/회상/재인한다. • IT 기능을 발달시키고 ICT를 통해 학습하기
	제안된 학습 활동/전략	• 등에 등을 맞대고(back to back)(사례 참조) • 카드 분류(card sorting) • 일치시키기(matching) • 개념도 그리기(concept mapping) • 이상한 하나 골라내기(Leat, 1998) • 지리적 게임(geographical games)(예: 터부 게임) • 모형 만들기(model bui)
	사례	등에 등을 맞대고: 학생들은 짝으로 활동하며, 등에 등을 맞대고 앉는다. 2명 중 1명은 하나의 이미지를 제공받고, 나머지 1명은 그 이미지에 관해 지리적 질문들을 하여 그 것에 대한 정확한 정신적 이미지를 구축한다. 이 활동은 시간을 제한할 수 있다. 그 후 학생들은 새로운 이미지를 가지고 서로 역할을 바꾸어 활동한다. 그리고 나서 그들은 탐구한 장소에 관해 확장된 글쓰기를 하거나 노트에 이미지를 스케치할 수 있다.
	다음에는 무엇? 개발 기회	이 과제는 많은 지리적 기능, 특히 탐구기능을 발달시킨다. 학생들은 심사숙고된 질문들을 해야 한다. 이 해변이 관리되어 온 증거가 있는가? 그로인(groin)의 어느 쪽에 퇴적물이 쌓였는가? 그 호텔 건물은 몇 층인가? 그들은 또한 예를 들면 방위, 축척, 경관의 이름, 장소 이름 등과 관련한 지리적 어휘를 정확하게 사용해야 한다. 이것들은 모두 특히 지도나 이미지를 포함한 다른 과제 또는 활동에 참조할 수 있거나 사용할 수 있는 기능들이다.
소모둠	협동의 목적/이유	• 새로운 토픽 또는 쟁점을 탐구한다. • 아이디어를 공유한다. • 아이디어를 제안한다(구술 포함). • 기능의 발달(예: 분석 기능, 문제해결, 평가 기능) • 야외조사 • 탐구 • 조사(연구) • IT 기능을 발달시키고, ICT를 통해 학습하기
	제안된 학습 활동/전략	• 미스터리(mysteries) 게임(Leat, 1998) • 지리적 게임에 팀 참여[예: 무역게임(The Trading Game)] • 카드 분류(card sorting) • 문제해결(problem solving) • 의사결정(decision making) • 역할극(role plays) • 프레젠테이션(presentation)(파워포인트, 짧은 비디오/오디오) • 모형 만들기(model building)

소모둠	사례	지도 회상 활동(Map recall work): 학생들은 소규모 모둠으로 활동한다. 학생들은 제한된 시간 동안 지도를 본다. 그들은 이것을 기억하여 재생산해야 한다. 모둠은 한 번에 1명씩 각각 30초 동안 지도를 관찰하도록 보낸다. 그 후 모둠은 한 장의 큰 종이에 그 지도를 재생산하기 위해 함께 활동한다. 이 과제를 시작하기 전, 모둠은 그 과제를 해결할 방법을 계획하고 발전시키기 위해 약 5분을 제공받는다. 예를 들면, 한 학생은 도로를 기억하고 다른 학생은 주거지를 기억해야 할 것이다.
	다음에는 무엇? 개발 기회	이 과제는 학생들의 지도기능(map skills)을 강화하고, 몇 번이고 다시 사용할 수 있다. 시간이 지남에 따라 학생들은 그 과제에 접근할 수 있는 명확한 전략을 발달시킬 것이며, 각 구성원을 위한 명확한 역할과 함께 잘 계획된 모둠활동을 수립할 것이다. 그 후 이 과제로부터 개발된 협동기능은 다른 모둠활동, 예를 들면 지리탐구 또는 야외조사 활동을 수행하기 위해 다른 사람들과 활동하는 데 전이될 수 있다.
대모둠	협동의 목적/이유	• 아이디어를 공유한다. • 새로운 개념들을 탐색한다. • 아이디어를 논쟁/토론한다. • 탐구
	제안된 학습 활동/전략	• 역할극(role plays) • 회의(conference) • 토론/논쟁(discussion/debate) • 개념도 그리기(concept mapping)
	사례	회의: 이 회의는 영국의 큰 슈퍼마켓 체인이 새로운 차(茶) 공급 라인으로서 스리랑카로부터 공정무역 생산품을 증가시켜야 할지 말아야 할지를 토론했다. 학생들은 공정무역에 포함된 다양한 이익집단의 역할을 맡았다. 이 회의는 두 집단으로 나누어졌다. 한 집단은 공정무역의 팽창에 반대했으며, 한 집단은 찬성했다. 논쟁 중인 차를 포함한 다양한 공정무역 생산품들이 학생들에게 맛을 보도록 제공되었다.
	다음에는 무엇? 개발 기회	학생들은 자신의 회의를 조직한다. 학생들은 확장된 글쓰기 또는 ICT 작업, 예를 들면 비디오 프레젠테이션을 통해 회의에 관해 보고한다.
전체 학급	협동의 목적/이유	• 새로운 토픽 또는 쟁점을 탐구한다. • 아이디어를 공유한다. • 선행학습을 재생/회상/재인한다. • 새로운 개념들을 탐색한다. • 논쟁/토론 • 야외조사
	제안된 학습 활동/전략	• 독도법(map orienteering) • 지리적 게임[예: 지도기능 빙고(map skill bingo)] • 개념도 그리기(concept mapping) • 회의/논쟁
	사례	지리적 짝을 맞추기(matching geographical pairs): 학생들은 각각 한 장의 종이에 인쇄된 장소 이름 또는 지리적 용어를 제공받고, 그것을 등에 부착한다. 학생들은 이 이름/단어를 보지 못했다. 학생들은 교실 주위를 돌아다니면서 다른 학생들에게 질문을 해야 한다.

전체 학급	사례	학생들은 질문에 대해 단지 '예', '아니오'라는 단어를 사용하여 대답할 수 있다. 학생들은 자신의 것과 일치하는 파트너를 찾아야 한다. 예를 들면, 어떤 국가 이름과 그 국가의 수도 이름을 짝짓거나, 어떤 국가 이름과 그 국가의 GNP를 짝지어야 한다.
	다음에는 무엇? 개발 기회	이 활동은 지리적 탐구기능뿐만 아니라 모둠활동 기능을 발달시킨다. 학생들은 정확한 지리적 어휘를 사용하여 적절하고 심사숙고한 질문을 해야 한다. 이 활동은 학생들이 보다 큰 모둠을 형성하도록 눈덩이식으로 늘려질 수 있다. 예를 들면, 교실에서 특정 대륙에 속한 모든 학생들을 한 그룹으로 모이게 하거나, 지진 또는 화산이 발생하기 쉬운 국가들을 모두 한 그룹으로 모이게 한다.
보다 넓은 협동	협동의 목적/이유	• 국가적·국제적으로 다른 학교 및 기관과의 협동을 촉진하기 • 야외조사 • 대조적인 장소 또는 먼 장소를 조사하기 • 장소기반 탐구 또는 쟁점기반 탐구 • IT 기능을 발달시키고 ICT를 통해 학습하기
	제안된 학습 활동/전략	• 이메일 또는 화상회의를 통한 조사 • 협동 야외조사(collaborative fieldwork) • 교과과정 데이터 수집(coursework data collection)
	사례	로컬 지역 탐구: 이 활동은 두 개의 대조적인 학교 입지를 비교하는 데 목적이 있다. 학생들은 교실활동과 야외조사를 통해 자신의 학교 로컬리티(지역성)에 관한 데이터를 수집한다. 그 후 학생들은 이것을 다른 장소 출신의 학생들과 공유한다. 이 데이터는 이메일, 디지털 이미지, 비디오, 인터넷, 우편으로 다른 학교에 보낸다. 각 학교의 교사들은 파트너 학교를 방문하여 '게스트 스피커(guest speaker)'로서 학생들에게 이야기를 들려준다.
	다음에는 무엇? 개발 기회	이 활동은 두 학교 간의 협동 야외조사를 포함하여 더 발전될 수 있다. 학생들은 서로의 학교 로컬리티를 방문하거나 심지어 다른 야외조사를 위해 함께 활동할 수 있다. 협동은 자매 도시처럼, 학교를 '자매(twinning)' 시스템으로 발전시킬 수 있다. 더 많은 협동이 다른 프로젝트와 교과에서 추진될 수 있다. 게다가 교사들은 교육과정 설계에 관해 서로 협동할 수 있다.

(계속)   (Freeman and Hare, 2006: 312-313 일부 수정)

5. 협동을 촉진하기 위한 전략

1) 모둠 구성

협동학습에서 모둠 구성은 중요한 부분을 차지한다. 왜냐하면 모둠 구성은 여러 측면에서 성공적인 협동에 대한 장애물로 작용할 수 있기 때문이다. 즉 빈곤한 모둠 구성은 협동학습을 실패로 이어지게 할 수 있다. 예를 들면, 무임승차로 인해 모둠의 일부 학생들이 모든 활동을 하는 상황을 초래할 수 있다. 게다가 모둠 구성은 학생과 교사 모두에게 소비적이고 스트레스를 주는 시간일 수 있다. 그러므로 모둠이 빨리 구성되고 학습이 즉시 시작될 수 있도록 수업 전에 충분히 계획을 할 필요가 있다. 기니스(Ginnis, 2002: 207)는 교사들에게 모둠을 구성하기 위한 방법을 선정하기 전에 해야 할 명확한 일련의 질문들을 다음과 같이 제시하였다. 이때 학급 학생들 각각의 개별적인 본성을 고찰하는 것은 의사결정 과정에서 중요하다.

- 어떤 모둠 구성 방법을 선택할 것인가?
- 이 활동을 위해 어떤 방법이 가장 잘 작동할까?
- 현재 이 학급의 상태라면 어떤 방법이 가장 잘 작동할까?
- 어떤 방법이 학생들을 사회적으로 활동하게 할까?
- 우리가 얼마 동안 사용하지 않은 방법은 무엇인가?

기니스(2002)는 적어도 8가지 유형의 모둠이 있다고 제안한다. 그것은 무작위(Random), 친밀 집단(Friendship), 관심(Interest), 기능(Skill), 혼성기능(Mixed skills), 학습 스타일(Learning style), 지원(Support), 성취 모둠(Performance groups)이다.

2) 효과적인 모둠

단순히 학생들을 모둠으로 조직하고 그들에게 함께 활동하도록 요구하는 것이 항상 효과적인 협동학습으로 전환되는 것은 아니다. 학생들을 서로 협력하도록 격려하기 위해, 학생들은 일반적으로 공유된 관심 또는 공통의 목적을 필요로 한다(Jonson and Johnson, 1999). 공유된 의제를 발달시키는 것은 협동적인 과제를 준비하고 도입하는 데 중요한 역할을 한다. 게다가 학교는 기업과 마찬가지로 모둠 구성과 모둠의 동기부여적 활동에 시간을 투자함으로써 이점을 얻을 수 있다.

교실의 배치와 계획을 평가하는 것은 협동적인 환경과 학습 분위기를 발달시키는 데 핵심적인 사항이다. 학생들은 책상을 정기적으로 회전시켜, 동료들과 활동하도록 격려받을 수 있다.

몇몇 초등학교는 책상 또는 교실을 서로 다른 색깔 존으로 지정하고 있으며, 학생들은 주어진 과제를 특정 존에서 다른 학생들과 활동하도록 배정된다. 학생들은 서로 협력하도록 격려받을 수 있으며, 프레젠테이션뿐만 아니라 글쓰기 활동을 통해 아이디어들을 공유하도록 격려받을 수 있다.

기니스(2002, 218)는 성공적인 모둠활동의 특징을 다음과 같이 제시한다.

- 좌석 배치(seating): 모둠 구성원이 다른 구성원들을 쉽게 보고 들을 수 있도록 앉는다.
- 말하기(speaking): 토론 동안 한 번에 한 사람이 말한다.
- 기대(expectations): 모둠 구성원 중 누군가가 모둠 규칙을 어긴다면 이를 상기시킨다. 그리고 특정 구성원이 그들은 현재 무엇을 하고 있는지, 이것이 전체 모둠과제에 어떻게 기여하는지, 다른 모둠 구성원들은 무엇을 하고 있고 왜 그렇게 하고 있는지, 다음 단계는 무엇일지 설명할 수 있다.
- 모둠계획(group planning): 모둠은 항상 합의된 명확한 마감시간에 맞추어 활동한다. 각 구성원은 '이것이 언제 끝날 것인가?'라는 질문에 대답할 수 있어야 한다.
- 팀워크(teamwork): 어떤 과제를 빨리 끝낸 모둠 구성원은 다른 구성원들에게 도움을 제공하거나, 모둠 매니저와 다음 단계를 협상한다.
- 책임성(responsibility): 모든 사람들은 자료를 찾고, 청소하고, 가구를 옮기는 데 동등하게 기여한다.

불가피하게 다른 사람들과 효과적으로 활동하기 위한 학습과정 동안 쟁점 또는 문제가 야기될 수 있다. 교사들과 학생들은 이러한 점들을 자기평가와 반성을 통해 검토할 필요가 있다. 그러나 교사들은 성공의 기회를 증가시키기 위해 다음과 같은 구체적인 전략을 채택할 수 있다.

- 교사들은 특정 모둠이나 개인에게 너무 많은 시간을 보내지 않으면서 교실 주위를 순회한다.
- 교사는 학생들이 활동해야 하는 시간에 대한 명확하고 일관된 아이디어를 준다.

- 교사는 학생들이 전체 학급과 그들 모둠 내에서의 규칙과 역할에 관해 잘 이해할 수 있도록 한다.
- 교사는 이전 협동활동 동안에 배웠던 것을 다시 언급하고, 이것이 오늘 활동에 어떻게 적용될 수 있는지를 고찰한다.
- 교사는 무언가가 잘못되어 가는 경우에 대안적인 계획을 세울 수 있다.

6. 협동학습을 평가하기

평가 역시 협동학습 과정의 필수적인 부분이다. 평가는 미래의 학습을 피드백하고 정보를 제공하기 위해 학생과 교사 모두에 의해 이루어져야 한다. 모둠활동을 평가함으로써 협동과정에 대한 그들의 이해와 모둠들이 기능하는 방법을 개선할 수 있다. 학생들은 또한 교사가 이 활동을 통해 성취하려고 계획했던 것과 그들의 활동이 어떻게 평가될 수 있는지에 관한 중요한 통찰을 얻을 수 있다. 교사는 모둠활동을 평가함으로써 모둠활동의 역할을 고찰할 수 있다. 즉 교사들은 모둠활동이 학생들의 지리학습에 어떻게 기여했는지, 그리고 모둠활동이 미래에 어떻게 사용될 수 있는지를 평가한다.

협동학습 이후 교사들이 제기할 수 있는 4가지의 핵심적인 평가적 질문들이 있다(Freeman and Hare, 2006).

- 협동학습이 학생들의 지리적 지식, 기능, 이해를 강화했는가?
- 학생들은 협동적으로 활동하는 것에 관해 무엇을 배웠는가?
- 협동은 바람직한 학습결과들을 성취하도록 어떻게 도왔는가?
- 학생들은 그들의 경험을 미래의 협동활동에 어떻게 구축할 수 있는가?

이것들은 교사 자신의 질문과, 학생들의 자기평가 시트(표 8-3)에 의해 보충될 수 있다.

표 8-3. 협동학습 활동을 위한 학생들의 자기평가 시트

모둠명:
모둠 구성원들의 이름:
모둠의 리더가 있었는가? 만약 그렇다면 그는 어떻게 선정되었고, 그는 활동/수업 동안에 무엇을 했는가?
각 모둠 구성원은 수업 동안에 어떤 역할을 했는가? 구성원의 이름과 역할: 구성원의 이름과 역할: 구성원의 이름과 역할: 구성원의 이름과 역할:
당신은 모둠 내에서 활동을 분담 받았는가? 이것에 관한 결정들은 어떻게 이루어졌는가?
규칙들이 수업 동안에 수립되었는가? 만약 그렇다면 이것들은 어떻게 그리고 언제 설정되었는가?
모둠이 효과적으로 활동했다고 생각하는가?(즉 당신은 잘 활동했고 목적은 충족되었는가?) 당신의 답변을 설명하라.
이 수업에서 배운 것을 5가지 제시하라.
모둠으로 활동하는 것이 이 수업 동안에 어떻게 배우도록 도움을 주었는가? (만약 그렇지 않았다면 그 이유를 설명하라.)

(Freeman and Hare, 2006: 315)

7. ICT 사용하기

빠르게 변화하는 ICT와 멀티미디어 세계는 교사들에게 학생들의 협동과 능동적인 학습을 지원할 수 있는 다양한 기회를 제공한다(표 8-4). 게다가 협동은 교실 또는 컴퓨터실에 제한되지 않는다. 현재 인터넷과 텔레커뮤니케이션 기술이 교사들과 학생들에게 이메일, 화상회의, 생생한 웹 채팅을 통해 먼 거리를 넘어 협동하도록 한다.

표 8-4. ICT와 멀티미디어 기술을 활용한 협동학습 기회들

지리에서 ICT를 사용할 수 있는 학습전략들	
모둠 프레젠테이션 모둠들은 파워포인트와 프로젝터를 사용하여 프레젠테이션을 할 수 있다. 적절한 곳에서 학생들은 조사를 위해 인터넷을 사용하거나 디지털 이미지들을 통합할 수 있다.	**역할놀이** 학생들은 역할놀이를 준비하기 위해 모둠으로 활동하며, 디지털 비디오카메라를 사용하여 활동을 기록한다(Fox, 2003). 비디오를 만드는 과정은 학생 중심 학습을 돕고, 편집된 비디오는 교사들에게 다음 학년들을 위한 자극적인 교수자료를 제공한다.
탐구질문하기 학생들은 모둠으로 활동하여 장소 또는 쟁점에 관한 일련의 탐구질문을 발달시킬 수 있다. 그 후 학생들은 관련된 장소에 살고 있는 누군가에게 이메일을 보낼 수 있으며, 인터넷을 통해 협동할 수 있다. 학생들은 또한 화상회의를 사용하여 탐구를 수행할 수도 있다.	**뉴스룸 시뮬레이션** 뉴스룸 시뮬레이션에서 학생들은 뉴스 속보에 대답하도록 요구받는다. 그들은 뉴스 팀으로 활동하여 이야기를 조사하고 발표한다. 인터넷, CD-ROM과 비디오 영상이 조사를 위해 사용될 수 있다. 학생들은 자신들이 만든 뉴스를 파워포인트, 퍼블리셔(Publisher), 디지털 비디오를 사용하여 보여 줄 수 있다.

(Freeman and Hare, 2006: 316)

8. 협동학습 유형별 특징과 실제

1) 직소(과제분담 학습모형)

직소(Jigsaw) 모형(과제분담 학습모형)에서 직소는 직소 퍼즐(Jigsaw puzzle)처럼 조각을 맞추어 전체 그림을 완성해 나가는 과정과 유사하여 붙여진 이름이다. 모둠 구성원들에게 서로 다른 과제를 분담하기 때문에 '과제분담 학습모형'이라고도 한다. 따라서 모든 구성원이 개별적 책무성을 가지게 되어 학습동기가 강화되고, 다른 동료들을 가르쳐야 하기 때문에 경청하는 훈련효과도 있다.

이러한 직소 모형은 애런슨 등(Aronson et al., 1978)이 전통적인 경쟁학습 환경을 소모둠 활동 중심의 협동학습 환경으로 바꾸기 위해 고안한 것이다. 따라서 교사가 아니라 모둠 구성원이 주된 학습의 주체가 되고, 모둠 내 다른 동료들의 도움 없이는 학습이 불가능하게 된다. 즉 모둠 내 각 구성원이 전체 학습내용의 일부분을 담당하고 있기 때문에 그 모둠의 모든 구성원은 학습목표를 달성하기 위해 반드시 협동해야 하며, 각 구성원은 모둠의 성공에 결정적 기여를 한다.

직소는 동료들의 설명을 듣고, 수업이 끝난다. 따라서 마지막 마무리가 명료하지 못하다는 단점이 지적되었다. 이를 보완하기 위해 나온 것이 직소 II와, 직소 III이다. 표 8-5처럼 직소 II는 3단계 후에 평가를 통해 학생들이 끝까지 수업에 참여하도록 유도한 것이고, 직소 III은 평가를 하기 전에 또 한 번의 소모둠 학습을 할 수 있는 기회를 준 것이 특징이다. 직소는 케이건(Kagan, 1994)에 의해 다양한 방식으로 변형되었다(정문성, 2013).

표 8-5. Jigsaw, Jigsaw II, Jigsaw III 모형의 차이

Jigsaw III	Jigsaw II*	Jigsaw	단계	내용
	Jigsaw II*	Jigsaw	1단계	모집단(Home Team): 과제분담 활동
			2단계	전문가 집단(Expert Team): 전문가 활동
			3단계	모집단(Home Team): 동료 교수 및 질문 응답
			4단계	일정 기간 경과
			5단계	모집단: 퀴즈대비 공부
			6단계	퀴즈(STAD 평가 방법 사용)

* 3단계가 끝나면 STAD 평가로 퀴즈   (Steinbrink and Stahl, 1994: 134; 정문성, 2013 재인용)

직소는 개인에게 무한 책임이 주어지는 구조이다. 따라서 모둠 구성에서 학생들의 능력에 따라 문제가 발생할 가능성이 많다. 예를 들어 능력이 부족한 학생은 자신이 맡은 전문과제의 학습내용을 모집단에 돌아와서 동료들에게 제대로 전달하기가 힘들고, 동료 학생들도 답답해할 것이 틀림없다. 그러므로 이런 부분을 고려해서 특히 능력이 떨어지는 학생은 우수한 학생과 함께 짝을 지어 주어 마치 한 사람처럼 진행하는 것이 좋다. 과제를 분담할 때에도 과제 수와 학생 수가 맞지 않으면 비슷한 방식으로 두 사람을 한 사람처럼 진행하면 된다.

직소는 상당히 오랜 시간이 걸리는 수업이기 때문에 1차시 이내에 하기는 힘들다. 그러므로 1차시는 과제분담과 전문가 활동을, 다음 2차시는 모집단에서 동료 교수 활동을 하는 것이 일반적이다. 또 직소는 평가를 하지 않기 때문에 처음에는 학생들이 열심히 하지만 여러 번 하게 되면 집중력이 떨어지는 경향이 있고, 학습효과도 없는 것으로 보고되고 있다. 그러므로 필요에 따라 직소 II나 직소 III을 사용하는 것이 바람직하다(정문성, 2013).

직소 모형을 활용한 수업방법

도시의 내부구조 및 토지이용과 관련한 주제를 직소 모형을 활용하여 설계한 수업은 크게 3단계로 이루어진다.

주제: 도시의 내부구조 및 토지이용

전문가 학습지 1	전문가 학습지 2
■ 소주제: 중심업무지구(CBD)	■ 소주제: 도심지역(inner city)
■ 탐구문제	■ 탐구문제
• 중심업무지구는 어디에 위치하는가?	• 도심지역은 어디에 위치하는가?
• 중심업무지구의 토지이용 특색은 무엇인가?	• 도심지역의 토지이용 특색은 무엇인가?
전문가 학습지 3	**전문가 학습지 4**
■ 소주제: 점이지대(중간지역)	■ 소주제: 교외지역
■ 탐구문제	■ 탐구문제
• 점이지대는 어디에 위치하는가?	• 교외지역은 어디에 위치하는가?
• 점이지대의 토지이용 특색은 무엇인가?	• 교외지역의 토지이용 특색은 무엇인가?

※ 교사는 모집단의 학생 수만큼 소주제와 문제를 분류하여, 사전에 전문가 학습지를 만들어야 한다.
※ 모둠 구성: 학생들을 4명으로 구성된 혼합능력 모둠으로 배열하고, 각 학생들에게 숫자 1~4번을 부여한다.

① 1단계: 모집단(Home Team) 형성하기/전문가 학습지 배부

교사는 모집단이 수행해야 할 활동과제를 제시하고, 전문가 학습지를 나누어 준다. 소집단은 이 소주제들을 모둠 구성원 각자에게 하나씩 할당하게 하며, 각 주제를 맡은 구성원은 그 소주제에 한해 전문가가 된다. 교사는 각 소주제를 맡은 사람들을 전체 학급에 소개하여 누가 어떤 주제를 선택했는지 서로 알게 한다. 왜냐하면 동일한 주제를 선택한 학생들이 따로 만나 전문가 활동을 해야 하기 때문이다. 이때 전문가 모임의 숫자가 너무 많지 않도록 한다. 예를 들어 학생수가 32명으로 4명(편의상 번호를 1~4번 부여: 1번 학생=중심업무지구, 2번 학생=도심지역, 3번 학생=점이지대, 4번 학생=교외지역)씩 8개 소집단으로 구성되었다면 전문가가 모두 8명이 나오게 된다. 이때에는 4개의 소집단을 창문리그(창가에 앉은 모둠)와 4개의 소집단을 복도리그(복도쪽에 앉은 모둠)로 나누어 전문가 집단을 4명씩 2개로 구성하게 하여 전문가 활동을 하도록 하는 것이 좋다. 왜냐하면 8명이 모여서는 제대로 활동을 할 수 없기 때문이다.

② 2단계: 전문가 집단(Expert Team)에서 활동하기

각 모둠에서 동일한 주제(1번, 2번, 3번, 4번)를 맡은 전문가끼리 따로 모여 토의·토론을 통해 전문가 학습지를 완성한다. 전문가 활동은 주로 모집단에 가서 어떻게 이 내용을 전달해 줄 것인지를 위주로 토의·토론한다. 이때 교사는 전문가 모둠에서 다루어야 할 학습의 요점과 범위를 안내해 주는 자료도 제공하는 것이 좋다. 앞의 표는 과제분담지와 전문가 학습지가 통합된 경우이다. 즉 모집단에서 각각 자기의 과제를 선택하면, 이 4가지 전문가 학습지를 잘라서 가져가면 된다.

③ 3단계: 모집단으로 돌아와서 동료 교수 활동

전문가 모둠활동이 끝났으면 다시 모집단으로 돌아와서 자신이 맡은 소주제를 동료들에게 가르쳐 준다. 이때 다른 학생들은 그 주제에 대해서는 공부를 하지 않았기 때문에 전적으로 전문가의 도움을 받아야 할 처지이므로 열심히 듣게 된다. 이런 식으로 각자가 맡은 전문 소과제를 돌아가면서 가르쳐 주면 활동이 끝난다.

2) 집단성취 분담모형(STAD)

집단성취 분담모형(STAD: Student Teams Achievement Division)은 협동학습 모형의 하나로 모둠의 협동을 유도하기 위해 향상점수제를 사용하는 것이 특징적이다. 즉 수업 후 퀴즈를 실시하여 모둠 구성원의 향상점수를 산술평균하여 모둠 점수를 계산한다. 각 구성원은 이전에 치른 퀴즈점수의 평균인 기본 점수를 가지고 있다. 기본 점수는 이전에 치른 여러 번의 퀴즈점수의 평균을 말한다. 이 기본 점수에 대해 이번 수업의 퀴즈점수가 어느 정도 향상되었는가에 따라 부여되는 점수가 각 개인의 향상점수이다. 그리고 소집단 점수는 개인의 향상점수 총합에 소집단 구성원수를 나눈 것이다. 향상점수 기준은 교사가 정한다. 예를 들어 이전 점수보다 낮으면 0점, 1~5점 상승했으면 10점, 6점 이상 상승했으면 20점 등의 기준을 미리 정해 놓는 것이다. 이러한 점수체제는 모둠원 사이의 능력차가 아니라 자신의 노력 여부, 즉 과거 자기와의 경쟁으로 모둠원 스스로 노력할 뿐만 아니라 서로가 좋은 점수를 받을 수 있도록 돕게 된다(Slavin, 1990; 정문성, 2013).

3) 찬반 협동학습

찬반(pro-con) 협동학습 모형은 존슨과 존슨(Johnson and Johnson, 1994)이 창안하였으며, 소모둠(small group) 내의 미니 모둠(mini group)이 찬성(pro)과 반대(con)의 역할을 통해 찬반논쟁을 한다고 해서 붙여진 이름이다. 이 협동학습 모형에서는 소모둠의 규모가 4명이면 2명과 2명으로 미니 모둠을 구성할 수 있어 가장 좋다. 대개 학생들 개인의 찬반에 따라 미니 모둠을 구성하는 것이 가장 바람직하다. 그러나 학생들이 미니 모둠을 만드는 데 시간을 너무 많이 소모하면 교사가 임의로 만들어 주어도 좋다(예를 들어, 출석번호의 홀짝, 남학생과 여학생을 짝으로 함).

존슨과 존슨(1994)은 논쟁과정에서 일어나는 논리적이고 심리적인 사고과정을 수업절차로 그대로 재현하여 이 모형을 만들었다. 개인이 어떤 논쟁적인 문제에 직면하면 그림 8-2와 같은 사고과정이 발생한다. 먼저 개인은 자신이 그때까지 가지고 있던 불완전한 정보, 제한된 경험, 자신의 관점에 기초하여 최초의 가설적인 결론을 내린다. 다음으로 자신의 생각과 다른 타인의 정보, 경험, 관점에 의한 다른 결론들을 접하게 된다. 따라서 자신의 잠정적 결론의 정확성에 대해 회의를 품게 되고 개념갈등과 불평형 상태를 경험한다. 이러한 개념갈등과 불평형 상태를 해소하기 위해 보다 많은 정보, 새로운 경험, 적절한 관점, 정확한 추론을 추구하면서 확산적 사고를 하게 된다. 이런 과정을 거쳐 개인은 논쟁에 대한 새롭고 재개념화되고 재구성된 결론을 얻게 된다(정문성, 2013).

찬반 협동학습 모형은 이러한 사고과정을 소집단 토의·토론을 통해 그대로 수업방법으로 재현한 것이다. 즉 모둠 내에 서로 반대되는 미니 모둠을 만들어 갈등 상황을 연출하고, 전술한 상황을 경험한 다음에 최종적인 모둠 결정을 하는 것이다. 즉 두 미니 모둠이 찬반 대립 토론을 하지만 이것은 모둠이 의사결정을 하기 위한 과정이 된다.

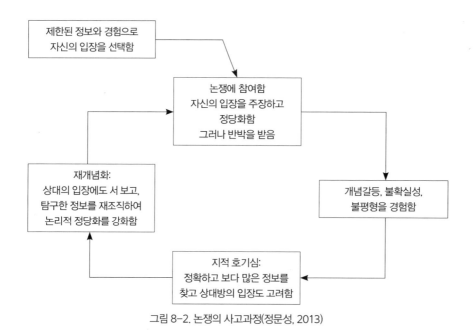

그림 8-2. 논쟁의 사고과정(정문성, 2013)

이 방법은 소모둠 내에서 최대한 극단적인 찬반 의견들을 경험하려는 데 목적이 있다. 따라서 교사는 미니 모둠이 최대한 찬성과 반대의 입장을 옹호하도록 자극할 필요가 있다.

글상자 8-2

찬반(pro-con) 협동학습 모형을 활용한 수업방법

찬반 협동학습 모형을 활용할 수업은 다음과 같이 크게 4단계로 이루어진다.

1단계: 소모둠 내에 미니 모둠 구성/과제에 대한 찬반 주장 준비

- 4명으로 구성된 소모둠을 만들고, 그 안에 2명씩 미니 모둠을 만들도록 한다.
- 미니 모둠은 주어진 과제에 대해 찬성팀과 반대팀 입장에서 각각의 주장을 하기 위한 근거를 의논하게 한다.

2단계: 미니 모둠의 각자 자기 주장 발표

- 미니 모둠은 찬성 주장, 또 다른 미니 모둠이 반대 주장을 소모둠 내에서 하게 된다.
- 이때는 찬성 또는 반대 주장의 이유 또는 근거를 발표하게 한다.

3단계: 서로 입장을 바꾸어서 미니 모둠이 주장한 것에 대한 평가

- 두 미니 모둠의 발표가 끝나면, 서로가 상대 미니 모둠의 주장에 대해 평가를 해 준다.
- 이것은 찬반 주장을 한 미니 모둠이 토론시합을 하는 것이 아니라 같은 소모둠이기 때문에 협동적 의사 결정을 하기 위한 것이다.

4단계: 소모둠의 입장을 정리하여 제출

- 이제 찬성과 반대의 입장을 모두 경험하였으므로 모둠은 토의·토론을 통해 찬성 주장의 장·단점, 반대 주장의 장·단점을 정리하여 모둠 전체의 입장을 정리하여 교사에게 제출한다.
- 수업시간에 여유가 있으면 몇 소모둠의 결과를 발표한다.

(정문성, 2013 재구성)

---

4) 집단탐구

집단탐구(Group Investigation)는 민주적 교수·학습 방법을 실천에 옮기려는 많은 학자들에 의해 탄생하였다(윤기옥 등, 2002). 듀이(Dewey, 1910)는 이를 실천한 최초의 사람 중 한 명이다. 그는 학교를 민주사회의 축소판으로 조직할 것을 권장하였다. 그는 학생이 교실의 민주사회에 참여하고, 경험을 통하여 점차적으로 과학적 방법을 인간사회 개선에 어떻게 적용할 수 있는가를 배우게 해야 하며, 이것이 민주사회에서 시민을 준비시키는 최선의 방법이라고 생각했다(정문성, 2013).

집단탐구는 이러한 교육관을 계승한 셸런(Thelen, 1960), 샤런과 샤런(Sharan and Sharan, 1990) 등이 발전시켰다. 이는 연구할 과제를 교사가 조직하여 제시하는 대신에 학생이 스스로 소과제의 아이디어를 내고, 자신이 하고 싶은 소과제를 선택하여, 같은 관심을 가진 학생들끼리 모둠을 구성하여 함께 과제를 해 나가는 활동이다.

모둠활동을 할 때에는 함께 탐구계획을 세우게 된다. 첫째, 우리는 무엇을 탐구할 것인가? 둘째, 우리는 어떤 자료가 필요한가? 셋째, 어떻게 활동을 분담해야 하는가? 넷째, 우리가 발견한 것들을 어떻게 요약해야 하는가에 대해 계획을 세운다. 교사는 이러한 계획에서부터 진행되는 과정에 순회하면서 지도해 준다.

집단탐구는 모둠 내에서 많은 토의·토론이 일어나는 것이 특징이다. 그러나 상당 부분 모둠활동을 자율에 맡기기 때문에 모둠이 어떻게 운용되는지가 수업 성공의 열쇠가 된다. 그러므로 이 방법은 학생들이 토의·토론에 익숙해진 후에 실천하는 것이 바람직하다. 교사는 모둠의 활동이 전체 학급과제 완성에 어떤 기여를 했는지 칭찬과 정리를 해 준다. 또 모둠활동을 모범적으로 잘한 모둠을 칭찬한다.

집단탐구는 학생들이 스스로 좋아하는 과제를 선택할 수 있게 하는 것이 핵심이다. 그래야 자신의 과제를 더욱 열심히 할 수 있다. 그러므로 교사가 강제로 소과제를 부여하면 안 된다. 그러나 모둠 내에서 어떤 방식으로 과제를 진행하는지에 대한 자세한 안내는 없기 때문에 모둠의 역량에 따라 수업이 영향을 받는다. 그러므로 모둠별로 제공되는 학습지가 상당히 큰 역할을 한다. 즉 학습지가 모둠활동의 가이드가 될 수 있다. 또한 모둠별로 활동이 이루어지므로 교사가 순회하면서 구체적으로 도와주어야 한다(정문성, 2013).

192

그림 8-3. 집단탐구 수업 절차 개념도(정문성, 2013)

보통은 시간이 부족한 경우가 많다. 그럴 때는 모둠 학습지의 60% 정도를 교사가 채워서 주는 것도 학습시간을 줄여 주는 좋은 방법이다. 또한 가급적이면 모둠별 발표를 시키는 것보다 모둠 내에서 활발한 토의·토론과 학습기회를 제공해 주고, 보고서만 제출하게 하는 것도 좋다. 그리고 그 보고서를 교사가 잘 정리하고 보완해서 다음 시간에 그 보고서를 가지고 마무리 수업을 하는 것이 바람직하다(정문성, 2013).

글상자 8-3

집단탐구 모형을 활용한 수업방법

집단탐구 모형을 활용한 수업은 다음과 같이 크게 5단계로 이루어진다.

1단계: 교사가 전체 학급과제를 제시하고, 학생들과 소과제로 무엇을 할지 정한다.

- 교사는 전체 학급과제를 제시한다(예: 도시에는 어떤 문제가 있는지를 각종 자료를 통해 조사해 보자).
- 이를 위해 어떤 소과제들이 필요한지 학생들이 자유롭게 발표하게 하고, 이를 칠판에 적는다.
- 그런 후 학생들과 함께 교사가 주도로 몇 개의 영역으로 묶는다.

2단계: 학생들은 선호하는 과제를 선택해서 모둠을 구성한다.

- 몇 개의 과제로 분류되면, 교사는 학생들에게 어떤 과제를 하고 싶은지 선택하게 한다.
- 학생들은 자기의 이름이나 번호가 적힌 자석 토큰을 교사가 분류해 놓은 과제에 나와서 붙인다(다음 그림 참조).
- 이때 특정 과제에 너무 몰리지 않도록 유도하여 골고루 과제에 분산되도록 한다.

3단계: 모둠별 탐구계획을 세운다.
• 학생들이 원하는 과제가 정해지면 필요한 역할을 분담하고, 모둠별로 탐구계획을 세우게 한다. • 학생들은 토의·토론을 통해 탐구 계획과 역할을 분담한다. • 이때 교사는 소주제별 학습지를 모둠별로 주는 것이 좋다(다음 소주제별 학습지 참조). 그래야 학생들이 어떻게 학습을 해야 할지 감을 잡는다.

4단계: 모둠별 탐구결과를 발표한다.
• 모둠활동이 끝나면 모둠별로 학급 전체에 결과를 발표한다. • 이때 시간이 없으면 발표하지 않고 보고서로 제출하게 해서 따로 교사가 정리해 줄 수도 있다.

5단계: 교사는 모둠의 탐구결과들이 전체 학급과제 완성에 어떤 역할을 했는지 정리해 준다.
• 교사는 모둠의 활동이 전체 학급과제 완성에 어떤 기여를 했는지 칭찬과 정리를 해 준다. • 또 모둠활동을 모범적으로 잘한 모둠을 칭찬한다.

소주제별 학습지				
		1학년 (　　　　)반 (　　　　)번 이름 (　　　　　　　)		
도시문제	발생 지역	간단한 설명	자료 출처	비고

(정문성, 2013 재구성)

5) 집단탐구 Ⅱ

집단탐구 Ⅱ(Co-op Co-op)는 샤런과 샤런(Sharan and Sharan, 1976), 밀러와 셀러(Miller and Seller, 1985)의 모형에 근거하여 케이건(Kagan, 1985)이 고안한 협동학습 모형이다. 이 모형은 집단탐구 모형이 모둠활동에 대한 통제가 없다는 문제점을 해결하기 위해 고안된 것이다. 즉 학생들이 원하는 소과제를 한다고 해서 정말 최선의 학습경험을 얻는다고 보장할 수는 없다. 처음에는 하고 싶었으나 막상 하다 보면 흥미가 없어질 수도 있고, 책임을 다하지 않을 수도 있다.

집단탐구 Ⅱ는 모둠 협동 속의 미니 모둠 협동수업이라는 뜻이다. 이 모형은 한 학급에서 정한 전체 과제를 여러 모둠으로 구성된 학급 전체가 협동으로 해결하되, 모둠 안에서도 또 다른 모둠 혹은 개인이 협동으로 모둠 소과제를 완성하는 독특한 수업방법이다.

학생들이 전체 학급에서 교사가 제시한 과제에 관해 대략적인 학습내용을 토론한 뒤 여러 소과제(sub-topics)를 나누고, 자신이 원하는 소과제를 선택하는 것은 집단탐구와 동일하다. 그러나 소과제를 다루는 모둠에 속하여, 모둠 내에서의 토의를 통해 그 소주제를 또다시 더 작은 소주제(mini-topics)로 나누어 각각의 맡은 부분을 심도 있게 조사하여 모둠 내에서 발표하는 점이 다른 점이다. 즉 집단탐구를 좀 더 정교화해서, 학생들에게 더 분명한 개별적 책무성을 부여하여 적극적으로 수업에 참여하게 하는 것이 특징이다(정문성, 2013).

이를 통해 학생들은 높은 수준의 분류, 과제와 관련되어 있는 것을 연결하는 능력, 다양한 방법의 창안, 관계된 자료 수집, 자료의 해석과 분석, 전체와 부분의 통합, 그리고 모둠의 구성원이나 모둠 및 학급의 대집단과의 의사소통 능력 등과 같은 고급 사고력을 향상시킬 수 있다. 또한 스스로 학습의 방향을 결정하는 능력, 동료 교수 기능, 분업을 통한 학습의 능력 강화, 자기의 주장과 다른 사람의 주장을 조절하는 능력 등 다양한 효과를 기대할 수 있다(정문성, 2006).

이상과 같이 이 모형은 집단탐구의 단점인 모둠활동에 대한 통제력을 보완하기 위해 만든 것으로 구성원 개인의 책무성이 강조된 수업방법이다. 또한 개인의 참여기회가 더욱 구체화되었으므로 좀 더 많은 토의·토론이 일어날 가능성이 많다. 이러한 장점을 가졌지만 역으로 개인의 부담이 그만큼 강화되었고, 모둠 내에서 개인의 역할이 중요해졌기 때문에 개인의 능력에 따라 모둠의 과제가 영향을 받을 가능성도 그 만큼 많아졌다. 그러므로 교사는 개인의 능력에 따라 모둠의 미니 과제가 잘 배분되도록 개입할 필요가 있다(정문성, 2013).

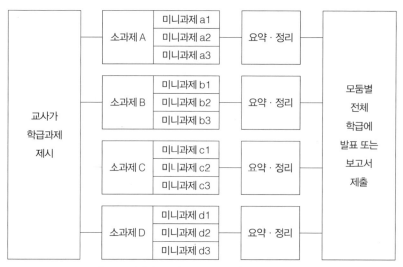

그림 8-4. 집단탐구 II(Co-op Co-op) 수업 절차 개념도

집단탐구 II(Co-op Co-op)를 활용한 수업방법

집단탐구 II를 활용한 수업은 다음과 같이 크게 5단계로 이루어진다.

1단계: 교사가 전체 학급과제를 제시하고, 학생들과 소과제로 무엇을 할지 정한다

• 집단탐구와 마찬가지로 교사는 전체 학급과제를 제시하고, 이를 위해 어떤 소과제들이 필요한지 학생들이 자유롭게 발표하게 한다.
• 이를 칠판에 적은 후 학생들과 함께 교사가 주도로 몇 개의 영역으로 묶는다.

2단계: 학생들은 선호하는 과제를 선택해서 모둠을 구성한다.

• 몇 개의 과제로 분류되면, 교사는 학생들에게 어떤 과제를 하고 싶은지 선택하게 한다.
• 학생들이 자기의 이름이나 번호가 적힌 자석 토큰을 교사가 분류해 놓은 과제에 나와서 붙이고 모둠을 정한다.

3단계: 모둠별 소과제를 정교화하고, 미니 소과제를 정한다.

• 학생들이 원하는 과제가 정해지면 소과제를 연구하기 좋도록 정교화한다.
• 필요한 역할을 분담하고, 모둠별로 탐구계획을 세우게 한다.

- 이때 소과제의 미니 소과제를 정한다. 예를 들어 소과제가 도시문제를 조사하는 것이라면, 미니 소과제는 교통문제, 주택문제, 환경문제 등이 될 것이다.
- 그리고 학생들이 원하는 미니 소과제를 분담한다.

4단계: 모둠별 미니 소과제 수행결과를 발표한다.

- 모둠 내에서 미니 소과제를 분담한 학생들이 과제를 수행한 후 각자 미니 소과제 결과를 발표한다.
- 이들을 정리하면 모둠과제가 완성된다. 이 활동이 집단탐구와 다른 점이다.

5단계: 모둠별 탐구결과를 발표한다.

- 모둠활동이 끝나면 모둠별로 학급 전체에 결과를 발표한다. 또는 보고서로 대신할 수 있다.

6단계: 교사는 모둠의 탐구결과들이 전체 학급과제 완성에 어떤 역할을 했는지 정리해 준다.

- 교사는 모둠의 발표 또는 보고서를 정리해서 전체 학급과제가 어떻게 완성되었는지 정리해 준다.
- 이때 각 모둠에 어떻게 미니 모둠이 과제를 수행했는지도 알려 준다.

(정문성, 2013 재구성)

6) 문제중심학습(PBL)

문제중심학습(PBL: Problem Based Learning)은 주어진 실제적인 문제를 개인활동과 모둠활동을 통해 해결안을 마련하면서 학습하는 모형이다. 전통적인 학습과 문제중심학습을 비교하면 그림 8-5와 같다.

문제중심학습은 그 의미에서 문제해결학습(Problem Solving Learning)과 같다고 볼 수 있으며, 문제해결학습을 넓은 의미로 해석하면 그중 한 모형에 속한다고 볼 수 있다. 문제해결학습이란 듀이가 주장한 것으로 문제를 해결하는 과정에서 반성적 사고(reflective thinking)를 통해 학습하는 것을 말한다. 문제해결 과정은 영역마다 다를 수 있기 때문에 다양한 형태의 하위 모형들이 있다. 특히 문제중심학습은 의학교육에서 출발했다.

문제중심학습은 1960년대 캐나다의 맥매스터(Mcmaster)대학교에서 연구되기 시작하였다. 그리고 그 이론적 기초는 구성주의에서 제공하고 있으므로 자기주도적 학습(self-directed learning)과 협동학습(cooperative learning)이 주요한 수업방법으로 작동한다. 배로스(Barrows, 1985)는 의과대학생들이 오랜 시간 동안 많은 의학지식을 공부하지만, 실제로 환자를 진단하고 적절한 처방을 내리는 데에 어려움을 겪는 문제를 해결하기 위해 문제중심학습을 제안하였다. 여기서 '문제중심'이라는 용어를 사용한 것은 이전의 의학교육이 의학 '지식중심'의 교육이었기 때문이다. 즉 의사는 의학지식만 암기하는 수업이 아니라 환자를 직면한 '문제' 상황에서 수업이 시작되어야 한다는 점을 강조하기 위함이다. 의사가 직면한 문제와 이를 해결하는 과정이 문제중심학습이다. 그러므로 문제중심학습에는 몇 가지 구성 요소가 필수적으로 들어가게 된다(박성익 등, 2011).

첫째, 비구조화된 문제 상황이 필요하다. 문제가 무엇인지 정확하게 파악되지 않은 상황이 주어져야 한다는 것이다. 예를 들어 환자는 자신의 상태에 대해 불충분한 정보를 가지고 의사를 만나며, 의사는 정확한 진단을 위해 환자의 말을 듣기도 하지만 의학적 방법으로 추가적인 정보를 얻어야 하는 상황을 말한다. 학생들은 문제가 무엇인지부터 파악하는 활동을 해야 하는 것이다. 이 점이 대개 구조화된 문제로 출발하는 일반적인 문제해결학습과 다른 점이다.

둘째, 참여자의 자기주도학습 과정이 필요하다. 의사가 환자를 진단하기 위해서는 환자 개개인이 가지고 있는 수많은 변인들을 고려해야 하지만, 동시에 계속 발견되는 질병들, 처방들, 신약 등을 끊임없이 경험하고 공부해야 하는 과정이 필요하다. 즉 문제중심학습에서 학생들은 스

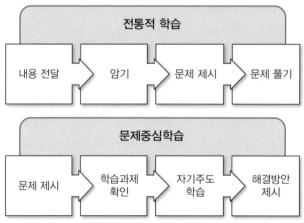

그림 8-5. 전통적인 학습과 문제중심학습(정문성, 2013)

스로 문제를 진단하고, 해결책을 찾아가는 자기주도학습 과정을 중시한다.

셋째, 가설-연역적인 추론과정이 필요하다. 환자를 진단할 때는 현 상태에서 가장 가까운 병명을 가설로 세우고, 여러 가지 조사와 자신의 지식과 경험을 통해 가설들을 검증한 다음 정확한 진단을 하게 된다. 그러므로 문제중심학습은 지식에 대한 충분한 공부뿐만 아니라 가설을 세우고 검증하는 추론능력도 필요하다.

넷째, 모둠 중심의 협동적 과정이 필요하다. 환자를 진단할 때는 많은 지식과 경험이 필요하므로 혼자서 감당하기보다는 협동학습 구조에서 동료들과의 활발한 토의·토론이 필요하다. 이러한 협동학습을 통해서 빠르고, 정확하고, 합리적인 결정을 할 수 있게 된다.

이러한 요소를 포함하여 슈미트 등(Schmidt et al., 2011)은 그림 8-6과 같이 문제중심학습 수업의 4가지 단계를 제시하였다.

1단계: 비구조화된 문제를 제시한다.

• 교사는 다소 불확실한 문제 상황을 제시한다. 그러면 학생들은 토의·토론을 통해 자신들의 지식을 동원하여 문제 상황을 이해하려고 노력한다.
• 교사가 주도하는 전체활동으로 할 수도 있지만 이때부터 모둠별 활동을 할 수도 있다.

2단계: 가설을 세운다.

• 앞단계에서 어느 정도 문제 상황이 이해되었으면 모둠별로 토의·토론을 통해 문제 상황을 설명할 수 있는 가설을 세운다.
• 그리고 가설을 증명하기 위해 어떤 학습이 필요한지 학습과제를 분명히 한다.
• 이때 과제를 분담해야 한다면 누가 어떤 과제를 분담해서 학습해 올 것인지도 정한다.

3단계: 자기주도학습을 한다.

• 학습해야 할 과제가 분명히 주어졌으므로 학생들은 각자 과제를 해결하는 자기주도학습을 한다.
• 이때 교사가 개입하여 학생들이 공부해야 할 과제들을 잘 점검하고 지도해 주면 좋다.

4단계: 결론을 내린다.

• 학생들은 모둠별로 다시 모여 각자 공부한 것을 토대로 최초의 가설을 수정하거나 정교화하고, 최종적인 결론을 내린다.

그림 8-6. 문제중심학습의 수업 단계

문제중심학습에서는 3단계를 제외하고는 모든 단계에서 토의·토론을 최대한 활용해야 한다. 그래야 문제를 보다 정확히 파악하고, 정확한 방향으로 해결방안을 모색할 가능성이 커지기 때문이다. 그러므로 자기주도학습도 그러한 전체 흐름 속에서 진행되는 것으로 볼 수 있다. 그리고 문제중심학습에서 가장 중요한 것은 '어떤 문제를 제시할 것인가?'이다. 이는 문제의 질에 따라 문제중심학습의 적합성이 좌우되기 때문이다. 제시해야 할 문제는 다음과 같은 특징을 가지는 것이 바람직하다(박성익 등, 2011).

첫째, 정답을 쉽게 찾을 수 있거나 너무 단편적인 것이어서는 안 된다.

둘째, 문제와 관련된 지식 간의 관계가 복잡하여야 한다.

셋째, 다양한 접근이 가능해야 한다.

넷째, 실제 생활과 관련되어야 한다.

다섯째, 수업의 시작 때 제시되는 것으로 학습의 필요성을 일깨워 줄 수 있어야 한다.

여섯째, 포괄적인 내용이어야 한다.

7) 눈덩이 토론/브레인스토밍

눈덩이 토론(snowballing)이란 눈덩이가 계속해서 커지듯이 토론하는 학생 수가 증가하는 것을 의미한다. 학생들은 짝별로 1분 내지 2분간 버즈 모둠활동을 시작한다. 이것은 학생들에게 전체 학급토론에 기여할 수 있는 더 많은 자신감을 줄 수 있다. 그 후 각각의 짝은 그들이 활동해 온 것을 공유하기 위해 또 다른 짝과 결합한다. 그 후 4명으로 구성된 각각의 모둠은 활동한 것을 공유하기 위해 4명으로 구성된 또 다른 모둠과 결합한다. 마지막으로, 토론은 전체 학급으로 확대되어 개방된다(Roberts, 2003).

한편, 브레인스토밍(brainstorming)은 학생들의 기존 지식을 끌어내기 위해 사용된다. 브레인스토밍은 학생들을 마음속으로 들어갈 수 있게 하며, 그들의 지식, 이해, 오개념, 의견을 알 수 있도록 한다. 또한 브레인스토밍은 학생들에게 그들이 이미 알고 있는 것과 그들이 학습하려고 하는 것을 연결하도록 할 수 있다.

브레인스토밍은 다양한 방식으로 이루어질 수 있다. 먼저 구술로 행해질 수 있는데, 그것은 자발적이고 빠르게 할 수 있는 장점이 있다. 이와 달리 학생들은 한 장의 종이나 이후에 분류하

지리 교재 연구 및 교수법

기 위해 분리된 카드에 아이디어들을 글로 쓸 수도 있다. 아이디어를 글로 쓰는 것은 모든 학생들을 사고하는 데 참여하도록 하는 장점을 가진다. 브레인스토밍은 모든 학생들이 스스로 생각하도록 개별적으로 이루어질 수도 있고, 더 많은 아이디어들을 생성할 수 있는 장점을 가지고 있는 짝 또는 모둠에 의해 이루어질 수도 있다. 교사들은 어떤 접근이 특정 상황에 적합할지를 결정해야 한다. 로버츠(Roberts, 2003)는 브레인스토밍을 발달시키기 위한 절차를 표 8-6과 같이 제시한다.

표. 8-6. 브레인스토밍을 사용하기 위한 절차

단계 1: 아이디어를 끄집어내기
학생들은 다음과 같은 질문에 대한 답변을 통해 목록, 질문, 아이디어, 기억, 어휘 등을 생각하도록 요구받는다.

- 당신이 …단어(또는 장소 이름)를 들을 때 처음으로 떠오르는 5가지 것들은 무엇인가?
- 사람들이 이 장소를 방문하고 싶어 하는 이유를 4가지 적어라.
- 이 신문의 독자는 이 사건/쟁점에 관해 무엇을 알고 싶어 할까? (질문을 구체화하기)
- 이 비디오 발췌문에서 무엇이 당신을 가장 놀라게 했는가?
- 당신은 이 그림을 묘사하기 위해 어떤 단어들을 사용할 것인가?
- 당신은 10년 안에 이 지역에서 어떤 변화들을 가장 보고 싶은가?

만약 우리가 다양한 사고를 소중히 하고 격려하기를 원한다면, 어느 정도의 시간 동안 사실적 지식뿐만 아니라 이유, 의견, 지각을 탐색하는 다양한 브레인스토밍을 사용하는 것은 가치가 있다.

단계 2: 아이디어를 모으기
교사는 전체 학급활동에서 학생들로부터 아이디어를 수집한다. 모든 아이디어는 교사나 다른 학생들에 의해 비평 없이 수용된다. 제시된 의견들은 모두가 볼 수 있도록 무작위로 또는 교사가 범주별로 분류(명백한 것 또는 아직 구체화되지 않은 것)하여 기록한다.

단계 3: 아이디어를 범주화하기
아이디어들은 몇몇 방식으로 구조화된다. 만약 제시된 의견들이 무작위로 기록되었다면, 학생들은 이 아이디어들이 분류될 수 있는 방법에 대해 생각하도록 요구받을 것이다. 만약 제시된 의견들이 이미 분류되었다면, 학생들은 분류를 위한 근거를 추측하거나 토론할 것이다. 만약 제시된 의견들의 분류 방법이 특정 조사에 적절하다면, 그것은 확실히 이점이 있다. 만약 그것이 적절할 것 같으면, 교사와 (또는) 학생들은 처음 아이디어들을 노트에 기록한다(또는 전자칠판으로부터 그것들을 저장한다).

단계 4: 일반화하기
이 단계에서는 이 활동에서 학습한 것을 요약하는 것이 유용하다. 어떤 아이디어들/지각들이 지배적인가? 이러한 아이디어들/지각들의 기원은 무엇인가?

단계 5: 탐구질문 및 탐구절차와 연결하기
교사는 브레인스토밍 활동과 학생들의 아이디어들이 탐구에 어떻게 기여하고 있는지를 보여 주는 다음 활동과의 연계를 제공한다.

8) 똑똑한 어림짐작

(1) 목적

똑똑한 어림짐작(intelligent guesswork)은 로버츠(Roberts, 2003)가 동기유발을 위해 고안한 활동이다. 똑똑한 어림짐작 전략은 새로운 지식을 소개할 때 기존 지식을 고려하는 것이 중요하다는 것을 강조하는 구성주의 학습이론에 뿌리를 두고 있다. 똑똑한 어림짐작 활동은 학생들의 선행지식과 이해를 끌어내는 효과적인 방법이다. 단지 무작위로 추측하지 않는 한, 학생들은 추측하기 위해 그들이 이미 알고 있는 것을 끌어와야 한다. 그들의 지식은 오개념과 고정관념적 이미지를 포함할 수도 있는데, 똑똑한 어림짐작을 통해 그것이 표출될 수 있고, 결과보고 동안 수정되거나 토론될 수 있다(Roberts, 2013).

똑똑한 어림짐작을 사용하는 또 하나의 이유는 호기심을 유발하기 위한 것이다(Roberts, 2013). 브루너(J. Bruner)는 이와 유사한 전략을 사용했는데, 1960년대에 그가 개발한 '인간: 학습의 과정(Man: A course of study)'에서 이를 '현명한 추측(informed guessing)'이라고 명명하였다. 그는 학생들이 더 호기심을 가지고 탐구심을 가지게 되는 프로세스의 일부분으로서 가설을 설정하고, 추측하기를 원했다(Bruner, 1966).

(2) 특징

똑똑한 어림짐작은 사진, 영화, 통계, 지도와 같은 다양한 자료와 함께 사용될 수 있다. 이 활동에서 학생들은 실제로 완전한 정보를 제공받기 전에 통계정보와 관련하여 추측을 한다. 대부분의 학생들은 자신의 경험, 다른 사람, 미디어, 공식적인 교육으로부터 획득한 지리적 현상에 대한 지식을 어느 정도 가지고 있다. 학생들이 똑똑한 어림짐작을 하도록 기대할 수 있는 다양한 토픽의 사례들이 다음에 제시되어 있다(Roberts, 2013).

- 인구: 예를 들면, 평균 기대수명, 국가의 총인구, 인구밀도, 인구이동
- 관광: 예를 들면, 잉글랜드에서 관광객이 가장 많은 관광지, 관광객이 가장 많은 EU 국가,

영국으로 관광을 오는 국가들

- 날씨와 기후: 예를 들면, 상이한 장소의 최고기온과 최저기온, 기후 그래프의 장소들
- 물의 사용: 예를 들면, 영국 가정에서 상이한 목적을 위해 물이 사용되는 양
- 영국에서 에너지의 사용: 예를 들면, 유형별 에너지의 비율

똑똑한 어림짐작은 다음과 같은 이유로 매우 가치 있는 활동이다.

- 똑똑한 어림짐작은 동기를 부여할 수 있다. 학생들은 정보를 알고 싶어 하는 열렬한 요구를 발달시킬 수 있다.
- 학생들의 어림짐작에 대한 토론은 그들이 지리적으로 사고하는 방법을 드러낼 수 있게 한다.
- 만약 정보를 위한 이유들이 토론된다면, 학생들은 그 정보를 위한 설명에 관해 알고 싶어 하는 동기를 부여받게 된다.
- 똑똑한 어림짐작은 학습하고 있는 토픽과 관련된 특별한 정보에 주의를 기울이게 하여, 더욱더 기억하기 쉽게 만든다.

(3) 절차

똑똑한 어림짐작을 사용하기 위한 일반적인 절차는 다음과 같다(Roberts, 2013).

- 학생들이 탐구의 초점에 대해 확실히 알도록 하라.
- 이것은 테스트가 아니며, 여러분은 추측이 정말로 흥미 있다는 것을 명백하게 하라.
- 학생들에게 개별적으로 또는 소규모 모둠으로 심사숙고하도록 요청하라. 학생들이 아이디어를 찾아내도록 충분한 시간을 허용하라.
- 위협적인 방식이 아닌 호기심과 사고를 자극하는 방식으로 학생들로부터 정보와 아이디어를 수집하라. 만약 잘못된 이해가 발생한다면, 이것을 적어서 나중에 검토할 수 있다.
- 학생들이 답변을 알기를 원하는지 물어보아라. 대답은 언제나 '예'이다.
- 답변을 제공하라.
- 활동을 결과보고하라. 무엇을 정확하게 추측하였는가? 이것은 왜 그랬는가? 무엇을 부정

확하게 추측하였는가? 이것은 왜 그랬는가? 이 활동은 어떤 방식으로 사전에 가지고 있는 지식을 변화시켰는가?

(4) 사례

똑똑한 어림짐작 전략을 사용하기 위한 일반적인 절차는 표 8-7의 (a)에 설정되어 있다. (b)는 똑똑한 어림짐작 활동지이며, 학생들은 선정된 국가들의 평균 기대수명을 추정한 후 이를 순위란에 기입한다. 2002년에 출판된 통계에 의한 '정답'이 (c)에 제공되어 있다. 이러한 사례를 사용할 때, 어떤 국가들이 가장 높은 평균 기대수명과 가장 낮은 평균 기대수명을 가지고 있다고 생각하는지에 관해 집중적으로 토론하도록 해야 한다. 이러한 추정의 배후에 있는 사고는 학생들의 이해와 추론에 관해 많은 것을 드러낼 수 있다. 이 활동과 활동지는 쉽게 다른 토픽에 적용될 수 있다.

표 8-7. 똑똑한 어림짐작

(a) 절차

1. 학생들은 탐구활동의 초점을 소개받는다. 학생들은 몇몇 요소가 빠진 정보, 예를 들면 특별한 지표에 대해 수치가 없는 국가 목록을 제공받는다. 교사는 정보가 당혹함의 요소를 불러일으키고 호기심을 유발하도록 하는 태도를 취할 필요가 있다(예를 들면, 나는 …인지 궁금해? 나는 x를 위한 수치가 …와 비슷할지 궁금해? 나는 네가 어떻게 추측할지 정말로 알고 싶어.).
2. 학생들은 개별적으로 또는 짝으로 활동한다. 학생들은 수치 또는 순위를 추정하고 그것들을 기록하는 똑똑한 어림짐작을 한다.
3. 전체 학급토론: 어림짐작 공유하기.
   교사는 어림짐작이 옳은지 틀린지에 대한 논평 없이 모든 어림짐작을 수용한다. 교사는 호기심 있는 태도를 취한다(나는 그것이 정답일지 궁금해? 다른 사람들은 어떻게 생각할까?)
4. 전체 학급토론: 사고를 탐색하기.
   교사는 어림짐작 배후에 놓여 있는 사고를 탐색한다(이것은 흥미 있다. 너는 그러한 숫자를 어떻게 선택했니? 너는 그것에 관해 어떻게 확신하니? 다른 사람들은 어떻게 생각할까?). 사고의 배후에 놓여 있는 이유는 칠판에 요약될 수 있다. 수업의 이러한 부분에서 일어나고 있는 것은 학생들이 그들의 지식과 지리적으로 추론하고 있는 방법을 드러내고 있다는 것이다. 오개념도 종종 나타나며, 이것들은 수치가 드러날 때 또는 이후의 탐구활동에서 알게 된다.
5. 정답 제시: 교사는 학급 학생들에게 '정답'을 알기를 원하는지 물어본다. (그들은 항상 알기를 원한다.) 교사는 데이터를 제공하고 학생들은 이것을 그들의 어림짐작 옆에 쓴다.
6. 결과보고(debriefing): 너는 어떤 수치를 맞추었니? 너는 왜 이것이라고 생각하니? 어떤 수치가 놀라웠니? 왜? 이들 숫자에 대한 너의 설명 중에서 어떤 것이 가장 그럴듯한 것 같니?

(b) 과제 시트

표에 있는 각 국가에 대해: 평균 기대수명을 추정하고 2번째 칸에 그 수치를 적어라.
- 여러분의 어림짐작에 따라 이들 16개 국가의 평균 기대수명의 순위를 제시하라. 3번째 칸에 평균 기대수명이 가장 높은 국가에 대해서는 1을 적고, 두 번째로 가장 높은 국가에 대해서는 2를 적어라.
- 1위와 2위인 국가명에 밑줄을 그어라.
- 15위와 16위인 국가명에 다른 색깔로 밑줄을 그어라.

1. 국가명	2. 평균 기대수명	3. 순위
오스트레일리아		
방글라데시		
볼리비아		
브라질		
중국		
인도		
이탈리아		
자메이카		
일본		
말라위		
폴란드		
사우디아라비아		
남아프리카공화국		
튀니지		
영국		
미국		

(c) 평균 기대수명: 16개 국가를 위한 데이터

1. 국가명	2. 평균 기대수명	3. 순위
오스트레일리아	80	=2
방글라데시	59	11
볼리비아	63	10

브라질	69	=9
중국	71	8
인도	69	=9
이탈리아	80	=2
자메이카	75	5
일본	81	1
말라위	38	13
폴란드	74	6
사우디아라비아	72	=7
남아프리카공화국	51	12
튀니지	72	=7
영국	78	3
미국	77	4

출처: Population Reference Bureau wall chart(2002)

(Roberts, 2003)

9) 추론적 대화

학생들은 추론적 대화(speculative talk)를 나눌 수 있는데, 이는 모둠활동을 통해 더욱 활성화 될 수 있다. 추론적 대화는 고차 사고기능을 격려하고 동기유발을 자극한다는 점에서 가치가 있다.

추론적 대화는 다음과 같은 질문들에 의해 자극을 받는다.

• 당신은 이 사진이 어디에서 찍혔다고 생각하는가?
• 당신은 세계의 어느 국가가 …할 것이라고 생각하는가?
• 이 장소는 어떤 모습일까?

지리 교재 연구 및 교수법

- 우리는 그것을 어떻게 해결할 수 있을까?

- 우리는 그것을 어떻게 설명할 수 있을까?

추론적 대화는 사진, 비디오 발췌문, 자극으로서의 활동 등을 사용함으로써 쉽게 격려할 수 있다. 표 8-8은 학생들이 추론적 대화를 사용하여 '세계에서 어느 곳일까?'라는 질문에 어떻게 대답하는지를 보여 준다. 그리고 표 8-9에서 학생들은 남극대륙에서의 특정 장소가 어떤 모습일지에 관해 추론한다.

표 8-8. 추론적 사고: 세계에서 어느 곳일까?

이 사례는 일본에 관한 단원의 시작 활동으로서 사용되었다. 인터넷에서 수집한 일본에 대한 20개 사진이 추론적 사고를 위해 제공되었다. 이 사진들은 일본의 시골 경관과 도시 경관, 그리고 전통적 경관과 현대적 경관을 포함했다. 이 활동은 4단계로 구성되었다.

1단계: 과제에 대한 소개

교사는 학급 학생들에게 20개의 사진을 볼 것이라고 알려 준다. (이 사진들은 슬라이드, OHP 필름, 컴퓨터 스크린, 빔프로젝트 화면 등을 통해 제공될 수 있다.)

과제: 각각의 사진은 어떤 나라에서 찍혔는지를 결정하라.

국가의 이름과 그 옆에는 이 국가에 대한 '실마리'를 기록하라.

2단계: 자극

학생들은 사진을 면밀하게 관찰하고 노트 필기를 한다.

3단계: 추론적 대화

교사는 학생들에게 각각의 사진을 살펴보고, 국가의 이름과 그 이유를 제시하라고 요구한다. 교사는 학생들에게 서로 다른 기여와 추론을 격려한다.

4단계: 결과보고 토론

교사는 학생들에게 모든 사진은 일본에서 찍힌 것이라고 알려 준다.

결과보고 지시 메시지: 학생들은 이 사진으로부터 일본에 관해 무엇을 배웠는가? 학생들은 그것을 어떻게 기술했을까? 어떤 사진이 학생들을 놀라게 했으며, 왜 그러했는가? 어떤 사진이 학생들을 놀라게 하지 않았으며, 왜 그러했는가? 학생들은 어느 곳에서 일본에 대한 인상을 받았는가? 학생들은 이 사진들이 일본에 대한 믿을 수 있는 인상을 준다고 생각하는가? 학생들은 어떻게 해결했을까? 사진에서 어떤 종류의 정보가 실마리로서 가장 유용했는가?

이 활동의 변형

- 이 활동은 현저한 차이가 나는 국가를 비교하기 위해 사용될 수 있다.
- 홉커크(Hopkirk, 1998)는 모두 인도에서 찍은 슬라이드 세트를 가지고 유사한 전략을 사용한 것을 기술하고 있다. 그는 학생들에게 어떤 슬라이드가 '더 경제적으로 발달된 국가'에서 찍혔고, 어떤 슬라이드가 '경제적으로 덜 발달된 국가'에서 찍혔는지를 구체화하도록 요구했다.
- 이것은 주제적 토픽, 예를 들면 인구밀도에 대한 학습의 일부분으로서 사용될 수 있다.

* 주석: www.google.co.uk의 이미지 섹션은 장소와 지리적 주제를 위한 훌륭한 자료원이다.

(Roberts, 2013)

표 8-9. 추론적 사고: 이곳은 어떤 모습일까?

이 사례는 남극대륙에 관한 단원의 첫 수업에서 도입활동으로 사용되었다. 이 수업은 '남극대륙은 어떤 모습일까?'라는 질문에 답하기 위한 목적을 둔 기술적인 탐구(descriptive enquiry)에서 추론적 대화를 사용한 사례이다.

시작

- 교사는 학급 학생들에게 남극대륙이 어떤 모습일지를 발견하기 위해 마이클 페일린(Michael Palin)과 함께 남극대륙에 갈 것이라고 알려 준다. 그들은 칠레에서 패트리엇 힐스(Patriot Hills)(패트리엇 힐스는 칠판에 써라.)로 여행할 것이다.
- 숙제로 그들은 패트리엇 힐스로 가는 여행에 관한 일기를 쓸 것이다. (비디오를 본 후 이것에 대해 토론할 시간이 있을 것이다.)
- 학생들은 승객들이 칠레에서 비행기에 탑승하는 것으로 시작하는 '북극에서 남극까지(Pole to Pole)'(1992)라는 BBC 비디오에서 발췌한 10분간의 내용을 본다.
- 주목: 이 비디오는 비행기가 착륙하기 바로 전에 멈춘다. (이 발췌문은 훌륭하다. 왜냐하면 승객들의 불안과 기대가 중요한 예감을 불러일으키기 때문이다.)

활동: 추론적인 토론

- 학생들은 추론하도록 요구받는다. 이 비행기는 패트리엇 힐스에 착륙하기로 예정되어 있다. '패트리엇 힐스는 어떤 모습일까?' (처음에는 짝을 이루어, 이후에는 전체 학급 학생들에게 자신들의 아이디어를 제공한다.)
- 모든 아이디어는 범주화하여 칠판에 기록된다. (학생들은 경관, 건물, 날씨, 사람 등에 관해 이야기할 것이다.)
- 교사는 추론적인 자극과 함께 상이한 정보의 범주, 예를 들면 경관, 건물 등에서의 반응을 격려한다. 즉 날씨는 어떨까? 무엇을 생각하니? 모든 사람들이 이렇게 생각할까? 날씨가 얼마나 춥다고 생각하니? 왜 그렇게 생각하니? (교사는 날씨가 어떨지를 궁금해하면서 추론적인 자세를 유지한다.)
- 교사는 이러한 아이디어들 중 어떤 것이 다소 그럴듯한지, 학생들은 왜 그렇게 생각하는지에 관한 논평을 요구한다.

활동: 면밀하게 비디오 관찰하기

교사는 학급 학생들에게 패트리엇 힐스의 실제 모습을 보기를 원하는지 물어본다(학생들은 항상 원할 것이다).

학생들은 그들이 보고 듣는 것에 집중하면서 이 비디오의 다음 10분간의 내용을 보도록 요구받는다.

비디오에 대한 관찰을 결과보고하는 종합

비디오의 증거로부터: 그들은 경관, 건물, 날씨, 사람에 관해 무엇을 발견했는가? 어떤 것이 그들을 놀라게 했는가? 그들은 그곳에 가고 싶어 할까? 왜 그러한가? 왜 그렇지 않은가? 그들은 이 비디오 발췌물로부터 남극대륙이 어떤 모습인지에 관해 얼마나 많이 이야기할 수 있나? 그것은 어떤 측면에서 오해하게 만드는 것 같은가? 그들은 남극대륙이 어떤 모습인지에 관해 어떻게 더 발견할 수 있을까? 그들은 어떤 증거가 필요할까?

활동: 일기 쓰기를 위한 준비

학생들은 이 여행에 관한 어떤 종류의 것들을 일기에 쓸 것인지를 짝별로 토론하는 활동을 한다.

학생들은 이 아이디어들을 전체 학급 학생들과 공유한다.

교사는 마이클 페일린의 책 『북극에서 남극까지(Pole to Pole)』(1992)의 상이한 절로부터 발췌한 짧은 글을 읽는다. 이것은 어떤 다른 유형의 것들을 포함하도록 제안하는가?

어떤 준거가 일기를 채점하기 위해 사용되어야 한다. 10점 중에서 점수는 어떻게 배정되어야 하는가?

다른 가능성

다른 비디오와 함께 이 활동의 계열을 사용하는 것이 가능하다. 추론적인 대화는 이 탐구에서 호기심을 유발하고 비디오의 어떤 양상들을 주목해야 할 것인지를 협상하는 데 매우 중요한 역할을 한다.

자료

BBC, 1992, Pole to Pole With Michael Palin (video), London: BBC Enterprises Ltd.
Palin, M., 1992, *Pole to Pole*, London: BBC Publications.

(Roberts, 2003)

10) 최고와 최악

최고와 최악(best and worst) 활동 역시 로버츠(2003)가 고안한 것이다. '살기에 최고의 장소는 어디이며, 최악의 장소는 어디인가?'라는 활동에서 학생들은 살기에 최고의 장소는 어디이며, 최악의 장소는 어디인가를 결정하기 위해 수치 데이터를 공부한다. 이 활동은 다음과 관련하여 수행될 수 있다.

- 도시(예: 영국에 있는), 지역(예: 유럽의), 국가

- 특정한 사람들의 집단, 예를 들면 어린이, 여성(세계에서 어린이들에게 최악의 국가 10개는?)

- 개발지표에 관해 출판된 통계 또는 어떤 시설로부터의 거리, 예를 들면 프리미어리그 축구
  클럽으로부터 어떤 도시의 거리

최고와 최악 활동을 위한 가능한 절차는 표 8-10에 설정되어 있다.

표 8-10. 최고와 최악

ⓐ 제안된 절차

시작: 동기유발하기
처음 브레인스토밍:
- 만약 당신이 다른 도시/다른 국가에 살아야 한다면, 어디에 살고 싶은가?
- 이들 장소는 왜 살기에 좋은 장소일까?
- 당신은 기관들, 예를 들면 국제연합(사례 b)에 의해 선정된 장소들의 목록에 동의하는가?

데이터 사용하기: 준거 결정하기
- 학생들은 준거 목록을 공부하고, 그들에게 가장 중요한 5가지 준거를 결정한다.

데이터 이해하기: 순위 매기기
탐구의 이 부분은 컴퓨터의 데이터베이스에 있는 정보를 사용하여 수행될 수 있거나 통계, 지도책, 지도 등을 사용할 수 있다.
학생들의 과제는 다음과 같다.
- 각각의 준거에 따라 주어진 장소의 목록을 순위화하기
- 합계를 얻기 위해 순위의 숫자를 합산하기
- 그들의 '최고와 최악'의 장소를 구체화하기
- 지도에서 그들의 '최고와 최악'의 장소 위치 찾기
- '최고와 최악'의 장소에 대한 세부사항을 가지고 지도에 주석 달기

학습에 대한 반성
결과보고(debriefing):
- 어떤 장소들이 최고와 최악 장소로 나타났는가?(가능하면 큰 지도에서 위치를 찾아라.)
- 만약 이들 장소에 대한 또 다른 순위가 있다면(예: 국제연합에 의한), 순위를 어떻게 비교할 것인가?(다른 순위
  를 보여 주라.)
- 최고와 최악의 장소 분포에 어떤 패턴이 있는가?

• 이들 장소에 관한 수치는 전체적인 이야기일까? 이들 최고의 장소들을 살기에 그렇게 좋지 않게 하는 것들이 있는가? 이들 최악의 장소들을 살기에 그렇게 나쁘지 않게 하는 것들이 있는가?

(b) 사례

인간개발지수(Human Development Index)(평균 기대수명, 교육, 국내총생산에 근거한)에 따라 세계에서 살기에 최고와 최악의 국가들 순위

'최고' 10개 국가		'최악' 10개 국가	
1	노르웨이	164	말리
2	스웨덴	165	중앙아프리카공화국
3	캐나다	166	차드
4	벨기에	167	기니비사우
5	오스트레일리아	168	에티오피아
6	미국	169	부르키나파소
7	아이슬란드	170	모잠비크
8	네덜란드	171	부룬디
9	일본	172	니제르
10	핀란드	173	시에라리온

출처: www.undp.org/hdr2002 and
www.infoplease.com/ipa/A0778562.html

(Roberts, 2013)

11) 지리적 탐정활동(geographical detective work)

'장소', '연결', '상호의존성'은 세계화 시대에 젊은이들이 일상적으로 체험된 지리(lived geographies)를 탐색할 수 있는 핵심적인 개념이다. 이러한 개념의 탐색을 위해 젊은이들 자신이 일상적인 삶을 통해 구매하고 소비하는 상품을 매개로 하여, 다른 장소 또는 사람들의 삶과 명백하지만 눈에 보이지 않게 어떻게 연결되는지를 탐색하도록 하는 활동은 더욱더 중요하다.

쿡 등(Cook et al., 2007)은 상품과 상품문화가 사람들의 삶과 연결되는 방법뿐만 아니라, 더 중요하게 상품의 연결이 학생들이 구매하는 제품들을 만드는 '먼 거리의 타자들'과 관련하여 소비자로서 학생들이 상상하고, 이해하며, 행동하는 방법에 변화를 일으킬 만큼 충분히 '실제적'인 방법들을 고찰한다. 그들은, 우리는 우리가 소유하거나 사용하는 물건들을 생산하는 노동자들에게 직접적인 연결감을 느끼기는커녕 우리의 삶에서 그 물건들이 어디에서 오는지에 거의 주

목하지 않는 경향이 있다고 주장한다.

사회적·공간적·정치적인 면에서 소비와 생산을 연결하기 위한 간단한 분석적 도구는 특정한 장소 내에서의 사람과 사물의 네트워크라는 개념이다. 이것은 '연결의 웹(web connection)'이라고 불려 왔다. 상품의 연결을 더 투명하게 만드는 것이 반드시 학생(소비자)의 행동을 변화시키지는 않으며, 사회적으로 책임 있는 소비를 개선하지 않을 수도 있다. 그러나 생산자와 소비자 사이의 관계를 열어젖힐 때, 젊은이들의 지리적 삶이 표면화되고 탐색될 수 있다. 이를 위해 중요한 지리적 질문은 다음과 같다. 지리는 당연시되어 온 소비의 일부분인 매우 복잡한 연결들(지리들)에 대한 젊은이들의 이해를 발달시키기 위해 그들을 어떻게 도울 수 있으며, 먼 지역 타자들의 일상적인 삶에 더욱더 몰입된 감정이입을 발달시키기 위해 그들을 어떻게 도울 수 있는가?

하트윅(Hartwick, 2000: 1184)에 의하면, 급진적 지리학자로서 우리는 상품의 이국적 외관의 배후에 놓여 있는 사람, 장소, 사건에 대한 연결을 만들 필요가 있다. 지리학자로서 우리의 역할은 3가지이다. 첫째, 상품의 실제적이고 물질적인 연계들에 숨어 있는 중요한 암시를 해체하는 것이다. 둘째, 이러한 연계들에 관한 정보를 수집하기 위한 분석적이고 개념적인 수단을 제공하는 것, 즉 지리적 탐정(geographical detective)이 되는 것이다. 셋째, 이러한 연계들에 대한 정치적 실천(political praxis)에 직접적으로 참여하는 것, 즉 운동가(activists)가 되는 것이다. 물론 이 3가지는 지리학자의 역할, 즉 어른들의 지리이지만, 어린이 및 젊은이들 또한 주체가 되어 이를 탐구할 수 있다. 특히 젊은이들이 자신의 일상생활에서 소비하는 복잡한 상품의 지리를 조사하는 것은 지리적 탐정활동의 한 형태로서 간주될 수 있다. 학생들은 운송망을 따라 마케팅, 분배와 처리 과정을 경유하여 소비지점으로부터 생산지점과 노동자들이 살고 있는 장소를 넘어 상품의 경로를 찾아간다. 이 장치를 사용하여, 학생들은 일련의 로컬 세계가 글로벌 시스템의 연결망에 의해 연결된 것을 만나게 될 것이다.

이러한 지리적 탐정활동에서 중요한 것은 증거를 조사하는 것이다. 증거를 찾기 위해 학생들은 실마리를 찾고, 자신의 판단을 연습하며, 비판적으로 자료를 찾아야 한다. 학생들은 자신의 탐구경로를 추적함에 따라, 이 과정이 처음에는 간단한 것 같지만 빨리 명백하게 되는 것은 아니며, 이러한 연결이 얼마나 복잡한지, 이 과제가 얼마나 많은 생각을 요구하는지를 알게 될 것이다. 학생들은 점점 상품의 다양한 지리에 관한 연결망을 만들 것이다.

지리 교재 연구 및 교수법

학생들이 전개한 그들의 결과와 생각은 시각적으로 표현하는 것이 가장 적합하다. 또는 세계 백지도, 지리부도, 펜 등을 이용하거나 연결의 웹 또는 거미 다이어그램을 그리는 것이 도움이 될 것이다. 이러한 탐정활동은 학생들로 하여금 다른 사람들의 삶과 연결되는 범위를 점점 볼 수 있게 해 준다. 탐정활동은 간단하지 않으며, 학생들에게 끈기를 요구하고, 표 8-11과 같이 레스닉(Resnick, 1987)이 언급한 고차사고를 요구한다. 이상과 같은 지리적 탐정활동 과정을 도식화하면 그림 8-7과 같다.

표 8-11. 지리적 탐정활동과 고차사고

- 사고는 규칙적인 것이 아니다. – 행동의 경로는 사전에 완전히 알려져 있지 않다.
- 사고는 복잡해지는 경향이 있다. – 전체 경로는 단일 시점으로부터는 보이지 않는다.
- 사고는 특별한 해결책보다는 다양한 해결책을 생산한다.
- 사고는 미묘한 차이가 있는 판단과 해석을 포함한다.
- 사고는 서로 갈등할 수 있는 다양한 준거의 적용을 포함할 수 있다.
- 사고는 불확실성을 포함한다. – 과제에 관한 모든 것이 밝혀지지는 않는다.
- 사고는 인상적인 의미도 포함한다. – 분명한 무질서 속에서 구조를 찾는 것
- 노력을 요구한다. – 정교화와 판단을 위해 상당한 정신활동이 요구된다.

상품 : 무엇을 조사할까?
- 학생들은 자신에게 중요한 상품을 구체화한다
- 예를 들면, 추잉껌, 옷, 휴대폰, MP3, 신발, 양말 등

학생들은 하나의 상품을 조사한다: 증거는 어디에 있을까?
- 때때로 이것은 확인하기 쉽다
- 식품을 포함한 대부분의 상품들은 어디에서 만들어졌는지를 말해 준다.
- 주요 단어들: 라벨과 포장지에 있는 회사명, 브랜드, 국가명은 유용한 실마리이다.
- 일부 학생들은 교사의 도움이 필요할 것이다.

학생들은 그 증거를 조사한다.
- 인터넷은 가장 좋은 방법이다.
- 키워드 검색을 하거나, 모든 종류의 웹사이트를 사용할 수 있다.
- 매우 많은 정보들이 나타날 것이고, 이것을 줄일 수 있어야만 한다.
- 처음에는 학생들이 정보를 공유하는 것이 도움이 될 수 있지만, 자신만의 단서를 조사할 수 있는 자유가 필요하다.
- 학생들은 찾아낸 상품, 장소, 환경 등 간의 연결들을 세계백지도에 기록할 수 있다.

학생들은 상품의 다양한 연결들을 구체화한다.

- 학생들이 실마리를 따라 조사할 때 세계백지도를 사용하여 연결들을 거꾸로 추적하고, 그 장소와 그곳에서 일하는 사람들에 관한 더 많은 정보를 찾을 수 있다.
- 거미 다이어그램은 정보를 기록하는 데 사용될 수 있다.
- 이 조사과정은 발견된 증거 뒤에 감추어진 인간의 이야기(human stories)를 풀어내기 시작해야 한다.

그림 8-7. 젊은이들을 위한 지리적 탐정활동의 과정

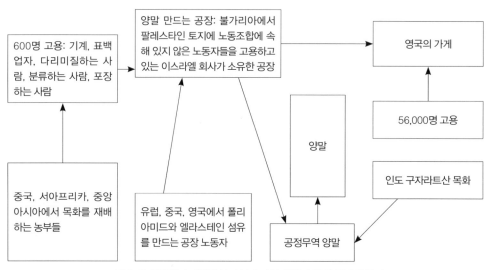

그림 8-8. 글로벌 스케일에서 자신과 다른 사람들 간의 연결 만들기

12) 연결 만들기(connection making)

이 활동에서 학생들은 '다른 장소들과 어떤 연계가 있는가?'라는 질문에 답한다. 이 질문은 학생들의 로컬 지역 또는 도시, 국가 또는 그들 자신에게 적용될 수 있으며, 옷 또는 식품, 여가와 같은 학생들 자신의 삶의 몇몇 양상들에 적용될 수도 있다. 데이터는 학생들의 경험 혹은 현재 가지고 있는 지식이거나 개인적인 조사(식품 라벨, 옷 라벨, 로컬 지역에 있는 장소에 관한)에 근거할 수도 있다. 학생들은 그것들과 연계를 가지는 장소들을 구체화하고, 연계를 이해하기 위해 정보를 범주화하거나, 정보를 지도로 표현할 수 있으며, 분포 패턴을 찾을 수 있다. 표 8-12는 이 활동이 유럽연합(EU) 내에서의 차이에 관한 탐구를 위한 도입적 활동으로서 어떻게 사용되었

는지를 보여 주고 있다.

표 8-12. 유럽에서의 국가들 간 연결 만들기

(a) 절차

핵심 질문
- 어떤 면에서 영국은 유럽의 다른 국가들과 연결되어 있는가?
- 이들 연계 중 어떤 것이 유럽연합에 있는 국가들과 관련되는가?
- 상호의존성이란 무엇인가?

자료
- 활동지: 우리는 유럽과 어떻게 연결되어 있는가?(b)
- 도구: 예를 들면, 노키아 모바일 폰의 사진, 프리미어리그에서 활약하는 축구선수, 패션 기사, 휴가 안내 책자
- 데이터: 학생들의 현재의 지식

시작
- 활동지를 나누어 주어라.
- 학생들은 그들이 들었던 모든 국가들에 대해 밑줄을 긋는다(읽기를 확실히 하고 현재의 지식을 강화하라).
- 퍼즐: 왜 일부 국가들은 원 안에 있고 일부 국가들은 원 밖에 있는가?
- 도전: 당신은 각 국가와 영국 간의 연계에 대해 생각할 수 있는가? 어떤 종류의 연계가 이미 구체화되었는가? 우리는 이들 국가와 어떤 다른 종류의 연계를 가지고 있는가?(예: 음악, 음식, 스포츠, 옷, 개인적 연계−도구를 사용하라.) 당신은 이러한 각각의 범주들에서 연계에 대해 생각할 수 있는가?

활동: 연계를 구체화하기
- 학생들은 짝 또는 소모둠으로 활동을 토론한다.
- 학생들은 완성된 활동지(c)에서 보여 주는 것처럼 그들이 생각한 연계를 활동지에 쓴다.
- 완료한 학생들 또는 그들의 아이디어를 다 써 버린 학생들을 위한 심화활동
   1. 그들은 연계를 색깔로 코딩하고 범례를 고안함으로써 연계를 범주화한다.
   2. 그들은 다른 유럽 국가들 간의 연계, 예를 들면 프랑스와 독일 간의 연계를 만든다.

종합 토론
- 학생들이 그들의 다이어그램에 표시한 것을 공유하기(필요하다면 교정하기).
- 각각의 유럽연합 국가를 위한 어떤 연계(학생들은 그들의 다이어그램에 추가할 수 있다.)
- 다음의 각 범주들에서의 어떤 연계: 음악, 옷, 자동차, 음식, 여행(학생들은 그들의 다이어그램에 추가할 수 있다.)
- 결과보고: 연계에 대해 생각하기 어려운 어떤 국가들이 있는가? 왜? 어떤 사람도 연계를 발견하지 못한 무언가가 있는가? (더욱 어려운 것들을 검토하라.) 어떤 국가들이 연계에 대해 생각하기 가장 쉬운가? 유럽연합은 연계를 어떻게 강화시키는가?(예: 여권, 노동, 법률, 농업) 만약 우리가 이러한 연계를 가지지 못했다면, 우리의 삶은 어떤 면에서 어렵게 될까? 당신은 무엇을 가장 놓칠 것 같은가? 우리는 이들 국가에 얼마나 의존하고 있는가?

활동: 글쓰기
- 개인적 감정에 관한 글쓰기 요약 노트와 문장을 준비하라. 우리가 유럽 국가들과의 연계에 관해 배운 주요한 것들은 무엇인가?

- (칠판에 기록하라.) 우리는 이러한 모든 요점을 노트에 어떻게 조직할 수 있나? 이들 연계가 당신에게 얼마나 중요한가? 당신은 어떤 연계를 가장 놓칠 것 같은가?
- 학생들은 노트와 요약 문장을 쓴다.

(b) '우리는 유럽과 어떻게 연결되어 있는가?' 활동지

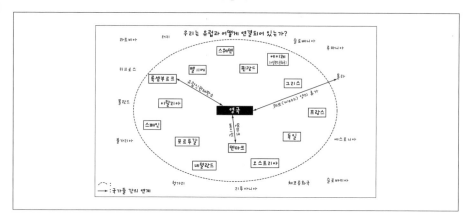

(c) 소피(Sophie)와 샘(Sam)이 완성한 활동지

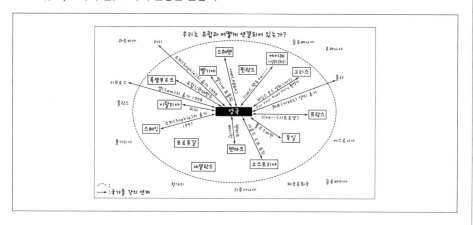

(Roberts, 2013)

제9장

게임과 시뮬레이션 그리고 역할극

1. 도입

게임, 시뮬레이션, 역할극은 언뜻 별개의 것으로 보이지만 이들 간에는 오히려 유사점이 많다. 게임, 시뮬레이션, 역할극은 어쩌면 편의상의 구분일 뿐, 수업 상황에서는 이들이 함께 사용되는 경우가 많다.[4] 그럼에도 불구하고 여러 학자들은 이들의 차이점을 제시하기도 한다. 그 이유는 이들이 서로 구분되어 발전되어 왔기 때문이다.

피엔 등(Fien et al, 1984)은 지리교사들이 교육적 상황에서 시뮬레이션과 게임을 많이 혼동하여 사용하고 있다고 주장한다. 즉 게임과 시뮬레이션을 구분하지 못하거나, 게임을 시뮬레이션의 일부로 간주하기도 하며, 시뮬레이션을 게임 기법의 일부로 간주한다는 것이다. 따라서 그들은 지리교사들이 시뮬레이션과 게임을 학교 교육과정에 성공적으로 사용하려면, 두 용어의 의미와 구체적인 특성을 알 필요가 있다고 주장한다.

한편, 월포드(Walford, 2007)는 시뮬레이션, 게임, 역할극을 다음과 같이 구별한다. 먼저 시뮬레이션(simulation)이란 실제 생활을 어느 정도 복제한 것으로, 이 활동에의 참여를 통한 학습에 붙여진 이름이다. 둘째, 게임(games)은 규칙과 경쟁 또는 갈등의 요소들이 있는 시뮬레이션 활

---

4) 게임, 시뮬레이션, 시뮬레이션 게임, 컴퓨터 시뮬레이션, 역할극 등의 용어는 흔히 구별되지 않고 혼용되고 있다(윤기옥 등, 2002: 302). 시뮬레이션, 게임, 역할극, 극화학습, 놀이학습, 구성학습, 모의법, 역할법 등 다양한 형태로 불리거나 범주화되는 사회과 수업방법들은 모의놀이적 성격이 강하다는 측면에서 사실상 '동일한 방법의 다른 이름들'로 규정할 수 있다.

동이다. 셋째, 역할극(role-play)은 대개 구조화되어 있지 않지만 참여자들이 다른 사람의 역할을 취하는 시뮬레이션 활동이다.

이를 좀더 구체적으로 살펴보면 다음과 같다. 게임은 개인이나 팀이 서로 약속된 규칙, 제한된 시간, 점수체계에 따라 서로 경쟁하는 상황을 말한다. 또한 게임은 참여자가 흥미롭고 즐겁게 참여하며, 비교적 오랜 시간 동안 고도로 동기화되어 있는 특징이 있다. 반면에 시뮬레이션은 보통 의사결정이나 갈등해결 상황에서 작용하는 원리의 상호작용이나 조작기능을 가르치도록 설계되어 실제 상황의 추상적이고 제한된 모델에 근거한 게임의 특수한 형태이다(Greenblat, 1985). 그리고 시뮬레이션 게임은 두 개별 용어를 동시에 고려한 복합어이다. 한편, 역할극은 게임과 시뮬레이션의 중요한 부분을 차지한다. 역할극에서 연기자는 이미 설계된 대안 중에서 하나를 선택하거나 어떤 제한된 역할을 연기하는 등 규칙에 따른 의사결정에서 다른 사람들과 상호작용하는 잘 설계되고 규정된 역할을 연기해야 한다.

이와 같이 시뮬레이션, 게임, 역할극은 유사하면서도 각각 분리되어 발전되어 왔다. 따라서 이 장에서는 시뮬레이션, 게임, 시뮬레이션 게임, 역할극을 분리하여 각각의 정의, 특징, 수업 절차 및 사례에 대해 살펴본다.

2. 시뮬레이션

1) 정의

시뮬레이션이란 현실생활의 경험을 단순화시켜 학습자들에게 모방적 접근이 가능하도록 만든 가상 체험 체계라고 할 수 있다(Walford, 2007). 시뮬레이션 참여자들은 가상적 현실 속에서 실생활의 경험을 체험할 수 있다(Mehlinger & Davis, 1991: 197). 시뮬레이션은 현실의 일부를 반영하며, 학생들은 시뮬레이션에 참여할 때 제시된 현실에 대한 이해와 감정을 개발하는 데 도움을 주는 모형을 조작하거나 역할을 행하게 된다.

시뮬레이션 학습은 학습자들이 현실생활을 모방하는 학습방법이며, 현실생활을 단순화하여 현실 상황에서는 위험성과 부적절함에 노출되는 사회적 책임 비용을 줄이면서 과제를 해결해

218

나가는 학습방법으로 정의할 수 있다. 즉 역사학습에서 외국과의 외교적·군사적 대결, 지리학습에서 공장입지의 결정 등은 현실에서 위험성을 가지고 있으나 시뮬레이션에서는 거의 같은 상황이지만 사회적 책임 부담을 느끼지 않고 문제 상황을 해결해 내는 연습을 할 수 있다. 또한 이러한 시뮬레이션 참가를 통해 학습자들은 미래의 외교가, 전략가, 기업가, 교육자가 되어 볼 수 있는 체험이 가능하다.

　　최근 정보기술의 발달에 따라 수업에 컴퓨터 시뮬레이션 활용이 증가하고 있다. 그러나 교육의 관점에서는 컴퓨터를 이용한 시뮬레이션보다 개인과 집단들 간의 토론, 협상, 설득을 위해 설계된 훌륭한 시뮬레이션이 더 중요할 수 있다(Walford, 2007).

2) 유형과 특징

　　시뮬레이션은 다양한 형태를 취할 수 있다. 종종 시뮬레이션은 실제 세계에서 일어나는 과정을 재현하고, 묘사하거나 모방하기 위해 사용될 수 있는 모델로서 설계된다. 시뮬레이션은 많은 지리적 주제들을 포괄한다. 시뮬레이션은 자연적 프로세스(산중턱의 동굴, 삼각주, 곶의 형성과 같이), 인문적 프로세스(혁신의 확산, 이주, 인구성장과 같은), 인간과 환경의 상호작용(오염, 에너지의 사용, 농업적 실천과 같은)을 보여 주기 위해 고안될 수 있다(Butt, 2002).

　　최근 컴퓨터를 사용한 상호작용적 시뮬레이션은 뉴스룸 또는 산악구조 시뮬레이션의 형태로 고안되어 왔다. 여기서 컴퓨터는 자연재해와 같은 사건에 관한 정보를 전달하는 데 사용되며, 그곳에서 학생들은 주어진 시간 프레임 내에서 행동해야 한다. 학생들은 짧은 시간에 더 많은 정보를 분석해야 한다. 그리고 학생들은 그들이 어떤 행동을 취할 것인지를 고찰한 후 내린 결정을 컴퓨터에 입력해야 한다. 이러한 시뮬레이션은 매우 실제적이고, 학생들을 몰입하게 한다. 컴퓨터 시뮬레이션은 현재 매우 발전하고 있으며, 학생들에게 지리적 모델링을 하도록 할 수 있다.

　　월포드(2007: 12)는 시뮬레이션의 주요 유형을 경영 게임(operation games), 역할극, 미로 찾기/인바스켓 연습[5](action-mazes/in-basket exercises), 하드웨어 시뮬레이션, 수학적 시뮬레이션으

---

5) 관리자의 결재능력을 높이기 위한 훈련방법. 관리자의 일상 상황과 비슷한 장면을 설정하고 결재서류를 인바스켓(미결함)에 넣어 두면 수강자는 그러한 서류에 대해 차례로 의사결정을 하여 아웃바스켓(기결함)으로 옮겨 넣는데, 비교

로 구분한다. 사실 월포드의 시뮬레이션 분류에는 게임과 역할극이 혼합되어 있다는 것을 알 수 있다. 한편 박건호(1997)는 시뮬레이션을 순수하게 물리적 시뮬레이션(physical simulation), 절차적 시뮬레이션(procedural simulation), 상황적 시뮬레이션(situation simulation)으로 구분한다. 물리적 시뮬레이션은 기계의 작동법, 과학실험 기구의 사용법 등을 의미한다. 그리고 절차적 시뮬레이션은 자동차의 작업공정과 같이 일정한 절차에 의해 이루어지는 과정을 모의 상황으로 제공하는 형태이다. 마지막으로 상황적 시뮬레이션은 학생들에게 어떤 상황을 제공하고, 그 상황에 따라 취할 수 있는 문제해결 방법을 습득하도록 하는 형태이다.

시뮬레이션에는 반드시 3가지 요소가 들어간다. 첫째는 학생들이 어떤 역할을 맡는다는 점이다. 즉 누구도 소외되거나 방관자가 될 수 없다. 둘째는 일련의 문제를 해결하는 의사결정 과정을 밟는다는 것이다. 그리고 그 결과가 즉각적으로 나타나 시행착오를 통해 학습한다. 그러므로 의사결정의 결과는 모두 본인에게 책임이 있다. 셋째는 반드시 규칙이 있으며 그것이 엄격하게 지켜진다(윤기옥 등, 2002).

이상과 같은 시뮬레이션의 장점은, 첫째로 실제 세계보다 덜 복잡한 형태로 제시되므로 어려운 과제를 숙달할 수 있게 하며, 둘째로 쉬운 것에서부터 어려운 것으로 단계적으로 훈련을 할 수 있으며, 셋째로 예상치 못한 갑작스러운 상황에 대처하는 경험을 가질 수 있으며, 넷째로 이러한 모든 학습을 스스로의 시행착오를 통해서 배울 수 있다는 점이다(윤기옥 등, 2002).

시뮬레이션은 학생들에게 직접 경험을 통한 학습활동이 불가능할 때 '고안된 경험(contrived experience)'을 제공함으로써 직접 경험 이상의 효과를 거둘 수 있다는 점 때문에 매우 유용한 수업이다. 즉 복잡한 상황을 단순화시켜 상황을 잘 이해할 수 있고, 흥미로울 뿐 아니라 간접 경험을 통해 사고와 행동을 연습할 수 있는 기회도 제공해 준다.

적 단시간(30~45분)에 다량(20~30통)의 서류를 처리하게 함으로써 독해력, 판단력, 결단력 등을 높이고자 하는 것이다. 우선 훈련받는 사람이 개인으로서 서류를 처리하고, 다음에는 그것에 근거하여 집단으로 토의한 후, 그 결과를 전체 토의에 회부하는 방식을 취하여 상호계발을 촉진한다. 인바스켓 테스트 또는 인바스켓 연습은 피고용자를 고용하고 승진시킬 때 회사나 정부들에 의해 사용되는 일종의 테스트이다. 그 테스트 동안 직업 지원자들은 많은 메일, 전화 통화, 서류와 메모를 받는다. 그 후 그들은 제한된 시간 동안 우선순위를 결정하고, 그에 따라 그들의 작업 스케줄을 조직하여 메일과 전화 통화에 응답한다.

지리 교재 연구 및 교수법

3. 게임

1) 정의

게임이란 일정한 규칙을 가지고 참여자들 간의 경쟁을 통해 승자와 패자를 가려내는 것을 말한다. 따라서 게임 학습은 학습자들 간의 놀이와 유사한 게임이 진행되며, 학습결과는 승자와 패자로 나누어져 보상되는 경쟁의 논리를 지닌 학습방법이다. 그러나 단지 경쟁만을 우선시한다기보다 같은 집단 내 구성원끼리 협력을 통한 경쟁에서의 승리를 추구한다는 점에서 협동과 경쟁의 균형을 추구하는 학습방법이라고 보는 것이 타당하다.

지리교수에 사용되는 게임은 학생들에게 능동적인 학습경험을 제공한다. 게임은 종종 능동적 학습을 촉진하는 유사한 목적에 기여하는 역할극 및 시뮬레이션과 연결된다. 지리교육에서 게임은 1960년대에 처음으로 발달되었다(Scoffham, 2004).

지리교육에서 사용되는 게임은 교사로 하여금 다양한 능력을 가진 학생들에게 잘 작동하는 학생 중심 접근을 제공한다. 게임은 종종 인간의 의사결정 양상과 학습과정에 대한 기회 요인들(chance factors)을 도입하기 위해 채택된다. 게임은 오랫동안 지리를 가르치기 위해 사용되어 왔다. 예를 들면, 월포드(1969)는 이미 1969년에 지리교육에서의 게임 사용에 관한 영향력 있는 텍스트를 썼다. 사실 게임 기법들은 이미 이 시기 전에 대학 지리학에서 사용되어 왔다(Cole, 1966).

2) 효과

최근 게임은 교육에서 활용도가 높아짐에 따라 매우 효과적인 교수·학습 활동인 것으로 증명되어 왔다. 게임은 학생들로 하여금 다른 사람들의 입장에 놓일 수 있는 기회를 제공하며, 따라서 다른 관점을 이해하고 감정이입하는 연습을 하게 한다. 또한 게임은 의사결정을 하는 경험을 제공한다. 월포드(1986)는 지리수업에서 게임 사용의 다양한 이점을 다음과 같이 제시한다.

• 학생들의 동기를 향상시킨다.

- 지리적 프로세스들에 대한 학생들의 이해를 개선시킨다.
- 분석, 종합, 평가와 의사결정(인지적 교육)을 발달시킬 수 있는 기회를 제공한다.
- 토론, 협상, 협력과 협동(사회적 교육)을 격려한다.
- 감정이입을 발달시킨다(정의적 교육).

사실 이와 같은 게임의 이점은 또한 시뮬레이션의 이점이라고도 할 수 있다. 그러나 게임은 다루기 힘들거나 학습에 어려움을 겪는 모둠들을 달래기 위한 만병통치약이 아니다. 또한 게임은 현실을 과도하게 단순화시키고, 설치하고 이용하는 데 상당한 시간이 걸릴 수 있는 단점도 있다.

3) 유형

게임의 유형을 분류하는 방법은 다양하다. 피엔 등(Fien et al., 1989)은 게임을 시뮬레이션, 역할극, 교육적 게임, 시뮬레이션 게임으로 분류하였다. 시뮬레이션은 정확히 실제의 일부를 반영한 모형을 조작하는 것으로, 역할을 수행하는 수업이라 정의하고 있다. 즉 비행조종 훈련 등이 시뮬레이션에 해당한다. 역할극은 특수한 문제나 쟁점을 검토하기 위해 학생들에게 다양한 역할을 해 보도록 요구하는 형태로, 실제 상황에 놓였다면 어떠한 판단을 내렸을지에 대해 토론하는 방식으로 주로 이용된다. 교육적 게임은 경쟁적 상황에서 학생들이 주어진 자료와 개인의 능력으로 문제를 해결하는 방식이며, 시뮬레이션 게임은 시뮬레이션과 게임이 혼용된 형태라고 분류하였다(박현경, 2012).

블래츠퍼드(Blachford)는 게임을 역할극, 경영 게임(operational game), 시뮬레이션 게임 등으로 분류하였고, 테일러(Taylor)는 게임을 사례연구(case study), 게임 시뮬레이션, 컴퓨터 시뮬레이션으로 분류하였다(김연옥·이혜은, 1999 재인용). 이들은 주로 게임이 현실과 유사한 모의 상황에서 진행되는 것이라는 전제를 바탕으로 게임에 대해 분류하고 있다.

슈빅(Shubik, 2009)의 경우에는 게임을 기능에 따라 분류하였다. 첫째, 학습동기를 높이고, 훈련을 강화하기 위한 교수 게임(teaching game), 둘째, 가설을 검증하고 일반화하는 과정에서 사용하는 실험 게임(experimental game), 셋째, 교육에 흥미를 부여하는 데 목적을 둔 오락 게임, 넷째, 구조화된 역할이나 비구조화된 역할을 대신 수행하면서 진단과 치료를 목적으로 하는 게임, 다섯째, 전략적 전쟁, 그룹의 의견 형성, 탐구와 시험 등에 사용하는 경영 게임, 마지막으로 기술을 가르치기 위한 훈련 게임(training game)으로 구분하였다(박현경, 2012).

이와 같이 학자에 따라 게임을 분류하는 방식은 매우 다양하다. 이 책에서는 이와 같은 게임 분류방식을 따르지 않고, 수업의 관점에서 보다 실제적인 분류, 즉 퀴즈와 퍼즐, 카드 게임, 보드 게임, 시뮬레이션 게임으로 구분하여 살펴본다.

4. 퀴즈와 퍼즐

게임 중에서 가장 간단한 유형은 퀴즈와 퍼즐일 것이다. TV, 라디오, 신문 등에서 많이 사용하는 퀴즈와 퍼즐은 흥미 있고, 지식과 이해를 평가하는 유용한 방법으로 큰 잠재력을 가지고 있다. 이 중에서도 가장 많이 활용되는 것이 십자말풀이(crossword)이다. 퀴즈와 퍼즐은 수업에서도 활용도가 높아 진단평가나 형성평가를 위해 사용할 수 있다. 즉 교과서의 단원 도입부에

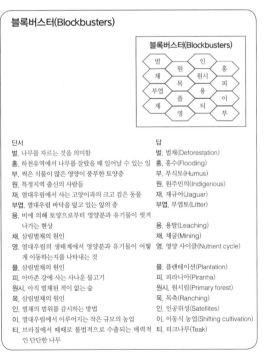

그림 9-1. 블록버스터 게임(Taylor, 2004)

진단평가를 위해 사용되거나, 단원 마지막에서 학습정리를 위해서도 사용된다. 여기서는 테일러(Taylor, 2004)의 블록버스터 사례를 제시한다(그림 9-1).

5. 카드 게임

1) 정의

교사는 상업용 게임을 활용할 수 있지만, 교사가 자신만의 게임을 창의적으로 만들어 활용한다면 교실활동에 다양성을 불어넣을 수 있다. 이때 가장 손쉽게 만들 수 있는 것이 바로 카드 게임이다. 카드 게임은 교사가 일련의 카드에 기호들(예를 들어 지형도의 기호들, 날씨 기호들)을 그리거나 붙이고, 다른 카드에는 단어들을 써넣는다. 학생들은 카드를 섞고 골고루 흩뜨린 다음, 차례대로 새로운 카드 한 장씩을 가져오며 일치하는 기호들을 만들 때까지 계속한다. 게임의 다양성은 끝이 없으며[스냅(snap), 루미(rummy), 휘스트(whist) 등등], 특히 상상력이 풍부한 지리교사는 다양한 카드 게임을 만들 수 있다. 시뮬레이션이 아닌 익숙한 카드 게임 메커니즘은 또한 교수전략으로서 유용할 수 있다. 이러한 카드 게임은 수업의 도입부나 요약 및 정리 단계에서 사용할 수 있으며, 전체 수업활동에서 사용될 수도 있다. 여기서는 지리교사 또는 지리교육 전문가에 의해 만들어진 몇몇 카드 활용 게임을 소개한다.

2) 종류

(1) 스냅(snap)

카드 게임의 일종으로 비슷한 카드 두 장이 판에 나오면 앞을 다투어 '스냅'이라고 외친다.

(2) 루미(rummy): 범주화화기

루미란 특정한 조합의 카드를 모으는 단순한 형태의 카드놀이를 말한다. 이러한 카드 게임 활

지리 교재 연구 및 교수법

동은 지리적 개념, 단어, 용어들의 유사성과 차이점을 분류할 수 있도록 한다.

(3) 카드 분류(card sorting) 활동

카드 분류 활동은 '계열화하기', '순위 매기기', '연결하기' 등이 있다. 지리에서 상호 협력적이고 협동적인 학습을 조직하는 가장 흔한 방법 중 하나는 다양한 카드 분류 활동을 사용하는 것이다. 이는 특히 소규모 모둠활동에서 효과적이고 유연하게 사용할 수 있는 방법이다. 내시(Nash, 1997)는 소규모 모둠활동에서 카드 분류 활동의 다양한 이점들을 표 9-1과 같이 제시한다.

표 9-1. 카드 분류 활동의 이점들

- 학생들이 모둠으로 학습하도록 유도하는 비교적 빠르고 간단한 방법이다.
- 학생들에게 명확하고 집중된 과제를 제공한다. 즉 학생들이 객관적으로 과제를 바라볼 수 있는 기회를 제공한다. 과제는 제한적이다.
- 어떤 연령과 능력의 학생에게도 유연하게 사용될 수 있다.
- 심지어 동일한 자료가 서로 다른 능력의 학생들로 이루어진 상황 또는 능력별 모둠 상황에 사용되더라도, 교육과정 차별화를 실현할 수 있다.
- 흥미롭고 동기를 부여하는 방식으로 학생들에게 정보를 제공하는 데 사용될 수 있다.
- 학생들에게 의사소통과 상호협동 기능을 개발하도록 한다.
- 학생들에게 자신의 학습에 적극적으로 참여하게 한다.
- 교실에서 유의미한 교사와 학생 간의 접촉을 가능케 한다.

카드 분류 활동은 다음을 포함하는 다양한 방법들로 지리수업에서 사용될 수 있다.
- 특징들을 표시해 보는 것
- 단어들과 정의들을 맞추어 보는 것
- 특징들과 요인들을 분류하는 것
- 우선순위들의 순서를 매기고 밝혀내는 것
- 관계와 설명을 찾아보는 것

(4) 도미노(domino)

도미노 게임은 기원전 300년 전 중국에서 시작된 것으로 알려졌으며, 나무나 기타 재료로 만든 직사각형 모양의 작은 패(牌)로 하는 게임이다. 도미노의 패는 2개의 정사각형을 붙여 놓은 직사각형 모양으로 표면에 아무것도 표시되어 있지 않은 경우(0으로 표시)를 제외하면, 각각의 직사각형에는 한 쌍의 주사위처럼 점들이 표시되어 있다.

도미노 게임은 여러 가지 종류가 있지만 잘 알려져 있는 편이 아니며, 게임보다는 도미노 패를 일정한 모양으로 세워 놓고 쓰러뜨리는 놀이가 더 유명하다. 최근에 도미노를 쓰러뜨리는 것을 즐기는 사람들을 중심으로 도미노 데이(Domino Day)를 정하기도 했는데, 네덜란드에서 시작된 도미노 데이는 11월 가운데 하루를 택하여 일정한 모양으로 쌓거나 늘어놓은 도미노를 쓰러뜨리는 날이다.

3) 유형별 지리수업 사례

(1) 톱 트럼프(Top Trumps)

톱 트럼프 활동은 인라이트 등(Enright et al., 2006: 374)이 학생들의 말하기와 듣기 능력을 향상시키기 위해 개발한 것이다. 여기에서는 '개발(development)'에 대한 톱 트럼프 활동을 소개한다. 표 9-2와 같이 국가들 간의 상이한 개발 척도(국내총생산, 출생률, 의사 1인당 인구 등)를 보여 주는 일련의 톱 트럼프를 만든다. 게임은 한 학생이 첫 번째 카드의 개발 척도를 콜하면서 시작한다.

예를 들면, 영희의 첫 번째 카드의 출생률은 14/1,000이며, 그녀는 이 척도가 민정이 것보다 더 발전된 국가라고 생각한다. 그러면 영희는 그것을 콜한다. 만약 영희의 것이 민정이 것보다 더 높다면, 영희는 민정이의 카드를 얻게 된다. 그렇지 않다면 민정이는 자신의 '톱 트럼프'를 그대로 가지며, 영희의 카드 또한 얻게 된다. 그 후 민정이는 영희로부터 얻은 트럼프 카드를 그녀의 카드 파일 맨 아래에 두고, 게임을 통제한다. 승자는 제한된 시간에 가장 많은 카드를 가진 사람이 된다.

이 활동은 고차 수준의 지리학습을 촉진한다. 왜냐하면 이 활동은 다양한 척도들이 어떻게 개발의 수준을 보여 주는지에 대한 상당한 이해를 요구하기 때문이다. 이 활동의 마무리 결과보고에서 교사는 학생들에게 질문을 함으로써 학생들의 메타인지를 촉진해야 한다. 즉 학생들은 게임 동안에 이루어진 자신의 전략과 결정에 대해 설명하고 정당화해야 한다. 이때 교사는 다음과 같은 질문을 사용할 수 있다.

- 어떤 국가들이 승리한 국가들이었는가? 왜 그랬는가?
- 어떤 국가들이 플레이하기 어려웠는가? 왜 그랬는가?
- 여러분은 이 게임에 어떻게 접근했는가?

표 9-2. 개발과 관련한 톱 트럼프 카드

브라질	영국
출생률 26/1,000 사망률 8/1,000 유아사망률 32/1,000 기대수명 66 의사 1인당 환자 수 1,080 1인당 국민총생산 2,680 성인 문자해득률 86% 1차 산업 종사자 23%	출생률 14/1,000 사망률 12/1,000 유아사망률 5/1,000 기대수명 71 의사 1인당 사람 수 620 1인당 국민총생산 1,670 성인 문자해득률 99% 1차 산업 종사자 1%
중국	파키스탄
출생률 21/1,000 사망률 7/1,000 유아사망률 25/1,000 기대수명 71 의사 1인당 사람 수 1,000 1인당 국민총생산 370 성인 문자해득률 86% 1차 산업 종사자 50%	출생률 42/1,000 사망률 11/1,000 유아사망률 76/1,000 기대수명 59 의사 1인당 사람 수 2,910 1인당 국민총생산 380 성인 문자해득률 45% 1차 산업 종사자 44%
미국	파라과이
출생률 14/1,000 사망률 9/1,000 유아사망률 7/1,000 기대수명 76 의사 1인당 사람 수 470 1인당 국민총생산 21,700 성인 문자해득률 97% 1차 산업 종사자 2%	출생률 33/1,000 사망률 6/1,000 유아사망률 27/1,000 기대수명 67 의사 1인당 사람 수 1,460 1인당 국민총생산 1,100 성인 문자해득률 95% 1차 산업 종사자 2%

탄자니아	오스트레일리아
출생률 50/1,000 사망률 13/1,000 유아사망률 104/1,000 기대수명 55 의사 1인당 사람 수 26,200 1인당 국민총생산 120 성인 문자해득률 78% 1차 산업 종사자 48%	출생률 14/1,000 사망률 8/1,000 유아사망률 5/1,000 기대수명 77 의사 1인당 사람 수 440 1인당 국민총생산 17,080 성인 문자해득률 100% 1차 산업 종사자 3%

(2) 도미노 카드 게임

테일러(Taylor, 2004)는 이전 수업에서 배운 내용을 확인하는 진단학습의 방법 중 하나로, 개발교육과 관련하여 수업의 도입부에 쓸 수 있는 '개발 도미노(development dominoes)'라는 게임을 소개하고 있다(표 9-3). 개발 도미노 게임은 이전 수업에서 학습한 내용(선행학습)을 재생하는 방법으로서, 본시 수업에서 설계하여 활용할 수 있다. 도미노 세트는 필요한 수만큼 복사하고 잘라서 카드로 만든다. 도미노 카드가 8장이기 때문에 8명씩 모둠을 구성하고, 한 세트의 카드를 모둠원들에게 1장씩 분배한다. 그리고 나서 한 학생이 카드의 오른쪽에 있는 정의를 읽으면, 그에 대응하는 용어를 가진 학생이 그것을 읽는다. 이러한 과정을 맨 처음 학생에게로 돌아갈 때

표 9-3. 개발 도미노 게임을 위한 카드

1인당 국민총생산	돌이 되기 전에 죽는 아기 수(인구 1,000명당)	유아사망률	사람들이 평균적으로 얼마나 살 수 있는가?
기대수명	매년 태어나는 아기 수 (인구 1,000명당)	출생률	농업과 어업 같은 직업에 종사하는 사람 수 (인구 100명당)

1차 산업 고용비율	매년 사망하는 사람 수 (인구 1,000명당)	사망률	서비스업에 종사하는 사람 수(인구 100명당)
3차 산업 고용비율	의사 1명당 평균 사람 수	의사/환자 비율	1년 동안 한 국가에서 생산된 모든 상품과 서비스의 가치를 인구규모로 나누기

(Taylor, 2004)

까지 계속해서 반복한다.

그 후 그 카드들을 모둠의 구성원에게 재분배하고, 다시 처음부터 시도한다. 이때는 더 빨리 진행한다.

(3) 범주화하기

범주화하기(categorizing)와 분류하기(classifying)는 지리에서의 중요한 인지적 능력이다(Leat, 1998). 그것은 데이터를 처리하고, 세계에 관한 개념들을 구성하는 데 중요한 역할을 한다. 학생들은 다양한 지리적 현상을 범주화 또는 분류할 수 있는 능력을 배울 필요가 있다. 범주화하기와 분류하기는 학생들을 보다 나은 정보처리자로 만드는 데 도움을 준다.

① 루미: 기상 루미

월포드(Walford, 1991)는 기상(meteorology)을 공부하는 영국의 A 레벨 학생들을 위해 카드 게임의 하나인 루미를 활용하여 '기상 루미(Metrummy)'라는 게임을 고안하였다(표 9-4). 여기에는 훌륭한 상상력이 포함되어 있으며, 이 게임 활동을 통해 학생들은 '분류'라는 사고기능을 학습할 수 있을 것이다. 지리교사들은 다양한 지리적 주제와 관련하여 이와 유사한 게임을 만들어 활용할 수 있다.

표 9-4. 기상 루미 게임(Metrummy)

기상 루미(Metrummy) – 게임(The Game)

1. 기상(혹은 다른 토픽)의 요소들에 대해 생각해 보고, 기본적인 용어 목록을 만들어라. 이러한 목록을 13개 단어씩 4개의 세트로 정렬하라(아래 참조).

2. 작고 평평한 파일 카드 세트를 가져와서 한 면에 선택된 52개의 단어를 기입하라. (큰 글자로 카드의 중앙에 표기를 하고, 카드 게임을 하는 방식으로 쥐었을 때 보일 수 있도록 작은 글자를 좌측 상단에 표기하라.)

3. 학급을 모둠별로 나누어라. 단 한 모둠에 6명 이상은 안 된다. 필요하다면 동시에 2게임 혹은 3게임이 진행될 수 있도록 여러 벌의 카드를 만들어라.

4. 모둠들이 테이블에 앉도록 하라. 딜러는 4장의 카드를 각각의 모둠에게 나누어 주고, 카드의 나머지는 아래를 향하도록 테이블 위에 올려 두어라. 그리고 오직 예외적인 한 장의 카드만을 위로 향한 채로 남은 카드들 옆에 두어라.

5. 모둠들은 게임을 시작한다. 딜러의 옆에 앉은 사람이 위로 향한 카드 혹은 나머지 카드들로부터 한 장을 집고, 손에 있는 카드 중 한 장을 위로 향한 채 카드더미에 버린다. 이 게임의 목적은 모둠들이 한 세트의 카드를 모으는 것이다(루미에서처럼). 그러나 (루미와는 달리) 각각의 카드가 어떤 세트에 속해 있는지는 알 수 없다. 모둠들은 자신이 게임을 할 때 무엇이 한 세트를 구성하는지를 결정해야만 한다. 이것은 그들의 선택에 따라 협동적으로 혹은 개별적으로 행해질 수 있다.

6. 어떤 모둠이 하나의 세트를 완성했다고 생각했을 때, 그 세트는 점검을 위해 테이블 위에 놓는다. 모둠들은 게임에 이기기 위해 그 세트에 이름(명칭)을 부여해야 한다.

7. 모둠들의 카드에 대한 친밀도를 높이기 위해, 4번에서 6번까지의 과정을 두세 번 반복하라(그리고 바라건대 카드 간의 관련성을 토론하라).

8. 게임을 20~30분 정도 한 후, 모둠들에게 게임을 멈추고 그들 앞에 있는 테이블 위에 52장의 카드를 펼치라고 제안하라. 각각의 모둠에게 52장의 카드를 13개의 세트로 분류하라고 제안하라.

9. 야기된 대안 또는 논쟁에 대해 토론하고, 필요하다면 단어들을 설명하라.

10. 모둠들에게 13개 세트의 각각에 이름(명칭)을 붙여 보라고 요구하라. 그리고 나서 세트들의 이름(명칭)과 각각의 세트를 구성하고 있는 단어들을 그들의 노트에 적절한 절차에 따라 기록하도록 하라.

기상 루미 게임을 위한 용어

흡수	저기압	등일조선	근일점
산성비	확산	등강수량선	복사
풍속계	적도무풍대	등온선	반사
고기압	춘분 또는 추분	구로시오	노호하는 40도대
원일점	페렐 순환	래브라도	로스비파

아르곤	전선	계절풍의	하지 또는 동지
기압기록계	지구온난화	비구름(난운)	성층권
뱅곌라	멕시코 만류	질소	층운
이산화탄소	해들리 순환	북동무역풍	아열대 제트류
권운	아열대무풍대	폐색	온도계
대류의	습도계	산악성의	대류권계면
적운	전이권(이온층)	산소	대류권
열대성 저기압의	등압선	오존홀	염화플루오로탄소의 사용

혼자 힘으로 해결하여 이름(명칭)을 분류하면 만족감이 든다. 그러나 시간이 없는 경우에는 다음을 제시할 수 있다.

용어의 분류

해류	기후 요소	대기의 층
대기의 요소	일기도의 등치선의 유형	태양의 위치
지구(행성)에의 위협	구름의 유형	가열의 유형
기후관측 도구	지구 기후 시스템의 요소	강수의 유형
풍계		

(Walford, 1991: 174)

② 분류: 방글라데시의 홍수

이 활동은 리트(Leat, 1998)의 책 *Thinking Through Geography*에 소개된 '분류(classification)' 전략에 착안한 것이다. 학생들은 표 9-5의 방글라데시 홍수와 관련된 21개의 진술문 카드를 읽고, 다음의 3가지 준거에 따라 분류해야 한다. 이러한 분류활동 이후에는 이를 바탕으로 마인드 맵 그리기를 한다면, 학생들의 정신구조에 안착될 것이다.

- 원인: 무엇이 홍수를 일어나게 만들었는가?
- 결과: 홍수는 어떤 문제점을 초래했는가?
- 대응 및 해결책: 사람들은 나중에 무엇을 해야 했는가?

표 9-5. '방글라데시 홍수'와 관련된 카드

1. 방글라데시는 매우 평탄한 국가이다.
2. 심한 몬순이 강수를 내리게 했다.
3. 방글라데시는 매우 저지대이다.
4. 많은 다리와 철도가 소실되었다.
5. 벼가 엉망이 되었다.
6. 많은 사람들이 물에 빠져 죽었다.
7. 갠지스 강이 흙과 진흙으로 가득 차 있다.
8. 방글라데시의 많은 지역들은 홍수방지 시설을 가지고 있지 않다.
9. 더러운 물을 마시는 것이 많은 질병을 초래했다.
10. 많은 사람들은 노숙자가 되었다.
11. 많은 사람들이 독사에 물렸다.
12. 갠지스 강의 많은 다리들이 떠내려갔다.
13. 히말라야는 방글라데시의 하천에 물을 제공했다.
14. 히말라야의 나무들이 벌목되었다.
15. 영국은 보트와 헬리콥터를 보냈다.
17. 제방이 강화되었다.
18. 정수용정제가 방글라데시에 보내졌다.
19. 몬순 시즌이 시작되기 전에 땅에서 물을 다 빼낸다.
20. 방글라데시 국민들을 돕기 위해 수백만 파운드가 보내졌다.
21. 하천은 미래에 있을 홍수를 방지하기 위해 여러 갈래로 분할되었다.

③ 가장 그럴듯한

'가장 그럴듯한(most likely to…)' 활동은 니콜스와 킨닌먼트(Nichols and Kinninment, 2001)의 책 *More Thinking Through Geography*에 소개된 사고기능 전략 중의 하나이다. 이 전략은 어

떤 주제에도 간단하게 적용할 수 있으며, 최소한의 노력으로 최대의 효과를 거둘 수 있다. 또한 이 전략은 학생들을 활동에 능동적으로 참여시키고, 어떤 상황 또는 장소의 특징을 가장 잘 나타낼 수 있는 것이 무엇인지를 찾아보도록 한다. 이 전략에서 학생들의 성공 여부는 정보를 분류하고 등급화하고 연결하는 능력에 달려 있다. 이 전략은 학생들의 다음과 같은 학습에 기여한다(Nichols and Kinninment, 2001: 10).

- 학생들이 정보를 처리하고 의미를 부여하는 능력을 향상시키는 데 도움을 준다.
- 학생들은 지리적 특징에 대한 이해를 발달시킨다.
- 이 전략은 분류하기 기능을 더욱더 발달시킨다.
- 학생들은 일반화에 대한 자신의 이해를 검증하고, 자신의 일반화를 생성할 수 있게 도와준다.
- 토론을 통해 학생들은 일반화에 대한 이해를 명료화하고 일반화의 한계를 탐구한다.
- 이것은 가설을 검증하는 것을 포함한다.
- 이것은 학생들에게 지리적인 질문들을 하도록 하는 탐구의 한 형태이다.
- 몇몇 진술문은 애매할 수도 있으므로 매우 진지하게 생각해 보아야 한다.
- 지리적 용어에 대한 학생들의 이해와 기억을 강화시킨다.
- 학생들은 아이디어와 정보에 대한 장기 파지(retention)를 도와주는 과제를 통해 대화하고 활동하기 때문에 맥락과 내용을 시각화한다.

여기에서는 이 전략을 '열대우림에서의 관광'이라는 주제에 적용한 사례를 살펴본다. 이 사례는 열대우림에서 지속가능한 개발을 위한 관리전략으로서 생태관광(ecotourism)과 관련된 것이다. 제시된 진술문 중에는 사실적인 특징을 가진 것이 있는 반면에, 모호성을 가진 특징들 또한 있다. 이러한 모호성을 가진 특징들은 본격적인 논쟁으로 발전하며 학생들에게 진정한 사고를 불러일으킬 수 있다. 이 활동을 위한 구체적인 지시사항은 다음과 같다.

1. 학생들을 짝을 지어라.
2. 자료 시트(표 9-6)에 뒤섞여 있는 진술문은 열대우림에서 개발될 수 있는 2가지 종류의 관광에 대한 특징들이다. 그것들은 생태관광, 대규모의 상업관광, 혹은 아마 둘 모두에 적용

될 수도 있다. 이 과제는 학생들이 2가지 유형의 관광 중에서 가장 그럴듯한 특징일 것이라고 생각하는 것에 따라 이 진술문들을 두 그룹으로 분류하는 것이다.

3. 학생들이 활동의 마지막에 그들의 결정을 설명하도록 요구받는다면, 누가 그들의 결정을 설명할 것인지 결정하도록 요구하라.

4. 학생들에게 그들의 결정과 추론을 메모하라고 말하라.

표 9-6. '생태관광이냐? 대규모의 상업관광이냐?'의 자료 시트

생태관광이냐? 대규모의 상업관광이냐?	
가장 그럴듯한…	
1. 관광의 이익이 지역 주민들에게 미칠 수 있을 것 같다.	14. 관광객들 사이에 신뢰와 우정을 심어 줄 것 같다.
2. 지역 주민들을 고용할 수 있을 것 같다.	15. 관광객들과 지역 주민들 간의 신뢰와 우정을 심어 줄 것 같다.
3. 큰 관광회사에 이익이 될 것 같다.	16. 열대우림의 공동체들을 활기차게 할 것 같다.
4. 열대우림에 범죄행위를 초래할 것 같다.	17. 관광 대표로부터 환영 미팅을 가질 것 같다.
5. 공동체 주도의 프로그램일 것 같다.	18. 비용이 매우 많이 들 것 같다.
6. 지역 주민들에게 방해가 될 것 같다.	19. 관광객들에게 지역 주민들 고유의 생활방식을 관찰할 수 있도록 허용할 것 같다.
7. 소수의 관광객들을 포함할 것 같다.	20. 단지 기본적인 시설들만 제공할 것 같다.
8. 열대우림의 야생동물들에게 방해가 될 것 같다.	21. 관광객들이 지역 주민들에게 피해를 끼치는 결과를 초래할 것 같다.
9. 광란의 한밤중 파티를 포함할 것 같다.	22. 사람들에게 전통적인 기술과 숲에서 살아가는 기술을 가르칠 것 같다.
10. 열대우림의 식물과 동물의 생존에 위험을 끼칠 것 같다.	23. 많은 일광욕을 포함할 것 같다.

11. 지역 주민들로 하여금 도시로 이주하도록 조장할 것 같다.	24. 지역의 음식을 먹고 지역의 음료수를 마실 것 같다.
12. 관광객들에게 교육적일 것 같다.	25. 쓰레기와 오염을 발생시킬 것 같다.
13. 관광객들이 원하는 모든 시설과 서비스를 제공할 것 같다.	

두 번째 사례는 지도에 제시된 3개의 국가(영국, 핀란드, 그리스)와 23개의 기후 관련 진술문 중에서 가장 그럴듯하다고 생각하는 것끼리 범주화하는 것이다. 표 9-7의 〈보기〉에 제시된 국가와 가장 관련될 것 같은 진술문 카드를 골라 범주화해야 한다.

표 9-7. '가장 그럴듯한' 전략을 위한 활동

〈보기〉의 국가와 가장 관련될 것 같은 진술문 카드를 골라 범주화하라.

〈보기〉

1. 선크림 판매가 가장 많을 것 같은 국가는?
2. 겨울 스포츠를 가장 즐길 것 같은 국가는?
3. 뜨거운 긴 여름을 가장 즐길 것 같은 국가는?
4. 방한용 내의가 가장 많이 필요할 것 같은 국가는?

5. 시골에서 여행하는 것을 가장 꺼릴 것 같은 국가는?

6. 연료비가 가장 값비쌀 것 같은 국가는?

7. 자동차 창문을 가장 긁어낼 필요가 있을 것 같은 국가는?

8. 모직 점퍼의 판매가 가장 저조할 것 같은 국가는?

9. 관광산업이 기후에 가장 초점을 맞출 것 같은 국가는?

10. 관광산업이 경관에 가장 초점을 맞출 것 같은 국가는?

11. 강수가 가장 빈번할 것 같은 국가는?

12. 오랜 시간 동안 가장 안정적인 기후현상을 보일 것 같은 국가는?

13. 일 년 내내 불안정한 기후상황을 경험할 것 같은 국가는?

14. 정기적으로 심각한 기후경고를 발표할 것 같은 국가는?

15. 식물이 성장할 수 있는 기간이 가장 길 것 같은 국가는?

16. 곡물이 자라는 데 가장 어려움을 겪을 것 같은 국가는?

17. 선글라스 판매로 생존하는 소매점이 가장 많을 것 같은 국가는?

18. 스키 장비 판매를 통해 이윤을 얻는 소매점이 가장 많을 것 같은 국가는?

19. 야외에서 아이스 스케이팅을 가장 많이 즐길 수 있을 것 같은 국가는?

20. 극단적인 기후에 노출되어 의학적 도움을 가장 많이 필요로 할 것 같은 국가는?

21. 예기치 않은 에너지 수요가 가장 많을 것 같은 국가는?

22. 자동차를 구매하는 데 기후조건을 가장 많이 고려할 것 같은 국가는?

23. 공공 의료 서비스가 가장 압박을 받고 있을 것 같은 국가는?

④ 이상한 하나 골라내기

'이상한 하나 골라내기(odd one out)'는 리트(Leat, 1998)의 책 *Thinking Through Geography* 에 소개된 전략 중의 하나이다. 이상한 하나 골라내기는 학생들에게 사물의 특성에 대한 사고를 통해 분류하는 사고기능을 습득하도록 하는 데 그 목적이 있다. 이 전략의 명칭이 함축하고 있는 것처럼, 단어 카드 세트 중에서 이상한 하나를 골라내는 것이 주요 활동이며, 단원의 마지막에

236

가장 효과적으로 사용할 수 있다. 이 전략의 이점은 학생들이 단어의 의미를 더욱 명확하게 하고, 핵심 단어들 간의 유사성과 차이점을 인식하게 한다는 것이다.

첫 번째 사례는 '세계의 기후대'와 관련하여 이상한 하나 골라내기 활동이다. 표 9-8에는 세계의 기후대와 관련한 20개의 국가와 대륙이 있다. 학생들은 단어 세트를 살펴보고, 이들 중 어떤 것이 이상한 하나인지를 결정해야 한다. 그리고 나서 그렇게 결정한 이유를 설명할 수 있어야 한다.

표 9-8. '세계의 기후대'와 관련한 이상한 하나 골라내기 활동

이상한 하나 골라내기

set A	19	4	14	20
set B	12	10	5	9
set C	9	8	1	7
set D	11	6	2	16
set E	2	3	13	4
set F	14	11	12	8
set G	1	2	19	9

1. 인도네시아	11. 스페인
2. 영국	12. 이집트
3. 뉴질랜드	13. 캐나다
4. 그린란드	14. 아이슬란드
5. 사우디아라비아	15. 이란
6. 몰타	16. 키프로스
7. 태국(타이)	17. 콩고민주공화국(자이르)
8. 브라질	18. 아르헨티나
9. 에티오피아	19. 남극
10. 알래스카	20. 이비사

두 번째 사례는 '해안지형'과 관련하여 이상한 하나 골라내기 활동이다. 학생들은 해안지형을 학습할 때 우연히 만날 수 있는 지형경관 카드를 받는다(표 9-9). 그리고 이 지형경관 카드를 사용하여 다음 과제를 수행한다. 먼저 모둠과 함께 활동하면서 표 9-9의 각 세트에 제시된 숫자들을 지형 카드에 있는 숫자들과 맞추어 본 후, 어느 지형 카드가 이상한 하나인지를 결정해야한다. 그리고 그것이 왜 이상한 하나인지 설명해야 하며, 나머지 두 개의 공통점은 무엇인지 설명해야 한다. 그리고 다 완성한 모둠은 다른 모둠이 풀 수 있도록 set F, set G의 조합을 만들어야 한다.

표 9-9. '해안지형'과 관련한 이상한 하나 골라내기 활동

이상한 하나 골라내기

set A	1	4	5
set B	6	9	10
set C	16	18	20
set D	2	15	17
set E	3	11	19
set F			
set G			

지리 교재 연구 및 교수법

⑤ 범주화하기

정보를 범주화 또는 분류하는 활동은 학생들에게 사고기능을 촉진한다. 범주화 또는 분류활동에서 학생들은 카드에 제시된 정보를 다양한 준거를 통해 범주화 또는 분류하게 된다. 학생들은 자신의 범주를 고안할 수 있거나 원인과 결과와 같은 범주로 제시할 수 있다. 이러한 범주는 더 많은 범주들, 예를 들면 장기 원인/단기 원인, 자연적 원인/인문적 원인, 단기 결과/장기 결과, 경제적/사회적/환경적 결과 등으로 세분할 수 있다. 이 활동은 학생들이 어떤 사건 또는 현상에 대한 설명에 있어 신중하게 생각하도록 하기 위해 고안된 것이다. 범주화를 위한 카드에 사용된 텍스트는 세인트헬레나 산에 관한 텔레비전 프로그램의 해설에 근거하여 만들어진 것이다. 이 활동은 학생들이 정보에 대한 분석을 통해 질문에 답하려고 시도한다는 점에서 미스터리 전략(Leat, 1998; Leat and Nichols, 1999)과 유사하다.

표 9-10. 범주화하기

(a) 절차

핵심 질문
• 세인트헬레나 산이 폭발했을 때 무엇이 일어났는가?
• 그 영향(결과)은 무엇이었는가?

자료
26개의 진술문을 잘라 봉투에 넣고, 4명의 학생들로 구성된 각 모둠에 하나의 봉투를 제공함(b)

시작: 현재의 지식을 끌어내기

(처음에는 짝으로, 그 다음에는 전체 학급으로 질문에 답변하기)

• 화산이 폭발할 때 무엇이 일어나는가? 4가지 핵심 요점에 대해 생각하라.

• 화산폭발은 어떤 결과를 초래할 수 있는가?

  (칠판에 기록하라.)

  도전: 여러분은 특정 화산폭발에 관한 데이터를 가질 것이다. 데이터를 공부해서 이 폭발에 대한 이야기를 학급의
  나머지 학생들에게 들려줄 수 있도록 최대한 이해하라.

활동: 카드를 범주화하기

• 4명이 학생으로 구성된 가 모둠은 분류하기 위한 한 세트이 카드를 제공받는다.

• 교사는 학생들이 카드를 어떻게 분류하고 있고, 주목할 만한 것이 무엇인지를 관찰하여 머릿속으로 기록한다.

• 교사는 대화를 통해 모둠을 지원한다(예를 들면, 네가 지금까지 발견한 것을 나에게 말해 볼래? 이들 카드는 어떻
  게 분류될 수 있지? 너는 왜 그 진술문들을 함께 분류했지? 그것이 어떻게 이야기를 너의 마음속에서 분류하는 데
  도움을 주었지?)

• 교사는 이해하는 데 어려움을 겪고 있는 모둠에게는 범주(예를 들면, 원인, 단기 결과, 장기 결과)를 제시한다.

• 카드를 범주화한 각 모둠은 그것들을 시트에 붙인다.

활동: 범주화를 비교하기

• 각 모둠으로부터 두 명의 학생은 옆에 있는 모둠으로 이동한다(그들이 정보를 어떻게 범주화했는지를 기억해 내
  기).

• 그들은 새 모둠과 함께 한 것을 비교한다.

• 그들은 폭발과 관련하여 어떤 이야기를 들려주어야 하는가를 토론한다.

종합

• 한 모둠이 선택되고 폭발에 대한 이야기를 들려준다. 다른 모둠들은 그 이야기에서 빠진 것이 있는지를 신중하게
  들어야 한다.

• 다른 모둠들은 부가적인 정보를 덧붙인다.

• 결과보고 지시 메시지: 어떤 종류의 범주들이 정보를 이해하는 데 사용하기에 유용하다고 생각했나? 첫 번째 모
  둠과 두 번째 모둠 사이의 어떤 차이점을 발견했나? 폭발에 관해 이해하지 못한 것이 있나? (질문을 끌어내고 답
  변하려고 노력하라.) 이 정보는 학교에 제공하기 위해 만들어진 프로그램의 해설에서 가져왔다. 이 정보를 얼마나
  신뢰할 수 있다고 생각하나? 프로그램 제작자들은 많은 정보로부터 선택해야 했다. 더 세부적인 어떤 사항이 필
  요하다고 생각했나?

(b) 범주화하기 위한 카드

57명이 죽었다.	학교 어린이들은 해리(Harry)에게 편지를 써서 화산 근처에 있는 그의 집에서 내려오라고 설득했다.	수백 개의 작은 불이 붙었다.
221채의 가옥이 파괴되었다.	과학자들은 화산이 이 세기의 말 전에 폭발할 것이라고 예측했다.	불안전하다고 생각되는 화산 주위의 지역은 '레드 존(red zone)'이라고 불린다.

도로의 27km가 파괴되었다.	3월 20일 지금까지 중 가장 큰 화산 폭발이 세인트헬레나 산에서 일어난 것으로 기록되었다.	계곡(Valley)에 있는 사람들은 화산 폭발했을 때 어떤 것도 듣지 못했다.
27개의 다리가 파괴되었다.	함께 충돌한 판은 후안데푸카(Juan de Fuca) 판과 태평양 판이라고 불린다.	해리는 화산 근처에 있는 그의 집에서 내려오지 않을 것이다. 왜냐하면 그는 화산이 폭발할 것이라고 생각하지 않기 때문이다.
도로의 295km가 파괴되었다.	폭발 후, 강은 0.5km나 넓어졌다.	135km 떨어진 시애틀은 어둠 속에 휩싸였다.
폭발은 그 산의 측면에서 진행되었다.	강은 범람 수위보다 6.5m나 상승했다.	과학자들은 화산이 언제 폭발할지를 정확하게 말하지 못할 것이다.
폭발 전날에 사람들이 레드 존(red zone) 주변으로 가는 것이 허용되었다.	해리는 폭발로 죽었다.	세인트헬레나 산은 포틀랜드로부터 북쪽으로 80km, 시애틀로부터 남쪽으로 160km 떨어져 있다.
폭발은 1980년 5월 18일에 일어났다.	나무들이 뿌리째 쓸려 나갔다.	세인트헬레나 산은 캐스케이드 산맥에 있다.
해리 트루먼(Harry Truman)은 84년 동안 스피릿 호(Spirit Lake) 옆에 살았다.	용암이 320kph로 흘렀다.	

(Roberts, 2003)

⑥ 미스터리(Mysteries)

미스터리는 학생 중심 과제이다. 학생 들은 많은 카드(보통 각각의 정보를 포함하고 있는 12~30개의 카드)를 가지고 활동하며, 열린 질문을 해결해야 한다. 카드에 제공된 정보는 다양하다. 그 것들은 통계 데이터, 사건에 대한 기술, 사회적 또는 경제적 정보, 직접적으로 '지리적인' 것, 몇몇 방해 자극(정신을 산만하게 하는 것, 정신을 딴 데로 돌리는 것)(redherring)을 포함할 수 있다. 카드에 제공되는 정보는 보통 내러티브(narrative)이다. 내러티브는 보통 학생들에게 해결해야 할 미스터리를 함께 연결시키도록 하는 데 도움을 준다(McPartland, 2001).

리트와 니콜스(Leat and Nichols, 1999)는 학생들이 미스터리를 해결하기 위해 카드를 배열할 때 나타나는 사고과정에 주목하였다. 학생들이 카드를 순서화하고(order), 계열화하고(sequence), 웹(거미줄)으로 표시하고(web), 다시하기(re-work), 거절하기를 시도함으로써 만들어진 카드의 패턴은 학생들의 사고의 양상을 보여 준다.

리트와 니콜스(1999)는 교사들이 이러한 사고과정을 해석한다면 학생들의 학습을 지원할 수 있다고 주장한다. 그리고 그들은 학생들에게 그들의 사고(메타인지)에 관해 대화할 수 있는 기회를 제공하는 것 또한 학습과정에서 중요하다고 주장한다.

리트(1998)는 많은 '유인 요인(trigger factors)'과 '배경 요인(background factors)'을 구체화하였다. 그것들은 학생들에게 카드에 있는 정보를 이해하고 그러한 정보를 논리적이고 설득력 있는 이야기로 배열하도록 하는 데 도움을 준다. 학생들은 미스터리를 해결하기 위해 카드에 제시된 정보를 증거로 활용해야 한다. 즉 학생들은 미스터리를 해결하기 위해 복잡한 정보를 다룰 수 있고, 정보 간의 패턴과 연결을 볼 수 있으며, 문제를 해결하기 위해 다양한 정신 모델을 활용해야 한다(Leat and Kinninment, 2000).

또한 학생들은 스스로 미스터리 문제를 해결해야 하며, 그 결과를 동료 및 교사들과 함께 공유한다.

미스터리의 사례는 표 9-11과 9-12에 제공되어 있다. 표 9-11은 미스터리 카드를 만들기 위한 신문기사인데, 이는 하나의 내러트브라고 할 수 있다. 그리고 표 9-12는 이 신문기사를 토대로 하여 만든 미스터리 카드이다. 이 활동에서 학생들은 '비키(Vicki)는 왜 불법주차 딱지를 받았나?'라는 질문, 즉 미스터리에 대답해야 하고, 대답에 대한 합리적인 정당화를 제공해야 한다. 학생들은 이 질문에 대한 답변을 효율적으로 제공하기 위해 카드들을 재배열해야 할 것이다. 이 활동이 완료되면, 학생들은 다음과 같은 보충질문을 받을 수 있다. '도시에서 교통의 증가로 인한 결과는 무엇인가?', '도시에서 교통을 줄이기 위해 무엇이 행해질 수 있는가?', '왜 일부 해결책들은 실행하기에 어려운가?'

242

표 9-11. 미스터리 카드를 만들기 위한 신문기사

프레스콧(Prescott)은 자동차를 길들일 수 있을까?

패트릭 윈투어(Patrick Wintour) 씀

"이것은 부총리 프레스콧에게 위기의 순간이다. 그의 교통백서가 자동차의 폭정을 끝낼 급진적인 조치들을 제시하지 않는다면, 그는 실패할 것이다. 그의 명성과, 기후변화에 대한 전적인 운명은 앞으로 몇 주 안에 위태로워질 것이다." 이 말은 자유민주당 지도자인 패디 애시다운(Paddy Ashdown)이 한 것이었다. 그러나 교통환경지역부 (Department of Environment, Transport and the Regions)의 일부 사람들은 이에 동의하지 않을 것이다.

이 교통백서는 향후 30년을 위한 최초의 통합 교통전략이며, 2주 안에 발행될 예정이다.

유권자들이 자동차 통제를 위한 과격한 세금 부과를 지지할 것이라는 것을 보여 주는 여론조사가 있었지만, 자본이 대중교통으로 다시 투입되어야만 프레스콧은 재무부 공무원과의 전쟁에서 이길 것이다. 그는 "영국인들은 급진적인 변화를 좋아하고, 나도 영국인들에게 급진적인 변화를 가져다주는 것을 좋아한다."라고 주장한다.

하루당 한 사람이 이동하는 거리는 1950년대에는 8마일이었던 데 반해 오늘날에는 하루당 25마일을 이동한다. 현재의 예측대로라면, 2021년경에는 도시의 아침 교통체증의 절정이 현재의 36% 정도 증가할 것이다. 도시 외곽 고속도로에서의 교통체증은 88% 정도 증가할 것이고, 도시 고속도로는 44% 정도 증가할 것이다.

2016년경에는 도시 고속도로에서의 이동시간은 69% 정도 증가할 것이고, 도시 외곽 고속도로는 20% 정도 증가할 것이다. 교통정체는 일상화되어 기업활동과 기후 및 인간의 정신을 위축시킬 것이다.

1974년과 1996년 사이에 철도와 버스의 실질 요금은 실질 가처분소득의 성장보다 약간 초과하여 50%에서 75% 정도 상승했다. 그에 반해서 개인별 자가용 운행비용은 실질적으로 3% 정도 떨어졌다.

자동차의 증가를 억제시키기 위해 프레스콧은 채찍과 당근을 제공할 것이다. **이동거리가 가장 크게 증가한 단 하나의 분야를 꼽자면 자녀를 학교에 등하교시키는 것인데, 이것은 피크 시간대 자동차 운행의 20%를 차지한다.** 등하교를 위한 안전한 방법이 고려 중에 있는 하나의 아이디어이다.

지방의회는 차량 감축 계획을 준비하고 있는 중앙정보를 위해 중요한 역할을 하고 있는 것처럼 보인다. 프레스콧의 보좌관들은 그들이 기회를 잡을 것이라고 주장하며, 에든버러와 그 지역의 교통의장인 데이비드 베그(Daivd Begg)를 가리킨다. 베그는 빠른 교통 시스템을 구축하기 위해 5억 파운드의 민간투자개발사업을 계획하고 있다. **재정투자를 지속하기 위한 수익보장은 회사 주차공간에 주차 요금제를 도입하고, 2005년까지 에든버러 주변에도 요금을 부과하는 것에서 나올 것이다.**

에든버러는 아침 통근자 교통량의 60%가 무료 주차공간이라고 말한다. 전체적인 목적은 2010년까지 도심부의 교통량을 30% 정도 줄이는 것이다. 베그는 또한 스코틀랜드 안에서만 6500만 파운드의 매출을 올리는 각각의 교외 쇼핑공간에 대해 연간 100파운드의 요금을 부과할 것을 지지한다. 그는 "이 요금제가 정치적으로 수용될 수 있게 해 주는 유일한 방법은 이 요금제의 실행에 앞서 더 나은 수송정책이 반드시 가동될 수 있도록 확신을 주는 것이다."라고 말한다.

(Leat and Nichols, 1999)

표 9-12. '비키(Vicki)는 왜 불법주차 딱지를 받았나?'에 사용된 카드

1. 1998년 7월 2일 토요일 비키 애덤스(Vicki Adams)는 주차 위반 단속을 보고 그녀의 차를 돌렸다.

2. 레이먼드(Raymond)는 최근 선거에서 노동당에 투표했지만, 업무를 위해 볼보(Volvo)를 타고 가는 것이 허용되지 않는다면 다음 선거에서는 노동당에 투표하지 않을 것이다.

3. 정부는 그들이 제공한 주차장에 대해 슈퍼마켓에 일 년에 100파운드의 사용료를 부과하는 것을 검토하고 있는 중이다.

4. 비키는 버스를 타는 것보다 더 적은 유류비가 드는 닛산 마이크라(Nissan Micra)를 가지고 있다.

5. 'Buzy Buses'는 노랑과 검정으로 도색된 버스를 소유하고 있었다.

6. 비키는 변호사 사무실 주차장에 주차했다.

7. 비키 오빠 마크(Mark)는 작년에 자전거를 타고 일하러 가는 것을 그만두었다.

8. 불법주차 단속원인 데니스 웨이드(Dennis Wade)는 다만 자신의 일을 하고 있을 뿐 개인적인 감정은 없다고 대답했다.

9. 기후 전문가들은 방글라데시와 같은 저지대에 위치한 국가는 극지방의 만년설이 녹는 것에 영향을 받게 될 것이라고 우려하고 있다.

10. 1974년에서 1996년 사이에 철도와 버스 요금은 50% 정도 올랐다. 자동차 운행비용은 3% 정도 떨어졌다.

11. 레이먼드는 직장 가는 길에 사립학교에 다니는 두 딸을 데려다준다.

12. 약 10%의 학교 어린이들이 천식으로 고통받고 있다.

13. 많은 사람들이 지역 내 상점보다는 지하철역 내 상점(Metro Centre)에 가는 것을 선호한다.

14. 런던에서 대형 수송차를 운행하기 위해서는 특별 면허가 요구된다.

15. 가장 큰 버스 회사 스테이지코치(Stagecoach)의 주식 가치는 최근에 많이 상승했다.

16. 정부는 인플레이션을 우려하고 있다.

17. 비키는 주차위반 딱지를 없애기 위해 100파운드를 납부해야 했다.

18. 교통부 장관은 자동차 사용을 줄이고 싶어 한다. 그는 시내에 차를 가지고 오는 운전자에게 요금을 부과하는 것을 의회에 제출하려고 검토 중이다.

19. 셰필드의 '전차 시스템(Supertrams)'으로 의회가 많은 돈을 잃었다.

20. 비키는 걸어서 집에 가거나 밤늦게 대중교통을 이용하는 것이 안전하다고 생각하지 않는다.

21. 많은 부모들은 그들의 자녀가 걸어서 학교에 가도록 내버려두는 것에 대해 우려하고 있다.

22. 어린이들 중 1/4~1/3이 비만이다.

23. 비키는 마크와 함께 그녀의 웨딩드레스를 가지러 갔다 왔다. 도시의 모든 자동차 주차장은 가득 차 있었다.

24. 변호사 레이먼드 스토리(Raymond Storey)는 사람들이 그의 주차장을 쓰는 것에 대해 질려한다. 그는 불법 주차자들에게 주차위반 딱지를 부과하기 위해 사람을 고용한다.

25. 몇 명의 전문가들은 새로운 도로가 건설되지 않는다면 교통체증으로 곧 몇몇 도로가 온종일 막힐 것이라고 말한다.

26. 정부는 '슈퍼(super)' 버스전용차로를 도입할 계획이다.

27. 비키는 주차단속원에게 걸렸고, 와락 눈물을 흘렸다.

28. 토요일이면 레이먼드는 항상 골프를 친다.

29. 1980년대 보수당에 의해 버스 서비스 규제가 철폐된 이후로 도심의 도로는 거의 빈 버스들로 더욱 붐비게 되었다.

30. 마크는 새 CD를 찾느라 비키를 10분이나 기다리게 했다.

(Leat and Nichols, 1999)

그림 9-2. 미스터리 카드의 디스플레이와 세팅(display and setting) 단계(Leat and Nichols, 1999: 23)

그림 9-3. 미스터리 카드의 계열화(순서화, sequencing)하기 단계(Leat and Nichols, 1999: 25)

그림 9-4. 미스터리 카드의 웨빙(webbing)과 다시하기(re-working) 단계(Leat and Nichols, 1999: 25)

(4) 계열화하기

① 스토리텔링

계열화하기(sequencing)는 주어진 진술문 카드를 시간적 또는 논리적 순서로 배열하는 것을 말한다. 표 9-13은 리트(1998)의 책 *Thinking Through Geography*에 나오는 '스토리텔링(storytelling)' 전략의 사례들 중 하나인 '린머스(Lynmouth)의 홍수'와 관련한 진술문 카드를 읽고, 시간적 또는 논리적 순서에 따라 분류하는 활동이다.

표 9-13. 스토리텔링 전략을 활용한 계열화하기

활동 1: 학생들은 진술문 카드를 논리적 순서에 따라 분류해야 한다.

보다 나은 컴퓨터가 미래에 언제 홍수가 일어날지를 알려 주기 위해 도입되었다.

다리가 하천의 힘에 의해 무너졌으며, 집들이 파괴되었다.

지방의회는 사람들의 집에 물이 들어오는 것을 막도록 하기 위해 모래주머니를 보냈다.

홍수가 있었다!

8월 14일 일기예보는 심한 폭풍우를 동반할 것이라고 예보했다.

사람들은 큰 홍수가 있을 수 있다고 경고받았다.

하천의 많은 물이 빠르게 상승했다.

1952년 8월 첫 2주 동안 많은 비가 왔다.

사람들은 그들의 귀중품을 위층으로 옮겼다.

많은 사람들은 밤이었기 때문에 홍수경고를 듣지 못했다.

1952년 8월 15일 밤에 심한 폭풍우가 있었다.

군인들이 집에 발이 묶여 있는 사람들을 구조하는 데 도움을 주었다.

린머스(Lynmouth)에 대한 보수공사가 시작되었다.

활동 2: 학생들은 다음 진술문을 논리적 순서로 분류하고, 그들의 결정을 정당화해야 한다.

사람들은 그들의 귀중품을 위층으로 옮겼다.

땅이 물로 가득 차기 시작했다.

지방의회가 모래주머니를 보냈다.

많은 사람들은 밤이었기 때문에 홍수경고를 듣지 못했다.

1952년 8월 첫 2주 동안 많은 비가 왔다.

군인들이 집에 발이 묶여 있는 사람들을 구조하는 데 도움을 주었다.

환경청이 홍수경고를 보냈다.

개선된 홍수경고 시스템이 설치되었다.

1952년 8월 15일 밤에 심한 폭풍우가 있었다.
린 강의 물의 양이 점점 상승했다.
린머스에 대한 보수공사가 시작되었다.
린 강의 물이 최고조에 달했다.
기상청은 심한 폭풍우를 동반할 것이라고 예보했다.
다리가 하천의 힘에 의해 무너졌으며, 집들 역시 파괴되었다.
도움을 위한 호소가 있었다.
린 강의 물의 양이 빠르게 상승했다.

(Leat, 1998)

② 텍스트관련 지시활동(DARTs)을 사용한 계열화하기

지리적 현상은 오랜 시간에 걸친 변화와 관련된다. 그러한 계속적인 변화는 특정 프로세서에 의해 영향을 받는 단계들로 구분된다. 재구성 텍스트관련 지시활동(reconstruction DARTs)은 학생들에게 이러한 단계들을 계열화하도록 하는 데 유용하다. 학생들은 각 단계에 해당하는 텍스트와 시각 데이터(지도, 사진, 다이어그램)를 제공받는다. 학생들은 어떤 프로세서가 각 단계에서 일어나는지에 관해 생각하고, 텍스트를 시각적 정보와 일치시키며, 데이터를 적절한 계열로 배열해야 한다. 이것은 간단한 과제이지만, 실제로 대부분의 학생들은 데이터를 신중하게 공부해야 하고 프로세서에 관해 생각해야 한다.

표 9-14는 '아프리카 지구대(열곡)(African Rift Valley)가 어떻게 형성되었나?'라는 질문에 초점을 둔 탐구를 보여 준다. 이것은 특정 지형의 형성과정은 많은 단계들(발생 순서들)로 이루어지며, 각 단계에 상응하는 프로세스들이 작용한다는 것을 고찰하기 위한 것이다. 교사는 학생들의 이해를 돕기 위해 텍스트와 비주얼 자료를 제공한다. 학생들은 먼저 텍스트와 다이어그램을 짝지어야 하고, 그 후 정확한 계열(순서)로 배열해야 한다. 이와 같은 사례는 '이것은 어떻게 형성되었나?'라는 질문에 답변해야 하는 다른 탐구활동에도 쉽게 적용될 수 있다. 한편, 이 활동은 교육과정차별화도 가능하다. 교육과정차별화는 학생들에게 제공되는 도움의 수준을 조절함으로써 이루어질 수 있다(표 9-15).

지리 교재 연구 및 교수법

표 9-14. 텍스트관련 지시활동(DARTs)을 사용한 계열화하기

⒜ 절차

핵심 질문
동아프리카 지구대(열곡)는 어떻게 형성되었나?

자료
- 텍스트관련 지시활동(DART)을 위한 활동지와 진술문(b)
- 텍스트관련 지시활동(DART)을 위한 다이어그램(b)
- 이전 수업에서 학생들에 의해 생성된 질문들이 담긴 OHT(d 참조)

1차시 수업: 질문을 생성하는 준비, 침착, 기억

학생들은 소모둠으로 활동한다.

- 각 모둠은 동아프리카 지구대(열곡)의 다이어그램을 30초 동안 관찰하기 위해 한 학생을 교실 앞으로 보낸다.
- 그 학생은 1분 동안에 기억한 것을 그려야 한다.
- 각 모둠에서 두 번째 학생이 다이어그램을 30초 동안 관찰하기 위해 교실 앞으로 간다.
- 두 번째 학생은 자신의 그림을 그리고 그것에 라벨을 붙인다.
- 각 모둠에서 다음 학생이 교실 앞으로 가서 그림을 그린다, 등등.
- 그 후 학생들은 그린 그림을 관찰하고 그들이 그린 것에서 무엇이 당황하게 하는지를 생각한다.
- 각 모둠은 5가지 질문에 대해 생각한다.

2차시 수업: 아프리카 지구대(열곡)의 형성

시작
- 이전 수업에서 학생들이 만든 질문들이 OHT로 제시된다(d).
- 학생들은 동아프리카 지구대(열곡)가 형성된 방법에 대해 더 많은 것을 발견하기 위해 제기할 수 있는 가장 적합한 2가지의 질문을 결정한다.
- 전체 학급토론: 어떤 질문들이 가장 적합하다고 결정했나? 무엇이 훌륭한 질문을 만드는가?

활동: 재구성 텍스트관련 지시활동(Reconstruction DARTs)
- 학생들은 진술문을 다이어그램과 일치시킨다.
- 학생들은 계열의 첫 번째 단계를 표현하기 위해 그림을 그린다.

종합
- OHT에 있는 질문들이 다시 제시된다.
- 텍스트관련 지시활동(DARTs)으로 어떤 질문에 답변이 되었나?
- 아직 답변이 되지 않은 질문이 있나? (답변하려고 노력하라.)
- 완전히 이해하지 못한 것들이 있나? (답변하려고 노력하라.)
- 당신이 고안했던 질문들 중 어떤 것이 지금 훌륭한 질문이었다고 생각하나?
- 왜?

숙제

- 여러분 연령대의 학생들을 위한 웹사이트나 교과서를 위해 10개의 질문을 선택하고 자주 묻는 질문(FAQ) 섹션을 준비하라.
- 질문에 답하라: 무엇이 훌륭한 질문을 만드는가?(e)

(b) 활동지

그것은 어떻게 형성되었나?

> Ⓐ
> 아프리카 지구대(열곡)는 중동(서남아시아 요르단 계곡)에서 시작하여 아프리카 남쪽으로 모잠비크까지 뻗어 있는 세계에서 가장 불가사의한 것 중의 하나이다(3,500km).
> 당신이 케냐의 나이로비로부터 접근할 때 믿기 어려운 풍경이 펼쳐진다. 땅이 갑자기 당신 아래로 사라져 어느 방향으로 수천 마일 뻗어 있는 광활한 지구대(열곡)를 보여 준다. 비록 아프리카 지구대(열곡)에 대한 이러한 깜짝 놀랄 만한 도입은 그 자체로 놀랍지만, 실제로 케냐의 열곡(Rift)에 있는 호수(Lakes) 지역을 내려가 탐험하는 것은 '놓쳐서는 안 될' 기회이다.

Ⓐ는 인터넷에서 발췌한 것이며, 당신이 동아프리카 지구대(열곡)를 방문한다면 기대해야 할 것에 대한 몇몇 아이디어를 제공해 준다. 그렇지만 그것은 어떻게 형성되었는가?

케냐는 아프리카 지각 판의 가장자리 근처에 위치해 있다(Ⓑ). 지구의 지각은 기저에 있는 용해된 마그마 위를 '떠다니는' 이러한 많은 거대한 판으로 분할되어 있다. 이러한 판들의 충돌은 종종 지표면을 습곡으로 뒤틀리게 하고, 단층을 형성한다. 이것이 일련의 사건을 유발하여 아프리카 지구대(열곡)를 형성하게 되었다(Ⓒ).

Ⓑ

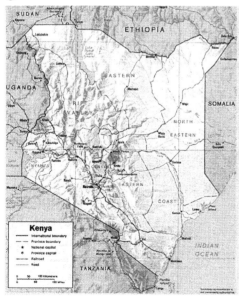

지리 교재 연구 및 교수법

ⓒ

Photo: Maggie Shimmon

(c) 아프리카 지구대(열곡)의 형성에 대한 리처드(Richard)의 설명

다음 진술문 카드를 읽고 그것들을 다이어그램과 일치시켜라.

녹은 암석들이 갈라진 틈을 통해 아프리카 지구대(열곡)의 가장자리를 따라 화산을 형성한다.

가장 큰 단층 중 2개는 서로 평행했다. 그것들 사이에 있는 땅이 붕괴되었다.

약 7,000만 년 전 이 지역에 있는 땅은 매우 평평했다.

아프리카 지구대(열곡)에서 아래로 빠져나가던 물이 빠져나갈 수 없게 되어 호수를 형성하였다.

단층 또는 갈라진 틈은 2개의 판이 충돌하면서 형성되었다.

동아프리카 지구대(열곡)

약 7,000만 년 전 이 지역에 있는 땅은 매우 평평했다.

이웃하고 있는 판들의 일련의 충돌이 아프리카 판에 단층 시스템을 만들었다.

가장 큰 단층 중 2개는 서로 평행했다. 단층면이 서로 어긋나면서 단층 사이에 있는 땅이 붕괴되었다.

지표면 아래로부터 마그마가 갈라진 틈을 통해 올라와 아프리카 지™구대(열곡)를 따라 일련의 화산을 형성했다.
아프리카 지구대(열곡)에서 아래로 빠져나가던 물이 빠져나갈 수 없게 되어 일련의 호수를 형성하였다.
동일한 프로세스가 보다 작은 화산추를 열곡에 형성하였다.

(d) 학생들에 의해 생성된 질문

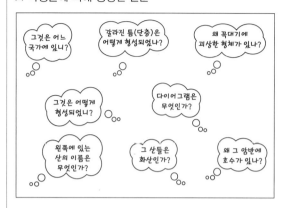

(e) 무엇이 훌륭한 질문을 만드는가? – 학생들의 숙제로부터의 발췌문

제더(Jedder)

"나는 무엇이 훌륭한 질문을 만드는지 잘 모르겠다. 그러나 나는 어떤 다른 질문보다 더 많이 답할 수 있다면 훌륭한 질문이라고 생각한다. 그래서 만약 그것이 눈에 보이는 것보다 당신에게 더 많은 것을 들려준다면, 그것은 훌륭한 질문이다. 만약 답변이 많은 세부사항을 검토한다면, 그것은 훌륭한 질문이다."

타미(Tammie)

"나의 의견으로 훌륭한 질문은 많은 다른 질문에 즉시 답변을 제공해 주고 또한 당신에게 추가 정보를 제공해 주는 일종의 질문이다. 사례: 그 산들은 화산인가? 약간 훌륭한 질문. 사례: 그것은 어떻게 형성되었나? 훌륭한 질문. 약간 훌륭한 질문보다 훌륭한 질문으로부터 더 많은 정보를 얻을 수 있기 때문이다."

(Roberts, 2003)

표 9-15. 계열화하기 활동을 위한 지원(도움) 수준을 다양화하기

	기법	서술	지원(도움)
1	삽화와 서술 (이미 일치된)	패턴에 대한 삽화가 패턴의 형성을 초래한 프로세스에 대한 서술과 함께 제공된다.	높음
2	삽화와 서술 (도미노 스타일)	이 경우에 삽화는 이후 '단계'에 일치하는 서술과 일치된다.	
3	삽화와 서술 (일치되지 않은)	삽화와 서술 모두 제공되지만, 계열화하기 전에 일치시켜야 한다.	
4	삽화만	학생들은 순서화하기뿐만 아니라 각 삽화를 일치시키기 위해 프로세스에 대한 자신의 서술을 창출할 것을 요구받는다.	
5	서술만	위의 과제와 유사하지만, 학생들은 서술된 프로세스에 의해 창출된 패턴을 삽화로 그린다.	
6	불완전한 서술/삽화	각 단계는 서술 또는 삽화에 의해 표현된다. 학생들은 빠진 서술과 삽화를 완성한다. 몇몇 단계들은 완전히 생략될 수도 있다.	낮음

(Inman, 2006: 268)

지리 교재 연구 및 교수법

두 번째 사례는 마찬가지로 패턴이 제시되고 이를 프로세스와 연결시키는 활동으로, 주제는 "'올드 해리(Old Harry)'는 어떻게 형성되었을까?"이다(Inman, 2006). 영국 도싯(Dorset)에 있는 올드 해리 록스(Old Harry Rocks)의 사진이 "올드 해리는 어떻게 형성되었을까?"라는 질문과 함께 동기유발 자료로 사용될 수 있다. 학생들은 올드 해리의 형성과정에 대한 스케치(b)와 카드 (a)를 제공받는다(표 9-16). 카드는 각각은 올드 해리의 형성과정을 단계별로 기술한 것이다. 학생들은 각각의 카드를 단계별 스케치와 연결하고, 그 이유를 설명해야 한다[6].

표 9-16. '올드 해리는 어떻게 형성되었을까?' 활동: (a) 카드, (b) 스케치

(a)

강력한 파랑이 백악(chalk rock)을 공격한다.	남부 도싯(South Dorset) 해안의 단애는 저항력이 있는 백악으로 구성되어 있다.
수력 작용의 과정에 의해 만들어진 압력이 바위를 부수고 있다.	바위의 수직적 취약성(절리)은 특히 침식에 약하다.
파랑에 의해 계속된 수력 작용이 절리의 규모를 크게 하여 작은 동굴을 만들었다.	더 취약성이 노출됨에 따라, 동굴의 규모는 확장한다.
아치가 계속 확장됨에 따라, 지붕의 지탱력이 약해 더욱 취약해지고 있다.	결국 동굴은 헤드랜드의 다른 측면에 도달하여, 아치를 형성한다.
지붕은 결국 중력에 의해 무너지고, 시스택을 만든다.	물이 단애의 절리를 부수고 들어간다.

(b)

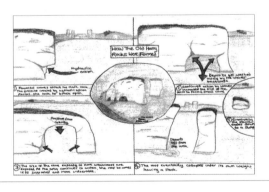

(Inman, 2006: 268)

---

6) 대안적 방법으로 학생들에게 고무찰흙을 사용하여 그러한 경관의 변화를 모형화하도록 할 수 있다. 이 활동은 학생들에게 운동감각적 방법(kinaesthetic way)으로 그러한 프로세스들의 영향을 시각화하도록 돕는다. 또한 학생들은 경관을 조작함으로써 시간에 따른 점진적인 변화를 시뮬레이션할 수 있다.

앞의 두 사례와 달리, 프로세스들을 통해 미래의 패턴을 추론하는 것을 생각할 수 있다. 즉 앞의 두 활동에 대한 논리적 확장은 학생들에게 미래의 어느 시점에 경관이 어떤 모습일 것이라고 생각하는지를 물어보는 것이다. 다시 말하면 학생들은 프로세스들에 대한 지식을 사용하여 경관이 미래에 어떻게 변화할지에 대해 심사숙고하는 것이다. 이러한 전략은 학생들에게 자신의 지식과 이해를 새로운 상황에 적용할 수 있는 기회를 제공한다. 예를 들면, 학생들은 어떤 특정 경관이 시간에 걸쳐 어떤 모습으로 변할 수 있는지를 예측하기 위해 컴퓨터를 사용하여 이미지를 조작(에어브러시 도구를 사용하여)할 수 있다. 그러한 컴퓨터의 도구들은 학생들이 스스로 이미지를 만들 수 있도록 하는 큰 잠재력을 지닌다(자세한 방법은 Taylor, 2004 참조).

실제로 미래의 경관 형성에 영향을 미치는 프로세스들을 예측하기란 쉽지 않다. 따라서 이러한 활동들은 한계를 지닌다. 그러나 이러한 활동들은 학생들에게 예측의 어려움을 알도록 하는 한편, 다양한 해석과 결과를 고찰할 수 있는 기회를 제공한다. 이것은 학생들에게 독립적으로 있을 법한 미래의 결과에 관해 사고하도록 하고, 고차적인 토론과 토의를 촉진할 수 있다.

마지막 사례는 '사취의 형성과정과 변화'에 대한 추론활동이다. 이 활동은 사취 발달과 구조에 영향을 주는 일련의 요인들을 고찰하는 것이다. 학생들은 주어진 시나리오 카드에 기술된 환경의 결과로 인해 해안선이 어떻게 변할 수 있는지를 나타내어야 한다. 즉 학생들은 제공된 시나리오 카드에 근거하여 미래 경관의 변화를 예측해야 한다. 학생들은 사취 형성과정을 나타내는 다이어그램과 여러 장의 시나리오 카드를 제공받는다(그림 9-5). 학생들은 시나리오 카드에 따라 다이어그램을 조작하여 경관의 변화 모습을 나타내고 그러한 변화의 이유를 다이어그램 옆에 주석으로 기록해야 한다.

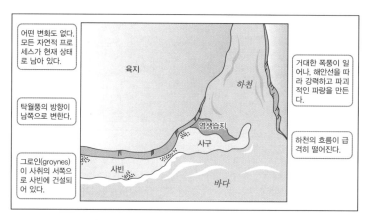

그림 9-5. 사취 형성과정 다이어그램과 시나리오 카드들(Inman, 2006: 268)

③ 읽기능력 향상을 위한 계열화

'그것을 버릴까 아니면 소중히 할까?(Trash it or treasure it?)'라는 활동(표 9-17)은 학생들이 특정한 정보를 추출할 수 있고, 그들이 읽은 자료를 분석·종합할 수 있는 능력을 발달시키기 위한 읽기전략 발달과 관련한 것이다. 이 활동에서 학생들은 어떤 정보가 목적에 적절하고, 어떤 정보가 덜 적절한지를 선택해야 한다. 학생들은 부적절한 텍스트를 제거하는 데 사용할 수 있도록 검은 펜을 준비해야 한다. 학생들은 단지 특정 질문에 답하는 데 도움이 되는 자료만을 선택하고 나머지는 버려야 한다. 학생들에게 질문에 대해 어떤 정보가 부적절한지를 생각하도록 하는 것은 학생들이 불가피하게 정보를 읽고 종합해야 한다는 것을 의미한다. 학생들에 따라 텍스트의 길이는 수정될 수 있고, 버려야 할 텍스트의 수를 제한(예를 들면, 연속되지 않은 10개 이하의 텍스트를 버릴 수 있다)할 수도 있다.

글쓰기는 학생들에게 매우 부담이 된다. 텍스트를 조작할 수 있는 청크(chunks, 덩이 짓기)로 분할하는 것은 훨씬 도움이 된다. 그것은 쉽게 읽힐 수 있고 빨리 이해될 수 있다. '계열화하기(sequencing)'는 학생들에게 텍스트에 더 접근하기 쉽게 만드는 방법 중의 하나이다. 정보를 많은 조각으로 분리하는 것은 그것을 읽기 쉽게 만들며, 관리하기에 더 쉽고 내용에 더 쉽게 접근할 수 있도록 만든다. 그러나 때때로 텍스트의 청크들(chunks)은 학생들에게 혼란을 불러일으키고 맥락에서 벗어나게 할 수도 있다. 학생들은 개별적인 텍스트의 청크들을 맥락적으로 연결할 수 있고 전체 그림을 그릴 수 있어야 한다.

표 9-17. 읽기를 발달시키기 위한 활동

그것을 버릴까 아니면 소중히 할까? (Trash it or treasure it?)	
• 학생들은 신문기사/텍스트를 제공받는다. • 교사는 학생들이 텍스트를 읽은 것으로부터 답변하는 데 필요한 질문을 한다. • 일부 정보는 질문에 답하는 데 관련이 없을 것이며, 다른 정보는 관련이 있을 것이다. • 각 학생은 검은 펜을 준비한다. • 학생들은 신중하게 읽고 어떤 텍스트가 영원히 제거되어야 하며(쓰레기), 어떤 텍스트가 보존되어야(보물) 하는지를 결정할 필요가 있다. • 학생들이 소중히 한 정보가 어떻게 초기 질문에 답하는 데 도움을 주는가?	• 상이한 자료원, 관점, 원인, 결과, 해결책 및 문제들에 대한 읽기를 요구하는 다양한 주제들을 위해 사용될 수 있다. • 질문들은 텍스트의 길이와 같이 교육과정차별화를 위해 수정될 수 있다. • '쓰레기(버리기)'의 양은 또한 선택과 평가를 촉발시키기 위해 제한될 수 있다.

계열화하기(sequencing)	
• 교사는 학생들이 읽어야 할 신문기사/텍스트를 가지고, 그것을 10개 또는 10개 이상의 조각으로 분리한다. • 학생들은 이 텍스트 조각들을 읽어야 하며, 그것들을 정확한 순서로 분류한다.	• 다양한 자료원, 관점, 원인, 결과, 해결책 및 문제들에 대한 읽기를 요구하는 다양한 주제들을 위해 사용될 수 있다. • 학생들이 순서를 알아맞히기 위해 서로 그들의 읽기를 공유하기 시작하는 곳에서 모둠활동으로 가장 잘 작동한다. • 시간제한은 읽기와 공유하기를 동기화하는 데 도움을 줄 수 있다.

(계속) (Hewlett, 2006: 128)

(5) 순위 매기기

① 다이아몬드 순위 매기기

'다이아몬드 순위 매기기(Diamond ranking)'는 학생들에게 아이디어, 요인, 문제 또는 해결책들을 '가장 중요한 것(most important)'과 '가장 덜 중요한 것(least important)'으로 분류하도록 할 때 자주 사용된다. 짝별 또는 소규모 모둠별로 활동할 때, 학생들은 그들의 카드를 다이아몬드 형태로 조직하도록 요구받는다. 학생들은 그들이 가장 중요하다고 동의하는 것은 맨 위에, 가장 덜 중요하다고 동의하는 것은 맨 아래에 놓는다(Roberts, 2003 참조).

로버츠(Roberts, 2003)는 다이아몬드 순위 매기기 활동의 사례를 보여 준다(표 9-18). 이 활동에서 학생들은 카드 세트와 함께 공부해야 할 토픽에 관한 데이터를 제공받는다. 모둠별로 학생들은 데이터를 분석하고, 어떤 요인들이 가장 중요하며 어떤 요인들이 가장 덜 중요한지를 결정한다.

학생들은 카드를 다이아몬드 순위 매기기 패턴으로 배열한다. 나아가 학생들은 추가적인 세부 토픽에 관한 데이터를 제공받고, 다른 학생들이 사용하거나 종합 토론에서 토의하기 위해 스스로 다이아몬드 순위 매기기 요인 카드를 만들 수도 있다.

지리 교재 연구 및 교수법

9-18. 다이아몬드 순위 매기기

(a) 절차

핵심 질문
어떤 요인들이 산업을 입지시키는 데 중요한가?

자료
- 산업입지에 영향을 주는 요인에 관한 12개의 카드(b)
- 칠판에 있는 다이아몬드 순위 매기기 다이어그램(c)

시작
- 교사는 학급 학생들에게 복습과제로서 이 활동에 관해 소개한다.
- 교사는 학급 학생들에게 산업들이 현재의 위치에 입지하게 된 이유에 대해 생각하도록 도전시킨다.
- 학생들을 3명으로 구성된 모둠으로 나눈다.

활동: 일반적인 다이아몬드 순위 매기기 요인
- 3명으로 구성된 각 모둠은 12개의 카드를 제공받는다.
- 학생들은 사용하기를 원하지 않는 3장의 카드를 선정하기 위해 토론하고, 이것들을 한쪽에 둔다.
- 학생들은 남아 있는 9개 카드에 있는 요인들에 관해 토론하고, 가장 중요한 요인을 맨 꼭대기에 둔다.
- 학생들은 가장 덜 중요한 요인을 맨 밑에 둔다.
- 학생들은 다른 카드를 다이아몬드 패턴으로 배열한다.
  (이 단계에서 학생들은 그것이 산업에 따라 달라진다고 말하기 시작할지 모른다. 학생들에게 그들이 의미하는 것을 설명하도록 요구하고, 그들의 해석을 계속 기억하도록 요구하라. 학생들에게 그들이 일반적으로 할 수 있는 것을 하도록 요구하라.)
- 각 모둠은 옆에 있는 모둠으로 이동해야 할 2명의 학생을 결정한다. 이 2명의 학생은 그들의 카드 배열을 공부하고, 그것들을 기억한다.
- 각 모둠에서 2명의 학생은 옆에 있는 모둠으로 이동한다.
- 이 2명의 학생은 옆에 있는 모둠이 카드를 어떻게 배열했는지 관찰한다. 즉 유사점과 차이점을 찾는다.
- 모둠은 요인들을 그들이 둔 곳에 놓은 이유에 대해 토론한다.

(b) 요인 카드

대학 및 연구 시설과의 접근성	확장을 위한 충분한 공간	지리적 관성
근처의 쾌적한 환경	강과 같은 자연적 노선, 곡저	세금 감면, 인센티브, 보조금 등의 정부 정책
편리한 교통 연계	시장과의 접근성	안정적인 노동 공급
원료와의 접근성	건물을 위한 적절한 토지	안정적인 전력 공급

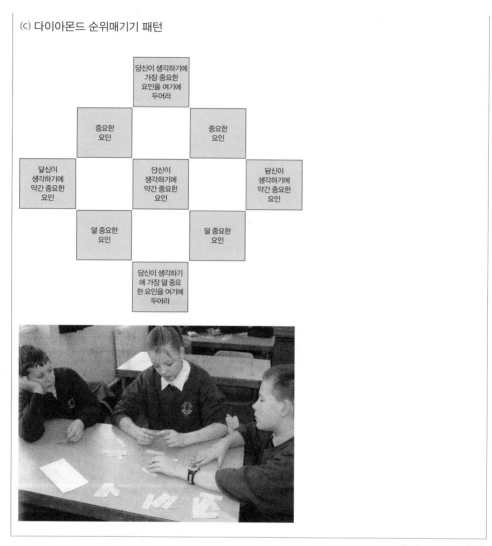

(c) 다이아몬드 순위매기기 패턴

당신이 생각하기에 가장 중요한 요인을 여기에 두어라
중요한 요인
중요한 요인
당신이 생각하기에 약간 중요한 요인
당신이 생각하기에 약간 중요한 요인
당신이 생각하기에 약간 중요한 요인
덜 중요한 요인
덜 중요한 요인
당신이 생각하기에 가장 덜 중요한 요인을 여기에 두어라

(Roberts, 2003 수정)

앞의 사례와 같이 우선순위를 밝히기 위해 정보 카드를 사용하는 것은, 개방적인 결과를 가진 토론활동을 통해 학생들의 비판적 사고와 문제해결 기능을 향상시킬 수 있는 효과적인 전략이다. 이 활동은 또한 학생들이 지리정보 내의 관계들을 탐색할 수 있는 기회를 제공하며, 설명과 일반화를 도출하는 의미 있는 방법으로 사용될 수도 있다. 특정한 지리적 과정이나 사건들에 대한 정보는 학생들이 카드를 어떤 순서로 조직하거나, 이런 지리적 과정이나 사건들을 설명하는 흐름도로 배열될 수 있다.

② 연속 다이어그램과 파급 다이어그램

지리 프레임으로서 연속 다이어그램(continuum diagram)과 파급 다이어그램(ripple diagram)은 계열 또는 우선순위를 배열하는 데 유용하다(Counsell, 1997). 이와 관련한 훌륭한 사례는 테일러(Taylor, 2004)가 제시한 '아마존 열대우림의 파괴를 허용해야 하는가?'라는 주제학습을 위한 활동이다.

먼저 연속 다이어그램은 그림 9-6과 같이 A3 용지에 양쪽 화살표를 가진 연속선을 그리고 위쪽은 최대, 맨 아래쪽은 최소로 표시한다. 아니면 학생들에게 용지의 가장자리에 최대~최소(가장 파괴적인 것~가장 덜 파괴적인 것)를 적고 선(continuum)을 긋도록 한다(그림 9-6). 그 후 학생들은 삼림파괴의 주요 원인들에 대해 브레인스토밍한 후, 교사는 '이들 원인 중 가장 파괴적인 것은 어느 것인가?'라고 물어본다.

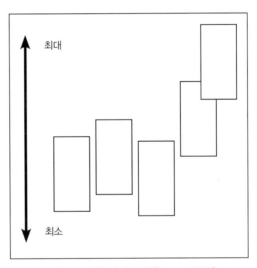

그림 9-6. 연속 다이어그램(Taylor, 2004)

교사는 짝 또는 소모둠 학생들에게 원인이 적혀 있는 카드를 제공한다(그림 9-7). 학생들은 각 원인들이 얼마나 파괴적인지 자신의 판단에 따라 카드를 연속적으로 놓는다. 이러한 큰 카드의 장점은 카드를 겹칠 수 있고 각각의 토지이용 범주 이내에서 다양한 가능성이 존재할 수 있음을 보여 주는 것이다.

한편, 파급 다이어그램이란 물에 돌을 던지면 파급(파문)이 일어나듯이 작은 동심원에서 보다 큰 동심으로 확대되어 있는 것을 의미한다. 짝 또는 소모둠에게 A3 종이를 제공하고 연속적인 동심원을 그리도록 시킨다. 동심원 개수는 3~4개 정도가 적절하다(그림 9-8).

벌채	목축
플랜테이션	이동식 경작 (원주민)
광업	도로

그림 9-7. 연속 다이어그램을 위한 카드 꾸러미(Taylor, 2004)

그림 9-8. 파급 다이어그램

그 후 교사는 모둠에게 다양한 민족과 동물이 그려진 카드 꾸러미를 나누어 준다(그림 9-9). 그리고 학생들에게 카드를 읽을 수 있도록 5분 정도의 시간을 제공한다. 학생들은 벌채로 인해 가장 많은 피해를 받은 카드를 가운데 원에 배열한다. 원의 가운데에 '최대(Most)'를, 가장자리에 '최소(Least)'를 써 놓으면 도움이 될 것이다.

지리 교재 연구 및 교수법

큰 육식동물 (예를 들면, 재규어)	새 (예를 들면, 앵무새)
작은 곤충 (예를 들면, 노래기)	물고기 (예를 들면, 피라니아)
나이가 많은 원주민	젊은 원주민
다국적 기업	브라질 정부 공무원
버밍엄의 가족	리우의 아주 가난한 가족
마나우스(아마존 강둑 마을) 의 매우 가난한 가족	브라질의 부유한 가족
케임브리지 출신의 과학자	자연을 위한 국제기금의 회원

그림 9-9. 파급 다이어그램을 위한 카드 꾸러미(Taylor, 2004)

(6) 연결하기

① 살아 있는 그래프

살아 있는 그래프(living graph)는 리트(Leat, 1998)의 책 *Thinking Through Geography*에 제시된 전략 중의 하나이다. 살아 있는 그래프 전략은 학생들에게 그래프가 무엇을 보여 주는지를 이해하도록 도와주기 위한 것이다. 보통 이 활동은 학생들에게 하나의 그래프와 일련의 진술문 카드(종종 사건들에 대한 기술들, 사람들이 이야기한 것들, 사람들이 환경에 의해 영향을 받는 방법들)를 제공한다. 그 후 학생들은 그 그래프의 가장 적절한 포인트에 진술문 카드를 일치시켜야 한다. 그렇게 함으로써 학생들은 그래프가 보여 주는 것을 단순히 기술하거나 단순히 데이터에 반응하는 연습을 하는 것이 아니라, 그래프에 대해 더 상세하게 이해할 수 있게 된다. 살아 있는 그래프는 궁극적으로 추상적인 그래프와 그것의 배후에 놓여 있는 인간 및 사건 간의 연결을 만들 수 있게 한다(Leat, 1998: 23).

표 9-19는 '폭풍우 시 수문곡선'을 활용한 살아 있는 그래프 활동의 사례이다. 학생들은 진술문들을 각각 해당 그래프의 적절한 위치에 놓으면 된다. 그리고 그에 합당한 이유를 설명해야 한다.

표 9-19. 살아 있는 그래프 활동(폭풍우 시 수문곡선)

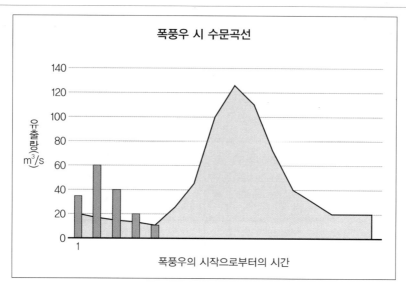

폭풍우 시 수문곡선

☞ 그래프에서 선은 방출량을 나타내며, 막대는 강수를 나타낸다.

1. 물이 문 아래로 들어와서 철수의 거실 카펫은 쓸모가 없게 되었다.

2. 물이 오래된 외양간의 천장에서 어린 송아지를 향해 떨어지기 시작한다.

3. 민수는 창문 밖으로 폭풍을 본다.

4. 준호는 양배추를 심기로 결정한다. 왜냐하면 토양조건이 완벽하기 때문이다.

5. 카누 경기가 다시 시작한다. 왜냐하면 강의 수위가 지금은 안전하기 때문이다.

6. 형수와 형민은 라디오에서 홍수 경고를 듣고, 문에 모래주머니를 둔다.

7. 축구 심판은 경기가 연기되어야 할지 결정하고 있다.

8. 오래된 다리가 다시 재개된다.

9. 카누 경기가 취소된다.

10. 민형은 정원에서 햇볕을 즐기고 있다. 그러나 민형은 신발에 묻은 진흙 때문에 태희가 좋아하지 않을 것이라는 것을 알고 있다.

11. 은수와 평수는 일요일 오후 산책을 위해 외출하기로 결정한다. 제임스는 비를 싫어한다.

② 연결(connections)

표 9-20은 '하천과 홍수' 주제와 관련한 연결하기 활동이다. 표 9-20에 제시된 진술문 카드는 각각 2개의 문장으로 구성되어 있다. 2개의 문장 간의 관계가 반드시 연결이 있어야 한다면 M, 연결이 있을 수 있다면 C, 연결이 있을 수는 없고 그것들은 단지 동시에 일어나는 것이라면 N을 기입한다. 8개의 진술문 카드를 다 완성했다면, 학생들이 9번, 10번, 11번에 해당될 수 있는 진술문을 만들어야 한다.

표 9-20. '하천과 홍수' 주제와 관련한 연결하기 활동

M: 만약 일어나고 있는 것 간에 반드시 연결이 있어야 한다면,
C: 만약 일어나고 있는 것 간에 연결이 있을 수 있다면,
N: 만약 두 사건 간에 연결이 있을 수 없고, 그것들은 단지 동시에 일어난다면,

하천
1. 비가 내리고 있다. 강은 빠르게 흐르고 있다.
2. 지류가 강에 합류한다. 강은 더 깊다.
3. 날씨가 덥다. 강은 낮다.
4. 홍수가 발생하고 있다. 농부들은 그들의 수입에 대해 걱정한다.
5. 댐이 건설된다. 실업률이 떨어진다.
6. 육지(땅)가 높다. 많은 비가 온다.
7. 강이 깊다. 강은 빠르다.
8. 더 많은 비가 내린다. 강의 배출량(강물의 양)이 보다 많다.

이제 여러분은 하천과 홍수 토픽에 관해 여러분 스스로 3가지의 연결을 만들 필요가 있다.

9. M: _____
10. C: _____
11. N: _____

(7) 터부 카드 게임

터부(taboo) 카드 게임은 니콜스와 킨닌먼트(Nichols and Kinninment, 2001)의 책 *More Thinking Through Geography*에 제시된 전략 중의 하나이다. 터부는 학생들에게 지리적 용어를 학습하도록 도와주는 데 매우 훌륭하다. 터부는 많은 가정에서 즐기는 게임이며, TV 게임쇼에서도 가끔 볼 수 있다.

터부 게임은 어떤 학생이 카드에 제시된 용어(주제어)를 설명할 때, 카드의 하단에 있는 쉽게 떠오르는 단어, 즉 터부 단어를 사용하지 않고 설명해야 하며, 다른 학생들은 그것을 듣고 정확한 용어를 알아맞히는 게임이다. 이것은 팀 게임으로서, 학생들은 선의의 경쟁 상황 속에서 협동적으로 사고하는 데 열중하게 된다. 게임을 하는 사람들에게 충분한 지적 도전을 제공하는 것이 게임을 성공적이고 지속적으로 하기 위한 필수조건이다.

이러한 터부 게임은 단원을 학습한 후, 그 단원에 나온 용어나 개념에 대한 이해를 확인하기 위해 진단평가를 실시할 때 매우 유용하다. 만약 학생들이 특정 용어를 설명하는 데 사용할 수 없는 금기 단어(taboo words)를 직접 만들 수 있다면, 그 용어(주제어)에 대한 그들의 이해도를 잘 보여 줄 것이다. 또한 이를 통해 교사는 학생들이 가지고 있는 오개념과 혼란을 쉽게 확인할 수도 있다. 따라서 터부 게임은 형성평가의 역할도 할 수 있다. 여기에서는 '물의 순환'과 관련된 터부 게임을 소개한다(표 9–21).

표 9–21. '물의 순환'과 관련된 터부 게임

지시

1. 9개의 카드가 있기 때문에, 학급 학생들을 9개의 모둠으로 나누어라. 그리고 각 모둠이 자신들의 핵심 용어를 설명하기 위한 단어들을 기록하거나, 다른 모둠으로부터 들은 단어를 기록할 수 있도록 충분한 종이를 가지고 있는지 확인하라. 각 모둠에게 모둠명이나 모둠번호를 부여하라.
2. 학급 학생들에게 각 모둠은 맨 위에 '물의 순환'과 관련된 핵심 용어가 적혀 있고 아래에는 터부 단어의 목록이 적혀 있는 카드를 받게 될 것이라고 말하라. 학생들은 그 용어를 설명하거나 묘사할 계획이다. 하지만 카드에 제시된 터부 단어나 이를 변형한 유사 단어를 사용하는 것은 금지된다.
3. 학생들에게 핵심 용어에 대한 묘사/설명을 계획하도록 5분의 시간을 제공하라. 학생들은 그 용어를 나중에 다른 모둠에게 설명할 것이다.
4. 각 모둠은 대변인을 선정하거나, 모둠에서 합의한 것을 설명하기 위한 과제를 분담하라.
5. 부정확하거나 기이한 설명을 하여 다른 모둠이 핵심 용어를 명료화하지 못하도록 의도적으로 방해하는 것을 막기 위하여, 학생들에게 채점 시스템을 설명하라. 다음을 제안한다.
   - 채점: 다른 모둠이 설명하는 핵심 용어를 제대로 맞춘 모둠에게 1점.
          핵심 용어에 대한 설명을 제대로 하여 다른 모둠이 맞출 수 있게 한 모둠에게 1점.
          어떤 모둠이 금기 단어를 사용하여 핵심 용어를 설명했다면, 그 카드에 대한 점수를 취소한다.
6. 모든 모둠에게 자신들의 핵심 용어를 설명하기 위해 준비하는 데(토론하고 합의하는 데) 필요한 시간을 5분 준다.
7. 각 모둠의 대변인에게 자신들의 핵심 용어에 대한 설명을 천천히 두 번씩 읽도록 하고, 각 모둠이 핵심 용어를 명료화하기 위해 상의하고 기록할 수 있도록 시간을 제공한다.

자료

강수 (Precipitation)	증발 (Evaporation)	차단 저류 (Interception Storage)
비(rain) 우박(hail) 눈(snow) 물(water) 구름(clouds) 기체(gas) 응결(condensation) 액체(liquid)	물(water) 주전자(kettle) 가열(heat) 기체(gas) 수증기(vapour) 증기(steam) 목욕탕(bath) 소나기(shower)	물(water) 나뭇잎(leaves) 가지(branches) 나무(trees) 저장(store) 식물(plants) 지면강우(ground rain)

(식물)증산작용 (Transpiration)	와지 저류 (Depression Storage)	응결 (Condensation)
물(water) 식물(plants) 나뭇잎(leaves) 물방울(습기)(sweat) 호흡(breathe) 나무(trees) 뿌리(roots) 가열(heat)	물(water) 지표면(surface) 포화된(saturated) 호우(soak) 동물의 둥지(lie) 웅덩이(puddle) 지면(ground) 작은 못(pool)	물(water) 액체(liquid) 기체(gas) 목욕탕(bath) 주전자(kettle) 증기(steam) 운반(transfer) 냉각(cold)

증발산 (Evapo-Transpiration)	지하수류 (Groundwater Flow)	통과류 (Throughflow)
증발(evaporation) 증산작용(transpiration) 물(water) 식물(plants) 나뭇잎(leaves) 물방울(습기)(sweat) 호흡(breathe) 운반(transfer)	운반(transfer) 지하 수면(water table) 암석(rock) 대수층(aquifer) 이동(move) 흐름(flow) 배수(drain) 침투(infiltration)	토양(soil) 호우(soak) 물(water) 입자(particles) 운반(transfer) 이동(move) 침투(infiltration) 땅(earth)

표면유출 (Surface Run-Off)	침투 (Infiltration)	
물(water) 지면(ground) 유출량(running) 흐름(flowing) 위(over) 맨 위(top) 이동(move)	물(water) 스며들다(percolate) 졸졸 흐르다(trickle) 여과(filter) 공간(spaces) 안으로(into) 토양(soil) 지면(ground)	

(계속)   (Nichols and Kinninment, 2001)

6. 보드 게임

1) 보드 게임이란?

보드 게임(board game)은 보드(게임판)를 두고 그 위에 몇 개의 말을 올려 정해진 규칙에 따라 진행하거나, 포커나 화투처럼 정해진 숫자의 카드를 통해 일정한 규칙에 따라 게임을 진행하는 종류의 게임을 모두 포괄한다. 즉 보드 게임이란 적어도 2명 이상의 사람들이 직접 모여 보드(board), 카드(card), 타일(tile) 등 물리적인 도구를 이용하여 정해진 규칙에 따라 승패를 가리는 놀이이다.

세부적으로는 카드로 게임을 진행하는 카드 게임과 주사위 및 병마를 특징으로 하는 보드 게임으로 나누기도 하지만, 통상적으로 둘 모두를 포괄하여 보드 게임이라고 칭한다. 바둑과 체스, 장기와 같은 전통 보드 게임에서부터 오늘날의 보드 게임까지 그 종류는 약 3만 종에 이른다. 그중 현재 한 해에 출시되는 새로운 보드 게임만도 수백여 종이고, 이 중 가장 많은 게임을 개발하는 나라는 독일이다.

보드 게임은 플레이어가 직접 대면하여 즐기기 때문에 주로 혼자 즐기는 컴퓨터 게임과는 다른 색다른 맛을 지니게 된다. 최근의 보드 게임은 그 종류가 매우 다양해져서 영토확장과 재산 증식에서 환경보호, 남녀평등과 같은 친사회적 소재까지 그 포괄 범위가 매우 넓다.

모노폴리(Monopoly, 독과점)는 보드 게임의 한 종류로, 1933년 찰스 대로(Charles Darrow)가

그림 9-10. 모노폴리 게임 보드

발명하고 1935년 파커 브라더스(Parker Brothers) 사에 권리를 팔았다. 세계에서 가장 유명한 보드 게임으로 널리 알려져 있는 모노폴리는 돈 모양의 종잇조각을 주고받으며 땅과 집을 사고파는 놀이를 하는 보드 게임의 하나이다.

새로운 '모노폴리, 지금 여기에서: 세계판(MONOPOLY Here & Now: The World Edition)' 보드 게임에 실릴 22개의 세계 대도시를 선정하기 위해 전 세계를 대상으로 투표를 실시한 결과, 몬트리올이 임대료가 가장 높은 도시로 모노폴리 게임에 등장하게 되었다. 몬트리올에 이어 라트비아 수도 리가가 임대료가 가장 높은 그룹인 남색 대열에 합류했다.

'모노폴리, 지금 여기에서: 세계판'에 수록이 확정된 22개의 도시들은 임대료가 가장 높은 순으로 다음과 같이 색깔별로 구분되었다. 이 무노폴리 게임은 세계지리에 대한 관심을 증폭하는 데 기여할 수 있을 것이다.

- 남색: 몬트리올, 리가
- 녹색: 케이프타운, 베오그라드, 파리
- 노란색: 예루살렘, 홍콩, 베이징
- 빨간색: 런던, 뉴욕, 시드니
- 오렌지색: 밴쿠버, 상하이, 로마
- 자홍색: 토론토, 키예프, 이스탄불
- 옅은 파란색: 아테네, 바르셀로나, 도쿄
- 갈색: 타이베이, 그디니아

한편 모노폴리 게임에 기원을 둔 블루마블은 우리나라 최초의 보드 게임으로 1982년에 씨앗사에서 만든 것이다. 8세 이상의 2~4인이 2개의 주사위를 굴려 도착한 곳에 주권국의 땅을 사고 건물을 짓는 재산증식형 게임으로 한국인들에게 가장 유명하면서 오랫동안 사랑받는 게임이다. 이름은 게임이 출시된 1980년대 당시 한국에서는 블루(파랑색)라는 영단어를 부루로 통용해서 따왔다는 추정과 푸른 구슬(영어: Blue Marble)의 일본식 발음인 '자 부루 마부루(ザ・ブルー・マーブル)'를 따왔다는 추정이 있다.

2) 보드 게임의 교육적 효과

보드 게임은 수학적 계산능력을 향상시킬 뿐만 아니라, 사회적 기술을 습득하도록 한다. 요즘 초등학생들 사이에서 보드 게임을 수학, 역사, 경제 등 여러 분야의 교육자료로 많이 활용하고 있는 것도 이 때문이다. 게임이 즐거움과 함께 지적 능력과 자유로운 상상력, 사회성 개발 등에도 이용되고 있는 것이다. 이러한 보드 게임은 유아들이 교육적으로 사용하는 교구와는 차별화되는 특색이 있다.

선진국에서는 이미 보드 게임을 학교교육에 적극 활용하고 있으며, 보드 게임이 가족 놀이 문화로 정착한 지도 오래되었다. 특히 미국의 초등학교에서는 지리, 역사, 수학, 경제 시간에 보드 게임을 주로 활용한다. 이러한 보드 게임의 교육적 효과는 대체로 다음과 같다.

첫째, 보드 게임은 타인과 함께 즐길 수 있는 건전하고 지적인 놀이수단으로, 무엇보다도 강력한 시뮬레이션 기능이 있어 효과적인 교육도구로 사용할 수 있다.

둘째, 대부분의 보드 게임이 사칙연산이나 수학적 지식을 바탕으로 하기 때문에 연산능력 및 수학적 사고력 향상에 매우 효과적이며, 관찰력과 패턴 찾기, 공간활용 능력 향상 등에도 도움을 준다.

셋째, 또 다른 교육적 효과로는 문제해결을 위한 전략적 사고로 효과적인 답을 찾을 수 있도록 한다. 전략적 사고란 상대방과 나의 상황을 분석하고 지식을 활용하여 가장 효율적인 방법으로 문제를 해결하는 능력을 말하며, 현대사회에서 성공을 위한 필수 요소이다.

마지막으로, 팀 게임을 하면서 순서 지키기와 반칙 안 하기, 자기 차례를 기다리는 인내심을 배움으로써 사회성과 원활한 의사표현 방법도 기를 수 있다.

3) 보드 게임의 지리수업 적용 사례: 모노폴리 게임

미국을 중심으로 선진국의 많은 국가들은 모노폴리(Monopoly) 게임을 즐긴다. 모노폴리 게임은 땅과 집을 사고파는 게임으로, 플레이어들은 최대한 이윤을 남기는 것이 목적이다. 표 9-22는 중등학교 학생들을 대상으로 지리교사가 직접 개발하여 적용한 모노폴리 게임인 'Exe-opoly and investigation of your city'이다(Clemens et al., 2013).

표 9-22. 모노폴리 게임을 활용한 지리수업 사례

1. 학습의도

• '여러분의 장소'를 구성하는 것을 이해한다.
• 여러분의 개인지리(personal geography)를 통해, 여러분이 엑세터(Exeter)에 관해 어떻게 느끼는지를 이해한다.
• 이 도시의 '좋은' 지역과 '나쁜' 지역을 알고, 여러분의 생각을 정당화한다.

2. '엑세터: 여러분의 영국 장소' 시작에서의 질문들

누가 엑세터 백만장자가 되기를 원하는가?
1. 당신의 학교가 위치하고 있는 도로의 이름은 무엇인가?
2. 엑세터의 새로운 쇼핑지역의 이름은 무엇인가?
3. 주요 철도역의 이름은 무엇인가?
4. 엑세터 근처의 고속도로 이름은 무엇인가?
5. 이 도시의 동쪽 끝에 있는 산업단지의 이름은 무엇인가?
6. 이 도시의 동쪽 경계 안쪽에 있는 새로운 주거지역의 이름은 무엇인가?

3. Exe-opoly 게임 보드

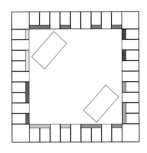

4. Exe-opoly를 만들기 위한 학생들의 과제

여러분의 'Exe-opoly' 만들기
이전 수업에서의 숙제 세트
이 도시의 '가장 좋은' 지역과 '가장 나쁜' 지역을 각각 5곳 결정하라―거리 이름들을 제공하기 위한 목적

수업에서
• 모둠에서, 여러분의 개별 숙제에서 선정한 것을 토론하고, '가장 좋은' 장소와 '가장 나쁜' 장소 각각을 5가지로 합의하라.
• 여러분이 알고 있거나 그것들에 관해 들었던 것에 따라, 제공된 목록에 있는 엑세터의 22개 지역을 '가장 나쁜' 장소에서부터 '가장 좋은' 장소에 이르기까지 서열화하라.
• 22개의 위치들을 여러분의 Exe-opoly 보드에 놓아라. 가장 나쁜 장소는 보라색 사각형에 놓고, 가장 좋은 장소는 감색(진한 청색) 사각형에 놓아라.
• 엑세터에서 가장 많이 사용되는 운송유형의 4가지는 무엇인가? 이것들을 보드의 각 측면에서 등거리에 있는 모서리에 위치시켜라.

- 엑세터에서 어떤 지역이 가장 많은 사람들을 고용하고 있는가? 이것들을 분홍색 사각형과 노란색 사각형 사이에 있는 공간에 써라.
- 지역 '교도소(prison)', '구치소(jail)'를 만들고, 여러분이 생각하기에 높은 범죄율을 가진 지역 근처에 '감옥에 가다(go to jail)'를 위치시켜라.
- 지역 학교들 또는 대학들 뒤에 '무료 주차(free parking)'와 'Go'를 명명하라.
- 적어도 10개의 '기회' 카드를 만들어라. 절반은 '운이 좋은' 것이어야 하고, 엑세터의 긍정적인 면을 강조해야 한다. 그리고 5개는 벌금 또는 벌이어야 하며, 엑세터의 부정적인 면을 강조해야 한다.
- 엑세터의 주요 관광 명소의 그림을 보여 주는 패(counters)를 만들어라.

5. '기회' 카드의 사례

세인트토머스 파크(St. Thomas Park)에 있는 술 취한 젊은이-벌금 35파운드	Ex 브리지(Ex Bridges)에서의 교통혼잡으로 직장에 늦음-여러분이 Go를 통과할 때, 급료 20파운드를 잃음	프린세스 헤이(Princess Hay)에서 붙잡힌 들치기-바로 감옥에 감
새로운 호텔이 도심에서 개업하고 여러분은 직업을 구함-여러분이 Go를 통과할 때 100파운드를 받음	존 루이스(John Lewis)가 도심에서 개업함-어떤 도심 건물을 위한 여분의 임대료에서 50파운드를 받음	박물관이 다시 문을 엶-여러분이 소유한 각 호텔을 위한 본연의 업무 외 일로 100파운드를 받음

6. 활동의 실제

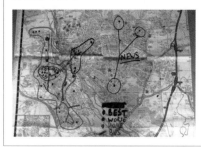 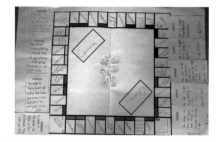

(Clemens et al., 2013)

7. 시뮬레이션 게임

1) 정의

앞에서도 언급했듯이 시뮬레이션, 게임, 역할극은 명확하게 구분하기 어려운 학습방법이다. 많은 활동들은 게임, 시뮬레이션, 역할극의 요소가 결합되어 있는데, 이를 시뮬레이션 게임 (simulation game)이라고 한다. 시뮬레이션 게임은 시뮬레이션과 게임의 두 장점들을 가지고 있으며, 특히 의사결정 능력의 발달에 유용하다. 시뮬레이션 게임은 타인의 입장에서 상황을 판단하고 결정하는 것이라고 할 수 있다. 시뮬레이션 게임 속에 역할극이 포함되는 것은 이러한 이유 때문이다[7].

시뮬레이션 게임이란 학습자가 실제로 발생한 문제 상황에 직면하여, 한 행위자의 역할을 맡아서 정해진 규칙과 절차에 따라 주어진 문제를 해결하는 학습활동이라고 할 수 있다. 이러한 시뮬레이션 게임은 실제 생활의 어떤 국면을 재현하는 학습활동에 해당되므로, 역할극 및 시뮬레이션과 게임 그리고 문제해결이 결합되어 학습활동이 진개되는 것이 일반적이다. 시뮬레이션 게임은 학생들에게 게임 규칙을 준수하면서 과제를 해결하여 승자와 패자를 결정하도록 한다(Walford, 1996; Fien et al., 1989).

이상의 논의에서 볼 때, 시뮬레이션 게임은 학습자가 현실과 유사하다고 느끼는 가상의 상황에서 승리라는 목표에 도달하기 위해 주어진 과제를 해결하면서 경쟁을 벌이는 학습방법이라고 정의 내릴 수 있다.

2) 효과

시뮬레이션 게임은 즐겁고 하기 쉬운 놀이이며, 학생들을 지리학습에 능동적으로 끌어들인다. 왜냐하면 시뮬레이션 게임의 설정이 실생활의 상황을 반영하고 있고, 학생들이 그것을 자신들의 생활과 관련 있는 것으로 보기 때문이다. 또한 시뮬레이션 게임에서 학생들은 특별한 전략을 통해 서로 도우며 아이디어를 공유하는 과정 속에서 상호협동적으로 학습하게 된다.

---

7) 한편, 시뮬레이션 게임과 역할극을 구분하기도 한다. 학습 참여자의 입장에서 보면, 시뮬레이션 게임은 실제 상황이라는 사회적 구조와 행위의 조건에 의해 역할이 제한되며, 게임의 규칙과 틀에 입각해 상황을 받아들여 하는 것이 원칙이다. 이에 비해 역할극 참여자는 상황에 대해 직관적이고 개인적인 상상이 가능하다. 역할을 맡은 인물의 입장에서 비교적 자유롭고 개방적으로 행동하는 것이 허용된다. 또한 학습의 결과라는 측면에서 보면, 시뮬레이션 게임은 이기기 위해 경쟁을 하는 반면, 역할극은 경쟁과 승패가 그다지 중요한 요소가 아니다. 시뮬레이션 게임이 문제해결 능력의 함양을 지향하고, 역할극은 상상적 이해를 지향하는 데서 나타나는 차이라고 볼 수 있다. 지리수업에서 교사가 생각하는 학습의 결과가 무엇인가에 따라 시뮬레이션 게임과 역할극이 선택적으로 혹은 통합되어 투입될 수 있을 것이다.

이와 같이 시뮬레이션 게임은 현실세계를 이해하는 데 도움이 되는 수업방법이다. 학생들은 실세계에서 수행하는 과제보다 덜 복잡하게 구성된 상황을 시뮬레이션 게임 수업으로 경험함으로써 실제 상황에 필요한 기술을 더 쉽게 배울 수 있고, 단순화된 가상세계를 통해 급변하는 세상의 역동성을 이해할 수 있다(Walford, 1996).

이 이외에도 시뮬레이션 게임의 장점은 흥미와 동기유발, 지식의 장기 기억, 사고력과 창의성 부여, 관심의 환기, 학습자의 주체적 활동과 적극적 태도, 문제해결을 위한 협동심 배양, 학생 상호간의 친밀감 형성, 학습내용의 실감적 이해, 의사결정력 향상 등으로 요약할 수 있다. 단 시뮬레이션 게임이 면밀히 계획되고 실천되었을 때 비로소 이러한 학습의 장점이 나타날 수 있다. 그렇지 않으면 많은 시간, 노력, 경제적 부담, 학습 분위기 산만, 지나친 경쟁심 등 단점이 노출되어 학습지도는 실패하고 무의미하게 될 수도 있다.

3) 유형

시뮬레이션 게임은 현실과 비슷한 환경을 구현해 간접 체험을 누릴 수 있는 게임을 뜻한다. 처음에는 자동차 운전연습이나 전쟁 모의 게임 등 교육적인 목적으로 개발되었지만, 게임 장르가 다변화되면서 순수하게 오락을 위한 시뮬레이션 게임도 등장하기 시작하였다. 그리하여 스포츠 게임, 슈팅 게임, 레이싱 게임, 전략 게임 등 다른 게임 장르와의 경계가 매우 불분명해지고 있다. 사실 사전적인 의미로 보면, 퍼즐 게임 등 일부를 제외한 대부분의 게임은 시뮬레이션 게임에 속한다.

시뮬레이션 게임 중 가장 대표적인 것이 건설 시뮬레이션 게임이다. 지리와 매우 밀접하게 관련된 건설 시뮬레이션은 '심시티(Sim City)[8]' 시리즈로 최근에는 '심시티 4'도 출시되었다.

현실을 그대로 반영한 시뮬레이션은 우주인 훈련, 비행조종사 훈련 등 전문기술을 학습하는

---

8) 심시티(시뮬레이션 시티)는 미국의 맥시스(Maxis)가 1989년 개발한 도시건설 시뮬레이션 게임이다. 사용자가 시장이 되어 기본 자금을 가지고 황무지에 도시를 건설해 나가는 내용으로 구성된다. 시장은 도심과 주택가, 공업지대, 상업 지대를 적절하게 배치하여 시민들이 되도록 많이 살도록 유도해야 한다. 도로와 항만, 공항과 같은 시설과 경찰서, 소방서, 운동장 등의 건물을 세워야 하며, 교통체증이나 범죄율, 화재발생률, 수질 및 대기 오염은 물론 시장에 대한 지지도까지 분석할 수 있게 구성되어 있다. 방사능에 오염되거나 지진 후 엉망이 된 도시를 주어진 시간 내에 복구하는 난코스도 마련되어 있고, SF 영화에 등장한 고질라에 의해 도시가 파괴되는 상황도 맞는다.

영역에서 다루어지고 있으나 비용이 많이 들기 때문에 학교수업 중에 사용할 자료를 개발하는데 적합하지 않다(허운나, 1991). 그러므로 수업에 사용할 시뮬레이션 게임은 현실세계를 교실에서 다룰 수 있도록 단순화시킨 형태로 변형한 것으로 이해될 필요가 있다.

서재천(1998)은 시뮬레이션 게임을 통해 습득되는 지식을 사실적 지식, 개념적 지식, 가치판단적 지식으로 간주하고, 이를 토대로 사실적 지식 습득을 위한 시뮬레이션 게임, 개념적 지식 습득을 위한 시뮬레이션 게임, 가치판단 향상을 위한 시뮬레이션 게임으로 분류하였다.

한편, 박건호(1997)는 학습유형에 따라 기계를 작동하거나 실험기구를 이용하는 방법을 익히도록 만든 물리적 시뮬레이션(physical simulation), 지도를 그리거나 등고선을 이용해 산의 모양을 만들어 보는 등 일정한 순서를 거치는 과정을 모의 상황에서 해결하도록 하는 절차 시뮬레이션(procedural simulation), 가상의 상황에서 문제를 해결하기 위한 의사결정을 해야 하는 상황 시뮬레이션(situation simulation) 등으로 시뮬레이션 게임을 분류하였다.

4) 시뮬레이션 게임의 교육적 활용

지리수업에 시뮬레이션 게임을 활용하기 위해서는 시뮬레이션 게임의 개발과 사용에 유의해야 한다. 교사가 시뮬레이션 게임을 개발하는 것은 그렇게 간단한 것이 아니다. 따라서 처음에는 이미 개발되어 보급된 시뮬레이션 게임을 활용하는 것이 바람직하다. 그 후 교사가 직접 시뮬레이션 게임을 개발하여 사용한다면 더욱 효율적일 것이다. 맬컴(Malcolm, 1976)은 시뮬레이션 게임 제작 단계를 표 9-23과 같이 8단계로 제시하고 있다. 그리고 박현경(2012)은 이러한 8단계에 대해 보다 구체적인 설명을 제공한다.

표 9-23. 맬컴(Malcolm)의 시뮬레이션 게임 제작 모형

단계	제작 순서
1단계	시뮬레이션 게임 수업 주제 확인
2단계	시뮬레이션 게임 수업의 성격 정하기(경쟁, 비경쟁)
3단계	시뮬레이션 게임 수업 개발
4단계	시뮬레이션 게임 수업 규칙 제정

5단계	시뮬레이션 게임 수업 조 구성 및 준비물 계획
6단계	개발된 시뮬레이션 게임 수업 진단
7단계	시뮬레이션 게임 수업 실행 및 현장 평가
8단계	결과 발표 및 평가

(계속)   (박현경, 2012 재인용)

우선 시뮬레이션 게임 수업에 적용할 학습주제를 선정한다. 학습주제는 실제적이고, 학생들이 의미를 부여할 수 있으며, 관심을 가질 수 있는 것으로 선택한다. 주제를 선정한 후에는 이 주제를 단원의 도입 부분에 적용할 것인지, 단원의 마무리 단계에 도입할 것인지를 결정해야 한다. 월포드(Walford, 2007)는 시뮬레이션 게임을 단원의 마무리 수업에 사용하면 학생들이 부담 없이 수업에 참여할 수 있고, 교사는 단원을 마무리하고 다음 단원으로 넘어가는 것을 자연스럽게 할 수 있다고 주장한다.

주제를 결정한 다음 2단계에서는 경쟁적인 게임을 할 것인지, 비경쟁적인 게임을 할 것인지에 대해 결정한다. 경쟁적인 게임은 학생들이 승리를 위해 게임에 참여하는 과정에서 '규칙'을 학습하게 되지만, 비경쟁적인 게임은 승패를 가르는 게임이 아니기 때문에 게임에 참여하는 학생들은 게임에 주어진 상황을 해결하는 과정 자체로 학습을 하게 되는 것이다. 따라서 교사는 시뮬레이션 게임을 개발할 때 경쟁적인 구조로 할 것인지, 비경쟁적인 구조로 할 것인지를 선택해야 한다.

3단계에서는 게임을 개발한다. 시뮬레이션 게임은 학생들의 높은 참여가 이루어지도록 개발되었을 때 가장 효과적이므로, 승패만을 목적으로 하는 게임은 지양해야 한다. 시뮬레이션 게임 활동의 흐름이 끊어지지 않도록 사실적인 자료를 제공하도록 하며, 단순히 개념을 기억하는 것 이상을 끌어내기 위해 학생들이 쟁점 문제를 탐구하고 가치를 명료화할 수 있는 게임을 개발한다(Fien et al., 1989).

4단계는 게임 규칙을 정하는 것이다. 게임 규칙은 구체적으로 정해야 학습자들의 혼란이 줄어들 수 있다. 규칙은 현실적인 규칙을 단순하게 만들 수도 있고, 더 복잡하게 만들 수도 있다(Walford, 1986). 또한 규칙은 미리 유인물로 만들어 두면 학생들의 게임에 대한 이해를 도울 수 있다(Walford, 2007). 유인물은 글로 설명하기보다는 이미지로 간략히 표시하는 것이 더 유용하다.

5단계는 게임 모둠을 구성하고 수업에 필요한 준비물을 계획하는 것이다. 모둠을 구성할 때

274

는 성취 수준을 기준으로 고르게 배정하는 것이 바람직하다. 학생들 선호에 따라 모둠을 구성하면 성취 수준에 따른 모둠별 차이가 명확하여 경쟁하는 의미가 퇴색될 수 있다. 수업에 사용할 준비물은 사전에 철저히 준비해야 하며, 수업에는 주사위, 교환 칩, 찬스 카드 등 간단한 도구를 사용할 수 있다.

한편, 월포드(2007)는 처음으로 자신의 게임과 시뮬레이션을 만드는 과정에 착수하고 있는 교사들이 체크리스트로서 사용해야 할 단계를 10가지로 제시하고 있다(표 9-24).

표 9-24. 경영 게임을 만들기 위한 10단계

경영 게임(operational game)을 만들기 위한 10단계

여기에는 고려해야 할 10가지 핵심 쟁점이 있다.

1. 토픽 또는 프로세스를 선정하라.
　인문환경과 자연환경은 모두 게임 상황으로 가득 차 있다. 그러나 첫 번째 단계는 그것들을 확인하는 것이다.

2. 맥락과 범위를 한정하라.
　게임은 맥락에서 로컬 및 구체적인가, 아니면 보다 넓은가? 도시화에 관한 게임은 특정 구역에 초점을 둘 수도 있고 지역적 수준에서 계획정책과 관련될 수도 있다.

3. 스타일의 관점에서 게임을 한정하라.
　그것은 어떤 스타일의 게임이 될 것인가? (지도가 있는 칠판을 사용하는가? 카드를 사용하는가? 기록 시트를 사용하는가?) 얼마나 많은 도구가 요구될 것인가?

4. 게임이 경쟁적인 것일지 아니면 협력적인 것일지를 결정하라.
　몇몇 게임 상황은 서로 경쟁하는 플레이어들(모둠들)을 포함한다(예: 광물 자원에 대한 경쟁 개발자들, 19세기 미국에서의 경쟁 철도 회사들). 다른 상황들은 모두가 공통의 목적을 향해 함께 일하는 것을 포함할지 모른다(예: 어떤 시골에 도로 네트워크를 만들려고 하는 정부, 그러나 자금과 자원의 유용성이 제한되어 있음). 교사가 경쟁적 게임을 만들 것인가, 협력적 게임을 만들 것인가를 선택하는 것은 그들의 선호나 윤리적 관점이 아니라, 실제 세계의 상황을 반영할 필요가 있다.

5. 참여 모둠과 그들의 있을 법한 목표들을 구체화하라.
　플레이어들(또는 짝별 또는 모둠별)은 게임의 맥락 내에서 개인을 대표하는가 아니면 집단(즉 다양한 회사, 정부)을 대표하는가? 그들은 목표를 자신들이 결정하도록 되어 있는가 아니면 게임 매니저에 의해 목표가 부여될 것인가? 주의하라. 몇몇 상업적 게임(예: 모노폴리)에서 금전적인 부의 축적이 유일한 목표로 가정되지만, 실제 삶에서 목표는 더 복잡하다(예를 들면, '행복'과 같은 요인을 포함할 수 있다).

6. 게임에서의 핵심적인 상호작용을 한정하라.
　참가자들은 라운드에서 라운드로 이동하기 위해 정확하게 무엇을 해야 하는가? (카드를 테이블 위에 둘지, 주사위를 던질지, 입찰할지) 게임에서 한 라운드를 완성할 사건의 시퀀스는 무엇이 형성하는가?

---

7. 참가자들, 목표들, 상호작용을 게임의 현실 속으로 변형하라.

이것은 1~6번의 포인트를 받아들여 그것들을 플레이하기에 알맞은 무언가로 결합하는 데 중요한 단계이다. 가족이나 동료의 도움, 또는 흥미를 가진 적극적인 학생들은 게임의 주요 메커니즘을 시운전하는 데 실제적인 도움을 줄 것이다.

8. 제한사항과 구조틀을 부가하라.

일단 게임의 중심 메커니즘이 설정되었다면, 몇몇 제한사항이 제공될 수 있다. 게임이 근거하고 있는 실제 상황의 제한사항은 무엇이며, 게임이 플레이하기에 알맞도록 하기 위해 어떤 가능성들이 무시될 필요가 있는가?

9. '게임의 규칙'을 만들어라.

7단계와 8단계에서 행해진 작업에 맞추어, 게임 개발자는 이제 게임하는 방법의 시퀀스와 참가자들을 위한 몇몇 규칙을 설정하려고 할 것이다. 그러나 많은 학생들이 게임 규칙을 읽는 것은 매우 당황스럽고 지루한 일이라는 것을 명심해야 한다. 여기서 중요한 것은 게임 참가자들 자신이 무엇을 해야 하는지를 알 수 있도록 하는 것이다.

10. 완성된 게임을 현실과 비교하라.

게임 개발 작업이 완료된 후, 그 게임이 근거하고 있는 원래 상황으로 다시 되돌아가 볼 필요가 있다. 즉 완성된 게임이 변형과 단순화 과정을 통해 실제 세계를 왜곡하고 있지는 않은지를 검토해야 한다. 만약 그렇다면 다시 생각하고 수정할 필요가 있을 것이다.

시뮬레이션 게임(어떤 형태로 설계되든지 간에)은 그것이 조명하려는 현실에 충실해야 하며, 플레이어들에게 흥미 있는 경험을 제공하기 위해 왜곡되어서는 안 된다.

(Walford, 2007: 129 일부 수정)

게임을 실행하기 전에 교사는 스스로 개발한 시뮬레이션 게임 수업에 대해 점검을 해야 한다. 점검해야 할 요소는 표 9-25와 같다.

표 9-25. 시뮬레이션 게임 진단 요소

내용	• 게임에 나타난 주요 문제는 무엇인가? • 실제 상황과 무슨 관련이 있는가? • 게임을 통해 어떤 지리적 개념이 발전될 것으로 여겨지는가? • 어떤 지리적 과정이 설정되었는가?
활동	• 학습자들이 할 수 있는 선택은 무엇인가? • 어떤 전략이 이용될 것 같은가? • 게임을 통해 어떤 지리적 기술이 발전될 것으로 여겨지는가? • 게임은 그룹 활동을 지향하는가? 어떻게 그룹 활동이 이루어지겠는가? • 게임에서 교사의 역할은 무엇인가?
학습범위	• 게임 수업은 학습활동의 범위 내에서 어떻게 연계되었는가? • 학습자에게 필요한 사전 지식은 무엇인가? • 게임 수업 중 학생들은 어떤 자료를 사용할 수 있는가?

평가	• 평가에 어떤 질문이 포함되었는가? • 게임을 진행하는 동안 배운 내용을 복습할 수 있는 질문이 있는가? • 학생들은 어떻게 현실세계와 게임을 연결시켜 이해할 수 있는가? • 후속 활동으로 사용될 수 있는 것은?

(계속)   (Walford, 1986)

실제 시뮬레이션 게임 수업을 현장에 적용하면 교실이 소란스러워질 수밖에 없다. 이때 교사의 역할은 잡담과 토론의 차이를 구분하고, 토론으로 인한 소란이라면 당연하게 여길 필요가 있다(Walford, 2007). 게임이 진행되는 동안 교사는 게임 마스터로서 분위기를 통제하고, 활동을 지시하고, 학생들을 돕는 역할을 하는 것이 바람직하지만 팀의 의사결정에 관여하거나 판단을 내리는 일은 하지 않도록 주의한다. 전략적으로 미흡한 팀은 실패를 경험하는 것이 교육이 될 수도 있기 때문이다(Walford, 2007). 게임이 진행되는 동안 교사는 학생들을 관찰, 기록하면서 평가를 할 수 있다. 평가지는 미리 만들어 체크하는 방법이 효과적이다(Walford, 1986).

마지막으로 결과 발표 및 평가는 학생들이 조별 활동을 통해 얻은 결과를 발표하고, 승자와 패자를 발표하는 것이다. 평가는 자기 평가와 동료 평가를 포함하며 평가지를 만들어서 시행할 수 있다. 평가를 통해 학생들은 수업을 되돌아보고, 부정적인 감정을 다스릴 기회를 얻는다. 평가지에는 학생들이 경험한 것과 핵심 개념에 대한 이해 등을 포함한다(Walford, 1986). 월포드(1986)는 학생들이 게임에 대한 평가를 할 때 활동의 일부를 재연하는 것도 포함시켜야 한다고 제안한다. 회상을 하는 과정에서 수업의 핵심 요소를 이해하고, 수업 중 놓쳤을 수도 있는 가치 있는 통찰을 할 기회를 제공하기 때문이다. 교사는 다음에 시뮬레이션 게임 수업을 개발할 때 학생들의 평가 결과를 참고한다.

한편, 피엔 등(Fien et al., 1986)에 의하면, 학생들에게 시뮬레이션이나 게임을 소개하기 전에 교사들은 게임이나 시뮬레이션에 대해 스스로 자체평가를 해야 한다. 다음의 질문들은 특정한 시뮬레이션과 게임의 가치를 평가하는 데 도움을 주고자 작성되었다.

• 활동의 목표들이 학습하고자 하는 교수과정 단원의 목표들과 일치하는가?
• 활동이 학생들의 기능, 인지적 · 도덕적 발달 수준에 적절한가?
• 활동이 흥미로운가?

- 활동이 교실 상황에서 활용 가능한가?

- 활동이 건전한 지적 토대를 갖추고 있는가?

- 활동에서 제시된 중심 주제나 쟁점은 무엇인가? 학생들은 그것을 알고 있는가?

- 참여자가 이용 가능한 선택들은 무엇인가? 참여자에게 제공된 다른 활동이나 동작들은 무엇인가?

- 활동이 교실에서 어떻게 조직되어야 하는가?

- 교사용 지도서가 수업 중에 그 활동을 시행하기 위한 절차들에 대해 적절한 설명을 제공하고 있는가?

- 활동이 어떤 요약과 마무리 활동으로 결론을 내리고 있는가?

최근에는 비정부기구(NGOs)를 중심으로 글로벌 불평등, 공정무역, 지속가능한 개발 등과 관련한 시뮬레이션 게임을 제공하고 있다. 예를 들면, 옥스팜(Oxfam)의 경우 '커피 체인 게임'과 '로고의 숨은 뜻 살펴보기'를, 크리스천 에이드(Christian Aid)의 경우 '무역 게임', '초콜릿 무역 게임', '운동화 무역 게임', '종이가방 제작 게임'의 수업모형과 교수자료를 제공하고 있다. 여기에서는 옥스팜에서 제공하고 있는 '커피 체인 게임'을 사례로 하여 시뮬레이션 게임이 어떻게 이루어지는지를 살펴본다.

5) 커피 체인 게임

(1) 커피 체인 게임의 목적

나는 여러분의 장소에 있는 사람들이 즐기는 음료가 지금 우리 모두의 문제의 원인이라는 것을 여러분에게 들려주고 싶습니다. 우리는 우리의 땀으로 커피를 제공하여, 아무 대가도 없이 그것을 팝니다.

로렌스 세구야(Lawrence Seguya, 우간다 커피 농부)

우리는 커피를 열대 국가들로부터 수입한다는 것을 알고 있지만, 커피를 재배하는 많은 농부들이 어려움을 겪고 있다는 것은 알지 못한다. 우리가 커피숍 또는 슈퍼마켓에서 커피를 구매하고 지불하는 가격과 농부가 받는 수입 간에는 매우 큰 차이가 있다. 대부분의 농부들은 재배한 커피를 손해 보고 팔고, 자신의 가족을 부양하기 위해 영세농업에 의존하고 있다. 반면 스타벅스와 같은 유명 커피 브랜드들은 마케팅과 가공을 통해 많은 이윤을 얻는다.

'커피 체인 게임(The Coffee Chain Game)'은 플레이어들에게 커피가 어떻게 생산되고, 커피가 어떻게 우리에게 도달하며, 커피 체인의 한쪽 끝에 있는 농부들이 어떻게 그렇게 적은 몫을 받는지를 이해하는 데 도움을 줄 것이다. 커피 체인 게임은 13세 이상의 학생들을 가르치는 교사를 위해 설계되었지만, 국제무역과 국제무역의 이익들이 왜 그렇게 균등하게 분배되지 않는지에 관해 더 배우기를 원하는 어떤 그룹에게도 사용될 수 있다. 이러한 커피 체인 게임의 목적은 표 9-26과 같다.

표 9-26. 커피 체인 게임의 목적

목적
커피 체인 게임에서 학생들은, • 커피 체인을 비롯하여 커피 '체리'(커피나무의 열매)가 어떻게 커피로 전환되는지를 배운다. • 이윤이 커피 공급 체인을 따라 어떻게 불공정하게 배분되는지를 배우고, 이것이 왜 사실인지에 관해 생각한다. • 커피 농부들에게 감정이입한다. • 다양한 관점으로부터 글로벌 쟁점을 고찰한다. • 토의 및 토론을 통해 말하기와 듣기 기능을 발달시킨다. • 토픽적인 쟁점들을 다룸으로써 비판적 사고기능을 발달시킨다. • 글로벌 시민으로서 소비자의 선택이 어떤 영향을 미치는지 고찰하고, 소비자가 차이를 만들기 위해 어떤 행동을 취할 수 있는지에 관해 성찰한다.

(2) 커피 체인 게임의 구조

커피 체인 게임은 커피 퀴즈를 포함한 도입활동, 역할극 게임, 그리고 우간다를 대상으로 한 사례학습으로 구성되어 있다. 도입활동은 원칙적으로 학교에서의 모둠학습을 위해 의도되어 있지만, 필요하다면 적절하게 수정될 수 있다. 도입활동은 학생들이 역할극 게임을 하기 전에 커피 공급 체인의 전반에 대한 정보를 제공하는 데 목적이 있다. 역할극 게임에서는 다양한 플레이어들이 커피 체인의 다양한 부문에 집중할 것이다. 만약 시간이 부족하다면, 교사와 모둠의 리더들은 역할극 게임에 집중해야 한다. 역할극 게임은 모둠에 달려 있지만 약 30~50분이 소요될 것이다.

(3) 옥스팜과 글로벌 시민성

커피 체인 게임이 근거하고 있는 핵심적인 교육적 개념 중 하나는 글로벌 시민성(global citizenship)이다. 옥스팜(Oxfam)의 '글로벌 시민성을 위한 교육과정'은 젊은이들이 글로벌 시민으로 성장할 수 있는 기능, 지식, 가치와 태도를 위한 교육적 프레임워크를 표 9-27과 같이 제공한다.

표 9-27. 책임 있는 글로벌 시민성을 위한 핵심적인 요소들

지식과 이해	기능	가치와 태도
• 사회정의와 공정 • 평화와 갈등 • 다양성 • 지속가능한 개발 • 세계화	• 비판적 사고 • 효과적인 토론능력 • 협력과 갈등 해결 • 부정의와 불공정에의 도전능력 • 사람과 사물에 대한 존중	• 다양성에 대한 가치와 존중 • 감정이입(공감) • 정체감과 자존감 • 사람들은 다를 수 있다는 신념 • 사회정의와 공정에 대한 헌신 • 환경에 대한 관심과 지속가능한 개발에 대한 헌신

(4) 배경정보 및 자료 시트

커피 체인 게임은 표 9-28과 같이 교사와 모둠 리더를 위한 배경정보를 제공한다. 이 자료는 커피가 가진 문제점을 비롯하여 그 해결책에 대한 정보를 제공하고 있다. 그리고 표 9-29의 자료 시트 1은 커피의 공정과정(생산, 가공, 교역, 로스팅, 소비 등)에 대한 정보를 제공한다.

표 9-28. 교사와 모둠 리더를 위한 배경정보

1. 커피가 가진 문제점

1) 빈곤과 커피 농부들

약 2,500만 명의 사람들과 그 가족들은 생계를 위해 커피를 재배하는 데 의존하고 있다. 그들 대부분은 괜찮은 삶을 영위하지만, 그들의 커피로부터 받는 가격이 매우 떨어지면 그중 많은 사람들이 영양결핍에 걸리고 절망적이게 된다. 1999년과 2002년 사이에, 커피 가격은 30년 만에 가장 낮은 수치로 50% 정도 떨어졌다. 인플레이션을 고려하면, 커피의 '실제' 가격은 현재 1960년의 25%에 지나지 않는다. 이것은 아마도 100년 동안에 가장 낮은 실제적인 가격이다.

74세의 커피 농부 피터 카펠루지(Peter Kafeluzi)의 아내 살로메 키자(Salome Kizza)는 우간다의 음피기 구(Mpigi district)에서 남편과 그들의 대가족과 함께 살고 있다. 그녀는 최근에 그녀의 삶의 표준이 급락하는 것을 목격해 오고 있다. 그녀는 다음과 같이 이야기한다.

"우리는 빈털터리다. 우리는 행복하지 않다. 우리는 모든 것이 엉망이다. 우리는 생활필수품을 살 수 없다. 우리는 고기, 생선, 쌀, 고구마, 콩, 바나나를 먹을 수 없다. 단지 우리는 식품을 재배할 수 있을 뿐이다. … 우리는 어린이들을 학교에 보낼 수 없다. 우리는 옷이 필요할 때만 샀다. 지금 우리가 입고 있는 옷은 모두 너무 오래전에 산 것이다."

2) 낮은 커피 가격이 커피 수출 국가에 미치는 영향들

낮은 커피 가격은 또한 커피가 주요 수출품인 전체 공동체와 국가들에 장기적이고 폭넓은 영향을 끼친다.

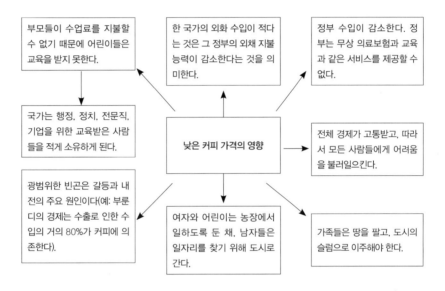

3) 왜 커피 가격이 그렇게 낮은가?

- 1989년까지 커피 무역은 수출한도를 정하고 상대적으로 커피 가격을 높게 책정한 국제커피협정(ICA: International Coffee Agreement)에 의해 통제되었다. 이 협정은 미국의 탈퇴와 구성원들 간의 불일치로 인해 파기되었고, 이후 커피 시장은 계속해서 규제가 폐지되어 왔다. 현재 가격은 런던과 뉴욕에 있는 2개의 큰 선물시장에 의해 설정된다.
- 비록 커피 수요는 약간 떨어지고 있는 반면, 생산되고 있는 커피의 양은 증가하고 있다. 규제기관의 부재는 공급이 억제되지 못한다는 것을 의미하며, 현재 공급이 수요를 초과하여 커피의 가격을 낮추고 있다.

4) 공급 체인의 불균형

소규모 농부들의 협상력은 다국적 기업과 비교하여 낮거나 거의 없다. 다국적 기업이 다양한 국가들로부터 커피를 공급받을 수 있고, 가격을 감소시키기 위해 그들의 구매력을 사용할 수 있는 반면, 농부들은 신용, 수송 또는 가격에 관한 정보에 거의 접근하지 못한 채 고립된 시골 지역에서 영업한다. 농부들은 그들의 커피를 사러 오는 무역업자 또는 가공업자들이 제공한 가격을 받아들여야만 한다. 사실상 가장 가난하고 가장 힘없는 사람들 중 일부는 가장 부자이고 가장 권력 있는 일부 사람들과 공개시장(open market)에서 협상할 것이다. 그 결과는 부자는 더 부자가 되고 가난한 사람은 더 가난하게 된다는 것이다.

5) 커피 회사들을 위한 상업적 천국

커피를 가공하여 판매하는 대기업인 커피 로스터들은 기록적인 이윤 상승을 보여 왔다. 4개의 거대 커피 로스터인 크래프트(Kraft), 네슬레(Nestlé), 프록터앤드갬블(Procter & Gamble), 세라리(Sara Lee)는 다른 식품 및 음료 브랜드와 비교하여 매우 높은 이윤을 얻는다. 그것은 소매가격의 17~26%에 이른다. 한 기업 분석가는 "어떤 다른 식품과 음료도 이보다 더 좋을 순 없다(Nothing else in food and beverages is remotely as good)."라고 보고했다. 대부분의 식품과 음료 회사들은 소매가격의 5-12%의 이윤을 얻는다.

2. 해결책은 무엇인가?

1) 만약 시장에 커피가 너무 많다면 커피 농부들은 다른 작물을 재배할 수는 없을까?

이것은 말처럼 쉬운 것이 아니다. 우선 커피나무는 다 자라는 데 4년이 걸리며, 이것은 농부에 의해 이루어진 투자이다. 많은 농부들은 커피와 함께 머물고, 커피 가격이 올라갈 때까지 기다리기를 선호할 것이다. 어쨌든 '다각화(다른 곡물로 전환하는 것)'는 어렵거나 불가능할 수 있다. 농부들은 종종 다른 곡물들을 생산할 전문지식을 가지고 있지 않다. 많은 대안적 곡물(예: 땅콩, 참깨, 면화)은 미국 정부로부터 많은 보조금을 받는 미국 농부들이 재배한다. 이것은 다른 농부들이 가격으로 경쟁하는 것을 어렵게 만든다. 사실 대신에 마약을 재배하는 것은 농부들에게 큰 유혹이다. 코카인(cocaine)을 위한 코카(coca)는 커피와 매우 흡사한 환경에서 생존하며, 매우 높은 가격을 받을 수 있다. 그러나 불법적인 작물을 재배하는 것은 농업공동체들을 갱과 마약계 대부로부터의 불안정과 폭력에 노출시킨다.

2) 개발도상국들은 다른 것, 예를 들면 공산품을 팔 수는 없을까?

개발도상국들은 '무역 함정(the trade trap)'이라고 알려진 것에 갇혀 있다. 그것은 개발도상국들이 보다 부유한 국가들에 가공품 또는 공산품을 판다면, 쿼터 또는 높은 관세에 직면한다는 것을 의미한다. 그러므로 개발도상국들은 원료와 농산품을 무역할 수밖에 없고, 그것은 가공품이나 공산품에 비해 보다 낮은 가격을 형성한다.

3) 개발도상국들은 자신의 커피를 스스로 로스팅할 수는 없을까?

아이러니컬하게도 가공된 커피에는 많은 관세를 물리지 않는다. 따라서 개발도상국들은 가공된 커피를 보다 부유한 국가들에 팔 수 있다. 그러나 개발도상국들이 로스팅 시설을 설치하기에는 너무 비싸다. 개발도상국들은 포장지를 사거나 생산할 필요가 있으며, 이는 로컬적으로 유용하지 않을 수도 있다. 개발도상국들은 훌륭한 수송시설이 필요할 것이다. 커피 가공공장을 설치하는 데 드는 대략적인 비용은 2,000만 달러가 된다. 게다가 개발도상국들은 이러한 시장에 진입하는 데 어려움이 있다는 것을 발견할 것이다. 왜냐하면 거대 커피 회사들은 서구 소비자들의 입맛을 알고 있고, 슈퍼마켓과 다른 사업적 조직들과의 관계를 유지해 오고 있기 때문이다. 거대 커피 회사들은 그들의 브랜드를 마케팅하는 데 수백만 파운드를 사용한다.

4) 커피 다국적 기업들은 개발도상국에 가공공장을 건설할 수는 없을까?

커피 다국적 기업들은 가공공장의 대부분을 소비자의 대부분이 살고 있는 유럽과 미국에 건설해 오고 있다. 네슬레(Nestlé)는 많은 개발도상국에 가공공장을 가지고 있다. 또한 일부 독립적인 커피 가공공장도 있다.

무언가가 이루어져야 한다.

커피 농부들이 왜 그렇게 가난한지에 대한 여러 이유가 있다. 어떤 것은 확실하다. 그러나 커피 농부와 그 가족들 사이의 광범위한 빈곤과 박탈을 불러일으키고 있는 불공정 무역의 관점을 검토하도록 무언가가 행해져야 한다. 이를 위해 여러분이 할 수 있는 것이 무엇인지 세부사항을 참조하라.

표 9-29. 자료 시트 1: 씨앗에서 한 모금까지

씨앗에서 한 모금까지

커피나무에서 여러분의 컵에 이르는 커피 체리의 여행

커피나무
커피는 적도 근처의 열대 국가들에서 자란다. 커피나무의 과일인 열대 '체리'는 익는 데 10개월이 걸리며, 빨갛게 되면 딴다. 각각의 체리는 2개의 초록 콩을 포함하고 있다. 커피는 주로 소규모 농장의 가족들에 의해 재배된다. 체리는 보통 손으로 딴다. 왜냐하면 동시에 모두 익지 않기 때문이다.

가공
커피 체리는 딴 후, 외피를 제거하기 위해 가공되어야 한다. 커피 체리는 때때로 햇볕에서 건조되고, 어떤 경우에는 건조를 위해 기계들이 사용된다. 그 후 커피는 건조된 외피와 '양피지(콩을 덮고 있는 피부)'를 제거하기 위해 정미기에 넣는다.
만약 커피 농부들이 제대로 된 설비를 가지고 있다면 스스로 커피를 가공한다. 종종 설비를 갖추지 못한 농부들은 커피를 무역업자 또는 제분소 주인에게 판다.

수출을 위해 분류하기, 등급 매기기, 포장하기
초록 콩은 상이한 사이즈별로 (손으로 또는 기계로) 분류된다. 적절하지 못한 색이나 크기의 콩 또는 적절하게 외피가 벗겨지지 않은 콩은 제거된다. 분류된 콩은 포대에 포장되고 항구로 운송된다.

운송
콩 포대는 그것들이 훌륭한 맛을 내도록 로스터되고 블렌드될 국가로 운반된다.

딜러
딜러는 커피 수출업자로부터 콩을 사서, 그것들을 '로스터' 또는 커피 회사에 판다. 이러한 딜러들은 뉴욕과 런던의 증권거래소에서 일한다.

<table>
<tr><td colspan="2">

로스터

로스터는 초록 콩을 우리가 마실 수 있는 커피로 바꾸기 위해 로스트하는 거대 커피 회사들(네슬레, 프록터앤드 갬블과 같은)이다. 그들은 커피를 블렌드하고 포장하며, 광고하여 가게, 레스토랑, 카페, 도매업자에게 판다.
</td></tr>
<tr><td>

슈퍼마켓과 가게

가정에서 사용하도록 소비자들에게 커피를 판다.
</td><td>

커피숍, 레스토랑, 카페

마실 수 있도록 소비자들에게 커피를 판다.
</td></tr>
</table>

(5) 도입활동

커피 체인 게임의 도입활동은 1차시에 걸쳐 이루어지는데, 이를 위한 정보는 표 9-30에 제공되어 있으며, 도입활동 중에 실시하는 커피 퀴즈 게임은 표 9-31에 제공되어 있다.

표 9-30. 도입활동

배경정보(표 9-28)

교사들과 모둠 리더에게 이 활동과 커피 체인 게임의 과정 동안에 야기되는 토론의 과정에 유용할 수 있는 정보를 제공한다.

목적
- 학생들에게 커피나무에서 커피 컵까지 커피 공급 체인에 대한 개관을 제공하기
- 학생들에게 공급 체인이 어떻게 작동하며, 이로부터 어떤 쟁점들이 야기되는지를 질문하도록 자극하기

당신은 다음이 필요할 것이다.
- 각 학생들의 짝을 위한 커피 퀴즈 복사물(표 9-31)
- 4명으로 구성된 각 모둠을 위해 잘려진 '자료 시트 1: 씨앗에서 한 모금까지'의 복사물(표 9-29)
- 학생들이 잘려진 시트들을 재구성한 후 볼 수 있도록 잘려지지 않은 적어도 하나의 '자료 시트 1: 씨앗에서 한 모금까지'의 복사물(표 9-29). 이것은 OHT에 투사될 수 있다.

해야 할 것

이 활동을 위해 40분을 허용하라.

1. 학생들에게 누가 커피를 마시는지, 마신다면 왜 마시는지 물어보라. 그들이 커피 맛을 좋아하기 때문인가 아니면 다른 이유가 있는가? 사람들이 커피를 마시는 이유를 브레인스토밍하라. 그 이유로는 잠을 깨우는 데 도움을 준다는 사실, 향기, 사회적 이유(우정, 커피 바의 분위기)를 포함할 수 있다. 여러분이 학생들에게 마케팅, 광고, 이미지가 강력한 요인이라는 것을 인식시킬 수 있는지 보라. 소프트 음료와 같은 다른 음료를 가져와서 학생들에게 왜 어떤 음료가 다른 것들보다 더 인기가 있는지에 관해 생각하도록 하라. 이 토론의 마지막에, 학생들은 음료의 사회적 의미에 관해 생각하기 시작해야 한다.

2. 유럽인들이 300년 전에 본격적으로 다른 대륙으로 여행하여 무역 연계를 설치했을 때, 커피라 불리는 새로운 음료가 영국에 도입되었다는 것을 학생들에게 들려주라. 그것은 매우 유행하게 되었다. 학생들에게 커피 퀴즈를 제공하고, 그들에게 짝으로 퀴즈를 풀도록 요청하라. 정답을 검토하도록 하고, 간단하게 제기된 쟁점들을 토론하라. 정말로 학생들을 놀라게 한 것은 어떤 것이 있는가? 왜 그런가?

3. 학생들을 4명으로 구성된 모둠으로 나누고, 각 모둠에게 잘려진 '씨앗에서 한 모금까지' 복사물을 제공하라. 모둠에게 각 조각들을 정확한 순서대로 놓도록 약 5분을 제공한 후, 전체 학급 학생들과 함께 순서를 검토하라. ('운송'과 '딜러'는 반대가 될 수 있다.) 열대의 커피나무에서부터 영국에서의 커피 컵에 이르기까지 커피를 얻는 데 포함된 그렇게 많은 단계가 있다는데 그들은 놀랐는가? 왜 그 과정이 그렇게 복잡한가? 이유들은 다음을 포함할 수 있다.
   • 대부분의 커피는 소규모 농부들에 의해 재배되고, 체리는 보통 손으로 따야 한다.
   • 커피의 질은 몇몇 단계가 기계에 의해 행해지거나(예: 채집, 분류), 그것들이 즉시 행해지지 않는다면(예: 건조하기) 떨어지게 된다.
   • 커피는 많은 상이한 국가들로부터 온다.
   • 체리들, 그 후 콩들은 많은 상이한 종류의 가공을 요한다.
   • 커피 블렌더들은 그것을 신중하게 혼합하여 훌륭한 맛을 내도록 해야 한다.

4. 학생들에게 그들의 모둠에서 어떤 토론을 하도록 요청하라. 모둠의 절반은 자신이 커피 농부이고, 나머지 절반은 거대 커피 회사의 매니저라고 상상한다. 그들은 다음 질문을 고찰해야 한다.
   • 이 가공은 더 효율적으로 만들어질 수 있는가?
   • 나는 어떻게 최대 이윤을 낼 수 있는가?

5. 잠시 후 피드백을 하라. 학생들은 더 많은 '중간상인'을 제거할수록 더 많은 이윤을 얻을 수 있다는 것을 깨달을 수 있다. '농부들'은 스스로 가공을 한다면 더 많은 이윤을 낼 수 있다는 것을 깨달을 수 있다. '커피 회사 매니저들'은 낮은 가격을 제공하기, 커피 농부들을 사기, 또는 슈퍼마켓에서 가격을 올리기 등을 제시할 수 있다. 이 단계에서는 옳은 답도 틀린 답도 없다. 주요한 것은 학생들이 전체 공정에 대한 개관을 얻고, 공급 체인의 아이디어에 관계한다는 것이다.

표 9-31. 자료 시트 2: 퀴즈

당신은 커피에 관해 얼마나 많이 알고 있는가? 스스로 이 퀴즈를 통해 검증해 보아라.	
1. 당신은 커피가 재배되는 3개 국가의 이름을 댈 수 있는가?	7. 세계 커피의 얼마가 커피 생산국에서 소비되는가? 　a. 22% 　b. 36% 　c. 50% 　d. 75%
2. 커피의 원산지는 어디인가? 　a. 에티오피아 　b. 브라질 　c. 코스타리카 　d. 콜롬비아	8. 어떤 국가가 사람당 가장 많은 커피를 소비하는가? 　a. 이탈리아 　b. 프랑스 　c. 핀란드 　d. 미국
3. '커피'라는 단어는 어떤 언어에서 왔는가? 　a. 프랑스 어 　b. 암하라 말(에티오피아 언어) 　c. 스페인 어 　d. 아랍 어	9. 약 370억 파운드의 커피가 전 세계 가게에서 팔린다. 이 돈의 얼마가 개발도상국으로 되돌아가는가?

4. 세계의 얼마나 많은 사람들(가족과 어린이 포함)이 생존하기 위해 커피를 재배하는가?
   a. 500만 명
   b. 2,500만 명
   c. 5,000만 명
   d. 1억 명

5. 영국에서 첫 번째 커피 하우스는 언제 개업했는가?
   a. 1652년
   b. 1750년
   c. 1893년
   d. 1914년

6. 커피를 많이 마시는 것은 사람들에게 어떤 효과가 있는가?
   a. 배고프게 만든다.
   b. 잠을 깨운다.
   c. 체중이 느는 것을 막는다.
   d. 공격적으로 만든다.

   a. 190 파운드
   b. 110 파운드
   c. 80 파운드
   d. 50 파운드

10. 브라질은 2001년에 무엇을 생산했는가?
   a. 새로운 커피 블렌드
   b. 두 배의 커피 체리를 생산하는 커피나무의 새로운 씨앗
   c. 커피 맛이 나는 소프트 음료
   d. 커피 향기가 나는 우표

(6) 역할극 게임 활동

커피 체인 게임은 영국의 옥스팜(Oxfam)이 만든 공정무역 게임이다. 이 게임은 13세 이상의 학생들을 위한 무역에 관한 활동이다. 이 게임은 학생들을 커피 무역에 포함된 사람들의 입장(또는 역할)에 처하도록 한다. '무역을 통해 누가 이익을 얻고, 누가 이익을 잃는가? 이것은 공정한가?'를 살펴보도록 하는 게임이다. 표 9-28은 교사와 모둠 리더들을 위한 배경정보이고, 표 9-32는 커피 체인 게임을 위한 전체적인 개요이며, 표 9-33은 커피 체인 게임을 위한 역할 카드이다.

표 9-32. 커피 체인 게임

목적	• 학생들에게 커피 무역의 상이한 부분들에 포함된 것에 관해 생각하도록 도와주기 • 세계 무역에 대한 학생들의 이해를 발달시키기 • 학생들에게 글로벌 정의의 쟁점에 관해 생각하도록 격려하기
모둠	• 이 게임은 각각 6명으로 구성된 5개의 모둠을 위해 설계되어 있다(또는 각각 3명으로 구성된 10개의 모둠, 여기에서는 두 모둠에게 동일한 역할 카드가 제공된다). 모둠들은 **커피 농부(coffee farmers)**, **커피 수출업자(coffee exporters)**, **무역회사(shipping companies)**, **로스터(roasters)**, **소매업자(retailers)**이다. • 이 역할극은 커피 공급 체인의 단순화된 버전에 근거하고 있다는 것을 명심하라. 실제 생활에서 이 체인은 많은 상이한 부분들로 분할되며, 상이한 방식으로 분할될 수 있다. 그것은 커피 원산지와 로스터가 커피를 사는 것에 달려 있다. 일부 농부들은 직접 커피를 건조하는 반면, 일부 농부들은 커피 열매(체리)를 무역업자에게 판다. 일부 로스터들은 커피 플랜테이션을 소유하고 있다.
필요한 것	• 인스턴트 커피 100g 한 병 • '실제 비율' 란에 수치가 없는 표 복사, 모든 학생들이 볼 수 있도록 화이트보드 또는 큰 종이에 그려진 표 • 역할 카드 시트 복사물(표 9-33)
각 모둠에게 필요한 것	• 그들의 역할 카드-각 역할자를 위한 복사 • 노트필기를 위한 종이

해야 할 것

도입 (10분)	1. 학생들을 5개의 모둠으로 나누어라. 각 모둠은 우간다에서 그들의 아침식사 테이블로 커피를 가져오는 프로세스에 포함된 사람들의 역할을 취할 것이라고 설명하라. 역할 카드를 분배하라. 각 모둠의 구성원들은 모두 동일한 역할 카드를 가진다. 2. 모둠에게 그들의 카드를 읽도록 요구하라. 모둠에게 5분을 제공하여 역할에 관해 생각하도록 하라. 그들은 그것에 관해 어떻게 느끼는가? 그들은 그들이 어떤 종류의 문제에 직면할 수 있다고 생각하는가? 그들은 모둠으로서 어떤 장점을 가지고 있는가?
첫 번째 토론 (10분)	3. 이제 한 병의 커피를 들어 올려라. 모둠에게 이 한 병은 슈퍼마켓에서 2.35파운드라는 것을 들려주어라. 모둠에게 그들은 얼마의 판매가격을 받아야 하는지에 대해 토론하도록 요구하라. (이것은 모둠원이 사람들이 얼마를 받아야 한다고 생각하는지에 관한 토론이 아니라, 오히려 그들이 한 노동에 대한 대가로 얼마가 지불되는지에 관한 토론이어야 한다.) 4. 각 모둠에게 그들이 얼마를 받아야 한다고 생각하는가를 여러분과 다른 모둠에게 들려주도록 요구하라. 그들에게 그들의 주장을 정당화하도록 격려하라. 도표의 '처음의 비율(initial proportion)' 란에 각각의 양을 기록하라.
협상 (10분)	5. 양을 더하면, 여러분은 그것들의 합이 2.35파운드보다 더 많다는 것을 발견할 것이다. 이제 모든 모둠들이 합계가 2.35파운드에 도달할 때까지, 각 모둠에게 순위를 협상하도록 요구하라. 왜 그들은 이 양을 지불받아야 한다고 느끼는가? 일반적으로 너무 많이 받고 있다고 느끼는 어떤 모둠이 있는가? 모둠원에게 서로 열띤 논쟁을 하도록 격려하라. 그러나 폭력이 있어서는 안 된다! 6. 의견 일치에 도달했을 때 도표의 '협상된 비율'에 각각의 협상된 양을 기록하라. 7. 마지막으로, 마지막 칸을 보여 줌으로써 생산과정의 각 단계에 있는 실제 비율을 알려 주어라.

	처음 비율	협상된 비율	실제 비율
농부			4파운드
수출업자			7파운드
무역업자			14파운드
로스터			1.51파운드
소매업자			59파운드

협상
(10분)

* 국제커피협회와 다른 산업자료의 정보에 근거하여 2004년 11월에 계산된 수치임.

결과 보고 및 토론 (10분)

8. 비록 게임이지만, 커피 체인 게임은 강력한 감정을 불러일으킬 것이다. 모둠 원들은 진행해 온 것과 그들이 그것에 관해 느낀 것을 성찰할 기회를 가질 필요가 있다. 비록 그들은 여전히 역할 극 상태에 있지만, 각 모둠에게 그들의 관점에서 일어났던 것을 기술하도록 요구하라. 왜 그들은 이것이 사실이었다고 생각하는가? 상황을 개선하기 위해 그들이 할 수 있다고 생각하는 것에는 어떤 것들이 있는가?

9. 이제 모둠원에게 역할로부터 벗어나서 토론을 확장시키도록 하라. 그들이 불공정 무역에 관해 행해질 수 있는 것이라고 생각하는 것을 모든 학생들에게 물어보아라. 실제 삶에서 농부들은 무역업자, 로스터, 소매업자와 협상할 수 없을 것이라는 점을 지적하라. 이것은 농부들과 관련한 문제의 일부분이다. 즉 농부들의 협상력은 매우 제한되어 있다. 이는 커피를 시장에 내놓고 가공하는 큰 다국적 기업과 비교된다. 다국적 기업은 기술, 정보, 운송에 대한 접근에 더해 거대한 자원을 가지고 있다. 농부들은 보통 제안받은 가격을 받아들여야 하는 고립된 개인들이다.

토론으로부터 도출할 수 있는 주요 요점은 다음과 같다.
• 커피 농부들은 매우 열심히 일할지라도 전체 이윤 중의 매우 적은 몫을 얻는다.
• 이것은 복잡한 문제이지만 해결책이 있다. 농부들은 그들의 커피에 대해 공정한 가격을 지불받아야 한다.

(계속)

표 9-33. 역할 카드

커피 농부

여러분은 남부 우간다의 농촌지역에 살고 있다. 여러분은 약 2에이커의 토지를 가지고 있고, 그곳에서 농사를 짓는다. 여러분의 주수입원은 커피를 재배하여 파는 것이다. 여러분은 커피나무를 심고, 커피가 다른 식물과 경쟁하지 않도록 커피나무 주위 땅의 잡초를 뽑는다. 커피나무는 많은 규칙적인 노동을 요구하며, 커피나무를 적절하게 주기적으로 전지해야 한다. 그렇게 될 때 커피나무는 열매를 잘 맺을 것이다. 여러분은 커피 열매(체리)가 붉게 익었을 때 손으로 커피 '열매'를 수확한다. 여러분은 커피 열매를 태양에 말리고, 그것들을 방문 바이어에게 판다. 여러분이 커피로부터 번 돈은 여러분의 어린이들이 중등학교에 가도록 지불해야 하며, 가족 의료비에 지불해야 한다. 15년마다 여러분은 오래된 커피나무를 대체하기 위해 묘목을 사야 한다. 묘목은 커피 열매를 생산하기 위해 충분히 크게 성장하려면 4~5년이 걸린다.

커피 수출업자

여러분은 커피를 사기 위해 농부를 방문한다. 농부는 넓은 지역에 흩어져 있어, 그곳으로 가서 커피 '열매'를 수집하기 위한 수송과 연료를 위해 돈을 지불해야 한다. 그리고 나서 여러분은 커피 열매를 가공하며, '초록' 빈(콩)을 추출하고, 그것들을 자루에 포장하여 해안으로 수송한다. 그곳에서 여러분은 그것들을 무역회사에 판다. 우간다는 육지에 둘러싸여 있어 여러분은 높은 철도운임을 지불해야 한다. 커피 시장은 예측할 수 없기 때문에, 때때로 여러분의 커피를 저장하기 위한 돈을 지불해야 한다. 여러분은 또한 공장의 값비싼 기계류를 새것으로 바꾸고 수리하며, 그것을 작동할 수 있는 숙련공에게 지불하기 위한 돈이 필요하다.

무역회사

여러분은 커피 수출업자로부터 초록 커피빈(콩)을 사서, 그것들을 여러분의 배에 싣고 영국으로 수송한다. 영국에서 여러분은 그것들을 커피 로스터에게 판다. 여러분은 여러분의 배를 운전하는 매우 숙련된 사람들에게 돈을 지불해야 한다. 여기에는 위험 부담이 있으며, 운송을 위한 연료비뿐만 아니라, 배와 화물을 위한 보험 비용도 든다. 여러분은 또한 항구 사용에 대한 요금을 납부해야 하며, 커피 수입에 대한 관세를 납부해야 한다.

로스터

여러분은 초록 커피빈(콩)을 무역회사로부터 사서, 다양한 빈(콩)을 혼합하여 블렌디를 만든다. 여러분은 빈(콩)을 볶아 '인스턴트' 커피를 만들기 위해 가공하며, 그 후 그것을 병에 포장하여 소매업자에게 판다. 이것은 매우 경쟁적인 사업이다. 따라서 여러분은 여러분의 브랜드를 광고하고, 매혹적인 포장지를 제공하기 위해 많은 돈을 사용해야 한다. 여러분은 계속해서 블렌디의 맛을 개선하고 경쟁에서 앞서기 위해 돈을 투자해야 한다.

소매업자

여러분은 도매업자(로스터)로부터 인스턴트 커피를 사고, 필요할 때까지 저장하고, 가격표를 붙이며, 진열장에 두고, 손님에게 판다. 여러분은 여러분의 상품을 사람들이 붐비는 장소에서 팔기 위해서는 높은 임대료를 지불해야 한다. 여러분은 여러분의 가게를 매혹적으로 만들어야 하는데, 그것은 높은 인테리어 비용이 요구된다. 그리고 손님들에게 훌륭한 서비스를 제공하기 위해 대규모의 판매인력을 훈련시키고, 돈을 지불할 필요가 있다.

(계속)

8. 역할극

1) 정의

역할극은 샤프텔 부부(Shaftel and Shaftel)에 의해 수업모형으로 처음 개발되었다. 이것은 학습자들이 어떤 쟁점 또는 문제에 대한 보다 완전한 이해를 성취하기 위해 주어진 개인들의 역할, 관점, 특성들을 채택하려고 시도하는 교육적 시뮬레이션 기법 중의 하나이다. 보통 상이한 역할을 하는 다른 학습자들 또는 교사와의 상호작용을 포함한다. 샤프텔 부부는 역할극을 문제해결, 비판적 사고 및 상호작용을 통한 경험을 가능하게 하는 것으로, 교육과정에서 내용영역을 탐색하는 하나의 도구라고 하였다(Shaftel and Shaftel, 1982; 윤기옥 등, 2002 재인용).

역할극은 학급 전체의 학생들이 서로 어떤 문제 상황에 대해 토론하고, 주어진 상황 속의 인물들이 다음에 어떤 행동을 할 것인가를 시행해 보면서 행동 과정과 결과를 평가하고, 주어진 문제 상황에 대해 해결책을 제시하는 것이다. 이러한 과정을 거침으로써 학생들은 일상생활에서 어떤 행동을 선택하면 어떤 결과가 올 것이라는 것에 대한 이해가 생겨나고, 또 일의 결과는 자신의 행동뿐 아니라, 자신이 어떻게 할 도리가 없는 타인의 의견이나 행동에 의해 영향을 받는다는 것을 깨닫게 된다. 즉 역할극이란 문제해결, 비판적인 생각, 상호적인 경험을 위한 과정이고, 교육과정에서의 내용영역을 탐구하는 도구이며, 하나의 집단문제 해결방법으로 묘사될 수 있을 뿐만 아니라, 자발적인 연기와 뒤따른 안내된 토론 속에서 학생들이 인간문제를 탐구할 수 있는 방법이다(Shaftel and Shaftel, 1982: 10).

지리에서 역할극은 종종 주거지 근처의 우회로 건설, 새로운 발전소의 입지, 글로벌 정상회담에서 정부 미팅, 공적 탐구, 마을 토론과 같은 다양하고 논쟁적인 사회적·환경적·정치적·경제적 쟁점에 관한 정의적이고 학생 중심 학습을 촉진하기 위해 사용된다. 지리수업에서 그러한 활동들을 수행함으로써 학생들은 자신과 상이한 상황에 있는 사람들의 가치, 태도, 의견을 보다 잘 이해할 수 있다.

이것은 처음에는 학생들에게 그들과 가치가 다른 사람이 이해하기 어려운 방식으로 행동한다고 생각하게 하지만, 학생들이 가지고 있는 가치와 반대로 행동하는 이유를 이해할 수 있게 한다.

2) 효과

역할극의 효과에 대해서는 많은 학자들이 주장하고 있다. 프랜시스(Frances, 1986)에 의하면 역할극은 언어적 기술의 습득, 의사소통 기술의 향상, 타 문화에 대한 이해, 대인관계 기술의 획득에 효과적이다. 그리고 조이스와 웨일(Joyce and Weil, 1992)은 역할극의 직접적 효과로는 개인의 가치와 행동의 분석, 개인 간 및 개인적인 문제해결을 위한 전략개발, 타인에 대한 감정이입 능력의 개발을 들며, 간접적 효과로는 사회적 문제와 가치에 대한 정보의 획득과 개인의 견해를 편안히 표현하게 되는 것을 들고 있다. 한편, 샤프텔 부부(1982)도 역할극 수업의 효과에 대해 다음과 같이 말한다.

첫째, 자기중심적 사고에서 탈피할 수 있다. 역할극을 통해 다른 사람의 관점에서 생각하고 행동해 봄으로써 타인의 입장을 이해하게 된다. 그러므로 자기주장만을 고집하는 편협한 자기중심적 사고에서 탈피하여 상대방의 의견도 포용할 수 있는 원만한 성격 형성에 도움이 된다.

둘째, 자발적인 문제해결력을 증진시킨다. 역할극을 통해 아동들이 생활 주변에서 일어날 수 있는 다양한 갈등 상황에 대해 스스로 해결방안을 탐색하도록 함으로써 실제 문제 상황에 당면했을 때 스스로 문제를 해결할 수 있는 능력을 증진시킨다.

셋째, 집단의식을 향상시킨다. 역할극은 보통 두 사람 이상이 관련되어 상호협동하여 수행하고, 개인이 해결하기 어려운 문제를 집단적으로 생각하고 토론하는 과정을 통해 최선의 해결방안을 도출해 낼 수 있다는 사실을 깨닫게 됨으로써 집단의식을 증진시킨다.

넷째, 언어능력과 도덕관념을 발전시킨다. 역할극에 참여한 아동은 주어진 역할에 적합한 언어를 구사하기 위해 노력하게 되고, 토론에 참여한 아동은 자기주장의 타당성과 설득력을 높이기 위해 노력함으로써 언어능력이 증진된다. 또한 다양한 상황 속에서 역할을 수행하는 과정을 통해 각각의 상황에 맞는 역할행동이 무엇인지를 서로 상의하고 타협할 때 민주시민으로서 지켜야 할 도덕관념이 발전하게 된다.

다섯째, 역할극은 새로운 행동이나 기술을 습득하게 한다. 역할극을 통해 타인의 역할을 해 봄으로써 새로운 행동을 익히며, 역할수행을 통해 새로운 기술도 습득하게 된다.

역할극과 관련된 연구 결과를 종합하여 뱅크 등(Bank et al., 1981)은 역할극이 학생들의 통찰력, 영향력, 의사결정 능력, 상담 능력, 문제해결 능력, 의사소통 능력의 육성에 효과적이고, 사회적·정의적 행동특성에 긍정적인 영향을 미친다고 하였다.

이와 같은 역할극의 효과가 발휘되기 위해서는 전제되어야 할 것들이 있다(Best, 2011). 학생들이 역할극으로부터 이점을 얻기 위해서는 교사에 의해 신중하게 설계되고 관찰되어야 하며, 교사는 역할극에 참여하는 학생들에 대한 광범위한 지원 및 역할극 준비를 해야 한다. 그렇지 않으면 역할극은 단지 추측 연습이 될 가능성이 높다.

3) 준비

역할극을 준비하기 위해 고려해야 할 것으로는 학습집단 구성, 시간계획, 학습내용 확인, 문제 상황의 선정 등이 있다(윤기옥 등, 2002; Walford, 2007).

(1) 학습집단 구성

학습활동에 따라 학급 구성을 변화시켜야 할 때가 있다. 예를 들어 전 학생이 모두 역할극에 참여하지 않고 소집단을 구성하여 번갈아 활동하게 할 수 있다. 이 경우에 각 집단은 역할극 활동에 필요한 정보를 수집하고 문제를 토의하여 해결방법을 탐색해야 할 것이다. 그리고 나서 차례로 학생들 앞에서 역할극을 실시하는 것이다.

(2) 시간 계획

역할극 활동은 융통성 있게 계획될 수 있다. 예를 들어, 학생들의 감성을 더 개발할 필요가 있다거나, 아이디어를 더 탐구할 필요가 있거나, 여러 가지 대안과 해결방법을 탐구해야 할 경우에는 토론과 재연을 위해 수업시간을 연장할 수도 있다.

(3) 학습내용

교사들이 역할극을 사용하는 데는 두 가지 이유가 있다. 첫 번째 이유는 역할극 상황이 주로 논의되고 분석되는 사회교육 프로그램을 체계적으로 시작하기 위해 사용하는 것으로, 이를 위해 특별한 종류의 문제 이야기가 선택될 수 있다. 두 번째 이유는 학생들이 인간관계 문제를 다루는 것을 돕기 위해 사용하는 것으로, 역할극을 통해 학생들이 이러한 문제를 탐구하고 해결하는 것을 도울 수 있다.

역할극을 통해 탐색할 수 있는 문제의 유형으로는 개인 간의 갈등(interpersonal conflicts), 집단 간의 관계(intergroup relations), 개인적 딜레마(individual dilemmas), 역사적 또는 현대적 문제(historical or contemporary problems) 등이 있다(윤기옥 등, 2002). 문제의 유형에 관계없이 학생들의 토의는 학생들에게 의미 있게 여겨지는 상황의 어떤 측면에 초점이 맞추어질 것이며, 학생들은 역힐극자가 표현한 감정, 말과 행동에서 드러나는 태도와 가치관 및 행동의 결과에 주의를 기울일 것이다. 교사는 실연 및 토의에서 이들 영역 모두를 강조할 수도 있고 일부를 강조할 수도 있을 것이다.

(4) 문제 상황의 선정

주제의 적절성은 학생의 연령, 문화적 배경, 문제 상황의 복잡성, 주제의 민감성, 역할극에 대한 학생의 경험 등과 같은 많은 요소에 달려 있다. 일반적으로 학생과 교사 간의 래포(rapport)가 형성되고, 학생들이 역할극의 경험이 쌓이면서 높은 수준의 집단 응집력과 다른 사람에 대한 수용성이 개발되면 보다 민감한 주제를 다룰 수 있게 된다.

학생의 성, 민족적 및 사회·경제적 배경도 주제 선정과 역할극에 대한 기대에 영향을 미치는데(Chester and Fox, 1966), 일반적으로 문화집단에 따라 상이한 문제, 관심, 해결방안을 경험하게 된다.

한편, 월포드(Walford, 2007)는 처음으로 역할극을 만드는 교사가 자료개발 과정에서 유용하게 참고할 수 있도록 10단계의 지침을 제시하였다. 이 10단계는 토픽 선정하기, 맥락 선정하기, 역할에 관해 결정하기, 역할 쓰기, 역할 분배하기, 배경 제공하기, 준비하고 브리핑하기, 활동 관리하기, 뜻밖의 일 제공하기, 활동 결론짓기이며, 각 단계별 자세한 내용은 표 9-34에 제시되어 있다.

표 9-34. 역할극을 만들기 위한 10단계

역할극을 만들기 위한 10단계

여기에는 고려해야 할 10가지 핵심 쟁점들이 있다.

1. 토픽 선정하기
이 역할극은 현실에 근거하고 있는가? 아니면 가장된 현실에 근거하고 있는가?

2. 맥락 선정하기
이 역할극은 상호작용이 비형식적인 포럼인가?(예: 마을 미팅) 아니면 보다 큰 구조를 가진 것인가?(예: 목격자들이 진술한 후, 형식적으로 다른 사람들에 의해 교차 검토되는 계획탐구)

3. 역할에 관해 결정하기
얼마나 많은 역할이 있어야 하는가? 심지어 그것이 실제 삶의 상황과 반대일지라도, 역할들은 성별로 균등하게 분배되도록 만들어졌는가? 역할극의 의도는 학생들을 개인별 또는 짝별 또는 모둠별로 역할을 제공할 것인가?

4. 역할 쓰기
참여할 학생들의 연령과 능력을 고려하여 어느 정도의 길이로 역할을 쓰는 것이 적절한가? 웃긴 이름 또는 캐리커처 스케치는 피하는 것이 좋다. 왜냐하면 그것들은 고정관념이 생기도록 하거나 감정이입을 방해할 것이기 때문이다.

5. 역할 분배하기
무작위로 역할을 배분할 것인가? 아니면 학생들에게 가장 일치할 수 있는 역할을 제공할 것인가? 학생들에게 원하는 어떤 역할을 선택하도록 허용할 것인가? 역할 분배는 참가자들에 대한 압박을 줄이기 위해 비형식적이고, 격식을 차리지 않은 방식, 심지어 무작위로 하는 것이 가장 잘 수행된다.

6. 배경 제공하기
어떤 정보가 모든 참가자들을 위해 공통적인 배경으로 제공되는 것이 적절한가? 정보는 원자료의 형태로 제공되는 것보다 해석될 필요가 있는가?

7. 준비하고 브리핑하기
역할극을 하는 플레이어들이 자료에 동화할 기회를 가지도록 미리 자료를 제공할 것인가? 아니면 이것이 역효과를 낳고, 위험한 자료의 손실/오용일 것이라고 생각하는가? 몇몇 공통의 정책들이 개발되고 실행에 옮겨질 수 있도록, 몇몇 역할극 플레이어들을 미리 함께 만나도록 지원하고 격려할 것인가?

8. 활동 관리하기
당신은 역할극 플레이어들의 기여를 관리할 수 있도록 시뮬레이션에서 의장 역할을 맡을 것인가? 그렇지 않다면, 당신은 모둠 내에서 그 역할을 충분히 수행할 수 있는 학생을 찾을 것인가? 만약 당신이 의장 역할을 하지 않는다면, 당신은 방해하지 않고 관찰을 할 것인가 아니면 필요하다면 만들어진 포인트와 주장들을 명료화하고 토론을 생산적으로 만들기 위해 개입할 것인가?

9. 뜻밖의 일 제공하기
만약 어떤 단계에서 필요하다면, 당신은 이 활동에 새로운 힘을 불어넣기 위해 할 수 있는 대안적인 전략 또는 논평을 가지고 있는가? 당신은 어떤 '조커(Joker)'/기회 요인들(Chance Factors)(예: 몇몇 새로운 빛을 비추거나 쟁점에 관한 새로운 정보를 제공하는 긴급한 이메일 메시지, 어떤 사람도 그러한 가능성을 이해하지 못할 것 같다면 제안할 타협책)을 가지고 있는가?

10. 활동 결론짓기

당신은 활동을 어떻게 결론지을 것인가? 당신은 즉시 이 활동을 요약할 것인가 아니면 모둠이 만나는 다음 시간까지 그것은 남겨 둘 것인가? 당신은 역할극 플레이어들에게 일어났던 것에 대한 그들 자신의 지각에 관해 무언가, 즉 그들의 결정에 대한 이유, 그들이 고려한 관점을 쓰도록 요구할 계획인가? 당신은 논쟁이 되고 있는 쟁점과 비교하기 위해 어딘가에서 일어났던 실제 삶의 사례를 가지고 있는가?

4) 실행

역할극은 타인의 감정과 태도에 대한 통찰력을 길러 주는 데 효과적인 방법 중의 하나이다. 소집단의 경우에는 차례대로 타인의 역할을 연기해 볼 수 있겠지만, 대집단의 경우 모든 사람이 역할 연기를 한다는 것은 불가능하므로, 각 집단별로 주어진 상황대로 연기를 하거나 관찰함으로써 모든 사람이 수업에 참가할 수 있다.

샤프텔(Shaftel, 1967)은 역할극의 활동 단계로, ① 학생들의 관심을 집중시키기 ② 참여자를 선정하기 ③ 사전 준비하기 ④ 관찰자를 준비시키기 ⑤ 실연하기 ⑥ 토론과 평가하기 ⑦ 재실연하기 ⑧ 경험한 것에 대해 서로 의견 교환하고 일반화하기의 8단계를 제안한다. 이를 좀 더 자세히 살펴보면 다음과 같다(정문성, 2013).

(1) 교사는 학생들의 관심을 집중시키는 문제를 소개한다

교사는 이야기, 동영상, 사진, 신문기사 등 문제가 명료화된 상황을 설명한다. 그리고 갈등 상황이 분명히 드러났을 때 설명을 중단한 후, "이 이야기는 어떻게 끝날 수 있을까?", "주인공의 문제는 무엇이고 이 주인공이 할 수 있는 것은 무엇인가?" 등의 질문을 한다.

(2) 실연자를 선정한다

이야기에 나타난 인물들의 역할을 맡을 학생을 선정한다. 각본이 없기 때문에 그 역할에 최선을 다할 학생이 필요한데, 그런 점에서 우선 신청을 받아 선정하는 것이 좋다.

(3) 사전 준비를 한다

실연자가 선정되면 이야기의 상황과 역할의 순서 등을 추가 설명하되, 너무 지나치게 자세히 설명하지 않도록 한다. 그리고 소품이 필요하다면 준비한다.

(4) 관찰자를 준비시킨다

교사는 실연자 외에도 관찰자를 선정한다. 관찰자는 실연자를 주의 깊게 관찰하여 실연자가 나타내고자 하는 생각이 무엇인지 확인하는 역할을 한다. 아울러 필요하다면 관찰자가 대신 역할을 해 볼 수도 있다.

(5) 실연하기

실연자들이 역할을 맡고, 주어진 상황에서 자연스럽게 연기하게 한다. 이때 연기를 멋들어지게 잘하는 것이 목적이 아님을 잘 이해시켜야 한다. 중요한 것은 그 역할에서 하고 싶은 말이 무엇이며, 어떤 행동을 하고 싶은지가 드러나야 한다. 특히 이 단계에서는 보여 주고자 하는 생각이 표현될 때까지만 연기한다.

(6) 토론과 평가하기

첫 번째 실연에 대해 토론과 평가가 이루어진다. 교사는 실연자에게 질문을 던지면서 토론을 유도한다. "그 말을 했을 때 어떤 느낌이었는가?", "정말 하고 싶은 말이었는가?" 등의 질문을 한다. 또한 관찰자들에게도 비슷한 질문을 한다. "실연자가 무엇을 보여 주고자 했는가?", "왜 그런 말과 행동을 했다고 생각하는가?" 등의 질문을 한다. 이러한 토론을 통해 실연자의 분명한 생각을 드러내게 한다.

지리 교재 연구 및 교수법

(7) 재실연하기

재실연하는 단계는 여러 차례 실시될 수 있다. 교사와 학생들은 역할을 새로운 방식으로 해석할 수 있으며, 누구든지 그 역할을 연기할 수 있다. 그때마다 토론이 이루어지며, 실연과 토론이 번갈아가며 시행된다.

(8) 경험 교환 및 일반화하기

재실연과 토론이 모두 끝나면 교사와 학생은 역할극을 통해 얻은 경험을 함께 나누고 일반화한다.

5) 역할극의 유형

앞에서 살펴본 시뮬레이션 게임은 보통 역할극에 기반하지만, 여기서는 그 이외의 역할극 및 유사 역할극 활동을 사례로 하여 살펴본다.

(1) 이해당사자들

'이해당사자(stakeholders)' 활동은 지리적 쟁점에 대한 상이한 관점을 가진 사람들의 태도와 가치를 탐구하기 위한 수업활동으로, 넓게 보면 유사 역할극이라고 할 수 있다. 일반적으로 이해당사자 활동을 위한 단계는 표 9-35와 같다.

표 9-35. '이해당사자' 활동을 위한 단계

1단계: 학생들은 쟁점에 대해 소개받는다. 예를 들면, 레저 센터가 건설되도록 허용되어야 하는가?
2단계: 짝별 또는 모둠 활동 – 학생들은 쟁점에 관해 제공된 데이터(예: 사진, 비디오, 신문기사)를 공부한다. 그리고 어떤 사람들과 조직이 개발을 찬성할지, 누가 개발에 반대할지를 결정한다. 찬성 또는 반대를 한 모든 사람들은 이 쟁점에서의 '이해당사자'이며, 그들은 그것이 진행되어야 할지 말아야 할지에 대해 관심을 가지고 있다.

3단계: 짝별 또는 모둠 활동 – 학생들은 '이해당사자'를 보여 주는 거미 다이어그램을 만든다. 그리고 나서 그들은 각 이해당사자가 개발에 대해 찬성할지 아니면 반대할지를 보여 주는 방법을 고안하고, 범례를 만든다.

4단계: 중간 결과보고 – 학생들은 이 쟁점에서 누가 이익을 얻는지에 대한 아이디어를 공유한다. 그리고 그들의 다이어그램에 핵심적인 이해당사자가 빠져 있다면 추가한다.

5단계: 짝별 또는 모둠 활동 – 학생들은 각 이해당사자가 왜 찬성하거나 반대할지에 대해 토론하고, 상이한 유형의 이유들에 대한 목록을 만든다.

6단계: 결과보고 – 학생들은 사람들이 개발에 대해 찬성하거나 반대하는 상이한 유형의 이유를 전체 학급 학생들에게 들려준다. 이러한 이유들에 대해 논의가 이루어지고, 학급 학생들은 기저 가치 목록에 동의하려고 시도한다. 그것이 진행되어야 하는지 어떨지를 누가 결정해야 하는가? 그러한 결정들은 어떻게 이루어지나? 무엇이 그러한 결정에 영향을 미치나?

7단계: 후속활동 – 도표 형식(찬성 또는 반대하는 이해당사자, 그리고 이유를 기록하는)의 글쓰기, 확장된 글쓰기, 개발에 관한 개인의 논리정연한 관점을 표현하는 글쓰기

(Roberts, 2003)

(2) 뜨거운 의자

'뜨거운 의자(hot seating)' 역시 지리적 쟁점에 대한 상이한 관점을 가진 사람들의 태도와 가치를 탐구하기 위한 수업활동으로, 넓게 보면 유사 역할극이라고 할 수 있다. 뜨거운 의자 활동은 어떤 갈등에 의해 영향을 받는 특정 사람의 집단 또는 조직의 역할을 맡은 학생들이 뜨거운 의자에 앉아서 학급의 나머지 학생들에게 이야기하거나, 자신들이 맡은 역할에 대한 다른 집단의 질문에 답변함으로써 곤혹스러움을 겪게 되는 활동이다. 뜨거운 의자를 위한 가장 적합한 교실 배열은, 모든 학생들이 서로를 쉽게 볼 수 있도록 의자를 둥글게 배치하는 것이다. 뜨거운 의자 활동을 위한 일반적인 단계는 표 9–36과 같다.

표 9–36. 뜨거운 의자 활동을 위한 단계

1단계: 학생들은 쟁점과 호기심을 가지고 탐구할 수 있는 핵심 질문을 소개받는다.

2단계: 모둠활동 – 학생들은 이 쟁점을 특정 집단의 관점에서 조사한다. 그들은 제공된 데이터(전체 학급에 공통적으로 제공되는 데이터 또는 학생들의 역할에 따라 다르게 제공되는 특정 데이터 또는 둘 다)에서 정보를 수집한다.

3단계: 뜨거운 의자 종합–가능하다면 학급 학생들은 둥글게 둘러앉는다. 그리고 모둠들은 돌아가며 뜨거운 의자에 앉는다. 이 활동을 위해서는 말하기와 질문하기를 위한 기본 원칙이 설정될 필요가 있다.

4단계: 각 모둠은 간단하게 자신들을 소개한 후, 다른 모둠의 질문에 대답한다.

5단계: 결과보고 – 이 쟁점에 관한 주요 요점은 무엇인가? 왜 사람들은 그것에 대한 상이한 태도를 가지고 있나? 어떤 질문들이 뜨거운 의자에 앉아서 답하기에 어려웠나? 왜 그것들은 어려웠나? 뜨거운 의자에 앉아서 우연히 발견한 최고의 관점은 무엇이었나? 당신은 지금 이 쟁점에 관해 어떻게 생각하나?

(Roberts, 2003; McPartland, 2006: 177)

　　뜨거운 의자 활동은 매우 유연하게 사용될 수 있다. 학생이 아닌 교사가 뜨거운 의자에 앉아서 특정 역할을 맡고, 학생들이 질문할 수도 있다. 예를 들어 교사가 도시계획가로서 뜨거운 의자에 앉는다면, 학생들은 다른 다양한 역할의 관점에서 질문을 할 수 있다. 학생들은 질문이 있다면 손을 들어야 하고, 교사는 그 학생에게 고개를 끄덕이면서 질문을 유도할 수 있다. 그리고 교사는 질문하지 않은 학생들에게는 무언의 눈빛을 보내 질문하도록 격려할 수도 있다. 그리고 학생들은 관광의 국제화를 강조하는 다국적 호텔 체인의 사장과 같은 논쟁적인 인물들과 인터뷰를 하거나 지리적 쟁점에 관해 서로 상반된 의견을 가진 2명의 역할을 맡은 학생을 뜨거운 의자에 앉힐 수도 있다.

　　한편, 뜨거운 의자는 지리적 단어를 학습하도록 하는 데 사용될 수도 있다(Hewlett, 2006: 125-126). 표 9-37은 학생들에게 일상적 단어와 교과특정 단어의 철자뿐만 아니라 더 복잡하고 친숙하지 않은 단어를 학습할 수 있는 활동을 보여 준다.

　　뜨거운 의자는 교과의 핵심 단어에 대한 학생들의 이해를 검사하기 위한 가장 유용한 방법이다.

표 9-37. 지리적 단어 학습을 위한 뜨거운 의자

• 한 학생을 선정하여 칠판을 등지고 있는 학급의 나머지 학생들과 마주 보는 의자에 앉도록 하라.
• 학생들 머리 위로 칠판에 토픽과 관련된 하나의 핵심 단어를 써라.
• 학생은 학급의 나머지 학생들에게 질문을 하고, 나머지 학생들은 예/아니오 답변을 함으로써 그 단어를 추측해야 한다.
• 뜨거운 의자에 앉은 학생은 단지 동일한 사람에게 한 번에 한 번의 질문만 할 수 있다.
• 이 활동의 목적은 질문을 가장 적게 하여 단어를 추측하는 것이다.
• 다양한 지리적 용어(기후, 해안, 하천, 빙하, 주거, 산업 등)를 가진 많은 토픽을 위해 사용될 수 있다.
• 토픽 단어벽(word wall)과 함께 뜨거운 의자를 사용하는 것이 유용하다.
• 많은 단어벽 단어늘 중 하나의 난어를 학생들에게 들려줌으로써 교육과징차별화힐 수 있다.

(Hewlett, 2006: 125)

이와 같이 뜨거운 의자는 학생들의 질문하고 답변하기 기능을 발달시키기 위한 훌륭한 전략이다. 왜냐하면 학생들은 쟁점이 되고 있는 문제를 탐구하고 이해를 명료화하기 위해 뜨거운 의자에 앉은 교사 또는 동료 학생에게 질문하고 답변할 기회를 가지기 때문이다. 학생들이 하는 질문과 답변은 그들의 이해 수준(정개념, 오개념 등)에 관해 많은 것을 보여 줄 것이다.

(3) 충성의 배지/동심원/탐구법정

충성의 배지(badge of allegiance), 동심원(concentric circles), 탐구법정(court of enquiry) 또한 지리적 쟁점에 대한 상이한 관점을 가진 사람들의 태도와 가치를 탐구하기 위한 수업활동으로, 어느 정도 역할극을 동반한다. 먼저, '충성의 배지'는 학생들이 어떤 갈등의 정당성에 관해 느끼는 찬성 또는 반대의 정도(매우 찬성에서 매우 반대에 이르는 5개 정도의 범주)를 나타내는 배지를 착용하는 데서 유래한 것이다. 학생들은 원으로 둘러앉아 다양한 관점을 가진 다른 학생들과 그들의

그림 9-11. 충성의 배지(McPartland, 2006: 177)

관점에 대해 토론한다.

다음으로, '동심원'은 학생들이 각 짝별로 내부와 외부 동심원으로 마주 보고 앉는 것에서 유래한 것이다. 그들은 자신의 파트너와 함께 토론할 쟁점을 제공받고, 2분 후 외부 동심원에 앉은 학생들은 왼쪽으로 한 칸 이동하여 새 파트너와 함께 동일한 쟁점을 토론한다[일종의 스피드데이트(speed dating, 독신 남녀들이 애인을 찾을 수 있도록 여러 사람들을 돌아가며 잠깐씩 만나 보게 하는 행사)처럼]. 마지막으로, '탐구법정'은 일종의 모의법정이다. 어떤 갈등의 주인공은 '법정'에서 그들의 행동을 방어해야 한다. 그곳에서 다른 학생들은 재판관, 변호사, 검사, 목격자, 배심원의 역할을 맡는다.

(4) 공적 미팅 역할극

'공적 미팅 역할극(public meeting role play)'은 학생들로 하여금 공적인 쟁점에 대한 지리적 이해를 촉진하는 것을 목적으로 한다(Roberts, 2013). 공적 미팅 역할극 수업에서 학생들은 어떤 쟁점과 관련된 객관적인 증거와 주관적인 증거를 이해해야 한다. 왜냐하면 장소와 환경에 관해 이루어지는 대부분의 의사결정은 객관적인 증거뿐만 아니라 개인 및 집단의 도덕적 관점을 고려하여 이루어지기 때문이다.

공적 미팅 역할극 수업은 학생들의 대화를 촉진하고, 학생들의 추론기능을 강화하는 이점이 있다. 또한 학생들에게 필요한 21세기 핵심 역량을 발달시킬 수 있다. 학생들은 정보를 찾고, 자신의 주장을 다른 사람들에게 의사소통할 수 있으며(정보처리와 의사소통 능력), 로컬적/국가적/글로벌적 쟁점과 관련된 다양한 관점을 더 잘 이해하게 된다(공적 문해력, 글로벌 인식, 간문화적기능). 그리고 학생들은 증거를 비판적으로 검토하고 주장에 도전할 수 있는 능력을 발달시킨다(비판적·창의적 사고).

로버츠(Roberts, 2013)는 공적 미팅 역할극과 지리탐구와의 관계를 크게 4가지로 제시하였다. 첫째, 학생들에게 알고 싶은 욕구, 즉 호기심을 불러일으킨다. 왜냐하면 학생들이 검토해야 할 명백한 질문이 있고, 활동 그 자체가 알고 싶은 욕구를 창출하기 때문이다. 둘째, 학생들에게 지리적 자료를 사용하고, 증거를 사용하도록 한다. 왜냐하면 공적 미팅 역할극을 준비하기 위해 학생들은 쟁점과 관련된 정보(통계, 그래프, 지도, 사진)를 스스로 찾아야 하기 때문이다. 셋째, 학생들에게 이해하고 추론하는 능력을 길러 준다. 학생들은 기존 지식과 이해를 끌어와서, 이것을 새로운 정보에 관련시킨다. 학생들은 증거를 사용하여 자신이 맡은 역할을 위해 적절한 주장을 해야 하고, 그들의 추론을 정당화해야 한다. 그리고 증거를 조사하고 가정을 의문시함으로써 반대되는 주장을 평가하고 도전한다. 넷째, 학생들로 하여금 그들의 학습에 관해 반성(메타인지)하도록 한다. 공적 미팅 역할극 수업의 요약보고 시에 교사는 학생들에게 제기된 모든 주장의 장단점을 고찰하도록 요구하며, 그들이 학습한 것에 관해 반성하도록 한다.

그렇다면 공적 미팅 역할극에 적합한 지리적 쟁점에는 무엇이 있을까? 로버츠(2003, 2013)는 공적 미팅 역할극 수업은 표 9-38과 같이 4가지 종류의 지리적 쟁점, 즉 몇몇 장소 중 하나를 찾기, 몇몇 정책 중 하나를 선택하기, 계획에 대해 찬반 결정하기, 부족한 자원 할당하기 수업에 적합하다고 주장한다.

표 9-38. 공적 미팅 역할극을 위한 적합한 쟁점

몇몇 장소 중 하나를 찾기
이 범주에서 학생들은 특정 지역을 지지하는 역할을 맡을 수 있다. 적절한 쟁점의 사례들은 다음을 포함한다.
- 주요 스포츠 행사(예: 2012년 올림픽 게임)를 위한 개최지는 어디로 선정되어야 할까?
- 이들 읍 중 어느 곳이 도시로 승격되어야 할까?
- 새로운 공장이 입지할 최적의 장소는 어디인가?

몇몇 정책 중 하나를 선택하기
이 범주에서 학생들은 상이한 정책에 관한 일부 전문적 지식을 가진 역할을 맡을 수 있다. 또한 상이한 정책에 관심을 가진 역할을 맡을 수도 있다. 가능한 사례들은 다음을 포함한다.
- 우리는 이 해안을 위한 제안 중에서 어떤 것을 받아들여야 하나?
- 영국의 미래 에너지를 위한 제안 중에서 어떤 것이 채택되어야 하나?

계획에 대해 찬반 결정하기
이 범주에서 상이한 집단들은 특정 쟁점에 관심을 가진 역할을 맡을 수 있다. 가능한 사례들은 다음을 포함한다.
- 슈퍼마켓은 이곳에 지어져야 하는가?
- 가정용 쓰레기는 전기를 생산하기 위해 연소되어야 하는가?
- 이 우회로는 건설되어야 하는가?

부족한 자원 할당하기
이 범주에서 학생들은 상이한 제안을 지지하는 역할을 맡을 수 있다. 제안들 각각은 예산을 필요로 한다. 결정은 각 제안에 예산을 얼마나 많이 할당할 것인가, 또는 어떤 제안을 지지하고 어떤 제안을 지지하지 않을 것인가에 관한 것이다. 가능한 사례들은 다음을 포함한다.
- 우리는 이들 개발 프로젝트들(예: 옥스팜을 위해) 중에서 어떤 것을 지지해야 하는가?
- 이 도시는 다음 지진에 대비하기 위해, 한정된 돈을 어떻게 사용해야 하는가?

(Roberts, 2003, 2013)

그리고 공적 미팅 역할극 수업은 많은 준비를 요구한다. 로버츠(2003, 2013)는 공적 미팅 역할극을 준비할 때 고려해야 할 것에 대한 체크리스트를 제시하였다(표 9-39).

표 9-39. 공적 미팅 역할극을 계획하기 위한 확인 사항

적절한 쟁점을 선정하라.
• 핵심 질문과 의사결정의 유형을 결정하라.

역할에 관해 결정하라.
• 다음을 포함하여 어떤 역할이 요구되는지를 결정하라.
   – 의장
   – 상이한 관점을 나타내는 집단
   – 결정을 하는 사람
   – 만약 필요하다면 다른 역할

자료를 준비하라.
(데이터는 텍스트, 지도, 통계, 소책자, 광고 등의 형태로 제공될 수 있다.)
• 모든 학생들을 위한 배경정보를 준비하라.
• 특정 집단과 가능한 한 집단 내의 개인들을 위한 정보를 준비하라.
• 이름 카드를 준비하라.

역할극을 위한 절차를 결정하라.
• 분배 또는 전시를 위해, 공적 미팅을 위한 의제를 만들어라.
• 만약 필요하다면 미팅을 하는 동안에 완성되어야 할 노트필기 프레임을 만들어라.

교실을 준비하라.
• 책상을 재배열하라.
• 필요한 지도, 전시 정보, 의제를 설치하라.
• 이름 카드를 배치하라.
• 시간을 재기 위한 시계, 그리고 시간을 알리기 위한 벨도 준비하라.

결과보고 시간을 계획하라.
• 결과보고를 위한 몇몇 핵심 질문을 준비하라.

후속활동을 계획하라.
• 글쓰기 활동이 필요할지를 결정하라. 만약 그렇다면 지시사항을 써라.

(Roberts, 2003, 2013)

로버츠(2003)는 셰필드에서의 논쟁적 쟁점인 '버나드 로드(Bernard Road) 소각로의 확장'을 주제로 한 공적 미팅 역할극 수업 사례를 표 9-40과 같이 제시하고 있다. 이 수업은 8학년 학생들에게 적용되었으며, 학생들은 지역신문을 이용할 수 있었지만 대부분의 정보를 인터넷으로부터 획득하였다. 그리고 나서 학생들은 각각의 역할을 위해 특별히 작성된 안내 시트를 사용하였다. 그녀에 의하면, 역할극은 모든 학생들이 적극적으로 참여하여 활기찼다. 그리고 학생들은 숙제로 그들 자신의 관점에 관해 글쓰기를 하였다.

표 9-40. 버나드 로드(Bernard Road) 소각로

(a) 절차

핵심 질문
- 보다 큰 소각로가 셰필드에 건설되도록 허가되어야 하나?
- 버나드 로드 소각로에 대해 찬성하는 주장들은 무엇인가?
- 버나드 로드 소각로에 대해 반대하는 주장들은 무엇인가?

자료
- 버나드 로드 소각로의 사진(인터넷에서 얻을 수 있다.)
- 역할극을 위한 안내 시트(Google.co.uk를 통해 인터넷 정보에 접근하는 방법에 관한 정보를 제공하는)
- 인터넷에의 접근

역할 목록
- 의장(교사)
- 의사결정자(또 다른 교사)
- 버나드 로드 소각로를 반대하는 거주자들(RABID)(반대)
- 녹색당(Green Party)(반대)
- 그린피스(Greenpeace)(반대)
- 셰필드 전력회사(Heat and Power Company)(찬성)
- 셰필드 의회(찬성)
- 다른 셰필드 거주자들(찬성)

수업 1: 공적인 모임을 위한 준비
- 학생들은 쟁점에 대해 소개받는다.
- 학생들은 역할을 할당받는다.
- 학생들은 안내 시트를 사용하여 인터넷에서 쟁점을 조사한다.

수업 2: 공적 미팅
- 보다 큰 소각로를 건설하고자 하는 제안에 대한 찬반 주장 발표
- 학생들은 서로 질문한다.
- 의사결정이 이루어진다.

숙제
- 학생들은 쟁점에 관한 보고서를 쓴다(b).

(b) 역할극 후 학생들의 글쓰기 활동

주석: 원래의 철자법과 구두법은 그대로 유지했지만, 이름은 모두 바꾸었다.

캘빈(Calvin)
나는 새로운 소각로 건설 제안에 반대한다. 왜냐하면 새로운 소각로는 이산화탄소와 유독성 가스를 발생시킬 것이기 때문이다. 이것은 다수의 화학약품을 대기 속으로 방출할 것이다. 사람들이 소각로 근처에 산다면 훨씬 더 많은 암에 걸릴 것이다. 소각로는 하천(rives-철자법 오류)을 오염시키고 오존층을 파괴하며, 지구온난화와 산성비를 유발한다. 소각에 의해 발생한 재는 여전히 매립식 쓰레기 처리장으로 가져가야 할 것이다. 대형 화물차가 소각로에 가야 할 것이며, 그것은 더 많은 교통량을 유발할 것이다. 사람들은 그들의 집에서(form-철자법 오류) 큰 굴뚝을 보기를 원하지 않는다. 소각로가 시동을 걸 때 소음공해를 유발한다. 만약 쓰레기가 소각된다면 재활용되지 않을 것이다. 새로운 소각로는 공동체의 목적을 위해 사용될 수 있는 도심지(inner city)에 있다. 소각로에 사용될 2,800만 파운드는 공공 운송기관 또는 도로와 같은 다른 것들에 사용될 수 있다. 정부는 풍력 또는 수력 발전소와 같은 지속가능한 유형의 에너지에 투자해야 한다.

매슈(Matthew)
나는 소각로에 반대한다. 왜냐하면 소각로의 위치가 도시 중심부에 있으며, 우리는 소각로가 미래에 우리의 건강에 어떤 영향을 끼칠 수 있는지를 알지 못하기 때문이다. 소각로는 또한 문제가 될 수 있다. 우리는 소각로가 야생생물에 어떤 영향을 끼칠 수 있는지를 알지 못하고, 그것은 스모그를 유발할 수 있기 때문이다. 소각로는 그 지역에 살고 있는 사람들에게 문제가 될 수 있다. 소각로는 소음을 유발하며, 소각로가 더 커진다는 것은 더 많은 소음과 스트레스를 유발한다는 것을 의미하기 때문이다.

리사(Lisa)
나는 버나드 로드 소각로에 반대한다. 왜냐하면 모든 오염이 그것으로부터 발생하기 때문이다. 쓰레기 연소로부터 나오는 연기는 매우 유독할 뿐만 아니라, 대기에 있는 오존층을 파괴하고 우리에게 피해를 입힌다. 그것은 우리의 폐를 손상시켜 질병을 유발한다. 매우 오래전부터 소각장이 있어 왔다. 소각장은 쓰레기를 처리할 수 있는 쉬운 방법이며 매립하는 것보다 안전하다. 왜냐하면 토지가 쓰레기에서 나온 가스로 가득 차게 되어 오랫동안 매우 유독하기 때문이다. 더 많은 재활용이 쓰레기의 양을 줄일 것이다. … 아마도 보다 안전한 소각로는 대기오염을 방지할 수 있는 필터와 함께 건설될 수 있으며, 사람들이 살고 있는 근처가 아닌 곳에 건설될 수 있다.

(Roberts, 2003)

(5) 차이니스 위스퍼스

'차이니스 위스퍼스(Chinese whispers)'란 사람들을 거침에 따라 전달되는 내용이 조금씩 달라지는 게임을 말한다(Roberts, 2003). 이 활동은 학생들로 하여금 시각적 정보를 관찰하고 그것을 그들의 마음속에 있는 그림으로서 기억하도록 한 후, 그 정보를 보지 못한 학생들에게 그것을 기술하도록 하는 것으로 표 9-41에 구체적인 절차가 있다. 그림은 모두가 볼 수 있는 매우 큰 그림이거나, 슬라이드 또는 컴퓨터를 통해 제시될 수 있다. 이 활동의 목적은 학생들에게 이미지를 정확하게 표현하는 데 요구되는 것이 무엇인지 더 잘 알도록 하는 데 있다.

청취자들은 그들의 마음속에 이미지를 구축할 때 들은 것에 의존할 뿐만 아니라 이전의 지식과 경험에도 의존한다. 청취자들이 들은 말은 그들이 현재 가지고 있는 지식으로부터 이미지를 떠올리게 하며, 때때로 이것들은 보여 준 이미지와 매우 상이하다. 그들은 들은 것을 그들이 현재 가지고 있는 도식 또는 세계에 관해 사고하는 방식에 따라 해석한다. 이러한 것들은 결과보고에서 끌어낼 수 있다. 그림을 본 학생들은 완전히 이 활동에 몰입되는 경향이 있다. 그들은 마음의 눈으로 이미지를 간직하고, 새로운 묘사에서 놓치거나 변화된 것을 알게 될 것이다. 즉 학생들은 정신적으로 기술(description)한 이미지와 비교하고, 불일치에 주목하게 된다.

표 9-41. 차이니스 위스퍼스

절차

• 5명의 학생들을 교실 밖으로 내보내거나, 보고 들을 수 없는 장소에 격리시킨다.
• 학급의 나머지 학생들은 슬라이드 또는 그림을 본다. 만약 그들이 그림(사진)이 어디에서 찍혔는지를 듣지 못한다면 가장 이상적이다. 사진의 주요 특징에 대한 간단한 토론이 있을 수 있다. 이후 그림/슬라이드가 제거되고, 그것을 본 학생들은 그들의 '마음의 눈'으로 그것을 기억한다. 첫 번째 청취자에게 누가 그 그림에 대해 기술할 것인지를 결정한다.
• 첫 번째 청취자인 한 학생이 교실로 다시 들어온다.
• 교실에 있는 한 명 또는 더 많은 학생들이 그들이 본 것을 기술하지만, 이 장소가 어디일지에 관한 구체적인 정보는 제공하지 않는다. 첫 번째 청취자는 질문을 할 수 없고, 단지 듣는 것에만 의존한다. 첫 번째 청취자는 자신의 '마음의 눈'으로 그림을 그린다.
• 두 번째 학생이 교실에 들어오고, 첫 번째 청취자는 자신이 그 그림에 관해 들었던 것, 즉 기술(description)에 의해 전달된 이미지를 설명한다. 그 그림을 보았던 다른 학생들로부터 어떤 부가적인 도움도 제공받지 못한다. 뒤이어 세 번째 학생이 교실에 들어오고, 두 번째 청취자가 그 그림에 관해 간접적으로 들었던 것을 들려준다.
• 이 과정은 교실 밖에 있는 5명의 학생들이 모두 교실로 다시 돌아올 때까지 계속된다.
• 마지막 학생은 그 그림이 어떤 그림일지 예상되는 것을 기술해야 한다.
• 그림이 다시 제시된다.
• 몇몇 가능한 결과보고 지시 메시지:
  – (청취자에게) 가장 유용한 기술(description)은 무엇이었나? 어떤 단어와 문장이 유용했나? 당신은 마음속에 어떤 그림을 그렸나? 왜? 이들 이미지는 어디로부터 왔나? 당신은 특정 장소에 대해 생각하고 있었나?
  – (전체 학급 학생들에게) 어떤 것을 기억했고 어떤 것을 기억하지 못했나? 당신은 이것을 설명할 수 있나? 어떤 것들이 변화되었나? 왜? 당신은 당신의 처음 기술을 어떻게 개선할 수 있었나? 당신은 이 장소가 어디라고 생각하나? 왜? 간접적으로/제삼자를 통해 전해 들은 정보는 얼마만큼 신뢰할 수 있나? 당신은 어떤 장소에 관해 듣고 그림을 그린 것이, 그 장소와 완전히 달랐던 적이 있었나?

지리 교재 연구 및 교수법

(6) 3인조 듣기

3인조 듣기는 3명이 서로 다른 역할(질문자, 인터뷰 대상자, 서기)을 맡아 질문하고 답변하며 기록하는 소규모 모둠활동으로 표 9-42에 자세한 방법을 소개하고 있다.

표 9-42. 소규모 모둠활동: 3인조 듣기의 사례

이 수업에서 3인조 듣기는 고베 지진에서 무엇이 일어났으며, 왜 일어났는지에 대한 학생들의 이해를 증가시키기 위해 사용되었다.

시작
• 전체 학급 학생은 1995년 1월에 발생한 고베 지진에 대한 텔레비전 뉴스 프로그램을 시청한다.

발전: 질문하기를 위한 전체 학급의 준비
• 교사는 학생들이 3명으로 구성된 모둠에서 이것에 관해 토론할 것이며, 질문하기 기능이 중요하다고 설명한다.
• 몇몇 사례와 함께 개방적 질문과 폐쇄적 질문에 대해 소개한다.
• 모든 학생들은 고베 지진에 관한 3가지의 개방적인 질문을 쓴다.
• 학생들은 3명으로 구성된 모둠(3인조 듣기)에 배정되고, 숫자 1, 2, 3이 부여된다.

학생 1은 질문자(questioner)가 될 것이다.
학생 2는 인터뷰 대상자(interviewee)가 될 것이다.
학생 3은 서기(secretary)가 될 것이다.

3인조 듣기 1단계
학생 1은 학생 2에게 질문한다. 서기는 관찰하고 기록한다.

3인조 듣기 2단계
각 서기는 다른 모둠으로 이동하고 새 모둠에게 기록한 것을 들려준다. 현재 새 모둠의 3명의 학생들은 각 모둠에서 질문을 받고 대답했던 것과의 유사성과 차이점에 관해 토론한다.

종합 결과보고(plenary debriefing)
• 어떤 질문들이 정보를 발견하는 데 가장 효과가 있었나? 그 이유는 무엇인가?
• 당신의 가장 성공하지 못한 질문은 무엇이었나? 그 이유는 무엇인가?
• 당신이 발견한 것과 모둠 사이에 어떤 차이점이 있었나?
• 질문자들이 쉽다고 생각한 것은 무엇이었고, 어렵다고 생각한 것은 무엇이었나?
• 인터뷰 대상자가 쉽다고 생각한 것은 무엇이었고, 어렵다고 생각한 것은 무엇이었나?
• 서기가 쉽다고 생각한 것은 무엇이었고, 어렵다고 생각한 것은 무엇이었나?
• 당신은 무엇이 고베에 관한 가장 중요한 정보였다고 생각하나?

(Roberts, 2003)

(7) 육색사고모자

보노(de Bono, 1999)가 개발한 육색사고모자(Six Thinking Hats)는 사고의 틀인 동시에 사고의 가지(lateral thinking)를 펼쳐 나가는 수업방법이다. 육색사고모자는 문제 또는 쟁점을 퍼뜨리기 위한 방법으로 사용되며 토론도구로서, 창의적 사고도구로서, 또는 다른 많은 상황에도 사용될 수 있다. 이것은 학생들로 하여금 어떤 쟁점을 상이한 관점들로부터 완전히 사고하도록 훈련시키는 데 도움을 준다. 보노는 이 방법이 사람들의 행동을 자아로부터 분리시킨다고 말한다. 즉 자신의 사고를 고집하는 것이 아니라 다양한 방향으로 생각을 해 보게 한다는 것이다. 그러므로 특정 색깔의 모자를 쓰게 되면 원래 자기의 생각과는 다른 생각을 할 수도 있다. 또한 같은 색깔의 모자를 쓰면 비슷한 생각을 하게 되는데, 이 또한 유익한 경험이 된다. 아울러 육색사고모자를 쓰고 발표를 함으로써 생각의 스펙트럼(spectrum)도 경험하게 된다. 육색사고모자의 특징은 표 9-43과 같다.

표 9-43. 육색사고모자

하얀 모자 (information)	데이터에 초점: • 여러분이 가지고 있는 것, 여러분의 정보에서의 격차, 이러한 결함이 있는 부분들을 설명하기 • 중립적이고 객관적인 사고로 학생들에게 주어진 문제 상황과 정보, 사실 등을 확인하도록 한다. • 하얀 모자는 알고 있거나 필요한 정보를 요구한다. 우리는 무슨 정보를 갖고 있는가? 우리는 무슨 정보를 얻을 필요가 있는가?
빨간 모자 (feelings)	감성에 초점: • 논의되고 있는 쟁점에 대한 감성적인 반응은 무엇이 될까? 이것은 공간에 따라 어떻게 변할 수 있을까? • 직관에 의한 감정이나 느낌으로 주어진 문제 상황에 대한 자신의 감정, 떠오르는 느낌을 말하도록 한다. • 빨간 모자는 느낌, 예감, 직관을 의미한다. 느낌을 정당화할 필요가 없다. 지금 이것에 대해 어떤 느낌이 드는가?
노란 모자 (strengths)	긍정적인 것에 초점: • 긍정적 사고, 논의되고 있는 쟁점의 이점과 이익은 무엇인가? • 밝고 긍정적인 생각으로 주어진 문제 상황에서 장점, 강점, 좋은 점을 말하도록 한다. • 노란 모자는 현명함과 낙관을 상징한다. 왜 이것이 할 가치가 있는가? 어떻게 이것이 우리를 도울까? 무엇이 이루어질 수 있을까? 왜 그것이 작용할까?

검은 모자 (weakness)	부정적인 것에 초점: • 악마의 대변자, 논의되고 있는 쟁점의 문제, 결점, 결함은 무엇인가? • 부정적이고 비판적인 생각으로 학생들에게 주어진 문제 상황에서 단점, 약점, 나쁜 점을 말하도록 한다. • 검은 모자는 판단이다. 악마의 지지자 또는 왜 어떤 것이 작용하지 않는가?(약점) 조심, 판단, 사정. 이것이 진실인가? 그것이 작용할까? 약점은 무엇인가? 그것은 무엇이 잘못되었는가?
녹색 모자 (new ideas)	창의성에 초점: • 가능성은 무엇이며, 대안 즉 어떤 새로운 아이디어는 있는가? • 새롭고, 창의적이고, 대안을 말하도록 한다. • 초록 모자는 창의성에 초점을 둔다. 가능성, 대안과 새로운 생각. 암시와 제안. 이것을 잘 풀리게 할 가능한 몇몇 방법은 무엇인가? 문제를 해결할 몇몇 다른 방법은 무엇인가?
파란 모자 (thinking about thinking)	조직에 초점: • 이것이 어떻게 운영되고 있는지, 큰 그림은 무엇인지? 이러한 역할은 공정하고, 관찰력이 있는 의장일 수 있다. • 메타인지적 사고로 침착하고 냉정하게 다른 색깔 모자에서 나온 이야기를 정리, 평가한다. • 파란 모자는 사고과정을 관리(계획과 감독)하는 데 사용된다. 생각에 대해 생각하기. 지금까지 우리는 무엇을 해 왔는가? 우리가 지금까지 해 온 것이 도움이 되는가? 우리는 다음에 무엇을 하는가?

(계속)   보노(De Bono, 1999; 정문성, 2013)

육색사고모자를 활용한 수업방법은 그림 9-12와 같이 3단계로 이루어진다. 여기에서 유의할 점은 모자를 사용할 때는 반드시 모두 같은 모자를 쓰고 활동을 해야 한다. 가능하면 교사의 지시에 따라 일제히 모자를 쓰고 벗도록 하는 것이 좋다. 모둠별로 자율을 주면 다소 혼란이 생길 수 있기 때문이다. 그러나 학생들이 이 활동에 익숙하면 자율적으로 해도 된다.

로즈(Rose, 2008)는 육색사고모자를 활용한 지리수업 사례를 제시하였다. 학생들은 중국의 한 자녀 정책에 대한 결과를 분석하는 동안 모둠(5~6명)으로 활동하도록 요청받았다. 그는 학생들이 보노의 육색사고모자로 생각을 하도록 돕기 위해 육색으로 안내된 질문들을 제공하였다(그

1단계: 학생들은 육색사고모자를 만든다.		
• **빨간색**(감성), 흰색(데이터), 검은색(부정적), 노란색(긍정적), 초록색(창의성), 파란색(조직)의 모자를 만든다. • 모자를 만들면서 각 색깔 생각 모자가 어떤 성격의 모자인지 가르쳐 주면서 만든다. 이렇게 해야 학생들이 각 모자의 특징을 정확히 이해할 수 있다.		

2단계: 주제에 대해 색깔에 따른 생각을 발표한다.		
• 교사가 주제를 제시하고, 흰색 모자를 쓰게 하고, 각 학생들에게 소집단 내에서 돌아가면서 발표를 하게 한다. • 사회자는 흰색의 특성에 맞는 내용을 발표하는지 신경을 써야 한다. 즉 모자의 특징과 다른 내용의 발표가 되지 않도록 한다.		

3단계: 육색사고모자를 모두 사용하여 발표한다.		
• 교사는 주제의 성격에 맞게 어떤 순서로 모자를 사용할지 미리 정해 두어야 한다. • 그러나 마지막에는 파란색 모자를 사용하여 토의·토론을 평가하도록 한다.		

그림 9-12. 육색사고모자를 활용한 수업방법(정문성, 2013 재구성)

림 9-13). 그리고 학생들은 각 박스들을 통해 (어떤 순서로) 활동하고, 아이디어를 토론하며, 그들의 숙고 및 토론으로부터 핵심 포인트를 기록하도록 요구받았다. 그는 학생들에게 마지막에 창의적(녹색) 박스를 다루도록 요구하였고, 그것을 위해 많은 시간을 남겨 두었다. 따라서 각 모둠은 중국을 위한 잠재적 결과들을 창의적으로 검토하기 전에 많은 상이한 관점을 고려하였다.

또한 그는 '직소 활동(jigsaw activity)'에 보노의 육색사고모자를 활용했는데, 그것은 잘 작동했다고 한다. 표 9-44는 직소 활동을 위한 일반적인 가이드라인을 제공한다. 그는 학생들이 육색사고모자를 통해 중국의 인구정책 결과를 검토하도록 요구하였다.

• 당신은 당신이 제공받은 정보에 근거하여 무엇을 알고 있는가? • 당신은 어떤 다른 정보가 필요한가?	• 누가 책임자인가? • 누가 정책을 촉진해 왔는가? • 큰 그림은 무엇인가?	• 인구정책의 결과로서 어떤 긍정적인 것들이 일어났는가? • 여성의 역할이 변해 왔는가?
• 이 인구정책의 도입으로 어떤 문제/결함을 초래했는가?	• 인구정책에 관한 사람들의 관점은 무엇인가? • 이러한 관점들이 입지(도시, 농촌), 젠더 간에 또는 인구학적으로 어떻게 변할 수 있는가?	• 중국을 위한 인구정책의 결과는 무엇인가? • 차후의 쟁점들은 무엇일까?

* ☐ 흰색, ☐ 파란색, ☐ 노란색, ☐ 검은색, ☐ 빨간색, ☐ 초록색

그림 9-13. 학생들의 사고를 안내할 질문들

표 9-44. 직소 활동을 위한 일반적인 가이드라인

1. 전체 학급으로, 일반적 쟁점 또는 문제가 소개되고 간단하게 토론한다. 이것은 이미지, 포스터, 미디어 파일 등을 사용하여 이루어질 수 있다. 그 후 나는 활동을 소개하고 출석을 부르고, 각 학생에게 색깔(검은, 흰, 초록, 푸른, 붉은, 노란)과 숫자(30명으로 구성된 한 학급에 1~5번)를 제공한다.

2. 이 학급은 그들의 색깔 모둠으로 분리된다. 이 모둠들은 보노(De Bono)의 육색사고모자와 직접적으로 관련된다. 각 모둠은 토론을 위한 몇몇 자극 자료와 그들에게 실행해야 할 역할을 제공하는 육색사고모자를 소개하는 카드를 제공받는다. 예를 들어 도시위원회 미팅이 만들어질 것이라면, 검은 모자는 악마의 대변자로 알려진 예산 소유자가 될 것이다. 이 카드는 그들에게 이 경우에 부정적으로 생각하고, 항상 글래스가 반쯤 비어 있는 것으로 간주하며, 항상 돈을 저축하려고 하고, 어떤 훌륭한 아이디어가 가지고 있는 문제, 결함, 쟁점 들을 발견하는 데 의존할 수 있는 그들의 캐릭터에 대한 아이디어를 제공할 것이다. 저학년 학교에서, 나는 보통 그들이 생각과 토론을 기록할 수 있도록 서식을 제공한다. 학생들은 그들의 분야에서 '전문가들'이 되며, 다음 모둠(전문가 모둠)을 위해 토론을 위한 몇몇 포인트를 만들어 낸다.

3. 마지막 단계는 학생들이 부여받은 숫자 모둠으로 이동한다. 각 모둠은 이전 활동으로부터 한 명의 대표를 가져야 한다. 따라서 각 모둠 내에는 흰(데이터), 푸른(조직적 그리고 이 다음 섹션을 위한 의장으로서 역할을 하는), 노란(긍정적), 검은(부정적), 붉은(감성적), 초록(창의적) 대표가 될 것이다. 그 후 각 모둠은 쟁점을 토의하기 위해 활동을 하거나 종종 그들의 역할이 그들의 준비를 통해 예증될 의회 미팅을 개최한다. 이것은 보통 학생들이 그들의 학습지 뒷면에 기록한 간단한 정당화와 함께 몇몇 공동의 결정을 요구한다.

(8) 가치 수직선

'가치 수직선(values continuum)'은 학생들에게 가치에 대한 개인별 의사표시를 수직선 위에 함으로써 쟁점에 대한 토의를 격려하고 쟁점에 관해 태도를 정하도록 하기 위한 기법이다. 즉 가치 수직선은 학생들이 가치판단 경험을 하고, 그것을 실천에 옮기는 훈련을 함으로써 자기 확신과 자존감을 높이기 위한 목적을 가지고 있다(추병완 등, 2006). 그리고 이 토론을 통해 가치에 대한 판단이 사람마다 서로 다를 수 있음을 인정하고, 그것을 수용하는 태도를 기를 수 있다. 또한 가치에 좀 더 숙고할 수 있으며, 정도의 차이를 비교하는 과정에서 기준에 대한 감각을 높일 수 있다. 가능하면 자신의 가치에 대한 이유를 설명하게 함으로써 사고력과 발표력을 기르고, 다른 학생들은 그것을 이해하고 수용해 주는 한편, 마음속으로 판단하는 경험도 갖게 한다. 이것은 자신의 가치관 형성에도 영향을 미치게 될 것이다.

학생들은 가치 수직선에 의견을 나타내고, 교사나 그들의 동료들에 의해 도전받거나 질문을 받을 수도 있다. 교사는 양극단을 나타내는 학생들 또는 중간 지점을 선택한 학생들에게 질문을 제기함으로써 토의를 개방시킨다. 이 활동은 토론 후에 학생들에서 자신을 다시 위치시키도록 함으로써 확장될 수 있다. 누가 이동했는가? 그들이 들었던 어떤 주장들이 가장 설득력이 있었는가? 학생들은 도표형식에 그들의 경험을 기록할 수 있고, 그들의 위치 선택을 위한 이유에 관해 쓸 수 있다.

자신의 가치를 드러내 놓는다는 것은 어려운 일이다. 특히 그 이유를 많은 학생들 앞에서 발표한다는 것도 부담스럽다. 그러므로 교사는 가능한 한 이유를 발표하고 해당 위치에 앉으라고 격려하지만, 발표하기를 꺼리는 학생들에게는 너무 강요하지 않는 것이 좋다. 또 이미 다른 학생이 이유를 발표하였고, 자신도 같은 이유라면 반복할 필요가 없기 때문이기도 하다. 이때는 그냥 해당 위치에 가서 앉도록 한다. 일단 이러한 활동에 참여하는 경험이 중요하다. 즉 나름대로 자신의 가치대로 실천을 한 것이기 때문이다(정문성, 2013).

학생들이 모두 자리에 앉으면 전체 학생이 어떤 가치에 몰려 있는지 드러날 것이다. 주제가 인류의 보편적 가치에 명백히 위배되는 것이 아니라면 소수의 가치를 선택한 학생들의 결정도 존중해 주어야 한다. 그것은 우리 사회의 모습이기도 하기 때문이다. 즉 학생들 사이에 여론재판이 되어 소수의 학생들이 비난받아서는 안 된다는 것이다. 만약 이런 일이 일어나면 비슷한 활동을 했을 때 서로 눈치만 보려고 할 것이다(정문성, 2013).

이 토의·토론은 모든 교과에서 다 할 수 있다. 어떤 문제든지 찬반이 있을 수 있고, 정답과 오답이 있을 수 있기 때문이다. 그러나 너무 정오가 명백한 주제보다는 가치가 내재되어 연속성(continuum)이 있는 주제를 택하도록 한다.

교실이 좁아서 활동하기가 불편할 때는 칠판에 그림을 그리고, 각 학생들이 자신이 가야 할 위치에 자기 이름이나 출석번호를 적어서 표현하거나 전지에 그림을 그리고 스티커를 붙일 수도 있다.

한편, 가치 수직선과 더불어 '양심 골목(conscience alley)'에 주목할 필요가 있다. 양심 골목은 '드라마적' 방법에서 반성을 격려하는 방법으로 마지막 결정을 깨닫기 위해 드라마적 프로세스 시퀀스의 마지막에 효과적으로 사용될 수 있다. 방법은 우선 소규모의 학생들이 두 줄로 서 있는 나머지 학생들에 의해 만들어진 골목길을 걷기 위해 선정된다. 그리고 그들이 골목길을 매우 천천히 걸을 때, 다른 학생들은 이전에 드라마 과정 동안에 탐구되었던 그 상황에 관한 생각, 충고, 경고, 인용 또는 주장 들을 말한다. 그 모둠이 골목길의 끝에 도착하면, 그 드라마 시퀀스의 마지막 부분을 즉흥적으로 하거나, 그 상황에 관한 그들의 마지막 결정을 크게 말한다. 예를 들어 새로운 쓰레기 매립장의 입지에 관한 구체화된 쟁점은 그러한 접근으로 결론지을 수 있다. 주장들이 이루어지고, 관점들이 표현되고, 마지막 결정의 복잡성이 구체화되었을 때, 모든 학생들은 '골목길'에서 그들의 마지막 기여를 하기 위해 함께 모일 수 있으며, 그들 동료 모둠으로부터의 마지막 결정을 기다린다.

반성은 교사들뿐만 아니라 학생들에게 필요하다. 지리에 관한, 개별 학생들에 관한, 교사로서 그들의 기능에 관한 자신의 학습을 고찰하는 교사를 위해, 만약 그/그녀가 경험으로부터 무언가를 얻으려고 한다면 반성은 필수적이다.

글상자 9-1

가치 수직선을 활용한 수업방법

가치 수직선을 활용한 지리수업의 사례는 다음과 같은 것을 생각할 수 있다.

- 모든 사람들은 시골에서 배회할 수 있는 권리를 가져야 한다.
- 스포츠와 관광은 국립공원에서만 제한되어야 한다.
- 시골지역에서 토지의 개발에 관한 너무 많은 제한들이 있다.

그리고 가치 수직선을 활용한 수업은 다음과 같이 4단계로 이루어질 수 있다.

1단계: 교실의 반쪽에 의자를 두 줄로 놓고, 학생들은 반대쪽에 모인다.

- 교실의 학생들을 모두 일어나게 해서 의자를 한쪽으로 몰아 가능하면 한 줄로, 공간이 부족하면 두 줄로 교실 중앙을 바라보게 배치한다.
- 그리고 학생들은 반대쪽에 모이게 한다. 바닥이 깨끗하면 바닥에 앉아서 해도 된다. 이것이 더 효과적일 수 있다. 모두가 서 있으면 산만한 분위기가 되기 쉽다.

2단계: 학생들은 자유롭게 자신의 의사를 말하고 해당하는 의자에 앉는다.

- 교사는 의자를 놓아둔 앞쪽 교실 바닥에 의자와 나란히 긴 밧줄을 놓는다.
- 오른쪽으로 갈수록 찬성이고, 왼쪽으로 갈수록 반대이며, 중간은 중립의 위치라는 것을 설명해 주고, 학생들이 자발적으로 주어진 주제에 대해 어떤 입장인지 중앙에 나와서 자신의 의견을 말하고, 해당되는 부분의 빈 의자에 앉도록 지시한다.

3단계: 말을 하고 싶지 않은 학생들도 해당하는 의자에 앉는다.

• 학생들은 차례로 발표를 하고 자기가 원하는 위치의 의자에 앉는다.
• 어느 정도 하다 보면 학생들이 더 이상 자발적으로 나오지 않는 경우가 있는데, 이때는 발표를 하지 않고 그냥 자신의 입장을 나타내는 위치에 앉도록 허락한다.

↓

4단계: 모든 학생이 앉으면 교사가 현 상태를 설명해 주고 정리한다.

• 모든 학생이 다 자리에 앉았으면, 교사는 현 상태에 대해 학생들이 어떤 입장인지 정리해 준다.
• 학생들이 발표했던 이유들을 다시 정리하면서 극단적 찬성에서부터 극단적 반대에 이르기까지 어떤 의견이 있었는지, 그 이유는 무엇이었는지를 정리해 주면 이 주제에 대한 학생들의 가치가 정리된다고 볼 수 있다.

(정문성, 2013 재구성)

그림 9-14. 양심골목(Biddulph and clarke, 2006: 301)

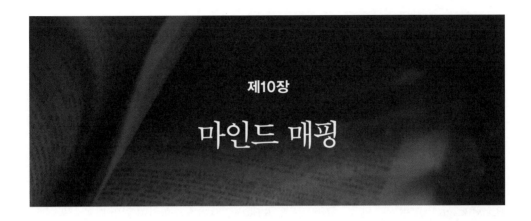

제10장

마인드 매핑

핵심어와 핵심 이미지를 사용한 마인드 맵 기법은 한 권의 책을 한 장의 그림으로 표현하고 기억할 수 있게 한다(Buzan, 1989).

1. 마인드 매핑

1) 마인드 맵이란?

둘째 번 신호등이 보일 때까지 레오나르도 가를 약 10구역 정도 내려가라. 거기서 라파엘 가 쪽으로 좌회전해서 3구역 가면 슈퍼마켓이 보인다. 1/2 구역을 더 가서 첫째 번 오른쪽 길로 가라. 너는 지금 보티첼리 대로에 와 있는데, 이 길은 토지 분할 구획선을 따라서 그리고 그 다음엔 나무가 우거진 공원을 따라서 구불구불하게 이어진다. 이 길이 기차 선로와 교차하는 지점에 도착하면, 루터교회를 볼 수 있을 때까지 1/4마일쯤을 더 가라. 고흐 가에서 좌회전해서….(노명완·정혜승, 2009)

여기서 우리에게 필요한 것은 지도이다. 지도는 우리를 목적지로 안내하기 위해 제작된 시각적인 설명으로, 우리가 어떻게 해야 좀 더 넓은 그림의 맥락에서 필수적인 정보들을 연결할 수 있는지 알게 해 준다. 또한 지도는 우리가 어디로 가고 있는지 알게 해 주며, 가는 길 주변의 중요한 이정표를 환기시켜 준다. 이러한 지도를 접할 때 우리의 좌뇌와 우뇌는 동시에 작용하면서 기억력과 이해력을 높여 준다. 학생들이 교과서의 어떤 단원에서 중심 개념과 그 관계를 쉽게 찾아가며 여행할 수 있게 해 주는 시각적인 설명, 즉 의미 지도 또한 마찬가지이다.

마인드 맵은 토니 부잔(Tony Buzan)이 학생들에게 노트필기하는 것을 도와주기 위한 목적으로 처음 개발된 것이다. 그는 첫 번째 책 *Use Your Head*(Buzan, 1974)에 마인드 맵에 관한 그의 아이디어를 처음으로 소개하였고, 계속해서 교육 및 비즈니스 맥락에서 마인드 맵을 사용하는 방법에 관한 아이디어들을 발전시켰다. 그리고 그가 처음으로 편집한 책인 *Mind Map Book*(Buzan, 1995)이 출판된 후, *Maps for Kids*(Buzan, 2003)를 포함하여 몇몇 다른 책들이 뒤이어 출판되었다. 또한 그는 웹사이트를 통해 사람들이 마인드 매핑(mind mapping) 소프트웨어를 사용할 수 있도록 노력하였다(Roberts, 2013).

협동학습에서는 마인드 맵을 긍정적 상호작용을 극대화하고, 역할분담을 통해 과제를 완성해 나가도록 하는 구조활동으로 많이 활용하기도 한다. 그러나 본래 마인드 맵은 왼쪽 뇌(논리적·수학적·언어적인 능력)와 오른쪽 뇌(창의적·시각적·공간적인 능력)의 양 기능을 통합하여 두뇌 이용의 효율성을 높이고, 기억력과 창의적 사고를 극대화시키는 사고력 중심의 두뇌개발 노트법으로 잘 알려져 있다.

바로 이러한 가능성에 근거하여 좌뇌와 우뇌를 한꺼번에 쓰도록 하면서 두 배 이상의 학습효과를 기대할 수 있게 해 주는 교수·학습 방법으로 마인드 맵의 방법이 만들어진 것이다. 마인드 맵은 종이 한 장에 핵심 단어와 부호, 색상, 그림 이미지를 사용하여 입체적으로 파악하도록 함으로써 정신의 모든 기능을 총동원하는 기법이다. 마인드 맵은 좌뇌가 담당하는 능력, 우뇌가 담당하는 능력, 사물을 지각하고 동화하는 눈의 능력, 본 것을 모사할 수 있는 손의 능력, 그리고 과거에 학습한 내용을 정리·저장하고 회상해 내는 두뇌의 종합 능력을 모두 사용한다(김재춘 등, 2005).

간단히 말해 마인드 맵은 머릿속의 생각을 마치 거미줄처럼 지도를 그리듯이 핵심 단어를 이미지화하여 펼쳐 나가는 시각적 사고기법으로서, 자신의 머릿속에 있는 사고를 보다 체계적으로 정리하기 위한 기법이다(한국부잔센터, 1994). 즉 핵심 단어를 중심으로 거미줄처럼 사고가 파생되고 확장되어 가는 과정을 확인하고, 자신이 알고 있는 것을 동시에 검토하고 고려할 수 있는 일종의 시각화된 브레인스토밍 방법이다.

학습자는 자신만의 독특한 이미지와 핵심 단어, 색상 및 상징적 부호를 사용하여 마인드 맵을 기록함으로써 자신의 마음속에 넘쳐흐르는 사고력과 상상력, 그리고 생각하고 분석하고 기억하는 모든 정보들을 자유롭게 표현할 수 있다. 이러한 마인드 맵은 다음과 같은 4가지 특징을 지니고 있다(한국부잔센터, 1994).

- 핵심 주제는 중심 이미지로 구체화된다.
- 주요 주제는 나뭇가지처럼 중심 이미지에서부터 방사구조로 뻗어 나간다.
- 가지들은 결합된 선상에서 핵심 이미지와 핵심어로 구성되어 있다. 덜 중요한 주제는 주요 주제에 연결되어 있다.
- 가지는 마디가 서로 연결되어 있는 듯한 구조를 취한다.

이와 같이 마인드 매핑은 기억과 학습에 적합하도록 방사상으로 생각을 표현하고 조직하는 하나의 방법으로, 방사사고(radiant thinking)로부터 발달한다. 방사사고는 아이디어들을 발달시키고 그것들을 연결하는 연합과정이다. 이러한 마인드 맵은 특히 직관적 사고자(intuitive thinkers) 또는 시각적 학습방법을 선호하는 학생들에게 유용하다(Best, 2011). 그리고 마인드 맵은 주어진 학습의 주제를 학습자가 경험했던 내용으로 형상화하여 보다 체계적으로 학습한 내용을 파악할 수 있도록 도와주기 때문에, 마무리 단계의 정리학습이나 하나의 주제를 여러 측면으로 살펴볼 필요가 있는 활동, 매 차시 수업활동에서의 내용정리 및 필기활동 등에 적합한 구조라고 할 수 있다.

글상자 10-1

마인드 맵의 창시자

토니 부잔

토니 부잔(Tony Buzan)은 마인드 맵의 창시자이자 국제브레인클럽과 부잔센터의 설립자이다. 1942년 런던에서 태어나, 1964년 캐나다의 브리티시컬럼비아 대학교를 심리학, 영어, 수학, 일반 과학 부분 수석으로 졸업하

였다. 1996년 영국 『데일리 텔레그래프』지에서 기자로 근무했고, High IQ 협회(Mensa)지의 편집장을 역임하였다.

토니 부잔은 전 세계적인 명성을 얻고 있는 작가로서 많은 작품을 발표했다. 그의 작품은 모두가 학습장애를 겪고 있는 사람들의 학습능력 개선을 그 목적으로 한다. '기억력을 활용하라', '정신과 독서 속도와 두뇌 훈련을 최대한 이용하라' 등을 포함한 그의 책들은 50개국 20개의 언어로 번역·출간되었다. 고전이 된 『네 머리를 써라』 등 마인드 맵 기법과 읽기, 기억 기법에 관한 그의 저작물들은 IBM, 제너럴모터스, EDS, 디지털이큅먼트(DEC) 등에서 사원교육용 교재로 쓰이고 있으며, 영국의 방송대학에서 학생들의 수업교재로도 사용되고 있다. 학습능력의 개선을 위해 많은 저술활동을 왕성하게 하고 있는 토니 부잔은 세계에서 가장 높은 '창조적 IQ'의 소유자로 불린다.

반다 노스

반다 노스(Vanda North)는 부잔센터의 공동 설립자이자 운영 책임자이다. 영국 출생으로 유닐레버사의 교육 담당을 역임했으며, 미국 교육성 자문위원회 회장과 국제고등교육협회의 회장으로 근무하였다. 반다 노스는 학습기법과 경영전략에 관한 5권의 책과 15권의 매뉴얼의 저자이며, 부잔센터의 모든 저작물 개정의 책임자이기도 하다. 반다 노스가 컨설팅을 맡은 기업으로는 IBM, 엑슨, 디지털, EDS, 지멘스, 영국 통신 밀 런던 경시청 등이 있다.

(김재춘 등, 2005)

2) 거미 다이어그램(웹 구조)/마인드 맵/개념도의 차이점

거미 다이어그램, 마인드 맵, 개념도는 지리교육에서 종종 상호교환하여 사용된다. '마인드 맵'과 '개념도'는 특별한 의미를 가지고 서로 다르게 발전되어 왔지만, 이 용어들이 사용되는 방식은 서로 구분되지 않기도 한다. 그러나 이 3가지 그래픽 조직자는 구별될 필요가 있다. 왜냐하면 그것들은 지리교육에서 서로 다른 목적을 성취할 수 있도록 하기 때문이다(Davies, 2011). 표 10-1은 거미 다이어그램(웹 구조), 마인드 맵, 개념도의 특징 및 차이점을 개관하고 있다.

마인드 맵은 거미 다이어그램(웹 다이어그램)과 동일한 목적을 위해 사용되지만, 색깔과 그림을 사용하기 때문에 더 정교하다. 비록 거미 다이어그램이 그래픽 조직자로서 매우 유용하지만, 마인드 맵 구조와 차이점이 있다(이상우, 2009, 2012). 첫째, 마인드 맵 구조는 주, 부, 보조가지 등으로 나뉘어 단계별로 진행된다. 하지만 웹 다이어그램은 그런 것이 없다. 둘째, 한 가지 낱말이나 주제에 대해 마인드 맵 구조는 다양하고 창의적 사고를 하면서 뻗어 나가지만, 웹 다이어그램은 창의성보다는 한 낱말이나 주제에 따른 사실, 상황, 환경, 문화, 사람 등에 대한 정

표 10-1. 거미 다이어그램, 마인드 맵, 개념도의 특징 및 차이점

	거미 다이어그램	마인드 맵	개념도
형태			
기원	일반적으로 수십 년 동안 사용되어 왔다.	토니 부잔 (Buzan, 1974)	노박 (Novak, 1972)
역할	정보와 아이디어를 범주와 하위범주로 유목화한다.	정보를 범주와 하위범주로 유목화한다.	개념들 간의 관계를 구체화한다.
특징/차이점	• 특별한 규칙은 없다. 원하는 대로 발전할 수 있다. • 유용한 만큼 하위범주들과 연계들로 발전될 수 있다. • 유목화하기 위해 색깔을 사용할 필요가 없다.	• 분류에 강조점을 둔다. • 범주와 하위범주로 구분한다. • 색깔을 사용하여 범주들을 분류한다. • 그림을 사용한다.	• 개념들 간의 연계의 본질을 라벨로 설명하는 데 강조점을 둔다. • 다이어그램들의 결절은 개념들이다. • 원래의 형태에서 개념들은 위계적(계층적)으로 배열된다.

(Roberts, 2013: 142)

보를 사고·기록·분류하게 해 준다. 셋째, 마인드 맵 구조는 창의적인 면(특히 사고의 확장-폭넓은 사고)에 중심을 두었다면, 웹 다이어그램은 사고와 이해(특히 사고의 깊이)에 중심을 둔다. 넷째, 마인드 맵 구조는 어찌 보면 전혀 연관성이 없을 법한 내용과도 연결을 가능하게 해 준다. 하지만 웹 다이어그램은 그렇지 못하다. 다섯째, 마인드 맵 구조는 주로 (창의적) 사고의 발전과 그에 따른 정리(기억)에 핵심이 있다. 그러나 웹 다이어그램은 사건, 사실의 분류와 이해에 중심이 있다.

한편 개념도 역시 거미 다이어그램과 구별된다. 거미 다이어그램은 정보를 분류하는 것이 아니라 브레인스토밍을 통해 가능한 한 많은 정보를 모으는 데 목적을 둔다. 반면 개념도는 어떤 주제 또는 쟁점을 구성하는 개념들 간의 관련성에 대한 그래픽 조직자(graphic organizers)로 다이어그램의 결절(nodes)보다는 오히려 연결(links)을 강조한다(Ghaye and Robinson, 1989; Leat and Chandler, 1996). 학생들이 수행해야 할 주요 과제는 개념들 사이의 연결 및 연관성을 구체화하고 관계를 제시하는 것이다.

3) 마인드 매핑 방법

마인드 맵은 정보와 아이디어들을 범주화하기 위해 색깔과 그림을 사용하는 계층적 구조를 가진 정교한 거미 다이어그램이다(Roberts, 2013). 학생들이 마인드 맵을 그리기 위해서는 이것을 그리는 목적을 확실히 알아야 한다. 그리고 만약 학생들이 마인드 맵에 익숙하지 않다면, 기존에 그려진 마인드 맵을 보여 주는 것이 도움이 된다. 그렇게 함으로써 학생들은 마인드 맵이 어떤 모습인지를 알 수 있다. 부잔(Buzan, 1974, 1995)은 마인드 맵을 어떻게 그려야 하는지에 관한 엄격한 규칙을 다음과 같이 설정한다(김재춘 등, 2005; 이상우, 2009).

(1) 1단계: 준비

- 종이는 다양한 크기(A3, A4, 전지 등)로 준비하되 줄이 그어진 것은 생각을 펼치는 데 제한을 주므로 360° 전면을 자유롭게 활용할 수 있는 백지를 준비한다.
- 색연필 또는 형광펜을 일반적으로 주가지의 수만큼 준비한다(보통은 3~4가지 색을 사용)[9]. 전면을 골고루 사용해야 하며, 백지를 가로로 길게 펼쳐 놓는다.
- 시간을 체크하기 위해 타이머를 준비한다.

(2) 2단계: 중심 이미지 설정

- 먼저 중심 이미지(핵심 주제) 그리기 단계에서는 글의 주제나 제목을 써도 좋다. 이것을 표현할 때도 두세 가지 정도의 색을 사용하면 내용이 한눈에 들어온다.
- 중심 이미지(핵심 주제)는 종이의 중앙에 기록한다. 그렇게 한다면 모든 방향으로 다이어그램을 확장할 공간이 있다.

---

9) 마인드 맵은 적어도 3가지 이상의 색상을 활용할 것을 요구한다. 색연필을 들고 시간 낭비하는 것이 아닐까 하고 걱정하는 것은 기우에 불과하다. 색상을 사용함으로써 각 주제를 구분시키고 기억효과를 높인다는 장점을 기억하도록 하자. 마인드 맵 만들기에 익숙해지면 단색의 필기구로 작성해도 좋다. 그러나 만든 후 컬러 펜으로 구분하는 작업은 꼭 해야 한다. 일단 마스터 마인드 맵을 만들어 두면 기존 노트에 비해 빠른 시간 내에 능률적으로 복습할 수 있다(반다노스·김재영, 1994).

- 그림 이미지로 표현해 준다. 만약 그림으로 표현하기 어려우면 그림과 핵심 단어의 혼용도 가능하다. 그림 이미지는 단어보다 100배 이상의 기억효과를 나타낸다. 그림은 내용을 함축시킬 수 있고, 그릴 때 집중력과 재미를 더해 준다.
- 그림의 크기는 마인드 맵 용지의 크기에 맞추어 정한다. A4 용지의 경우 가로 3cm, 세로 2cm 정도가 알맞다. 너무 크게 그리면 주요 내용을 종이에 다 담을 수 없고, 너무 작게 그리면 기억하는 데 어려움이 있다.
- 그림은 3~4색 정도로 채색한다. 이것은 단색보다 눈에 잘 띄어 기억하는 데 도움이 된다. 그림을 그린 후, 틀(테두리)을 만들지 않는다. 이것은 그림의 각 부분의 특징을 주가지와 연결하어 활용할 수 있도록 하기 위해서이다.

(3) 3단계: 주가지 만들기

- 그다음 주가지를 그리는데, 이것은 대분류를 표현하는 것으로 나무의 굵은 가지에 해당된다. 중심 이미지와 바로 연결되어 있으며, 시작되는 부분은 굵으나 점점 가늘게 그린다. 곡선 모양으로 그리면 더 좋다. 이 부분은 어찌 보면 가장 중요한 부분으로서 조직적이고 체계적인 사고가 요구되는 부분이라고 하겠다(가지별로 색을 구분하여 그리면 좋다).
- 너무 많이 그리지 않도록 한다. 3~6개의 주가지들이 있다면 마인드 맵은 가장 잘 작동한다. 가지 위에는 핵심 단어만 쓸 수 있다. 가지 위에 그림을 그리지 않고 핵심 단어만 쓰는 이유는, 중심 이미지가 그림이므로 주가지에서 그림이 다시 나올 때 생각의 폭이 너무 넓어져 생각의 혼돈이 일어날 수 있기 때문이다.
- 핵심 단어는 가능한 한 '한 단어'로 표현해야 한다. 이때 부사, 형용사, 동사, 명사 모두가 가능하다. 핵심 단어를 표현할 때 '한 단어만'을 사용하는 것이 중요하다. 그 이유는 자유롭게 다른 아이디어와 연결시킬 수 있고, 기억하기 쉽기 때문이다. 한 단어로 표현하기 어려우면 이미지로 함축하여 표현하거나 함축적인 의미가 있는 다른 단어로 대체한다.
- 단어의 길이와 가지의 길이가 거의 동일하도록 만들어야 한다. 글씨체는 굵게 한다. 이것은 시야의 혼란을 주지 않고 단정한 형태로 볼 수 있기 때문이다.
- 주가지를 배치할 때에는 주가지를 휘어지게 그려야 한다. 상하의 수직적 형태로 그려 놓으

면 핵심 단어를 적기가 불편해진다. 따라서 주가지를 휘어지게 그려야 공간 활용에 도움이 된다.

(4) 4단계: 부가지 만들기

- 그리고 나서 작은 부가지를 그리는데, 이것은 소분류를 표현한 부분으로서 주가지를 더 명확하게 하거나 상세하게 하는 역할을 한다.
- 보통은 가는 곡선으로 나타내는데, 주가지에서 뻗어 나와야 하며 가지의 수는 제한이 없다. 색을 사용할 경우 주가지와 같은 색을 쓴다.
- 각 부가지에 핵심 단어를 쓴다. 부가지에 놓이는 핵심 단어는 주가지와 연결성을 가져야 한다. 부가지에 놓이는 핵심 단어는 단어나 그림 모두 허용한다(상징이나 부호도 가능).
- 주가지에서처럼 단어의 길이와 가지의 길이가 동일하도록 만들며, 선과 단어는 주가지보다 작고 가늘게 작성한다. 작고 가늘게 작성하는 것은 주가지와 구별하기 위한 것이다.

(5) 5단계: 세부 가지 만들기

- 그다음 과정으로 그릴 세부 가지는 부가지에 연결되는 것으로서 부가지를 더욱 자세하게 나타내는 단계이다.
- 세부 가지 수는 제한이 없으며, 그 폭은 동일한 방식으로 감소해야 한다. 왜냐하면 나무의 가지들은 줄기로부터 멀어질수록 점점 좁아지기 때문이다.

(6) 유의사항

- 가지별로 다른 색상을 활용한다. 가지별로 색상이 결정되었으면, 그 가지 위에 놓이는 단어나 그림도 가지의 색깔과 같은 색으로 그려 넣는다. 한 가지에 다른 색상을 혼용할 때에는 시각의 혼란이 일어나고 결국 구분하기 어렵기 때문이다. 모든 가지와 그 위에 놓이는 단어나 그림을 한 색으로만 작성했을 때에는 단어나 그림의 테두리를 색상을 달리해 만드는 방

법을 사용한다. 테두리는 여러 형태로 표현할 수 있다.

- 시작하는 첫 가지가 있을 경우 자신만의 방식으로 시작 가지를 설정할 수 있다. 가지가 너무 많을 경우에는 가지마다 숫자를 사용하여 구별할 수 있다.

- 생각을 연결해 나가다가 단절될 경우, 먼저 빈 자리를 그어 놓고 다음은 중심 이미지로 돌아가서 생각이 연결되어 나오는 것을 점검해 본다. 생각이 단절되는 주 원인은 중심 이미지에 집중되어 있는 생각이 잠시 연결성을 잃었기 때문이다. 두뇌는 미완성 상태로 내버려지기보다는 완성하려는 성향을 가진다. 따라서 중심 이미지에 다시 집중하여 생각을 점검해 보면 연결력이 회복될 수 있다.

- 서로 다른 가지에서 나오는 핵심 단어기 관련이 있는 경우, 화살표를 사용하여 그 부분을 연결해 준다. 화살표는 상호간의 인과관계를 쉽게 파악할 수 있도록 한다.

- 가지를 연결하다가 어떤 부분을 문장 그 자체로 남겨 두고 싶은 경우, 이 부분은 상자 안에 넣어서 표현한다. 이는 '한 단어'란 구속을 완화시키려는 방법이다. 그러나 꼭 필요한 경우가 아니면 문장 활용은 피하는 것이 좋다. 왜냐하면 혼란을 초래할 수 있기 때문이다.

- 핵심 단어가 반복되는 경우, 같은 가지에서는 사용하지 말아야 한다. 같은 가지 내에서의 단어 반복은 혼란을 주기 때문이다. 이때에는 뜻이 같은 유의어를 사용해야 한다. 한편, 다른 가지에서 제시된 동일 단어는 다른 아이디어에서 나온 것이므로 사용할 수 있다.

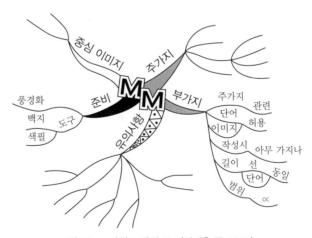

그림 10-1. 마인드 맵의 구조(김재춘 등, 2005)

4) 마인드 맵의 활용

마인드 맵은 우리의 두뇌 속에 있는 생각들을 표현해 내는 데(노트 만들기, note-making) 도움을 준다. 또한 마인드 맵은 다른 사람의 생각을 우리의 두뇌 속에 저장하는 데(노트 필기하기, note-taking) 도움을 준다. 즉 마인드 맵은 생각과 정보가 우리의 두뇌로 들어오고 나가는 과정

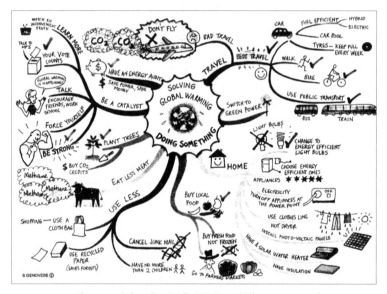

그림 10-2. 마인드 맵: 지구온난화와 그 대책(Roberts, 2013)

그림 10-3. 지도에 관한 초등학생의 마인드 맵(김재춘 등, 2005)

을 효율적으로 관리할 수 있도록 해 준다. 이러한 마인드 맵을 익히기 위해 노트 만들기와 노트 필기하기 활동을 해 보도록 하자(반다 노스 · 김재영, 1994; 한국부잔센터, 1994; Buzan & Buzan, 1990). 한편, 마인드 맵은 다음과 같이 다양하게 활용될 수 있다(Roberts, 2013; 이상우, 2009; 김재춘 등, 2005).

- 모둠활동을 하면서 계획서를 작성할 때 활용할 수 있다.
- 암기 숙달이나 사고력 활동에 유용하다.
- 교사와 학생 모두가 차시나 단원을 정리하는 차원에서 활용할 수 있다.
- 교사의 핵심 판서 및 학생들의 필기 방법으로 활용할 수 있다.
- 학생 스스로 차시나 단원정리를 해 보도록 할 수 있다.
- 소집단활동의 내용을 정리하여 발표할 때도 쓰인다(의견 정리, 합의된 내용을 분류하여 정리하기 등). 모든 구성원이 역할을 분담하여 참여할 수 있다.
- 발표를 위한 자료로 활용한다.
- 쓰기활동을 위한 개요 짜기로 활용할 수 있다.
- 중심 주제를 바탕으로 사고의 틀을 발전시켜 나갈 수 있는 활동에 활용할 수 있다.
- 하나의 주제를 여러 측면에서 살펴볼 필요가 있을 때 활용하면 좋다.
- 책을 읽고 그 내용을 정리할 수 있다.
- 학생들이 학습하고 있는 토픽/쟁점에 관한 마인드 맵을 그리도록 요청함으로써 현재 학습하고 있는 지식을 사전지식이나 경험과 연결하도록 할 수 있다. 이러한 브레인스토밍은 전체 학급, 모둠 또는 개별 활동으로 수행될 수 있다.
- 몇몇 가지와 명명된 하위가지들을 가진 탐구의 출발점에서 학생들에게 골격 마인드 맵을 제시함으로써, 탐구를 위한 '스캐폴드' 또는 '선행조직자'를 제공한다.
- 질문들이 생성될 수 있는 완성된 마인드 맵에 관한 어떤 토픽의 개관을 제공한다.
- 학생들은 마인드 맵 형태로 노트하고 분석함으로써 지리적 자료(예를 들면, 논문, 영화에 표현된 정보와 아이디어들)를 분류할 수 있다.
- 학생들이 텍스트관련 지시활동(DARTs)에서 분석한 정보를 재구성할 수 있다.
- 학생들은 학급의 나머지 학생들에게 프레젠테이션을 할 수 있다.

- 학생들은 활동단원에서 조사된 것을 검토할 수 있다.
- 학생들에게 에세이 또는 보고서에 무엇을 포함할 것인지를 계획하도록 도울 수 있다.
- 학생들의 지식을 평가한다. 활동단원의 시작에서는 진단평가를 한다. 활동단원의 중간에는 형성평가를, 활동단원의 마지막에는 총괄평가를 한다.
- 공식적인 시험에서 학생들을 평가한다.
- 숙제활동으로 이용할 수 있다.
- 학생들 자신의 이해를 검토하기 위한 복습 목적을 위해, 노트보다 더 쉽게 기억할 수 있는 기록을 제공하기 위해 학생들에 의해 사용될 수 있다.
- 교사에 의해 활동단원을 계획하는 것을 돕기 위한 도구로서, 소개되어야 할 핵심 토픽/요인들을 구체화하기 위해 가지들은 탐구를 위한 계획의 상이한 양상들에 서로 관련될 수 있다. (예를 들면, 핵심 질문들, 핵심 개념들, 호기심 유발하기, 사용되어야 할 데이터, 데이터를 이해하기 위한 활동들, 결과보고 활동, 평가를 위한 기회, 수업의 내용을 위해, 상이한 지리적 구성 요소들을 구체화하기)

한편 로버츠(2013)는 마인드 맵을 사용하려고 계획할 때 고려해야 할 것을 다음과 같이 제시한다.

- 조사되고 있는 토픽 또는 쟁점이 마인드 맵 또는 거미 다이어그램에 적합하게 그려지고 있는가? 정보 또는 아이디어들이 범주와 하위범주로 구분될 수 있는가?
- 마인드 맵을 사용하는 목적은 무엇인가? 그것은 호기심을 불러일으키고, 선행지식을 인출하며, 학생들에게 지리적 원자료를 분석하도록 도와주는가 또는 평가를 위한 것인가?
- 만약 마인드 맵이 지리적 자료에 적용되려면 어떤 범주들과 하위범주들이 발견될 것 같은가?
- 이 활동은 개별적으로, 짝으로, 소규모 모둠으로 수행되어야 하는가?(최대 3명 또는 4명)
- 학생들은 어느 정도로 자유롭게 자신의 마인드 맵을 발전시켜야 하는가? 또는 이 활동은 교사의 안내로부터 도움이 있는가?(예를 들면, 주가지들을 위한 범주들)
- 학생들은 어떤 지원이 필요한가?(예를 들면, 프로세스를 모델링하기, 완성된 마인드 맵 보여 주기, 골격 마인드 맵 제공하기, 토론을 통해 개인과 모둠을 도와주기)

• 이 활동은 어떻게 결과보고되어야 하는가?

5) 마인드 맵의 장단점

마인드 맵은 적절하게 활용할 경우 많은 장점을 가지지만, 그렇지 못한 경우 학습에서 단점으로 작용할 수도 있다. 마인드 맵의 장단점은 여러 학자들에 의해 제시되었다(김재춘 등, 2005; 이상우, 2009; Best, 2011; Roberts, 2013). 먼저 마인드 맵의 장점은 다음과 같다.

• 모든 창의적 사고기술을 무의식적으로 활용한다.
• 마인드 맵 사용자가 자신의 목표를 향해 나아감에 따라 정신적 에너지도 지속적으로 증가한다.
• 동시에 많은 요소들을 빠르고 쉽게, 한눈에 볼 수 있게 해 줌으로써 창의적 연상능력과 통찰력을 높여 준다(신속하게 시작하고, 짧은 시간 동안 많은 아이디어를 발생하게 한다).
• 마인드 맵 사용자의 주변에 애매하게 흩어져 있는 사고들을 두뇌가 쉽게 찾아낼 수 있도록 도와준다(두뇌에 숨어 있는 잠재적 가능성을 쉽게 이끌어 낸다).
• 새로운 통찰력을 얻을 수 있는 가능성을 높여 준다.
• 재미와 유머를 조정하게 해 줌으로써 마인드 맵 사용자가 판에 박힌 틀에서 벗어나 진정한 창의적 사고를 만들어 낼 수 있는 기회를 제공해 준다.
• 작은 공간에 많은 양의 정보를 표현할 수 있도록 해 준다.
• 논리적인 순서나 세부사항에도 관여해 정리·체계화를 가능하게 해 준다.
• 아이디어들 간의 새로운 연합을 만들도록 도와주고, 사고를 조직하며, 창의적 사고를 촉진한다.
• 복잡한 아이디어들을 의사소통하도록 돕는다.
• 더 빨리 그리고 더 효과적으로 학습하도록 도울 수 있다.
• 학생들은 글을 읽기 전에 미리 새로운 단어를 접할 수 있으며, 이에 대해 토론하게 된다.
• 학생들은 중심 생각과 정보들 사이의 관계에 대해 시각적으로 개괄할 수 있으며, 글을 읽을 때 이를 통해 자신을 안내할 수 있게 된다.

- 학생들은 어떻게 해야 새로 배울 교재와 자신의 배경지식을 적절하게 연결할 수 있을지 생각해 보게 된다.
- 조사의 시작 또는 끝 모두에서 주제에 관한 개관을 제공할 수 있다.
- 정보 또는 아이디어들을 분류하고 유목화하는 데 사용될 수 있다.
- 토픽 또는 쟁점에 관한 분석적 사고를 격려한다.
- 노트보다 더 쉽게 기억할 수 있다.
- 핵심 단어만을 기록함으로써 문장식 필기에 따르는 손실을 줄일 수 있다.
- 내용을 맵으로 작성하기 때문에 핵심 주제어 추출 능력이 향상된다.
- 많은 내용을 일목요연하게 정리하고 여러 가지 색상과 다차원적인 입체로 시각적인 자극을 줌으로써 기억력이 향상된다.
- 개념과 개요들이 어떻게 연결되는지를 공간적으로 보여 줌으로써 복잡한 사실에 대한 이해력과 논리적인 분석력이 발달한다.
- 연결할 수 있는 것들을 자유롭게 연결하고 추가·삭제함으로써 창조력, 집중력, 독창성이 자연스럽게 향상될 수 있다.
- 마인드 맵은 완성과 통일성을 추구하는 두뇌의 자연적인 욕구와 조화를 이룬다.

한편, 협동학습에서 많이 하는 모둠 마인드 매핑 활동은 다음과 같은 장점을 가지고 있다.

- '모둠 마인드 맵' 활동을 해 나가는 과정에서 요구되는 사고방식과 학습방법은 두뇌와 자연스럽게 작용한다.
- '모둠 마인드 맵' 활동 과정 내내 개인과 모둠 양쪽을 똑같이 지속적으로 강조하게 된다. 개인이 자신의 정신세계를 탐구하는 횟수가 많을수록 모둠으로 돌아가서 모둠을 위해 더욱 많은 공헌을 하게 된다(개인적인 책임을 바탕으로 한 긍정적인 상호의존 및 시너지).
- 개인이 '모둠 마인드 맵'을 위해 공헌을 하면 '모둠 마인드 맵'은 즉시 그 힘을 다시 개인에게 피드백해 주게 되고, 이를 통해 개인이 '모둠 마인드 맵' 활동에 기여할 수 있는 능력은 더욱 증진된다.
- '모둠 마인드 맵' 활동은 초기 단계부터 전통적인 브레인스토밍 활동보다 훨씬 유익하고 창

의적 사고를 유발한다.

- '모둠 마인드 맵' 활동은 무의식적으로 의견의 일치를 찾아내기 때문에 모둠(모둠 정체성)을 돈독히 하고 모둠의 목표와 목적에 모든 구성원의 정신을 집중시킨다.
- 구성원들에 의해 표현되는 모든 생각을 타당한 것으로 받아들이게 된다.
- '모둠 마인드 맵' 활동은 모둠 기억에서 하드카피와 같은 역할을 한다. 모둠별 활동이 끝날 때가 되면 각 구성원은 틀림없이 성취한 것에 대해 서로 비슷하고 포괄적인 이해를 하게 된다.

이러한 장점에도 불구하고, 마인드 맵은 다음과 같은 단점 역시 가지고 있다. 따라서 이러한 단점은 최소화할 수 있도록 해야 한다.

- 마인드 맵은 그것들의 본질에 의해 제한된다. 즉 마인드 맵은 정보와 아이디어들 간의 연계를 설명하는 것이 아니라, 정보와 아이디어들의 범주와 하위범주들을 지도화하기 위해 고안된다.
- 마인드 맵은 과도하게 복잡해질 수 있으며, 이것은 마인드 맵을 기억하기 어렵게 만들 것이다.

2. 심상지도

1) 심상지도란?

심상지도(mental map)[10]는 마인드 맵과 달리 인간의 환경지각에 대한 차이를 연구하기 위한

---

10) '심상지도'라는 용어는 다른 용어로도 사용되는데, 가장 대표적인 것이 '인지도(cognitive map)'이다. 이외에도 추상지도(abstract maps), 인지적 형상(cognitive configurations), 인지적 이미지(cognitive images), 인지적 표상(cognitive representations), 인지적 도식(cognitive schemata), 개념적 표상(conceptual representations), 환경적 이미지(environmental images), 심상 이미지(mental images), 심상적 표상(mental representations), 정향 도식(orientating schemata), 장소 도식(place schemata), 공간적 표상(spatial representations), 공간적 도식(spatial schemata), 위상적 표상(topological representations), 위상적 도식(topological schemata), 세계 그래프(world graphs) 등으로 사용된다(Kitchin and Blades, 2002: 2).

행태주의 지리학(behavioral geography)에서의 관심에서 시작되었다. 공간 내에서 이루어지는 인간 행동의 사회심리학적 메커니즘을 중시하는 행태론적 접근방식은 인간의 공간행동에는 규칙성이 있음을 전제로 한다. 이렇듯 지리학자들은 인간의 환경에 대한 지각 또는 인지와 관련 깊은 정신현상에 대해 흥미를 보여 왔다(Tuan, 1977).

심상지도는 각 개인이 자신의 두뇌 속에 기억하는 환경에 대한 이미지를 표현하는 것이다. 여기에는 공간환경의 본질에 대한 각종 정보와 회상, 준비, 기호, 친숙성 등에 관한 인지과정들이 포함되며, 공간행위자가 환경을 이용하거나 또는 그것에 반응하는 과정 중에 참고로 하고 있는 외부 환경에 대한 심리적인 질서가 어떤 것인지를 알아내는 척도가 된다. 공간행위자의 마음속에 있는 이러한 지도는 공간에서의 의사결정의 지침이 되며, 그의 공간행위를 이해하고 예시하는 데 매우 중요한 자료가 된다(최수아, 2008).

심상지도는 개개인이 갖고 있는 개념, 경험, 욕구 등이 반영된 추상적인 것이므로 개개인마다 다르며 많은 부분 실제 지도와는 상당한 차이가 난다. 이러한 심상지도는 쉽게 시각화될 수 있

그림 10-4. 거주민에 따라 다르게 그린 로스앤젤레스 심상지도(Downs and Stea, 1973: 120-122)

으며 빠르게 지도로 표현될 수 있다. 한 예로 우리가 살고 있는 지역에 대한 심상지도를 구축하려고 한다면, 한 장의 종이 위에 자신이 인지하고 있는 이미지를 스케치하면 지도가 되는 것이다. 이렇게 그려진 지도가 우리 자신의 심상지도를 가장 잘 대표하는 것이라고 볼 수 있다. 이러한 심상지도를 분석해 보면 자신이 가장 잘 알고 있는 지점이나 장소를 자세히 그리게 되고, 또 자신의 삶 속에 매우 중요하다고 생각되는 상황들을 표현하게 되며, 그렇지 않은 사항은 그리지 않는 경향이 나타난다. 따라서 심상지도를 통해 개인이 장소에 대해 인상적인 느낌을 받았던 구조물이나, 건물들의 형태와 위치 등을 어떤 식으로 인식하고 있는지에 대한 정보를 얻을 수 있다. 그림 10-4는 거주민에 따라 로스앤젤레스를 다르게 지각하는, 즉 개인이나 집단에 따라 공간을 상이하게 인지하는 심상지도를 보여 준다.

이와 같이 심상지도를 통해 환경에 대한 이미지가 어느 정도 왜곡되었는가를 인식하는 것은 매우 중요하다. 왜냐하면 환경에 대한 우리 자신의 행태논리는 바로 이미지에 의존하고 있기 때문이다. 바꾸어 말하면 우리가 환경을 인지하고 있는 대로 환경과 관련지어 행동하게 되며, 따라서 지각된 세계와 실제 세계의 차이가 크면 클수록 자칫하면 자기방어적이거나 자기폐쇄적인 방식으로 행동할 가능성도 커진다.

2) 심상지도와 지리학습의 관계

1970년대 초부터 환경지각에 관한 학문적 관심이 증가하였다. 학생들을 대상으로 한 환경지각 연구는 피아제(Piaget)의 인지발달이론으로부터 많은 아이디어를 끌어왔으며, 이러한 연구들은 교사가 학생들의 지리학습을 이해하는 데 많은 도움을 주었다. 특히 지리교육에서는 학생들의 환경지각을 파악하기 위해 심상지도 또는 인지도를 많이 활용하였다. 학생들이 작성한 인지도는 지리교사들에게 학생들의 사전학습 정도, 현재의 지각상태, 학생들의 지각능력에 관한 지식을 제공해 줄 뿐만 아니라, 학생들의 환경지각에 영향을 주는 요인, 특히 가까운 지역과 먼 지역을 지각하는 데 영향을 주는 장애 요인과 한계가 무엇인지를 이해할 수 있는 평가도구가 되는 것으로 간주되었다.

심상지도는 사람들이 장소에 대한 자신의 심상을 표현하는 지도이다. 이는 종종 아동의 지도 그리기 능력과 공간인지에 대해 알아내는 유용한 방법으로 간주된다(Boardman, 1987, 1989). 심상지도 그리기는 학생들에게 집 혹은 그들이 다니는 학교 등과 같은 공간환경에 대한 기억을 지도로 그리도록 요구한다. 그 후 학생들이 그린 심상지도 혹은 인지도는 더 형식적인 지도들과 비교되거나 정확성을 평가받기도 한다. 그리고 같은 길을 따라 집에 가거나 같은 지역에 살고 있는 학생들의 경우, 그들이 그린 심상지도를 비교하여 유사성과 차이점을 확인하도록 요구받을 수도 있다.

보드먼(Boardman, 1987)은 이런 심상지도가 교사들에게 학생들의 공간지각에 대한 이해를 제공하며, 학생들이 공간을 어떻게 표상하는지에 대한 정보를 제공해 준다고 주장한다. 즉 심상지도의 본질과 심상지도가 보여 주는 세부사항은 학생들이 환경에 대한 경험을 지리적으로 표상할 수 있는 능력을 나타낸다. 또한 그는 학생들이 그린 심상지도의 정확성이 자신의 공간환경과 얼마나 친밀한지를 보여 주는 지표라고 보았으며, 이러한 정확성은 그들이 그리려고 한 경로의 거리에 영향을 받는다고 하였다.

3) 심상지도의 활용

최근 심상지도는 학교교육에서 장소학습의 일환으로 사용되고 있다. 2007년 개정 사회과 교육과정에 의한 고등학교 『사회』의 4단원 '장소 인식과 공간 행동'에서는 장소학습과 관련하여 심상지도를 다루고 있다. 이는 "일상생활 속에서 접하게 되는 장소에 대한 인식이 개인에 따라 차이가 있음을 이해한다."라는 성취기준을 반영한 것이다(교육과학기술부, 2009: 30).

장소는 주관적인 개념으로, 그 범위는 인식하는 사람과 상황에 따라 다양하게 나타난다. 우리 고장, 우리 동네, 우리 학교 등 장소의 범위는 다양하다. 동일한 장소라도 그 인식은 개인이나 집단에 따라 다를 수 있다. 개인의 경우에는 나이, 성, 직업, 교육 수준, 개인적 경험 등에 따라 장소에 대한 인식에 차이가 나타난다. 예를 들면, 교외의 한적한 농촌을 두고 도시민은 여가를 즐길 수 있는 장소로 인식한다면, 농민은 농업생산 활동을 하는 삶의 터전으로 인식할 수 있다. 이와 같은 개인의 장소에 대한 인식 차이는 심상지도를 통해 더욱 자세히 알아낼 수 있다.

심상지도는 어린이들의 공간인지를 표현하기 위한 수단으로서 주로 로컬 스케일, 즉 학교 주변이나 자기 집 주변 그리기로 이용된다. 또한 국가 스케일, 대륙 스케일, 글로벌 스케일에서의 심상지도의 차이를 규명할 수도 있다.

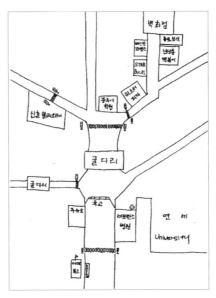

그림 10-5. 로컬 스케일에서의 심상지도(류재명 등, 2011: 121)

그림 10-5는 서울 시내 한 고등학교의 학생이 학교 주변을 그린 것으로, 이 심상지도를 통해 이 학생의 성별을 추측할 수 있다. 왜냐하면 약도를 그리는 데 사용하는 지표물의 종류도 남녀나 개인 간에 차이가 나타나기 때문이다. 예를 들어 남학생은 주로 오락실, 노래방, 보드 게임방과 같은 시설을 많이 선택한 반면, 여학생은 아이스크림과 도넛 전문점, 화장품 가게 등을 포함시킨 경우가 많다.

한편, 그림 10-6은 동네에 대한 엄마와 아이의 인식 차이를 보여 주는 심상지도이다. 성별뿐만 아니라 연령에 따라서도 환경에 대한 인식은 차이가 난다는 것을 알 수 있다.

그림 10-6. 엄마가 그린 동네지도(좌)와 아이가 그린 동네지도(우)(최병모 등, 2011: 111)

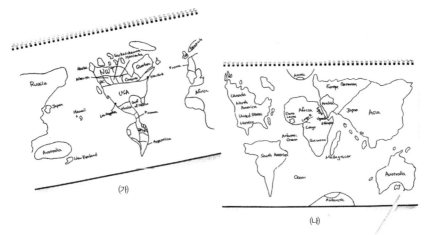

그림 10-7. 글로벌 스케일에서의 심상지도(류재명 등, 2011: 120)

그림 10-7에서 지도 (가)는 캐나다에 거주하는 학생이 그린 세계지도이다. 캐나다를 포함한 아메리카 대륙이 지도의 중앙에 위치하고, 아메리카 대륙 중에서도 캐나다 내륙 지역이 가장 자세하게 묘사되어 있음을 알 수 있다. 지도 (나)는 어느 지역에 사는 학생이 그린 것인지 생각해 보고, 어떤 근거로 그렇게 판단하였는지를 생각해 보도록 할 수 있다(류재명 등, 2011).

3. 정의적/감성적 지도 그리기

지리는 장소에 관한 것이며, 장소는 강력한 감성적 반응을 불러일으킨다(Tanner, 2004). 예를 들면, 아름다운 장소는 경외감을, 혹독한 환경은 두려움을 불러일으킬 수 있다. 그리고 사람들은 평범한 장소이지만 개인적으로 중요한 장소에 대해 애착을 느낀다. 감성적으로 읽고 쓸 수 있는 사람은 자신의 느낌을 인식하고 관리할 수 있으며, 다른 사람들과 건설적이고 효과적인 관계를 구축할 수 있다. 이러한 학습능력은 감성적 문해력(emotional literacy) 또는 감성지능(emotional intelligence)이라고 불리며(Goleman, 1996), 학생들에게 이를 길러 주기 위해서는 그들의 장소에 대한 느낌과 반응에 주목할 필요가 있다. 특히 지리는 실제적인 장소와 사람의 삶에 관심을 가지기 때문에 이러한 감성적 문해력을 발달시키는 데 중요한 기여를 할 수 있다.

지리학습에서 자신의 집이나 학교, 그리고 로컬 지역에서의 경험은 중요한 자원이 된다. 이러한 경험은 학생들로 하여금 자연환경 및 인문환경과 접촉하여 장소감을 발달시키도록 하며, 환경을 위한 경외감과 배려의 윤리를 가지게 한다. 학생들은 자신들이 장소에 대해 개인적으로 경험한 것을 정의적 지도 그리기(affective mapping) 또는 감성적 지도 그리기(emotional mapping) 활동을 통해 표현할 수 있다. 정의적 또는 감성적 지도 그리기 활동은 학생들이 자신이 살고 있는 장소에 대해 느끼는 다양한 감성을 기호로 나타내는 것이다. 이러한 활동을 통해 학생들이 일상적으로 접촉하는 장소를 새롭게 경험할 수 있는 기회를 제공하며, 자신의 감성과 느낌을 알고, 서로 의사소통할 수 있는 많은 기회를 제공한다. 그리고 이 활동을 통해 학생들의 감성적 문해력을 발달시킬 수 있다.

그림 10-8은 영국의 야외학습위원회(Field Studies Council)가 개발한 것으로 학생들이 야외조사 동안에 경험할 수 있는 다양한 감성(emotions)의 유형을 알파벳 순서로 조직한 것이다. 70여 개의 만화 얼굴로 묘사하고 있는데, 이는 정의적 또는 감성적 지도 그리기 활동에도 유용하게 사용할 수 있다.

이러한 감성적 또는 정의적 영역을 표현하기 위한 지도학습 방법으로는, 로버츠(Roberts, 2003)가 중학생에게 적용한 정의적 지도 그리기가 대표적이다. 학생들 자신이 장소에 대해 느끼는 것을 다양한 기호로 표시하고, 이에 대한 설명을 부가적으로 기입하게 된다.

정의적 지도 그리기 활동을 가장 간단하게 적용할 수 있는 사례는, 자신이 다니고 있는 학교의 다양한 장소에 대한 느낌을 지도화하는 것이다. 표 10-2는 학생들이 학교의 기본도에 자신의 느낌을 표현하는 활동을 한 사례를 보여 준다. 학생들은 자신이 다니는 학교의 상이한 장소에 대한 나의 느낌이 어떤지를 구체화하고, 학교 환경을 개선하기 위해서는 무엇이 이루어져야 할 것인가에 대해 글쓰기를 하였다. 먼저 교사는 학생들에게 학교 전체를 나타낸 지도를 제공하고, 학생들로 하여금 상이한 장소에 대한 그들의 느낌(예를 들면, 두려움, 무서움, 좋아함, 싫어함 등등)을 다양한 기호(다양한 표정을 나타낸 얼굴 기호)를 사용하여 지도에 나타내도록 한다. 학생들은 장소에 대한 자신의 느낌을 스스로 고안한 기호를 사용하여 표시하고, 느낌에 대한 이유를 간단하게 설명해야 한다. 이때 학생들은 자신이 사용한 기호를 범례에 따라 제시하고, 각각의 범례 옆에는 느낌에 대한 간단한 이유를 기록한다. 학생들이 느낌을 지도화할 때 야기되는 쟁점은 동일한 장소에 관해 상충되는 느낌을 가질 수 있다는 것이다. 예를 들면, 학생은 동일한 장소에 대해 위험한(두려운) 곳으로도, 좋아하는 장소로도 표시할 수 있다. 왜냐하면 장소에 대한 경

그림 10-8. 다양한 감성 유형의 기호화(Tanner, 2004: 43)

험은 시간에 따라, 날씨에 따라, 분위기에 따라 달라질 수 있기 때문이다. 그리고 마지막으로 학생들은 학교 환경을 개선하기 위한 글을 교장선생님에게 편지로 쓴다. 그리고 수업 정리 시간에는 학교의 다양한 장소에 대한 서로의 느낌을 공유한다.

표 10-2. 학교 환경에 대한 정의적 지도 그리기

(a) 절차
핵심 질문 • 학교 환경에서 상이한 장소들에 관한 나의 느낌은 어떠한가? • 학교 환경을 개선하기 위해 무엇이 행해질 수 있는가? **자료** • 학교와 운동장에 대한 지도 • 학생들의 개인적 지식 **시작** • 교사는 느낌을 지도화하는 것이 가능하다는 것을 설명한다. • 교사는 다음과 같은 질문을 한다. 당신이 학교와 운동장 내에서 좋아하는 장소들은 어디인가? 왜 그런가? 당신이 학교와 운동장 내에서 가장 싫어하는 장소들은 어디인가? 왜 그런가? • 교사는 몇몇 기호(예: 행복하다, 슬프다)를 나타낸 OHP를 보여 준다. • 학교 환경에 대한 다른 유형의 느낌에 관한 학급토론

• 학생들은 기호들을 고안한다(학생들이 지도를 그릴 때 기호를 부가하기).

데이터 사용하기
학생들은 백지도에 기호를 표시하고, 범례를 만들고, 범례 옆에 느낌에 대한 이유를 기록한다(b).

데이터 이해하기
• 학생들은 그들의 지도를 공부하여 전체적인 패턴들을 이해한다.
• 학생들은 그들 지도의 핵심적인 특징들을 구체화한다.
• 학습과제에 대한 종합 토론: 포스터 계획하기 또는 학교에 관해 교장선생님에게 편지 쓰기

학습에 관한 반성
• 종합 토론: 느낌을 공유하기
• 결과보고 조언: 당신은 느낌을 지도화하는 데 어떤 문제들을 경험했는가? 어떤 패턴들이 구체화되었나? 학교와 환경이 어떻게 개선될 수 있나?

(b) 자신의 학교 환경에 대한 대니얼(Daniel)의 느낌 지도

(Roberts, 2003 일부 수정)

한편, 이와 같은 정의적 지도 그리기는 학교 스케일을 넘어 자신이 살고 있는 로컬 스케일로 확장될 수도 있다. 즉 정의적 지도 그리기 활동은 학생들의 삶의 일부분인 다른 장소/공간, 즉 지역의 쇼핑/레저 센터 또는 로컬 타운/도심에 사용될 수 있다. 이러한 활동을 통해 학생들은 그들의 장소에서 일상적으로 경험하는 배제와 포섭을 이해할 수 있게 된다. 표 10-3은 이러한 로컬 지역에 대한 학생들의 정의적 지도 그리기 사례를 보여 준다.

표 10-3. 로컬 지역에 대한 정의적 지도 그리기

(a) 절차

핵심 질문
• 나는 나의 로컬 지역에 관해 무엇을 알고 있나?

- 나는 그것에 관해 어떻게 느끼나?
- 나는 어떤 장소들에 혼자 가도록 허용되나?

시작
- 교사는 학급 학생들에게 그들이 8학년이었을 때 로컬 지역에 대해 그렸던 심상지도를 OHP로 보여 주고, 그들에게 중요했던 몇몇 특징을 구체화한다.
- 토론: 학생들은 로컬 지역에 대한 그들의 지도에 무엇을 표시할까? 그들은 자신의 지도에 어떤 종류의 것들을 표시할까?
- 교사는 장소에 관한 느낌의 기호들이 표시된 심상지도를 OHP에 놓는다.
- 토론: (혼자서 가도록 허용된 곳을 위한 기호들을 포함하여, 기호 가가을 조사하는) 당신은 로컬 지역의 어느 곳에서 이와 같은 느낌을 가지고 있는가?

데이터 사용하기
- 학생들은 그들의 로컬 지역에 대한 자신의 심상지도를 그린다.
- 학생들은 상이한 유형의 느낌에 대한 범례를 만든다.
- 학생들은 지도에 기호들을 기입한다.

데이터를 이해하기
- 종합 토론: 당신은 당신의 지도에 어떤 종류의 장소들을 표시했는가? 왜 그렇게 했나?
- 당신은 지도를 그리는 데 어떤 종류의 문제가 있었나? 당신이 혼자서 갈 수 있도록 허용되는 곳은 어디인가? 당신이 혼자서 갈 수 있도록 허용되지 않은 곳은 어디인가? 왜 그런가? 당신이 가지고 있는 어떤 다른 유형의 느낌들을 부가했는가?
- 개별활동: 학생들은 셰필드에서 방문했던·적어도 5개의 장소 목록을 쓰고, 이들 장소에 관한 그들의 느낌을 보여주기 위해 사용된 것과 동일한 기호들을 적용한다(b). 그 후 각 학생은 셰필드에 관한 학급 지도 위에 그/그녀의 장소들을 표시하는 스티커를 붙인다(남학생과 여학생을 위해 약호화된 색깔).

학습에 관해 반성하기
종합 결과보고: 셰필드에 대한 지도는 무엇을 보여주는가? 당신은 이 지도의 패턴을 어떻게 설명할 것인가? 여학생의 장소와 남학생의 장소들 간에 어떤 차이점이 있는가? 당신은 어떤 종류의 장소들에 혼자서 갈 수 있도록 허용되나? 당신은 어떤 종류의 장소들에 혼자서 가도록 허용되지 않나? 왜 그런가? 당신이 이 탐구로부터 배운 중요한 것들은 무엇인가?

(b) 가치기호(values symbols)를 셰필드에 적용하기

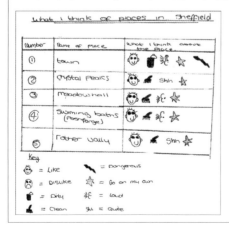

지리 교재 연구 및 교수법

4. 로고비주얼 사고

로고비주얼 사고(LVT: Logovisual thinking)는 독립적으로 전개되어 왔지만, 토니 부잔(Tony Buzan)의 마인드 매핑, 에드워드 드 보노(Edward de Bono)의 수평적 사고(lateral thinking), 일본의 친화도법(Japanese affinity diagrams)[11], 로버트 혼(Robert Horn)의 시각적 언어(visual language), 가브리엘레 리코(Gabriele Rico)의 클러스터링(clustering), 그리고 1960년대 이후 출현하는 많은 다른 경향과 그 맥락을 같이한다. LVT는 의미 만들기를 주요 초점으로 하는데, 이 기술은 구어적 표현을 시각적 배열로 확장하고 '의미 객체들(meaning objects)'의 신체적 조작을 이용한다. 즉 신체적 접촉의 촉각적 구성 요소와 행동은 LVT의 가장 주요하게 구별되는 특징이다.

LVT 접근은 베스트 등(Best et al., 2005)에 의해 정교화되었다. LVT는 인간에게 사고하도록 도와주는 실천적인 방법으로 집단의 다양성을 이용하고 많은 사람들을 효과적인 사고과정에 참여하게 하는 수단으로서 경영 팀, 프로젝트 리더, 교사와 학생들에 의해 사용된다. 이것은 쓸 수 있는 표면들 위에 아이디어들을 움직일 수 있는 사물로 전시함으로써 사고를 가시적이고 촉각적으로 만든다(예를 들면, 화이트보드 위에 자성을 가진 건식 와이프 형태).

그리고 구조화된 프로세스들은 사람들의 사고를 안내하여 그들의 의도된 결과들을 성취하도록 한다.

LVT는 수업에서 학습을 향상시킬 수 있는 도구이며 방법론이다. 요구되는 설비는 단순한데 포스트잇 노트 세트(a set of post-it notes)와 몇몇 플립차트(flip chart) 종이이다. 물론 더 활기 있는 버전은 재사용할 수 있고 해를 지속할 수 있을 만큼 유용하다.

또한 LVT는 방법론인 동시에 전체적인 개념을 일컫는다. 일반적인 개념으로서 그것은 학습과 커뮤니케이션의 영역을 포괄하며 그 과정에서 3가지의 지능 형식, 즉 구어(verbal), 비주얼(visual), 촉각(haptic)이 이해를 위해 결합된다. 따라서 그것은 다중지능과 관련되며 이 프로세스

---

11) 동일 주제에 대한 다양한 아이디어나 전망 자료를 종합하여 유사성이나 연관성에 따라 재분류하고, 문제에 대한 해결안을 제시하는 방법이다. 브레인스토밍 등을 통해 많은 아이디어나 생각들이 도출은 되었으나 정돈되지 않아 전체적인 파악이 어려울 때 이 기법을 이용하면 다양한 아이디어나 정보를 몇 개의 연관성 높은 그룹으로 분류하고 파악할 수 있다.

의 구조는 메타인지를 지원한다.

LVT는 학습자들에게 움직일 수 있는 물체들(예를 들면, 포스트잇 노트)에 그들의 아이디어를 기록하도록 함으로써 그 아이디어들을 공유하도록 격려한다. 그 후 이것들은 전시 표면(예를 들면, 플립차트 종이)에 종종 개념도(concept map) 형식으로 조직된다.

LVT는 보통 다음과 같은 5개 단계를 따른다(Best, 2011).

- 초점(focus): 자극 질문은 학생들이 당면한 과제에 집중하는 데 초점을 둔다.
- 수집(gather): 아이디어들은 포스트잇 노트에 기록된다.
- 조직(organize): 일부 구조가 그 아이디어들에 제공되는데, 전형적으로 아이디어들을 함께 묶는다.
- 이해(understand): 종합과 같은 고차 사고기능을 사용하여 생성된 아이디어들에 관한 결론이 도출된다. 이 단계에서 아이디어들은 보통 그것들 간의 연계를 보여 주는 어떤 다이어그램 또는 흐름도 형태로 배열된다.
- 적용(apply): 여기서 생성된 아이디어들은 일부 다른 구체적인 과제를 수행하는 데 사용된다. 예를 들면, 논술 쓰기, 보고서 만들기, 프레젠테이션 준비하기 등이다.

LVT는 일부 사람들에 의해 정교한 브레인스토밍 형태에 비유되어 왔다. LVT는 실제로 사고의 비약적인 발전을 창출하기 위해, 생성된 아이디어들에 구체적이고 유의미한 어떤 것을 함으로써 브레인스토밍보다 몇 단계를 더 나아간다.

LVT를 통해 생성된 학생들 산출물의 사례는 그림 10-9에 포함되어 있다. LVT는 지난 10년 이상 지리수업에 성공적으로 도입되어 왔다. 교사들은 LVT가 학생들의 동기를 증가시키고, 학생들에게 과제에 집중하도록 도와주며, 창의성과 고차 사고기능을 발달시키도록 허용한다고 보고한다. 그것은 확실히 학생들을 협동적으로 활동하고 사고하도록 설계된 접근이다.

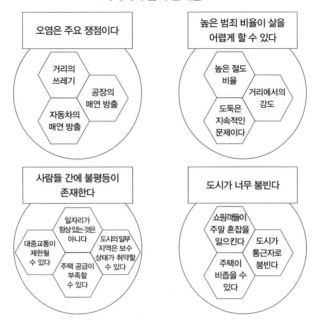

도시에서의 삶의 문제들

오염은 주요 쟁점이다
- 거리의 쓰레기
- 공장의 매연 방출
- 자동차의 매연 방출

높은 범죄 비율이 삶을 어렵게 할 수 있다
- 높은 절도 비율
- 거리에서의 강도
- 도둑은 지속적인 문제이다

사람들 간에 불평등이 존재한다
- 일자리가 항상 있는 것은 아니다
- 도시의 일부 지역은 보수 상태가 취약할 수 있다
- 대중교통이 제한될 수 있다
- 주택 공급이 부족할 수 있다

도시가 너무 붐빈다
- 쇼핑객들이 주말 혼잡을 일으킨다
- 도시가 통근자로 붐빈다
- 주택이 비좁을 수 있다

그림 10-9. LVT 수업 사례(Best, 2011: 86)

*이 사례에서 학생들은 초점(Focus), 수집(Gather), 조직(Organize) 단계들을 수행했다는 것을 명심하라. 이해 (Understanding)와 적용(Apply) 단계는 이후에 따라올 것이다.

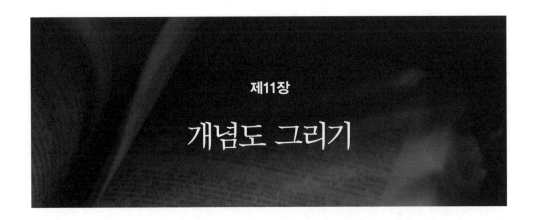

제11장

개념도 그리기

1. 거미 다이어그램과 풍선 다이어그램

거미 다이어그램(spider diagrams)은 하나의 중심적인 단어 또는 아이디어를 가지고 있고, 관련되는 단어와 아이디어들이 이를 둘러싸고 있다. 그림 11-1의 거미 다이어그램은 중학교 수업에서 소규모 모둠이 오염에 대한 아이디어들을 서로 공유하며 만든 것이다. 여기에서 알 수 있듯이 그들의 처음 아이디어들은 분류되지 않았고, 풍선껌에서 산성비에 이르는 스케일의 범위를 보여 준다.

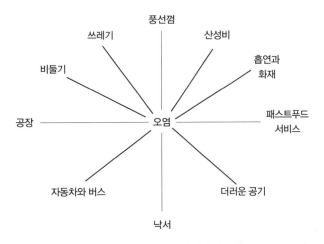

그림 11-1. 오염에 관해 모둠이 만든 거미 다이어그램(Roberts, 2003)

반면에 풍선 다이어그램(bubble diagrams)은 학생들로 하여금 넓은 범주를 구체화하도록 한 후 이것들을 다시 하위범주로 구분하도록 한다. 즉 풍선 다이어그램은 학생들이 거미 다이어그램에서 나타난 범주들을 하위범주로 구분할 수 있도록 도와준다. 그림 11-2의 풍선 다이어그램은 중학교 수업에서 소규모 모둠이 도시 지역의 문제들에 관한 아이디어들을 서로 제안하여 만든 것이다.

거미 다이어그램과 풍선 다이어그램은 브레인스토밍보다 개별 학생에게 훨씬 더 광범위한 반응을 불러일으킬 수 있다. 또한 거미 다이어그램과 풍선 다이어그램은 선행지식에 대한 기록을 제공하며, 탐구활동의 마지막에 서로 비교하기 위해 사용될 수 있다. 이러한 거미 다이어그램과 풍선 다이어그램은 학생들이 상당한 기존 지식을 가지고 있을 것 같은 토픽을 다루는 수업에 적합하다.

한편, 원인과 결과로 이루어진 특정 주제에 대한 글쓰기와, 브레인스토밍을 위한 도구로서 '나무 다이어그램(tree diagram)'이 사용된다. 나무 다이어그램을 통해 학생들은 자신의 글쓰기에 더 많은 세부사항을 포함시킬 수 있고, 자신과 동료의 글쓰기를 더 구성적으로 분석할 수 있게 된다(Taylor, 2004). 그림 11-3은 스키 산업의 쇠퇴와 관련한 원인과 결과 나무 다이어그램을 보여 준다. 그리고 그림 11-4는 열대우림 개발을 둘러싼 집단, 문제점, 해결책 등을 브레인스토밍하여 기록할 수 있는 다이어그램을 보여 주고 있다. 이는 열대우림 개발과 관련한 글쓰기를 위

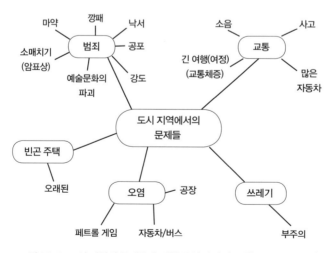

그림 11-2. 도시 지역의 문제들에 관한 풍선 다이어그램(Roberts, 2003)

해 다양한 요인들을 분석하는 데 도움을 준다. 이 다이어그램은 A4 사이즈로 확대복사를 해야한다. 나무 다이어그램은 마인드 맵과 같이 각각의 아이디어들이 각자의 중심 가지에서 떨어져 나온 나뭇잎 부분으로 이어진다(Buzan, 1993). 학생들은 필요한 만큼 더 많은 선을 그릴 수 있다. 그리고 학생들의 기억을 돕기 위해 각각의 주가지에 다른 색상을 사용하는 것이 이상적이며 그것은 매력적으로 보일 것이다(Taylor, 2004).

그림 11-3. 스키 산업 쇠퇴에 대한 원인과 결과 나무 다이어그램(Rider and Roberts, 2001: 28)

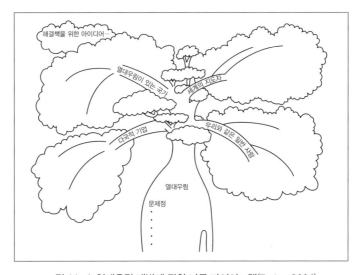

그림 11-4. 열대우림 개발에 관한 나무 다이어그램(Taylor, 2004)

2. 개념도

1) 개념도란?

개념도(concept map)는 지식을 조직하고 표상하기 위한 그래픽 도구로 보통 어떤 형태의 원 또는 박스에 에워싸인 개념들, 그리고 두 개념을 연결하는 연결선에 의해 나타난 개념들 간의 관계를 포함한다(Novak and Cañas, 2008). 즉 개념도는 개념들 사이의 관계와 위계를 보여 주는 그림이다. 따라서 개념도는 개념체계 또는 지식의 구성 요소를 관련성에 따라 위계적으로, 그리고 수평적으로 나타낸다(Novak, 1977; Novak and Gowin, 1984). 개념도는 지도의 꼭대기에 가장 포괄적이고 더욱 일반적인 개념들이 있으며, 아래에는 하위개념들을 두는 계층적 구조를 가진다. 이와 같이 계층적 구조를 가진 개념도는 분류기능을 가질 뿐만 아니라, 관계들을 탐구하기 위해 사용된다. 개념들이 계층적으로 배열되지 않더라도 개념도는 교육적으로 가치가 있을 수 있다.

개념도는 설명과정의 윤곽을 그리는 하나의 방식이다. 개념도는 어떤 토픽을 시작할 때 사용하여 학생들의 기존 지식과 이해를 표출하도록 할 수 있으며, 이후 단계에서 새로운 또는 확장된 이해를 종합하고 조직하도록 할 수 있다. 이러한 개념도는 1972년 미국 코넬대학교의 조지프 노박(Joseph Novak)과 그의 연구 그룹에 의해 처음으로 개발되었다. 그들은 오수벨(Ausubel, 1963)의 유의미 학습이론에 영향을 받았다. 오수벨(2010: 4)에 따르면, 학습은 학습자의 인지구조에 잠재적으로 새롭고 유의미한 재료를 관련시키는 활동적인 과정에 의존한다. 노박은 개념도에 관한 그의 아이디어를 계속해서 발전시켰으며(Novak, 2010; Novak and Cañas, 2008), 개념도를 폭넓게 사용할 것을 격려하였다.

리트와 챈들러(Leat and Chandler, 1996)의 논문을 비롯하여, 니콜스와 킨닌먼트(Nichols and Kinninment, 2001)의 *More Thinking Through Geography*에서는 지리를 통한 사고기능의 학습을 위해 '개념도'의 중요성에 주목하여 이를 도입하고 있다. 니콜스와 킨닌먼트(2001)는 '개념도'가 학생들에게 복잡성을 이해하도록 하고, 그들의 아이디어를 정렬하도록 하며, 궁극적으로 지리적 패턴, 프로세스, 사건에 대한 더욱 통일성 있고 정교한 설명을 할 수 있도록 도와주는 흥미 있는 방법이라고 주장한다.

개념도는 지리적 지식체계를 구성하는 개념, 법칙, 이론 등의 조직적 관계, 그런 지리적 지식이 발달해 온 과정 및 분화된 정도, 그 지식체계를 이루는 핵심적 요소들을 일목요연하게 보여 준다. 앞에서도 언급했듯이 개념도는 가장 포괄적이거나 추상적인 구성 요소를 맨 위에 두고, 하위적이고 구체적인 개념일수록 아래에 두어 작성한다. 즉 아래로 내려갈수록 분화된 개념이 제시된다. 예를 들어, 입지에 대한 개념도를 생각해 보자. 개념도의 맨 위에 '입지'라는 가장 포괄적 개념이 제시되고, 그 아래에 더 구체적인 개념인 '절대적 입지'와 '상대적 입지'가 위치하게 된다. 이와 같이 개념도는 지리적 지식체계를 구성하는 개념들의 조직적인 관계뿐만 아니라, 개념의 분화된 정도와 개념과의 관계 등을 보여 주기 때문에 지리교육에서 매우 유용하다.

2) 개념도 그리기 방법

지리적 개념의 습득은 지리를 학습하는 과정에서 근본적으로 중요하다. 왜냐하면 교사가 학생들이 이해해야 할 특정 개념들의 어려움의 수준을 안다면, 그리고 학생들이 이러한 개념들에 대한 이해를 어떻게 습득하게 되는지를 안다면, 상이한 연령과 능력을 가진 학생들을 위한 적절한 학습 경험을 더욱더 효과적으로 구체화하고 준비할 수 있기 때문이다(Lambert and Balderstone, 2000: 205).

리트(Leat, 1998)에 의하면, 학생들에게 교과에 관한 그들의 개념 또는 아이디어를 그릴 수 있게 하는 것은 학생들의 학습을 도와주는 매우 효과적인 방법이다. 학생들은 개별적으로 또는 모둠으로 어떤 질문 또는 문제에 반응하여 많은 요점을 쓰도록 요구받을 수 있다. 이때 학생들은 그들이 화살표와 함께 기록한 주요 포인트를 연결하고, 그들의 생각을 더 완전하게 설명하거나 그들이 활동 중에 있어야 한다고 믿는 지리적 프로세스에 대한 보다 명확한 그림을 제공하도록 격려받을 수 있다. 이것은 학생들에게 현재 생각에 대한 시각적 기록을 제공하며, 종종 새로운 자극의 효과 또는 더 세부적인 아이디어를 가지는 조직적인 연결장치(organising connectors)로서 역할을 하는 연결들을 제공한다. 이 과정은 학생들에게 지식을 더 구체적으로 만들고, 보다 깊은 이해를 열어젖히며, 교사에게는 학생들의 생각에 대한 시각적 기록을 통해 학생들의 활동 수준과 학생들이 가진 주요 오개념을 파악할 수 있도록 한다. 즉 개념도는 교사에게 학생의 지식과 이해에 대한 도움이 되는 차별화된 평가를 제공한다(Butt, 2002: 102).

교사가 학생들의 학습을 이해해야 하는 것은 중요한 도전적인 과제 중의 하나이다. 특히 지리 교사들은 학생들로 하여금 지리적 개념에 대한 이해를 발달시켜야 하는 과제에 직면하고 있다. 네이시(Naish, 1982)는 지리교사들이 사실적인 정보보다는 개념학습을 위한 적절한 경험을 제공해야 한다고 주장하였으며, 많은 지리교육학자들 또한 개념학습의 중요성을 강조하고 있다. 예를 들면, 슬레이터(Slater, 1970)는 개념학습이 학생들로 하여금 자연적·경제적·사회적·정치적 환경에 관해 추상적으로 그리고 논리적으로 사고할 수 있는 능력을 발달시킬 수 있다고 제안한다. 그리고 가예와 로빈슨(Ghaye and Robinson, 1989)은 교사들이 학생들의 '생각의 구조'를 발견하고 이해하는 방법을 개발해야 한다고 주장한다. 그들은 '개념도'가 지리교사로 하여금 '의미를 구성하는' 행위와 관련된 인지적 과정을 배울 수 있도록 한다고 제안한다.

앞에서도 살펴보았듯이, 리트와 챈들러(1996)는 개념도가 '정보에 대한 강력한 시각적 조직자(visual organizers)'를 제공함으로써, 그리고 학생들에게 지리교과에 대한 그들 현재의 지식에 접근하도록 격려함으로써 학생들의 인지발달을 지원할 수 있는 큰 잠재력을 가지고 있다고 주장한다. 즉 그들은 개념도의 사용이 학생들의 학습을 보다 유의미하게 만들고, 이해력을 증진시키며, 오개념을 드러내도록 도와준다고 주장한다.

이러한 개념도와 관련한 내용은 니콜스와 킨닌먼트(2001)가 편저한 *More Thinking Through Geography*의 제8장에서 다루고 있다. 이 책에서는 '개념도'에 대한 이론적 근거를 제시하면서, 개념도 그리기의 순서뿐만 아니라 3가지의 유용한 실제적인 사례를 통해 자세히 설명하고 있다. 물론 이 책에서 개념도 그리기는 리트와 챈들러(1996)가 이미 표 11-1과 같이 제시하였던 것을 수정하여 싣고 있다.

표 11-1. 개념도 그리기 순서

1. 카드(6~16개의 개념조각 카드)를 자세히 살펴보고, 카드에 대해 토의하며, 여러분이 이해하지 못한 카드는 옆에 따로 두어라.
2. 종이(A3) 위에 카드를 두고 여러분이 이해한 방식으로 그것들을 배열하라. 그 용어들 간의 가능한 연결에 대해 토의하라. 그러한 많은 연결을 가진 카드들은 서로 가까이 둘 수 있지만, 더 많은 카드들이 후에 추가될 수 있기 때문에 모든 카드 사이에 충분한 공간을 두어라.
3. 여러분이 만족스러울 때, 시트(A3)에 카드들을 고정시켜라.
4. 연결될 것 같은 용어들 사이에 선을 그어라.
5. 선 위의 연결에 대한 간단한 설명을 써라. 화살표를 사용하여 연결이 어떤 방향으로 진행되는지를 보여 주어라. 서로 다른 연결들은 어떤 한 쌍의 용어를 위해 두 방향으로 갈 수도 있고, 어떤 방향으로 한 가지 이상의 연결이

(Leat and Chandler, 1996: 110; Roberts, 2013 일부 수정)

앞에서도 살펴보았듯이 개념도에 대한 아이디어는 원래 노박과 고원(Novak and Gowin, 1984)에 의해 제시되었다. 리트와 챈들러(1996)는 노박과 고원(1984)이 생각했던 대로 개념도 그리기 과정을 개관하고, 모든 개념들이 의미를 위해 다른 개념들에 의존하는 것처럼, 이질적인 정보의 조각들 사이에 만들어진 연결의 수와 질은 이해를 심화시킬 수 있는 잠재력을 가지고 있다고 주장한다. 그들은 원인과 결과의 개념이 개념도 그리기의 잠재력을 탐색할 수 있는 유용한 방법을 제공한다고 제안한다. 왜냐하면 다양한 요인들 사이의 관계를 설명하는 것이 가능하기 때문이다. 그리고 이러한 개념도의 종류는 개념들의 관계가 위계적인 구조를 가지는 위계적 개념도를 비롯하여, 수평적 구조를 가지는 네트워크 개념도에 이르기까지 다양하다.

개념도 그리기는 여러 다른 목적을 위해 사용될 수 있는 유연한 교수·학습 전략이다. 개념도는 단원의 도입부에서 학습에 대한 선행지식을 확인하는 데 사용되어 탐구를 위한 선행조직자를 미리 제공할 수 있으며, 단원의 마지막에 사용되어 그 단원에 대한 요약을 제공할 수도 있다. 개념도 그리기는 또한 학생이 글쓰기 활동을 준비하는 효과적인 방법일 수 있다. 특히 이런 글쓰기 활동이 학생들의 이해의 깊이를 드러내도록 하는 데 사용될 때 그러하다.

리트와 챈들러(1996: 111)는 개념도 그리기가 교육과정차별화를 위해서도 폭넓게 활용될 수 있다고 주장한다. 왜냐하면 개념도 그리기는 동일한 기본적 구조틀 내에서 각 모둠이 수행하는 공통의 과제이지만, 동일한 수업을 받더라도 각 모둠의 성격이나 능력 또는 맥락에 따라 수행하는 과제의 결과가 달라질 수 있기 때문이다. 개념도 그리기는 또한 수업에서 중요한 것에 집중하게 하며, 학생들이 가지고 있는 오개념(misconception)도 드러내 준다. 학생들은 종종 정보 카드(information cards)의 패턴 또는 계열을 발견하는 데 너무 신경을 쓰는 경향이 있다. 이때 교사는 학생들에게 개념들 간의 연결을 설명하는 것이 더 중요하다는 조언을 할 필요가 있다. 교사는 또한 활동을 관찰하거나 결과보고를 통해, 학생들이 개념들 간의 연결을 하지 않았거나 잘못 연결한 것을 검토하여 피드백을 제공할 필요가 있다. 학생들이 어떻게 개념을 획득하는지를 이해하는 것은 지리교사들에게 학습을 계획하고 이런 학습에 대한 인지적 결과를 평가하는 데 도움을 줄 수 있다. 지리교사가 특정한 개념이 학생들에게 어려운 정도를 이해하고 있고, 학생들이 어떻게 이런 개념에 대한 이해를 습득하게 되는지 알고 있다면, 상이한 연령과 능력을 가진 학생들을 위해 더 효과적이고 적절한 학습 경험을 구체화하여 준비할 수 있을 것이다.

글상자 11-1

개념도 사용을 위한 일반적인 절차

학생들이 조사되고 있는 핵심 질문을 확실히 알도록 하라. 학생들은 개념도의 꼭대기에 그것을 쓸 수 있다. 그리고 개념도를 구성하는 목적을 이해한다(선행지식을 인출하기 위해, 자료를 분석하기 위해 등). 학생들이 개념도를 사용하는 데 익숙하지 않다면, 모형을 보여 주면서 그 과정을 시범으로 보여 주는 것도 가치가 있다. 몇몇 개념과 연계들이 이미 포함된 불완전한 개념도가 도입 또는 교육과정차별화의 수단으로서 제공될 수 있다. 어떤 목록 또는 카드에, 스티커 노트 또는 라벨에 개념들을 프린트하여 학생들에게 제공하라. 일부 개념들은 시작할 때 사용될 것이며, 나머지는 보관함에 남겨 둘 것이다. 지시사항은 선택된 결정에 따라 다양하지만, 다음을 포함할 것이다.

- 짝으로 활동하라.
- 여러분이 생각하기에 서로 관련되는 6개의 개념을 보관함에서 선택하라.
- 그것들을 종이 시트에 배열하라. 그것들 사이에 연계를 그릴 수 있고, 그 연계들에 라벨을 붙일 수 있도록 충분한 공간을 남겨 두어라.
- 개념들 간의 가능한 연계들을 토론하라.
- 여러분이 동의했을 때, 서로 관련된다고 생각하는 개념들을 함께 연결하는 선을 그려라.
- 선 위에 그 개념들이 어떻게 서로 관련되는지를 써라(또는 가능한 관계들의 목록으로부터 적절한 구를 사용하라).
- 관계들의 방향을 표시하기 위해 화살표를 그려라.
- 여러분이 처음의 6개 개념 세트 간에서 할 수 있는 한 많은 연계를 구체화했을 때, 보관함으로부터 또 다른 개념을 선정하여 그것을 개념도에 두어라. 그리고 가능한 한 많은 연결을 구체화하고 관계의 본질을 적어라. 또 하나의 개념을 선정하고, 다시 동일하게 활동하라.

짝으로 활동한 후, 학생들은 그들의 활동을 다른 짝에게 보여 줄 수 있다. 4명으로 구성된 모둠은 전체 학급토론에서 제기할 포인트들을 기록할 수 있다. 하나 또는 두 짝 또는 모둠들은 그들의 개념도를 학급 학생들에게 보여 줄 수 있다. 학습토론은 이후에 이어지며, 상이한 제안들이 도출되고, 학생들의 추론을 조사하고, 학생들에게 불확실성을 표현하도록 하며, 오해를 수정하도록 할 수 있다. 만약 단순한 연계들의 수보다 오히려 그 연계들에 관한 추론의 질에 시간과 주의가 제공된다면, 개념도에서 그 부분에 대한 중요성을 강화할 수 있고, 미래에 개선된 개념도로 이어질 수 있다.

전체 탐구질문의 맥락에서 개념도의 구성을 결과보고하라. 어떤 개념들이 다른 개념과 명확한 연계를 가졌을 것 같은가? 연계의 본질은 무엇이고 그것들은 얼마나 강했는가? 연계의 네트워크는 무엇인가? 학생들은 어떤 관계들에 대해 불확실해했는가? 어떤 관계들이 더 많은 조사를 필요로 하는가?

만약 개념도가 연계들에 관한 심사숙고를 격려하기 위해 사용되었다면, 이 활동은 증거를 사용한 연계의 조사로 이끌 수 있다. 예를 들어 학생들이 다양한 개발지표들 간의 연계에 관해 심사숙고했다면, 결과보고는 상호관련 기법과 데이터베이스를 사용함으로써, 그리고 갭마인더(Gapminder)와 같은 웹사이트를 사용함으로써 상호관련성에 관한 가설을 검토할 수 있다.

(Roberts, 2013)

---

3) 개념도의 활용

개념도는 교육과정, 교수·학습, 평가 등 지리교육의 여러 측면에서 이용된다. 첫째, 개념도는 교육과정 계획과 수업의 설계에 이용할 수 있다. 개념도는 인지구조를 이루고 있는 개념들의 수평적 관계뿐만 아니라 수직적인 관계도 나타낼 수 있다. 그러므로 학생들이 작성한 개념도는 교육과정 내용의 논리적인 구조와 계열을 학생들이 가지고 있는 심리적인 구조와 학습과정에 맞추어 조직하는 준거로 이용될 수 있다. 즉 교육과정 설계 시 포괄적이고 통합적인 개념들은 교육과정 설계의 기초가 되고, 좀 더 구체적이고 특정한 개념들은 구체적인 수업자료와 학습활동을 선택하는 준서로서 이용된다.

둘째, 개념도는 지리 교수·학습을 위한 훌륭한 도구가 될 수 있다. 개념도를 이용해서 학습 이전에 학습자들이 학습해야 할 주요 개념과 명제를 제시해 줄 수 있으며, 선행조직자로서 개념도를 제시하여 학습자에게 개념들을 통합적으로 이해하도록 할 수 있다. 또한 개념도는 수업이 시작되기 전 학습할 내용에 대해 학생들이 어떠한 생각을 가지고 있는지를 알아보기 위해 이용될 수 있다. 교사는 학생들이 작성한 개념도에서 개념 간의 위계, 관계, 그리고 연관 등을 바탕으로, 학습할 내용에 대해 학습자가 어떤 오개념을 가지고 있는지 확인할 수 있다. 또한 이를 바탕으로 학생들이 가지고 있는 오개념을 수정하기 위해 어떤 학습자료를 선정하고, 어떻게 조직해야 할 것인지를 계획할 수 있다.

셋째, 개념도는 평가도구가 된다. 개념도는 수업 전, 수업 중, 수업 후 등 학습의 다양한 단계에서 작성될 수 있다. 학생들이 수업 전에 작성한 개념도는 선행학습의 특성뿐만 아니라 학습할 내용 및 과제에 대한 학생들의 오개념을 파악할 수 있도록 해 주기 때문에, 진단평가의 도구로 이용될 수 있다. 수업 중에 작성한 개념도는 학습이 이루어지는 과정에서 작성한 것이므로, 학습자 스스로 자신이 어느 정도 개념을 이해하고 있는지에 대해 점검할 수 있는 기회를 제공해 준다(Nichols and Kinninment, 2001: 126). 또한 동료들의 개념도와 비교해 봄으로써 자신의 학습 정도에 대한 이해를 높일 수 있다. 그리고 학생들이 수업 후에 작성하는 개념도는 학습의 결과를 보여 주기 때문에, 학습자에 따라 개념이 어떻게 분화되었는지를 나타내 준다. 또한 개념도 그리기는 이해의 정도를 평가할 수 있는 수행평가에 필수적인 도구 또는 수단으로 이용될 수 있다.

마지막으로, 지리교육과정에 근거하여 저술한 지리교과서와 지리교사용 지도서의 맨 뒤 부분에는 지리교과서의 전체 내용이나 장 또는 단원의 내용이 개념도로 정리되어 있는 경우가 많다.

지리교사가 작성한 개념도를 표준개념도로 부른다면, 학생들이 작성한 개념도는 인지도 (cognitive map)(Diekhoff and Diekhoff, 1982)로 부를 수 있다. 인지도는 사고의 과정을 종이에 그리는 그림으로서, 개념도와 마찬가지로 학생들이 가지고 있는 개념체계 또는 학습한 지리적 지식의 구성 요소 사이의 관계를 나타내는 하나의 수단으로 이용될 수 있다.

글상자 11-2

개념도의 활용 및 유의사항

개념도는 지리탐구의 모든 양상에 적절하다. 개념도는 다음을 위해 사용될 수 있다.

- 학생들에게 그들의 기존 지식을 사용하여 개념들 간의 연계, 예를 들면 상이한 개발지표들 간의 연계를 심사숙고하도록 격려함으로써 호기심을 유발한다. 이 사례에서 추론적 연계들은 상이한 지표들 간의 상호관계의 범주를 관찰하기 위한 데이터베이스를 사용함으로써 탐구의 이후 단계에서 검토될 수 있다.
- 탐구를 위한 '스캐폴드' 또는 '선행조직자'(Ausubel, 1960)를 제공한다. 노박은 탐구의 시작에 '전문가 골격 개념도(expert skeleton concept maps)'라고 부른 것을 학생들에게 제시하도록 한다.
- 지리적 자료, 예를 들면 보고서 또는 영화에 표현된 정보를 표상하도록 한다.
- 학생들이 탐구로부터 학습한 것에 대한 그들의 표상을 지원한다.
- 학생들의 이해를 평가하고, 오해를 인출한다. 활동단원의 시작 부분에서는 진단적으로, 활동단원 중간에는 형성적으로, 활동단원의 말에는 총괄적으로.
- 학생들에 의해서는 복습 목적을 위해, 그들 자신의 이해를 검토하기 위해
- 교사들을 위해서는 활동단원을 계획하는 것을 돕는 도구로서, 소개되어야 할 핵심 개념과 그것들 간의 연계의 본질을 구체화하기 위해

한편, 개념도 활용 계획 시 고려해야 할 사항은 다음과 같다.

- 개념도의 사용은 조사되고 있는 것에 대한 이해를 발달시키는 데 어떻게 기여할 수 있는가? 조사되고 있는 토픽 또는 쟁점은 개념들 간의 연계를 구체화하는 데 적합한가?
- 탐구의 어떤 양상이 개념도를 지원할 수 있는가? 호기심 유발하기, 데이터 이해하기, 학습에 관해 반성하기?
- 만약 개념도가 원자료에 적용되려면, 어떤 개념과 연계들이 발견될 것 같은가?
- 활동은 개별적으로, 짝으로, 소규모 모둠으로 수행되어야 하는가?(최대 3명 내지 4명)
- 학생들은 어느 정도로 선택을 하며, 어떤 선택들이 교사에 의해 이루어져야 하는가?(예: 개념의 목록에 관해, 함께 시작할 개념, 사용할 데이터)
- 얼마나 많은 개념들이 처음에 그리고 총괄적으로 사용되는가?(보통 6개에서 20개가 적절하다)

지리 교재 연구 및 교수법

4) 개념도의 장단점

개념도의 장단점에 대해서는 많은 학자들이 주장하고 있다. 먼저 니콜스와 킨닌먼트(Nichols and Kinninmnet, 2001)에 의하면, 개념도는 다음과 같이 많은 장점을 가지고 있다.

- 개념도는 지리의 가장 큰 개념(Big Concepts) 중의 하나인 '원인과 결과'에 초점을 둔다.
- 개념도는 대부분의 학생들이 기억하기 위해 아이디어들을 저장하는 데 도움이 되는 것으로 알고 있는 시각적 조직자(visual organizers)와 정보의 요약자(summarizers of information)이다.
- 개념도는 학생들이 확장된 글쓰기(extended writing)를 조직할 때 유용한 계획도구가 될 수 있다(예를 들면, 비교하기와 설명하기 기능).
- 개념도는 교육과정차별화에 대한 훌륭한 접근일 수 있다. 왜냐하면 모든 학생들은 토론을 통해 이 활동에 쉽게 접근할 수 있으며, 학생들은 그들의 개념도를 자유롭게 조직할 수 있기 때문이다. 연결의 수와 질은 다양하다. 어떤 두 개의 개념도도 동일하지 않을 것이다.
- 개념도는 도전적이다. 학생들은 요인과 개념들이 관련되는 것을 명확히 하고 어떻게 관련되는지를 설정해야 한다. 이것은 연역적·귀납적 추론과 심사숙고(speculation)를 포함한다.
- 개념도는 진단평가를 위한 강력한 도구이다. 교사는 개념도를 통해 토픽에 대한 학생들의 이해 정도를 쉽게 해석할 수 있다.
- 마지막으로, 약간 보잘 것 없지만 개념도는 단지 '장학사가 방문할' 때가 아니더라도 일 년

중 언제든 학생들의 활동을 확인할 수 있는 벽면 전시를 가능하게 한다.

한편, 로버츠(Roberts, 2013)는 개념도의 장단점을 표 11-2와 같이 제시하고 있다.

표 11-2. 개념도의 장단점

장점	단점
• 개념들 간의 연결을 강조하며, 심층적인 사고와 이해를 격려한다. • 학생들에게 활동적인 참여를 격려한다. • 개념들 간의 관계에 대한 이해 또는 오해를 드러낼 수 있다. • 학습자들 사이에서 또는 교사와 학습자 사이에서 토론의 질을 강화할 수 있다. • 이해의 증가를 예증하는 데 사용될 수 있다. • 많은 학생들은 텍스트 프레젠테이션보다 복잡한 관계들의 비주얼 프레젠테이션이 보다 잘 이해되고 기억하기 쉽다는 것을 발견한다. • 학생들에게 광범위하게 사용되며, 고등교육에서 개념도 사용에 관한 연구는 개념도의 효과를 증명하였다(Hay et al., 2008; Davis, 2011). 그리고 학교지리에서도 그렇다(Leat and Chandler, 1996).	• 개념도를 구성하는 것은 도전적이다. 비록 심층적인 사고를 요구한다는 점에서 장점으로 간주될 수 있지만, 개념도가 처음 사용될 때 그것들의 구성은 교사의 많은 지원을 요구할 수 있다. • 개념도는 구성하는 데 시간이 소비되며, 완전한 결과 보고를 요구한다. 그렇지 않으면 학생들은 그들의 지도에 포함된 어떤 오개념을 가질 수 있다. • 교사에 의한 개념도의 평가는 시간을 많이 소모한다. • 개념도는 너무 많이 겹치는 연계로 인해 과도하게 복잡할 수 있으며, 따라서 명료하기보다 오히려 혼란스러울 수 있다. 복잡한 개념도는 쉽게 기억할 수 없다. 특히 많은 개념들이 사용될 때 생산적이라기보다는 오히려 복잡성을 가중시킨다. • 개념도는 관계를 지도화하기 위한 도구로서 설계되었다. 따라서 지리적 토픽과 쟁점을 위해서는 적합하지 않다. 질문이 주장, 반론, 상이한 관점 들과 관련되는 곳에서 툴민(Toulmin)의 '주장 패턴 다이어그램'이 더 적절할 수 있다.

(Roberts, 2013)

5) 개념도를 활용한 지리수업 사례

니콜스와 킨닌먼트(2001)의 *More Thinking Through Geography*의 제8장은 '개념도'에 관한 것이며, 여기에는 3개의 수업 사례를 담고 있다. 첫 번째 수업 사례는 8/9학년을 위한 것으로 '지진 비교하기'이고, 두 번째 사례는 10/11학년을 위한 것으로 '심층채굴의 쇠퇴'이며, 마지막 세 번째 사례는 12/13학년을 위한 것으로 '삼협댐-재앙인가? 재앙의 끝인가?'에 관한 것이다. 여기서는 마지막 사례를 살펴보면서 이 수업을 이해하는 데 필요한 맥락, 준비, 지시(사항)에 대해 알아본다.

(1) 맥락

자연적 시스템(natural systems)에서 인간 간섭(human intervention)의 영향과 그것들이 초래한 사회적·경제적 변화는 지리교육과정에서 대단히 유용하고 좋은 주제이다. 댐 건설은 특히 경쟁하는 논쟁과 관점을 끌어들이는 데 효과적이며, 결과적으로 훌륭한 의사결정 연습을 하게 한다. 댐 건설은 또한 로컬에서 글로벌에 이르는 다양한 스케일에서 단기간, 중기간, 장기간의 영향에 대한 고찰을 격려한다. 따라서 이 사례는 에너지, 지형 시스템 관리, 개발 혹은 재해와 관련한 단원들에 적합하도록 구성될 수 있다.

학생들의 절반은 중국 양쯔 강에 있는 이창[宜昌, 중국 후베이 성(湖北省) 남부 양쯔 강 북안에 있는 하항도시] 상류의 삼협댐(Three Gorges Dam) 건설에 찬성하는 사례를 구성하고, 나머지 절반은 반대하는 사례를 구성해야 한다. 이 수업은 학생들에게 다양한 쟁점에 대해 이해하도록 하기 위해 개념도를 사용하기로 결정하였다.

(2) 준비

『차이나 데일리(The China Daily)』 기사에 근거한 뉴스 보도(표 11-4의 자료 2)는 양쯔 강 홍수 재해의 범위를 2000년 7월의 재앙 세부사항과 함께 신랄한 초점으로 제기한다. 이것들은 복사되어 학생들에게 제공되었다.

그리고 교사가 준비해야 할 자료는 학생들이 댐 건설에 찬성하거나 반대하는 주장을 펼치는 데 필요하다고 생각되는 개념들의 조각(표 11-3의 자료 1)이다. 교사는 이 개념조각들을 잘라서 봉투에 담아 모둠에게 제공한다.

(3) 지시

1. 학생들을 3~4명으로 구성된 모둠으로 나누어라.
2. 뉴스 기사(표 11-4의 자료 2)를 나누어 주고, 몇 분간 읽게 하라.
3. 댐 건설에 대한 어떤 대안이 있을지에 관해 심사숙고하게 하라.

4. 삼협댐에 대해 찬성 또는 반대하는 주장을 결정하는 데 중요할 수 있는 토픽들(요인들)을 담고 있는 삼협댐 비디오를 보여 주어라.

5. 비디오를 본 후, 학생들에게 댐에 대한 찬성 혹은 반대를 주장할 때 고려되어야 할 요인들을 구체화하여 적게 하라. 단, 학생들에게 글의 길이는 4개의 단어를 유지하도록 하라. 그렇지 않으면 그들은 '너무 많이' 말하기 시작한다. 그것들을 빈 종잇조각에 쓰게 하라. (또는 표 11-3의 자료 1을 나누어 주어 찬반을 위해 필요한 것을 선택하게 한다.)

6. A3 종이에 개념조각들을 펼치고, 그것들을 붙이게 하라.

7. 관련된 개념들을 연결하게 하고, 선을 따라 관계의 본질을 설명하도록 하라.

표 11-3. 삼협댐과 관련된 개념조각들

자료 1
삼협댐

홍수 위험	이주
어업	농업
산업 개발	전기
계절풍 기후	매몰(siltation)
교통과 통신	인구성장
비용	관광
지구온난화	

표 11-4. 삼협댐과 관련된 신문기사

자료 2

삼협댐

China Reporter, 2000. 7. 21.

> ### 3개의 성이 250여 명의 생명을 앗아간 양쯔 강의 비상사태를 선포하다.

China Reporter, 2000. 7. 21.

여전히 수위 상승 중

중국 동부의 3개의 성(provinces)은 어제 비상사태를 신포했다. 왜냐하면 홍수의 수위가 계속해서 위험 수위로 상승하여, 양쯔 강의 중류와 하류를 따라 있는 성들을 위협하고 있기 때문이다.

비상 지휘권(emergency power)

홍수통제법(Flood Control Law)에 따라, 지역의 홍수통제 본부들은 도로와 다리로부터 장애물을 제거할 수 있고, 물품, 자동차, 노동력을 동원할 수 있으며, 통신시설을 통제할 수 있고, 홍수 구호물품을 배급할 수 있다.

China Reporter, 2000. 7. 21.

최악은 아직 오지 않았다.

양쯔 강 중류의 홍수는 홍수가 휩쓴 광시, 허베이, 후난 등의 성에서 더욱 심각해지고 있다. 왜냐하면 양 쯔 강 몇몇 구역의 수위는 6월 말 20일 동안의 폭우로 위험 한도를 초과했기 때문이다.
양쯔 강 수자원 보존 위원회(Yangtze River Water Conservation Committee)에 따르면, 지금까지 이번 우기의 가장 큰 홍수는 어제 오후 이창에서 일어난 것으로 판단되었는데, 이 지역의 수위는 53.3미터로 추정되었다. 홍수의 절정은 금요일 우한에 들이닥칠 것으로 예상된다.

China Reporter, 2000. 7. 21.

대피

영국의 전체 인구보다 더 많은 6,000만 명의 지역 주민의 생명이 위험한 상태에 있으며, 약 184만 명이 벌 써 대피했다.
지금까지 350만 헥타르의 농경지는 666,000헥타르의 농작물과 함께 물에 잠겼다. 약 200만 가옥이 유실 되거나 심각하게 손상되었다. 지금까지의 피해는 약 24억 파운드 가치로 추정된다.
어제 오전 8시에 허베이(Hubei) 성의 파이줘완 홍수 방향 전환 지역(Paizhouwan Flood Diversion Zone)의 2만 명의 주민들은 홍수의 방향 전환 가능성에 대비해 안전지역으로 대피했다. 당국은 홍수 의 절정이 하천의 하류로 이동함에 따라 양쯔 강 하류에 있는 주요 도시들을 보호하기 위해 자위 카운티 (Jiayu County)에 있는 지역으로부터 57,000명의 주민들을 이동시킬 계획을 하고 있다.

6) 기타 개념도 사례

그림 11-5에 제시된 개념도는 8학년 학생들을 대상으로 한 소규모 모둠에 의해 3단계로 만들어졌다. 첫째, 학생들은 도시 지역에서의 문제들과 관련된 몇몇 핵심 개념을 구체화하였다. 둘째, 학생들은 이 개념들을 개념도의 구조 위에 배열하였다. 셋째, 학생들은 개념들 사이의 가능한 연결들을 화살표로 구체화하였다.

한편, 에번스와 스미스(Evans and Smith, 2007)는 학습에 어려움을 가진 학생들을 위해 밴다이

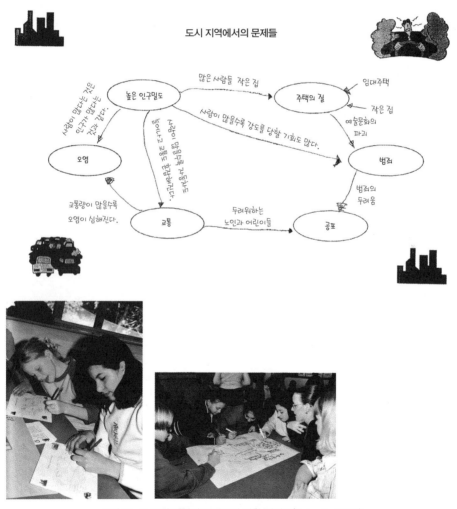

그림 11-5. 도시 지역의 문제들에 관한 개념도(Roberts, 2013)

지리 교재 연구 및 교수법

어그램과 개념도를 활용한 사례를 보여 준다. 그들에 의하면, 간단한 밴다이어그램은 학습에 어려움을 가진 학생들을 위해 만들어질 수 있다고 주장한다. 이것은 교사들이 다양한 문장 카드 (sentence cards)를 제공하고, 학생들은 이 카드들을 다이어그램의 정확한 부분에 놓는 방식이다. 간단한 개념도인 '문장연결(link sentences)'은 또한 빈 공간 개념도(blank concept map)를 위해 제공될 수 있다(그림 11-6의 a). 그리고 나서 학생들은 진술문들을 읽고 어떤 개념들을 연결시킬 것인지를 결정한다. 그 후 이것들을 그들이 선택한 연결선을 따라 붙이거나 쓴다. 개념도 또는 밴다이어그램을 완료한 후, 교사들은 학생들에게 학습한 것을 요약하도록 글쓰기 프레임(writing frame)을 제공한다(그림 11-6의 b).

(a) 지진에 관한 빈공간 개념도

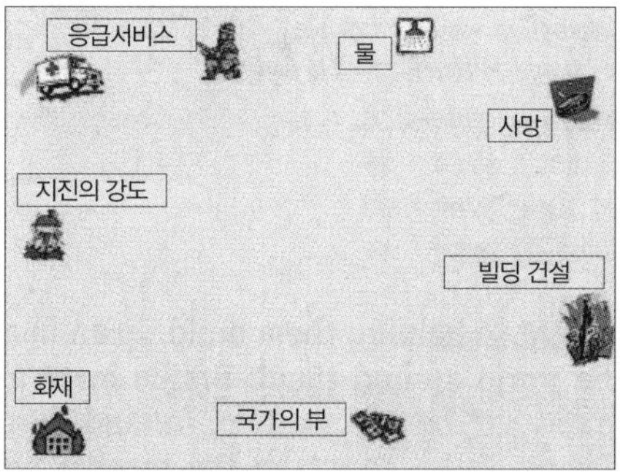

응급서비스   물

사망

지진의 강도

빌딩 건설

화재   국가의 부

(b) 지진에 관한 글쓰기 프레임

여러분의 개념도를 사용하여 글쓰기를 하라. 다음 글쓰기 프레임을 사용하여 여러분의 아이디어를 문장으로 쓰라.

지진의 강도는 _____에 영향을 준다.
이것은 지진이 약할 때는 _____한 반면, 지진이 강할 때는 _____
_____하기 때문이다.
한 국가의 부는 중요하다. 만약 어떤 국가가 부유하다면, 재난구조 시스템(emergency system)은 _____할 것이다. 이것은 _____하다는 것을 의미할 것이다.
만약 어떤 국가가 가난하다면, 결과는 나쁠 것이다. 왜냐하면 _____
_____하기 때문이다.
사망자 수는 _____에 달려 있다. 그리고 이것은 _____
_____ 때문에 중요하다.
전반적으로 나는 지진의 결과(효과)는 _____에 달려 있다고 배웠다.

그림 11-6. 지진 조사하기: (a) 개념도, (b) 글쓰기 프레임(Evans and Smith, 2007)

3. 프레어 모형

1) 개념학습을 위한 모형

앞에서 살펴본 개념도와 프레어 모형(Frayer Model)은 직접적인 관계가 없다. 그러나 프레어 모형은 개념도와 마찬가지로 개념학습을 위한 유용한 하나의 모형이라고 할 수 있다. 학생들은 어떤 개념의 특성을 보여 주는 '실례(example)'와, 특성과는 상관없는 '비실례(nonexample)'를 함께 보면서, 그 개념의 의미를 더욱 풍부하고 깊게 이해할 수 있다. '프레어 모형'(Frayer, Frederick and Klausmeier, 1969)은 개념을 깊게 이해하기 위해 필요한 특별한 형식이다. 학생들은 이 모형을 사용하여 개념을 정의하는 데 중요한 특성들과 단지 개념에 관련만 되어 있는 특성 사이의 차이점을 구별할 수 있다. 따라서 '프레어 모형'은 개념 설명을 위해 필요한 주요 생각들과 개념의 핵심적인 특성으로 보기 어려운 생각들을 구별할 수 있게 하는 시각적인 교수·학습 방법이기도 하다(노명완·정혜승, 2009). 프레어 모형의 구체적인 사용 절차와 장점에 대해 노명완·정혜승(2009)의 논의를 통해 살펴본다.

2) 전략 사용 절차

'프레어 모형'은 개념과 관련된 정보를 기록할 수 있도록 4개의 구획으로 나누어진 도해 조직자이다(그림 11-7). 교사가 '프레어 모형'을 인쇄물이나 칠판, 또는 OHP 등을 이용하여 학생들에게 제시하고, 학생들은 이 모형을 보고 학습안내를 받을 수 있다. 전략 사용 절차는 다음과 같다.

첫째, 학생들에게 지도할 개념을 먼저 상세하고 주의 깊게 분석한다. 그리고 개념의 속성 또는 특성을 목록화한다. 예를 들어 지도할 개념이 '파충류'라면 그것의 본질적 특성은 동물에 속하며, 냉혈동물이고, 척추동물이라는 점이 될 것이다. 만약 '야채'가 지도할 개념이라면 영양이 풍부하고, 나무 줄기가 없는 식물이며, 비타민과 미네랄을 지니고 있다는 점이 본질적인 특성이 될 것이다.

둘째, 학생들에게 개념을 소개하고, 그 개념의 예가 되는 것을 생각해 보게 한다. 이때 모둠을 만들어 브레인스토밍을 하게 하고, 가능한 많은 예들을 찾도록 하는 것이 효과적이다. 이렇게 해서 나온 예들을 칠판이나 OHP에 기록하여 목록으로 만든다. 그리고 학생들이 더 많은 예들을 생각하여 목록을 추가하고, 또 이미 나온 예에 대해서도 관찰할 수 있게 한다. 다음으로, 그 개념의 일반적인 속성이나 특성들의 목록을 만든다. 이때 학생들에게 개념의 핵심적인 특성을 확인하게끔 요구한다. 학생들은 야채의 예들을 보면서 어떠한 특징이 야채를 야채답게 만드는가, 일반적으로 모든 야채가 이런 특성을 갖고 있는가 등의 질문을 스스로 하게 될 것이다.

셋째, 이제 학생들은 배워야 할 개념에 대해 다룬 제재를 읽을 준비가 되었다. 읽는 중의 연습 활동을 위해 빈칸의 '프레어 모형'을 학생 각각에게 나누어 준다. 이때 '본질적 특징', '비본질적 특징', '실례', '비실례'라는 가가의 칸에 들어가게 될 정보에 초점을 두게 한다. 그리고 이전 단계에서 나온 정보들을 수용할 것인지, 거부할 것인지 기록하게 한다. 학생들은 글을 읽고 '프레어

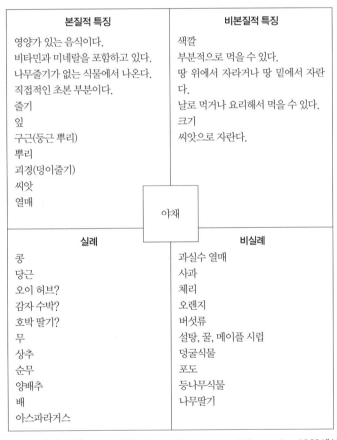

그림 11-7. 프레어 모형(Buehl, 1995; Frayer, Frederick and Klausmeier, 1969에서 응용)

모형'의 나머지 빈칸을 채울 수 있을 것이다.

학생들이 제재를 읽은 후에는, 처음에 전체 학생들이 만든 목록으로 돌아온다. 그리고 각자가 기록한 '프레어 모형'에서 제재를 읽고 결정할 수 있었던 예와 특징들을 나열하게 한다. 제재를 읽으면서 학생 각자가 기록한 목록의 항목 중 어떤 것들은 '비본질적 특성' 또는 '비실례' 칸에 기록될 수도 있다. 교사는 학생들이 읽은 글에서 배운 새로운 칸에 정보를 적당히 기록하게 안내한다. 어떤 예의 경우에는 심화된 학습이 필요할 수도 있다.

학생들은 추가적으로 다음과 같은 질문을 할 것이다. 야채와 과일이 어떻게 다른가?, 먹을 수 있는 풀을 야채라고 말할 수 있는가?, 수박과 딸기는 야채의 정의에 들어맞으면서도 왜 과일이라고 하는가?, 허브는 영양가가 있는가?, 옥수수처럼 밀도 야채로서 먹을 수 있는가? 또는 밀을 먼저 적을 필요가 있는가?

넷째, '프레어 모형'을 사용하여 활동한 다음에는, 이 전략을 변형하여 수업에 적용할 수 있다. 조이스와 웨일(Joyce and Weil, 1986)이 제시한 개념 획득 전략(concept attainment model)은 새로운 개념에 대한 탐구과정에 적용할 수 있다. 이 방법은 먼저 학생들이 새로운 개념을 정의하는 데에 중요한 특성이나 속성을 보여 주는 관련 예와 관련 없는 예를 생성하게 한다. 예를 들어, 수학 교사는 '등식'이라는 개념을 발전시키기 위해 다음과 같은 것들을 생각해 볼 수 있다.

실례	비실례
$5+3=8$	$3+7$
$3x-2y=7z$	$5x+2y-3z$
$144 \div 6x=12$	$27 \div 3 > 5$

이러한 예의 쌍들을 학생들에게 제시하고, 두 목록 사이의 차이점을 통해 특성을 정의하게 한다. 예를 들어, 학생들은 모든 등식에는 등호가 있다고 기록할 것이다. 처음의 이 정의는 진행 과정 속에서 수정될 수 있는 가설이다. 이 가설을 갖고 학생들은 더욱 면밀히 예들을 관찰하게 될 것이다.

이후 더욱 구체적으로 특징들을 정의할 수 있도록 추가적으로 관련 예와 관련 없는 예를 제공한다. 학생들은 이를 통해 자신의 가설이 맞는지 확인하게 되고, 또 개념에 대해 이해한 것을 새

지리 교재 연구 및 교수법

롭게 정의한다. 가령 학생들이 '20+53=72'와 같은 관련 없는 예를 접하게 된다면, 등식의 개념이 성립하기 위해서는 단순히 등호만 있으면 되는 것이 아님을 깨닫게 될 것이다. 'x+3y≠72'와 '22-y<30'과 같은 관련 없는 예들은 모든 수학적 표현들이 등식이 될 수는 없음을 알게 한다. 무엇보다도 '12÷4≤3'과 같은 예는 참일 수는 있지만 등식이 되지는 않는다는 것을 보여 준다. 따라서 이런 경우 학생들에게 등식의 특성들에 대한 목록을 수정하라고 해야 한다. 학생들은 이 제야 등식이 되기 위해서는 좌변과 우변이 있어야 하며, 좌변과 우변의 값이 동일해야 하고, 등호가 좌변과 우변 사이에 있어야 한다는 것을 관찰하게 될 것이다.

다섯째, 교사는 학생들이 다음과 같이 핵심적인 특성을 포함한 등식의 개념을 쓰도록 지도한다.

> 등식은 등호에 의해 양변으로 갈라져 있다. 양변의 값은 동일해야 한다. 결과적으로 양변의 값이 동일하다면, 각각의 변에 더하고 빼고 곱하고 나누는 것은 문제가 되지 않는다.

이러한 과정으로 개념정의가 이루어지는 것처럼, '프레어 모형'은 시각적으로 조직화된 학습안내로서 쓰기과제에 쉽게 활용할 수 있는 조직화된 정보를 학생들에게 제공해 줄 수 있다.

3) 장점

- 학생들은 개념을 단지 정의하는 것에 머무르지 않고, 살을 붙여 더욱 깊고 넓게 이해할 수 있다.
- 학생들은 개념을 정의하는 데 중요한 특성과 관련성이 희박한 특성의 차이점을 구별하는 방법을 안내받을 수 있다.
- 학생들은 '관련 예'와 '관련 없는 예'를 통해 보다 발전되고 깊이 있는 사고를 하고 개념탐구의 과정을 맛볼 수 있다.

'프레어 모형'은 모든 교과에 적용될 수 있으며, 특히 개념을 지도하는 데 유용하다.

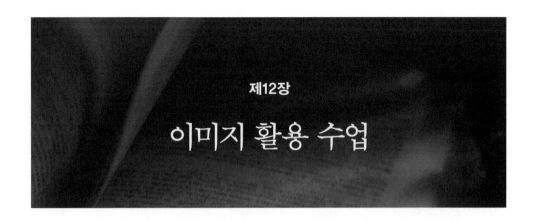

제12장

이미지 활용 수업

1. 도입

　지리는 실제 세계(real world)에 관한 것이다. 그러나 교실 지리수업을 통해 실제 세계를 학습하는 것은 비현실적이다. 그래서 교실 수업에서는 실제 세계가 표상된 사진을 활용한다. 사진은 장소와 환경을 교실 속으로 가져오고 관찰자들에게 해석의 여지를 남겨 둔다. 특히 항공사진은 공간적 차원을 더욱 더 쉽게 보여 준다. 사진은 우리가 장소로서 주거를 이해하는 방법을 탐구하기 위한 더 구체적인 기초를 제공한다.

　이미지(특히 사진)를 활용한 수업을 위해서는 지리 프레임을 활용할 수 있다. 이미지 분석을 위한 지리 프레임으로는 '비전 프레임', '개발나침반', '추론 다이어그램 층위', '5Ws' 등이 있다. 이에 대해서는 제13장 지리 프레임에서 상세하게 설명한다. 사진을 활용한 지리수업에는 표

표 12-1. 사진을 활용한 지리수업

선별적 크로핑 (selective cropping)	학생들에게 사진의 절반 또는 1/4만 제공하고, 이 사진의 나머지를 그리도록 한다. 그 후에 그들이 그린 것을 왜 그렸는지 토론하게 한 후, 실제 사진을 보여 준다.
렌즈의 배후 (behind the lens)	사진사의 배후에는 무엇이 있는가? 그 사진에서 사진사의 등 뒤에서는 무엇이 진행되고 있는지에 관해 토론한다.
삶의 하루 (a day in the life)	학생들에게 이야기를 만들거나, 사진에 있는 사람들 중 한 명의 삶에 관한 이야기를 만들거나, 역할극을 하도록 요구한다. 이것은 여러분이 동일한 사람을 나타내는 일련의 사진들을 가지고 있다면 특히 효과적이다.

분류하기 또는 일치시키기 (grouping or matching)	학생들에게 다른 장소에서 찍힌 한 세트의 사진을 제공하고 그것들을 분류하도록 요구 한다.
사진에 설명 넣기 (captioning photographs)	학생들에게 사진에 대한 설명을 쓰도록 하거나 사진에 묘사된 사람들 간의 대화를 만들 도록 요구한다.
순서화하기 (ordering)	학생들에게 한 세트의 사진을 연대기적 순서로 배열하고 그들의 선택을 정당화하도록 시킨다.

(계속) * 크로핑(cropping): 사진·삽화의 불필요한 부분 다듬기

12-1과 같은 다양한 활동들이 있다. 이 이외에도 이미지를 활용하여 간단하게 할 수 있는 활동들이 있다. 이 장에서는 이미지를 활용한 지리수업 방법을 몇 가지 소개한다.

2. 서로 등을 맞대고

'서로 등을 맞대고(back-to-back)' 활동은 학생들에게 이미지를 상세하게 학습하도록 하고, 자신의 생각을 적절한 언어와 어휘를 사용하여 의사소통하게 한다. 이 활동은 또한 학생들에게 재현된 이미지에 관해 신중하게 생각하도록 한다.

학생들은 짝을 이루어 서로 등을 맞대고 앉는다. 각 짝 중의 한 사람은 학습에 필요한 한 장의 사진을, 다른 한 사람은 클립보드 및 종이와 연필을 가진다. 사진을 가지고 있는 학생들은 그것을 짝에게 설명하고, 짝은 사진에 있다고 생각하는 것을 그려야 한다.

이 활동은 학생들에게 많은 언어를 사용하도록 할 수 있다. 예를 들면, '전경에', '배경에', '지평선에', '좌측에', '북쪽에' 등을 사용할 수 있다. 지리적 용어 또한 사용하거나 개발될 수 있다. 예를 들면, '계곡에', '구름이 …와 같은 모습이다', '교통 신호등', '교통 표지판', '식생', '하천' 등을 사용할 수 있다.

그리고 이 활동은 학생들에게 그들이 정보를 전달하는 방법이 다른 학생들에게 어떻게 영향을 주는지를 고찰하도록 한다. 이 활동은 또한 학생들 자신이 가지고 있는 오개념을 파악하게 할 수도 있으며, 실제 사진과 학생들이 그린 그림이 비교될 때 많은 가치 있는 토론이 일어날 수 있다.

3. 사진 확장하기

'사진 확장하기(extending the photo)' 활동 역시 짝별로 심사숙고하고 지식과 생각을 공유하도록 한다. 이 활동은 학생들의 현재 학습 수준을 평가하는 데 효과적으로 사용될 수 있다.

A3 종이에 한 장의 사진을 놓는다. 그리고 학생들에게 색깔을 칠할 수 있는 색연필 또는 크레파스를 제공한다. 학생들은 사진에 나타난 장소에 대해 현재 자신이 이해하고 있는 것을 이용하여, 그 사진의 가장자리 너머에 있을 것으로 생각하는 것을 그려야 한다.

이 활동은 학생들에게 그들이 그렇게 그려 넣은 이유가 무엇인지를 설명하는 주석을 달도록 함으로써 다양화될 수 있다. 그런 다음 학생들은 요약발표 시간에 서로의 생각을 검토하고 논의할 수 있다.

4. 가면을 쓴 사진

'가면을 쓴 사진(masked photos)' 활동은 하드 카피 사진을 가지고 개별 또는 짝별로 이루어지

그림 12-1. 가면을 쓴 사진(Holocha, 2008: 19)

거나, 화이트보드에 투영된 디지털 이미지를 가지고 전체 학급 학생들을 대상으로 이루어질 수 있다.

교사는 현재의 학습과 관련된 하나의 사진을 선택하여 여러 장 복사한 후, 이를 그림 12-1과 같이 각각의 사진에 신중하게 마스크(가면) 처리를 한다. 그 후 학생들에게 마스크(가면) 처리된 부분의 이미지는 어떤 모습일지를 추론하거나 토론하도록 한다. 이러한 활동은 학생들로 하여금 그들의 지식에 도전하도록 할 수 있다.

5. 지도와 사진

'지도와 사진(Maps and photos)'은 지도에 관련된 사진들을 위치와 방향 등을 고려하여 적절하게 연결시키는 활동이다. 이 활동은 학생들의 야외조사 경험과 연계될 때 더욱더 효과적이다. 교사는 지도 상의 장소와 관련된 지리적 특징을 담고 있는 일련의 사진들을 신중하게 선택한다. 그 후 개인별 또는 짝별로 일련의 사진들을 제공하고, 그들에게 사진들을 지도 상에 정확히 위치시키도록 한다. 개인별 활동은 학생들이 다른 학생들에게 자신의 결정을 정당화해야 한다는 것을 의미한다. 반면, 짝별 활동은 학생들에게 지도에 대한 그들의 이해를 공유하도록 한다.

이 활동을 좀 더 심화하기 위한 방법은 학생들에게 카메라 모양의 스티커를 제공하여 사진사가 서 있었다고 생각하는 곳에 이 스티커를 정확하게 붙이도록 하는 것이다. 또한 이 활동은 학생들에게 사진에서 볼 수 있는 모든 지리적 특징을 목록화하도록 하고, 그 옆에 일치하는 지도 기호를 그리게 함으로써 확장될 수 있다.

6. 사진 직소

'사진 직소(photo jigsaw)'는 문자 그대로 하나 또는 여러 장의 사진을 여러 조각으로 잘라 봉투에 넣고, 이를 학생들에게 제공하여 정확하게 맞추도록 하는 활동이다. 사진 조각은 학생들의 주의를 끌 수 있는 도로나 마을 중심지와 같이 지리적 특징이 있는 곳에서 컷이 만들어질 필

그림 12-2. 사진 직소(Holocha, 2008: 20)

요가 있다(그림 12-2). 즉 모든 조각에 지리적 관심이 포함될 수 있도록 잘라야 할 곳을 신중하게 선택하는 것이 중요하다.

교육과정차별화는 복잡한 지리적 내용을 포함하고 있는 사진들을 사용하거나, 직소를 자른 조각들의 수를 다양화함으로써 이루어질 수 있다. 만약 공통적이거나 대조적인 두 장의 사진을 사용한다면, 그 사진들에 있는 많은 것을 끄집어내도록 할 수 있다. 즉 교사는 학생들에게 왜 선생님이 봉투에 이 두 사진을 함께 넣었는지 탐색하거나 추론하도록 요구할 수 있으며, 이것은 더 많은 상세한 학습과 토론을 격려할 것이다.

7. 사진 속으로 들어가기

'사진 속으로 들어가기(put yourself in the picture)'(Buehl, 2000) 활동은 사진을 활용하여 학생들의 상상력을 자극할 수 있는 수업방법이다(노명완·정혜승, 2009, 272-275). 즉 이 활동은 학생들이 사진 속에 실제로 들어가 있는 것처럼 상상해 보게 하는 것이다. 사진은 어떤 특별한 분위기를 환기시키도록 하고, 글로는 표현하기 힘든 의미 있는 정보를 전해 주기도 한다.

이 활동에서 학생들은 심상을 폭넓게 사용하고, 새로운 내용을 학습하기 위해 사진을 이용하여 글을 읽게 된다. 전략 사용 절차는 다음과 같다.

첫째, 학생들이 학습해야 할 내용과 관련이 있는 생생한 사진들을 찾아본다. 이때 학생들 개개인의 경험과 연결 지을 수 있는 사진이면 더욱 좋다. 찾은 사진을 보여 주기 위해 슬라이드를 만들거나 OHP를 활용하거나 컴퓨터를 이용한다. 또는 사진을 복사하여 개인 및 모둠에게 제공한다.

둘째, 학습할 단원의 중심 생각이나 개념을 소개하고 확장하는 데 필요한 사진을 골라 제시한다. 그 사진으로 학생들의 심상을 자극하고, 사진 속의 사건과 관련하여 개인적인 경험을 떠올려 보게 한다. 교사는 학생들에게 사진 속의 사람과 장소에 대해 상상해 보도록 지도한다. 사진 속의 한 사람을 골라 내가 그 사람이 되었다고 상상해 보도록 한다. 이때 학생들에게 자신의 얼굴을 '접착성이 있는' 작은 종이에 그린 그림이나 자신의 사진을 이미지 속 누군가의 얼굴 위에 덧붙이게 한다. 이는 학생들로 하여금 그 입장에서 무엇을 경험했을 것인가를 생각해 보도록 하는 데 도움을 줄 것이다(Taylor, 2004). 그리고 나는 무슨 생각을 하고, 무엇을 느끼고, 어떤 감정을 경험하고 있는지 등등을 말하게 한다.

셋째, 이 활동을 통해 학생들은 관찰한 내용과 생각을 기록하는 좋은 기회를 가지게 된다. 예를 들면 다음과 같다. 그 후 많은 시간이 흘렀다. 나는 지금 이 사진을 손자에게 보여 주고 있다. 나는 그 사진 속의 장소에 대해 어떤 기억을 손자에게 들려줄 것인가? 손자에게 들려줄 내용을 노트에 적어 보게 한다.

마지막으로, 학생들이 글을 쓰고 나면 지원자를 찾아 자신이 적은 내용을 다른 친구들에게 들려주게 한다. 발표하는 학생과 동일한 사진 속 인물을 선택한 학생들은 발표자가 들려주는 내용을 들으며 그 인물이 어떤 생각을 했는지 자신이 쓴 내용과 비교해 본다.

이와 같은 '사진 속으로 들어가기' 활동은 '몽타주 사진 만들기' 전략으로 확장될 수 있다. 몇 개의 이미지를 단순히 자르고, 옮기고, 붙이는 것은 학생들의 사고를 불러일으킨다. 학생들은 자신의 사진을 오려 낸 것, 또는 더 중립적인 이미지가 도움이 된다고 느낀다면 임의의 십대들 사진을 오려 낸 것을 산길, 시골의 찻집, 캘리포니아 해변, 비싼 호텔의 로비 등의 배경에 붙일 수 있다. 이것은 다른 사람들의 장소에 대한 경험을 생각해 보고, 상이한 집단이 동일한 장소에 대해 다른 의미를 주장할 때 일어나는 갈등을 이해하도록 하는 활동에 대한 방법을 제공한다(자세한 것은 Talyor, 2004 참조).

지리 교재 연구 및 교수법

8. 이 장소는 어디일까?

'이 장소는 어디일까?(Where is this place?)' 활동은 무명의 장소를 보여 주는 일련의 이미지와 함께 잘 작동한다. 짝 또는 3명으로 구성된 모둠에게 하나의 이미지를 제공하고, 이 장소가 어디인지를 해결하도록 요구하라. 만약 그들이 장소 이름에 대해 서로 동의할 수 없다면, 그들에게 그 장소가 어디일지에 관해 가능한 한 많은 해결책을 제공하도록 한다. 그 장소는 우리나라에 있는가, 아니면 해외에 있는가? 어떤 나라/대륙에 있는가?

여기서 교사가 학생들에게 제공할 수 있는 유용한 스캐폴딩 기법은 '실마리'를 찾도록 제안하는 것이다. 교사는 학생들에게 기후 또는 날씨, 경관, 그곳에 살고 있는 동물과 식물에 관한 어떤 단서를 찾을 수 있는지 물어본다. 그리고 빌딩, 토지 이용, 운송수단, 인간의 활동에 어떤 단서가 있는가? 사람들의 민족성, 종교적 신념 또는 그들이 사용하는 언어에 관한 어떤 실마리가 있는가? 모둠은 자신들이 어떤 실마리를 찾았고 이것들이 장소에 관한 결정을 내리는 데 어떻게 도움을 주었는지를 설명하고, 서로 생각을 공유한다.

9. 준비, 침착, 기억

'준비, 침착, 기억(Ready, steady, remember)' 활동은 학생들에게 제한된 시간에 제공된 시각적 정보를 면밀히 관찰하도록 한다. 이 활동은 학생들에게 집중력을 증가시킬 수 있고, 관찰기능을 비롯하여 이미지를 단어로 전환하는 기능을 발달시킬 수 있도록 도와준다. 이 활동에 사용될 수 있는 적절한 이미지로는 사진, 그림, 그래프, 다이어그램, 짧은 비디오 발췌물(단지 2분 정도의 길이), 지도 등이다. 구체적인 사례는 표 12-2에 제시되어 있다. 이 활동은 이후에 더 많은 이미지 또는 비디오의 나머지 부분에 대한 학습을 통해 확장될 수 있으며, 질 높은 확장적인 서술적 글쓰기(extended descriptive writing)와 병행하여 수행될 수도 있다.

표 12-2. 준비, 침착, 기억

절차
• 학생들은 토픽을 소개받는다. • 학생들은 몇몇 데이터를 공부하기 위한 매우 제한된 시간을 가질 것이며, 3개의 도전을 제공받을 것이라는 이야기를 듣는다. 그들의 관찰력은 얼마나 날카로울 수 있나? 그들은 얼마나 많이 기억할 수 있나? 그들이 본 것을 얼마나 훌륭하게 단어로 전환할 수 있나? • 학생들은 15~30초 동안 사진, 그림, 그래프, 다이어그램을 보거나 매우 짧은 비디오 발췌물(단지 2분)을 본다. 학생들은 관찰하지만 어떤 것도 기록할 수 없다. • 학생들은 그들이 본 것 중에서 기억할 수 있는 것을 짝별로 토론하며, 핵심적인 정보를 기록한다. • 학생들은 그렇게 짧은 시간에 얼마나 많이 관찰하고 기억할 수 있었는지를 알기 위해 학급 단위로 정보를 공유한다. 학생들은 기억한 것에 관해 확신하고 있는가? (이 단계에서 어떤 부가적인 정보도 교사에 의해 제공되지 않는다.) • 학생들은 이미지/비디오를 다시 보고 싶은지에 대해 질문을 받는다. (대답은 항상 예이다.) 그들은 다시 관찰한다. • 결과보고 지시 메시지: 당신은 어떤 종류의 것들을 기억했나? 당신은 어떤 종류의 것들을 기억하지 못했나? 다른 사람들은 이것을 기억했나? 그들은 어떤 정보가 지리적으로 중요하다고 생각하나? 그들은 어떤 정보가 지리적으로 중요하지 않다고 생각하나? (예: 자동차의 색깔) 왜? 어떤 정보의 범주들이 있나? • 학생들은 짝을 이루어 이미지에 관해 서술적인 문장(descriptive sentences)을 쓰는 활동을 한다. 만약 몇몇 상이한 정보의 범주들이 있다면, 다른 짝들은 이미지의 다른 양상에 관해 활동할 수 있다. • 학생들은 그들이 쓴 서술적인 문장을 공유한다.

10. 마인드 무비

'마인드 무비(Mind Movies)'는 리트(Leat, 1998)의 책 *Thinking Through Geography*에서 제시하고 있는 전략 중의 하나이다. 마인드 무비는 이미지를 활용한 수업전략이라기보다는 오히려 텍스트를 이미지로 전환하여 기억하도록 하는 수업전략으로, 학생들이 읽고 배운 것을 시각화하도록 하는 데 도움이 된다. 또한 이 전략은 학생들이 텍스트를 개관하고, 그것에 공감하도록 도움을 주는 데 매우 유용하며, 앞으로 어떤 일이 일어날 것인가와 같은 예측활동으로 이끌어 준다. 즉 마인드 무비는 학생들의 사고에 통찰을 제공하고 동기를 부여하는 반응활동에 관한 것이다. 따라서 마인드 무비는 학생들에게 텍스트에 기록되어 있는 것에 의존하는 것보다 오히려 시각적 기억(visual memories)을 드러내도록 도전시킴으로써 학생들의 시각적 기억기능을 발달시키는 훌륭한 방법이다.

여기에서 소개할 마인드 무비 전략은 '지역의 원자력발전소 재앙'에 관한 사례이다. 교사는

372

학생들에게 표 12–3의 마인드 무비 자료인 원자력 재앙 대본을 읽어 준다. 교사는 이 대본을 읽은 후, 다음과 같이 지시한다.

두 눈을 감아라. 처음에 무슨 생각이 나는가? 그리고 나서 너의 가방에 무엇을 넣어 가져갈 것인지, 너의 부모님은 무엇을 가져가야 하는지 생각하기 시작하라.

표 12–3. 마인드 무비 자료: 원자력 재앙 대본

원자력 재앙 대본

당신은 집에서 침대에 앉아 지역 라디오 방송을 듣고 있다고 상상해 보라. 방 주변을 둘러보고 무엇이 있는지 보라. 편히 쉬어라.

라디오에서 긴박한 목소리가 흘러나온다.

이 프로그램은 중요한 뉴스 속보를 위해 중단됩니다. … 오후 4시 하틀풀(Hartlepool) 발전소(**당신 주변에서 가장 가까운 원자력발전소 이름을 넣어라.**)에서 주 원자로가 녹고 폭발하는 사고가 연속적으로 일어났습니다. 위험한 수준의 방사능이 대기 중으로 방출되고 있습니다.

환경부와 보건부는 30km에 달하는 피난 지시 구역(evacuation zone)을 발표하였습니다. 이것은 하틀풀, 미들스버러(Middlesborough), 선덜랜드(Sunderland)의 도시들을 포함하는 지역입니다. 게이츠헤드(Gateshead)와 사우스실즈(South Shields) 역시 대피해야 할 것입니다. 대형 버스는 각 도로의 끝에서 한 시간 후에 출발할 것입니다. 경찰은 45분 안에 집에서 내보내기 시작할 것입니다. 집을 떠날 준비를 하세요. 각자 한 가지 작은 가방만 허용되고 그 이상은 안 됩니다.

다시 한 번 알립니다. 하틀풀에서의 원자력 경보는 당신이 집에서 대피해야 한다는 것을 의미합니다. 대형 버스는 1시간 후에 떠날 것입니다. 이것으로 뉴스 속보를 마칩니다. 프로그램은 뒤따르는 지시가 있을 때까지 중단될 것입니다.

교사는 학생들의 반응과 가방 안에 무엇을 가지고 갈 것인지를 짝끼리 토론하는 데 5분을 준다. 이것에 따라 학생들은 다음의 내용을 써야 한다.

1. 두 사람의 가방 사이에 유사한 것 한 가지
2. 두 사람의 가방 사이에 상이한 것 한 가지
3. 다른 사람의 가방에서 그들이 발견한 놀라운 것 한 가지

4. 어른들의 가방에서 상이한 것 한 가지

그 후 교사는 학생들에게 다음 두 질문에 대한 답변을 확장된 글쓰기로 표현하도록 요구한다.

1. 당신은 돌아올 수 없을지 모른다는 것을 기억하라. 당신이 가져갈 단지 6개의 물건 목록을 만들어라. 각각에 대한 이유를 제시하라.
2. 당신의 삶과 가족, 그리고 이웃의 삶에 관해 생각하라. 당국은 당신을 돌보는 데 무엇을 해야 할 필요가 있을까?

11. 기억으로부터의 지도

'기억으로부터의 지도(Maps From Memory)' 전략은 니콜스와 킨닌먼트(Nichols and Kininnment, 2001)의 *More Thinking Through Geography*에 제시된 전략 중 하나이다. 많은 학습자들이 생각하는 지리의 매력 중 하나는 다양한 시각자료를 사용한다는 것이다. 그러나 시각적 기능은 개인차가 있으며, 지도와 다이어그램에 대한 이해와 해석(메시지의 탈약호화)은 일부 학생들에게 주요한 장애물로 작용하기도 한다. 공간적 차원이 지리의 중심이라면, 교사는 학생들에게 지도와 다이어그램이 어떻게 특별한 정보를 전달하는지를 이해하도록 의식적으로 도와야 한다. 가드너(Gardner, 1983)는 시각적·공간적 아이디어들을 도표로 표상하고 해석하는 이러한 능력을 '공간지능(spatial intelligence)'이라고 불렀으며, 도표를 사용하고 해석하는 전략은 학생들의 시각적 문해력(visual literacy)의 발달을 지원한다.

지도와 다이어그램을 사용하는 과정은 3가지 단계를 포함한다. 첫 번째 단계는 하나의 상징적 표상(symbolic representation)을 또 다른 상징적 표상으로부터 탐색함으로써 구성 요소를 확인한다. 두 번째 단계는 기호들이 무엇을 표상하는지를 인식하는 것이다. 그리고 세 번째 단계는 기호들의 공간적 분포가 무엇을 의미하는지를 해석하는 것이다(예를 들어, 간선도로는 계곡을 따라 x지점에서 y지점으로 연결된다). 기억으로부터의 지도는 이러한 프로세스를 자극한다.

회상과 이해는 다르지만, 지도와 다이어그램을 기억하는 것과 그것들을 기억으로부터 그릴

374

수 있는 것은 지도와 다이어그램에 관련된 이해를 드러내는 열쇠가 될 수 있다. 앞에서 언급한 마인드 무비 전략과 함께 이 전략은 학생들에게 이미지에 질문을 던져 의미를 파악하도록 함으로써 시각적 기억을 강화한다.

이 전략은 학생들로 하여금 지도와 다이어그램의 구성 요소를 주의 깊게 관찰하고, 지도와 다이어그램을 기억에 맡기도록 도와주기 위해 고안된 방법이다. 학생들은 이 과정에서 지도와 다이어그램의 의미에 대해 탐구하고, 그들이 이미 교과에 관해 가지고 있는 지식을 불러내어 연결한다. 게다가 이 전략은 학생들의 적절한 경쟁을 위한 협동 및 의사소통 기능을 발달시키게 한다.

여기에서 소개할 기억으로부터의 지도 전략은 교통관리와 관련된 '뉴캐슬어폰타인(Newcastle upon Tyne)의 도시교통'에 관한 사례이다. 교사는 그림 12-3과 같이 뉴캐슬 중심부의 통합된 운송체계인 뉴캐슬어폰타인의 도시교통 지도를 준비한다. 학생들은 보통 3명 또는 4명으로 구성된 친밀 모둠으로 책상에 앉는다. 책상에는 빈 플립차트 용지와 색깔 매직펜 꾸러미가 제공된다. 교사는 지시사항 5번을 위해 한 박스의 압정을 준비한다.

각 모둠 학생들은 1~3 또는 1~4의 번호를 부여받는다. 그리고 번호 순서대로 각 학생은 교실 모서리로 가서 단지 20초 동안 지도를 본다. 그리고 나서 책상으로 돌아와서 2분 동안 그들이 기억할 수 있는 만큼 그린다. 교사가 '다음'이라고 외칠 때, 다음 학생이 교실 모서리로 가서 20초 동안 지도를 보고 책상으로 되돌아와 2분 동안 기억한 것을 그린다. 이는 마지막 학생 때까지 계속된다. 이때 중요한 것은 각 모둠 구성원이 역할을 적절하게 할당하는 것이다. 이와 같은 교사의 구체적인 지시사항은 다음과 같다.

1. 교사는 모든 1번 학생들에게 지도가 걸려 있는 교실 모서리로 오게 하고, 나머지 학생들은 의자에 앉아 있으라고 말한다.
2. 1번 학생들은 20초 동안 지도를 살펴본다. 그리고 나서 지도 위에 플립차트 표지를 끌어내린다.
3. 2분 후에 소란스러운 학생에게 '다음 2번 학생'이라고 외치고, 같은 방식으로 그들에게 지도를 보여 준다.
4. 교사는 대부분의 모둠이 새로운 정보를 부가하기보다는 이전 학생들이 그린 것을 정확하게 수정할 수 있을 때까지 계속한다. 교사는 각 모둠의 모든 학생들이 적어도 한 번은 할 수

있도록 모둠당 여섯 번까지 지도를 보러 나올 수 있도록 한다.

5. 교사는 모둠들에게 그들의 그림에 자신의 모둠 구성원의 이름을 기록하도록 한 후, 그림을 판단하도록 하기 위해 벽에 압정으로 고정시켜 걸어 둔다.

그림 12-3. 뉴캐슬어폰타인의 도시교통 지도

* 이 지도는 종합적이지 않으며 축척을 사용하지도 않았다.

제13장

지리 프레임

1. QUADs

QUADs는 학습한 내용을 정리하거나 글쓰기를 하는 데 도움을 주는 프레임이다. QUADs는 질문(Question), 답변(Answer), 세부사항(Detail), 출처(Source)로 이루어진다(Wray and Lewis, 1997). QUADs를 사용하는 목적은 학생들로 하여금 표 13-1과 같이 각각의 항목을 가진 적당한 크기의 표를 제시함으로써 노트 작성 또는 글쓰기를 구조화하도록 하는 데 있다.

표 13-1. QUADs

Question(질문)	Answer(답변)	Detail(세부사항)	Source(출처)

각 칸은 다음과 같이 사용된다(Taylor, 2004).

- Question(질문): 학생들은 조사와 관련하여 자신의 탐구질문을 적는다. 이상적으로 이러한 질문은 개방적이어야 한다. 예를 들면, '나일 강은 시간에 따라 어떻게 변화하는가?' 등 서너 개 질문을 격자에 적어야 한다.

- Answer(답변): 학생들은 여기에 짧고 기본적인 답변을 적어야 한다. 이것은 어떠한 것을 그대로 베낄 만한 공간이 부족하기 때문에 학생들에게 읽은 것으로부터 요점을 요약하도록 한다.
- Detail(세부사항): 그들의 주요 대답을 뒷받침해 주는 증거, 아마 사실과 수치 또는 적당한 설명을 적는다.
- Source(출처): 학생들로 하여금 그들이 획득한 정보의 출처를 기록할 때(그리고 적당한 시기에 이 출처가 얼마나 신뢰할 수 있는지에 대해 생각할 때) 좋은 실천을 채택하는 습관을 가지게 하고, 나중에 정보를 확인하기 위해 출처로 되돌아가는 것을 용이하게 한다. 또한 유용한 다이어그램 또는 사진을 참조하는 것을 용이하게 한다.

QUADs 프레임은 학생들이 방대한 정보를 복사하기 위한 공간이 부족하기 때문에 읽기에 있어서 선택적일 수밖에 없으며, 그 후 그들이 만든 질문에 대한 대답을 시도하기 전에 그 정보에 대한 개요를 끌어낼 수밖에 없다. 만약 학생들이 그들이 읽은 것을 이해하지 못한다면 질문에 대한 적절한 답변을 제공할 수 없을 것이다. 따라서 교사는 학생들에게 색인 사용하기, 속독과 정독, 관련된 텍스트 강조하기 등과 같은 읽기 전략을 지원해 주는 것이 필요하다. 만약 학생들이 충분한 공간이 없어서 좌절하거나, 아직 그들이 제기한 질문과 읽은 것을 이해하는 데 초점을 맞추지 못한다면, 학생들은 질문의 범위를 좁히거나 반드시 필요하다면 추가적인 기록공간을 사용해야 할 것이다.

학생들은 이러한 QUADs 프레임을 사용함으로써 조사에 더욱 집중하고 자료를 무단으로 복제하는 것에 덜 의존하게 된다. 그러나 학생들 중에는 이미 필기하는 데 숙련되고 집중력을 발휘하며 적절한 방법으로 그들의 활동을 구조화할 수 있는 사람들이 있을 수 있다. 모든 유형의 비계가 그렇듯이, 최종 목적은 학생들이 독립적으로 활동하기 위한 것이다. 그러나 독립적인 학생들 역시 여전히 필기하는 데 이 프레임을 선택할 수 있다. 왜냐하면 학생들은 이 프레임이 필기하는 데 도움을 준다는 것을 알고 있기 때문이다.

2. KWL

1) 정의

외국 여행 계획에 대해 말해 보자. 여행 일정을 준비할 때, 당신은 아마도 그 나라에 관해 이미 알고 있는 사실을 생각해 볼 것이다. 다양한 여행 안내문, 관련 기사, 지도, 소책자 등을 정리하면서 당신은 방문할 장소와 그곳에서 취할 행동들을 계획하고 구성할 것이다. 이때 당신은 아마도 스스로에 대해 한 번 생각해 볼지도 모른다. 내가 모르고 있는 것, 또는 내가 더 알고 싶어 하는 것은 무엇인가? 당신은 잠시 동안 생각한 후에 목적지에 대해 이미 알고 있는 것을 자세히 살펴보고, 당신이 바라는 여행 일정을 짜기 위해 그 지식을 활용할 것이다(노명완·정혜승, 2009).

이러한 시나리오는 매우 유목적적이고 실용적인 읽기의 한 예를 보여 준다. 교사로서의 끊임없는 도전은 바로 교실에서 학생들에게 이와 유사한 태도, 즉 글을 읽는 동안 능동적으로 사고하기를 요구하는 것이다. 능동적인 독자는 자기가 읽을 것을 예측한다. 그들은 글을 읽기 전에 이야기 또는 주제에 대해 이미 알고 있는 것을 생각해 본다. 그리고 글을 읽으면서 자신의 예측이 옳은지 그렇지 않은지를 확인한다. 능동적인 독자는 살펴보아야 할 것들이 무엇인지 안다. 그리고 다 읽은 후에는 새롭게 배우고 경험한 것이 무엇인지 평가해 본다.

대다수의 학생들은 능동적인 독자가 아니며, 글을 읽는 동안 생각해야만 한다는 것에 대해 혼란을 느낀다. KWL(Carr and Ogle, 1987)은 학생들이 읽기 과제를 수행하기 전에 그들이 이미 알고 있는 지식을 활성화하도록 돕는 전략이다. 이 전략을 사용하면, 학생들이 대답해야 할 질문들을 생성하면서 읽어야 할 글에 관해 예측하는 데 도움을 준다. 또한 이 전략은 학생들이 글을 읽은 후에 새롭게 배운 내용을 조직하고 종합하도록 돕는다.

KWL 역시 QUADs와 같이 학습한 내용을 정리하거나 글쓰기를 하는 데 도움을 주는 프레임이다. 또한 KWL은 사고를 자극하기 위한 프레임이다. 노트 필기에 초점을 둔 KWL은 '나는 무엇을 알고(Know) 있는가?', '나는 무엇을 알기를 원하는가(Want)?', '나는 무엇을 배웠는가(Learn)?'로 구성된다(Wray and Lewis, 1997; Roberts, 2003). 일부 교사들은 '나는 이 정보를 어디에서 발견할(Find) 수 있는가?'라는 부가적인 줄을 삽입하여, 이를 KWFL이라고 명명하였다.

KWL은 모둠학습에서 모둠원들끼리 하나의 주제에 대해 학습하기 전에 서로 간의 사전지식을 접목·활용하기 위해서 매우 널리 사용되고 있다. 이렇게 간단한 프레임을 통해 같은 모둠의 학생들끼리 특정 주제에 대해 이미 알고 있는 것을 물어보고 알려 주는 활동을 함으로써 사전 지식을 확인하고 정보를 공유하며, 주제에 대한 탐구를 시작하기 전에 개인적인 관심도와 흥미를 높일 수 있다.

이 프레임은 독서 후 활동에도 많이 활용되고 있다. 독서를 하는 이유도 읽기 전에 자신의 경험 혹은 사전지식을 책과 연결시키고, 책을 읽고 난 후 새롭게 알게 된 사실을 생활 속에 활용할 수 있도록 하며, 책을 읽고 난 후에 파생된 또 다른 궁금함이나 좀 더 깊이 있게 알고자 하는 점을 찾아서 정리하도록 하는 데 있기 때문이다. 이 구조는 그런 활동이 보다 효율적이고 쉽게 이루어질 수 있도록 도와주는 틀이 될 수 있다. 개인적으로 활동할 때는 정리 및 기록을 위한 틀로서 활용되고, 모둠원이 함께 한 가지 주제나 과제를 놓고 해 나간다면 모둠원이 탐구한 주제나 과제에 대한 모든 과정을 고스란히 보여 주는 자료가 된다. 즉 KWL은 책 읽기, 과제 분담 학습, 주제 탐구 학습 등을 할 때 활용 가능하다(이상우, 2009, 2012).

2) 사용 방법 및 절차

KWL은 글을 읽는 동안 학생들의 학습을 안내하는 도해조직자로서 3개의 항목으로 나누어져 있다. 도해조직자는 표 13-2와 같은 활동지로 제시할 수 있으며, 칠판 또는 OHP로 제시할 수 있다. 전략 사용 절차는 다음과 같다.

표 13-2. KWL 활동지 예

KWL 활동지

주제:
기록자:
모둠명:

K(Know: 이미 알고 있는 것)	W(Want to know: 더 알고 싶은 것)	L(Learned: 새롭게 알게 된 사실)

(1) K(이미 알고 있는 것)

첫째, 가장 윗부분에 글의 중심 주제를 적는다. 학생들에게 주제에 관해 알고 있는 것을 생각하게 한다. 이것을 'K(이미 알고 있는 것)' 항목에 기록하게 한다. 즉 글을 읽기 전, 과제를 탐구하기 전에 주어진 내용이나 과제에 대해 알고 있는 것을 기록한다. 이것은 학생들이 알고 있는 사전지식을 활성화하도록 한다.

(2) W(더 알고 싶은 것)

두 번째 난에 그 글을 통해서 알고 싶은 것을 적는다. 이것은 탐구목적과 탐구할 내용을 적는 것에 해당된다. 학생들에게 알고 싶은 것을 질문형식으로 적도록 한다.

(3) L(새롭게 알게 된 사실)

학생에게 글을 읽게 한다. 그리고 스스로의 질문에 대답할 수 있는 정보들을 찾게 하고, 주제에 대한 이해를 확장시키도록 한다. 책이나 탐구활동을 통해 새롭게 알게 된 사실이나 지식을 적는다.

KWL 프레임을 완성한 다음에는 각 항목 아래에 모든 정보를 통합해 놓은 개념도를 완성하게 한다. 이 작업은 학급 전체에서 할 수도 있고 개별적으로 할 수도 있다. 학생들이 글쓰기 숙제나 그 밖의 작업을 위해 이러한 방식으로 정보를 조직할 수 있다. 또 아직 그 해답을 얻지 못한, 알고 싶은 것에 관한 질문에서 독립적인 과제나 연구의 기틀을 마련할 수 있을 것이다.

3) 활용 및 효과

KWL의 활용 범위 및 그 효과는 다음과 같다.
- 모둠별 주제 탐구학습, 모둠별 조사 혹은 과제 분담 학습에 활용할 수 있다.

- 독서활동 전후에 활용할 수 있다.
- 프로젝트 학습활동(예를 들면, 문제해결 학습 등)을 할 때 활용할 수 있다.
- 학생들의 사전지식을 활성화하기 위해 가장 널리 활용된다. 이 구조는 학생들이 특정한 단원이나 주제에 대해 본격적인 학습을 하기 전에 이미 알고 있는 것을 물어봄으로써 사전지식을 확인시켜 주고, 본격적인 단원학습이나 주제에 대한 탐구활동을 시작하기 전에 개인적인 관심도와 흥미를 높여 준다.
- 학생들이 이미 알고 있는 것으로부터 의미를 체계화하고, 이미 알고 있는 지식과 새로운 지식을 비교하며, 아이디어를 보다 명확하게 제시할 수 있게 해 준다.
- 주제에 대한 집중력과 관심을 유지하고 지금까지 배운 내용이 무엇인지 추적할 수 있는 방법을 제공해 준다.
- 학생이 배운 내용을 확인하기 위한 평가자료의 하나로 활용될 수 있다.
- 학생들은 새로운 학습단원을 시작하면서 차트 작성을 시작하여 단원이 완료될 때까지 지속적으로 꾸준히 각 칸에 해당되는 내용을 기록해 나가고, 참고하게 된다.
- KWL은 채점 대상이 아니다. 왜냐하면 학생들은 점수에 연연하지 않고 자신의 생각이나 질문을 자유롭게 적어 넣을 수 있어야 하기 때문이다.
- 이 프레임은 또한 일대일 토론 또는 전체 학급토론을 준비하기 위한 자료로도 활용할 수 있다.
- KWL 전략은 특히 정보를 제공하는 설명문, 논설문, 전기문 등의 읽기 지도에 특히 효과적이라고 할 수 있다.
- 학생들은 자기질문 기능을 신장시키고, 주제에 대한 자신의 질문에 대답하기 위해 능동적으로 글을 읽는 방법을 배운다.

4) 변형

앞에서 살펴보았듯이, KWL은 학생들의 읽기를 돕기 위해 오글(Ogle, 1986)에 의해 개발되었다. KWL은 지금까지 널리 사용되어 왔으며, 레이와 루이스(Wray and Lewis, 1997)의 연구를 통해 그 효과가 증명되었다. 이러한 KWL은 또한 다음과 같이 수정되고 확장되었다(Roberts, 2013:

43-45).

- KWFL은 '나는 정보를 어디에서 발견할 것인가?(Where will I Find the information?)'라는 항목이 부가된다.
- THC['우리는 무엇을 생각하는가?(What do we Think?)', '우리는 어떻게 발견할 수 있는가?(How can we find out?)', '우리는 어떻게 결론지을 수 있는가?(What can we Conclude?)']는 학생들의 과학 프로젝트들을 지원하기 위해 KWL에서 파생되었다(Crowther and Cannon, 2004). 첫 번째 질문은 'know'보다 오히려 'think'를 사용한다. 왜냐하면 이것이 학생들을 덜 주눅 들게 하기 때문이다. 두 번째와 세 번째 질문은 탐구과정을 강조한다. 즉 우리가 사물을 알게 되는 방법에 심사숙고하도록 하고, 단순히 답변을 찾는 것보다 오히려 결론에 도달하는 과정을 강조한다.
- 앞에서 살펴본 QUADs(Question, Answer, Detail, Source)는 질문을 하고 결과를 기록하기 위한 프레임을 제공한다.

3. 글쓰기 및 노트필기 프레임

1) 글쓰기 프레임

엑서터의 확장적 문해력 프로젝트(Exter Extending Literacy Project: EXEL)는 레이와 루이스(Wray and Lewis, 1997)에 의해 착수되었다. 구성주의 아이디어에 근거한 이 프로젝트는 읽기를 지원하기 위한 활동의 계열(sequence of activities), 탐구를 지원하기 위한 격자(grids), 글쓰기에 어려움을 가진 학생들을 지원하기 위한 글쓰기 프레임(writing frames) 등의 사용을 포함한 일련의 전략들을 개발하였다. 여기서는 이 프로젝트에 의해 제공된 글쓰기 프레임에 대해 살펴본다. 표 13-3은 '북극에서 남극까지(pole to pole)' 활동에 관한 글쓰기 프레임을 제공한다.

표 13-3. '북극에서 남극까지(pole to pole)' 활동과 글쓰기 프레임

(ⓐ) 도서관 조사

북극에서 남극까지

당신은 북극에서 남극으로 여행을 하고 있다고 상상하라. 당신은 여행해야 할 경선을 선택해야 한다. 적어도 3개의 국가를 거쳐 지나가야 하는 하나의 선이 있어야 한다. 도서관에서 당신이 여행할 국가들에 관해 조사하라. 당신은 또한 CD-ROM, 인터넷, 여행 안내책자로부터 정보를 발견할 수 있고, 휴가 중에 자신이 경험한 것을 이용할 수도 있다.

그리고 나서 당신은 여행, 본 장소, 만난 사람, 모험에 관해 글을 써야 한다. 당신은 일기를 쓸 수도 있고, 당신의 경로에 관해 인터넷 카페로부터 받은 이메일을 쓸 수도 있다. 당신은 각 국가에서 집으로 엽서를 보낼 수 있고, 당신의 모험에 대한 테이프도 보낼 수 있다. 당신은 여행한 곳의 기념품을 수집할 수 있고, 당신의 활동에 그것을 포함할 수 있다. 당신은 경로에 대한 지도와 방문한 국가들에 대한 지도를 반드시 포함해야 한다.

이 프로젝트는 종이에 행해질 수도 있고, 서류철에 넣을 수도 있으며, …으로 제출할 수도 있다. 당신은 지도 기능(map skills), 수행한 조사, 발견한 정보, 다른 국가에서는 생활이 어떻게 다른지에 대한 이해, 글쓰기 기능 등에 관해 평가를 받을 것이다.

(ⓑ) 이메일 글쓰기 프레임	(ⓒ) 도서관 조사에 대한 평가
이메일	**북극에서 남극까지**
보내는 사람: 받는 사람: 날짜: 제목:	이름 _____ 학반 _____
안녕! 나는 북극에서 남극으로 매우 흥미 있는 여행을 하고 있어. 나는 지금 _____에 도착했어. 내가 방문한 장소는 _____ _____. 나는 흥미로운 사람들을 많이 만났어. 어제 나는 _____ _____만났어.	기능 (5) 지도 활동, 조직, 발표, 그림, 다이어그램 조사 (5) 정보 발견하기와 도서관 사용하기 지식 (5) 국가의 인문적·자연적 정보 이해 (5) 영국 생활과의 유사점과 차이점에 대한 이해 글쓰기 (5) 글쓰기 활동의 질 총점 (25) [_____] 성적 [_____]

(Roberts, 2003 일부 수정)

글쓰기 프레임은 원래 초등학교 학생들, 특히 문해력에 문제가 있는 어린이들을 위해 고안되었다(Lewis and Wray, 1995). 이러한 글쓰기 프레임은 비계(scaffolding)처럼 도움이 필요한 곳에 제공되는 일시적인 지원으로서 의도되었다. 글쓰기 프레임은 학생들로 하여금 글쓰기를 구조화할 수 있도록 할 뿐만 아니라, 그들이 쓰는 것을 통제하고 제한할 수 있다. 표 13-4는 텍스트 유형의 선정과 글쓰기 프레임을 사용하기 위한 가이드라인을 나타낸 것이며, 표 13-5는 '개발'과 관련한 글쓰기 프레임의 사례를 보여 준다.

표 13-4. 텍스트 유형의 선정과 글쓰기 프레임 사용을 위한 가이드라인

특정 탐구와 탐구질문에 관련된 각각의 확장적 글쓰기를 위해 교사는,

- 탐구의 지리적 목적과 탐구 질문의 유형을 고찰한다.
- 어떤 글쓰기의 유형이 탐구질문을 탐색하는 데 적절할지를 고찰한다. 예를 들면, 하나의 텍스트 유형, 텍스트 유형의 결합, 신문, 편지, 안내책자와 같이 글쓰기의 다른 형식들이 이에 해당된다.
- 글쓰기의 형식에 관한 어떤 선택이 학생들을 위해 유용할지를 고찰한다.
- 확장적 글쓰기에 앞서 실시하는 토론에서 무엇이 누구에게 왜 의사소통될 필요가 있는지를 강조하고, 글쓰기의 의미와 글쓰기가 들려주고자 하는 지리적 이야기를 강조한다.
- 학생들에게 이러한 탐구를 위해 기대되는 글쓰기의 종류에 대한 사례와 그 의미를 전달하는 방법을 소개한다.
- 문장 시작어와 단어 은행의 형식으로 차별화된 지원을 제공한다.
- 개인들과의 토론을 통해 차별된 지원을 제공한다.
- 수업 후, 글쓰기 활동을 위한 지원이 학생들의 지리적 이해를 개선시킨 방식과 오히려 글쓰기를 제한할 수 있었던 방식에 관해 반성한다[실행연구(action research)에 초점을 둘 수 있다].

표 13-5. '개발'과 관련한 글쓰기 프레임

글쓰기 프레임

_____는 얼마나 발전되었나?
_____가 경제적으로 발전되었다는 몇몇 증거가 있다.
1. _____
2. _____
3. _____
4. _____

반면에, 또한 _____가 경제적으로 덜 발전되었다는 증거가 있다.
1. _____
2. _____

3. _____

4. _____

결론적으로, 나는 _____가 다음과 같은 이유 때문에 더 발전/덜 발전(이들 중 하나에 줄을 그어라)되었다고 생각한다.

1. _____

2. _____

2) 노트필기 프레임

노트필기 프레임은 시각적 구조틀이며, 지리적 내용 또는 개념에 따라 구조화된다. 교사는 학생들에게 특정 노트필기 프레임을 제공할 수 있다. 만약 보다 학생 중심 탐구활동에 기반을 둔다면, 노트필기 프레임은 학생들과 협상될 수 있거나 학생들에 의해 개발될 수도 있다. 결국 궁극적으로는 학생들이 독립적으로 노트필기 프레임을 고안하는 것이 가장 바람직하다.

노트필기 프레임은 표, 박스로 나누어진 지면, 벤다이어그램(표 13-6의 b), '티노트필기 프레임(T note-taking frame)'(표 13-6의 c), 다른 다이어그램, 흐름도 등의 형태를 취할 수 있으며, 노트필기를 구조화하는 제목으로 사용된 제목 또는 질문을 포함할 수 있다. 글쓰기를 위한 공간은 선택, 단순화, 축약 등을 격려하기 위해 제한될 수 있다. 이러한 노트필기 프레임은 탐구의 요구, 탐구가 요구하는 질문, 요구된 정보의 범주에 따라 구조화되어야 한다. 표 13-6은 장소 간의 유사성과 차이점을 조사하여 기록하기 위한 노트필기 프레임을 보여 준다.

표 13-6. 비교하고 대조하는 탐구

(a) 절차

핵심 질문
• 이 장소/상황/사건은 어떤 점에서 유사한가?
• 그것들은 어떤 점에서 차이가 있는가?

자료
• 두 장소 또는 상황 및 사건에 관해 비교할 수 있는 데이터
• 노트필기 프레임(b와 c 참조)
• 유목적적인 상상적 텍스트

시작
- 학생들에게 짝을 이루어, 예를 들면 초등학교와 중등학교에서 경험한 2가지를 비교하도록 요구하라.
- 아이디어를 수집하고 그것들을 칠판에 있는 노트필기 프레임과 비슷한 구조틀에 기록하라(벤다이어그램 또는 T 다이어그램).
- 비교하기, 유사성, 대조, 차이점 등의 용어를 사용하라.
- 학생들에게 다음을 소개하라.
  1. 학생들이 특별한 목적을 위해 데이터를 비교하고 대조해야 할 필요가 있는 맥락
  2. 학생들이 비교하고 대조할 예정인 데이터
  3. 노트필기 프레임

활동: 데이터 수집하기
- 학생들은 짝으로 그 데이터에 관해 활동을 한다.
- 학생들은 노트필기 프레임에 유사성과 차이점을 기록한다.

종합: 보고서 쓰기를 위한 준비
데이터 수집으로부터의 피드백(학생들에게 이 활동이 설정된 맥락을 상기시켜라)

맥락에 따라 결과보고 질문은 다음을 포함할 수 있다. 어떤 유사점을 발견했나? (칠판에 기록하라.) 이것들이 어떻게 범주화될 수 있나? 가장 중요한 유사점이 무엇이라고 생각하나? 그것들은 누구에게 중요할까? 어떤 차이점을 발견했나? 이것들은 어떻게 범주화될 수 있나? 가장 중요한 차이점이 무엇이라고 생각하나? 이러한 차이점들은 누구에게 중요할까? 데이터에서 어떻게 유사성과 차이점을 찾기 시작했나? 이 전략을 개선할 수 있나? 여러분이 학습한 가장 중요한 요점은 무엇인가? 이것들은 보고서에 어떻게 조직될 수 있나? 각 문단은 무엇에 관한 것일까? 각 문단은 어떻게 시작할 수 있나? 여러분은 어떤 접속어에 대해 생각할 수 있나?

활동: 보고서 쓰기
- 학생들은 유사성과 차이점에 관한 보고서를 쓴다(가급적이면 알고 싶어 하는 상상적인 독자에게 초점을 두라).
- 보고서는 전시를 통해 또는 다음 수업에서 공유될 수 있다.

(b) 대조를 위한 노트필기 프레임: 벤다이어그램

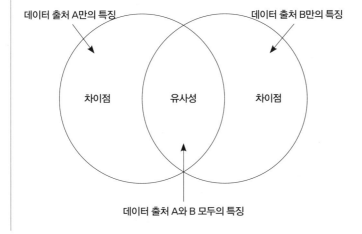

데이터 출처 A만의 특징   데이터 출처 B만의 특징

차이점   유사성   차이점

데이터 출처 A와 B 모두의 특징

(c) 비교하기와 대조하기를 위한 T 다이어그램 형식의 노트필기 프레임

_____와 _____ 간의 유사성
1.
2.
3.
4.

_____와 _____ 간의 차이점

_____	_____
1.	1.
2.	2.
3.	3.
4.	4.
5.	5.

(Roberts, 2003 일부 수정)

4. 글쓰기 계획자

글쓰기 계획자는 학생들의 글쓰기를 돕기 위한 하나의 프레임이며, 비계이다. 글쓰기 계획자는 학생들로 하여금 글쓰기를 구성하는 과정을 경험하도록 한다. 이러한 글쓰기 계획자는 대개 제목, 도입, 본문, 결론 등으로 구성된다. 각 부분에 관한 몇몇 특징은 다음과 같다(Taylor, 2004).

첫째, 많은 학생들이 자신의 말로 제목을 표현하는 것을 매우 어려워한다. 그러나 그것은 교사들에게 학생들이 얼마나 글쓰기 주제를 잘 이해하고 있는가에 대한 훌륭한 척도를 제공해 준다.

둘째, 도입은 학생들이 이 글쓰기에서 무엇을 해야 할 것인가를 나타내는 위치지도, 요소들에 대한 개관(아마 다이어그램을 포함하여), 빠른 요약 등과 같은 것을 포함할 수 있다.

셋째, 본문 쓰기는 글쓰기의 가장 어려운 부분에 해당된다. 본문 쓰기는 학생들에게 글쓰기를 구조화하는 능력을 익히게 한다. 예를 들어, 표 13-7과 같이 '해안관리'와 관련한 글쓰기에 있어서, 이를 구조화하는 한 가지 방법은 2~3개의 특별히 중요한 자연적인 요소, 그 다음은 인위적인 요소를 적절하게 검토하는 것이다. 덜 중요한 요소이지만 여전히 언급할 가치가 있는 것은 보다 큰 요소에 통합할 수 있거나 마지막 단락에서 언급할 수 있다.

넷째, 좋은 결론은 도입에서 제기한 질문 또는 문제에 대해 성실하게 답변하는 것이다. 이러

388

한 답변의 많은 부분은 본문에서 구조한 내용에 의존한다. 본문의 내용을 잘 요약한 후, 자신의 의견을 덧붙인다.

표 13-7. 해안관리 글쓰기 계획자

<h2 style="text-align:center;">글쓰기 계획자</h2>

글쓰기 제목: 여러분이 공부한 해안선과 관련하여, 해안지형의 변화를 설명하는 자연적·인문적 요소들을 분석하라

1. 여러분이 제목에서 핵심 단어라고 생각하는 것에 밑줄을 그어라. 여러분 자신의 단어로, 여러분이 무엇을 하도록 요청받고 있는지 설명하라.

2. 도입을 위해 핵심 포인트를 브레인스토밍하라.

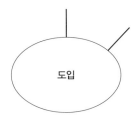

유용한 문구: 'x는 …에 위치해 있다.', '…많은 자연적/인문적 프로세서들이 있다.', '이 글쓰기에서, 나는 …할 작정이다.', '해안선의 x 길이는 다양한 … 포함한다.'

3. 본문 준비하기

이 글쓰기의 질문에 성공적으로 답변하기 위한 핵심 요소는 어떤 프로세서들이 어떤 지형의 형성에 기여하는지를 아는 것이다. 이것을 분류하기 위해 다음을 시도해 보라(최고의 결과를 얻기 위해 동료와 함께 활동하라).

a) 사진카드(photo cards)를 보고, 그 장소들이 지도에서 어디인지 알고 있는가를 체크하라.

b) 각 사진카드가 어떤 지형(들)을 보여 주는지 식별하라.

c) 해안지형에 영향을 미치는 요소카드(factors cards)를 세로 맞추어 보며 읽어라. 이들을 적어도 두 그룹으로 구분하라. 학급의 모든 사람들이 동일한 시스템을 제안했나? 여러분은 자신의 카드를 자신이 선택한 시스템과 연결하는 색깔 코드를 부여하고 싶어 할지 모른다.

d) 지형사진을 선택하고, 그것의 형성에 주요한 영향을 준 카드와 일치시켜라. 여러분이 발견한 결과를 다음 표에 적어라.

지형	그것의 형성에 영향을 미친 요소(숫자를 적어라)

4. 본문 조직하기

본문을 조직하는 다양한 방법이 있다. 여기에 …한 하나의 가능성이 있다.

a) 여러분이 위에 기록한 숫자를 보라. 어떤 요소들이 이 해안선에 가장 큰 영향을 끼친 것 같은가? 이것들을 아래에 적어라.

주요 요소(또는 보다 작은 요소의 그룹)	사례	순서

b) 각 요소를 위해, 이러한 영향으로 형성된 하나의 지형을 선택하라(동일한 요소를 계속해서 사용하지 않도록 하라). 각 프로세서와 사례는 여러분 글쓰기에서 짧은 섹션을 형성할 수 있다.

c) 여러분은 자신의 단락을 어떻게 배열할 것인가를 결정하라.(일찍이 여러분은 그 카드를 어떻게 분류했는가?)

---

5. 본문 쓰기

여러분이 계획한 구조와 순서를 따르라. 적절한 때에 지도와 주석이 달린 다이어그램을 사용하라. 독자로 하여금 여러분의 논거를 따르도록 돕는 것을 잊지 마라.

유용한 문구: '…에 세 가지의 주요 요소가 있다.', '첫째 …, 둘째 …, 셋째 …', '또 다른 사례는 …', '그러나 x지역에서는 …', '대조적인 사례는 …'

6. 결론

이것은 정말 중요하지만, 쓰는 데 매우 어려울 수도 있다. 다음을 시도하라.

a) 여러분이 지금까지 했던 것을 요약하기
b) 글 전체를 함께 나타내기 위해 흥미로운 무엇인가를 언급하기(예를 들면, 여러분은 인문적 요소와 자연적 요소 중 어떤 것이 이 지역에서 더 영향을 미친다고 생각하나? 여러분은 이 글쓰기에서 개별적인 요소들을 끌어냈지만, 그것들이 독립적으로 작동하는가?)

유용한 문구: '이 글쓰기에서, 나는 …의 개요를 말하였다.', '요약하면, 다섯 가지의 …가 있다.', '그러므로 …', '게다가…'

(Taylor, 2004)

지리 교재 연구 및 교수법

5. 결과 다이어그램

'결과 다이어그램'은 힉스(Hicks, 2001)가 고안한 것이다. 이는 미래의 결과를 예측하는 데 사용할 수 있는 유용한 프레임으로 '미래 바퀴'라고도 불린다(그림 13-1). 따라서 이는 미래교육에 적용할 수 있는 적절한 프레임이다. 미래 활동은 3가지 P(가능성, 실현가능성, 선호도)와 관련된 질문에 초점을 맞춘다.

- 가능한 미래(possible futures): 무슨 일이 벌어질 수 있을까?
- 개연성 높은 미래(probable futures): 무슨 일이 발생할 가능성이 가장 높은가?
- 선호하는 미래(preferable futures): 우리는 무슨 일이 벌어지는 것을 선호하는가?

이 질문들에 대한 답변은 미래 사고(future thinking)에 있어서 어떤 방법(즉 양적·질적)을 사용하는가에 달려 있다. 양적 방법은 현재 데이터로부터 예측하는 것에 관심을 갖는다. 예측에 관련된 핵심적인 탐구질문은 다음과 같다.

- 이 경향이 지속된다면 단기적으로(1~5년) 무슨 일이 벌어질까?
- 이 경향이 지속된다면 장기적으로(10년 이상) 무슨 일이 벌어질까?

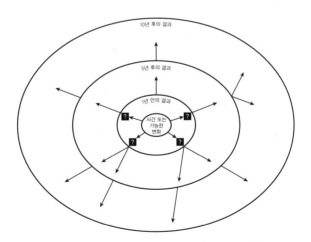

그림 13-1. 결과활동을 위한 프레임(Hicks, 2001)

• 이 예측들은 얼마나 가능성 있는가? 왜 이것들은 틀릴 수도 있을까?

질적 방법은 미래에 대한 느낌, 태도, 가치, 도덕적 판단에 대한 느낌에 보다 관심을 갖는다. 핵심적인 탐구질문은 다음을 포함할 수 있다.

• 미래를 위해서 어떤 대안들이 있는가?

• 선호하는 미래는 어떤 모습일까? (희망찬 미래, 유토피아적 미래, 가장 공정한 미래)

• 최악의 미래는 어떤 모습일까? (두려운 미래, 재난의 미래)

• 미래에 대해 예상된 것에서 누가 이익을 보며, 누가 손해를 보는가?

• 나는 무엇을 선호하는가?

표 13-8은 결과 다이어그램을 활용한 하나의 사례를 보여 주며, 표 13-9는 결과활동을 활용하기 위한 일반적 절차를 보여 준다.

표 13-8. 한 지역의 서비스 변화의 미래 결과

절차

핵심 질문
• 동네에는 어떤 서비스가 있는가?
• 만약 서비스가 보태지거나 제거된다면, 동네에 어떤 영향이 있을까?
• 이것은 동네의 미래에 어떤 영향을 미칠까?
• 직간접적 결과는 무엇인가?

도입활동: 생각 키우기(snowballing)
도입: 여러분 동네에는 어떤 유형의 서비스가 있는가? 여러분 동네에 어떤 서비스가 필요하다고 생각하는가?
학생들은 둘씩 짝지어 동네의 서비스에 대해 논의한다.
• 학생들은 서비스 목록을 작성하고, 자기들이 가장 중요하다고 생각하는 것과 동네에 결여된 것을 파악한다.
• 다른 모둠과 합쳐서 4명이 한 모둠이 되어 동네마다 중요한 것, 결여된 것에 대해 논의한다. (학생들은 새로운 목록을 작성한다.)
• 4명으로 구성된 모둠마다 목록에서 보태거나 제거하고 싶은 서비스 하나를 선정한다.

집단활동: 결과
학생들은 플립차트 종이 위에 결과 다이어그램(그림 13-1)을 작성하며, 그들이 선정한 서비스를 보태거나 제거할 경우의 결과를 파악한다.

정리: 발표, 토론, 정리

선정된 모둠은 결과 다이어그램으로부터 자신들이 찾은 것을 발표한다.

(가능한) 정리 프롬프트: 여러분 모둠은 무엇을 보태거나 제거하기로 선정하였는가? 왜? 그 결과는 무엇이며, 왜 그런가? 어떤 결과가 단기적인 것(1~2년)이며, 어떤 것이 장기적인 것(10년 이상)인가? 이 결과들에 대해 어떻게 생각하는가? 동네의 다른 사람들은 이 결과들에 대해 어떻게 생각하리라고 짐작하는가? 여러분 생각에 이 변화들이 발생할 것 같은가? 왜 그런가? 혹은 왜 그렇지 않은가?

(Roberts, 2003)

표 13-9. 결과활동을 활용하기 위한 일반적인 절차

절차

핵심 질문

이것이 미래에 대해 지닌 함의는 무엇인가?

도입

- 학생들에게 깜짝 놀랄 만한 통계, 사건, 변화, 예측에 대한 정보를 제시한다. 이것은 신문 헤드라인, 통계, 제안된 변화, 비디오 클립의 형식일 수도 있다.
- 교사는 현재 상황에 대해 학생들이 알고 있는 것을 끌어낸다. (만약) 필요하다면 정보를 제공한다.
- 교사는 학생들이 이 정보가 어떤 차이를 만들 수 있을지에 대해 숙고하도록 격려하고, 결과에 대한 2~3가지 생각을 수집한다. 이것들을 예시용 결과 다이어그램에 표시하도록 한다.

활동: 결과

학생들은 둘씩 혹은 소모둠을 이루어 결과 다이어그램을 작성하는 작업을 한다. 이것은 그림 13-1에서처럼 확장된 거미 다이어그램으로서, 그 위에 결과들을 기록한다. (1차 결과 다음에 2차 결과, 그 다음에 3차 결과 식으로)

중간 정리

이것은 학급 전체로나 둘씩 또는 모둠별로 할 수 있다.

가능한 프롬프트: 여러분은 1차 결과를 무엇이라고 생각하는지 궁금하구나. 왜 이 결과가 나타났을까? 이것 그 이상의 결과가 더 있는가? 여러분은 그것을 어떻게 찾아냈는가?

활동: 결과의 범주화

학생들은 둘씩 짝지어 이 결과들을 범주화한다. 학생들에게 자신의 다이어그램에 표시한 것들을 범주화하는 자신만의 방식을 고안하도록 지도한다. 이것은 보다 도전적이며 '정리'에서 더 나은 토론으로 이끌 수 있다. 대안적으로 학생들에게 일련의 범주들을 제시할 수도 있다.

- 가능한 / 불가능한
- 단기적 / 장기적
- 중요한 / 덜 중요한
- 모든 사람에게 영향 미치는 / 일부 사람에게 영향 미치는
- 긍정적 / 부정적
- 의도한 / 의도하지 않은

(Roberts, 2003)

6. 개발나침반

1) 정의

개발나침반(DCR: Development Compass Rose)은 버밍엄 개발교육센터(Birmingham DEC, 1995)에서 만든 것으로 지리적 질문하기와 이미지 분석을 위해 널리 사용된다. 개발나침반은 자연적(Natural), 경제적(Economic), 사회적(Social), 누가 결정하나?(Who decides?)[즉 정치적(Political)](DEC, 1992)라는 질문을 이용하여 이미지를 분석하는 데 사용된다. 즉 개발나침반은 나침반의 포인트의 첫 번째 문자들을 사용하기 때문에 쉽게 기억된다(Roberts, 2013).

영국에서는 개발교육을 지원하기 위해 지역마다 개발교육센터(DEC)가 설치되어 있는데, Tide~(Teachers in development education)는 버밍엄 소재 개발교육센터이다. Tide~는 학교교육과정에 글로벌 차원과 개발관점을 도입하기 위해 개발교육센터에 참여하는 교사들의 네트워크로서 학생들에게 글로벌 학습, 즉 글로벌 차원(global dimensions), 개발교육(development education), 인권의 원리(human rights principles)에 대한 이해를 충족시켜 주기 위해 노력하고 있다. Tide~는 학생들에게 개발쟁점에 대해 더 쉽게 접근할 수 있도록 일련의 프로그램과 아이디어를 제공하고 있다.

Tide~는 개발교육을 글로벌 학습의 핵심 요소로 인식하고 있으며, 학생들에게 글로벌 학습에 대한 권리를 부여하려고 노력하고 있다. 특히 Tide~는 글로벌 차원과 개발쟁점에 대한 여러 출판물을 통해 개발교육, 글로벌 학습에 기여해 오고 있다. 글로벌 차원과 개발교육을 지원하기 위해 개발된 대표적인 사례가 '개발나침반'이며, 이는 지역에 대한 다양한 질문을 할 수 있도록 도와준다. 즉 개발나침반은 지역성을 표상하는 사진을 통해 환경, 사회, 경제, 정치적인 쟁점

사이의 상호작용을 탐구할 수 있는 질문을 이끌어 낸다.

또한 개발나침반은 매우 상이한 상황에서 나타나는 것들 사이의 유사점을 발견하도록 도움을 준다. 개발나침반은 우리 자신의 지역뿐만 아니라 우리에게 익숙하지 않은 다른 지역의 쟁점들을 탐구하도록 하는 데도 사용할 수 있다. 그리고 개발나침반은 특정 상황에 영향을 주는 요소들의 스펙트럼을 인식할 수 있도록 열린 해석을 가능하게 하는 체크리스트이다. 우리에게 익숙한 로컬 상황에 관한 질문들은 이후 다른 곳의 쟁점을 탐구하기 위한 출발점으로서 사용할 수 있으며, 우리에게 덜 익숙한 상황에 관한 질문들은 다시 우리 자신의 로컬 상황에 관한 새로운 통찰을 제공해 주는 출발점으로서 사용할 수 있다.

2) 구성

개발나침반은 우리에게 어떤 장소 또는 상황에 있는 개발쟁점들에 관한 일련의 질문을 하도록 격려하는 하나의 구조적 틀이다. 우리가 익숙하지 않은 영역에서 방향을 찾기 위해 사용하는 나침반처럼, 개발나침반은 어떤 지역 또는 장소를 표상하는 사진을 탐구하는 데 사용될

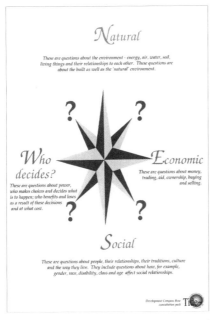

그림 13-2. Tide~의 개발나침반(DCR)(Tide~, 1995)

수 있다(Tide~, 1995). 그림 13-2와 같이 개발나침반은 개발쟁점들과 그 환경과의 상호관련성, 사회적·경제적·정치적 쟁점에 관한 질문들을 끌어오기 위해 사용된다. 북(North), 남(South), 동(East), 서(West) 대신에 4개의 주요 방위는 각각 자연적/생태학적 질문(Natural/ecological questions), 사회·문화적 질문(Social and cultural questions), 경제적 질문(Economic questions), 누가 결정하는가? 누가 이익을 얻는가?(즉 정치적 질문)(Who decides? Who benefits?) 등을 표상한다(Tide~, 1995).

개발나침반은 4방위뿐만 아니라 대각선에 대해 고려할 때 가장 흥미로운 질문과 논쟁이 발생한다. 대각선은 자연과 경제(NE), 자연과 정치(NW) 등과 같이 4개의 주요 방위 사이의 관계에 초점을 맞춘다. 예를 들어 북동 방위는 자연세계에 경제적인 활동이 어떻게 영향을 미치는가에 대한 질문들을 끌어내고, 남동 방위는 경제적인 활동과 사람들의 삶 사이의 관계에 대한 질문들을 이끌어 낸다. 또한 북/남과 동/서 관계를 고려하는 것도 중요하다.

표 13-10. 4방위 및 대각선의 4방위와 관련한 질문

방위	질문
북(North) 자연적/생태적 질문 (Natural/ecological questions)	이들은 에너지, 공기, 물, 토양, 생명체, 그들 서로 간의 관계 등과 같은 환경에 대한 질문이다. 이 질문들은 '자연'환경뿐만 아니라 건조환경에 관한 것이다.
남(South) 사회·문화적 질문 (Social and cultural questions)	이들은 사람, 사람 사이의 관계, 전통, 문화, 삶의 방식 등에 관한 질문이다. 이 질문들은, 예를 들면 사회적 관계에 영향을 주는 성, 인종, 장애, 계급, 연령 등에 관한 질문을 포함한다.
동(East) 경제적 질문 (Economic questions)	이들은 돈, 무역, 원조, 소유, 매매 등에 관한 질문이다.
서(West) 정치적 질문 (Who decides? Who benefits?)	이들은 무엇이 일어날 것인가를 누가 선택하고 결정할 것인가, 이러한 결정들의 결과로 누가 얼마만큼 이익을 얻고 손해를 보는가와 관련한 권력에 관한 질문이다.
NW	환경은 미래 세대를 위해 보호될까? 무엇이 미래 세대의 환경에 영향을 줄까? 동일한 자원들이 그들에게 유용할까?
NE	자연환경에 대한 경제적 활동의 영향은 무엇인가? 이러한 활동은 지속가능한가?

396

SE	어떤 경제적 기회들이 있는가? 그것들은 모든 집단의 사람들이 접근하기에 용이한가?
SW	사람들은 변화에 영향을 주기 위해 어떤 방식으로 조직할까?

(계속) (Tide~, 1995)

지리는 학생들로 하여금 인간과 장소에 대해 인식하고, 다른 지역의 인간과 장소의 상호작용을 이해하도록 한다. 좋은 지리는 부분적인 장소가 더 넓은 장소, 세계적인 시스템과 어떻게 연결되어 있는지 탐구할 것을 요구한다(DEA, 2004). 로컬 쟁점에 대한 탐구는 세계의 다른 지역의 쟁섬을 탐구하는 출발점이 된다. 상이한 스케일이 그려진 개발나침반을 사용한 활동은 글로벌 맥락과 글로벌 수준에서 기능하고 있는 자연적·경제적·사회적·정치적 시스템에 대한 보다 나은 이해를 가능하도록 한다. 즉 개발나침반을 사용해서 로컬 수준에 영향을 미치는 요인들, 국가 또는 글로벌 단위에서 영향을 미치는 요인들을 탐구할 수 있다. 나아가 이 세 스케일에서 나타나는 영향력과 다른 로컬 간의 관련성에 대해서도 탐구할 수 있다. 먼저 로컬과 관련된 쟁점을 확인하면 다른 나라의 유사한 쟁점에 초점을 맞출 수 있다. 이를 통해 두 스케일 간의 유사점과 차이점은 무엇인지, 공통의 해결방안은 있는지에 대해 생각할 수 있다. 나아가 로컬 쟁점을 통해 다른 지역이나 국가의 쟁점들을 이해할 수 있으며, 로컬 쟁점이 지역적·국가적·세계적인 요인들에 의해 영향을 받는 것들을 인식할 수 있다(그림 13-2, 표 13-10).

작은 또는 로컬 스케일에 대해 학습할 때, '개발나침반'은 이에 영향을 미치는 상이한 스케일에 대해 사고하도록 하는 데 유용하다(그림 13-3). 나침반의 각 지점은 장소에 영향을 미치는 4개의 주요한 차원 또는 프로세스로 대체된다. 즉 북쪽(N)은 자연적·환경적 프로세스(Natural and environmental process), 남쪽(S)은 사회적·문화적 프로세스(Social and cultural process), 동쪽(E)은 경제적 프로세스(Economic process), 서쪽(W)은 정치적 프로세스(Who decides? Political process)로 대체된다. 이러한 자연적·환경적, 사회·문화적, 경제적, 정치적 프로세스 간의 상호작용은 사람과 장소를 이해하는 데 필수적이다. 이러한 점에서 개발나침반은 장소학습을 탐구의 초점에 둔 지리학습에 뿌리내릴 수 있도록 도와준다.

로빈슨(Robinson, 1995)에 의하면, 멀리 있는 장소와 사람에 대한 학습은 가까이 있는 작은 또는 로컬 스케일에서의 장소와 사람에 대한 학습과 연계되어야 한다. 예를 들어, 브라질의 파벨라(Favela)에 대한 학습을 위해서는 자신이 살고 있는 가까운 작은 또는 로컬 스케일의 지역에 사는 사람들의 삶과 연계하여 배울 필요가 있다. 또한 로빈슨(1995: 27)은 교사들이 활동계획을 설계하는 도구로서 매트릭스를 사용할 때, "선택된 스케일에서의 학습에 확실하게 초점을 두어라. 그러나 각 학습에서 프로세스에 대한 이해를 높이기 위해 전체 스케일로 올라가라. 그리고 장소와 사람들의 실재(현실)를 학습하기 위해 다시 로컬 스케일로 내려와라."라고 주장한다. 이와 유사하게 매시(Massey, 1991)는 장소를 '상호관계의 망(a web of interrelationship)'의 일부라고 하면서, 열린 장소감 또는 다중정체성(multiple identities)으로서 '세계적 지역감(global sense of local)' 또는 '세계적 장소감(global sense of place)'을 강조한다.

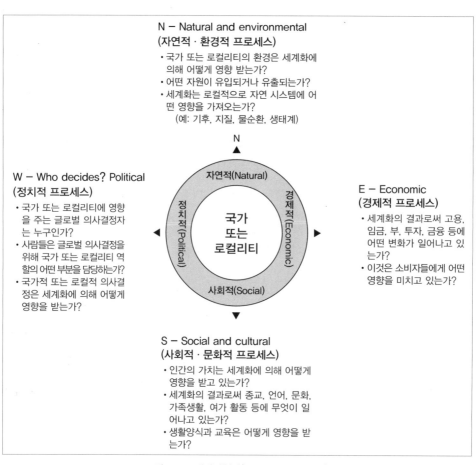

그림 13-3. 개발나침반(Carter, 2000: 178)

3) 사례

버밍엄의 개발교육센터(DEC)에서 제공한 개발나침반을 이용하여, 적절한 이미지의 세부적인 모습을 구조화할 수 있다. 개발나침반은 학생들로 하여금 이미지에 대한 그들의 반응을 성찰할 수 있도록 도와주는 하나의 활동으로 이끈다. 버밍엄의 개발교육센터는 사진꾸러미를 제공하고 있는데, 이는 도전적인 학습활동을 조직할 때 주요한 자원으로 이용될 수 있다. 개발나침반을 활용한 사진 읽기 사례는 그림 13-4와 그림 13-5와 같다.

그림 13-4의 사진은 남부 이라크의 습지대를 배경으로 하고 있다. 이곳에 살고 있는 사람들은 마쉬 아랍(Marsh Arabs)으로, 물 위에 떠 있는 실트(silt)와 갈대로 구성된 섬에 살고 있는 세계에서 가장 원시적인 부족 중의 하나이다. 1990년대에 사담 후세인은 마쉬 아랍을 쫓아내기 위해 습지대에 있는 물을 퍼내었으며, 이 지역은 사막으로 변하기 시작하였다. 이로 인해 많은 마쉬 아랍이 도시로 가거나 난민 캠프로 갔다. 그러나 2004년에 실시된 프로젝트에 의해 습지대가 다시 복원되었다. 개발나침반은 이러한 배경을 가진 장소의 사진과 관련된 질문을 던지고 답

그림 13-4. 이라크의 마쉬 아랍(Marsh Arabs)이 살고 있는 습지대(Geog. 3: 6-7)

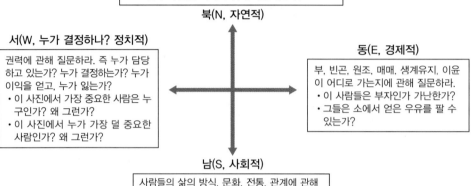

북(N, 자연적)

자연환경(기후, 생물, 물, 다른 자연 자원 등)에 관해 질문하라. 그리고 사람들이 자연환경과 어떻게 상호 작용하고, 자연환경에 영향을 주는지에 대해 질문하라(예를 들면 농사를 짓고 건물을 지음으로써).
• 이 갈대 섬은 얼마나 큰가?
• 그들이 이 물을 마시기 위해 사용하는가?

서(W, 누가 결정하나? 정치적)

권력에 관해 질문하라. 즉 누가 담당하고 있는가? 누가 결정하는가? 누가 이익을 얻고, 누가 잃는가?
• 이 사진에서 가장 중요한 사람은 누구인가? 왜 그런가?
• 이 사진에서 누가 가장 덜 중요한 사람인가? 왜 그런가?

동(E, 경제적)

부, 빈곤, 원조, 매매, 생계유지, 이윤이 어디로 가는지에 관해 질문하라.
• 이 사람들은 부자인가 가난한가?
• 그들은 소에서 얻은 우유를 팔 수 있는가?

남(S, 사회적)

사람들의 삶의 방식, 문화, 전통, 관계에 관해 질문하라.
• 보트에 있는 두 사람은 어디에 갔다 왔는가?
• 왜 중앙에 있는 오두막은 다른가?

그림 13-5. 사진 분석을 위한 프레임으로서 '개발나침반'의 질문

변을 찾는 데 도움을 주며, 이 장소의 사람들과 그들의 삶에 관해 더 많은 것을 발견할 수 있도록 도와준다. 개발나침반은 나침반에 근거하여 각각의 방위에 해당되는 질문을 부여하며, 이는 상이한 방식으로 사용될 수도 있다. 예를 들면, 그림 13-5에 제시된 질문들과 같이 사진에서 실제로 볼 수 있는 것에 관한 질문에 답변할 수도 있고, 이 사진의 배후에 숨겨져 있는 것에 관해 보다 심층적인 질문을 할 수도 있다.

4) 한계

모든 프레임과 같이 개발나침반은 한계를 가지고 있다. 이것은 먼저 학생들이 5Ws를 사용하는 것보다 더 어렵다. 왜냐하면 이것은 지리의 환경적·사회적·경제적·정치적 양상들의 구분에 대한 이해를 요구하기 때문이다. 그러나 이것은 학생들이 지리에서 진보하려고 한다면 할 수 있어야 하는 구분들이다. 따라서 학생들이 이러한 용어들을 이해할 수 있도록 돕기 위해 개발나침반을 빈번하게 사용한다. 질문들은 모든 활동단원에서 적합하지 않을 수 있지만, 모든 프레

400

지리 교재 연구 및 교수법

임과 같이 각 나침반 아래에 포함될 수 있는 더욱 특별한 것들을 제안하거나 더 구체화함으로써 수정될 수 있다. 북(N)은 자연환경에 제한될 수 있다. 특정 탐구를 위해 남(S)은 다양성, 예를 들면 젠더, 민족성, 계층, 장애에 따른 다양성에 제한될 수 있다. 다른 프레임과 달리 개발나침반은 권력관계에 관한 질문을 격려하지만, 미래 또는 무엇이 일어나야 하는지에 관한 질문을 명백하게 격려하지는 않는다. 이러한 차원들은 각각의 나침반을 위해 제공된 안내에 포함될 수는 있다(Roberts, 2013).

7. 비전 프레임

먼저 비전 프레임은 로빈슨과 서프(Robinson and Serf, 1997)에 의해 처음 제시된 것으로, 한 장의 사진자료를 상세하게 분석하기 위한 목적으로 만들어졌다(그림 13-6). 로빈슨과 서프(1997: 57)는 표 13-11과 같이 사진을 활용하여 개발할 수 있는 학습기능을 8가지로 제시하면서, 이를 촉진하기 위한 비계 장치로서 비전 프레임을 제시하고 있다. 이러한 비전 프레임을 더욱더 발전시킨 사람은 바로 테일러(Taylor, 2004)이다. 사진과 그림이 광고에 사용될 때 많은 함축적인 정보를 담고 있는 것처럼, 비전 프레임은 사진은 포함한 이미지를 분석하는 기능에 특별히 초점이 맞추어져 있다. 학생들은 교사에 의해 제공된 이미지나 자신이 가져온 이미지를 비전 프레임의 구조에 집어넣고, 이를 활용해 이미지 분석 기능을 적용하게 된다. 비전 프레임은 하나의 이미지를 세부적으로 관찰하고 숙고할 수 있는 구조를 제공해 준다.

표 13-11. 사진을 활용하여 개발할 수 있는 학습기능

• 신중하게 시각자료를 관찰하고, 말로 논평하기
• 시각자료로부터 정보를 습득하기
• 정보를 분석하고 평가하기
• 자신의 관점을 이미지와 관련시키기
• 상이한 해석에 대한 가치를 인식하기
• 이미지에 대한 해석을 글 또는 말로 표현하기
• 묘사된 인간 또는 상황과 감정이입하기
• 사진들 간의 연계를 만들기

(Robinson and Serf, 1997: 57)

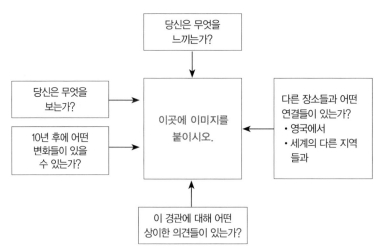

그림 13-6. 비전 프레임(Robinson and Serf, 1977: 58)

교사는 학생들의 탐구활동이 피상적이지 않고 엄밀하도록 하기 위해 비전 프레임을 사용하여 새로운 이미지를 세부적으로 검토하도록 격려할 필요가 있다. 그림 13-7은 케냐의 한 농촌 마을에서 김매기를 하고 있는 가족의 사진과, 이 사진에 대한 다양한 질문으로 구성된 비전 프레임을 결합하고 있다. 따라서 비전 프레임은 하나의 이미지를 세부적으로 관찰하고 숙고하는 과정에 대한 구조를 제공해 준다.

한편 학생들은 짝으로 활동하는데, 그들은 발견한 결과를 토론하고 서로를 지원한다. 비전 프레임은 두 개의 버전이 제공되는데, 그림 13-8의 (a)는 (b)보다 좀 더 많은 비계(scaffolding)를 제공하고 있다. 어떤 버전을 사용하든지 간에 A3 사이즈로 확대 복사하여 사용하도록 하고, 학생들에게 중앙에 포장지에서 잘라 낸 사진을 붙이도록 지도해야 한다. 만약 이미지가 너무 크거나 학생들이 완제품으로 가져왔다면 비전 프레임의 옆에 두고 대신에 그 제품의 제목만 중앙에 써도 된다. 학생들은 짝과 함께 그 이미지에 대해 토론해야 하고, 질문의 계열에 따라 활동지에 답을 써야 한다. 이렇듯 지리수업에서 비전 프레임을 통한 이미지 또는 사진 분석 활동은 모둠학습을 통해 이루어지는 것이 바람직하다(Taylor, 2004). 모둠학습을 통해 모둠별로 서로 협동하면서, 이미지에 대한 자신들의 생각과 느낌을 공유할 수 있기 때문이다.

비전 프레임은 하나의 일반적인 모델로서 고안되었기 때문에 다른 탐구 계열에서도 사용될 수 있다. 따라서 비전 프레임은 학생들로 하여금 일련의 전체 이미지를 탐구하도록 도울 수 있을 것이다.

402

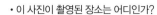

그림 13-7. 비전 프레임을 통해 사진 읽기(Taylor, 2004: 11-12; Lambert and Balderstone, 2000: 136)

(a)

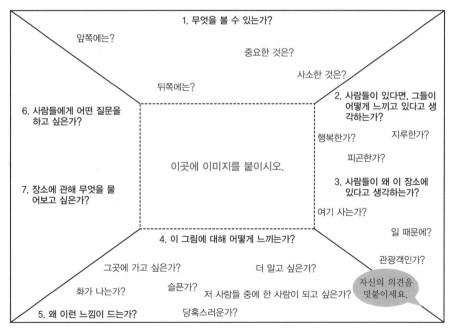

(b)

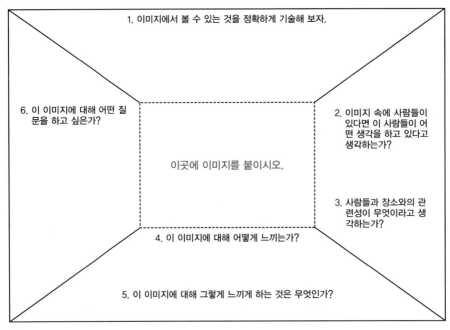

1. 이미지에서 볼 수 있는 것을 정확하게 기술해 보자.

6. 이 이미지에 대해 어떤 질문을 하고 싶은가?

2. 이미지 속에 사람들이 있다면 이 사람들이 어떤 생각을 하고 있다고 생각하는가?

이곳에 이미지를 붙이시오.

3. 사람들과 장소와의 관련성이 무엇이라고 생각하는가?

4. 이 이미지에 대해 어떻게 느끼는가?

5. 이 이미지에 대해 그렇게 느끼게 하는 것은 무엇인가?

그림 13-8. 비전 프레임을 통한 교육과정차별화

8. 추론의 층위 프레임

1) 특징과 활용

지리적 질문에 답변하는 기능은 그래픽 형태(지도, 표, 그래프)로 조직된 정보에 근거하여 추론할 수 있는 능력뿐만 아니라, 구술과 활자 내러티브로 조직된 정보에 근거하여 추론할 수 있는 능력을 포함한다(Brown and LeVasseur, 2006).

고고학자들은 조사를 할 때, 그들이 발견한 것을 그들이 이미 알고 있는 것과 관련시킨다. 즉 현명한 추측 또는 추론을 한다. 추론의 층위(layers of inference) 프레임은 고고학자들이 수집한 증거의 항목들을 다루는 이러한 방법에 기원을 가지고 있다(Collingwood, 1956).

추론의 층위 프레임은 '의미의 층위(layers of meaning)' 또는 '추론 다이어그램의 층위(layers of inference diagrams)'라고도 불리며, 언어적 자료와 시각적 자료를 함께 학습하기 위해 역사수업

지리 교재 연구 및 교수법

에서 널리 사용되어 왔다(Cooper, 1992; Riley, 1997). 추론의 층위 프레임은 원래 초등학교에서 사용하기 위해 고안되어 어린이들에게 역사적 자료(사료)의 유용성을 다양한 수준에서 고찰하도록 한 것이다.

추론의 층위 프레임은 그림 13-9와 같이 가운데는 지도, 사진, 그래프, 텍스트 등을 붙이고 이에 대한 4개의 질문을 가진 프레임의 형식을 띤다. 중심에서 밖으로 나가면서 질문의 위계가 높아지며, 가장 중심에 자리하고 있는 질문은 사진 속에서 구체적이고 확실한 것을 발견하도록 요구한다. 다음 질문은 학생들에게 데이터가 확실히 말하는 것과 추론할 수 있는 것을 구별하도록 한다. 추론의 층위 프레임을 활용한 활동은 학생들에게 상이한 의미의 층위, 즉 상이한 확실성의 정도를 가진 각각에 관해 깊이 탐구하도록 한다. 이러한 추론의 층위 프레임은 A4 용지나 A3 용지에 사진을 붙이고 위아래, 좌우로 답변을 쓸 수 있는 공간을 가진 활동지로 사용될 수 있다.

이러한 추론의 층위 프레임을 사용하면 학생들이 사진, 텍스트, 지도, 그래프 등의 자료로부터 추론하는 기능을 강화시킬 수 있다. 또한 교사는 추론의 층위 프레임을 이용하여 학생들에게 자신이 명확하게 볼 수 있는 것, 자료로부터 추론할 수 있는 것, 제공된 자료로부터 말할 수 없는 것을 구별하는 연습을 시킬 수 있다(Roberts, 2006: 99; Taylor, 2004).

추론의 층위 프레임은 학생들이 보다 긴 텍스트에 몰입하기를 바랄 때, 특정 주제에 대하여 세부 내용을 추출해 내거나, 이러한 세부 내용에서 좀 더 폭넓게 중요한 부분을 고려하거나(추론), 보다 심층적인 활동을 구조화하는 데 도움을 줄 질문을 만들 때 매우 유용하다.

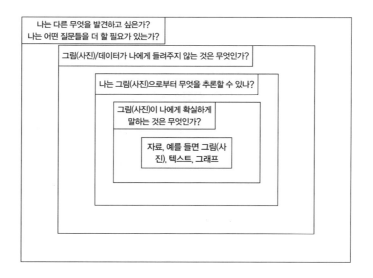

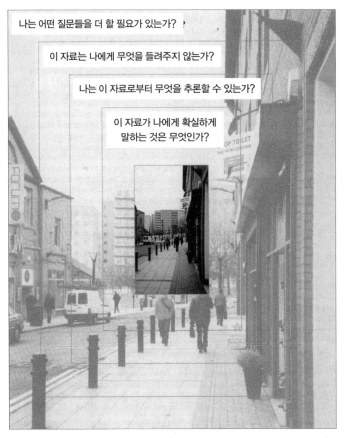

그림 13-9. 추론(의미)의 층위 프레임(Roberts, 2013; Roberts, 2006: 99)

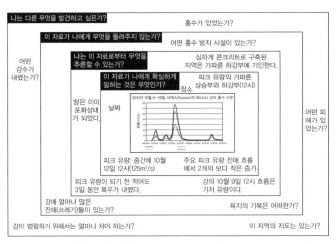

그림 13-10. 완성된 추론의 층위 프레임: 홍수 수문 그래프(Roberts, 2013)

2) 목적/고려사항/절차

로버츠(Roberts, 2013)는 추론의 층위 프레임을 사용하는 목적, 고려사항, 절차를 다음과 같이 제시한다.

추론의 층위 프레임은 학생들에게 다음을 하도록 격려한다.
- 지리적 원자료가 보여 주는 것을 구체화하도록 지리적 원자료를 면밀히 검토한다.
- 추론을 하거나 현명한 추측을 위해 그들의 사전지식을 끌어온다.
- 어떤 지리적 원자료가 단지 부분적인 증거를 제시하는지를 알게 된다.
- 호기심을 가지고 질문하게 한다.
- 그들의 아이디어들을 서로 토론한다.
- 증거에서 보이는 것, 보이지 않는 것을 비판하고 면밀히 조사한다.
- 그들이 이미 알고 있는 것을 드러내며, 그들이 가진 오개념이나 오해를 드러낼 수도 있다.

추론의 층위 프레임을 사용하기 위해 계획할 때 고려해야 할 사항은 다음과 같다.
- 추론의 층위 프레임은 핵심 질문의 조사에 기여할 수 있는가?
- 활동단원 동안에 이 프레임을 사용하기 위한 최선의 시간은 언제인가? 시작에서, 자극을 위해, 이후 특정 증거에 초점을 두기 위해, 복습으로?
- 학생들이 원자료에 관해 추론하거나 현명한 추측을 하기 위한 충분한 사전지식과 추론능력을 가지고 있을 것이라고 가정하는 것은 당연한가?
- 학생들은 이 프레임을 사용하기 전에 어떤 맥락적인 정보를 제공받을 필요가 있는가?
- 만약 학생들이 이전에 이 활동을 수행하지 않았다면, 이것은 전체 학급활동으로 수행되어야 하는가, 아니면 상이한 사례를 통해 이야기함으로써 시범을 보여 주어야 하는가?
- 이 활동은 짝으로 또는 소규모 모둠으로 수행되는 것이 최선인가?
- 이 활동은 어떻게 결과보고되어야 하는가?
- 이 활동은 후속 활동과 어떻게 연결될 수 있는가?

추론의 층위 프레임을 사용하기 위한 일반적인 절차는 다음과 같다.

- 학생들이 탐구의 초점을 형성하는 핵심 질문을 확실히 알도록 하라.
- 원자료에 대해 필요한 맥락적 정보를 제공하라.
- 학생들에게 서로 협동하여 프레임의 아이디어와 질문을 토론하고 쓰도록 요청하라.
- 결과보고를 통해 학생들이 질문 각각에 제안한 것을 공유할 기회를 갖도록 하라. 해석 또는 추론에서의 실수를 수정하고 질문에 관해 논평하는 것은 도움이 될 것이다.
- 어떤 종류의 원자료가 가장 적절할까? 다른 모둠은 다른 자료에 초점을 두어야 하는가?
- 층위에 질문을 나타내는 것을 선호하는가? 아니면 워크시트에 질문을 나타내는 것을 선호하는가?

9. 5Ws(무엇? 어디에? 누가? 언제? 왜?)

1) 정의

5Ws는 니콜스와 킨닌먼트(Nichols and Kininnment, 2001)의 *More Thinking Through Geography*에 제시된 전략 중의 하나이다. 5Ws는 학생들에게 질문하도록 하고 특별한 종류의 질문을 하는 기저 논리를 특별한 방법과 특별한 순서의 측면에서 고려하도록 하는 접근이다. 이 것은 학생이 증거의 2차 자료를 선정하고 사용하고자 할 때 도움을 줄 수 있다. 왜냐하면 학생 들은 그들이 무엇을 알 필요가 있는지, 유용한 자료에 접근하기 전에 왜 그것을 발견할 필요가 있는지에 관해 생각해야 하기 때문이다.

5Ws 접근의 중요한 장점은 지리뿐만 아니라 역사와 같은 범교육과정의 다른 학습 상황에 쉽게 전이될 수 있다는 것이다. 그곳에서 학습자는 자료의 다양성을 이해하고 평가하도록 도전받는다. 즉 5Ws는 정보와 아이디어가 통일성이 있고, 구조화되고, 상세한 반응들을 생산하기 위한 '선행조직자(advance organizer)'이다.

따라서 5Ws는 단지 질문하는 것에 국한되지 않는다. 왜냐하면 학생들이 스스로 질문을 구상할 때, 그들이 기대하는 답변을 고려할 것이기 때문이다. 학생들은 그들이 접근하는 자료가 모든 질문에 반드시 답변을 제공하는 것은 아니며, 질문과 관련이 없을 수도 있다는 것을 배운다. 학생들은 5Ws를 통해 자료, 자료의 출처, 자료의 신뢰성과 타당성을 분류하고 질문하도록 격려받는다.

2) 특징

5Ws 프레임은 그림 13-11(Nichols and Kinninment, 2000에 의해 개발된)과 같으며, 이는 널리 사용되고 있다. 이것은 단순하다는 이점을 가지고 있어 각 질문을 위한 시작 단어가 쉽게 이해된다.

이 프레임의 중앙에는 주로 사진을 두지만, 영화나 그래프 등을 포함하기도 한다. 또한 5Ws 프레임은 다양한 질문을 격려하는 이점을 가지고 있다. 그러한 질문들 중에는 기술적이거나 사실적인 반응을 요구하는 것이 있는가 하면, 설명을 요구하는 것도 있다(Roberts, 2013).

그러나 5Ws 프레임의 주요 한계는 다양한 지리의 양상들에 초점을 두는 질문들을 명백하게 격려하지 않는다는 것이다. 예를 들면, 이 프레임은 의사결정과 관련된 질문들을 격려하지 않는다(What ought to happen?).

이러한 5Ws 프레임은 프로세스(How?), 특징적 차원(What might happen if…?), 윤리적 차원(What ought…?)을 끌어와서 부가적인 질문을 추가함으로써 8각형 구조로 변형될 수 있다. 이 8각형 프레임은 그림 13-12와 같이 7Ws와 H를 포함한다.

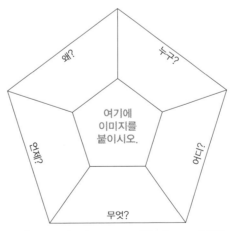

그림 13-11. 5Ws(Nichols and Kinninment, 2001)

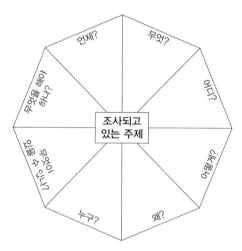

그림 13-12. 7Ws와 H(Roberts, 2013: 45)

10. 5개의 핵심 포인트

1) 정의

5개의 핵심 포인트(Five Key Points)는 학생들이 지리적인 원자료를 검토하고 5개의 포인트를 진술문의 형태로 구체화하는 전략에 로버츠(Roberts, 2013)가 붙인 이름이다. 포인트의 수는 원자료에 따라 다양할 수 있다.

2) 사용 가능한 지리적 원자료

다양한 지리적 원자료들은 다음을 포함한다(Roberts, 2013).
- 한 장의 사진 또는 사진 세트
- 영화
- 통계표
- 그래프
- 지형도

410

- 아틀라스 지도: 예를 들면, 정치지도, 지형도, 분포도
- A Worldmapper map: 왜상통계지도
- A Gapminder graph: 대화식(interactive) 데이터 시각화 도구, 정보를 주로 산점도(scatter plot) 형태로 보여 주는 그래프

3) 목적

5개의 핵심 포인트를 사용하는 주요 목적은 학생들에게 스스로 자료를 검토하고 해석할 수 있게 하기 위한 것이다. 즉 학생들이 활동을 하고 그 과정에서 토론하는 것을 통해 자료를 사용하는 기능을 발달시킬 수 있고, 지리에 대한 지식과 이해를 증가시키며, 원자료를 독립적으로 사용하는 데 확신을 얻을 수 있다.

4) 사용 계획을 위한 고려사항

- 이 활동은 조사되고 있는 핵심 질문을 어떻게 관련시키는가? 그것은 학습되고 있는 것에 기여하는가?
- 학생들은 이 활동을 할 수 있을 만큼 충분한 기능을 가지고 있는가? 처음 그 전략을 사용하기 전에 학생들에게 어느 정도의 비계(scaffolding)가 요구되는가?
- 데이터는 이 활동에 이바지하는가? 적어도 5개의 핵심 포인트가 있는가?
- 핵심 포인트는 무엇인가? 이 활동이 시작되기 전에 몇몇 핵심 포인트를 구체화하는 것은 가치 있는가?
- 학생들은 얼마나 많은 핵심 포인트를 구체화하도록 기대되어야 하는가? (꼭 5개일 필요는 없다.) 학생들은 이 활동의 포인트가 데이터를 분석하고 해석하도록 돕는 것이라는 것을 명확히 이해할 필요가 있다. 학생들은 단지 5개의 포인트가 있다는 인상을 받지 말아야 한다. 또한 모든 사람들이 그것에 동의해야 한다는 인상을 받지 말아야 한다.
- 학생들은 얼마나 오래 핵심 포인트들을 구체화해야 하는가?
- 이것은 개별적으로, 짝으로, 모둠별로 행해져야 하는가?

- 이 활동은 어떻게 결과보고될 계획인가?
- 이 활동은 학생들이 다음에 수행할 계획과 어떻게 연결될 수 있는가?

5) 사용을 위한 일반적인 절차

- 학생들이 탐구의 전체적인 초점을 확실히 알도록 하라.
- 학생들에게 원자료를 신중하게 관찰하도록 요청하라. 만약 필요하다면 자료들에 나오는 어떤 용어의 의미를 설명하거나, 사용된 치수의 단위 또는 지도의 축척 등에 주의를 환기시켜라.
- 학생들에게 개별적으로 또는 짝으로 각 진술문의 사례를 제공하여, 5개(또는 3개에서 10개 사이의 적절한 수)의 핵심 진술문을 적도록 요청하라.
- 학생들에게 소규모 모둠으로 다른 사람과 그들의 아이디어를 공유하고 합의에 도달하도록 요구하라. 그 후 학생들은 플립차트 종이에 그들의 핵심 포인트를 쓸 수 있다.
- 한 모둠으로부터 피드백을 받아라(또는 더 이상 핵심 포인트가 없을 때까지 한 모둠으로부터 하나의 진술문). 그리고 그들의 포인트들을 화이트보드나 플립차트 종이에 전시하라. 그리고 나서 그들이 추가할 것이 있는지 다른 모둠에게 물어보아라.
- 한 학급 단위로 진술문의 목록에 대해 토론하라. 가장 중요한 포인트들은 어느 것인가? 왜? 이러한 진술을 묘사하는 사례는 훌륭한 사례인가? 덜 중요한 포인트들은 무엇이며, 왜 그런가? 만약 어떤 중요한 포인트들이 학생들에 의해 구체화되지 않았다면, 그것들은 그 목록에 추가되어야 한다.
- 결과보고는 상이한 지리적 원자료들로부터 도출될 수 있는 일반화의 유형에 관한 토론을 포함할 수 있으며, 그것들이 왜 일반화되어야 하는지에 관한 토론을 포함할 수 있다.
- 학생들은 학급이 동의한 핵심 포인트들을 기록하도록 요청받을 수 있다.

지리 교재 연구 및 교수법

11. 텍스트관련 지시활동(DARTs)

1) DARTs의 의미

텍스트관련 지시활동(DARTs: Directed Activities Related to Text)은 원래 1970년대 영국 학교위원회의 '효과적인 읽기의 사용(Effective Use of Reading)' 프로젝트에 의해 고안되었다(Lunzer and Gardner, 1979). 이 프로젝트 팀은 학교 교과시간에 학생들이 텍스트를 읽는 데는 거의 시간을 부여받지 않는다는 것을 발견하였다. 즉 대부분의 읽기는 이해로 이어질 것 같지 않은 짧은 한 차례로 행해졌고, 더 자세한 읽기는 종종 숙제로 제시되었다. 전형적인 수업활동은 학생들에게 전체로서의 텍스트의 의미를 논의하기보다는 텍스트에서 약간의 정보만을 발견하도록 요구하였다. 따라서 이 프로젝트 팀은 텍스트의 구조와 의미에 초점을 둔 일련의 활동을 고안하였다.

텍스트관련 지시활동은 학생들이 텍스트의 구조를 고려하고 텍스트의 의미를 추출할 수 있도록 하기 위해 텍스트를 읽고 다시 읽도록 돕는 활동이다. 여기에는 많은 전략이 있는데, 예를 들어 텍스트 계열화하기(text sequencing), 텍스트 재구조화하기(text restructuring)(다이어그램 형태나 다른 장르로), 텍스트 표시하기(text marking), 빈칸 채우기(cloze work)가 있다. 이러한 전략들은 A4 한 면 정도로 적당히 짧은 글에 가장 알맞으며, 이를 통해 교사는 학생들이 세부 내용에 집중하게 할 수 있다. 이들 아이디어의 일부는 워드프로세서를 통해 교묘한 텍스트로 잘 변형시킬 수 있다. 즉 이를 통해 텍스트를 재배치할 수 있고, 색을 입힐 수도 있으며, 어떤 단계에서든 출력할 수도 있다(Hassell and Taylor, 2002 ; Taylor, 2004).

2) DARTs의 유형

텍스트관련 지시활동(DARTs)은 교사에 의해 계획되고 구조화된 활동이며, 학생들에게 텍스트 조각의 의미를 이해하도록 도와주는 데 목적을 둔다. 여기에 두 가지 유형의 텍스트관련 지시활동이 있다(Roberts, 2013).

(1) 재구성 DARTs

재구성 DARTs(Reconstruction DARTs)는 학생들에게 분리되어 있는 텍스트를 몇 가지 방식으로 함께 놓도록 요구한다. 여기에서 텍스트는 어떤 방식으로 변경된다. 예를 들면, 텍스트는 조각들로 분할되고 학생들에 의해 재구성된다. 즉 학생들은 텍스트의 구성 요소 부분들을 분석한 후, 보다 단순한 형태로 재구성한다. 재구성 DARTs는 '다이어그램 완성'과 '텍스트 계열화하기'의 주요 두 가지 유형이 있다.

- 다이어그램 완성(Diagram completion): 학생들은 모든 라벨을 제거한 다이어그램과 함께 변경할 수 없는 텍스트를 제공받는다. 학생들은 텍스트를 신중하게 읽고 다이어그램을 정확하게 완성해야 한다.
- 텍스트 계열화하기(Sequencing text): 학생들은 계열성 있는 텍스트를 제공받는다. 예를 들면, 산업화 단계, 도시의 성장 단계, 해안침식 단계 등은 좋은 사례가 된다. 학생들은 텍스트 조각을 정확한 계열에 따라 순서대로 놓아야 한다. 또한 다이어그램이 있다면, 그 후 이 과제는 텍스트를 다이어그램에 일치시키는 것을 포함한다. 이러한 텍스트 계열화하기는 변화와 프로세스에 초점을 둔다.

(2) 분석 및 재구성 DARTs

분석 및 재구성 DARTs(Analysis and reconstruction DARTs)에서는 학생들에게 전체 텍스트가 제공되며, 학생들은 텍스트를 표시할 필요가 있다. 이는 두 가지 단계로 이루어진다. 먼저, 밑줄 긋기를 사용하여 텍스트를 분석하거나 문단에 제목을 기입하여 텍스트를 분석한다. 그 후 텍스트를 표로 재구성한다. 이러한 분석 및 재구성 DARTs 활동은 정보가 범주화될 수 있는 텍스트에 적합하며, 표 13-12는 DARTs 활동에서 지리적 텍스트를 분석 또는 범주화할 수 있는 목록과, 텍스트를 재구성하는 다양한 방법을 보여 준다.

분석 및 재구성 DARTs 활동을 위한 구체적인 방법은 다음과 같다. 먼저 교사는 어느 정도로 암시적인 범주들로 구조화되어 있는 잘 쓰여진 텍스트를 선택한다. 교사는 이 텍스트를 분석하는 데 유용한 범주들을 결정하고, 학생들에게 범주들을 제공한다. 교사는 학생들에게 전체 텍스트를 제공하지만, 학생들이 밑줄 긋기, 강조하기 등을 표시할 수 있는 형태여야 한다. 학생들은 상이한 범주들을 확인해야 하며, 밑줄 긋기, 형광펜을 사용하여 범주들 강조하기 등을 한다. 그리고 학생들은 분석한 결과를 도표, 다이어그램, 흐름도, 개념도 등을 활용하여 재구성해야 한다.

표 13-12. 분석 및 재구성 DARTs

지리적 텍스트를 분석하기	텍스트를 재구성하는 상이한 방법
지리적 텍스트는 다양한 목록을 사용하여 다양한 방식으로 분석될 수 있다. 예를 들면, • 경제적, 사회적, 환경적, 문화적, 정치적, 기술적 요인들 (또는 효과들) • 로컬적, 국가적, 국제적, 글로벌 요인들(효과들 또는 함의들) • 원인, 결과, 함의 • 자연적 요인들 • 인문적 요인들 • 자연적 요인들, 인문적 요인들 • 단기 효과, 장기 효과 • 누가 이익을 얻고, 누가 이익을 잃는가? • 장점, 단점 • 찬성을 위한 주장, 반대를 위한 주장 • 사실들, 의견들 • 중요 요점, 덜 중요한 요점	텍스트가 분석된 후, 텍스트는 다양한 방식으로 재구성될 수 있다. 예를 들면, • 표 • 거미 다이어그램 • 마인드 맵 • 개념도 • 흐름도 • 그림(사진) • 주석을 단 다이어그램 • 스토리보드 • 물리적 구성, 예를 들면, 모형

이상과 같이 DARTs는 여러 유형으로 구분되지만, 이를 사용하는 주요 목적은 학생들이 읽고 있는 것에 대한 이해를 발달시키기 위한 것이다. 즉 DARTs는 학생들이 텍스트를 전체로서 이해하도록 도움을 주며, 다른 텍스트에 적용할 수 있는 분석적 기능을 발달시킬 수 있다. 게다가 완성된 재구성 DARTs는 유용한 토론을 제공할 수 있다.

한편, 표 13-13은 이러한 다양한 유형의 DARTs를 활용한 수업에서 교사가 학생들에게 요구할 수 있는 구체적인 지시사항을 제시하고 있다.

표 13-13. 학생들에게 DARTs를 사용하기 위한 지시사항

DARTs 사용하기

이 지시사항은 특정한 텍스트들을 위해 적절하게 수정될 수 있다.

다이어그램 완성을 위한 지시사항
• 여러분의 과제는 …에 대한 다이어그램에서 삭제된 라벨을 다시 위치시키는 것이다.
• …에 관한 텍스트를 읽어라.
• …의 구조와 관련된 모든 단어에 밑줄을 그어라.
• …의 구+소와 관련된 모는 단어의 목록을 만들어라(만약 교과서를 사용한다면).
• 제공된 단어들의 목록을 보라. 그리고 다이어그램에 정확하게 라벨을 붙이도록 하라.

텍스트와 다이어그램을 계열화하기 위한 지시사항
• 여러분은 봉투에서 몇몇 텍스트 조각과 몇몇 삽화를 발견할 것이다.
• 텍스트를 정확하게 삽화와 일치시켜라.
• 이제 그것들을 정확한 계열로 배열하라.

분석 및 재구성 DARTs를 위한 지시사항: 사진 라벨링
• …에 관한 텍스트를 읽어라.
• 각 문단이 무엇에 관한 것인지 토론하라.
• 각 문단을 위한 적합한 제목을 써라.
• 이제 전체 텍스트를 위한 적절한 제목을 써라(텍스트나 종이에).
• 각 제목을 위해 그 문단에 있는 정보의 사례를 제공하라. 텍스트에 있는 정보를 동그라미 치거나 여러분이 문단에 붙인 제목 아래에 그것을 써라.

분석 및 재구성 DARTs를 위한 지시사항: 밑줄 긋기와 재구성
• …에 관한 텍스트를 읽어라.
• …와 관련된 텍스트의 모든 부분에 밑줄을 그어라.
• …와 관련된 텍스트의 상이한 부분에 밑줄을 그어라.
• …와 관련된 텍스트의 3번째 부분에 밑줄을 그어라.
• 이제 다음 방식 중의 하나로 밑줄을 그은 정보를 사용하라.
  1. (표를 사용한 재구성) 표의 위나 좌측 측면에 분석한 범주들을 기입하여 표를 만들어라. 각각의 범주들 아래 및 옆에 중요한 정보를 기록하라.
  2. (마인드 맵을 사용한 재구성) 그 기사에 대해 밑줄 긋기를 한 후, 마인드 맵을 만들어라. 마인드 맵의 주가지는 밑줄 친 범주들이며, 하위가지는 각 범주들에 관한 정보이다.
  3. (그림 또는 다이어그램을 사용한 재구성) 텍스트의 정보에 대한 범주들을 사용하여 그림 또는 다이어그램으로 나타내어라. 텍스트의 모든 정보가 그림 또는 다이어그램에 반드시 포함되도록 하라.

(Roberts, 2013 일부 수정)

12. 유추 도해 조직자

유추는 학생들이 새롭게 학습하는 것을 자신의 삶과 연결할 수 있도록 함으로써 새로운 정보나 개념을 이해하는 데 도움을 주는 유용한 방법이다. 예를 들어, "벽돌이 이 학교 건물을 구성하는 단위이듯이 세포는 네 몸을 구성하는 단위이다. 사법부는 야구의 심판과 같다. 문장의 구두점 표시는 교통 표지판과 같다."라는 표현은 유추를 적절하게 사용하고 있다.

유추는 학생들이 새로운 개념을 친숙한 개념에 연결짓도록 도와준다. '유추 도해 조직자(Analogy Graphic Organizer)'(Buehl and Hein, 1990)는 학생들이 유추에서 핵심 관계를 분석하는 시각적 틀을 제공하는 전략으로, 비교/대조 틀은 중요한 개념이나 어휘에 대한 학생들의 이해를 확장시키는 데 기여한다. 따라서 유추 도해 조직자는 화제를 소개하거나, 읽는 동안에 이해를 도울 때, 읽은 후에 학습을 확장시킬 때 사용될 수 있다.

유추 도해 조직자를 통해 학생들은 새로운 개념과 자신의 삶에서 친숙한 개념 사이의 유사점과 차이점을 인식하도록 돕는 유추를 사용할 수 있다. 전략 사용 절차는 다음과 같다(Buehl and Hein, 1990).

첫째, 학생들이 이미 알고 있는 개념 중에서 소개될 개념과 유추적 관계를 세울 수 있는 것을 정한다. 친숙한 개념을 선택하는 것은 학생들이 새로운 개념을 학습하는 데 다리 역할을 한다.

둘째, 먼저 OHP로 유추 도해 조직자를 소개한다(그림 13-13). 그 다음 학생들과 두 개념의 세부적인 특성이나 공통적인 속성을 브레인스토밍한다. 브레인스토밍한 내용을 유추 도해 조직자의 공통점 칸에 채운다.

셋째, 학생들에게 두 개념의 차이를 묻고, 이를 차이점 칸에 적게 한다. 2단계와 3단계에서 교사가 먼저 시범을 보이고 학생들이 독립적으로 수행할 수 있게 한 다음, 모둠별로 유추 도해 조직자의 빈 칸을 완성하게 지도한다.

넷째, 비교의 기반이 되는 범주에 대해 학생들과 논의한다.

다섯째, 학생들에게 유추 도해 조직자를 사용하여 새로운 개념과 친숙한 개념의 공통점에 대해 요약문을 쓰게 지도한다.

이러한 유추 도해 조직자의 장점은 다음과 같다. 첫째, 학생들은 친숙한 개념의 분석을 통하여 새로운 개념이나 어휘에 대한 이해를 높일 수 있다. 둘째, 학생들은 관련 있는 경험과 배경

지식을 활성화함으로써 새로운 자료를 더 잘 이해하게 된다. 셋째, 학생들은 비교/대조 텍스트 틀을 사용하여 적절한 요약문을 쓰는 연습을 할 수 있다. 넷째, 이 전략은 초등학교부터 고등학교 수준의 학생에 이르기까지 적용될 수 있으며, 모든 교과에 두루 이용될 수 있다.

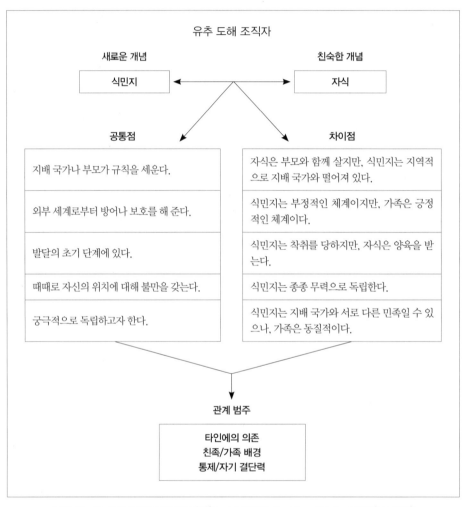

그림 13-13. 유추 도해 조직자의 사례(Buehl, 1995; Buehl and Hein, 1990에서 응용)

| 제4부 |

지리수업의 관찰과 비평

제14장.. **지리수업의 관찰과 비평**

제14장

지리수업의 관찰과 비평

1. 수업개선 프로그램

학교 현장에는 수업개선을 지원하는 여러 프로그램이 있다. '수업장학', '수업컨설팅', '수업비평' 등이 그것인데, 일단 이 프로그램들의 특징과 차이를 인식하는 것이 수업 성찰에 대해 이해하는 첫걸음이 될 것이다.

2. 수업장학

1) 수업장학이란?

수업장학은 교내 장학의 하나로 주된 관심은 수업자의 수업기술을 개선시킴으로써 학습의 효과를 제고시키는 데 있다. 즉 교수·학습의 과정에서 교사의 수업방법과 기술을 어떻게 향상시켜 줄 것인가에 그 목적을 둔다. 다시 말하면 일반장학이 보다 광범위한 교육문제를 다루어 온 데 비해, 수업장학은 교사들이 교실에서 수행하고 있는 수업행위, 즉 수업기술의 향상과 개선을 주목적으로 하고 있다.

수업장학의 5가지 기본 유형을 개념, 주된 장학담당자, 영역, 형태, 대상, 형식 등의 기준에 비추어 비교하면 표 14-1과 같다. 교사들이 외부 장학요원이나 형식적인 장학을 싫어하고 자신의 전문적 성장을 위해 스스로 체계적인 계획을 세우고 이를 실천하는 비공식적 과정을 선호하는 속성에 비추어 볼 때, 학교 현장에서 효과적인 장학의 하나가 자기장학이라고 할 수 있다.

표 14-1. 수업장학의 유형

장학 유형	개념 및 방법	주 장학 담당지	영역	형태	대상	형식
임상 장학	교사들의 수업기술 향상을 위해 교장(외부 장학요원, 전문가)이 주도하는 체계적이고 개별적인 지도·조언	교장, 교감(외부 장학요원, 전문가 포함)	교사의 전문적 발달	수업연구(교장, 교감 주도), 마이크로티칭	초임 교사, 수업기술 향상의 필요성을 느끼는 교사	공식적
동료 장학	동료 교사들 간에 교육활동의 개선을 위해 공동으로 노력하는 과정	동료 교사	교사의 전문적·조직적 발달	동학년 협의회, 동교과 협의회, 동료 간 수업 연구	전체 교사, 협동적으로 일하기를 원하는 교사	공식적 + 비공식적
자기 장학	교사 개인이 자신의 발달을 위해 스스로 체계적인 계획을 세우고 이를 실천하는 과정	교사 자신	교사의 전문적 발달	자기수업 분석, 대학원 수강, 각종 자기연찬	전체 교사, 자기분석, 자기지도의 능력과 기술을 갖고 있는 교사	비공식적
약식 장학	교장, 교감이 간헐적으로 짧은 시간 동안의 학습순시나 수업참관을 통하여 교사들의 수업 및 학급경영 활동을 관찰하고, 이에 대해 교사들에게 지도 조언을 제공하는 과정	교장, 교감	교사의 전문적 발달	학습순시, 수업참관 등	전체 교사	비공식적
자체 연수	교직원의 교육활동 개선을 위해 그들의 필요와 요구에 기초하여 학교 내외의 인적·물적 자원을 활용, 단위학교 자체에서 실시하는 연수활동	전 교직원	교사의 전문적·개인적·조직적 발달	각종 교내연수 등	전 교직원	공식적

(변영계·김경현, 2005: 66 일부 수정)

2) 수업장학의 절차

수업장학의 절차는 ① 관찰 전 협의회, ② 수업의 관찰·분석, ③ 관찰 후 협의회라는 3단계의 주요한 활동으로 구성된다. 그리고 이러한 활동은 서로 의존적이며 상호보완적인 관계를 가진다. 따라서 이러한 세 활동을 절차적인 측면에서 바라보면 순차적이고 순환적인 성격을 지니고 있다. 이러한 모형의 기준과 성격에 바탕을 두고 구안된 수업장학의 모형을 간략하게 제시하면 그림 14-1과 같다.

(1) 관찰 전 협의회

관찰 전 협의회 단계는 수업장학을 시작하는 시발점으로, 장학을 담당하는 자와 수업자가 서로 원만한 인간관계를 형성하며, 그들이 공동으로 수행하게 될 수업장학에 대한 세부적인 활동을 계획하는 것이다. 이 단계에서는 수업장학을 위한 세부 계획 및 후속될 제반 활동에 대한 협의가 이루어져야 하며, 필요한 경우에는 쌍방간에 약정을 체결하는 일이 이루어져야 한다.

(2) 수업의 관찰·분석

이 단계는 1단계에서 체결한 약정에 기초하여 장학을 담당한 사람이 수업자의 학급을 방문하여 해당 수업을 관찰하며, 수업분석을 위해 필요한 정보와 자료를 수집하는 것이다. 수업의 관찰을 통해 얻어진 정보와 자료가 다음 수업장학협의회에 제시될 것이므로 관찰자, 즉 장학담당자는 앞단계에서 수업자와 합의한 문제에 초점을 맞추어 정확한 자료를 수집하여야 한다.

(3) 관찰 후 협의회

관찰 후 협의회 단계에서는 수업장학을 위한 협의회가 본격적으로 이루어진다. 수업을 관찰·기록·분석하여 그것을 토대로 수업자와 수업장학을 담당한 쌍방이 문제점을 밝혀 개선의 방법을 찾는 주요한 활동이 일어나는 단계이다.

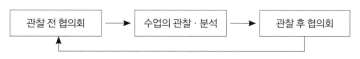

그림 14-1. 수업장학의 3단계 절차 모형(변영계·김경현, 2005)

3) 수업장학의 비판

이상과 같이 수업장학은 장학사에 의해 수업 분석 및 평가가 이루어지는 프로그램이다. 교사의 고민이나 문제를 해결해 주기보다는 장학사가 가지고 있는 기준에 의해 교사의 수업은 정확한 판단과 처방을 받게 된다. 이 과정을 통해 교사의 수업에 대한 객관적 평가는 이루어지지만, 교사 스스로 수업을 개선할 수 있는 용기를 얻지는 못하고 장학사의 일방적인 생각만이 교사에게 전달된다. 물론 장학사의 역량이 뛰어나다면 수업개선에 큰 효과를 발휘할 수 있으나, 대개의 장학사들은 행정능력은 뛰어나지만 수업장학 능력에 전문성을 제대로 갖추고 있지는 못하다. 장학사들이 자신의 경험을 바탕으로 수업장학을 진행하다 보니 수업개선의 효과는 그리 크지 못한 편이다.

이와 같이 수업장학은 장학사의 전문성 부재, 수업공개 거부 및 장학 기피, 시간 및 의지 부족, 피장학자의 폐쇄성, 형식적인 운영 등의 문제점을 노출시키고 있다. 또한 수업장학은 장학담당자의 필요에 의해, 학교경영 개선 및 교육청의 실적 증대, 새로운 수업방법 소개 및 공유를 위해 실시된다. 수업자로서의 교사 개인보다는 주로 학교 장학에 더 비중을 둔다. 이에 따라 교사가 수업 중에 일상적으로 겪는 구체적인 문제점을 진단하고 해결에 도움을 주는 데는 미흡함이 있었다. 또한 수업장학은 교사 개개인의 특성에 따른 차별적 · 반복적 · 지속적인 컨설팅이 아니라 잘 기획된 연구수업을 한 차례 관찰하고 평가하는 일회성 방식으로 이루어지는 경우가 많다.

3. 수업컨설팅

1) 수업컨설팅의 의미

수업컨설팅이란 수업을 구성하고 운영하는 교수자가 자신의 수업을 발전시키고자 스스로 동료 교사, 외부의 수업컨설팅 전문가 등과 협력하여 수업의 특성을 파악하고 학생의 학습을 촉진시킬 수 있는 다양한 아이디어를 모색하는 과정이다(민혜리 등, 2012). 수업컨설팅의 궁극적인 목적은 수업개선을 통한 교육의 질 향상이며, 교수자의 교수역량 개발과 향상이다. 그러므로 수업컨설팅은 실제 수업 상황 속에서 수업의 한 주체로서 교사의 고민, 필요, 딜레마 상황 등에 초점을 맞추며, 자기주도적인 전문성 신장의 과정이라고 할 수 있다.

수업컨설팅은 수업개선을 위한 실제 수업 주체의 요구에서 출발하여, 교수자와 동료, 전문가들이 협력적으로 문제를 해결함으로써 교사의 전문성 향상 및 교과수업의 개선을 지향한다. 그리고 실제 수업을 담당하는 교사와 수업컨설팅 전문가가 주축이 되어 수업 실행 단계는 물론 사전, 사후 단계에 대해서까지 논의하고 협력하고 지원하는 과정을 반복하는 방식을 취한다. 이를 통해 교실수업에 대한 한층 포괄적인 진단과 처방, 개선을 꾀할 수 있다.

수업컨설팅을 받는 교수자는 수동적으로 지도 조언을 받는 것이 아니라 적극적으로 자신이 당면한 어려움이나 문제점을 상담자에게 알리고, 문제를 해결하기 위한 상담을 비교적 장시간에 걸쳐 여러 번 신행한다. 이 과정에서 교수자가 자유롭게 질문하고 스스로 문제해결을 위한 대안도 제시해 보면서 더 나은 대안을 함께 찾아 나가는 활동이 이루어져야 '수업장학'이 아닌 '수업컨설팅'이 이루어졌다고 할 수 있을 것이다.

2) 수업컨설팅과 수업장학

수업컨설팅은 종래 학교 현장에서 실행되어 온 수업장학과 어떻게 구별되는가? 사실 앞에서도 살펴보았듯이 수업장학을 어떻게 규정하느냐에 따라 상당부분 수업컨설팅과 중복된다. 따라서 여기서는 수업장학을 학교 현장에서 그동안 전통적·관행적으로 실시되어 온 '실행된' 장학으로 한정하여 수업컨설팅과 비교하고자 한다.

수업장학과 수업컨설팅은 몇 가지 관점에서 차이가 있다. 그림 14–2에서 알 수 있듯이, 수업장학은 학습의 향상을 궁극적인 목적으로 하고 있지만, 일차적인 목표는 교수자의 수업 관련 지

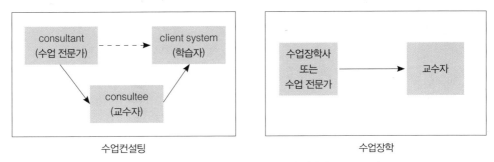

수업컨설팅   수업장학

그림 14–2. 수업컨설팅과 수업장학의 차이점(이상수 등, 2012)

식이나 기술 향상에 있다. 따라서 수업장학은 수업장학사와 교수자의 일대일 관계와 이를 통해 교수자의 수업을 관찰하고 분석하여 수업역량 문제를 발견하고 개선하는 데 초점이 맞추어져 있다. 하지만 수업컨설팅의 초점은 학습자의 학습개선에 있으며, 이를 위해 교수자와 수업컨설턴트가 협력하여 학습문제를 진단하고 개선하는 노력을 하게 된다. 따라서 수업컨설팅은 수업장학에서와 같은 일대일 관계가 아니라 학습자의 학습개선을 위해 컨설턴트와 교수자가 함께 협력하는 삼자관계의 양상을 보이게 된다(이상수 등, 2012).

수업컨설팅과 수업장학의 가장 큰 차이점은 표 14-2에서처럼 수업장학이 수업문제의 원인과 해결 방안으로 교수자의 수업능력에 초점을 두고 있는 반면, 수업컨설팅은 수업을 구성하는 교수자, 학습자, 학습내용, 학습환경 등과 같은 체제적 요소들의 역동적 관계 속에서 수업문제의 원인을 분석하고, 개선안 역시 교수자의 능력 개선 이외에도 학습자의 개선, 학습환경 개선,

표 14-2. 수업장학과 수업컨설팅의 구분

구분	수업장학	수업컨설팅
목적	• 학교 경영 개선 및 교육청의 실적 증대 • 새로운 수업방법 소개 및 공유 • 학습의 개선	• 교사의 전문성 향상 • 교과수업의 질적 개선 • 학습의 개선
성격	• 동원, 감독, 검열, 지시	• 참여, 조언, 협력, 지원
초점	• 교수자의 수업능력 개선	• 교수·학습 과정의 개선
분석	• 교수자의 수업기술	• 교수자, 학습자, 학습내용, 학습환경 등 체제 요소들
참여 주체 간 관계성	• 장학사가 중심이 된 교수자와의 이중관계	• 학습자를 중심으로 한 컨설턴트와 교수자 간의 수평적 협력관계에 의한 삼각관계
수업문제의 원인	• 교수자의 수업능력	• 교수자와 학습자의 동기와 능력, 수업조직, 문화, 조직구조 등 다양한 요인의 복합적 접근
수업문제 해결을 위한 개선안	• 교수자의 수업능력 개선을 위한 전략	• 교수자와 학습자의 동기와 능력, 수업조직, 문화, 조직구조 등 다양한 요인의 해결을 위한 다중 접근
주요 참여자	• 학교 관리자, 장학사, 교사	• 교과수업 전문가, 교사

(이상수 등, 2012 일부 수정)

수업조직 개선, 학교조직 개선, 구성원의 동기 개선, 문화 개선 등 수업의 본질적인 문제에 따라 다양한 선택이 가능하다는 것이다.

3) 수업컨설팅의 기대효과

(1) 수업행위 관찰의 가능성

비디오 촬영을 기반으로 하는 수업컨설팅의 첫 번째 기능은 바로 자신의 교수행위에 대한 '관찰의 가능성'이다. 즉 컨설턴트에 의해 제공된 분석 자료와 수업촬영 자료를 통해 자신의 수업기술을 얼마나 포착해 낼 수 있는가 하는 점이다. 수업을 개선하고자 하는 교수자는 수업에서 드러나는 자신의 행동특성을 포착해 낼 수 있어야 한다. 스스로의 강점과 약점을 분석할 수 있어야 수업개선을 위한 전략을 수용하고 실천할 수 있기 때문이다. 따라서 수업컨설팅에 참여한 교수자는 컨설턴트와 함께 분석 자료를 토대로 한 수업관찰을 할 수 있어야 한다.

(2) 학습활동 이해

교수자는 비디오 촬영을 토대로 이루어지는 수업컨설팅을 통해 학습자의 학습행위에 대한 관찰이 가능하다. 교수행위와 연결된 학습활동을 살펴보면서, 교수자와 학습자 간 상호작용의 양상을 구체적인 수업장면을 통해 확인할 수 있다(민혜리 등, 2012). 수업 중에는 일일이 인식할 수 없던 세세한 행동들을 관찰함으로써, 수업의 전반적인 흐름과 학습자의 학습행위가 연결성을 보이는지 판단할 수 있게 된다.

교수자가 제공하는 학습활동이 학습자에게 어떻게 영향을 미치는지, 교수자의 설명이나 질문 등과 같은 수업행동이 학습자에게 어떠한 방식으로 수용되는지를 확인할 수 있다. 그뿐만 아니라 수업에서 이루어지는 전반적인 교수와 학습활동의 특성을 포착함으로써, 교수자가 기대하는 수업의 목적에 부합하는 학습이 이루어지고 있는지를 스스로 파악할 수 있다. 이러한 과정을 통해 교수자는 학습자의 편에서 학습을 이해하게 될 것이며, 더 나아가서 학습자에 대한 더 깊은 이해를 얻게 될 것이다.

(3) 자기성찰 및 수업실천 전략 탐색

'실행연구(action research)'나 쇤(Schön, 1983: 49-69)의 '행위 중 반성(reflection-in-action)'은 성찰과 숙고의 과정을 통해 얻게 되는 실천적 지식을 강조하는 개념이다. 경험을 통해 얻게 되는 이러한 지식을 '행위 중 앎(knowing-in-action)'이라고 할 수 있다. 문제 상황에 처했을 때 '행위 중 앎'이 자신의 의식을 각성시키고 반성을 유도해 행동을 개선하게 한다. 따라서 쇤은 '행위중 반성'을 이론과 행위가 통합되어 작용하는 전문가의 덕목이라고 일컫는다. 이러한 맥락에서 전문가란 계속적인 반성을 통해 자신의 실천적 지식을 개선해 가는 역량을 지닌 사람이라는 의미가 된다.

교수자는 내용의 전문성뿐만 아니라 가르치는 일에 대한 전문성도 함께 확보해야 한다. 교수행위에 대한 전문성을 신장시키고자 실시되는 수업컨설팅 역시 중요한 수업도구 가운데 하나이다. 수업컨설팅 역시 수업에 대한 성찰을 가능하게 하기 때문이다. 수업컨설팅을 통해 교수자는 학습자가 어떤 학습활동을 보이는지, 그리고 그 상황에서 자신이 어떠한 행위를 하는지 컨설턴트가 제공한 자료를 토대로 이해하게 된다. 이러한 가운데 자신의 수업을 어떻게 변화시킬 수 있을지 해결안을 모색하며, 자신만의 수업전략을 고안하고 실천할 수 있는 기반을 마련하게 된다. 다시 말해 수업에 대한 교수자의 성찰이 자신의 수업에 관한 실천적 지식을 형성하고 발전시키는 출발이 된다. 이러한 성찰의 기회를 경험함으로써 수업컨설팅 자료가 단지 하나의 정보로 주어졌을 때보다 수업을 개선하려는 노력이 지속될 수 있다.

4) 수업컨설팅 진행기법

수업컨설팅이 이루어질 수 있는 방법은 다양하다. 수업에 대한 객관적인 자료라고 할 수 있는 수업촬영을 기반으로 교수자 스스로 자신의 수업을 평가하는 자기평가, 동료 교수자들과 함께 수업에 대한 토론을 진행할 수 있는 동료평가와 마이크로티칭, 전문가와 함께 수업의 특성을 살펴보고 발전방안을 논의하는 전문가 컨설팅이 있다. 수업컨설팅의 주요 방법과 진행 절차, 수업컨설팅을 실시할 때 필요한 준비사항들을 살펴보자(민혜리 등, 2012).

지리 교재 연구 및 교수법

(1) 수업촬영

수업컨설팅은 비디오 촬영을 기반으로 이루어진다. 녹화된 수업장면은 수업에서의 실제 의사소통 활동의 기록을 제공함으로써 교수자 스스로 자신의 수업과 학습자의 학습활동을 관찰하여 수업에 대해 성찰하고 개선할 수 있도록 한다. 비디오 촬영을 통해 다른 사람이 나를 보는 것처럼 나 자신을 객관화해 보는 것이 가능해진다.

(2) 자기평가

수업촬영 후 컨설팅 전문가 혹은 동료들과 수업영상을 보고 분석한다. 이때 먼저 수업영상을 간단히 시청한 뒤, 교수자 본인에게 자기평가서를 작성하도록 한다. 이 자기평가서는 수업활동에 대한 자기분석인 동시에 수업에 대한 교수자의 철학과 수업을 대하는 태도를 판단할 수 있는 자료가 된다.

자기평가는 교수자의 강의기술 체크리스트를 사용해 점수화할 수 있고, 수업에 대한 전반적인 성찰이 이루어지도록 서술형 자기평가서를 사용할 수도 있다. 이때 중요한 것은 교수자가 스스로 분석, 평가할 수 있는 가이드라인을 가지고 자신의 수업을 볼 수 있도록 하는 것이다.

(3) 동료평가: 마이크로티칭

마이크로티칭(micro teaching)은 1963년 미국의 스탠퍼드대학교에서 교사양성 교육의 교수방법 훈련의 하나로 시작되었다. 주로 소규모 그룹(10명 이내)에서 모의수업(10분 내외의 수업촬영)을 기반으로 자기평가, 동료평가, 전문가평가로 이루어진다(이상수 등, 2012). 실제 상황(교수시간, 교수내용, 교수기술, 학습자 수, 교실의 크기)보다 축소된 상황에서 수업을 진행하고, 이 수업과정을 녹화해 문제점을 진단하고 수정, 보완하여 다시 가르치는 순환적 과정을 통해 교수기술을 개선하거나 획득하도록 돕는 방법이다. 이 기법은 교수자로서 첫출발하는 예비교사를 지원하는 데 효과적인 방법이다.

마이크로티칭의 단계를 세분화하면 준비 단계, 수업 단계, 피드백 단계, 평가 단계, 재수업 단계로 구성된다. 그림 14-3에서 볼 수 있듯이, 마이크로티칭의 개념과 진행의 과정을 설명하고 준비할 수 있도록 하는 준비 단계, 실제로 참가자들의 모의수업 시연과 촬영, 관찰이 진행되는 교수 단계, 마지막으로 촬영된 수업자료와 체크리스트를 토대로 자기평가, 동료평가, 전문가평가가 이루어지는 평가 단계로 구분된다(성균관대학교 대학교육개발센터, 2003).

앨런과 라이언(Allen & Ryan, 1969; 박수경, 1992 재인용)은 마이크로티칭의 특성을 5가지로 제시했다. 첫째, 마이크로티칭은 교수자와 학생이 협력하는 구조화된 수업 상황으로 실제 수업체제이다. 둘째, 마이크로티칭은 정상적인 교실수업의 복잡성을 학급 크기 면, 수업내용 면, 수업시간 면에서 축소화한 것이다. 셋째, 마이크로티칭은 구체적인 수업기술의 습득을 위해 훈련에 초점을 둔다. 넷째, 마이크로티칭에서는 시간, 학습자, 피드백 방법, 그외 많은 요인에 대해 통제가 가능하다. 다섯째, 마이크로티칭은 수업 결과에 대한 지식, 즉 피드백의 범위가 크게 확장된다.

이러한 마이크로티칭의 특징은 수업촬영 비디오를 보며 토의를 하고 이에 대한 반응을 얻을 수 있고, 집단 구성원의 반응 결과가 수업 결과 분석에 도움이 되며, 비디오를 보며 자기평가를 할 수 있는 점이다.

또한 마이크로티칭은 다른 동료의 교수법을 관찰할 수 있고, 자신이 직접 수업을 진행해 볼

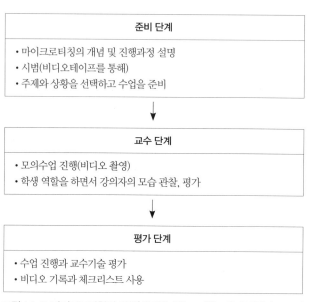

그림 14-3. 마이크로티칭의 절차(성균관대학교 대학교육개발센터, 2003)

뿐 아니라 학생의 역할을 해 봄으로써 수업 상황 속에서의 교수자와 학습자의 입장을 모두 이해할 수 있는 기회가 된다.

(4) 전문가 컨설팅

전문가 컨설팅으로서의 수업컨설팅은 수업촬영과 전문가 상담으로 이루어진다. 수업에 대한 전문적 분석을 토대로 컨설팅이 이루어질 수 있도록 컨설팅에 필요한 모든 자료를 활용한다.

① 수업지도안

수업지도안을 컨설팅의 자료로 이용한다는 것은 수업 전체의 구조와 단계별 학습활동의 체계가 유기적으로 짜여 있는지를 살펴보는 과정이라고 할 수 있다. 이때 수업의 체계성을 분석하기 위해 다음의 항목을 검토한다(정석기·조미희, 2011).

- 핵심 학습목표
- 학생들의 특성과 수업 상황이 드러나는 수업배경
- 교재와의 관계
- 학습내용과 학습집단 구성방식
- 학습구조
- 학습활동
- 수업시간 진행 방법 및 시간계획과 부족 시 대안
- 가정학습 과제
- 평가계획

② 수업녹화 및 관찰 자료

전문가 컨설팅의 가장 기본적인 자료가 된다. 수업녹화와 관찰을 위해 사전 면담을 실시해 관찰에 대한 초점을 미리 협의하는 것도 컨설팅의 성공도를 높이는 데 도움이 될 수 있다. 분석의 대상이 되는 항목은 다음과 같다.

- 수업내용과 방법
- 학생들의 참여방식과 참여 정도
- 학생들의 반응
- 질문이나 제언
- 수업에 대한 느낌

③ 학생 피드백

수업에 참여하는 학생들의 의견을 컨설턴트가 매개자가 되어 해설해 줌으로써 교수자가 자신의 수업을 이해할 수 있도록 돕는 데 큰 역할을 할 수 있다. 학생 피드백 자료를 통해 교수자의 수업활동과 학생의 학습활동이 어떻게 일치하고, 어떠한 차이가 나타나는지를 보여 줄 수 있다. 다음과 같은 항목을 질문 문항으로 활용할 수 있다.

- 오늘 수업에서 무엇을 배웠다고 생각하는가?
  (그렇다면) 가장 중요한 것은 무엇인가?
  (아니라면) 그 이유는 무엇인가?
- 수업 중에 선생님은 나의 학습을 어떤 방법으로 도왔는가?
- 공부가 더 잘될 수 있도록 이 수업에 변화를 가져오려면 어떤 것을 바꾸고 싶은가?
- 왜 그렇게 생각하는가?

이와 같은 학생 피드백은 전체 학생 대상의 서면 질문지나 일부 학생 대상을 인터뷰하는 방법으로 진행될 수 있다. 수업활동 직후 실시해야 분석 자료와의 연결성을 높일 수 있다.

수업 자가평가 체크리스트

가르치는 능력은 단순한 연습만으로 개선되지 않는다. 연습과 반성 그리고 교정이 복합적으로 작용할 때 그 전문성이 확보될 수 있다. 다음은 버클리대학교에서 제고하고 있는 수업 자가평가 양식이다. 이 자가평가의 결과를 통해 내 수업의 장점과 단점을 찾아보고 개선해 보면 좋을 듯하다.

이번 수업을 진행하면서, 나는 ~ :

매우 그렇다 5, 그런 편이다 4, 보통이다 3, 그렇지 않다 2, 전혀 그렇지 않다 1

항목	5	4	3	2	1
수업 중 나와 다른 관점들도 언급하며 다룬다.					
이 분야의 최근 연구된 부분들을 다룬다.					
수업내용과 관련된 사항에 대해 학생들이 참고하도록 자료를 제공한다.					
개념적 이해를 강조한다.					
이해를 돕기 위하여 분명한 예를 제시한다.					
수업 준비가 잘되어 있다.					
개요화하기 쉬운 강의를 한다.					
주안점을 요약한다.					
중요하다고 생각되는 점을 분명하게 강조한다.					
수업 시 토론을 유도한다.					
학생들이 자신의 생각과 경험을 동료들과 공유하도록 한다.					
나의 생각에 대한 학생들의 비판을 수용한다.					
학생들이 내 강의를 이해하는지 그렇지 않은지를 파악하고 있다.					
이해를 분명히 하기 위하여 학생들이 개념을 적용해 보도록 유도한다.					
수업에서 어려움을 갖는 학생을 위한 개인적인 도움을 제공한다.					
학생들과 개인적인 관계를 맺는다.					
수업 밖에서도 학생들에게 다가갈 수 있다.					
흥미로운 유형의 프레젠테이션을 할 수 있다.					
내 목소리의 속도와 음량은 다양하다.					

학생들이 학업에 최선을 다하도록 동기를 부여한다.				
흥미롭고 동기를 유발하는 과제를 부여한다.				
학생들이 강의를 이해하고 있는지 보여 줄 수 있는 시험을 출제한다.				
학생들에게 자신의 학습향상 정도에 대한 정보를 지속적으로 제공한다.				

(동국대학교 교수학습개발센터, 2006: 128)

글상자 14-2

수업촬영으로 하는 자가점검

수업촬영은 수업을 녹화한 비디오를 보면서 수업 전반에 대해 분석하는 프로그램이다. 자신의 수업 비디오를 직접 관찰하면 목소리, 몸동작, 판서, 매체 활용, 구성, 상호작용 등 여러 측면을 분석할 수 있다. 수업 비디오는 교사가 직접 분석해도 좋고, 동료 교사와 함께 할 수도 있다.

1. 수업촬영 요령

• 전형적인 수업시간을 촬영하도록 한다.
  평소에 하는 것처럼 칠판을 사용하고, OHP를 사용하고, 자료를 나누어 주는 수업시간을 촬영한다. 수업분석 내용을 수업에 반영하려면 학기가 시작되고 5~6주째 실시하고, 수업의 개선 여부를 확인하기 위해 추후에 한 번 정도 더 촬영하는 것이 좋다.
• 학생들에게 미리 촬영이 있다는 것을 알려 둔다.
  학생들에게 수업촬영은 학생들을 찍는 것이 아니라 교사가 스스로 수업을 개선하기 위해 한다는 것을 설명해 둔다.
• 촬영할 때 학생들의 반응, 태도 등도 이따금 찍도록 한다.
  가능하면 두 대의 카메라를 설치하여 교사와 학생 모두의 상황을 촬영한다. 카메라가 한 대라면 학생들이 수업에 대해 반응하는 것, 또 학생들끼리 반응하는 것도 찍어 두도록 한다.
• 수업을 촬영할 때에도 수업에 집중하도록 한다.
  카메라가 돌아가고 있으면 다소 거북하고 신경이 거슬릴 것이다. 그러나 몇 분 지나지 않아 곧 익숙해진다. 또 비디오테이프의 내용은 교사 본인 외에는 아무도 보지 않을 것이라는 점, 마음만 먹으면 언제라도 지워버릴 수 있다는 점을 기억하면서 긴장을 풀도록 한다.

2. 수업 비디오 분석 요령

• 촬영 직후에 바로 비디오테이프를 보도록 한다. 촬영 당일 혹은 적어도 2~3일 이내에 보는 것이 좋다. 당시 수업에 대한 기억이 생생해야 분석이 잘 이루어지기 때문이다. 처음에는 화면에 나타나는 본인의 모습을 바라보는 데 익숙해지도록 그냥 한두 번 본다.
• 수업 비디오를 분석하는 데 실제 수업시간보다 두세 배 이상의 시간을 잡아야 한다. 한 시간 수업을 촬영할

- 것이라면 비디오를 보는 데 두 시간 이상을 할애해야 한다. 또 개선점을 찾는 것 못지않게 자신의 장점을 발견하는 데에도 신경을 써야 한다.
- 전문적으로 수업을 분석해 줄 수 있는 동료 교사 또는 전문가와 함께 비디오를 보는 것도 좋은 방법이다. 동료가 있으면 장단점을 객관적으로 지적해 줄 수 있을 뿐만 아니라, 혼자 보면서 자신의 수업을 지나치게 비판적으로 평가하는 경향을 막아줄 수 있다.
- 전체적인 특징을 살펴본다. 다음과 같은 질문을 스스로 던져 보면서 비디오 내용을 살펴본다.
  - 내가 잘하고 있는 점과 부족했던 점은 각각 무엇인가?
  - 학생들이 가장 좋아하는 것 같아 보이는 점과 가장 싫어하는 것 같아 보이는 점은 무엇인가?
  - 만일 내가 이 수업을 다시 한다면 바꾸고 싶은 점 3가지는 무엇인가?
- 특정 부분에 초점을 맞추고 다시 돌려 본다.
  예를 들어 목소리, 교수 스타일, 학생들의 질문에 대답하는 방식 등 수업의 어느 한두 가지 측면을 집중적으로 관찰한다. 이때에도 역시 장단점을 모두 살펴본다.
- 상호작용에 대해 꼼꼼히 기록해 둔다.
  교실 안에서는 교수와 학생, 학생과 학생이 상호간에 서로 반응을 주고받는다. 말을 통해서는 물론 눈빛이나 몸짓과 같은 비언어적 방법을 통해서도 서로 작용하고 있다. 이 상호작용이 원활한지 검토해 본다.
- 질의응답에 대해서 기록한다.
  학생들에게 언제 어떻게 무엇을 질문하는가, 학생들은 어떻게 대답하는가, 또는 학생들이 어떻게 대답을 회피하는가 등에 대해서 기록한다.
  다음 사항에 대해 자문하면서 살펴보면 좀 더 구체적인 기록이 될 것이다.
  - 실제로 학생들이 반드시 응답하기를 원했던 질문은 얼마나 되는가?
  - 똑같은 말로 질문을 시작하지 않았는가?
  - 모든 질문이 간단한 예, 아니오 형의 질문은 아니었는가?
  - 어느 수준의 사고를 필요로 하는 질문이었는가?
  - 학생들에게 생각하고 대답할 시간을 충분히 주었는가?
- 문제점으로 관찰된 사항에 대한 개선책을 세워 실행에 옮긴다.

(Davis, 1993; 동국대학교 교수학습개발센터, 2006: 131-133 재인용)

4. 수업비평

현재 수업장학에 대한 대안적 접근으로 수업컨설팅이 일반적으로 채택되고 있다. 그러나 이혁규(2008)는 수업장학뿐만 아니라 수업컨설팅의 한계를 지적하면서 수업비평을 강조한다. 그렇다면 수업비평은 수업장학, 수업평가, 수업컨설팅과 어떻게 다를까? 이혁규(2008: 23)는 이들을 표 14-3과 같이 비교한다. 그러면 이혁규(2008)의 논의를 중심으로 수업비평이 수업장학, 수업평가, 수업컨설팅과 어떤 차이점이 있는지를 살펴보자.

표 14-3. 수업개선 프로그램의 비교

구분	수업장학	수업평가	수업컨설팅	수업비평
주된 관찰 목적	교사의 교수 행위 개선	교사의 수업능력 측정과 평가	교사의 고민이나 문제 해결	수업현상의 이해와 해석
실천가와 관찰자의 관계	교사/장학사	평가자/피평가자	의뢰인/컨설턴트	예술가/비평가
주된 관찰 방법	양적·질적 방법	양적 방법	양적·질적 방법	질적 방법
산출물 형태	수업관찰 협의록	양적·질적 평가지	컨설팅 결과 보고서	질적 비평문
관찰 정보의 공유자	관련 당사자	관련 당사자	관련 당사자	잠재적 독자
관찰 결과의 활용	교사의 수업 전문성 향상에 관한 정보 제공	교사의 수업 설계 및 실행능력에 대한 평가	원칙적으로 의뢰인의 판단에 의존함	수업현상에 대한 감식안과 비평능력 제고
참여의 강제성 여부	의무적 참여	의무적 참여	자발적 참여	자발적 참여

(이혁규, 2008: 23)

 사실 장학, 평가, 컨설팅, 비평 등의 용어가 내포하는 의미 범위는 다양하다. 왜냐하면 여러 학자들이 이 용어를 매우 다양하게 사용하고 있기 때문이다. 하나의 용어가 자신의 설명력이나 유용성을 높이기 위해 그 의미를 점점 확장하는 경향도 이와 관련이 있다. 예를 들어, '장학'이라는 개념은 처음 사용될 때는 교사의 행동을 감시하고 통제하고 학교를 시찰하던 관리적 성격이 강하였으나, 지금은 교사의 전문성을 인정하고 교사를 돕고 지원하는 협동적 성격으로 변화하였다. 따라서 확장된 장학개념을 적용하면 그 개념의 우산 아래 평가, 컨설팅, 비평 등의 개념이 모두 포섭되어 버린다. 따라서 구분과 변별을 위해서는 각각의 개념이 지닌 일차적 의미를 기준으로 논의할 수밖에 없다.

 첫째, 수업관찰의 주된 목적에 대해 이야기해 보자. 수업장학은 교사의 수업행위를 변화시켜 교수·학습 방법을 개선하는 것을 지향한다. 수업평가는 교사의 수업행위를 평가하고 등급화하는 것이, 수업컨설팅은 컨설팅을 의뢰한 교사의 고민과 문제를 해결해 주는 것이 관찰의 주된 목적이다. 이에 비해 수업비평은 수업현상을 이해하고 해석하며 판단하는 데 치중한다. 장학, 평가, 컨설팅의 경우 수업을 이해하고 해석하는 활동이 수단적 의미를 가지지만, 수업비평은 그것을 직접적으로 지향한다. 이렇게 보면 수업비평은 여타 활동과 구별되는 목적을 가지면서,

지리 교재 연구 및 교수법

동시에 여타 활동이 내실 있게 운영될 수 있는 토대가 되는 활동임을 알 수 있다. 수업현상을 이해하고 해석하는 안목을 갖지 않고서 장학, 평가, 컨설팅 활동이 내실 있게 운영되기는 어렵기 때문이다.

둘째, 수업 실천가와 수업 관찰자 사이의 관계는 어떠한지도 살펴볼 필요가 있다. 수업장학에서는 교사와 장학사로, 수업평가에서는 평가자와 피평가자로, 수업컨설팅에서는 의뢰인과 컨설턴트로 수업 실천가와 수업 관찰자가 만난다. 반면에 수업비평에서는 양자가 예술가와 비평가의 관계로 은유된다. 이는 앞의 3가지 제도적 실천과 비교해 보면 상대적으로 독특한 관계이다. 장학, 평가, 컨설팅 모두 암묵적으로 관찰자로서의 장학사, 평가자, 컨설턴트가 수업 실천가에 비해 우위에 있다. 다만 수업컨설팅의 경우는 양자의 관계가 비교적 수평적이다. 수업컨설팅 개념 자체가 타율적인 장학이나 평가의 문제점을 개선하기 위해 나타난 것이기 때문이다. 여기서 수업 실천가와 관찰자는 의뢰인과 컨설턴트로 만나며, 전문가인 컨설턴트는 수업과 관련된 다양한 정보를 제공하여 수업 실천가가 자신의 문제를 스스로 해결해 가는 것을 돕는 조력자의 역할을 한다. 이에 비해 수업비평에서 상정하는 예술가와 비평가의 관계는 훨씬 복잡하다. 오늘날 예술작품의 가치는 궁극적으로 비평 공동체의 판단에 의해 결정된다. 이 점에서 비평 공동체는 예술가의 우위에 있다. 그러나 이것이 개별 예술가 위에 비평가가 존재한다는 것을 함의하지는 않는다. 왜냐하면 개별 비평가가 최종적 판단의 역할을 하지 않기 때문이다. 개별 비평가의 판단은 독자 또는 다른 비평가의 판단에 열려 있는 하나의 시선에 불과하다. 따라서 비평 공동체는 설득과 공감에 기반한 민주적 공동체인 셈이다. 그리고 이 열린 대화에 예술가 또한 평등한 입장에서 참여할 수 있다.

다음으로 주된 수업관찰 방법을 살펴보자. 원칙적으로 4가지 접근 모두에 양적·질적 방법이 활용될 수 있다. 그런데 여기서 주목할 점은 비평과 평가의 차이이다. 상대적으로 수업평가에는 양적 수업관찰법이 많이 사용되며, 수업비평에는 질적 수업관찰법이 많이 활용된다. 일반적으로 평가자는 그 타당성이 미리 확인된 양적 관찰 척도를 활용하여 교사를 등급화한다. 따라서 수업평가의 경우 평가자의 개인적 목소리가 드러나는 경우는 드물다. 반면에 수업비평은 비평가가 자신의 전문적인 식견을 바탕으로 질적 자료 수집을 통해 수업의 의미를 읽어 내어 독자가 이해 가능한 용어로 표현한다. 따라서 질적 수업비평문에는 비평가 자신의 목소리가 드러난다. 그리고 이렇게 드러난 비평가 자신은 그 글을 읽는 독자의 심판 대상이 된다.

셋째, 수업관찰의 결과가 기록되는 형식에서도 차이가 난다. 수업장학과 관련된 정보는 주로 수업관찰 협의록에 기록되어 교사의 수업행위를 개선하는 데 활용된다. 수업평가의 경우에는 교사의 교수행위가 양적·질적 평정지에 기록되어 교사를 평정하는 데 사용된다. 수업컨설팅의 경우에는 컨설팅을 요청하는 사람이 쉽게 읽을 수 있는 관찰 보고서의 형태로 관찰 결과가 정리될 것이다. 수업비평의 경우에는 질적 비평문의 형식으로 관찰 결과가 기록된다. 그런데 이런 기록방식의 차이는 누가 이 기록물의 중요 독자인가와도 관련성이 있다. 3가지 접근법은 수업관찰 결과물이 주로 수업을 실행한 교사 본인과 소수의 관련자에게만 제공되어 활용된다. 반면 수업비평문은 다른 비평과 마찬가지로 수업현상에 관심을 가지는 많은 사람들을 내포 독자로 삼는다. 이렇게 폭넓은 독자를 열린 대화에 초청함으로써 비평은 스스로 또 다른 비평에 노출된다. 그리고 비평에 대한 또 다른 비평이 가능한 구조는 수업에 대한 논의를 풍부하게 확장하는 데 도움을 준다.

마지막으로, 수업 실천가가 수업공개를 결정하는 것과 관련하여 강제성의 여부도 다소 차이가 있다. 자기장학이나 자기평가 등의 개념이 있기는 하지만 수업장학이나 수업평가는 강제성의 측면이 강하다. 반면에 수업컨설팅과 수업비평은 자발적인 참여의 성격이 강하다. 수업컨설팅의 경우 자발성의 원칙을 매우 중시한다. 수업비평 또한 자신의 수업실천을 비평에 노출시키고자 하는 자발적인 교사들의 존재를 필요로 한다. 이 점은 다른 비평 장르와 구별되는 수업비평의 독특성이기도 하다. 예술작품이 전시나 발표를 통해 공개됨으로써 예술가의 의도와 관계없이 자동적으로 비평가의 시선에 노출되는 것과는 달리, 수업실천은 자동으로 공개되지 않는다. 따라서 수업비평이 가능하기 위해서는 교사의 자발적인 참여 의사가 매우 중요하다.

지금까지 몇 가지 측면에서 수업비평이 다른 제도적 접근과 어떻게 다른지를 살펴보았다. 각각의 접근법들은 그 제도화의 정도가 다르다. 수업장학의 경우 제도화 정도가 가장 높은 반면, 수업평가나 수업컨설팅은 비교적 최근에 등장하였다. 수업비평이라는 아이디어는 더 최근에 나왔다. 새로운 제도가 모색되는 것은 기존의 제도적 실천이 순기능을 하지 못한다고 많은 사람들이 판단할 때이다. 공개와 소통, 그리고 사물을 보는 감식안의 성장을 중시하는 수업비평이 활성화되고 하나의 제도적 실천으로 정착된다면 우리의 수업실천을 개선하는 데 많은 도움이 될 것이다.

이러한 수업비평이 학교현장에 일상적 실천으로 정착되기 위해서는 먼저 2가지 오해가 해소되어야 한다. 첫째, 특별한 수업만 비평의 소재가 될 수 있다는 생각이다. 이것은 잘못된 생각이다. 당연히 모든 수업이 비평의 대상이 된다. 겉으로는 평범해 보이는 수업이라 할지라도 모든 수업은 특이성을 가지고 있다. 한편에는 교과와 학생에 대한 고유한 관점을 지닌 교사가 있고, 다른 한편에는 매순간 상이하게 반응하며 성장하는 학생들이 존재하기 때문이다. 또한 양자가 만나는 양상은 학습의 내용과 조건에 따라 다양하고 풍부하다. 따라서 모든 수업이 별 차이 없이 똑같다는 편견은 수업현상을 피상적으로 바라보는 관성에서 연유하는 것이다. 모든 수업에 공유해야 할 경험과 자극과 정보가 존재함을 인정하는 것이 수업비평을 일상화하는 출발점이 된다.

둘째, 전문적인 비평가만 수업비평을 할 수 있다는 생각이다. 물론 수업비평을 전문으로 하는 독립적인 비평가를 상정해 볼 수도 있을 것이다. 예를 들어, 문학비평의 경우 문학작품을 쓰는 작가와 비평활동을 하는 비평가는 어느 정도 구분되어 있다. 그리고 문학 비평가라는 이름을 공식적으로 사용하기 위해서는 권위 있는 평론집에서 수상하는 등단 절차가 필요하다. 그러나 수업비평의 일상화는 이런 전문적 비평가가 아니라 수업 실천가에게 더 필요하다. 즉 모든 교사가 자신과 동료의 수업을 성찰할 수 있는 비평적 소양을 지닐 수 있어야 한다. 수업현상을 올바로 이해하는 교육적 감식안은 모든 교사에게 요구되는 능력이다. 동시에 수업실천의 의미를 말과 글로 언어화하여 표현할 수 있는 능력 또한 매우 중요하다. 이런 능력이야말로 수업실천을 개선하는 데 본질적으로 중요한 능력이기 때문이다.

5. 수업관찰 및 분석 도구

1) 수업관찰과 분석의 이해

(1) 수업관찰의 개념

좋은 수업을 위해서는 수업에 대한 노하우나 경험의 축적도 중요하지만, 수업에 대한 교수자의 인식과 다른 사람의 수업을 세밀하게 관찰하고 체계적으로 분석할 수 있는 능력도 중요하다. 수업컨설팅에서 수업관찰과 분석은 핵심적인 과정이며, 컨설턴트가 기본적으로 학습해야 할 내용이다. 수업관찰과 분석 내용이 컨설팅의 중요한 근거 자료로 활용되므로 어떻게 관찰하고 분석하느냐에 따라 컨설팅의 범위와 내용, 깊이가 달라질 수 있기 때문이다(민혜리 등, 2012).

수업관찰이란 수업에 대해 관찰자의 눈으로 보고, 듣고, 이에 대해 기술하고 해석하는 교수활동으로, 어떻게 하면 수업을 잘 운영할 수 있을까를 연구하기 위해 행해지는 수업개선의 한 방법이다. 즉 수업관찰은 교수방법을 개선하기 위해 실시되는 수업과정에 대한 자료 수집과 분석, 평가에 가장 보편적으로 활용되는 수단이다(주삼환 등, 2009). 따라서 수업에 대한 계속적인 연구와 수업을 구성하는 여러 가지 요인이 효과적으로 상호관계를 맺도록 하는 기본적인 행동이 수업을 관찰하는 것이다.

수업 관찰자가 수업비평의 눈으로 수업을 보아야 할 것을 3가지 영역으로 나누어 볼 수 있다(민혜리 등, 2012). 첫째, 수업실행 능력이다. 이는 학습 분위기 조성, 학생통제 능력, 발문 능력, 학습집단 조직 능력, 교수방법의 다양성, 판서 및 시간 관리 능력 등이다. 둘째, 교과지도 능력이다. 이는 교과 목표와 조직 원리 및 내용에 대한 지식, 교과의 다양한 교수방법의 숙달, 다른 교과와 협력하면서 학생이 성장하도록 지도하는 능력이다. 셋째, 학습지도 능력이다. 이 영역의 관찰에서는 '교사가 교과를 어떻게 가르치는지'보다 '학생들이 어떻게 학습는지'를 살펴보는 것이 더 중요하다. 즉 '학생들이 교과를 학습하도록 교사가 어떻게 가르치는지'에 관심을 갖고 수업을 관찰해야 한다는 것이다.

그러나 수업 관찰자의 관점에 따라 관찰 결과가 다를 수 있으므로 수업관찰에 대한 체계적인 도구가 필요하고, 이를 정확하게 분석할 수 있어야 한다. 또한 관찰자에 의해 교수자나 학생의 행동에 변화가 생기거나 수업이 영향을 받는 것은 바람직하지 못하다. 따라서 관찰 전에 학생들에게 관찰의 목적이나 결과의 사용에 대해 설명하거나 학생들과 평소 친밀감을 쌓아 수업관찰이 자연스럽게 이루어지도록 하는 것이 좋다.

(2) 수업관찰의 기본 전제

수업관찰은 과학적이고 논리적이며 체계적어야 한다. 이를 위한 수업관찰의 기본 전제를 제시하면 다음과 같다(주삼환 등, 2009).

지리 교재 연구 및 교수법

첫째, 수업관찰의 범위와 내용을 분명히 해야 한다. 수업과정은 다양한 측면을 포함하고 있으므로 수업 전체를 종합적으로 관찰하는 것은 어렵다. 따라서 수업관찰의 목적이 무엇이냐에 따라 관찰의 범위와 내용을 결정해 더 세밀히 관찰하는 것이 효과적이다.

둘째, 수업관찰 방법은 객관적이고 신뢰할 수 있는 관찰 결과를 수집할 수 있어야 한다. 관찰 결과의 신뢰도를 높이기 위해 관찰 기준을 명확히 할 필요가 있다. 특히 관찰자가 여러 명일 경우, 관찰 기준이 불명확하면 관찰자에 따라 결과가 달라질 수 있으므로 사전에 협의과정을 통해 기준을 명확하게 정하는 것이 좋다.

셋째, 수업관찰의 결과는 교수자에게 확인되고, 스스로의 수업행동을 개선하는 데 도움을 주어야 한다. 수업관찰의 주목적이 수업을 개선하는 데 있음을 전제로 한다면, 관찰 결과는 당연히 수업을 행한 교수자에게 공유되어야 하며, 그 내용은 기록을 위한 것이 아니라 실제 수업개선에 도움이 될 만한 내용이어야 한다.

넷째, 특정한 한 가지 수업관찰 방법으로 수업 전체를 평가할 수 있다고 생각해서는 안 된다. 수업관찰 방법에 따라 강조점이 다를 수 있으므로 한 가지 방법으로 관찰한 결과로 수업 전체를 인식하는 것은 위험하다.

다섯째, 수업관찰 방법은 우리 교육현실에 적합해야 하며, 실용적인 측면을 고려해야 한다. 아무리 좋은 관찰 방법과 도구라 할지라도 실제 교육현장에 적용하기 어려운 방법이라면 그 효과성도 기대하기 힘들다.

(3) 수업관찰의 주요 내용

수업을 관찰할 때 전체적인 내용을 상세히 관찰하고 기록하는 것은 당연하지만, 그중에서도 수업컨설팅에서 중요하게 논의할 수 있는 내용은 다음과 같다(민혜리 등, 2012).

첫째, 수업구성과 진행과정이다. 수업의 전체적인 흐름과 각 단계별 수업진행 방법에 대해 관찰한다.

둘째, 학생과의 상호작용 및 학습관리 측면이다. 수업에서 핵심적인 내용 중 하나가 상호작용 부분이다. 여기에는 교수자와 학습자의 상호작용뿐 아니라, 학습자들 간의 상호작용도 포함된다. 그리고 학습자들의 학습과정에 대한 교수자의 관리능력도 함께 고려되어야 한다.

셋째, 교수자의 언어적·비언어적 표현방법이다. 이 내용은 전문적인 관찰자가 아니더라도 쉽게 관찰이 가능한 영역으로, 주로 교수자의 말투, 속도, 강약 등과 같은 목소리의 변화, 그리고 시선처리, 몸짓 표현 등과 같은 비언어적 표현을 적절하게 사용하고 있는지가 관찰의 주요 대상이 된다.

넷째, 교수자와 학습자의 특성에 대한 관찰이다. 수업은 교수자와 학습자의 특성에 따라 다른 분위기 연출이 가능하다. 예를 들면, 교수자의 연령, 성별, 경력, 교육철학 등이 교수법에 영향을 미칠 수 있으며, 학습자들의 학년, 성별, 교과목에 대한 흥미, 수업 참여 동기 등에 따라 수업에 대한 몰입과 참여의 정도에 차이가 있을 수 있다. 따라서 그 수업을 함께하는 교수자와 학습자의 특성을 유심히 관찰할 필요가 있다. 관찰 전과 후에 관련 정보를 참고하는 것도 효과적이다.

다섯째, 교수매체의 활용이다. 미디어가 발달하면서 수업에 다양한 매체가 적용되고 있는데, 과연 그 매체가 해당 수업에 적합한 매체인지에 대한 판단과 함께 사용시간, 내용 구성, 학습자들의 관심 정도 등을 고려해 관찰한다.

여섯째, 수업시간 활용과 공간 활용에 대한 부분이다. 수업시간을 효율적으로 운영하고 있는지, 공간을 필요에 따라 적극적으로 이동 또는 재배치해 사용하고 있는지를 관찰한다.

일곱째, 수업이 이루어지는 교실의 분위기와 수업의 전체적 특징을 종합적으로 관찰할 필요가 있다. 수업 분위기는 교수자와 학습자의 관계성과 학습자들의 참여 정도를 설명해 줄 수 있는 중요한 항목이다.

2) 수업분석 도구

수업분석을 위해서는 수업분석 도구를 활용하는 것이 효율적이다. 이상수 등(2012)은 표 14-4와 같이 수업분석 도구를 세분화하여 제시하고 있다. 분석 영역을 수업 전체, 교수자, 수업 매체, 학습자, 교수자와 학습자 간의 상호작용으로 범주화하고 이들 각각의 범주에 적합한 분석 도구를 제시하고 있다. 이를 중심으로 수업분석 도구에 대해 살펴본다.

표 14-4. 수업분석 도구

분석 영역	분석 도구	접근	설명
수업 전체	수업일관성 분석	관찰	수업목표, 수업내용, 학습자, 수업방법, 수업매체, 수업평가 간의 유기적 통합 정도 분석
	수업구성 분석	관찰	수업과정인 도입, 전개, 정리 단계의 조직성과 각 단계에 따른 세부적인 수업전략의 효과성 분석
	수업명료성 분석	관찰	수업이 학습자들에게 쉽고 명확하게 전달되는지 분석
교수자	동기유발 전략 분석	관찰	학습동기 유발을 위해 교수자가 어떠한 전략을 활용하고 있는지를 파악하기 위해 주의집중, 관련성, 자신감, 만족감 등의 영역을 분석
	수업 분위기 분석	관찰	교수자가 수업을 진행하는 다양한 행위(언어적/비언어적)에 따라 학습자가 수업에서 느낄 수 있는 정서를 온화함과 통제로 구분하여 분석
	비언어적 의사소통 분석	관찰	교수자와 학습자 간에 효과적인 비언어적 소통이 이루어지는지 분석
수업매체	수업매체 설계(프레젠테이션용/판서용) 분석	관찰	수업매체 중 가장 많이 활용되고 있는 프레젠테이션 자료와 판서설계 전략을 중심으로 효과적·효율적·매력적인 설계를 하고 있는지 분석
학습자	학습기술 분석	설문	자기관리 기술, 수업참여 기술, 과제해결 기술, 읽기 기술, 쓰기 기술, 정보처리 기술 등의 학습기술 분석
	수업만족도 분석	설문	수업내용, 수업방법, 수업환경, 수업효과, 교수자의 전문성, 수업평가 등의 만족도 분석
	학습동기 분석	설문	학습자들이 수업에 얼마만큼의 동기가 있는지에 대해 내재적 및 외재적 동기, 자기효능감, 주의집중, 관련성, 자신감, 만족감의 7가지 영역을 중심으로 분석
	과업집중도 분석	관찰	교실에 앉아 있는 학습자들의 좌석 배치에 따라 각 학습자들의 과업집중 경향성을 분석
교수자와 학습자 간의 상호작용	언어적 상호작용 분석	관찰	교수자와 학습자 간의 언어적 상호작용의 유형이나 패턴을 찾아 지시적 및 비지시적 형태의 수업유형을 분석
	시간관리 및 과업분산 분석	관찰	교수자가 주어진 수업시간을 효과적으로 활용하여 학습자들의 과업집중도를 어느 정도 확보하는지 분석

(이상수 등, 2012)

(1) 수업일관성 분석

수업일관성 분석은 수업을 구성하는 주요 요소인 수업의 목표, 내용, 학습자, 방법, 매체, 평가 간의 유기적 통합이 잘 이루어지고 있는지를 분석하는 것이다. 수업일관성 분석은 학습자에게 맞는 수업목표가 진술되었는지, 수업목표를 달성하기 위해 적절한 수업내용이 선정되었는지, 수업목표를 달성하는 데 효과적인 수업방법이 선정되어 활용되는지, 수업내용을 전달하는 데 효과적인 수업매체가 선정되어 활용되는지, 수업목표를 달성하는 정도를 정확하게 파악할 수 있는 수업평가가 이루어지고 있는지 등을 분석하는 데 그 목적이 있다.

수업일관성 분석은 변영계와 이상수(2003), 딕·캐리(Dick, Carey and Carey, 2009)가 제안한 수업설계 이론을 중심으로 분석 준거를 크게 수업목표와 수업내용 간, 수업목표와 학습자 간, 수업목표와 수업방법 간, 수업내용과 수업매체 간, 수업목표와 수업평가 간 등의 5가지로 구분하여 불일치, 중립, 일치를 체크하고 그 근거를 기술하도록 되어 있다.

표 14-5. 수업일관성 분석의 예시

분석 준거	일관성 여부에 대한 판단내용	일치 여부 (O, △, ×)	근거 설명
수업목표와 수업내용 간	• 수업이 끝난 후 학습자들이 수업목표에 기술된 수행을 할 수 있도록 학습내용이 구성되어 있는가? • 수업내용이 수업목표를 달성하는 데 학습자들에게 필요한 지식과 기술 습득에 도움이 되는가?		
수업목표와 학습자 간	• 수업목표가 학습자들의 요구와 관련성을 가지고 있는가? • 수업이 학습자들에게 이해 가능한 것인가? • 수업목표의 분량이 학습자들의 학습능력에 부합하는가? • 학습자들의 이해 발달과정에 따라 적응적인 수업이 이루어지는가?		
수업목표와 수업방법 간	• 수업목표가 달성 가능한 수업방법을 사용하고 있는가? • 수업목표 달성을 위한 충분한 학습경험을 제공하는가? • 수업목표 달성을 위한 효과적인 전략인가?		

	• 수업목표 달성을 위한 효과적인 수업내용 전달방법인가?		
수업목표와 수업매체 간	• 수업매체가 수업목표 달성을 위한 수업내용을 효과적으로 표상하고 있는가?		
수업목표와 수업평가 간	• 수업평가가 수업목표 달성 정도를 평가하고 있는가? • 수업평가가 수업목표 달성을 효과적으로 평가하고 있는가?		

(계속)   (이상수 등, 2012: 139-140)

(2) 수업구성 분석

수업구성 분석은 수업의 전체적인 흐름인 도입, 전개, 정리에 따라 효과적인 수업전략들이 사용되었는지, 그리고 전체적으로 수업구성이 조직적이고 합리적으로 이루어졌는지를 분석하는 것이다. 수업구성 분석은 가네 등(Gagné et al., 2005)이 제시한 9가지 수업사태인 주의집중 획득하기, 수업목표 제시하기, 선수학습 능력 촉진하기, 학습내용 제시하기, 학습 안내하기, 수행 유도하기, 피드백 제공하기, 수행평가하기, 파지 및 전이 촉진하기 등을 분석한다.

표 14-6. 수업구성 분석 준거

구분	수업 사태	수업 세부전략
준비	주의 집중 획득	• 감각적 주의집중 유발: 오감의 변화 제공 　– 교탁 치기 　– 침묵 　– 멀티미디어 활용 • 인지적 주의집중 　– 호기심 유발
	수업 목표 제시	• 언어적 진술: '수업 종료 후 학습자들이 무엇을 할 수 있는가?' 형태로 구체적으로 진술 • 시범 보이기 • 수업이 끝났을 때 대답할 수 있어야 하는 질문 • 학습자가 이해할 수 있는 용어 사용
		• 관련 선수학습에 대한 비형식적 질문 • 현재 수업목표와 관련된 진단평가

준비	선수 학습 재생 촉진	• 관련 선수학습에 대한 간단한 리뷰 또는 시범 • 수업 중에 관련 사전지식에 대한 질문
획득 과 수행	학습 내용 제시	• 학습결과 유형(언어정보, 지적 기능, 인지전략, 태도, 운동기능)에 따른 학습내용 제시방법 의 차별화 • 학습할 개념이나 법칙의 차별화된 특성 제시 • 다이어그램이나 형광펜 등의 다양한 전략을 사용한 학습내용의 본질적 특징 강조 • 문자, 그래픽, 애니메이션, 오니오, 비니오의 통합적 활용 • 작은 청킹(덩이짓기)(small chunks)으로 학습내용 제시

	학습
	안내
		• 학습결과 유형(언어정보, 지적 기능, 인지전략, 태도, 운동기능)에 따른 학습안내 방법의 차
		  별화
		• 유의미 학습을 통해 장기기억에의 저장 촉진
		• 학습자 수준에 따른 차별화된 학습안내 제시(가이드의 양, 제공되는 시간, 가이드 전략 등)
		• 적절한 비계활동: 안내하는 발문, 힌트, 암시 등
		• 기억술 제시
		• 꼭 기억할 필요가 없는 내용에 대해서는 보조자료(performance aids) 또는 체크리스트
		  제공

	수행 유도	• 학습한 내용을 시범할 기회 제공(연습문제) • 절차, 규칙, 원리 적용의 적절성 여부를 판단하는 기회 제공 • 어떤 규칙, 원리, 정의 등이 적용되는 조건(언제)을 확인하도록 개인 혹은 협력적으로 연습 활동을 할 수 있는 기회 제공 • 문제풀이 과정에서 규칙이나 절차를 시범하게 함 • 예와 비예를 찾아내게 함 • 학습한 내용을 자신의 용어로 진술하게 함
	피드백 제공	• 정오 확인 피드백 • 정보 제시적 피드백 • 교정적 피드백
재생 과 전이	수행평가	• 진위형, 완성형, 연결형, 선다형, 에세이형, 수행형
	파지 및 전이 촉진	• 연습문제 풀이과정에서 틀린 문제를 검토하게 함 • 글, 그래픽, 도표 형태로 요약해 주거나 혹은 학습자가 그렇게 하게 함 • 학습한 내용이 적용되는 사례와 그렇지 않은 사례를 학습자들 스스로 찾게 함 • 학습한 내용을 다양한 예에 적용해 보게 함 • 학습한 내용이 차시학습에 전이됨을 설명

(계속)   (이상수 등, 2012: 143-144)

표 14-7. 수업구성 분석의 예시

구분	수업 사태	유: ○ 무: ×	효과성 (상,중,하)	관찰된 내용
준비	주의 집중 획득			
	수업 목표 제시			
	선수 학습 재생 촉진			
획득 과 수행	학습 내용 제시			
	학습 안내			
	수행 유도			
	피드백 제공			
재생 과 전이	수행평가			
	파지 및 전이 촉진			

(이상수 등, 2012: 147-148)

(3) 수업명료성 분석

수업명료성 분석은 학습자 관점에서 수업이 학습자들에게 쉽고 명확하게 전달되고 있는지를 분석하는 것을 의미한다. 수업명료성을 높이는 수업활동으로는 수업목표를 학습자들에게 정확히 알리기, 수업의 전체적인 내용과 세부적인 내용 간의 관계성을 보여 주는 선행조직자를 제공하기, 수업을 시작할 때 수업목표와 관련된 선수학습을 확인하기, 수업의 정리에서 요약과 복습으로 마무리하기, 학습자의 이해 수준을 고려하여 수업의 속도를 조절하거나 이해력을 점검하기, 수업내용을 효과적으로 전달하기 위한 사례·삽화·시범 활용하기 등이 있다(Borich, 2011).

　표 14-8은 보리치(Borich, 2011)가 제안한 수업명료성 분석 도구를 활용하여 수업명료성 분석의 예시를 보여 주는 것으로, 분석 준거를 크게 수업목표 제시, 선행조직자 제공, 선수학습 점검, 요약 및 복습하기, 수업 속도 조절 및 이해력 점검, 난이도 조절, 사례·삽화·시범 활용의

표 14-8. 수업명료성 분석의 예시

문항	부정적 진술	분석척도					긍정적 진술
		1	2	3	4	5	
1	수업목표를 복잡하게 제시하여 무엇을 학습해야 할지 방향성을 잃는다.						수업목표를 수업이 끝난 후 학습자들이 무엇을 할 수 있는지 형태로 명확히 제시한다.
2	학습내용을 거시적인 관점에서 소개하지 않고 세부 내용만을 제시한다.						전체적인 관점에서 수업내용을 파악할 수 있도록 학습자에게 선행조직자를 제시한다.
3	수업의 초기에 새로운 학습에 대한 선수학습을 제공하거나 점검하지 않는다.						수업 초기에 새로운 학습에 관련된 선수학습을 점검한다.
4	수업의 속도가 빠르고 수업 중 수시로 학습자의 이해도를 점검하지 않는다.						적당한 속도로 수업을 진행하며, 수업 중에 이해력을 수시로 점검한다.
5	난이도가 너무 높거나 낮아 수업에 집중하지 못한다.						학습자의 능력 수준을 파악하여 현재 수준 또는 약간 높은 수준에서 가르친다.
6	교재나 학습자료에 있는 내용을 단지 구두로 설명한다.						교재나 학습자료에 있는 내용을 설명하고 이를 명료하게 하기 위하여 사례, 삽화 또는 시범을 활용한다.
7	수업 마무리 시 학습한 주요 개념을 다시 진술하거나 요약하지 않는다.						복습 또는 요약으로 수업을 종료한다.

(이상수 등, 2012: 154-155)

7가지 범주로 나누어 각 범주마다 부정적 진술과 긍정적 진술로 양분화한 후, 긍정적 혹은 부정적 차원에서 어느 쪽에 더 근접한지를 선택하도록 구성되어 있다.

(4) 동기유발 전략 분석

켈러(Keller, 2010)는 학습에서 동기의 중요성을 강조하면서 학습과정에서 학습동기를 유발하고 유발된 학습동기를 지속적으로 유지하는 전략들을 ARCS 모형으로 이론화하였다. ARCS 모형은 수업시간에 학습자들의 학습동기를 유발 및 유지시킬 수 있는 실천적인 전략으로서, 주의집중(Attention), 관련성(Relevance), 자신감(Confidence), 그리고 만족감(Satisfaction)을 의미한다. 따라서 동기유발 전략 분석의 목적은 수업과정에서 학습자의 학습동기가 유발되고 유지될 수 있도록 교수자가 어떠한 구체적인 전략을 활용하고 있는지를 파악하는 데 있다.

이 분석 도구는 켈러와 송상호(1999)에 의해 제시된 ARCS 이론을 바탕으로 주의집중, 관련성, 자신감, 만족감의 4가지 범주와 하위 요소를 토대로 전개되는 구체적인 동기유발 전략을 분석 준거로 재구성하여 개발한 것이다. 즉 주의집중, 관련성, 자신감 그리고 만족감을 위한 전략들을 수업목표를 달성하도록 하는 데 적절한 균형하에 효과적으로 사용하고 있는지, 사용하고

표 14-9. ARCS의 구성 범주 및 분석 준거

구분	정의	구체적 전략
주의집중 (Attention)	학습에 대한 호기심을 자극하여 학습의 흥미를 획득하기 위함	감각적(지각적) 주의집중 • 수업자료 제시 시 시각자료 또는 청각자료 활용 • 다양한 멀티미디어 자료 활용 • 기타(언어적 주의/교탁 치기/침묵/신체적 환기 등) 인지적(탐구적) 주의집중 • 인지갈등: 모순되는 과거 경험, 역설적 사례, 대립되는 원리나 사실 등을 제시 • 호기심이나 신비감을 유발하는 질문 사용 • 적절한 난이도의 학습문제 제시 변화성(다양성) • 다양한 목소리와 톤 • 다양한 유형의 수업절차나 수업방법 • 다양한 유형의 수업자료나 매체 사용

		목적 지향성: 수업의 이점과 내재적 만족감 촉진 • 현재 학습자들에게 주는 해당 수업의 이점 • 미래에 학습자들에게 주는 해당 수업의 도움 정도 • 미래 학습자들의 직업과 관련해서의 도움 정도
관련성 (Relevance)	수업목표 달성 여부와 학습자들의 개인적 요구와 목적 간의 관계를 충족시킴으로써 긍정적인 태도를 유발하기 위함	모티브 일치: 개인의 요구와 수업 연결 • 인격적 대우나 기초적인 요구(인정, 소속감, 안정감, 사랑)를 수업에서 충족시키기 • 자유로운 토의나 의견 제시가 이루어질 수 있도록 안정된 환경 제공(리더십을 발휘할 수 있는 기회 제공, 자율적 학습기회나 협동적 학습기회, 개별 또는 집단별 프로젝트에 선의의 경쟁 유발 등) • 성공적인 성취를 이룬 사람들의 실례나 증언, 일화 등을 제공
		친밀성 향상: 수업과 기존의 학습자 경험과 연결 • 수업이 학습자의 기존 지식과 연계되어 있음을 설명 • 친숙한 내용(개념, 과정, 기능 등)을 예와 비예를 통해 제시
자신감 (Confidence)	학습자들이 수업에서 수업목표를 달성(성공)할 수 있거나 성공을 통제할 수 있다고 믿도록 도움을 제공함	성공 학습 요건 활용 • 필요한 지식이 이미 습득되었음을 인지시킴 • 수업의 목표와 그것을 성취하기 위한 구체적인 방법 제시 • 평가에 대한 기준 및 유형에 대해 사전에 공지
		성공 기회 제공: 긍정적 결과 유도 • 적절한 난이도의 과제로 적절한 도전감 제공 • 수업 목적, 내용, 교육방법, 평가, 사례들 간의 일관성을 유지 • 구체적인 내용에서 추상적인 내용으로, 쉬운 내용에서 어려운 내용으로 계열화하기
		개인적 책임감 • 모든 결과의 원인은 자신에게 있고, 자신의 능력에 따라 결과가 달라질 수 있음을 인식시키기 • 학습활동의 내용, 방법, 학습 속도, 평가방법 등에서 가능한 한 학습자들에게 선택권을 부여하여 자신의 선택에 대한 책임감을 갖도록 하기
만족감 (Satisfaction)	보상을 위한 성취를 강화함	내적 강화: 자긍심, 성취감 제공 • 수업에서 배운 새로운 기술이나 지식을 실제 현장이나 상황에서 적용해 볼 수 있는 기회 제공 • 자기 기록과의 경쟁을 통해 자신의 발달을 인식하도록 도움을 제공
		외적 강화 • 어려운 과제를 해냈다는 자긍심을 갖도록 언어적 강화를 제공 • 점수제도와 같은 다양한 보상제도 활용 • 수업시간 중에 지속적인 칭찬 제공
		공평성: 평가의 일관성, 평등성 • 사전에 공지한 기준과 방식에 따라 평가하기 • 특정 학습자가 유리하도록 평가하지 않도록 공정하게 평가하기

(계속)   (이상수 등, 2012: 157-159)

지리 교재 연구 및 교수법

있다면 구체적으로 어떤 장면에서 어떠한 전략으로 접근하고 있는지를 관찰함으로써 교수자의
학습동기 유발 전략을 분석한다.

표 14-10. 동기유발 전략 분석의 예시

준거		관찰 유무			관찰내용
		도입	전개	정리	
주의 집중	감각적 (지각적) 주의집중				
	인지적 (탐구적) 주의집중				
	변화성 (다양성)				
관련성	목적 지향성				
	모티브 일치				
	친밀성 향상				
자신감	성공 학습 요건 활용				
	성공 기회 제공				
	개인적 책임감				
만족감	내적 강화				
	외적 강화				
	공평성				

(이상수 등, 2012: 160-162)

(5) 수업 분위기 분석

교실 행동에 영향을 미치는 중요한 영역 중의 하나로 교수자의 언어적 또는 비언어적 행동을

들 수 있다. 이러한 언어적·비언어적 행동들은 특별히 수업 분위기를 조성하는 데 결정적인 영향을 미치게 된다. 수업 분위기 분석은 수업을 진행하는 교수자의 다양한 언어적·비언어적 행동에 따라 학습자가 수업에서 느끼는 감정을 분석하고 그 변화를 도출하여 바람직한 분위기 조성을 위한 교수자의 행동전략을 제안하는 데 그 목적이 있다.

표 14-11의 수업 분위기 분석 도구는 보리치(Borich, 2011)가 개발한 것을 재구성한 것이다. 수업 분위기 분석은 교수자의 행동과 학습자들의 행동 간 상호작용을 관찰하되, 주로 교수자의 수업 분위기 형성을 위한 행동을 중심으로 분석하게 된다. 분석은 온화함과 통제라는 2가지 축을 중심으로 높은 온화함, 낮은 온화함, 높은 통제, 낮은 통제의 조합에 의한 4가지 영역으로 분류될 수 있다. 수업 분위기는 수업시간 동안 고정될 수도 있지만 실제는 시간의 흐름에 따라 변화하는 특성을 가지고 있다. 따라서 수업 분위기 분석은 시간의 흐름에 따라 수업 분위기가 어떻게 변화하는지를 수량화하고 그래프로 나타낼 수 있게 되어 있다.

표 14-11. 수업 분위기 분석 도구

수업 분위기를 관리하는 교수자의 행동
A. 높은 온화함
1. 학습자의 행동에 대하여 칭찬이나 보상을 준다.
2. 수업 중 학습자의 아이디어를 활용한다.
3. 학습자의 욕구 표현에 대해 응답한다.
4. 긍정을 표현하는 몸짓을 취한다.
5. 학습자가 정확한 답을 찾도록 힌트를 제공한다.
6. 학습자가 틀린 답을 한 경우에도 격려를 아끼지 않는다.
7. 학습자의 응답을 긍정적으로 받아들이는 편이다.
B. 낮은 온화함
1. 비판하고 책망하고 꾸짖는다.
2. 학습자의 응답을 방해하거나 말을 끊는다.
3. 학습자가 잘못을 하면 전체적으로 학습자 모두에게 주의를 준다.
4. 학습자의 말하고자 하는 욕구를 무시한다.

5. 학습자를 향해 인상을 찌푸리거나 노려본다.

6. 학습자에게 명령을 내리는 편이다.

7. 학습자의 잘못된 응답에 대해서 틀렸다고 비판한다.

C. 높은 통제

1. 오직 하나의 답만을 정답으로 인정한다.

2. 교수자 자신에게만 집중하도록 한다.

3. 학습자에게 교수자가 생각하는 답만을 말할 것으로 기대한다.

4. 학습자의 추측을 통한 답이 아닌 정답을 알기를 기대한다.

5. 전체 학습범위를 모두 학습해야 답할 수 있는 내용을 질문한다.

6. 학습자의 학습결과는 교수자가 규정한 기준에 의해서만 평가한다.

7. 학습내용에 밀접하게 관련된 답만을 인정한다.

D. 낮은 통제

1. 학습자에게 문제가 되는 내용/질문을 중심으로 학습하도록 한다.

2. 학습자 스스로 학습내용을 선정하고 분석하도록 한다.

3. 학습자 스스로 관심 있는 내용을 개별적으로 공부하도록 한다.

4. 유용한 정보를 광범위하게 제공한다.

5. 학습자의 관심이나 흥미가 되는 내용을 중심으로 수업한다.

6. 교수자는 학습자와 함께 평가 내용이나 방법에 대해 서로 논의한다.

7. 학습자를 적극적으로 학습활동에 참여시키려고 한다.

(계속)   (이상수 등, 2012: 164-165)

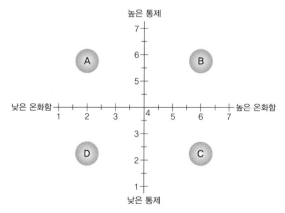

그림 14-4. 수업 분위기 분석 좌표(이상수 등, 2012: 166)

표 14-12. 수업 분위기 분석의 예시(관찰자)

10분 간격					수업 분위기를 관리하는 교수자의 행동
1	2	3	4	5	**A. 높은 온화함**
					1. 학습자의 행동에 대하여 칭찬이나 보상을 준다.
					2. 수업 중 학습자의 아이디어를 활용한다.
					3. 학습자의 욕구 표현에 대해 응답한다.
					4. 긍정을 표현하는 몸짓을 취한다.
					5. 학습자가 정확한 답을 찾도록 힌트를 제공한다.
					6. 학습자가 틀린 답을 한 경우에도 격려를 아끼지 않는다.
					7. 학습자의 응답을 긍정적으로 받아들이는 편이다.
1	2	3	4	5	**B. 낮은 온화함**
					1. 비판하고 책망하고 꾸짖는다.
					2. 학습자의 응답을 방해하거나 말을 끊는다.
					3. 학습자가 잘못을 하면 전체적으로 학습자 모두에게 주의를 준다.
					4. 학습자의 말하고자 하는 욕구를 무시한다.
					5. 학습자를 향해 인상을 찌푸리거나 노려본다.
					6. 학습자에게 명령을 내리는 편이다.
					7. 학습자의 잘못된 응답에 대해서 틀렸다고 비판한다.
1	2	3	4	5	**C. 높은 통제**
					1. 오직 하나의 답만을 정답으로 인정한다.
					2. 교수자 자신에게만 집중하도록 한다.
					3. 학습자에게 교수자가 생각하는 답만을 말할 것으로 기대한다.
					4. 학습자의 추측을 통한 답이 아닌 정답을 알기를 기대한다.
					5. 전체 학습범위를 모두 학습해야 답할 수 있는 내용을 질문한다.
					6. 학습자의 학습결과는 교수자가 규정한 기준에 의해서만 평가한다.
					7. 학습내용에 밀접하게 관련된 답만을 인정한다.

1	2	3	4	5	D. 낮은 통제
					1. 학습자에게 문제가 되는 내용/질문을 중심으로 학습하도록 한다.
					2. 학습자 스스로 학습내용을 선정하고 분석하도록 한다.
					3. 학습자 스스로 관심 있는 내용을 개별적으로 공부하도록 한다.
					4. 유용한 정보를 광범위하게 제공한다.
					5. 학습자의 관심이나 흥미가 되는 내용을 중심으로 수업한다.
					6. 교수자는 학습자와 함께 평가 내용이나 방법에 대해 서로 논의한다.
					7. 학습자를 적극적으로 학습활동에 참여시키려고 한다.

(계속)   (이상수 등, 2012: 168-169)

(6) 언어적 의사소통 분석: 플랜더스 언어상호작용 분석법

수업의 과정은 주로 교수자와 학생이 언어적·비언어적으로 상호작용하는 과정이라고 할 수 있다. 교수자와 학생은 언어적·비언어적 방법으로 서로 의사를 주고받으며 수업활동을 전개한다. 플랜더스의 언어상호작용 분석법은 모든 교과를 막론하고 언어적 상호작용이 많은 비중을 차지하는 수업에 효과적인 분석방법으로, 교수자와 학생 간의 언어적 상호작용에 대해 계량적으로 관찰하고 분석할 수 있는 방법이다(주삼환 등, 1999).

이 방법은 일정한 분류체계에 따라 기록하고 분석하는 객관적인 분석법이라는 점에서 과학적인 수업분석 도구로 인정받고 있으나, 데이터 수집과 분석 과정 및 통계 처리를 위한 시간과 노력이 많이 요구된다는 것이 단점이다.

수업관찰 과정에서 활용하는 방법은 다음과 같다.

먼저, 교수자의 수업태도와 수업방법을 파악하기 위해 관찰자가 교실 내에서 교수자와 학생의 발언을 잘 들을 수 있는 곳에 자리를 잡는다.

다음으로, 관찰자는 10개의 분류 항목에 따라 매 3초마다 학생과 교수자의 의사소통이 어떤 항목에 해당되는지를 결정해 그 항목의 번호를 기록한다. 이 분석법은 주로 강의식 수업과 질의응답이 많은 수업에 적합하다.

표 14-13. 언어상호작용 범주체계

구분		항목
교수자 발언	비지시적 발언	1. 감정의 수용 2. 칭찬이나 격려 3. 학생의 생각을 수용 또는 사용 4. 질문
	지시적 발언	5. 강의 6. 지시, 명령 7. 비판, 권위 정당화
학생 발언	반응	8. 학생의 언어적 반응
	주도	9. 학생의 언어적 주도
침묵		10. 혼란, 침묵, 활동 중단

표 14-14. 언어상호작용 분류 항목

교 사 의 발 언	반 응	비 지 시 적 발 언	① 감정의 수용	비위협적인 태도로 학생의 감정이나 태도를 수용하거나 명료화한다. 감정은 긍정적일 수도 있고 부정적일 수도 있다. 감정을 예측하거나 회상하는 것도 포함된다.
			② 칭찬이나 격려	학생을 칭찬하거나 격려한다. 머리를 끄덕이거나 "으흠" 또는 "그렇지", "그래, 그래" 또는 "계속해 봐"라고 말한다. 긴장을 풀어 주는 농담을 한다.
			③ 학생의 아이디어 수용·사용	학생의 말을 인정한다. 생각의 아이디어를 근거로 하여 이를 명료화하고, 보완하거나 질문한다. 학생이 말한 생각을 도와주거나 발달시킨다.
		④ 질문		교사의 아이디어에 기반을 두고, 학생이 대답할 것으로 생각하며 내용이나 절차에 관한 질문을 한다.
	주 도	⑤ 강의		내용이나 절차에 대하여 사실이나 의견을 제시한다. 즉 자신의 아이디어를 표현한다. 자기 나름대로 설명하거나 학생의 말이 아닌 권위가의 말을 인용한다.
		지 시 적 발 언	⑥ 지시, 명령	학생이 수용할 것으로 여겨지는 지시, 명령을 한다.
			⑦ 학생을 비평 또는 권위의 정당화	학생 행동을 수용 불가능한 형태에서 수용 가능한 형태로 바꾸려는 의도로 말한다. 즉 학생의 대답을 임의로 교정한다. 어떤 학생에게 호통친다. 교사 행동의 이유를 설명한다. 과도하게 자기에 관한 언급 또는 자랑을 한다.
학생의 발언	반 응	⑧ 학생의 반응		교사의 단순한 질문에 대하여 학생이 단순한 답변이나 반응을 한다. 학생이 답변하도록 교사가 먼저 유도한다. 학생 자신의 아이디어를 표현할 이유가 제한된다.

학생의 발언	주 도	⑨ 학생의 주도	학생이 자발적인 반응 혹은 학생 자신의 아이디어를 주도하거나 표현한다. 교사의 넓은 질문에 대하여 학생이 여러 가지 생각, 의견, 이유 등을 말한다.
침묵		⑩ 침묵 또는 혼란, 책읽기 등	관찰자가 교실 내 의사소통을 이해할 수 없는 잠깐 동안의 혼란, 침묵, 중 단 또는 실험, 실습, 토론, 책읽기, 머뭇거리는 것 등을 말한다.

(계속)

- 1+2+3: 비지시적 발언, 6+7: 지시적 발언

- 비지시적 비율=1+2+3/1+2+3+6+7×100(%)

  ※비지시적 비율은 최소한도 50% 이상 되어야 학생 중심의 수업으로 봄

- 교사의 질문비 4÷(4+5)×100: 질문을 통해 학생의 이해를 파악하는 정도의 지수임

- 학생의 질문 및 넓은 답변비 9÷(8+9)×100: 학생의 높은 차원의 정신능력의 지수임

- 관찰자들이 교사의 비지시적 발언(1, 2, 3), 지시적 발언(6, 7), 학생의 발언(8, 9), 기타(4, 5, 10) 등으로 구분하여 기록할 수 있음

표 14-15. 언어적 상호작용 분석표

일시	20 . . . ( )요일		관찰시간	: ~ :
교과		수업자	관찰대상	수업 교사, 학생
단원			학습 주제	

언어상호작용 기록표　　　　　　　　　　　　　　　※Timeline(3초 간격 – 크게 한 번 숨쉬는 간격)

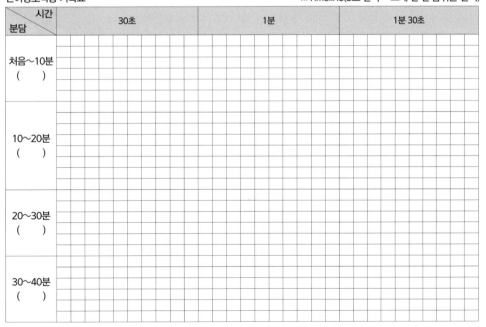

표 14-16. 분석 결과의 종합

항목		빈도	소계	해석
교사 반응	1, 2, 3(비지시적 발언)			1. 수업 흐름의 주 형태는 ( ) → ( ) → ( ) → ( )임 2. 비지시적 비율이 ( )%로 ( )중심 수업에 가까운 편임 3. 질문을 통해 학생의 이해를 파악하기 위한 교사의 질문 비율은 ( )%임
	4(교사의 질문)			
	5(교사의 강의)			
	6, 7(지시적 발언)			
학생 반응	8(학생의 반응)			
	9(학생의 주도)			
10(침묵, 혼돈, 휴식)				

(김연배, 2012)

(7) 비언어적 의사소통 분석

교수자의 언어적 의사소통 능력뿐만 아니라, 비언어적 의사소통 능력은 학습자의 학습내용 이해도를 높이는 데 중요한 역할을 한다. 이러한 비언어적 의사소통 능력을 분석하기 위해서는 교수자의 비언어적 의사소통 전략인 물리적 환경, 외적 모습, 신체 움직임, 준언어, 공간, 시간 등을 중심으로 각 범주에 따른 효과성 정도와 장단점 그리고 개선점을 질적으로 분석할 필요가 있다. 따라서 비언어적 의사소통 분석의 목적은 교수자들이 수업 중에 얼마나 비언어적 의사소통을 적절한 시기에, 적절한 방법으로 활용하고 있는가를 분석하는 데 있다.

비언어적 의사소통을 분석하기 위한 도구는 앤더슨(Andersen, 1999), 세일러와 비엘(Seiler and Beall, 2005)에 의해 제시된 교수자의 비언어적 의사소통 전략을 바탕으로 개발되었다. 이 도구에서 가장 핵심적인 부분은 효과적으로 비언어적 의사소통을 하고 있느냐를 분석하는 것이다.

표 14-17. 비언어적 의사소통 분석 준거

범주	영역	분석내용
물리적 환경	색, 조명, 온도	• 수업을 진행하는 데 주의를 산만하게 하거나 방해를 하지 않는지 등을 분석
	공간 배열, 가구	• 수업목표를 달성하기 위한 효과적인 공간 구성과 배치인지를 분석(토론이나 협동학습, 프로젝트 학습을 위한 배치 등)

외적 모습	신체적 특징, 의상, 장신구	• 수업을 진행하는 데 주의를 산만하게 하거나 방해를 하지 않는지 등을 분석
신체적 움직임	자세	• 편안하게 약간 앞으로 숙인 자세로 따뜻한 분위기를 주는지, 학습자들에게 방어 등의 자세를 취하거나 고개를 뒤로 젖힌 고압적인 자세로 학습자들에게 위압감 을 주는지 등을 분석
	몸짓	• 학습자들이 모두 보일 수 있도록 동작을 하는지, 주의를 끌기 위한 몸동작을 하 는지, 효과적으로 수업내용을 전달하기 위한 동작을 보이는지 등을 분석
	시선	• 수업 중에 학습자 이외에 다른 곳에 시선이 고정되었는지, 특정 학습자에게만 시선을 주는지, 부정적(째려보기, 눈 흘리기) 또는 긍정적 시선(눈웃음)인지, 모 든 학습자들과 시선을 교환하는지 등을 분석
	표정	• 수업 중에 긍정적이면서도 온화한 표정인지를 분석 • 학습자들의 얼굴 표정을 읽으면서 수업을 진행하는지 등을 분석
	접촉	• 학습자들과의 접촉을 효과적으로 이용하는지를 분석 • 성희롱과 같은 잘못된 접촉 분석
준언어	음량(어조)	• 학습자들이 수업에 집중할 수 있도록 적절한 목소리 크기인지(지나치게 크거나 작은지)를 분석 • 어조에서는 부드러운지 또는 강압적인지 등을 분석
	빠르기	• 수업내용을 전달할 때 말을 너무 느리게 하는지 혹은 너무 빠르게 하는지 등을 분석
	억양(사투리)	• 억양이 단조로운지 또는 다양한지 등을 분석 • 수업내용을 전달할 때 알아들을 수 있도록 정확한 발음으로 전달하는지 등을 분석
공간	대인 간 거리, 영역	• 수업 중에 심리적 거리를 좁히기 위한 적절한 공간적 거리 관리를 하는지 분석 • 수업 중에 교실 전체를 이동하는지, 교단과 같은 어떤 한 구역에만 머물러서 수 업을 진행하는지, 분단 사이를 움직이면서 수업을 하는지 등을 분석
시간	적시성 (즉시성)	• 학습자들의 반응에 대해서 칭찬과 같은 강화물 또는 피드백을 즉각적이고 적절 한 시기에 제공하는지 분석
	휴지	• 학습자들의 주의를 집중시키기 위한 침묵 등을 활용하는지, 발문 후 적절한 답 변시간을 주는지, 수업시간 내 학습자들의 활동 간 사이에 적절한 휴식시간을 주는지 등을 분석

(계속)

(이상수 등, 2012: 172-174)

표 14-18. 비언어적 의사소통 분석의 예시

범주	영역	장점 및 개선점
물리적 환경	색	
	조명	

물리적 환경	온도	
	공간 배열	
	가구	
외적 모습	신체적 특징, 의상, 장신구	
신체적 움직임	자세	
	몸짓	
	시선	
	표정	
	접촉	
준언어	음량(어조)	
	빠르기	
	억양(사투리)	
공간	대인 간 거리, 영역	
시간	적시성(즉시성)	
	휴지	

(계속)   (이상수 등, 2012: 175-176)

(8) 수업매체 설계 분석

수업매체 설계 분석의 목적은 수업매체 중 가장 많이 활용되고 있는 파워포인트를 활용한 프레젠테이션 설계 전략과 판서 설계 전략을 중심으로 효과적·효율적·매력적인 수업매체를 설계하고 있는지를 분석하기 위한 것이다. 효과성이란 사용되는 매체가 수업목표를 달성할 수 있게 하는지를 분석하는 것이고, 효율성이란 시간과 노력 등을 가능한 한 적게 투자하고 수업목표를 달성할 수 있는지의 경제성을 분석하는 것이다. 그리고 매력성이란 학습자들의 집중도를 얼마나 높일 수 있는지, 그리고 학습동기를 얼마나 향상시키는가를 분석하는 것이다. 분석의 대상으로 프레젠테이션 자료와 판서를 선정한 이유는 아직까지는 이들이 학교 현장에서 가장 많이 쓰이는 수업매체이기 때문이다.

표 14-19. 프레젠테이션 자료 설계 분석의 예시

항목	분석 준거	분석 척도				
		매우 그렇지 않다	그렇지 않다	보통 이다	그렇다	매우 그렇다
내용 지시	학습내용을 간결하고 분명하게 제시하였는가?					
	중요한 내용을 정확히 제시하였는가?					
	학습자 수준에 맞는 어휘가 사용되고 있는가?					
	저작권을 침해하는 경우는 없는가? 즉 참고문헌을 제시하였는가?					
	중요한 내용을 강조하는 기법을 사용하고 있는가?					
	학습자와의 적절한 상호작용이 포함되어 있는가?					
	애니메이션 효과를 목적과 필요성에 맞게 적절히 사 용하였는가?					
	사용되는 시청각 자료(클립아트 등)가 수업내용과 연관되어 있는가?					
	다이어그램, 차트, 그래픽을 사용하여 효과적으로 제 시하였는가?					
	사용하는 동영상 혹은 사운드 자료가 전체 학습시간 구성상 적절한 길이인가?					
레이 아웃 설계	레이아웃은 간결하게 구성되어 있는가?					
	레이아웃, 색, 글자체 등에서 일관성이 있는가?					
	두 가지 이상의 정보 채널(언어적+시각적)을 적절히 사용하고 있는가?					
	템플릿 배경이 학습주제나 맥락에 적합한 것인가?					
	전체 텍스트에서 3~4개 이내의 글자체를 사용하였 는가?					
	한 화면에 색상을 최대 5개 이하만 사용하였는가?					
	시공간적으로 언어적 정보와 이미지 정보를 근접하 여 제시하였는가?					

(이상수 등, 2012: 180-181)

표 14-20. 판서 설계 및 활동 분석의 예시

항목	분석 준거	분석 척도				
		매우 그렇지 않다	그렇지 않다	보통 이다	그렇다	매우 그렇다
준비 사항	수업 전 판서에 필요한 모든 도구(색분필, 지우개 등)가 준비되었는가?					
	칠판이 어둡거나 반사하지 않았는가?					
내용 제시 전략	중요한 사항을 중심으로 판서하였는가?					
	요점만 간단하게 작성하였는가?					
	내용을 정확하게 작성하였는가?					
	내용을 설명하는 데 효과적인 구조로 판서하였는가?					
	학습내용을 이해하기 위하여 색분필을 효과적으로 활용하였는가?					
	핵심 내용을 중심으로 그림, 도표 등을 이용하여 내용을 잘 구조화하였는가?					
판서 양	판서의 양은 적당한가?					
	칠판을 지우는 횟수는 적당한가?					
판서 위치	판서의 위치는 적합한가?					
	전체 학습자들이 판서내용을 모두 볼 수 있는가?					
	학습내용에 따라 핵심 내용과 기타 사항을 구별하여 각각 다른 위치에 작성하였는가?					
판서 글자	글자의 크기는 적당한가?					
	글씨를 쉽게 알아볼 수 있는가?					
	주제와 내용을 구별하여 글자 크기를 조절하여 작성하였는가?					
	짜임새 있는 글자, 즉 정자로 작성하였는가?					
교수 자의 행위	판서 시 적당한 시간 내에 판서를 빠른 속도로 작성하였는가?					
	판서 중 글자가 학습자의 시야를 가리지 않도록 작성하였는가?					

		전혀 그렇지 않다	그렇지 않다	보통이다	그렇다	매우 그렇다
교수 자의 행위	판서하는 과정에서 지속적으로 학습자들에게 이야기를 하는가?					
	판서 중에도 학습자와 눈 맞춤을 유지하는가?					
	학습자들에게 판서의 내용을 필기할 충분한 시간을 할애해 주었는가?					

* 기타 사항

(계속)   (이상수 등, 2012: 182-183)

(9) 학생들의 학습에 대한 분석

학생들의 학습에 대한 분석은 수업만족도 분석(표 14-21)을 비롯하여, 학습동기 분석을 할 수 있다. 학습동기 분석은 내·외재적 동기 분석(표 14-22), 자기효능감(표 14- 23), ARCS 검사지(표 14-24)를 활용할 수 있다.

표 14-21. 수업만족도 분석

항목	하위 내용	분석 척도				
		전혀 그렇지 않다	그렇지 않다	보통 이다	그렇다	매우 그렇다
일반	이 수업에 만족한다.					
수업 내용	이 수업내용에 대해 만족한다.					
	이 수업의 교재에 대해 만족한다.					
	이 수업에서 제공되는 자료에 대해 만족한다.					
	이 수업의 내용 난이도에 대해 만족한다.					
수업 방법	이 수업의 양에 대해 만족한다.					
	이 수업방법에 만족한다.					
	이 수업에서 사용하는 수업매체에 대해 만족한다.					

학습 평가	이 수업의 평가방법에 만족한다.					
	이 수업평가의 공정성에 만족한다.					
수업 효과	이 수업이 나에게 도움이 된다고 생각한다.					
교수 자	선생님의 전문성에 만족한다.					
	선생님과의 관계에 만족한다.					

전체 수업에 대한 개선전 및 문제점을 자유롭게 기술해 주세요.

(계속) (이상수 등, 2012)

표 14-22. 내재적·외재적 동기

설문내용	척도				
	전혀 그렇지 않다	그렇지 않다	보통 이다	그렇다	매우 그렇다
1. 모든 수업에서 배우는 것을 좋아한다.					
2. 모든 수업에서 성적을 잘 받는 것보다 공부하는 것 자체를 좋아한다.					
3. 모든 수업에서 새로운 호기심을 갖는다.					
4. 모든 시험에서 다른 학생들보다 좋은 성적을 받고 싶다.					
5. 모든 수업에서 배우면 나의 진로에 많은 도움이 될 것이다.					
6. 모든 수업에서 좋은 성적을 받는 것은 나에게 중요하다.					
7. 모든 수업에서 잘하면 좋은 직업을 얻을 수 있을 것 같다.					

표 14-23. 자기효능감

설문내용	척도				
	전혀 그렇지 않다	그렇지 않다	보통 이다	그렇다	매우 그렇다
1. 모든 수업에서 다른 학생들보다 더 잘할 수 있다.					
2. 모든 수업에서 잘해 낼 수 있는 자신이 있다.					
3. 모든 수업에서 열심히 집중할 자신이 있다.					
4. 모든 수업에서 시험을 잘 볼 수 있다.					
5. 모든 수업에서 높은 점수를 받을 수 있다고 믿는다.					

표 14-24. ARCS 검사지

설문내용	척도				
	전혀 그렇지 않다	그렇지 않다	보통 이다	그렇다	매우 그렇다
1. 이 수업에서 주의집중이 잘된다.					
2. 이 수업에서 지적 호기심을 가진다.					
3. 이 수업내용이 흥미롭다.					
4. 이 수업에서 제공되는 다양한 수업자료들이 흥미를 끈다.					
5. 이 수업이 나와 관련이 있다고 생각한다.					
6. 이 수업내용이 당장 사용 가능한 실용적인 지식이라고 생각한다.					
7. 이 수업에서 소속감이나 안정감을 느낀다.					
8. 이 수업내용들이 나에게 친밀한 것들이다.					
9. 이 수업에서 자신감을 가지고 있다.					
10. 이 수업에 필요한 사전 지식을 가지고 있다고 생각한다.					
11. 이 수업을 성공적으로 성취하기 위한 전략을 가지고 있다.					
12. 이 수업에서 적절한 도전감을 가지고 있다.					
13. 이 수업에서 좋은 성적을 얻을 수 있다고 생각한다.					

14. 이 수업에서의 결과는 나의 노력에 의해 결정된다고 생각한다.				
15. 이 수업에서 만족감을 느낀다.				
16. 이 수업에서 성취감을 느낀다.				
17. 이 수업에서 칭찬이나 보상을 많이 받는다.				
18. 이 수업 결과에 대해 자긍심을 가지고 있다.				
19. 이 수업이 공평하게 진행된다고 생각한다.				

(계속)

한편, 학생의 과제(학업) 몰입 행동과 학습 사이에 밀접한 관계가 있으므로 과제 몰입도를 관찰하여 분석할 필요가 있다. 과제 몰입도를 관찰하기 위해서는 교사와 학생의 행동 관찰에서 좌석표를 이용한다(글상자 14-3). 과제 몰입도를 관찰하는 것은 수업시간에 학생 개개인이 교사가 적절하다고 하는 과제에 몰입해 있는가에 대한 자료를 제공하기 위해서이다. 따라서 관찰하기 전에 관찰자는 수업시간에 학생들의 기대하는 행동이 무엇인지를 알아야 한다.

글상자 14-3

과제 몰입도 분석

1. 과제 몰입도 기록 방법

- 좌석 배치도 준비하기
- 좌석 배치도에 학생의 성별이나 도움을 주는 다른 특성 표시하기
- 과제 몰입 행동이나 다른 부적절한 행동을 나타내는 부호 정하기
  (예) A: 과제 몰입, B: 딴청, C: 잡담, D: 좌석 이탈
- 좌석표에 시간대 (①, ②, ③…)와 부적절한 행동의 기호(B, C, D)를 함께 기록하기
  (예) ① C-10:08~10:12까지 이몽룡과 성춘향은 서로 잡담을 2회 했음
      ③ B-10:20~10:24까지 이몽룡이 혼자 손장난했음

2교시 수업(10:00~10:40) 관찰의 예

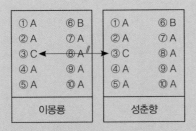

- 관찰시각(4분 간격) : ①~⑩은 시간을 나타냄.
① 10 : 00~ ② 10 : 04 ③ 10 : 08 ④ 10 : 12
⑤ 10 : 16 ⑥ 10 : 20 ⑦ 10 : 24 ⑧ 10 : 28
⑨ 10 : 32 ⑩ 10 : 34~

분석기록표

학생수(N): 명

행동＼시간	① :	② :	③ :	④ :	⑤ :	⑥ :	⑦ :	⑧ :	⑨ :	⑩ :	합계	행동별 몰입도 (%)
A. 과업 중												
B. 딴청												
C. 장난												
D. 좌석 이탈												
시간대별 과제 몰입도 =A/N×100(%)												

2. 분석 방법

- 과제(학업) 몰입도: A/A+B+C+D×100(%)=
- 딴청: B/A+B+C+D×100(%)=
- 장난: C/A+B+C+D×100(%)=
- 좌석 이탈: D/A+B+C+D×100(%)=
- 분석 결과의 해석
  - 시간대별로 과제 몰입도 비교해 보기
  - 좌석위치에 따른 과제 몰입도 분석해 보기
  - 교사의 자리이동과 과제 몰입도와 비교해 보기

과제(학업) 몰입도 분석표

일시	20 . . ( )요일		관찰시간	: ~ :
교과		수업자	관찰대상	학생
단원			학습주제	

과제(학업) 몰입도 기록표

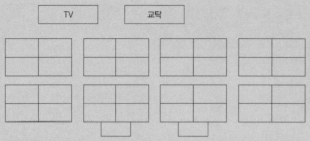

※ A(학업 몰두), B(딴청), C(잡담), D(좌석 이탈)

※ 분석 기록 방법
시간대별로 표기법: B, C, D만 ①~⑩의 시간 번호와 함께 기록
관찰시간 계획(4분 간격): ① 시작: ②: ③: ④: ⑤: ⑥: ⑦: ⑧: ⑨: ⑩: ~끝

분석 결과

분석 시간	처음~10분	10분~20분	20분~30분	30분~40분
기록 분담				
분석 결과				

수업 개선 내용(수업자가 기록)
※ 수업자가 분석 결과를 토대로 다음 수업에 적용한 후, 개선 내용을 기록함

(김연배, 2012)

| 참고문헌 |

강선주·설규주, 2008, 좋은 사회과 수업을 위한 컨설팅 내용과 방법, 교육과학사.

강창숙, 2007, 교생의 지리 수업 경험에서 나타나는 실천적 지식의 내용, 한국지리환경교육학회지, 15(4), 323-343.

고영희, 1981, 수업기술, 교육과학사.

곽영순·강호선·남경식·백종민·방소윤, 2007, 수업 컨설팅 바로하기: PCK로 들여다 본 수업이야기, 원미사.

교육과학기술부, 2009, 사회과 교육과정, 교육과학기술부.

권낙원, 1996, 열린 교육의 이론과 실제, 현대교육출판사.

권낙원, 2013, 수업기술: 효과적인 수업기술에 대한 지침서, 아카데미프레스.

권성호, 2000, 하드웨어는 부드럽게 소프트웨어는 단단하게, 양서원.

권재술 외, 2010, 과학교육론, 교육과학사.

김대훈, 2006, 좋은 수업 전개를 위한 39가지 교수-학습 전략, 아우라지, 37, 187-189.

김민환, 2004, 실제적 교육방법론, 양서원.

김민환·추광재, 2012, 예비 현직 교사를 위한 수업모형의 실제, 원미사.

김성재, 2013, 생각하는 수업설계: 수업자(교수 학습지도자)가 수업에 임하는 교육철학적 기저를 논하다, 생각나눔.

김연배, 2012, 수업의 달인 50가지 전략, 글로북스.

김연옥·이혜은, 1999, 사회과 지리교육연구, 교육과학사.

김인식·최호성·최병옥, 2000, 수업설계의 원리와 모형 적용, 교육과학사.

김자영·김정효, 2006, 교사의 실천적 지식 탐색: 연구 동향 및 교육과정 연구에의 시사점, 교육연구논총, 27(2), 89-108.

김재춘 외, 2005, 교실 수업 개선을 위한 교수·학습 활동의 이론과 실제, 교육과학사.

김태현, 2012, 교사, 수업에서 나를 만나다, 좋은교사.

김혜숙, 2006a, 고등학교 초임과 경력지리교사의 실천적 지식 비교연구, 사회과교육, 45(3), 91-113.

김혜숙, 2006b, 사회과 교실수업연구를 위한 교실생태학의 가능성 탐색, 사회과교육, 45(2), 25-48.

더그 레모브 지음, 구정화·박새롬 옮김, 2013, 최고의 교사는 어떻게 가르치는가: 교실을 리드하고 학업 성취도를 높이는 52가지 수업 매뉴얼, 해냄.

동국대학교 교수학습개발센터, 2006, 좋은 수업을 위한 Teaching Guide 55, 동국대학교.

라나 이즈라엘·토니 부잔·한국부잔센터, 2004, 중·고생을 위한 마인드 맵 수학, 사계절.

류재명·구정화·박영석·이종원·설규주·장준형·엄정훈·허은경·김가경·주은옥·전대원, 2011, 고등학교 사회, 천재교육.

마경묵, 2007, 수행평가 과정을 통해서 본 지리교사의 실천적 지식, 대한지리학회지, 42(1), 96-120.

무코야마 요이치 지음, 한형식 옮김, 2012, 아이들이 열중하는 수업에는 법칙이 있다, 즐거운학교.

민혜리·심미자·윤희정, 2012, 한국형 수업컨설팅: 한국의 교육 실정에 맞춘 수업컨설팅 매뉴얼, 학이시습.

박건호, 1997, 금융정책 시뮬레이션의 효과적인 수업 방법 탐색, 서울대학교 석사학위논문.

박범익·박양숙, 2013, STEAM 교육과 스마트 러닝: 융합인재교육의 이론과 실제, 피엠디북스.

박선미, 2006, 협력적 설계가로서 사회과 교사 전문성 개발을 위한 패러다임 탐색, 사회과 교육, 45(3), 189-208.

박선희, 2005, 고급사고력 신장을 위한 역할놀이 교수—학습 모형 개발에 관한 현장 연구, 대한지리학회지, 40(1), 109-125.

박성익·권낙원 공역, 1994, 수업모형의 적용기술, 성원사.

박성익·임철일·이재경·최정임, 2011, 교육방법의 교육공학적 이해(4판), 교육과학사.

박수경, 1992, 마이크로티칭 방식의 수업장학이 교육실습생의 수업기술에 미치는 효과—질문기술과 피드백 기술을 중심으로, 부산대학교 석사학위논문.

박숙희·염명숙, 2007, 교수—학습과 교육공학(2판), 학지사.

박인기·이지영·이미숙·김지남·김수미·이지영·강문경·채현정·최영경·성나래, 2013, 스토리텔링과 수업기술, 사회평론.

박현경, 2012, 지리 수업에 활용 가능한 시뮬레이션 게임의 적용과 효과, 이화여자대학교 석사학위논문.

반다 노스 지음, 김재영 옮김, 1994, 직장인을 위한 비즈니스 마인드 맵, 사계절.

백영균·박주성·한승록·김정겸·최명숙, 2006, 유비쿼터스 시대의 교육방법 및 교육공학, 학지사.

변영계, 1979, 수업설계, 배영사.

변영계·김경현, 2006, 수업장학과 수업분석, 학지사.

변영계·이상수, 2003, 수업설계, 학지사.

사토 마나부 지음, 손우정 옮김, 2011, 수업이 바뀌면 학교가 바뀐다: 배움이 있는 수업 만들기, 에듀니티.

서울특별시교육연구원 편, 1996, 수업 모형의 이론과 적용, 삼광문화.

서재천, 1998, 사회과 시뮬레이션 학습에 관한 일 고찰, 사회과교육, 31.

서태열, 2006, 지리교사의 교수행동 및 교수신념에 따른 지리교수유형의 분석, 한국지리환경교육학회지, 14(1), 13-30.

성균관대학교 대학교육개발센터, 2003, 교수학습가이드북 III, 성균관대학교.

스펜서 케이건 지음, 기독초등학교 협동학습연구모임 옮김, 2001, 협동학습: '열린교육'에 신바람을 일으킨 협동학습 '실전매뉴얼', 디모데.

신재한, 2013, 수업컨설팅의 이론과 실제: 예비교사와 현직교사가 수업의 달인이 되는 지름길, 교육과학사.

신재한, 2013, STEAM 융합교육의 이론과 실제, 교육과학사.

신재한·김현진·오동환, 2013, 창의·인성교육을 위한 수업 설계 전략: 창의·인성교육을 위한 교과별 수업 컨설팅, 교육과학사.

신재한·김현진·윤영식, 2013, 창의인성교육을 위한 토의·토론교육의 이해와 실제, 한국학술정보.

신재한·서희석, 2012, SNS 활용 수업 스마트하게 하기, 교육과학사.

심덕보, 1994, 수업분석의 실제, 예원당.

안영기·이하정, 2013, 행복한 교실을 위한 수업 디자인 탐색과 적용, 삼우반.

앤드류 D. H.·헐 T. D.·디미스터 K. 지음, 정옥년·김동식 옮김, 2013, 스토리텔링 수업 연구, 강현출판사.

연세교육개발센터, 2003, 명강의 핵심전략: 상호작용을 높이기 위한 37가지 귀띔, 연세대학교 출판부.

오세웅, 1998, 오세웅의 마인드 맵으로 영어 잡기, 사계절.

우경희, 2010, 수업 속 책 만들기: 수업 사례로 배우는, 즐거운학교.

월터 딕·루 캐리·제임스 캐리 공저, 최수영·백영균·설양환 공역, 2003, 체제적 교수 설계, 아카데미프레스.

윤관식, 2013, 수업설계: 교수·학습지도안 개발 방법론, 양서원.

윤기옥·정문성·최영환·강문봉·노석구, 2002, 수업모형의 이론과 실제, 학문출판.

이상수·강정찬·이유나·오영범, 2012, 체계적 수업분석을 통한 수업컨설팅, 학지사.

이상우, 2009, 살아 있는 협동학습, 시그마프레스.

이상우, 2011, 협동학습으로 토의·토론 달인되기, 시그마프레스.

이상우, 2012, 협동학습, 교사를 바꾸다, 시그마프레스.

이성은·오은순·성기옥, 2003, 초·중등 교실을 위한 새 교수법, 교육과학사.

이진향, 2002, 교사의 수업개선을 위한 반성적 사고의 의미 고찰, 한국교사교육, 19(3), 169-188.

이태근, 1982, 사회과교수법, 교학연구사.

이혁규, 2008, 수업, 비평의 눈으로 읽다, 우리교육.

이혁규·이경화·이선경·정재찬·강성우 지음, 2007, 수업, 비평을 만나다: 수업 비평으로 여는 수업 이야기, 우리교육.

이혜련, 2013, 유쾌한 수업: 지금 행복한 교실을 위한 수석 교사여 수업 제안, 휴먼드림.

임철일, 2012, 교수설계 이론과 모형, 교육과학사.

장경원·고수일, 2013, 액션러닝으로 수업하기, 학지사.

전성연·최병연·이흔정·고영남·이영미, 2007, 협동학습 모형 탐색, 학지사.

정문성, 2006, 협동학습의 이해와 실천, 교육과학사.

정문성, 2013, 토의·토론 수업방법 56, 교육과학사.

정문성·조성태·서우철, 2010, 함께해서 즐거운 협동학습, 즐거운학교.

정석기, 2008, 수업기술 향상을 위한 좋은 수업설계와 실제, 원미사.

정석기·조미희, 2011, 수업컨설팅의 이해와 적용, 원미사.

조규락·김선연, 2006, 교육방법 및 교육공학: 교육공학의 3차원적 이해, 학지사.

조벽, 2001, 새시대 교수법, 한단북스.

조벽, 2001, 조벽 교수의 명강의 노하우&노와이, 해냄.

조용개·신재한, 2011, 교실 수업전략: 교육실습·수업시연·수업연구를 위한, 학지사.

조일현·김찬민·허희옥·서순식 공역, (학습과 수행을 위한) 동기 설계: ARCS 모형 접근, 아카데미프레스.

조철기, 2014, 지리교육학, 푸른길.

조희영·김희경·윤희숙·이기영, 2014, 과학 교재연구 및 지도법, 교육과학사.

조희형 외, 2010, 과학교육의 이론과 실제, 교육과학사, 180-181.

주삼환·이석열·김홍운·이금화·이명희, 1998, 수업관찰과 분석, 원미사.

주삼환·이석열·김홍운·이금화·이명희, 2009, 수업관찰과 수업연구, 한국학술정보.

이금화, 2009, 수업관찰분석과 수업연구, 한국학술정보.

최병모·박희두·채기병·최원길·김재기·조성호·고인석·이상수·손영찬·박현희·나혜영, 2011, 고등학교 사회, 미래엔 컬처그룹.

최수아, 2008, Mental map에 드러난 아동의 생활세계, 한국교원대학교 석사학위논문.

하르트비히 하우브리히 외 지음, 김재완 옮김, 2006, 지리교수법의 이론과 실제, 한울아카데미.

하버드 커셈바움 지음, 추병완·김항인·정창우 옮김, 2006, 도덕·가치교육을 위한 100가지 방법, 울력.

한국부잔센터, 1994, 반갑다, 마인드 맵, 사계절.

한형식, 2008, 수업기술의 정석 모색, 교육과학사.

허운나, 1991, 교육방법과 교육공학, 정민사.

홍미화, 2005, 교사의 실천적 지식에 대한 이론적 논의: 사회과 수업을 중심으로, 사회과교육, 44(1), 101-124.

힐베르트 마이어 지음, 손승남·정창호 옮김, 2011, 좋은 수업이란 무엇인가, 삼우반.

Adey, K. and Biddulph, M., 2001, The influence of student perceptions on subject choice at 14+ in geography and history, *Educational Studies*, 27(4), 439-450.

Adey, P., Fairbrother, R., Johnson, B. and Jones, C., 1997, *A Review of Research Related to Learning Styles and Strategies*, London: The School of Education, King's College.

Adler, S., 1991, The reflective practitioner and the curriculum of teacher education, *Journal of Education for Teaching*, 17(2), 159-170.

Adler, S., 1994, Reflective practice and teacher education, in Ross, E.W.(ed.), *Reflective Practice in Social Studies*, Washington, D.C.: National Council for the Social Studies.

Allen, D. W *et al.*, 1969, *Microteaching: A Description School of Education*, CA: Stanford University.

Anderson, M., 1989, *Partnerships: Team building at the computer*, Arlington, VA: Ma-Jo Press.

Anderson, P. A., 1999, *Nonverbal communication: Forms and functions*, Mountain View, CA: Mayfield Publishing.

Aronson, A., Blaney, N., Stephan, C., Sikes, J. and Snapp, M., 1978, *The Jigsaw Classroom*, CA: Sage pub.

Artzt, A. F. and Newman, C. M., 1990, Implementing the Standards: Cooperative learning, *Mathematics Teacher*, 83(3), 448-452.

Askew, M., Brown, M., Rhodes, V., Johnson, D. and Wiliam, D., 1997, *Effective Teachers of Numeracy-Final Report*, London: King's College, London.

Ausubel, D., 1963, *The Psychology of Meaningful Verbal Learning*, New York: Grune and Stratton.

Ausubel, D., 2010, *The Acquisition and Retention of Knowledge: A cognitive view*, Dordrecht: Kluwer Academic Publisher.

Balderstone, D., 2000, Teaching styles and strategies, in Kent, A. (ed.), *Reflective practice in geography teaching*, London: Paul Chapman Publishing, 113-130.

Bale, J., 1981, *The Location of Manufacturing Industry*, Harlow: Oliver and Boyd.

Bank, A., Henerson, M. E. & Eu. L., 1981, *A practical guide to program planning: A teaching models approach*, New York: Teachers College, Columbia University(박성익·권낙원 편역, 1989, 수업모형의 적용기술, 성

원사).

Barnes, D., Johnson, G., Jordan, S., Layton, D., Medway, P. and Yeoman, D., 1987, *The TVEI Curriculum 14-16: An interim report based on case studies in twelve schools*, University of Leeds.

Barnes, D., 1976, *From Communication to Curriculum*, Harmondsworth: Penguin Books.

Barrows, H. S., 1985, *How to design a problem-based curriculum for the preclinical years*, NY: Springer Publishing Co.

Battersby, J., 2000, Does differentiation provide access to an entitlement curriculum for all pupils?, in Fisher, C. and Binns, T. (eds.), *Issues in Geography Teaching*, London: RoutledgeFalmer.

Best, B., 2011, *The Geography Teacher's Handbook*, London: Continuum.

Best, B., Blake, A. and Varney, J., 2005, *Making Meaning: learning through logovisual thinking*, Cambridge: Chris Kington Publishing.

Biddulph, M. and Bright, G., 2003, *Theory into Practice: Dramatically Good Geography*, Sheffield: Geographical Association.

Biddulph, M. and Clarke, J., 2006, Theatrical geography, in Balderstone, D. (ed.), *Secondary Geography Handbook*, Sheffield: Geographical Association, 296-307.

Bloom, B. S. (ed.), 1956, *Taxonomy of Educational Objectives, Handbook I : Cognitive Domain*, Longman.

Bloom, B. S., 1976, *Human characteristic and school learning*, New York: Mcgraw Hill.

Boardman, D., 1987, Maps and mapwork, in Boardman, D. (ed.), *Handbook for Geography Teachers*, Sheffield: The Geographical Association.

Boardman, D., 1989, The development of graphicay: children's understanding of maps, *Geography*, 74(4), 321-331.

Bobbitt, J. F., 1918, *The Curriculum*, Boston: Houghton Mifflin.

Borich, G. D., 2011, *Observation skills for effective teaching* (6th ed.), Boston, MA: Allyn & Bacon.

Borrows, H. S., 1985, *How to design a problem-based curriculum for the preclinical years*, NY: Springer Publishing Co.

Bossert, S. T., 1989, Cooperative activities in the classroom, in Rothkopf, E. Z. (ed.), *Review of Research in Education*, 15, 225-250.

Brown, B. and LeVasseur, M., 2006, *Geographic Perspective: Content guide for educators*, Washington, DC: National Geographic Society.

Bruner, J., 1966, *Toward a Theory of Instruction*, New York: W.W. Norton and Company Inc.

Buehl, D., 2008, *Classroom Strategies for Interactive Learning*(3rd ed.), International Reading Association(노명완·정혜승 옮김, 2009, 교실 수업 전략: 협동적 학습을 위한 45가지, 박이정).

Buehl, D. and Hein, D., 1990, Analogy graphic organizer, *The Exchange, Newsletter of the International Reading Association Secondary Reading Special Interest Group*, 3(2), 6.

Buehl, D., 1995, *Classroom strategies for interaction learning*, Madison, WI: Wisconsin State Reading Association.

Butt, G., 2000, *Continuum Guide to Geography Education*, London: Continuum.

Butt, G., 2001, *Theory into Practice: Extending writing skills*, Sheffield: Geographical Association.

Butt, G., 2002, *Reflective Teaching of Geography 11-18*, Continuum.

Butt, G., 2008, *Lesson Planning*, London: Continuum.

Buzan, T. & Buzan, B., 1990, *The mind map book*, London: BBC Books(라명화 옮김, 1997, 마인드 맵 북, 평범사).

Buzan, T., 1974, *Use Your Head*, London: BBC Books.

Buzan, T., 1989, *Use Your Head*, London: BBC Books(라명화 옮김, 1994, 유즈 유어 헤드, 평범사).

Buzan, T., 1993, *The mind map book*, London: BBC Books.

Buzan, T., 1995, *The Mind Map Book*, London: BBC Books.

Buzan, T., 2003, *Mind Maps for Kids: An introduction*, London: Thorsons.

Capel, S., Leask, M. and Turner, T. (eds), 2013, *Learning to Teach in the Secondary School: A Companion to School Experience*, 6th edn, London: Routledge.

Carr, E. M. and Ogle, D., 1987, K-W-L Plus: A strategy for comprehension and summarization, *Journal of Reading*, 28, 626-631.

Carter, R. (ed.), 1991, *Talking about Geography: The Work of the Geography Teachers in the National Oracy Project*, Sheffield: The Geography Association.

Carter, R., 2000, Aspects of global citizenship, in Fisher, C. and Binns, T., (eds.), *Issues in Geography Teaching*, London: Routledge/Falmer, 175-189.

Chester, M. and Fox, R., 1966, *Role playing methods in the classroom*, Chicago: Science Research Association.

Clandinin, D. J., 1985, *Classroom practice: Teacher images in action*, London: Falmer Press.

Clandinin, D. J. and Connelly, F. M., 1992, Teacher as curriculum maker, in Jackson, P. (ed.), *Handbook of Research on Curriculum*, New York: Macmillan.

Clemens, R., Parr, K. and Wilkinson, M., 2013, Using geographical games to investigate 'our place', *Teaching Geography*, 38(2), 63-65.

Cohen, L., Manion, L. and Morrison, K., 2004, *A Guide to Teaching Practice*, London: Routledge.

Cole, J. P., 1966, *Geographical Games*, University of Nottingham(Geography Department), Nottingham.

Collingwood, R., 1956, *The Idea of History*, Oxford: Oxford University Press.

Connell, F. M. and Clandinin, D. J., 1988, *Teachers as Curriculum Planners: Narratives of Experience*, New York: Teachers College Press.

Cook, I., Evans, J., Griffiths, H., Mayblin, L., Payne, B. and Roberts, D., 2007, Made in⋯? Appreciating the everyday geographies of connected lives, *Teaching Geography*, 32(2), 80-83.

Cooper, H., 1992, *The Teaching of History*, London: David Fulton.

Counsell, C., 1997, *Analytical and discursive writing at Key Stage 3*, Sheffield: Historical Association.

Crookes, C., 1992, Issue-based teaching using role play drama, *Teaching Geography*, 18(2), 71-77.

Crowther, D. and Cannon, J., 2004, Strategy makeover: K-W-L to T-H-C, www.nsta.org.

Dalton, T., Minshull, R., Robinson, A. and Garlic, J., 1972, *Simulation Games in Geography*, London: Macmillan.

Davidson, G., 2002, Planning for enquiry, in Smith, M., *Aspects of Teaching Secondary Geography: Perspectives on practice*, London and New York: The Open University, 77-94.

Davies, F., 1986, *Books in the School Curriculum*, London: Educational Publishers Count and National Book League.

Davies, M., 2011, Concept mapping, mind mapping, argument mapping: what are the differences and do they matter?, *Higher Education*, 62(3), 279-301.

Davis, B. G., 1993, *Tools for teaching*, San Francisco: Jossey-Bass publishers.

De Bono, E., 1982, *De Bono's Thinking Course*, NY: Facts on File Publication.

De Bono, E., 1999, *Six Thinking Hats: An Essential Approach to Business Management*, NY: Back Bay Books.

De Bono, E., 2009, *Lateral Thinking*, NY: Penguin Group.

DEA, 2004, *Geography: the global dimension, key stage 3*, London: DEA.

DEC, 1992, *Developing geography, a development education approach to KS3 geography*, Birmingham: DEC.

Dewey, J., 1910, *How to think*, MA: Heath.

Dewey, J., 1916, *Democracy and Education*, New York: Macmillan.

Dewey, J., 1933, *How We Think: A Restatement of the Relation of Reflective Thinking to the Educative Process*, Boston: D.C. Heath and Company.

Dewey, J., 1938, *Experience and Education*, New York: Collier Books.

Dewey, J., 1964, The Relation of Theory to Practice in Education, in Archambault, R. G. (ed.), *John Dewey on Education*, Chicago: University of Chicago Press.

Dick, W. & Carey, L., 1996, *The Systemic design of instruction*(4th ed.), New York: Harper Collins.

Dick, W. & Reiser, R. A., 1989, *Planning effective instruction*, NJ: Prentice Hall, Inc.

Dick W., Carey, L. and Carey, J. O., 2009, *The Systematic Design of Instruction*(7th ed.), New Jersey: Pearson Education.

Diekhoff, G. M. and Diekhoff, K. B., 1982, Cognitive maps as a tool in communicating structural knowledge, *Educational Technology*, April, 28-30.

Downs, R. and Stea, D. (eds.), 1973, *Image and Environment*, Chicago: Aldine.

Driscoll, M. P., 2004, *Psychology of Learning for Instruction*, Pearson(양용칠 옮김, 2007, 수업설계를 위한 학습심리학, 교육과학사).

Durbin, C., 2003, Creativity-criticism and challenge in geography, *Teaching Geography*, 28(2), 64-69.

Eggen, P. D., Kauchak, D.P., 2011, *Strategies and Models for Teachers: Teaching Content and Thinking Skills* (6th ed.), Pearson(임청환·권성기 옮김, 2014, 교사를 위한 수업 전략, 시그마프레스).

Elbaz, F., 1981, The teacher's practical knowledge: Report of a case study, *Curriculum Inquiry*, 11(4), 43-71.

Elbaz, F., 1983, *Teacher Thinking: A Study of Practical Knowledge*, New York: Nichols.

Elbaz, F., 1991, Research on teacher's knowledge: The evolution of a discourse, *Curriculum Studies*, 23(1), 1-19.

Enright, N., Flook, A. and Habgood, C., 2006, Gifted young geographers, in Balderstone, D. (ed.), *Secondary Geography Handbook*, Sheffield: Geographical Association, 365-383.

Evans, L. and Smith, D., 2007, Inclusive geography, in Balderstone, D. (ed.), *Secondary Geography Handbook*,

Sheffield: Geographical Association, 332-353.

Ferretti, J., 2007, *Meeting the Needs of Your Most Able Pupils: Geography*, Abingdon: A David Fulton Book.

Fien, J., 1980, Operationalizing the Humanistic Perspective, *Geographical Education*, 3(4), 507-532.

Fien, J., 1984a, Planning and teaching a geography curriculum unit, in Fien J., Gerber, R. and Wilson, P., (eds.), *The Geography Teacher's Guide to the Classroom*, 2nd (ed.), Melbourne: Macmillan, 248-257.

Fien, J., 1984b, School based curriculum development in geography, in Fien J., Gerber, R. and Wilson, P., (eds.), *The Geography Teacher's Guide to the Classroom*, 2nd (ed.), Melbourne: Macmillan, 235-247.

Fien, J., Gerber, R. and Wilson, P., (eds.), 1984, The *Geography Teacher's Guide to the Classroom*, Melbourne: Macmillan(이경한 옮김, 1999, 열린 지리수업의 이론과 실제, 형설출판사).

Fien, J., Herschell, R. and Hodgkinson, J., 1989, Using Games and Simulations in the Geography Classroom, in Fien, J. Gerber, R. and Wilson, P., *The Geography Teacher's Guide to the Classroom*, 2nd (ed.), Melbourne: Macmillan, 251-260.

Fielding, M., 1992, Descriptions of learning styles, unpublished INSET resource.

Firth, R. and Biddulph, M., 2009, Whose life is it anyway? Young People's geographies, in Mitchell, D., *Living Geography: Exciting futures for teachers and students*, Cambridge: Chris Kington Publishing, 13-28.

Fox, P., 2003, Putting you in the picture, *Teaching Geography*, 28(3), 128-133.

Frances, L. S., 1986, Is role playing an effective EFL teaching technique?, *WATESOL Working Papers*, 3(spring), 10-18.

Frayer, D., Frederick, W. and Klausmeier, H., 1969, *A schema for testing the level of cognitive mastery*(Working Paper No. 16), Madison, WI: Wisconsin Research and Development Center.

Freeman, D. and Hare, C., 2006, Collaboration, collaboration, collaboration, in Balderstone, D. (ed.), *Secondary Geography Handbook*, Sheffield: Geographical Association, 308-329.

Gagné, R. M. & Briggs, L. J. & Wager, W. W., 1992, *Principles of instructional design*(4th ed.), Englewood Cliff, N. J.: Prentice Hall.

Gagné, R. M., 1985, *The conditions of learning and theory of instruction*(4th ed.), New York: Holt, Rinehart & Winston.

Gagné, R. M., and Briggs, L. J., 1979, *Principles of instructional design*, New York: Holt, Rinehart and Winston(김인식 · 권요한 옮김, 1989, 수업설계의 원리: 교육방법 및 공학, 교육과학사).

Gagné, R. M., Wager, W. W., Golas, K. C. and Keller, J. M., 2005, *Principles of instructional design*(5th ed.), Belmont, CA: Wadsworth/Thomson Learning.

Gagné, R. M., Wager, W. W., Golas, K. C. and Keller, J. M., 2004, *Principles of Instructional Design*, Cengage Learning(송상호 · 박인우 · 엄우용 옮김, 2007, 수업설계의 원리, 아카데미프레스).

Gallagher, R. and Parish, R., 2005, *Geog. 1, 2, 3*, Oxford: Oxford University Press.

Gambrell, L., Kapinus, B. & Wilson, R., 1987, Using mental imagery and summarization to achieve independence in comprehension, *Journal of Reading*, 30, 638-642.

Gardner, H., 1983, *Frames of Mind: The Theory of Multiple Intelligences*, New York: Basic Books.

Ghaye, A. and Robinson, E., 1989, Concept maps and children's thinking: a constructivist approach, in Slater, F. (ed.), *Language and Learning in the Teaching of Geography*, London: Routledge.

Ginnis, P., 2002, *The Teacher's Toolkit*, Carmarthen: Crown House Publishing.

Glaser, R., 1962, Psychology and instructional technology, in Glaser, R.(ed.), *Training research and education*, Pittsburgh: University of Pittsburgh Press.

Goleman, D., 1996, *Emotional Intelligence: Why it can matter more than IQ*, London: Bloombury.

Goodey, B., 1971, *Perceptions of the Environment*, Birmingham: Centre of Urban and Regional Studies, University of Birmingham.

Greenblat, C. S., 1985, Games and simulations, in Mitzel, H. E. (ed.), *Encyclopedia of educational research*, Vol. 2, NY: Macmillan, 713-716.

Hassell, D. and Taylor, L., 2002, Linking ICT to thinking and literacy skills, *Teaching Geography*, 27(1), 44–45.

Hammerwold, S., 2005, Writing Bridges: Memoir's Potential for Community Building, *Thirdspace*, 5(1).

Hartwick, E., 2000, Towards a geographical politics of consumption, *Environment and Planning A*, 32, 1177-1192.

Hay D., Kinchin, I. and Lygo-Baker, S., 2008, Making learning visible: the role of concept mapping in higher education, *Studies in Higher Education*, 33(3), 295-311.

Haynes, A., *100 Ideas for Lesson Planning*, London: Continnum.

Hewlett, N., 2006, Using literacy productively, in Balderstone, D. (ed.), *Secondary Geography Handbook*, Sheffield: Geographical Association, 122-133.

Hicks, D., 2001, *Citizenship for the Future: A practical classroom guide*, Goldalming: WWF-UK.

Holocha, J., 2008, Geography in the Frame: using photographs, *Teaching Geography*, 33(1), 19-21.

Honey, P. and Momford, A., 1986, *The Manual of Learning Styles*, Maidenhead: Honey.

Hopkins, D. and Harris, A. (with Singleton, C. and Watts, R.), 2000, *Creating the Conditions for Teaching and Learning: A handbook of staff development activities*, London: David Fulton Publishing.

Hopkirk, G., 1998, Challenging images of the developing world using slide photographs, *Teaching Geography*, 23(1), 34-35.

Inman, T., 2006, Let's get physical, in Balderstone, D. (ed.), *Secondary Geography Handbook*, Sheffield: Geographical Association, 264-275.

Jackson, P., 2002, Geographies of diversity and difference, *Geography*, 87(4), 316-323.

James, C., 1968, *Young Lives at Stake*, London: Collins.

Johnson, D. W. and Johnson, R. T., 1989, *Cooperation and competition: Theory and research*, Edina, MN: Interaction Book Co.

Johnson, D. W. and Johnson, R. T., 1994, Pro-con Cooperative Group Strategy Structuring Academic Controversy within the Social Studies Classroom, in Stahl, R. J. (ed.), *Cooperative Learning in Social Studies: A Handbook for Teachers*, NY: Addison-Wesley Publishing Company, 306-331.

Johnson, D. W. and Johnson, R. T., 1999, Making cooperative learning work, *Theory into Practice*, 38(2), 67-73.

Johnson, D. W. *et al.*, 1981, Effects of cooperative, competitive and individualistic structures on achievement: A Meta-Analysis, *Psychological Bulletin*, 89(1), 47-62.

Johnson, D. W., Johnson, R. T. and Holubec, E., 1998, *Cooperation in the classroom*(7th ed.), Edina, MN: Interaction Book Co.

Jones, F. G., 1989, Expository Teaching for Meaningful Learning in Geography, in Fien J., Gerber, R. and Wilson, P., (eds.), *The Geography Teacher's Guide to the Classroom*, 2nd (ed.), Melbourne: Macmillan, 35-43.

Joyce, B. and Weil, M., 1980, *Models of Teaching*(2nd ed.), New Jersey: Prentice-Hall(김재복 외 옮김, 1987, 수업 모형, 형설출판사).

Joyce, B. and Weil, M., 1986, *Models of Teaching*(3rd ed.), New Jersey: Prentice-Hall.

Joyce, B. and Weil, M., 1992, *Models of teaching*, Boston: Allyn and Bacon.

Joyce, B., Weil, M. and Calhourn, E., 2000, *Models of teaching*(6th ed.), Boston: Allyn & Bacon.

Joyce, B., Weil, M. and Calhourn, E., 2004, *Models of Teaching*(7th ed.), Boston: Allyn & Bacon(박인우 외 옮김, 2005, 교수모형, 아카데미프레스).

Kagan, S., 1985, Co-op Co-op: A flexible cooperative learning technique, in Slavin, R. E. (ed.), *Learning to cooperate, cooperating to learn*, NY: Plenum Press.

Kagan, S., 1994, *Cooperative learning*, San Juan Capistrano, CA: Kagan Cooperative Learning(기독초등학교 협동학습 연구모임 옮김, 1999, 협동학습, 디모데).

Keller, J. M. and 송상호, 1999, 매력적인 수업설계, 교육과학사.

Keller, J. M., 2010, *Motivational Design for Learning and Performance: The ARCS Model Approach*, Springer(조일현·김찬민·허희옥·서순식 옮김, 2013, 학습과 수행을 위한 동기설계: ARCS 모형 접근, 아카데미프레스).

Kemp, R., 1985, Role play and simulation, in Corney, G. and Rawling, E. (eds), *Teaching Slow Learners Through Geography*, Sheffield: The Geographical Association, 67-71.

Kim-Eng Lee, C., 1996, Using co-operative learning with computers in geography classroom, in Van der Schee et al. (eds.), *Innovation in Geographical Education*, Netherlands Geographical Studies 208, Utrecht/Amsterdam.

Kincheloe, J. and Steinberg, S., 1998, *Unauthorized Methods: Strategies for Critical Teaching*, London: Routledge.

Kolb, D., 1976, *Learning Style Inventory: Technical Manual*, Boston: McBer and Company.

Kitchin, R. and Blades, M., 2002, *The Cognition of Geographic Space*, London: I. B. Tauris.

Kyriacou, C., 1986, *Effective Teaching in Schools: Theory and Practice*, Oxford: Basil Blackwell.

Kyriacou, C., 2007, *Essential Teaching Skills*, Cheltenham: Nelson Thornes.

Kyriacou, C., 2009, *Effective Teaching in Schools: Theory and Practice*, Cheltenham: Nelson Thornes.

Lambert, D. and Balderstone, D., 2000, *Learning to Teach Geography in the Secondary School*, London: Routledge.

Lambert, D. and Balderstone, D., 2010, *Learning to Teach Geography in the Secondary School*, 2nd (ed.), London: Routledge.

Lambert, D., 1999, Geography and moral education in a supercomplex world: the significance of values

478

education and some remaining dilemmas, *Ethics, Place and Environment*, 2(1), 5-18.

Leask, M., 1995, Teaching styles, in Capel, S., Leask, M. and Turner, T. (eds.), *Learning to Teach in the Secondary School a Companion to School Experience*, London: Routledge, 245-254.

Leat, D. and Chandler, S., 1996, Using concept mapping in geography teaching, *Teaching Geography*, 21(3), 108-112.

Leat, D., 1998, *Thinking Through Geography*, Cambridge: Chris Kington Publishing.

Leat, D. and Nichols, A., 1999, *Mysteries Make You Think*, Sheffield: Geographical Association.

Leat, D. and Kinninment, D., 2000, Learn to debrief, in Fisher, C. and Binns, T. (eds), *Issues in Geography Teaching*, London: Routledge, 152-172.

Lewin, K., 1951, *Field Theory in Social Science: Selected Theoretical Papers*, New York: Harper.

Lewis, M. and Wray, D., 1995, *Developing Children's Non-fiction Writing*, Leamington Spa: Scholastic.

Lloyd, D., Body, B. and den Exter, K., 2010, Mind mapping as an interactive tool for engaging complex geographical issues, *New Zealand Geographer*, 66(3), 181-188.

Lunzer, E. and Gardner, K., 1979, *The Effective Use of Reading*, Oxford: Heinemann.

Martin, F., 2006, *Teaching Geography in Primary Schools*, Cambridge: Chris Kington Publishing.

Matthews, H., 1992, *Making Sense of Place: Children's understanding of large-scale environments*, Hemel Hempstead: Harvester Wheatsheaf.

Massey, D., 1991, A global sense of place, *Marxism Today*(June), London: Arnold.

Matthews, M., 1984, Environment cognition of young children: images of journey to school and home area, *Transactions of the Institute of British Geographers*, 9, 89-105.

Maxim, G. W., 2002, *Dynamic social studies for elementary classrooms* (7th ed.), Prentice Hall(최용규·이동원·민윤·정길용·안재경·오희진·한춘희·장혜정, 2004, 살아 있는 사회과 교육, 학지사).

McCormick, J. and Leask, M., 2005, Teaching styles, in Capel, S., Leask, M. and Turner, T. (eds), 2005, *Learning to Teach in the Secondary School: A Companion to School Experience*, 4th edn, London: Routledge, 276-291.

McGuinness, C., 1999, *From Thinking Skills to Thinking Classroom: A review and evaluation of approaches for developing pupils' thinking*(Research Report RR115), London: DfEE.

McPartland, M., 2001, *Theory into Practice: Moral dilemmas*, Sheffield: The Geographical Association.

McPartland, M., 2006, Strategies for approaching values education, in Balderstone, D. (ed.), *Secondary Geography Handbook*, Sheffield: The Geographical Association, 170-179.

McWhaw, K., Schnackenberg, S., and Abrami, P., 2003, From co-operation to collaboration: Helping students become collaborative learners, in Gillies, R. and Ashman, A. (ed.), *Co-operative Learning: The social and intellectual outcomes of learning in groups*, Routledge Falmer.

Mehlinger, H. D. and Davis, O. L., 한국사회과교육학회 옮김, 1991, 사회과교육, 교육과학사.

Miller, J. and Seller, W., 1985, *Curriculum, perspectives and practice*, New York: Longman.

Nash, P., 1997, Card sorting activities in the geography classroom, *Teaching Geography*, 22(1), 22-25.

Naish. M., 1988, Teaching styles in geographical education, in gerber, R. and Lidstone, J. (ed.), *Developing Skills in Geography Education*, Brisbane: IGU Commission on Geographical Education/Jacaranda Press, 11-19.

Needlands, J., 1991, *Structuring Drama Work: A handbook of available forms in theatre and drama*, Cambridge: Cambridge University Press.

Needlands, J., 1992, *Learning Through Imagined Experience: The role of drama in the national curriculum*, London: Hodder and Stoughton.

Nichols, A. and Kinninment, D., 2001, *More Thinking through Geography*, Cambridge: Chris Kington Publishing.

Nichols, J., 1983, *Simulation in History Teaching*, London: The Historical Association.

Nicholson, H., 2000, *Teaching Drama 11-18*, London: Continuum.

Nixon, J. (ed.), 1982, *Drama and the Whole Curriculum*, London: Hutchinson.

Nortan, A., Hendy, W. and Adams, G., 1998, More geographical games and puzzles, *Teaching Geography*, 23(4), 190-193.

Norton, A., 1999, On the cards, *Teaching Geography*, 21(4), 25-29.

Novak, J., 1972, Learning, *Creating and Using Knowledge: Concept maps as facilitative tools in schools and corporations*, Mahwah, N. J.: L. Erlbaum Associates.

Novak, J., 2010, *Learning, Creating and Using Knowledge: Concept maps as facilitative tools in schools and corporations*, London: Routledge.

Novak, J. D. and Cañas, A. J., 2008, *The theory underlying concept maps and how to construct them*, Technical Report IHMC Cmap Tools 2006-01 Rev 01-2008.

Novak, J. D. and Gowin, D. B., 1984, *Learning how to learn*, Cambridge: Cambridge University Press.

Novak, J. D., 1977, *A theory of education*, Ithaca: Cornell University Press.

O'Brien, T. and Guiney, D., 2001, *Differentiation in Teaching and Learning-Principles and Practice*, London: Continuum.

O'Brien, J., 2002, Concept mapping in geography, *Teaching Geography*, 27(3), 126-130.

Oakeshott, M., 1962, *Rationalism in Politics and Other Essays*, Indianapolis: Liberty Press.

Ogle, D., 1986, K−W−L: A teaching model that develops active reading of expository text, *The Reading Teacher*, 39(6), 564-570.

Orlich, D. C., Harder, R. J., Callahan, R. C., Kauchak, D. P. and Gibson, H. W., 1994, *Teaching Strategies*(4th edition), D. C. Heath and Company.

Oxfam, 2005, *Coffee Chain Game: An activity on trade for ages 13 and above*, Oxford: Oxfam.

Pantiz, T., 1996, A definition of collaborative vs cooperative learning, http://www.city.londonmet.ac.uk/delibrations/collab.learning/pa

Pantiz, T., 2002, Ted's Co-operative Learning e-book (www.home.capecod.net/~tpantiz/).

Parry, L., 1996, The geography teacher as curriculum decision maker: perspectives on reflective practice and professional development, in Gerber, R. and Lidstone, J. (eds), *Developments and directions in geographical education*, Clevedon: Channel View Publications, 53-62.

480

Peters, R. S., 1959, *Authority, Responsibility and Education*, London: HMSO.

Petrie, H. G., 1992, Knowledge, practice and judgement, *Educational Foundations*, 6(1), 35-48.

Polanyi, M., 1958, *Personal Knowledge: Towards a Post-Critical Philosophy*, University of Chicago Press(표재명·김봉미 옮김, 2001, 개인적 지식: 후기비판적 철학을 향하여, 아카넷).

Pritchard, A., 2005, *Ways of Learning: Learning Theories and Learning Styles in the Classroom*, David Fulton Publishers.

Rath, J. D., 1971, *Teaching without specific objectives*, Educational Leadership, April: 71-20.

Rawling, E. and Westaway, J., 2003, Exploring creativity, *Teaching Geography*, 28(1), 5-8.

Reigeluth, C. M., 1983, *Instructional-design theories and models*, Hillsdale, N.J.: Lawrence Erlbaum Associates.

Reigeluth, C. M., 1999, What is instructional-design theory and how is it changing? in Reigeluth, C. M.(ed.), *Instructional design theories and models II: New paradigm of instructional theory*, Mahwah, New Jersey: Lawrence Erlbaum Associations, Inc.

Resnick, L., 1987, *Education and Learning to Think*, Washington: National Academy Press.

Richards, J. C, and Lockhart, C., 1996, *Reflective Teaching in Second Language Classrooms*, Cambridge University Press.

Rider, R. and Roberts, R., 2001, Improving essay writing skills, *Teaching Geography*, 26(1), 27-29.

Riley, C., 1997, Evidential understanding, period knowledge and the development of literacy: a practical approach to "layers of inference" for key stage 3, *Teaching History*, 6-10.

Riley, C., 1999, Evidential understanding, period knowledge and the development of literacy: a practical approach to "layers of inference" for key stage 3, *Teaching History*, 97, 6-12.

Roberts, M., 1986, Talking, reading and writing, in Boardman, D. (ed.), *Handbook for Geography Teachers*, Sheffield: Geographical Association, 68-78.

Roberts, M., 1996, Teaching styles and strategies, in Kent, A., Lambert, D., Naish, M. and Slater, F. (eds.), *Geography in Education: Viewpoints on teaching and learning*, Cambridge: Cambridge University Press, 231-259.

Roberts, M., 1997, Curriculum planning and course development: a matter of professional judgement, in Tilbury, D. and Williams, M. (eds.), *Teaching and Learning Geography*, London: Routledge.

Roberts, M., 2002, Curriculum planning and course development, in Smith, M. (ed.), *Teaching Geography in Secondary Schools*, London: The Open University, 70-82.

Roberts, M., 2003, *Learning Through Enquiry*, Sheffield: Geographical Association.

Roberts, M., 2006, Geographical Enquiry, in Balderstone, D. (ed.), *Secondary Geography Handbook*, Sheffield: The Geographical Association, 90-105.

Roberts, M., 2013, *Geography Through Enquiry*, Sheffield: Geographical Association.

Robinson, R., 1995, Enquiry and Connections, *Teaching Geography*, 202(2), 71-73.

Robinson, R. and Serf, J.(eds.), 1997, *Global Geography: Learning through Development Education at Key Stage 3*, Birmingham: GA/DEC.

Rose, C., 2008, Are year 13s too old to think?, *Teaching Geography*, 33(3), 120-124.

Ross, E. W., 1994, Teachers as curriculum theorizers, in Ross, E. W.(ed.), *Reflective Practice in Social Studies*, Washington, D.C.: National Council for the Social Studies.

Ryans, D. G., 1960, *Characteristics of Teacher: Their description, Comparison and appraisal*, Washington D.C.: American Council on Education.

Schmidt, H., Rotgans, J. and Yew, E., 2011, The Process of problem-based learning: what works? and why?, *Medical Education*, 45, 792-806.

Schön, D. A., 1983, *The Reflective Practitioner: How Professionals Think in Action*, Basic Books.

Schön, D. A., 1987, *Educating the Reflective Practitioner: Toward a New Design for Teaching and Learning in the Professions*, San Francisco: Jossey-Bass.

Schön, D. A., 1991, *The Reflective Turn: Case Studies In and On Educational Practice*, New York: Teachers College Press.

Scoffham, S.(ed.), 2004, *Primary Geography Handbook*, Sheffield: Geographical Association.

Seiler, W. J. and Beall, M. L., 2005, *Communication: Making connections* (7th ed.), Boston, MA: Pearson Education.

Shaftel, F. R and Shaftel, G., 1967, *Role playing for social values: Decision making in the social studies*, Englewood Cliffs, N.J.: Prentice Hall, Inc.

Shaftel, F. R. and Shaftel, G., 1982, *The Role of Playing in Social Intellectual Development*, Oxford: Oxford University Press.

Sharan, S. and Sharan, Y., 1976, *Small group teaching*, NJ: Educational Technology Publication.

Sharan, S. and Sharan, Y., 1989, Group investigation expands cooperative learning, *Educational Leadership*, 47(4), 17-21.

Sharan, S. and Sharan, Y., 1992, *Expanding Cooperative Learning through Group Investigation*, NY: Teachers College Press.

Sharan, S., 1980, Cooperative learning in small groups: Recent methods and effects on achievement and ethnic relations, *Review of Education Research*, 50, 241-271.

Sharan, Y. and Sharan, S., 1990, Group Investigation expands Cooperative Learning, *Educational Leadership*, 47(4), 17-21.

Shubik, M., 2009, It is not just a game, *Simulation & Gaming*, 40(5), 587-601.

Shulman, L. S., 1986, Those who understand: knowledge growth in teaching, *Educational Researcher*, 15(2), 4-14.

Shulman, L. S., 1987, Knowledge and teaching: Foundation of the new reform, *Harvard Educational Review*, 57, 1-22.

Shulman, L.S., 2000, Teacher Development: Roles of Domain Expertise and Pedagogical Knowledge, *Journal of Applied Development Psychology*, 21(1).

Slater, F., 1970, *The Relationship between Levels of Learning in Geography Piaget's Theory of Intellectual Development and Bruner's Teaching Hypothesis*, Australia: Geographical Education AGTA.

지리 교재 연구 및 교수법

Slater, F., 1982, *Learning Through Geography*, London: Heinemann Educational Books.

Slater, F., 1993, *Learning Through Geography*, National Council For Geographic Education.

Slavin, R. E., 1986, *Using student team learning*, Baltimore: John Hopkins University: Center for Research on Elementary and Middle Schools.

Slavin, R. E., 1989, Cooperative learning and student achievement, in Slavin, R. E. (ed.), *School and Classroom Organization*, Hillsdale, N. J.: Erlbaum.

Slavin, R. E., 1990, *Cooperative learning: theory, research and practice*, Englewood Cliffs, N. J.: Prentice Hall.

Slavin, R. E., 1995, *Co-operarive Learning*, Needham Height MA: Allyn and Bacon.

Smith, E., 2005, *Analysing Underachievement in Schools*, London: Continuum Books.

Sockett, H., 1976, *Designing the Curriculum*, London: Open Books.

Somers, J., 1994, *Drama in the Curriculum*, London: Cassells Educational.

Steinbrink, J. E. & Stahl, R. J., 1994, JigsawⅢ=Jigsaw+Cooperative Test Review: Applications to the social studies Classroom In Cooperative Learning in Social Studies: A Handbook for Teachers, edited by R. J. Stahl, New York: Addison-Wesley Publishing, Company, 134.

Stenhouse, L., 1975, *An Introduction to Curriculum Research and Development*, London: Heinemann.

Stimpson, P., 1994, Making the most of discussion, *Teaching Geography*, 19(4), 154-157.

Taba, H., 1962, *Curriculum development*, New York: Harcourt, Brace and World.

Tanner, J., 2004, Geography and the Emotions. in Scoffham, S. (ed.) *Primary Geography Handbook*. Sheffield: The Geographical Association, 35-47.

Taylor, E., 2001, Using presentation packages for collaborative work, *Teaching Geography*, 24(1), 43-45.

Taylor, K., 1991, *Drama Strategies*, Oxford: Heinemann Educational.

Taylor, L., 2004, *Re-presenting geography*, Cambridge: Chris Kington Publishing.

Thelen, H., 1960, *Education and the Human Quest*, NY: Harper & Row.

Thornton, S., 1991, Teacher as a curricular-instructional gatekeeper in social studies, in Shaver, J. and Berlark, H. (eds.), *Democracy, Pluralism, and the Social Studies*, Boston: Houghton Mifflins, 1-10.

Thornton, S., 1991, Teacher as curricular-instructional gatekeeper in social studies, in Shaver, J. P. (ed.), *Handbook of Research on Social Studies Teaching and Learning*, New York: Macmillan.

Thornton, S., 1994, Perspectives on reflective practice in social studies education, in Ross, E.W.(ed.), *Reflective Practice in Social Studies*, Washington, D.C.: National Council for the Social Studies.

Tide~, 1995, *Development Compass Rose: a consultation pack*, Birmingham: DEC.

Tileston, D. W., 2010, *Ten best teaching practices*(3rd ed.), Corwin(정종진·성용구·임청환 옮김, 2013, 좋은 수업의 실제 10가지, 시그마프레스).

Tolley, H. and Biddulph, M. and Fisher, T., 1996, *Beginning Initial Teacher Training*, Cambridge: Chris Kington Publishing.

Tolley, H. and Reynolds, J. B., 1977, *Geography 14-18, A Handbook for School-based Curriculum Development*, Basingstoke: Macmillan Education.

Tuan, Yi-Fu, 1977, *Space and place: the perspective of experience*, Minneapolis: University of Minnesota Press.

Tyler, R. E., 1949, *Basic principles of curriculum and instruction*, Chicago: University of Chicago Press(이해명 옮김, 1987, 교육과정과 수업지도의 기본 원리, 교육과학사).

Van Cleaf, D., 1990, *Action in elementary social studies*, Pearson(남경희·남호엽·장원순·배성숙·심정희·곽혜송·권태윤 옮김, 2001, 사회과 교수·학습론, 교육과학사).

Walford, R., 1969, *Games in Geography*, Harlow: Longman.

Walford, R., 1986, Games and simulation, in Boardman, D.(ed.), *Handbook for Geography Teachers*, Sheffield: The Geographical Association, 79-84.

Walford, R., 1986, Games and simulation, in Mills, D. (ed.), *Geographical Work in Primary and Middle Schools*, Sheffield: The Geographical Association, 79-84.

Walford, R., 1991, *Role-play and the Environment*, London: English Nature.

Walford, R., 1996, The simplicity of simulation, in Bailey, P. and Fox, P. (eds.), *Geography Teachers' Handbook*, Sheffield: The Geographical Association.

Walford, R., 2007, *Using Games in School Geography*, Cambridge: Chris Kington Publishing.

Warn, S., 2006, Preparing for public examinations, in Balderstone, D. (ed.), *Secondary Geography Handbook*, Sheffield: Geographical Association, 466-477.

Whitaker, M., 1995, *Managing to Learn: Aspects of Reflective and Experiential Learning in Schools*, London: Cassell.

Williams, M., 1997, Progression and Transition, in Tilbury, D. and Williams, M. (eds.), *Teaching and Learning Geography*, London: Routledge.

Williams, M., 2002, Instructional design, in Tilbury, D. and Williams, M. (eds.), *Teaching and Learning Geography*, London: Routledge.

Wray, D. and Lewis, M., 1997, *Extending Literacy: Children reading and writing non-fiction*, London: Routledge.

Zeichner, K. M. and Liston, D. P., 1987, Teaching student teachers to reflect, *Harvard Educational Review*, 57(1), 23-48.

중등교사 임용 2차 시험: 수업지도안 작성과 수업시연

1. 중등교사 임용 2차 시험의 과정과 절차

　중등교사 임용 2차 시험은 면접을 제외하면 크게 '수업지도안 작성'과 '수업시연'이라는 두 부분으로 이루어진다. 수업지도안 작성이 1시간, 수업시연은 20분이 할당된다. 1교시의 수업지도안 작성이 완료되면 2시간 정도 자유시간(점심식사 등)을 가진 후, 2교시의 수업시연을 위한 과정에 돌입한다. 대개 수업시연 전 대기실에서 순번을 정하고, 순번대로 구상실로 옮겨 20분간 수업시연을 위한 구상을 한다. 구상 시간에는 수업시연을 위한 문제지가 따로 제시된다. 문제지에는 전개 1 또는 전개 2를 수업하라는 조건과, 전개에 필요한 자료가 다시 제시되어 있다. 그리고 본인이 1교시에서 작성한 수업지도안 복사본을 보면서 수업을 준비한다. 마지막으로 시

시간		내용	비고
1교시	~08:30	• 입실	고사장/ 대기실
	08:30~09:00	• 수험표 확인 및 유의사항 안내(수업시연 순번 추첨)	
	09:00~10:00	• 수업지도안 작성	
10:00~12:00		• 자유 시간(점심 식사 등)	
2교시	12:00~12:30	• 유의사항 안내 및 대기 시간 (수업시연 순번 추첨)	고사장/ 대기실
	12:30~	• 순번대로 각각 20분간 구상	구상실
		• 순번대로 각각 20분간 수업시연	시연실

연실로 옮겨 20분간 수업시연을 하게 된다(시연실에는 심사위원 세 분과 시간을 재는 한 분이 있으며 이는 지역에 따라 다를 수 있다).

고사장/대기실	구상실		시연실	현관	
복도					
	화장실(남, 여)				

2. 1교시: 수업지도안 작성

1교시는 1시간 동안 수업지도안을 작성하게 된다. 수업지도안은 약안으로 본시안만 작성하는데, B4로 된 문제지와 답지(각각 2장)가 제공된다(표 1, 표 2). 문제지는 단원, 조건, 학습도구, 자료 등을 기록한 것이고(표 1), 답지는 수업지도안 양식이다(표 2). 수험자는 문제지에 제시된 조건을 잘 숙지한 후, 답지의 수업지도안의 빈칸을 작성하면 된다. 수업지도안은 출제자에 의해 이미 제시된 부분(표 2의 음영 부분)과 수험자가 작성해야 하는 부분(표 2의 빈칸 부분)으로 나뉘는데, 수험자는 음영이 없는 빈칸만 채우면 된다. 표 3은 ○○ 학생이 제반 조건을 고려하여 작성한 수업지도안의 예시이다.

1) 제공되는 수업 범위 및 자료

수험자가 시험지를 받으면 문제지에 보통 이미 단원, 조건, 학습도구, 자료가 기록되어 있다(표 1). 그리고 답지의 수업지도안에도 본시 주제와 수업목표를 비롯하여, 도입 부분의 수업목표와 전시학습, 정리 부분의 형성평가 및 차시 예고는 이미 작성되어 있다(표 2). 이는 음영으로 처리되어 있으며, 수험자가 작성하는 부분이 아니다. 때로는 전개 부분의 일부를 출제자가 제시하는 경우도 있다.

2) 수험자가 작성해야 하는 부분

수험자는 반드시 제시된 조건에 맞추어 자료를 적절히 활용하여 수업지도안을 작성해야 한다. 보통 수험자는 도입 부분의 동기유발과, 전개(보통 전개 1과 전개 2로 구분) 부분을 작성해야 한다. 전개 부분을 작성할 때에는 제공된 자료를 모두 사용해야 하며, 자료를 어떤 식으로 사용할 것인지를 서술해야 한다.

그리고 제공된 자료 외에 수업내용과 관련된 자료를 하나 더 생각해서 어떤 식으로 사용할 것인지 서술해야 한다.

표 1. 수업지도안 작성을 위한 문제지(예시)

단원 : Ⅲ. 극한 지역에서의 생활, 2. 건조 지역에서의 생활

1차시	열대 우림 지역의 자연환경
2차시	열대 우림 지역의 주민생활
3차시	건조 지역의 자연환경
4차시	건조 지역의 주민생활
5차시	· · ·
6차시	· · ·

조건
 1. 동기유발을 작성하시오.
 2. 전개 1은 〈자료 1〉과 〈자료 2〉, 〈자료 3〉을 활용하여 작성하시오.
 3. 전개 2는 〈자료 4〉과 〈자료 5〉를 활용하고, 한 가지 자료를 반드시 추가하여 작성하시오.
 4. 교사와 학생의 상호작용이 잘 나타나도록 작성하고, 자료를 어떤 식으로 활용할 것인지 구체적으로 서술하시오.

학습도구

교실 환경
칠판, 분필, 교사용 컴퓨터, 빔프로젝터, 스크린 (그 외의 자료는 사용할 시 언급을 해야 함)

자료

〈자료 1〉
베두인 족의 의복 그림

〈자료 2〉
카나트

우물   지하수면   저수지
기반암   지하수로   마을   경작지
카나트 단면도

등고선
카나트 평면도

〈자료 3〉
건조 지역의 가옥 그림

〈자료 4〉
스텝 지역의 유목 그림

〈자료 5〉
몽골인의 의복과 생활

표 2. 수업지도안 작성을 위한 답지(예시)

소단원	건조 지역의 주민생활				
수업 목표	• 건조기후 지역의 주민생활을 기후와 관련지어 설명할 수 있다. • 건조 지역에서 발생하는 환경문제의 해결방안을 설명할 수 있다.				
단계	수업요항	교수-학습 활동		수업 자료 및 유의점	시간
도입	전시학습	건조 지역의 자연환경			
	동기유발				6
	학습목표	학습목표 제시			
전개 1	사막 지역의 주민생활				15

단계	수업요항	교수-학습 활동		수업 자료 및 유의점	시간
전개 2	스텝 지역의 주민생활				12
	사막 지역의 환경문제	답지에 미리 수업내용이 제시됨			5
정리	형성평가 차시 예고	형성평가 제시 차시 예고 제시			

(계속) * 음영 부분은 미리 제시되어 있어, 수험자가 작성할 필요가 없음.

표 3. ○○ 학생이 작성한 수업지도안(예시)

수업 목표	• 건조기후 지역의 주민생활을 기후와 관련지어 설명할 수 있다. • 건조 지역에서 발생하는 환경문제의 해결방안을 설명할 수 있다.				
단계	수업요항	교수-학습 활동		수업 자료 및 유의점	시간
도입	전시학습	건조기후 지역의 기후 특성과 경관에 대해 확인한다.			
	동기유발	〈교사〉 • 건조지역에서 물 뜨러 반나절을 다니는 아이들의 사진을 제시하고 발문한다. – 왜 반나절이나 걸려 힘들게 물을 떠올까? • 학생들의 발표 및 자료와 관련하여, 오늘 배울 수업내용을 안내한다.	〈학생〉 • 제시된 자료에 흥미를 가지고, 물을 떠오는 이유를 자유롭게 생각하여 발표한다. – 주변에서 물을 찾을 수 없어서 • 오늘 배울 내용에 호기심을 가지고 적극적으로 학습에 임한다.	• 흥미로운 자료를 통해 학생들의 관심을 유발하고, 능동적인 수업 참여를 유도한다.	6
	학습목표	• 학습목표 제시			

전개 1	사막 지역의 주민생활	• 사막 지역의 주민생활을 기후와 관련시켜 학생들이 생각해 보도록 발문한다.	• 물이 부족한 건조기후의 환경하에서 어떠한 주민생활이 나타날지 생각하여 발표한다. - 물을 구하러 다녀요. 수입해요.	• 어려운 개념은 칠판 끝에 따로 적어 쉽게 풀이한다.	15
		• 〈자료 1〉을 제시하여, 사막 지역의 '의'생활에 대해 학생들이 추론해 보도록 발문한다.	• 사막 지역에서는 어떤 옷을 입을지 생각하여 발표하고, 제시된 자료를 통해 왜 긴 옷을 입게 되었는지 생각한다. - 긴 옷, 몸을 보호하기 위해서	• 〈자료 1-베두인 족의 의복 그림〉을 제시하여, 학생들이 사막 지역의 '의'생활을 추론해 보도록 지도한다.	
		• 〈자료 2〉를 제시하여, 사막 지역의 '식'생활을 농업과 관련지어 생각해보도록 발문한다. - 관개농업을 위해 지하수를 끌어들이는 카나트의 원리를 설명한다.	• 사막 지역의 기후와 관련지어 어떤 농업이 이루어질지 생각하여 발표한다. - 오아시스 농업: 밀, 대추야자 - 관개농업: 밀	• 〈자료 2-카나트〉를 제시하여, 학생들이 사막 지역에서의 농업과 '식'생활을 추론하도록 지도한다.	
		• 〈자료 3〉을 제시하여, 사막 지역의 '주'생활로서 가옥 특징을 학생들이 추론해 보도록 지도한다. - 흙집 - 두꺼운 벽과 작은 창문 - 평평한 지붕 - 좁은 골목길	• 〈모둠활동〉 제시된 가옥 사진을 통해 사막 지역 가옥의 특징을 추론하고, 그 이유를 모둠활동을 통해 논의하여 발표한다. - 주변에서 구하기 쉬운 재료 - 큰 일교차 - 적은 강수량 - 그늘을 만들기 위해서	• 〈자료 3-사막 지역의 가옥 그림〉을 제시하여, 학생들이 사막 지역의 '주'생활을 추론해 보도록 지도한다.	
		• 사막 지역의 '의·식·주'가 건조한 기후와 관련지어 나타남을 정리한다.	• 사막 지역의 건조한 기후로 인한 주민생활을 의·식·주와 관련하여 학습한다.		
전개 2	스텝 지역의 주민생활	• 스텝 지역의 주민생활을 기후와 관련시켜 학생들이 생각해 보도록 발문한다.	• 물이 부족한 스텝 지역에서는 주민생활이 어떻게 나타날지 생각하여 발표한다. - 물을 구하러 다녀요. 관개농업해요.		12

		・농업이 힘든 스텝 지역의 기후하에서 유목생활이 이루어짐을 설명한다.	・스텝 지역에서 유목생활이 이루어짐을 기후와 관련시켜 학습한다.		
전개 2	스텝 지역의 주민생활	・〈자료 4~5〉, 〈추가자료〉를 통해, 스텝 지역에서의 주민생활을 유목생활과 관련시켜 '의·식·주'의 측면에서 추론해 보도록 모둠활동을 안내한다.	・〈모둠활동〉 제시된 자료를 통해 스텝 지역의 주민생활을 유목생활과 관련시켜 추론하여 표한다. – 의 : 추위에 대비한 동물 가죽 옷 – 식 : 동물을 이용한 고기 및 유제품 – 주 : 동물 가죽으로 만들고, 쉽게 조립·분해가 가능한 이동식 가옥 (게르)	・〈자료 4–스텝 지역의 유목〉, 〈자료 5–몽골인의 의복과 생활〉, 〈추가자료–게르〉를 통해 스텝 지역의 주민생활을 추론해 보도록 지도한다. ・순회지도를 통해 학생들의 이해를 돕는다.	12
		・스텝 지역의 '의·식·주'가 건조한 기후하에서 유목과 관련지어 나타남을 정리한다.	・스텝 지역의 기후로 인한 주민생활을 유목생활과 관련지어, 의·식·주의 측면에서 학습한다.		
		・최근 스텝 지역에서 관개농업을 통해 대규모의 기업적 농업이 이루어짐을 설명한다. ・대규모의 관개농업으로 인해 어떠한 문제점이 발생할수있을지 질문한다.	・교사의 설명을 통해 스텝 지역에서 관개농업을 통해 대규모로 밀을 재배함을 학습한다. ・관개농업으로 인해 발생할 수 있는 문제점을 추론하여 발표한다.	・교사의 설명식 수업을 지양하고, 문답식을 통해 학생들이 답을 이끌어 내도록 지도한다.	
	사막 지역의 환경문제	답지에 미리 수업내용이 제시됨			5
정리	형성평가 차시 예고	형성평가 제시 차시 예고 제시			

(계속) * 위의 수업지도안 작성예시는 모범답안이 아니라, 특정 학생이 주어진 1시간 동안 작성해 본 것으로 참고용으로만 활용하세요.

3. 2교시: 수업시연하기

앞에서도 언급했듯이, 수업시연하기 전 구상실에서 20분 동안 수업을 어떻게 할 것인가를 구상하게 된다. 구상실에 가면 수업시연 조건과 함께 1교시에 본인이 작성한 수업지도안의 복사본이 있다. 이를 잘 숙지한 후, 시연실로 옮겨 수업시연을 하게 되는데, 대체로 수업시연 조건은 동기유발부터 시작하여 전개 1(학습목표 1) 또는 전개 2(학습목표 2) 중의 하나를 20분간 시연하도록 하고 있다. 대개 인사 및 출석 점검은 생략하게 하고, 일정량의 판서를 할 것을 제안하는 경우가 많다.

　수업시연은 교실에 학생들이 앉아 있고, 교탁 주변에는 교사용 컴퓨터, 빔프로젝트(또는 프로젝션 TV), 스크린, 칠판 등 기본적인 교구가 있으며, 수업지도안에 제시된 자료가 있다는 전제하에 실시하게 된다. 수업시연은 교사가 학생들에게 가상적으로 자료를 제시하기도 하고, 질문을 하기도 하며, 발표를 시키는 등 언어적 상호작용이 이루어지는 모습을 보여 주게 된다.

　1교시에 아무리 수업지도안을 잘 작성했더라도, 2교시의 수업시연에서는 좋은 평가를 받지 못할 수 있다. 반대로 수업지도안만 보았을 때는 기대를 하지 않았는데, 실제 수업시연에서 호평을 받는 경우도 있다. 이는 수업시연이 얼마나 중요한지를 알 수 있는 부분이다. 수업시연은 수업실행 전략에 해당하며, 이는 많은 연습을 통해 숙달될 수 있다. 자신의 습관적인 말을 고치고, 언어적 상호작용 형태(지시적 수업과 비지시적 수업), 언어적 피드백(칭찬, 보충설명, 수정하기, 비교하기, 요약하기), 비언어적 표현 방법(몸짓, 손짓, 얼굴 표정, 눈맞춤, 순시지도)을 잘 숙지하여 연습할 필요가 있다. 수업 전문가에게 수업시연을 직접 보이면서 수업 언어나 자세에 대한 교정을 받는 것도 필요하다.

4. 채점기준(예시)

1) 수업지도안 작성(각 문항별 5단계 평가)
　- 60분 작성, 15점 만점

　(1) 학습목표 달성을 위한 학습내용 포함 정도
　(2) 종합적 사고력 및 추론 능력 신장을 위한 학습내용의 재구조화

(3) 교사·학생 활동 내용 및 시간 배분의 적절성

(4) 수업에 사용될 자료 및 기자재 활용법 및 유의사항

(5) 수업지도안 작성법 준수 정도

2) 수업시연(총 6개 영역 각각 5단계 평가)
- 20분 평가, 45점 만점

(1) 교수·학습 활동(2개 영역)

① **수업에서 학습내용을 효과적으로 전달하고 있는가?**(8점 ☞ 급간 : 1.6점)

- 지리적 인과관계에 부합한 설명을 하는가.

- 학생들이 이해하기 쉽게 재구성되어 있는가.

- 핵심 내용 요소에 대한 설명이 적절히 구조화되어 있는가.

- 지리용어가 학생의 발달 수준에 적합한가.

② **발문을 통해 교사와 학생 간의 상호작용을 유도하고 있는가?**(8점 ☞ 급간 : 1.6점)

- 발문내용이 학생 수준에 적합한가.

- 학습목표 달성에 적합한 발문을 하는가.

- 지리적 사고를 유도하기에 적합한 발문을 하는가.

- 자료의 내용을 이해하기에 적합한 발문을 하는가.

(2) 자료의 활용 : 제시된 학습자료를 적절하게 활용하고 있는가?
(8점 ☞ 급간 : 1.6점)

- 1가지 이상 적절하게 활용하는가.

- 자료의 핵심 내용을 파악하게 하는가.

- 자료에 담긴 의미를 파악하게 하는가.

- 교사가 자료에 대해 해설하였는가.

(3) 의사소통: 의사소통이 명료하고 판서가 효과적으로 이루어지고 있는가?
   (7점 ☞ 급간 : 1.4점)

- 용어의 의미를 정확하게 설명하는가.
- 학생 수준에 맞는 어휘를 사용하는가.
- 판서의 내용을 적절하게 조직하여 제시하는가.
- 학생의 반응을 고려하여 수업을 진행하는가.

(4) 수업 운영: 수업시간의 배분이 적절하고, 학생의 이해와 참여를 촉진하고 있는
   가?(7점 ☞ 급간 : 1.4점)

- 학생 수준에 적합한 속도로 수업을 진행하는가.
- 수업 진행 과정이 유기적으로 연계되고 있는가.
- 학생의 이해 정도를 확인하고 있는가.
- 학생의 참여를 유도하고 있는가.

(5) 수업에 대한 태도: 수업에 임하는 교사의 자세가 올바르고 열의가 있는가?
   (7점 ☞ 급간 : 1.4점)

- 학생을 존중하는 태도를 보이는가.
- 수업에 대한 열의를 가지고 적극적으로 임하는가.
- 사용하는 어조와 성량은 적절한가.
- 적절한 표정으로 어법에 맞게 수업하는가.

수업지도안 작성 및 수업시연 연습문제

1. 연습문제 1

1) 수업지도안 작성

단원 : Ⅲ. 다양한 자연환경과 인간생활, 3. 기후와 인간생활(고등학교 세계지리)

전시	(2) 세계 기후 구분과 경관
본시	(3) 열대, 온대 기후 지역과 산업
차시	(4) 냉대, 한대, 건조기후 지역과 산업

조건
1. 이 수업지도안은 수업시연을 위한 것임을 감안하고 작성하시오.
2. 동기유발을 작성하시오.
3. 전개 부분은 〈자료 1〉~〈자료 5〉를 활용하여 작성하시오.
4. 제시된 자료 외에 한 가지 자료를 반드시 추가하여 작성하시오. (자료는 열대, 온대의 농업과 관련된 것만 사용하고 사진, 그래프, 지도 자료에 한정됨)
5. 교사와 학생의 상호작용이 잘 나타나도록 작성하고, 자료를 어떤 식으로 활용할 것인지 구체적으로 서술하시오.

학습도구

교실 환경

칠판, 분필, 교사용 컴퓨터, 빔프로젝터, 스크린
(그 외의 자료는 사용할 시 언급을 해야 함)

496

자료		
〈자료 1〉 열대지역 기후 그래프 3개 (그래프 생략)		〈자료 2〉 온대지역 기후 그래프 3개 (그래프 생략)
〈자료 3〉 열대 및 온대 지역 농업 분포도 (분포도 생략)		
〈자료 4〉 세계 커피생산량 (다이어그램 생략)		〈자료 5〉 세계 올리브 생산량 (다이어그램 생략)

소단원	열대, 온대 기후 지역과 산업				
수업 목표	• 열대기후 지역의 산업을 기후와 관련지이 설명힐 수 있다. • 온대기후 지역의 산업을 기후와 관련지어 설명할 수 있다.				
단계	수업요항	교수–학습 활동		수업 자료 및 유의점	시간
도입	전시학습	세계 기후 구분과 인문, 자연 경관		인문, 자연 경관 사진 이용	
	동기유발				
	학습목표	학습목표 제시			
전개 1	열대기후 지역과 산업				

전개 2	온대기후 지역과 산업			
	형성평가	형성평가 제시		
정리	차시 예고	차시 예고 제시		

(계속)

2) 수업시연 제시문

- 수업시연은 20분 이내로 동기유발부터 전개 1 '열대기후 지역과 산업'까지 진행할 것(전개 2 부분의 자료를 활용해도 무방함)
- 인사 및 출석 점검은 생략할 것
- 학생들이 이해하기 쉽도록 구조화된 설명을 진행하고 판서를 반드시 포함시킬 것

2. 연습문제 2

1) 수업지도안 작성

단원 : Ⅵ. 인구변화와 인구문제, 3. 인구문제(중학교 사회)

전시	세계의 다양한 인구문제
본시	우리나라의 인구문제
차시	자연재해의 발생 지역

조건
1. 이 수업지도안은 수업시연을 위한 것임을 감안하고 작성하시오.
2. 동기유발을 작성하시오.
3. 전개 부분은 〈자료 1〉~〈자료 5〉를 활용하여 작성하시오.
4. 제시된 자료 외에 한 가지 자료를 반드시 추가하여 작성하시오. (자료는 우리나라의 인구문제와 대책과 관련된 것만 사용하고 사진, 그래프, 지도 자료에 한정됨)
5. 교사와 학생의 상호작용이 잘 나타나도록 작성하고, 자료를 어떤 식으로 활용할 것인지 구체적으로 서술하시오.

학습도구

교실 환경
칠판, 분필, 교사용 컴퓨터, 빔프로젝터, 스크린 (그 외의 자료는 사용할 시 언급을 해야 함)

자료

〈자료 1〉 1960년, 1985년, 2010년의 인구피라미드 (인구피라미드 생략)	〈자료 2〉 시대별 인구문제와 관련한 표어(3개) (표어 생략)
〈자료 3〉 고령인구 비율, 숫자 상승 추세 그래프 (그래프 생략)	
〈자료 4〉 육아 보조금 지급 관련 신문기사 (신문기사 생략)	〈자료 5〉 노인 일자리 창출 관련 신문 기사 (신문기사 생략)

소단원	우리나라의 인구문제와 대책			
수업 목표	• 우리나라의 저출산, 고령화 현상의 원인과 문제를 설명할 수 있다. • 우리나라의 저출산, 고령화 현상의 대책을 발표할 수 있다..			
단계	수업요항	교수-학습 활동	수업 자료 및 유의점	시간
도입	전시학습	세계의 인구문제와 대책		
	동기유발			
	학습목표	학습목표 제시		
전개 1	우리나라의 인구문제			
전개 2	우리나라 인구문제의 대책			
정리	형성평가	형성평가 제시		
	차시 예고	차시 예고 제시		

2) 수업시연 제시문

• 수업시연은 20분 이내로 동기유발부터 전개 1 '우리나라의 인구문제'까지 진행할 것

• 인사 및 출석 점검은 생략할 것

• 학생들이 이해하기 쉽도록 구조화된 설명을 진행하고 판서를 반드시 포함시킬 것

3. 연습문제 3

1) 수업지도안 작성

단원 : Ⅰ. 내가 사는 세계, 2. 경위도에 따른 인간 생활의 차이 (중학교 사회)

전시	경도와 인간 생활의 차이
본시	위도와 인간 생활의 차이
차시	일상생활 속의 지리 정보

조건
1. 이 수업지도안은 수업시연을 위한 것임을 감안하고 작성하시오.
2. 동기유발을 작성하시오.
3. 전개 1은 〈자료 1〉과 〈자료 2〉를 활용하여 작성하시오.
4. 전개 2는 〈자료 3〉을 활용하고, 제시된 자료 외에 한 가지 자료를 반드시 추가하여 작성하시오. (자료는 그림, 사진, 그래프, 지도 자료에 한정됨)
5. 교사와 학생의 상호작용이 잘 나타나도록 작성하고, 자료를 어떤 식으로 활용할 것인지 구체적으로 서술하시오.

학습도구

교실 환경
칠판, 분필, 교사용 컴퓨터, 빔프로젝터, 스크린, 지구본 (그 외의 자료는 사용할 시 언급을 해야 함)

자료

〈자료 1〉 위도대별 일사량의 차이 (그림 생략)	〈자료 2〉 위도에 따라 달라지는 인간 생활 모습 (그림 생략)
〈자료 3〉 지구의 공전에 따른 계절의 발생 (그림 생략)	

소단원	위도와 인간생활			
수업 목표	• 고위도 지역과 저위도 지역의 기후 차이와 인간 생활에 대해 설명할 수 있다. • 북반구와 남반구의 계절 차이와 인간 생활에 대해 설명할 수 있다.			
단계	수업요항	교수–학습 활동	수업 자료 및 유의점	시간
도입	전시학습	경도와 인간 생활		
	동기유발			
	학습목표	학습목표 제시		
전개 1	고위도와 저 위도 지역의 기후 차이와 인간생활			
전개 2	북반구와 남 반구의 계절 차이와 인간 생활			
정리	형성평가	형성평가 제시		
	차시 예고	차시 예고 제시		

2) 수업시연 제시문

• 수업시연은 20분 이내로 동기유발과 전개 2 '북반구와 남반구의 계절 차이와 인간생활'만을 진행할 것

• 인사 및 출석 점검은 생략할 것

• 학생들이 이해하기 쉽도록 구조화된 설명을 진행하고 판서를 반드시 포함시킬 것

| 찾아보기 |

〈인명 색인〉

ㄱ

가네(Gagné) 60, 445
가드너(Gardner) 41, 42, 374
가예(Ghaye) 348
강창숙 22, 25
고원(Gowin) 349
그론룬드(Gronlund) 64, 84
기니스(Ginnis) 38, 182, 183
김대훈 49
김연배 67, 95, 96, 155, 157, 158, 458, 468
김연옥 222
김혜숙 23

ㄴ

내시(Nash) 225
네이시(Naish) 348
노박(Novak) 319, 346, 349, 352
뉴먼(Newman) 172
니콜스(Nichols) 232, 242, 263, 346, 348, 351, 353, 354, 374, 408

ㄷ

데일(Dale) 66
듀이(Dewey) 24, 25, 177, 192, 197
드리스콜(Driscoll) 138
딕·레이저(Dick and Reiser) 78
딕·캐리(Dick and Carey) 77, 78, 444

ㄹ

라이언(Ryan) 430
라이언스(Ryans) 50
램버트(Lambert) 178
레스닉(Resnick) 213
레이(Wray) 382, 383
로버츠(Roberts) 28, 30, 88, 201, 202, 209, 256, 301~303, 326, 335, 354, 407, 410
로빈슨(Robinson) 348, 397, 398, 401
로즈(Rose) 309
록하트(Lockhart) 123
루이스(Lewis) 382, 383
리처드스(Richards) 123
리트(Leat) 21, 231, 236, 242, 246, 261, 346~349, 372

ㅁ

마경묵 22
맬컴(Malcolm) 273
메이거(Mager) 57, 64, 84
밀러(Miller) 195

ㅂ

박선미 16, 22, 26
반다 노스(Vanda North) 318, 320, 325
반스(Barnes) 29
발더스톤(Balderstone) 178
뱅크(Bank) 291
버트(Butt) 53

ㅅ

베스트(Best) 38, 39, 41, 44, 339
보노(de Bono) 308~311, 339
보드먼(Bordman) 332
보리치(Borich) 448, 452
브루너(Bruner) 66, 86, 202
블래츠퍼드(Blechford) 222
블룸(Bloom) 63, 84, 125
비엘(Beall) 458

샤런(Sharan) 177, 192, 195
샤프텔(Shaftel) 290, 291, 295
서프(Serf) 401
세일러(Seiler) 458
셀러(Seller) 195
쇤(Schön) 24~26, 430
슈미트(Schmidt) 199
슈빅(Shubik) 222
슐만(Shulman) 16, 17, 19, 20, 22, 23
스텐하우스(Stenhouse) 86, 88
슬래빈(Slavin) 172, 177, 178
슬레이터(Slater) 90, 348

ㅇ

알츠(Artzt) 172
애런슨(Aronson) 186
앤더슨(Anderson) 458
앨런(Allen) 430
엘바즈(Elbaz) 16, 22
오글(Ogle) 382
오수벨(Ausubel) 126, 346

오크숏(Oakeshott) 16
월포드(Warlford) 217, 219~221,
  229, 274, 275, 277, 293
웨일(Weil) 291, 362
윌리엄스(Williams) 80~82
이혁규 435, 436

ㅈ
정문성 187, 189~195, 197, 198,
  295, 310, 312, 314
조이스(Joyce) 291, 362
조철기 87
존슨(Gohnson) 170~173, 177, 178,
  189, 190
지니스(Ginnis) 38

ㅊ
챈들러(Chandler) 346, 348, 349

ㅋ
케이건(Kegan) 187, 195
켈러(Keller) 130, 451
코르니코우(Kornikau) 67
콜브(Kolb) 33, 34
쿡(Cook) 211
클랜디닌(Clandinin) 16
킨닌먼트(Kinninment) 232, 263,
  346, 348, 353, 354, 374, 408

ㅌ
타일러(Tyler) 57, 64
셀런(Thelen) 192

테일러(Taylor) 222, 228, 401
토니 부잔(Tony Buzan) 316~319,
  339

ㅍ
파이크(Pike) 67
폴라니(Polany) 16
프랜시스(Frances) 291
프레티(Ferretti) 39
프리먼(Freeman) 174, 176, 178
플랜더스(Flanders) 150, 151, 455
피엔(Fien) 86, 88, 217, 222, 277

ㅎ
하트윅(Hartwick) 212
헤어(Hare) 174, 176, 178
홀루벡(Holubec) 170
홉커크(Hopkirk) 208
힉스(Hicks) 391

〈내용 색인〉

3인조 듣기 307
5Ws 365, 400, 408, 409
5개의 핵심 포인트 410, 411
ADDIE 56
ARCS 130, 449, 463, 465
DARTs 39, 248, 249, 325,
  413~416
Geography 14-18 29
Geography 16-19 87

KWFL 379, 383,
KWL 379~383
QUADs 377~379, 383
VAK 학습 스타일 35, 36, 39

ㄱ
가능한 미래 391
가면을 쓴 사진 367
가설-연역적 추론 과정 199
가장 그럴듯한 232, 234, 235
가치 수직선 311~313
감성적 문해력 334
감성적 지도 334, 335
감성지능 334
개념도 39, 179, 180, 318, 319,
  340, 343, 346~355, 358~360,
  381, 415
개념학습 348, 360
개발 도미노 228
개발교육 394
개발교육센터 394, 399
개발나침반 365, 394~401
거미 다이어그램 39, 213, 214, 298,
  318~320, 326, 343, 393, 415
결과 다이어그램 391~393
경영 게임 219, 222, 223, 275
계열화 29, 53, 56, 65, 96, 133,
  225, 242, 246~249, 252, 255,
  256, 413, 414, 416, 450
고등 정신기능 48
고차사고 213

고차적 사고력 46
공간 지능 43
공적 미팅 역할극 301~303
공정무역 180, 214, 278, 286
과정 모형 83, 86~90
과제 몰입도 466~468
과제 상호의존성 173
과제분담 학습모형 186
교과특정 교수법적 지식 20
교수 스타일 27~29, 32, 33, 43
교수내용지식 16~21, 23
교수자료 39, 56, 57, 72, 186, 278
교수전략 33, 38, 56, 57, 63, 65,
 89, 90, 107, 224
교수학적 지식 27
교수환경에 대한 지식 23
교육과정에 대한 지식 19, 23
교육과정지식 17, 19
교육과정차별화 41, 44, 106, 107,
 248, 255, 300, 349, 350, 353,
 369, 404
교육의 목적 · 의미 · 가치 및 철학
 적 · 역사적 배경에 대한 지식 20
교육적 경험 24, 25, 27, 123
교육적 맥락에 대한 지식 20
구두표현력 87, 106
구성주의 46, 83, 198, 202, 383
구조화된 스타일 31
그래픽 조직자 318
글로벌 시민성 280
글쓰기 계획자 388, 389
글쓰기 프레임 359, 383~385
긍정적 상호의존성 173
기상 루미 229, 230
기억으로부터의 지도 39, 374, 375
기억적 발문 143, 144

ㄴ
나무 다이어그램 344, 345

내용지식 17, 18, 21
내적 동기 128
노트필기 프레임 303, 383,
 386~388
논리 · 수학 지능 41, 43
눈덩이 토론 200

ㄷ
다이아몬드 순위 매기기 258
다이어그램 완성 414, 416
다중정체성 398
다중지능 41, 42, 339
단원 수업지도안 93, 95~97, 100
닫힌 스타일 30
대면적 상호작용 173
대인관계 지능 41, 42
도미노 225, 226, 228, 252
도해조직자 380
동기유발 53, 96, 101~104, 106,
 118, 127~130, 154, 202, 206,
 210, 253, 272, 443, 449, 451
동료장학 422
동심원 259, 260, 300, 301
동화자 34
똑똑한 어림짐작 202~204
뜨거운 의자 298~300

ㄹ
래포 49, 293
로고비주얼 사고 40, 339
로고의 숨은 뜻 살펴보기 278
루미 224, 229, 230

ㅁ
마이크로티칭 428~430
마인드 맵 40, 43, 231, 315~329,
 345, 415, 416
마인드 무비 39, 372, 373, 375
마인드 매핑 42, 315~317, 320,

328, 339
메타인지 226, 242, 309, 340
모노폴리 266~269, 275
모집단 187~189
목표 명세화 56, 57
목표 모형 83~89
목표 상호의존성 173
무역 게임 278
무임승객 효과 174
문제중심학습 197~200
문제해결력 49, 291
문제해결학습 197, 198
물리적 시뮬레이션 220, 273
미로 찾기 219
미스터리 39, 179, 241~243, 245,
 246

ㅂ
반성적 사고 24, 142, 197
반성적 실천 24, 25
반성적 실천가 24
발산적 발문 143~145
방사사고 317
배경 요인 242
범주화하기 201, 229, 239, 240, 320
보드 게임 266~333
보상 37, 49, 128, 129, 134, 154,
 169, 172, 173, 178, 221, 451
보충학습 75, 158, 164
본시 수업지도안 93, 95, 97, 100,
 101
봉 효과 174
분류하기 40, 43, 229, 233, 240,
 283, 366, 388
분석 및 재구성 DARTs 414~416
브레인스토밍 43, 90, 200, 201,
 210, 259, 284, 316, 319, 325,
 328, 339, 340, 344, 361, 389, 417
블록버스터 게임 223

지리 교재 연구 및 교수법

비계 378, 385, 388, 401, 402, 411, 446
비구조화된 문제 상황 198
비실례 360~362
비언어적 의사소통 152, 153, 443, 458, 459
비전 프레임 365, 401~404
비정부기구 278
비지시적 발언 456~458
비판단적 피드백 140, 141
비판적 사고력 46
비형식적 교수 스타일 28
비형식적 교육과정 20
비효과적 발문 145
비효율적 행동 50

ㅅ

사고기능 166, 206, 229, 232, 236, 239, 279, 340, 346
사전학습능력 58, 59
사진 속으로 들어가기 369, 370
사진 직소 368, 369
사진 확장하기 367
사회적 기능 170~174
살아 있는 그래프 261, 262
상대적 입지 347
상징적 표상 66, 374
상호작용 모델 29
상황적 시뮬레이션 220
서로 등을 맞대고 366
선수학습 55, 59, 79, 96, 118, 124~126, 445, 446, 448
선행조직자 126, 325, 349, 351, 352, 408, 447, 448
선행학습 58~60, 79, 179, 180, 228, 351
선호하는 미래 391, 392
성공 기회의 균등 172, 178
성취행동 57, 64, 110, 161, 162

세계적 장소감 398
세부 수업목표 78, 79
수렴자 34
수렴적 발문 143, 144
수업관찰 427, 436~441, 455
수업매체 53, 54, 63, 66, 68, 70, 71, 78, 80, 104, 108, 109, 112, 124, 126, 443~445, 460, 463
수업목적 46, 54, 63, 100, 106
수업목표 53, 55, 57~66, 72, 76~80, 82, 84, 85, 98, 100~104, 108~113, 123, 137, 139, 141, 142, 146, 162, 164, 443~445, 447~450, 458, 460
수업 분위기 442
수업비평 117, 435~440
수업설계 19, 26, 46~48, 51~56, 60, 76~78, 80~84, 117
수업장학 421~426, 435~438
수업지도안 52, 74, 80, 93~97, 100~102, 106, 108, 117, 431
수업컨설팅 117, 421, 424~429, 431, 435~438, 440, 441
수업환경 46~48, 53, 62, 63, 130, 443
수업활동 78, 80, 86, 101, 107, 127, 138, 224, 297, 298, 300, 317, 413, 429, 432, 447, 455
수평적 사고 339
수학적 시뮬레이션 219
수행평가 351, 445~447
순위 매기기 258
스냅 224
스캐폴드 325
스케일 214, 332~334, 337, 343, 355, 397, 398
스토리텔링 39, 249, 247
시각자료 67, 374, 401, 449
시각적 기억 372, 375

시각적 문해력 374
시각적 사고기법 316
시각적 언어 339
시각적 학습자 36, 38
시뮬레이션 39, 87, 186, 217~222, 224, 268, 270~278, 290, 294, 297
시뮬레이션 게임 217, 218, 222, 223, 270~274, 276~278, 297
신체·운동 지능 41, 42
실례 19, 94, 131, 360~362, 450
실천적 지식 16, 17, 22~24, 26, 428
실행연구 87, 385, 428
심상지도 329~334, 338
심시티 272
십자말풀이 43, 223
심화학습 75, 164

ㅇ

암묵적 교육과정 20
암묵적 지식 25
야외조사 39, 179~181, 368
약식장학 422
양심 골목 312
언어 지능 41, 42, 43
언어적 상호작용 141, 142, 151, 443, 455, 457
언어적 피드백 150, 493
역할 상호의존성 173
역할극 39, 40, 42, 43, 87, 137, 162, 179, 180, 217~222, 270, 271, 279, 286, 287, 290~295, 297, 298, 300~304, 365
연결 만들기 241, 215
연속 다이어그램 259, 260
열린 장소감 398
영상적 표상 66, 138
영역특정 교수법적 지식 20
오개념 142, 200, 202, 204, 264,

300, 347~349, 351, 354, 366, 407
옥스팜(Oxfam) 278, 280, 286, 302
외적 동기 128
요구 분석 51, 54, 56~58, 63, 82
운동 · 기능적 영역 63, 98
운동기능적 학습자 35, 36, 38
워크시트(활동지) 30, 74, 75, 352, 408
웹 구조 318
웹 다이어그램 318, 319
유인 요인 242
유추 도해 조직자 417, 418
육색사고모자 308~311
음악 지능 41, 43
의미의 층위 404, 405
의사결정력 46, 272
이상한 하나 골라내기 179, 236~238
이해당사자 297, 298
인간개발지수 211
인바스켓 연습 219
인지도 199, 329, 331, 332, 352
인지적 영역 63, 84, 98
일반교수지식 18
임상장학 424

ㅈ
자기이해 지능 41, 42
자기장학 422, 438
자기주도적 학습 29, 42, 48, 49, 198
자기중심적 사고 291
자료 상호의존성 173
자발적인 문제해결력 291
자연탐구 지능 41, 43
자체연수 424
잠정적 앎 26
장소학습 332, 397
재구성 DARTs 414~416

재생적 발문 104
적용적 발문 104, 111
전달-수용 모델 29
전문가 집단 187, 188
전문성 개발 24, 26, 105, 107
전문적 지식 16, 21, 24, 302
전문적 판단 26, 89
전시학습 101~103, 109, 118, 124
전이 55, 60, 155, 161, 164, 166, 180, 408, 445~447
전인교육 48
전통적인 교수 스타일 28
절대적 입지 347
절차적 시뮬레이션 220
정보재생적 발문 143
정의적 영역 63, 84, 98, 335
정의적 지도 335~337
조절자 34
좁은 발문 143
좋은 수업 45~49, 52, 78, 80, 93, 104, 119, 145, 439
주의집중 53, 118, 130, 131, 142, 143, 151, 152, 154, 155, 443, 445, 449, 451, 465
지리 프레임 259, 365, 377
지리적 탐정 211~214
지속가능한 개발 233, 278, 280
지시적 발언 151, 456~458
직관적 사고자 317
직소 II 187
직소 186~188, 310, 311
직소 III 187
진단평가 59, 65, 121, 223, 224, 264, 326, 351, 353, 445
진보적인 교수 스타일 28
집단 간의 관계 293
집단 게임 토너먼트 모형 177
집단탐구 177, 193, 195~197
집단탐구 II (Co-op Co-op) 195~197

집단과정 173, 174
집단보상 172, 178
집단성취 분담모형(STAD) 177, 189
집단의식 291
집단탐구 모형 177, 193

ㅊ
차시 예고 102, 104, 109, 118, 164
차이니스 위스퍼스 305, 306
찬반(pro-con) 협동학습 189~191
창의적 사고 301, 316, 318, 327
청각적 학습자 35, 36, 38
청킹 102, 103, 119, 446
체제적 수업설계 54, 81, 83
체제적 접근 54~56
총괄평가 65, 76, 82, 326
최고와 최악 209~211
최종 수업목표 59~62, 78, 79
추론 다이어그램 층위 365
추론의 층위 프레임 404~408
추론적 대화 206~208
추론적 발문 104
출발점 행동 49, 58, 79, 109, 163
충성의 배지 300
친화도법 339
칠판 352, 360, 361, 380, 387, 434, 462

ㅋ
카드 게임 223, 224, 228, 230, 263, 266
카드분류 활동 42
커피 체인 게임 278~280, 284, 286~288
퀴즈 126, 162, 187, 189, 223, 279, 284, 285
큰 개념 353
클러스터링 339

ㅌ

탐구법정 300, 301

터부 게임 179, 264

텍스트 계열화하기 413, 414

텍스트관련 지시활동 39, 248, 249, 325, 413

톱 트럼프 226, 227

ㅍ

파급 다이어그램 259~261

파워포인트 43, 65, 67, 69, 70~72, 126, 127, 131, 179, 186, 460

파일럿 테스트 56, 57, 72, 75, 76

파지 126, 161, 164, 233, 445~447

판서 65, 68, 69, 95, 102, 105, 108, 109, 112, 117, 118, 127, 134, 161, 163, 325, 434, 440, 443, 460, 462, 463

퍼즐 43, 186, 215, 223, 272

평가도구 56, 57, 63, 65, 76~79, 101, 104, 331, 351

평가적 발문 143, 145

풍선 다이어그램 343, 344

프레어 모형 360~363

피드백 15, 19, 20, 34, 49, 54, 55, 75, 76, 105, 108, 109, 118, 119, 130, 133, 139~141, 148, 150, 157, 166, 176, 184, 285, 328, 349, 387, 412, 429, 430, 432, 445~447, 459

ㅎ

하드웨어 시뮬레이션 219

학문적 기능 172

학습 스타일 27, 29~36, 38, 39, 41, 43, 44, 182

학습결과 30, 54, 55, 64, 65, 76, 81, 82, 84, 107, 110, 111, 127, 130, 137, 138, 162, 184, 221, 446, 453, 454

학습결손 55, 60, 163

학습단계별 분석 60, 62

학습동기 44, 49, 55, 58, 63, 79, 113, 124, 127, 128, 130, 131, 186, 222, 443, 449, 451, 460, 463

학습목표 47~49, 60, 65, 90, 100, 101, 107~110, 112, 118, 124, 126, 127, 129, 138, 161~165, 170, 175, 431

학습위계별 분석 60

학습자 분석 56~58

학습자 특성 51, 56~58, 78, 79

학습자와 그들의 특성에 대한 지식 19

학습준비도 58, 110

학습환경 27, 44, 56, 57, 76, 99, 118, 124, 172, 426

행동적 표상 66, 138

행동주의 45, 83, 84, 178

행동형성 모델 29

행위 중 반성 25, 26, 87, 428

행위 중 앎 22, 25, 26, 428

행위 중 지식 25

행위 후 반성 25, 87

협동학습 49, 125, 131, 169~179, 181, 182, 184~186, 189~191, 195, 198, 199, 316, 328

협력학습 171, 177, 178

협상된 스타일 32

형성평가 55, 57, 65, 72, 82, 95, 96, 102, 104~106, 108, 109, 113, 118, 125, 139, 162, 223, 264, 326

형식적인 교수 스타일 28

확산자 34

환경지각 329, 331

효과적 발문 145

효율적인 행동 50

훌륭한 교사 45

지리 교재 연구 및 교수법

초판 1쇄 발행 2015년 3월 25일
초판 2쇄 발행 2016년 9월 5일

지은이 조철기

펴낸이 김선기
펴낸곳 (주)푸른길
출판등록 1996년 4월 12일 제16-1292호
주소 (08377) 서울시 구로구 디지털로 33길 48 대륭포스트타워 7차 1008호
전화 02-523-2907, 6942-9570~2
팩스 02-523-2951
이메일 purungilbook@naver.com
홈페이지 www.purungil.co.kr

ⓒ 조철기, 2015

ISBN 978-89-6291-279-1 93980

■이 도서의 국립중앙도서관 출판시도서목록(CIP)은 서지정보유통지원시스템 홈페이지(http://seoji.nl.go.kr)와 국가자료공동목록시스템(http://www.nl.go.kr/kolisnet)에서 이용하실 수 있습니다.(CIP제어번호 : CIP2015008000)